一个高质量的布局方案应该考虑空间的动线、光线、比例、材质、结构、地面、立面、顶面、整体平衡、功能与形式、趣味感、仪式感、生活方式、心理视线引导之间的关系。

—— 花西

住宅设计户型改造大全

平面布局思维突破

花　西　朱小斌　著

中国 · 武汉

图书在版编目(CIP)数据

住宅设计户型改造大全：平面布局思维突破 / 花西,朱小斌著. -- 武汉：华中科技大学出版社, 2021.1（2023.7 重印）
ISBN 978-7-5680-2817-2

Ⅰ.①住… Ⅱ.①花… ②朱… Ⅲ.①住宅－室内装饰设计 Ⅳ.①TU241

中国版本图书馆CIP数据核字(2020)第250402号

住宅设计户型改造大全：平面布局思维突破　　花　西 朱小斌 著
Zhuzhai Sheji Huxing Gaizao Daquan: Pingmian Buju Siwei Tupo

策划编辑：周永华　　责任编辑：周永华
责任校对：刘　竣　　责任监印：朱　玢

出版发行：华中科技大学出版社（中国·武汉）　　电话：(027)81321913
武汉市东湖新技术开发区华工科技园　　邮编：430223

录　排：武汉东橙品牌策划设计有限公司
印　刷：武汉精一佳印刷有限公司
开　本：787mm x 1092mm 1/16
印　张：29.25
字　数：420千字
版　次：2023年 7 月第1版第10次印刷
定　价：169.00元

前言

19世纪后期，第二次工业革命打破了人类传承千百年的建筑空间格局与住宅文化传统。现代工业和城市的兴起，彻底改变了人们生活的点点滴滴。随着时代的发展，人们的生活方式逐渐改变，产生现代化居住需求，传统住宅建筑逐渐被现代化的住宅建筑所替代。随着中国经济的高速发展，各种高楼大厦、居民楼、现代化建筑小区纷纷拔地而起，而这些高楼都有不同的格局、不同的户型，居住着有不同需求的业主。让业主的个性化需求与不同的户型空间“和平相处”，从而带来更高的生活品质，是室内设计师的使命与职责，因为每一种户型都承载着业主的生活梦想。

因为建筑师在设计时考虑的空间居住对象是大众群体，无法细化到每个个体，所以当个体居住者的需求与户型产生矛盾时，就需要进行一些空间上的改造，在设计中再设计，赋予空间新的秩序和生命力。

其实在很多发达国家，没有室内设计这个行业。在中国，由于国情和社会环境因素才有了室内设计这个独立的行业。很大一部分原因是中国人口众多，市场需求庞大，经济发展迅速，自然而然形成了室内设计行业。经过市场调研，发现目前市场上室内设计方面的高品质专业书籍较少，在学校的教学中有关室内设计的优秀教材也较少，缺乏内容非常全面和精深的教学资料。随着目前室内设计行业的发展，需要更多的专业书籍来满足大家对相关专业知识的需求。

编写本书主要是为了帮助设计师打开空间改造的思路，培养改造设计的底层思维逻辑，找到改造切入点，然后利用一套系统的、全面的设计思维逻辑进行构思，而不是简单地讲解一些表面的造型之类的内容。每一个设计作品都是独立思考后的产物，设计没有表面看起来那么简单，好看的造型背后都必须有严谨的底层思维逻辑作支撑才能立足于市场。

每一次改造都是一次新的尝试，对设计师也是一次新的挑战。每一个空间的主人有着不同的生活方式，设计要围绕着这个空间的主角去量身打造。设计师不仅仅是设计空间本身，某种意义上设计的是人们对生活的向往和憧憬。

本书一共整编了200多个户型改造经典案例，涉及15种家装住宅户型，国内的住宅户型基本上包含在内，并在第15章中简要介绍了涉及居住功能的民宿、酒店改造思路，以及将居住空间改造为办公空间的设计手法。当然，笔者认为无论何种户型，书中的逻辑和知识点都是可以灵活运用到其中的。本书还包含了非常多国内外常见的和笔者原创的空间分割手法，如中轴对称手法、现代主义手法、极简主义手法、后现代解构主义手法、异形轴网切割手法等，能支撑居住者对不同空间文化的热爱和追求。以不同的设计手法和不同的文化元素作为空间语言来和居住者进行对话，才能打造一个具有生命力的空间。

希望本书能给所有想要改造空间格局的业主以及设计师提供一些宝贵的具有建设性的改造意见，从而提高人们的生活品质。

目录

第 3 章 三室两厅公寓（三居室户型）／36

第 6 章　复式户型 / 131

第 7 章　错层式户型 / 153

第 8 章　联排别墅户型 / 161

户型改造思维逻辑

我们都知道设计是为了解决问题，其实户型改造同样是为了解决问题。那么具体是解决什么问题呢？准确一点的说法就是解决原始建筑空间无法满足功能需求的问题。户型改造就是在原始建筑空间结构的基础之上根据居住者的具体需求进行再设计。

户型改造其实也可以叫做户型定制化私人设计。因为各类户型的结构形态各异，居住者的需求也各不相同，所以每一次改造都必须认真思考，为居住者量身打造，这样才能符合居住者对生活居住功能的需求。

设计是不能复制的，也没有规律可循，但是设计的思维逻辑是可以学习的，并且可以运用到每一种户型中。改造了几百套户型之后，笔者整理了一套户型改造思维逻辑理论并分享给大家。

一个高质量的布局方案应该考虑空间的动线、光线、比例、材质、结构、地面、立面、顶面、整体平衡、功能与形式、趣味感、仪式感、生活方式、心理视线引导之间的关系。

户型改造的思维逻辑流程可分为五个步骤：搜集改造信息、重构空间板块、梳理动线分布、配置常用功能、深化全局细节。

一、搜集改造信息

搜集一切有关改造的信息，方便概念设计的构思，这是第一步，也是非常关键的一步。如果搜集的信息不够准确，可能会影响整体改造思路和改造大方向的准确性。前期主要从两个方面搜集信息：一方面是居住者信息，如居住者的生活需求，对于居住者希望拥有一个什么样的空间一定要了解清楚；另一方面是原始建筑空间结构信息，即需要被改造的空间的基本情况，要经过现场勘查，了解承重结构和水电的情况是否具备改造的条件。结合前面搜集的两种信息，可以得出需要改造的痛点是什么，从而为接下来确定改造策略提供大的方向。需要搜集的主要信息如下。

居住者信息：主要包括功能需求，生活习惯，宗教信仰，文化水平，家庭背景，家庭成员，工作性质，审美品位。

原始建筑空间结构信息：主要包括建筑的地理位置；房间的数量，房间大小，南北朝向，下水和排污管道（公寓）、煤气管道位置，采光通风，承重结构，入户位置，空间属性。

二、重构空间板块

在搜集了准确的信息，分析了需求与空间的矛盾之后，接下来将进行概念的构思，原始户型空间是建筑开发商针对大众的生活需求而设计的，现在必须对空间进行重新规划才能满足具体的设计需求。重构空间的时候主要考虑房间数量的变化、每个独立空间比例的平衡，以及空间与空间之间存在的关联性与互动性。空间重置的意图是为接下来的功能布置打好基础，特别是房间数量的变化有关键性的影响。在房间数量不需要增加或减少的情况下，可直接跳过第二步，进入第三步的构思阶段。切记空间重构不一定要将原始户型的墙体全部拆除，而是要根据具体的实际情况来重构空间，墙体的改动一定要仔细斟酌后再做决定，因为改动墙体的多少会直接影响整体报价的高低。

空间重置分割主要应注意空间的比例大小平衡、空间互相关联、空间使用功能关联、空间采光通风、空间视线感受、平立顶空间整合等。

三、梳理动线分布

空间的动线各式各样，每一条动线都有它存在的意义。在涉及家装的户型中，公寓空间中的动线相对来说比较单一，别墅空间中的动线更为丰富多样。最常见的就是贯穿整个空间的行走主动线，由主动线会衍生出连接每个小空间的辅动线。需要注意的是无论哪种动线，都必须保证以最高的行走效率为原则进行排布设计。动线的排布会直接影响居住者的生活便利性和生活质量。如果空间足够大，条件允许，可以设计双动线和洄游动线，使得行走的时候更加有趣，也可以增强室内的空间感。别墅中的动线主要分为会客动线、生活动线以及家政人员动线。会客动线主要是接待客人使用的，生活动线主要是平常室内居家行走使用的，而家政人员动线主要是保姆、司机、管家等工作时使用的，最好家政人员动线不对前两种动线有任何干扰。如果别墅有私家花园，还会涉及游园动线设计。

空间中的动线主要包括主动线、辅动线、洄游动线、环绕动线、会客动线、生活动线、家政人员动线、游园动线、车库动线、儿童玩耍动线、逃生动线。

四、配置常用功能

整体的格局和空间规划完成之后，再针对每个独立的空间配置其应有的功能，除了进行常用的空间功能配置，还应该根据居住者的实际情况配置一些人性化的生活功能。对于老人房，可设计无障碍的功能设施、小水吧、急救报警按钮。对于儿童房，需要考虑安全无尖角的功能设计，如玩耍区域。公区的储藏功能非常重要，储藏空间的多少直接决定了这间房子几年之后的样子。如果储藏空间太少，随着入住后物品越来越多，房子将一片狼藉。如果储藏空间足够多，并且设计好分类储藏空间，那么居住多年之后也还会和新房一样整洁。对于厨房，应考虑使用的逻辑顺序，最好配置中西餐操作岛台以及备餐台。对于卫生间，应针对老人和儿童进行无障碍设计，以及干湿分离、储藏收纳设计等。如居住者有宗教信仰或其他禁忌，也需要在设计中加以考虑。

功能配置中主要需要考量的因素包括储藏收纳、人性化设计、功能使用逻辑、定制化功能设计、趣味功能、宗教信仰。

五、深化全局细节

前面四个步骤都可以在草稿纸上进行构思，最后一个步骤就是将前面的构思用计算机进行精确放样，确保设计构思的可行性和落地性，因为手稿和实际尺寸会存在一定的偏差。除了进行结构放样，还需要对家具进行组合，空间中每一件家具的摆放位置都需要仔细推敲，不同的家具摆放和组合方式会给人带来不一样的体验。空间的气质很大程度上也是由家具的样式和组合方式来进行衬托的。为了保证空间中的视觉体验舒适，立面的材质和分割关系也非常重要，在视线所能达到的合适的位置可考虑设计端景。在进行立面设计的时候可以融入一些常见的设计手法，在视觉上产生更大的冲击力，比如中轴对称手法、现代主义手法、解构主义手法等，也可以适当融入一些居住者喜欢的文化元素。一定元素的融入也就形成了一定的风格。最后一步的主要目的是整合每个空间，保持总体的完整性，尽量不要出现过多的尖角和碎面，最好利用轴线法则进行布局。

空间整合时需要考虑的主要因素有结构放样、家具组合、视觉体验、手法运用、平立顶关系、材质运用、空间完整性、文化元素的融入。

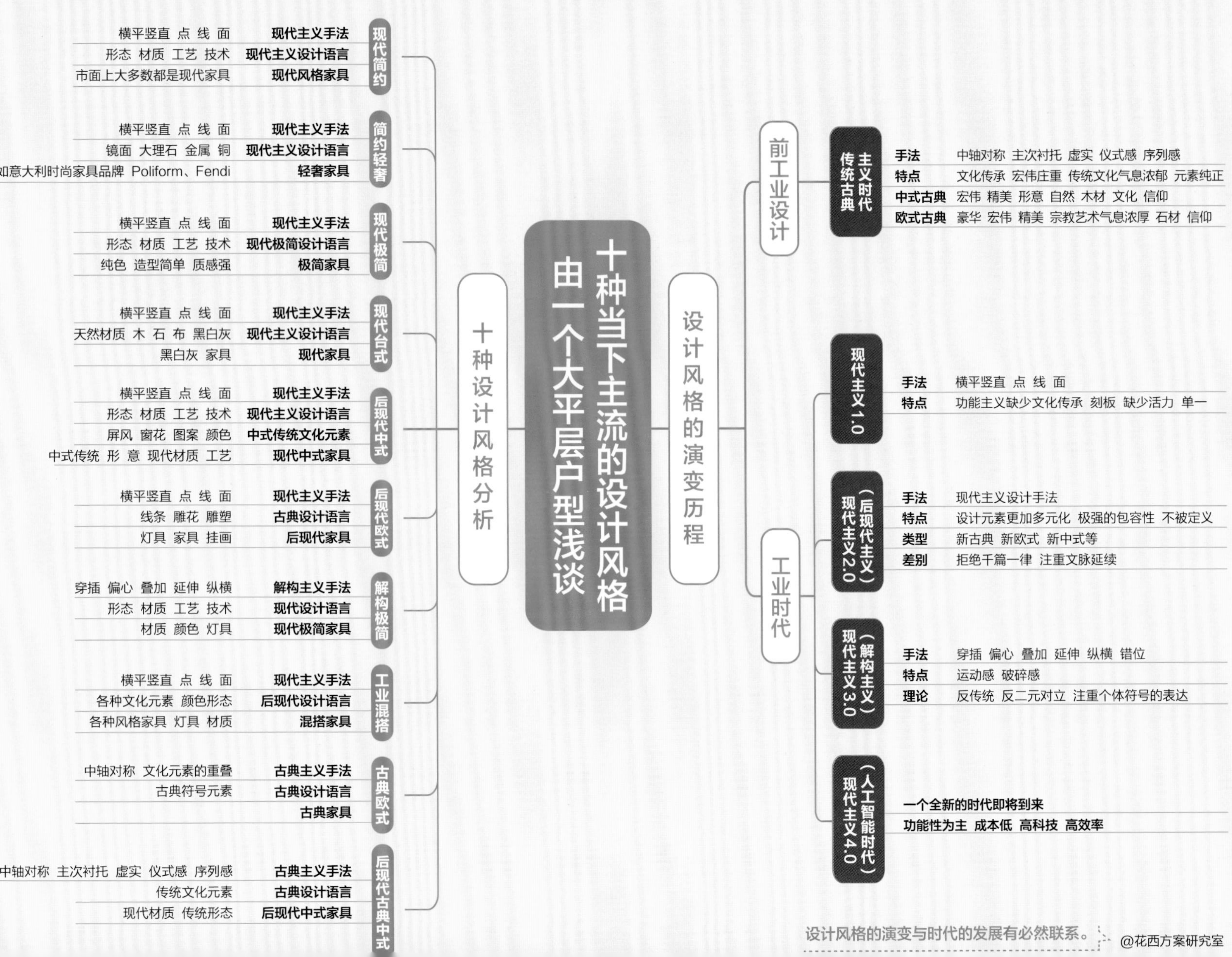
十种当下主流的设计风格
由一个大平层户型浅谈
设计风格的演变历程
前工业设计
传统古典主义时代
手法 中轴对称 主次衬托 虚实 仪式感 序列感
特点 文化传承 宏伟庄重 传统文化气息浓郁 元素纯正
中式古典 宏伟 精美 形意 自然 木材 文化 信仰
欧式古典 豪华 宏伟 精美 宗教艺术气息浓厚 石材 信仰
工业时代
现代主义1.0
手法 横平竖直 点 线 面
特点 功能主义缺少文化传承 刻板 缺少活力 单一
（后现代主义）现代主义2.0
手法 现代主义设计手法
特点 设计元素更加多元化 极强的包容性 不被定义
类型 新古典 新欧式 新中式等
差别 拒绝千篇一律 注重文脉延续
（解构主义）现代主义3.0
手法 穿插 偏心 叠加 延伸 纵横 错位
特点 运动感 破碎感
理论 反传统 反二元对立 注重个体符号的表达
（人工智能时代）现代主义4.0
一个全新的时代即将到来
功能性为主 成本低 高科技 高效率
设计风格的演变与时代的发展有必然联系。
十种设计风格分析
现代简约
现代主义手法 横平竖直 点 线 面
现代主义设计语言 形态 材质 工艺 技术
现代风格家具 市面上大多数都是现代家具
简约轻奢
现代主义手法 横平竖直 点 线 面
现代主义设计语言 镜面 大理石 金属 铜
轻奢家具 如意大利时尚家具品牌 Poliform、Fendi
现代极简
现代主义手法 横平竖直 点 线 面
现代极简设计语言 形态 材质 工艺 技术
极简家具 纯色 造型简单 质感强
现代台式
现代主义手法 横平竖直 点 线 面
现代主义设计语言 天然材质 木 石 布 黑白灰
现代家具 黑白灰 家具
后现代中式
现代主义手法 横平竖直 点 线 面
现代主义设计语言 形态 材质 工艺 技术
中式传统文化元素 屏风 窗花 图案 颜色
现代中式家具 中式传统 形 意 现代材质 工艺
后现代欧式
现代主义手法 横平竖直 点 线 面
古典设计语言 线条 雕花 雕塑
后现代家具 灯具 家具 挂画
解构极简
解构主义手法 穿插 偏心 叠加 延伸 纵横
现代设计语言 形态 材质 工艺 技术
现代极简家具 材质 颜色 灯具
工业混搭
现代主义手法 横平竖直 点 线 面
后现代设计语言 各种文化元素 颜色形态
混搭家具 各种风格家具 灯具 材质
古典欧式
古典主义手法 中轴对称 文化元素的重叠
古典设计语言 古典符号元素
古典家具
后现代古典中式
古典主义手法 中轴对称 主次衬托 虚实 仪式感 序列感
古典设计语言 传统文化元素
后现代中式家具 现代材质 传统形态
@花西方案研究室

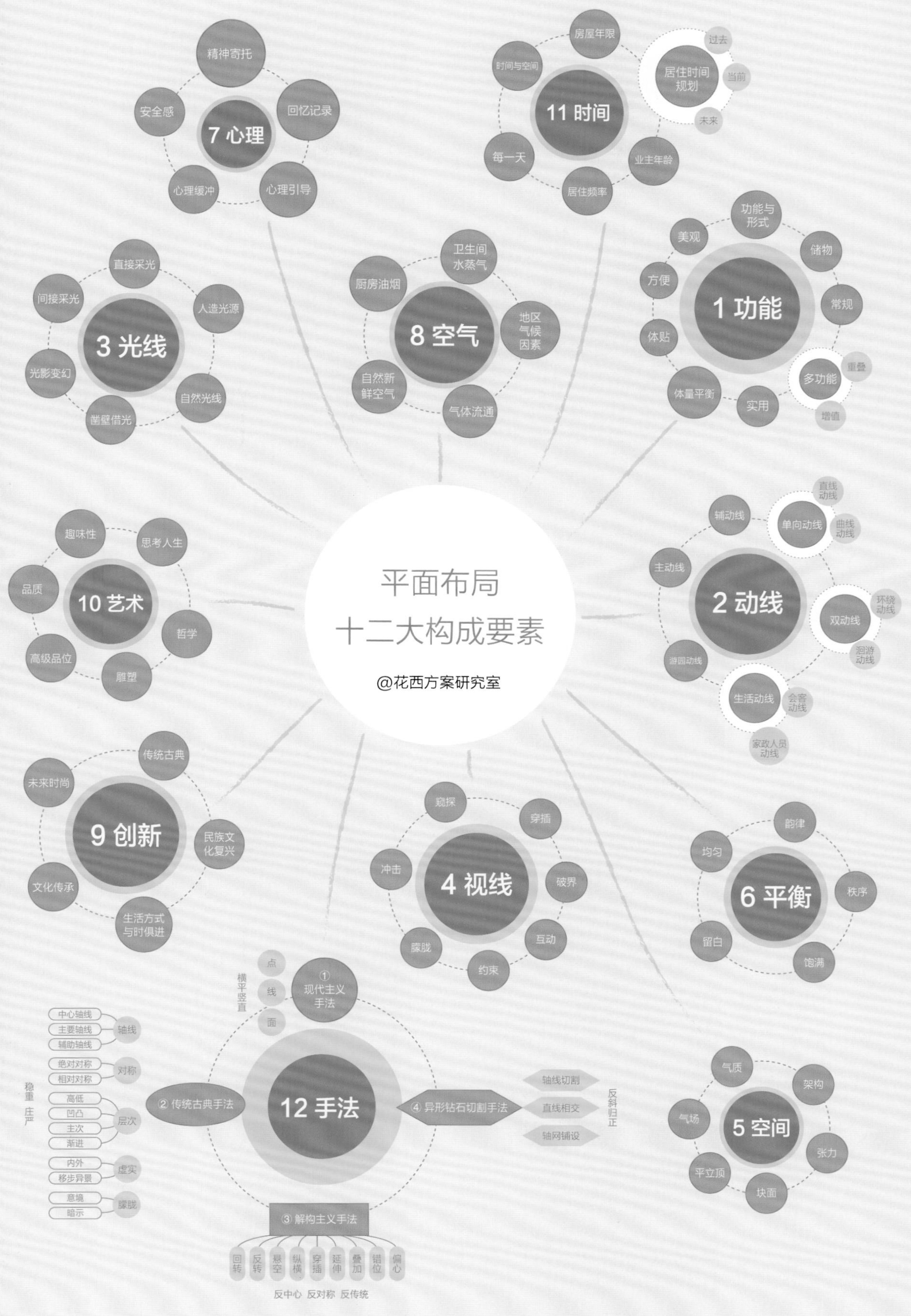
平面布局
十二大构成要素
@花西方案研究室
1 功能
功能与形式
美观
储物
方便
常规
体贴
多功能
重叠
增值
体量平衡
实用
2 动线
辅动线
单向动线
直线动线
曲线动线
主动线
双动线
环绕动线
洄游动线
游园动线
生活动线
会客动线
家政人员动线
3 光线
直接采光
间接采光
人造光源
光影变幻
自然光线
凿壁借光
4 视线
窥探
穿插
冲击
破界
朦胧
互动
约束
5 空间
气质
架构
气场
张力
平立顶
块面
6 平衡
韵律
均匀
秩序
留白
饱满
7 心理
精神寄托
安全感
回忆记录
心理缓冲
心理引导
8 空气
卫生间水蒸气
厨房油烟
地区气候因素
自然新鲜空气
气体流通
9 创新
传统古典
未来时尚
民族文化复兴
文化传承
生活方式与时俱进
10 艺术
趣味性
思考人生
品质
哲学
高级品位
雕塑
11 时间
房屋年限
时间与空间
居住时间规划
过去
当前
未来
每一天
业主年龄
居住频率
12 手法
① 现代主义手法
点
线
面
横平竖直
② 传统古典手法
稳重 庄严
轴线
中心轴线
主要轴线
辅助轴线
对称
绝对对称
相对对称
层次
高低
凹凸
主次
渐进
虚实
内外
移步异景
朦胧
意境
暗示
③ 解构主义手法
回转
反转
悬空
纵横
穿插
延伸
叠加
错位
偏心
反中心 反对称 反传统
④ 异形钻石切割手法
轴线切割
直线相交
轴网铺设
反斜归正

– 第 1 章 –

酒店式单身公寓
（一居室户型）

酒店式单身公寓（一居室户型）最明显的特点就是户型狭窄，且采光不充足，室内可利用面积小。在进行户型改造时，这类户型是让设计师最头疼的户型之一。

不过不用担心，任何户型在设计师这里都是有办法进行改造的，兵来将挡，水来土掩。单身公寓户型改造可以从动线、储藏、功能、采光四个方面进行设计构思。

尽量采用一字形直线动线，既可以节约空间，也能提高行走效率。动线周围可按使用逻辑排布功能点位，以及靠墙设置立体到顶储藏柜，将空间利用做到极致。可以利用折叠门窗、透明玻璃材质隔断、屏风等代替隔墙，以解决采光欠缺的问题，尽量保持空间通透，让自然光线最大限度地照到室内的每个角落。酒店式单身公寓一般居住的人员为1人或2人，所以功能空间的体量不需要很大，但是功能种类越多越好，所有居家必备的功能最好都要具备。在满足以上所有要求之后，如何将空间在视觉体验上做得更大，才是最难的问题。

001 空间不设限，40m²的都市小公寓也有“大”生活

原始结构图

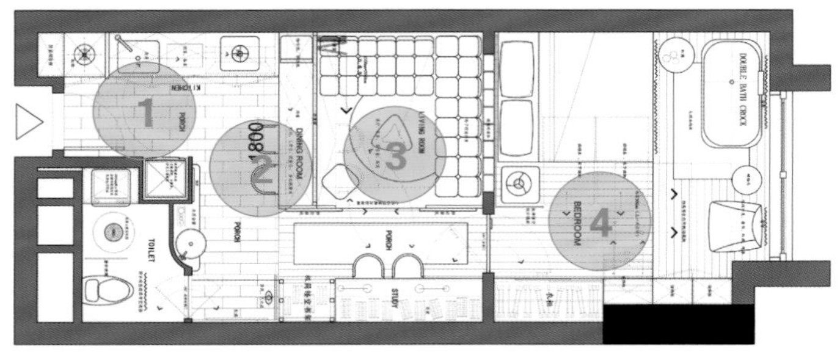

改造设计图

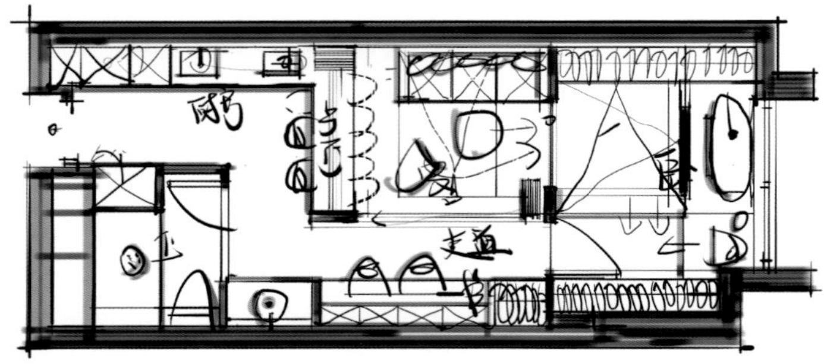

方案手稿展示

结语：充分利用空间，将不可能变成可能，让居住者在拥有当下日常的喜悦之外，对未来更有期待。

原始户型分析

原始空间形状狭长，入户走道极其狭窄，采光深受影响。整体空间完全无法满足居住者对聚会和临时客房的需求。

改造后细节剖析

❶ 重叠空间双运用，空间利用率最大化。对入户走道与厨房操作空间进行整体化设计，按照人的行为习惯布置功能空间，解决入户走道狭窄问题的同时，让厨房空间利用率达到最高。

❷ 吧台、餐桌、工作台多重结合，设置多功能折叠吧台，可自由变换形态，满足日常用餐、朋友聚餐等多种活动场景的诉求。

❸ 巧用折叠设计，“拆增”空间。利用折叠门窗让客厅变成可开可合的弹性空间。配套采用折叠沙发床，让原本空间较小的客厅巧变客房。

❹ 通过落地窗将光线引进室内，不被空间格局所束缚，窗外的风景也成了专属的花园美景。无论是早晨睁眼时看到的阳光，还是夜晚在浴缸里放松身心时欣赏的夜景，都让生活的日常更加美好。

002 脑洞大开的格局，小空间里活出精致感

原始户型分析

受原始空间狭长形状的局限，采光效果极差，室内空间远不能满足居住者常规的生活需求，娱乐聚会需求更加难以满足。

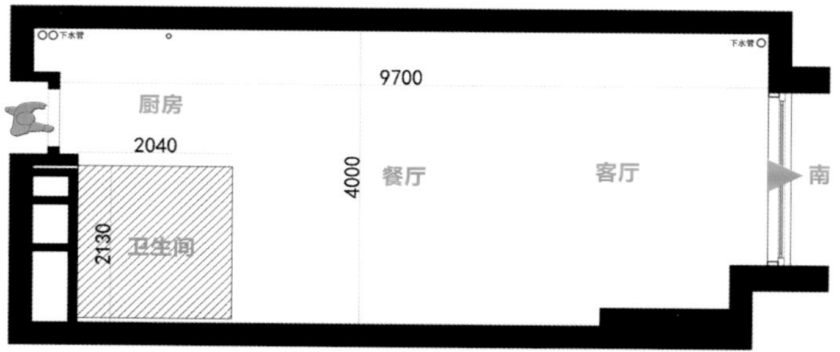

原始结构图

改造后细节剖析

❶ 利用最短动线——直线，使得自入户区域到空间尽头皆无遮挡，获得了最好的采光效果，在空间利用率上也做到了极致。无论是拿取物品，还是行走，都非常舒适，极大地提升了居住体验感。

❷ 就餐区采用嵌入式卡座的设计形式，再搭配小圆桌，相得益彰。其具有灵活多变的特点，非常节约空间。卡座下设计储物空间，充分发挥了每一寸空间的价值。

❸ 客厅东侧的翻转式餐桌，可供十人同时使用，将难以实现的朋友聚餐变成了可能，不用再因空间不足而失去与朋友一起相聚的欢乐。折叠门的使用，让客厅的功能变得多元化。当友人来访，促膝长谈之时，客厅能变身成一间临时客房。蓝色区域的顶面巧妙运用同一材质，使原本互不相干的客厅和卧室空间紧密相连、分而不断，赋予了空间强烈的张力。而卧室与客厅之间采用的玻璃砖能将光线最大化地引入，进一步解决了采光的问题。

❹ 浴缸区域与睡床区域构成了卧室空间，在小公寓也能享受大空间的精致与舒适。

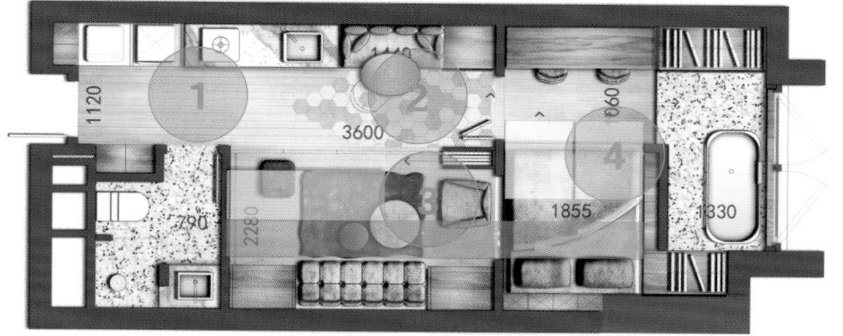

改造设计图

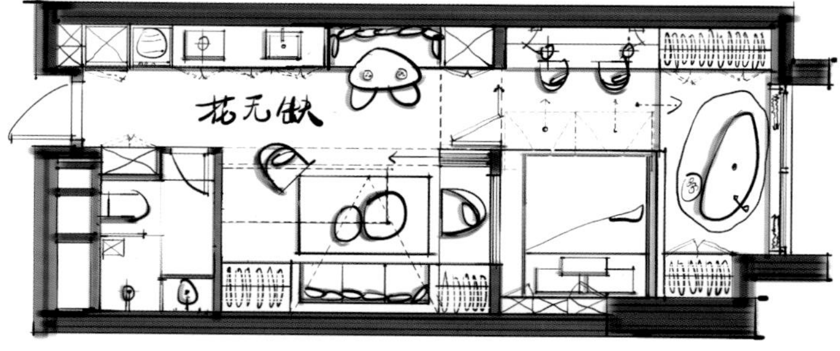

方案手稿展示

结语： 妙用设计技巧，小空间也可以变得很“大”，这里不只是休息的地方，也是有生活的家。

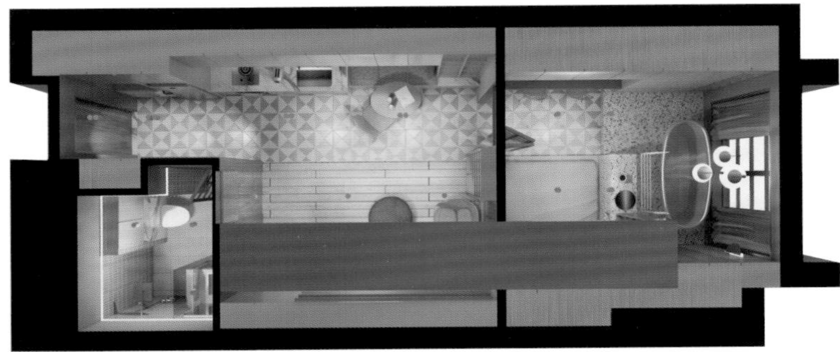

俯视图

003 谁说小空间发挥不了大功能？小公寓也能打造超炫酒店式度假风

原始户型分析

受原始空间影响，采光效果非常不理想，想要在满足日常功能需求的情况下拥有个性化的空间变成难点。

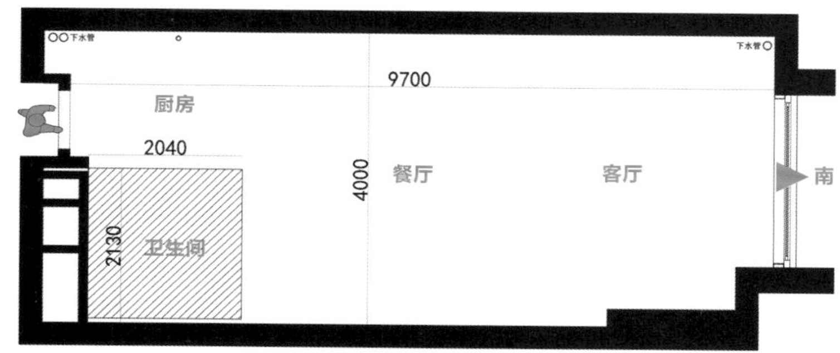

原始结构图

改造后细节剖析

❶ 入户门厅采用靠墙的一字形设计形式，在大大节约空间的基础上，让采光条件得到了改善。

❷ 客厅、就餐区域与卧室融为一体，环绕形设计让就餐、会客、学习、休息、储藏功能都聚集在这一空间中，使有限空间的功能得到最大化发挥，同时采光、通风得到改善。地台的设计，让图中②处的空间呈下沉状，增强了空间的舒适感。

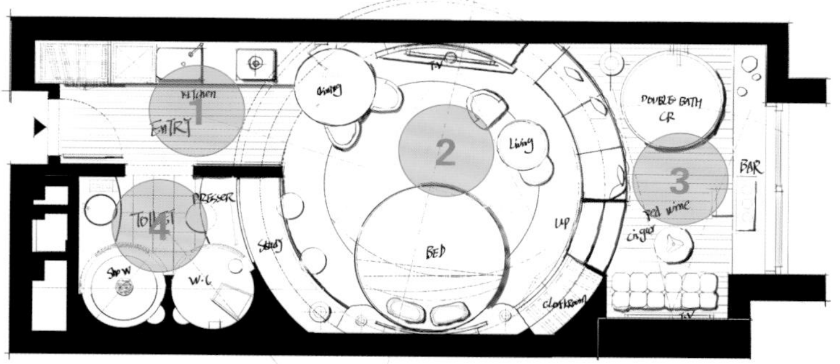

改造设计图

❸ 抬高图中③处的空间，让生活拥有了一份仪式感，休闲吧台、座椅、浴缸都在此区域。无论是坐在吧台前办公，还是在浴缸泡澡时观景，都十分惬意，完美打造出都市精英的精致生活，让人向往。

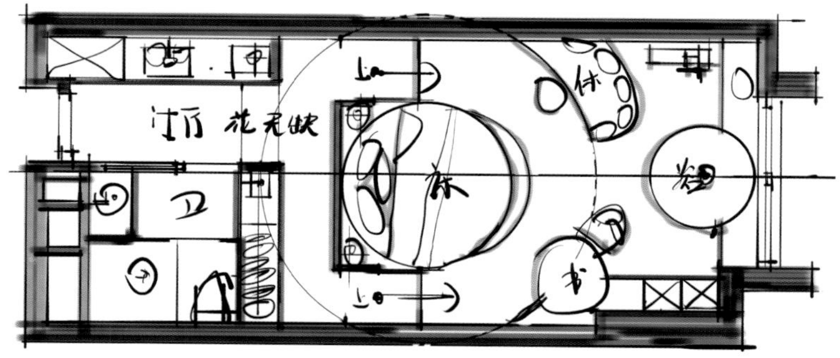

方案手稿展示

❹ 卫生间不再采用普通的方盒设计，而是结合整个空间的调性，采用异形化设计，也使功能得到最大化发挥。在靠近学习区的位置使用玻璃材质，使原本没有采光的卫生间拥有了自然光线。

结语：利用创造性的设计形式，打破固有的局限，使原本不大的空间最大限度地发挥其功能，从视觉感官上拥有“大”空间的体验感。

004 不怕户型小，设计改造让小公寓加倍舒适

原始结构图　　改造设计图

原始户型分析

入户空间拥挤，无足够的位置放置鞋柜、冰箱，空间难以利用，厨房小，卫生间无采光。

改造后细节剖析

❶ 让出卫生间部分空间，嵌入冰箱，鞋柜沿墙而做，为厨房空间减小不少压力。通过一个细节设计解决了入户空间中鞋柜和冰箱难以放置的问题。

❷ 去掉一面墙，让光照进卫生间区域，同时利用日式小件卫浴，让整个空间变得通透、舒适。

❸ 所有物件沿墙做，动线呈最短的一字形。书桌沿墙而做，幕布可藏于吊顶，一个客厅兼具学习、会客、观影的功能，十分节约空间。同时在卧室与客厅区域妙用玻璃联动门。日常当门打开时，形成十分宽敞通透的大空间；晚上睡觉时，将其关闭，又形成了私密的卧室空间。玻璃联动门可关可合，十分灵活，并且丝毫不影响采光。

结语：简约明亮的设计风格，功能上可满足夫妻二人日常所需。在不使用异形空间的情况下，也极具设计感。即使再难改造的户型，设计师也可以将其变成居住者想要的家。

005 不能错过的小户型变大诀窍

原始户型分析

原始空间狭长，并且空间中间的烟道管影响了空间的整体感，难以合理利用。

改造后细节剖析

❶ 门厅位置呈直线入户，利用卫生间充足的空间嵌入鞋柜，同时墙面采用亮面材质，使得过道的视觉效果明亮而宽阔。

❷ 因原始餐厨空间过小，放弃封闭式厨房设计，将其设计成有7字形拐角台面的开放式厨房，让厨房空间更加宽敞，空间感更舒适。同时将不可拆除的烟道与定制吧台相结合，做出一个环绕式动线餐厅，充分利用每一处，增添居家幸福感。

❸ 卧室中的床舍弃常规的摆放方式，而是靠墙布置，空间的动线呈直线，这是最节省空间的做法。采用玻璃材质的门，使采光效果最佳。

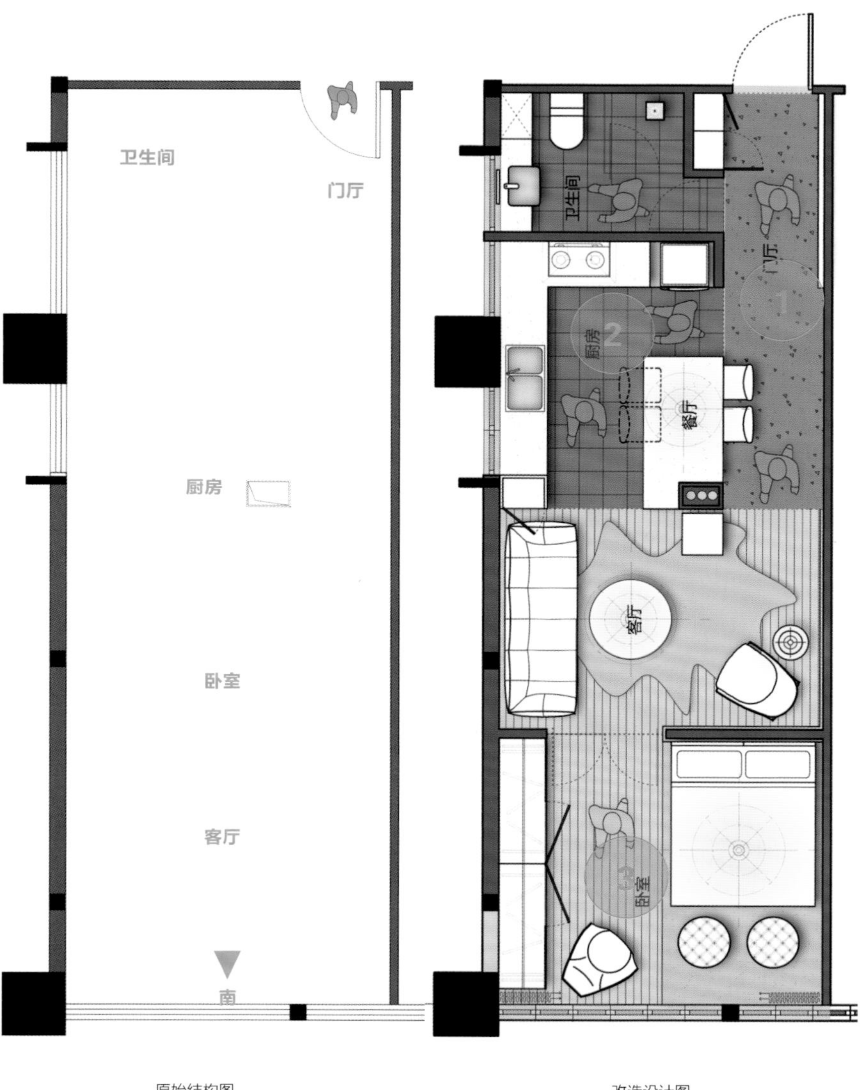

原始结构图　　改造设计图

结语： 没有一成不变的设计，没有永不改变的格局，设计让一切变得可能。放弃固有思维，做最合适的空间。

006 小复式也能装出120m²的效果，设计让效果加倍

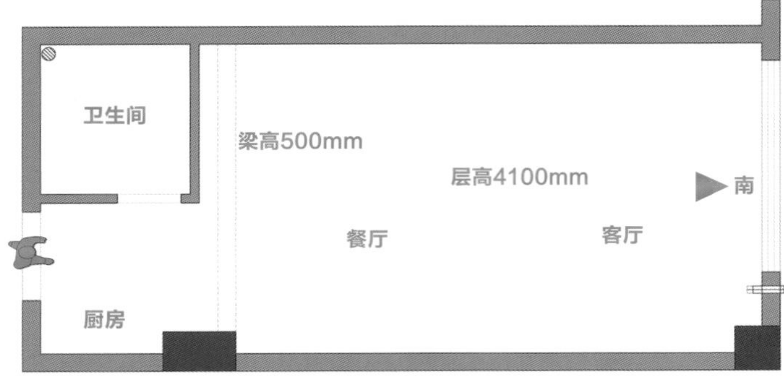

原始结构图

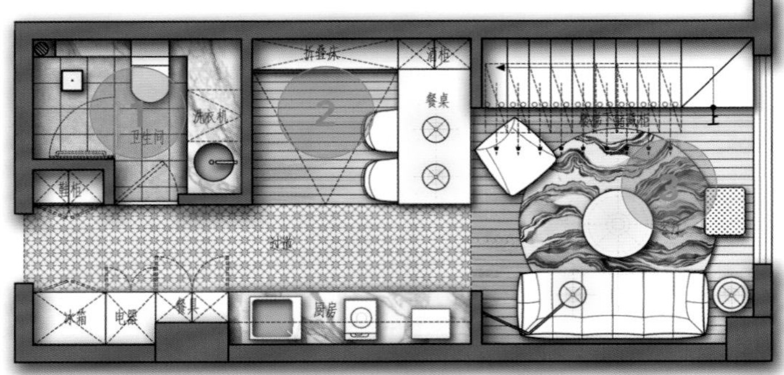

一层改造设计图

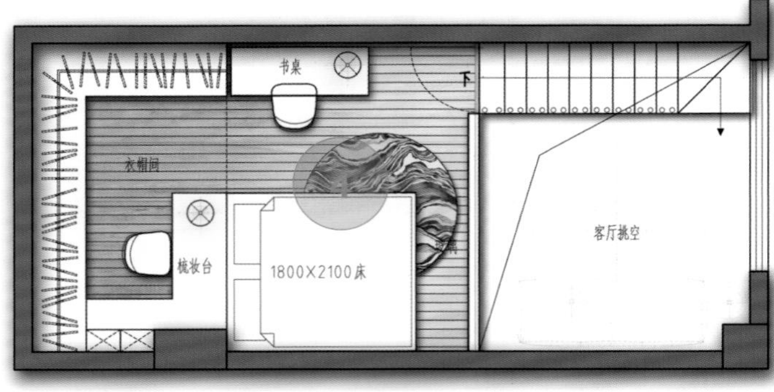

二层改造设计图

结语：好的设计是合理利用每一处空间，让小户型告别拥挤感，使居住者尽享舒适的生活。

原始户型分析

原始户型过小，收纳成问题，厨房面积较小，卫生间空间十分拥挤，居住感不佳。

改造后细节剖析

❶ 将原本拥挤的卫生间区域向餐厅位置扩大，这样一来便可放置卫浴三件套及洗衣机。并且将空间充足的淋浴区域让出部分空间做嵌入式鞋柜，满足入户时的收纳需求。

❷ 厨房台面与餐桌靠墙布置，形成一条直线动线，最大化地节省空间。在餐厅靠墙的位置做了一排柜子，既可作酒柜，又拥有折叠床的功能，此空间可作临时客房使用。运用不同的地面材质来区分功能区域，没有采用墙体分隔空间时的拥挤，还能达到空间分隔效果。

❸ 客厅层高4100mm，在沙发墙壁处做了一个可折叠调节的壁灯，增加了空间的氛围感，更显灵动。楼梯靠墙而做，一是可以节约空间，二是可以在楼梯下方做收纳柜，三是可以做电视背景。

❹ 在二层楼梯位置设计一扇门，在满足空间私密性要求的同时能更好地解决能耗问题。在有限的空间里，发挥每一处的作用，床和桌子靠墙而放，动线呈直线，可节省空间。利用合理的摆放方式，做出一个大衣帽间，增添生活的精致感。

第2章

两室两厅公寓

（两居室户型）

这种户型也属于小户型一类的刚需户型，因为只有两个卧室，无法满足三代人一起居住的需求，只能设置业主夫妻二人使用的主卧，外加一个儿童房，这类户型通常见于学校周围的学区房。

两居室的户型一般都是常规三居室户型的缩小版，采光和通风能满足基本的居住需求。这种户型改造的重点在于细节的优化，将合理地运用每一寸空间以提高空间的品质作为主要的切入点。如果能在满足常规生活需求之外还能多做出一个增值空间，必然会提升空间的价值。用购买两居室的钱获得三居室的空间，很大程度上为业主节约了购房的成本。

通常，两居室户型的承重结构会比较多，无法通过拆改墙体进行大幅改造，可以通过增加一些新的隔墙来改变空间格局，也可以通过家具的不同组合来营造不一样的空间氛围。不一定非要拆掉很多墙才能完成空间改造，这是很多人的错误认知。

户型越小，居住时间长了之后，家里就会越乱，这是所有小户型的痛点，所以在改造设计阶段一定要将储藏空间设计做好。最好进行储藏分类设计，使每一个单独的空间都有专用的储藏空间，这样才能保证小空间的整洁。

007 小空间重分配，夫妻生活空间不再拥挤

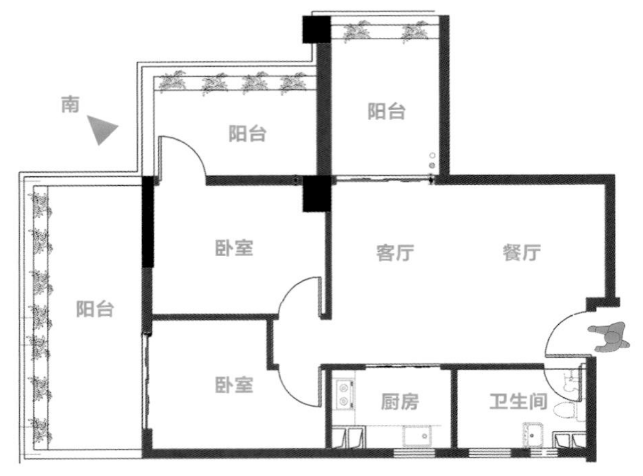

原始结构图

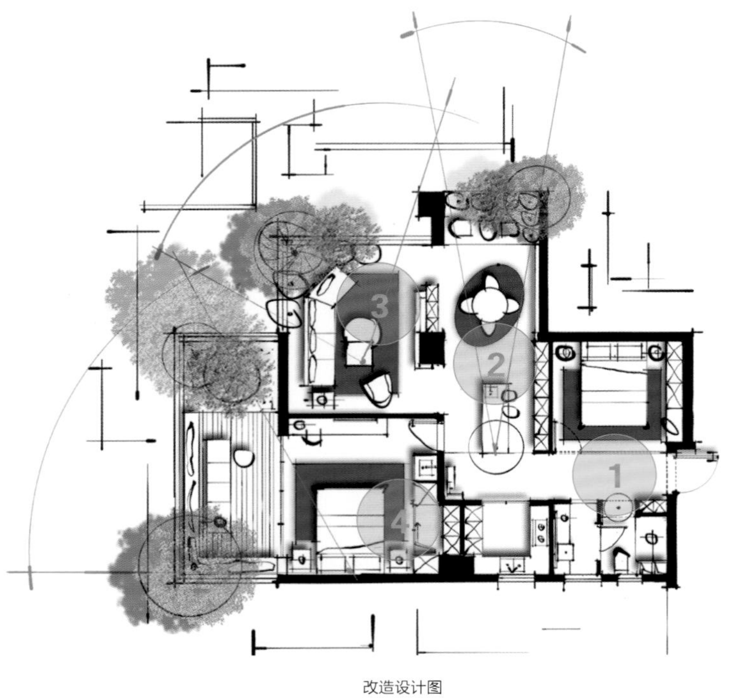

改造设计图

结语：小空间也有无限的可能，但需要设计师认真地推敲、揣摩和取舍。

原始户型分析

主动线占用客厅、餐厅面积，使用体验太过拥挤。过长的阳台，让客厅很难接收阳光的温热。卧室的实用面积偏小，偏大的阳台反而造成空间浪费。主卧与次卧的面积基本相同，没有分出主次。

改造后细节剖析

❶ 淋浴间墙体内凹40cm做鞋柜，方便实用，卫生间做干湿分离设计，解决了过道采光问题。

❷ 餐厅向东南方向移动后，利用部分阳台空间放餐桌，剩余的位置还可以增设一个早餐吧台，生活品质便更上一层。

❸ 将原始客厅的位置向东南方向移动，采光和通风的效果更佳。电视墙的位置，设置环绕动线，消除了客厅、餐厅的互动障碍，若后期加上折叠门，客厅空间便可开可合。若把沙发换成折叠沙发，入户旁客房的位置就得以解放，则可以将入户旁客房改造成一个超大衣帽间。

❹ 挤压部分厨房空间，做一个迷你衣帽间，女主人的衣服、包包就有了安放的地方。

008 局部微调，空间有舍有得

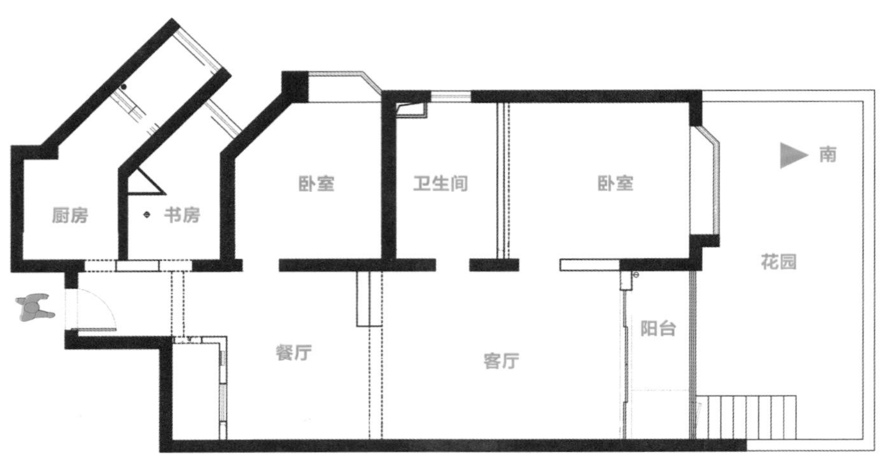

原始结构图

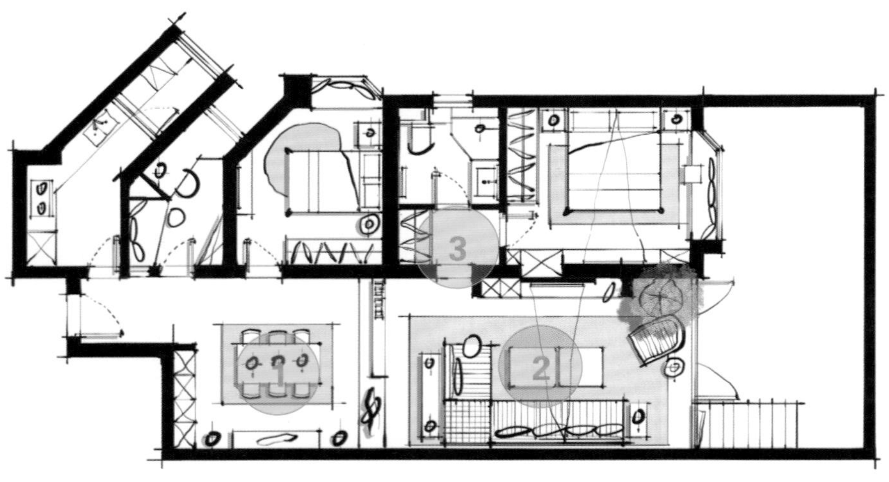

改造设计图

原始户型分析

入户后可以直通户外花园，形成不良格局。电视背景墙过于零碎，卫生间门正对沙发区。户型的异形部分不可改，主卧室的储物空间体量严重不足。

改造后细节剖析

❶ 设计下沉式空间，利用踏步空间造景，实用有趣。储物间开放后，功能效益更明显。

❷ 利用主卧原始门洞空间设计储物功能，构造了电视背景墙立面，空间不再支离破碎、杂乱无章。将阳台纳入室内后，沙发区不再正对卫生间门。

❸ 在过道的位置设置储物空间，主要是为了补充主卧的储物空间体量。

结语： 舍与得之间的考量总是以生活经验作为参考，热爱生活，才能做好设计。

009 厨房可开可合，营造生活趣味

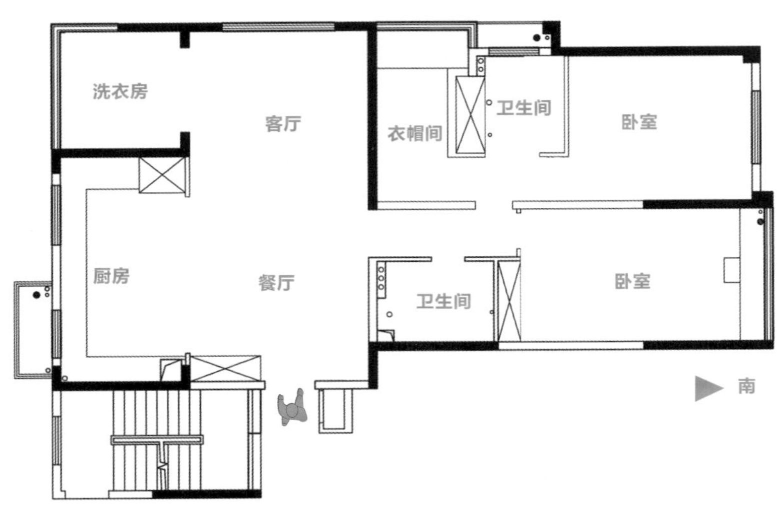

原始结构图

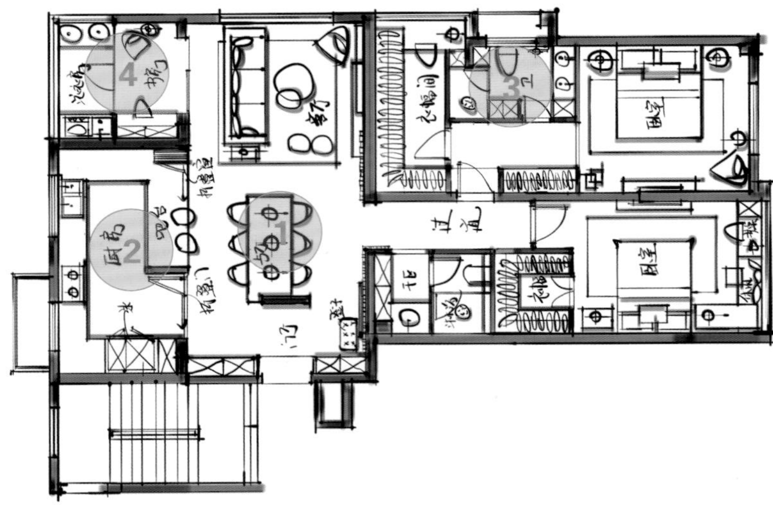

改造设计图

结语： 空间的定位，除了要满足功能需求，还要给居住者打造一个美好的家。

原始户型分析

入户位置不适合做独立玄关，客户需求与实际情况略有冲突。洗衣房过大，有一定程度的浪费。主卧衣帽间与卫生间布局不合理，导致储物空间不足。

改造后细节剖析

❶ 玄关墙与餐桌整体设计，在满足客户需求的同时，尽量避免空间浪费。

❷ 折叠窗和折叠门的加入，让厨房处于可开可合的状态，实用有趣。在瓶瓶罐罐的碰撞中，也能有温情的对视。

❸ 主卫墙向东压缩，并向南北伸长，既实现了干湿分离，正好可在挤出的空间增设一组衣柜，主卧的储物空间体量也就得到了保证。

❹ 压缩洗衣房空间，顺着墙体做书桌，增设了一个工作学习的空间。书桌与卡座的结合，让工作学习之余，还有一处休闲娱乐的空间，设计让家更温馨。

010 一卷书，一杯干红，狭小的空间也有诗意和远方

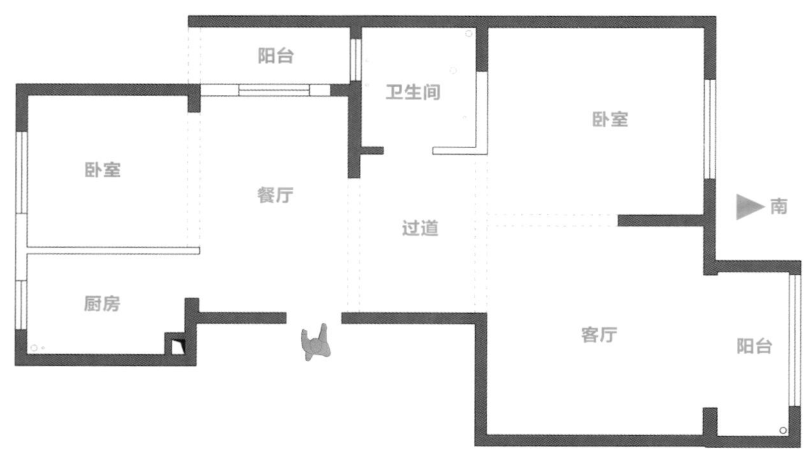

原始结构图

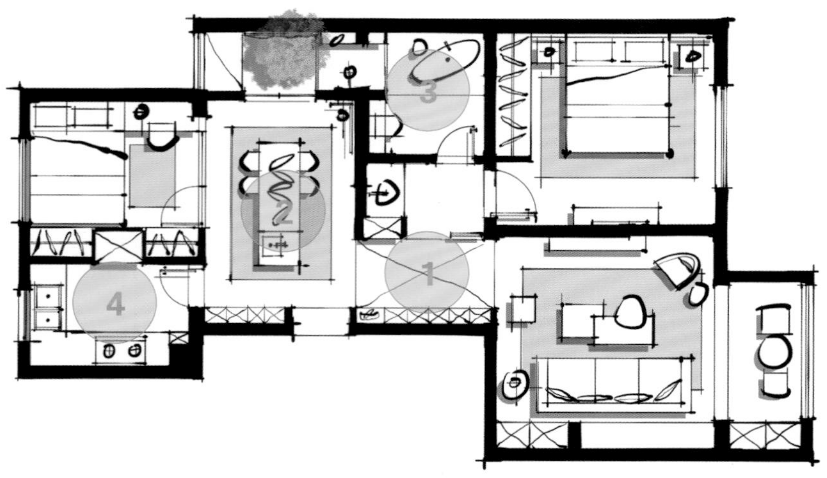

改造设计图

结语：生活不只是眼前的苟且，还有放松下来时的闲适和微醺中远处的绮丽风光。

原始户型分析

过道区域面积偏大，厨房无冰箱位置。卫生间空间过于局促，不易做干湿分离。

改造后细节剖析

❶ 压缩过道空间，将台盆外置，为卫生间的干湿分离和增设其他功能提供了可能性。在西面做一组柜子，满足一家人的收纳需求。

❷ 对餐桌、水吧台进行一体化设计，高效实用，餐厅空间也有了不一样的生活情境。

❸ 借用部分阳台空间做淋浴房，浴缸就有了放置的空间。忙碌的一天工作之后，泡着澡，一卷书，一杯干红，生活的惬意便在于此。

❹ 在厨房最大限度地做出操作台面，并借用客房的空间凹出一个冰箱位置，不让厨房显得过于局促。

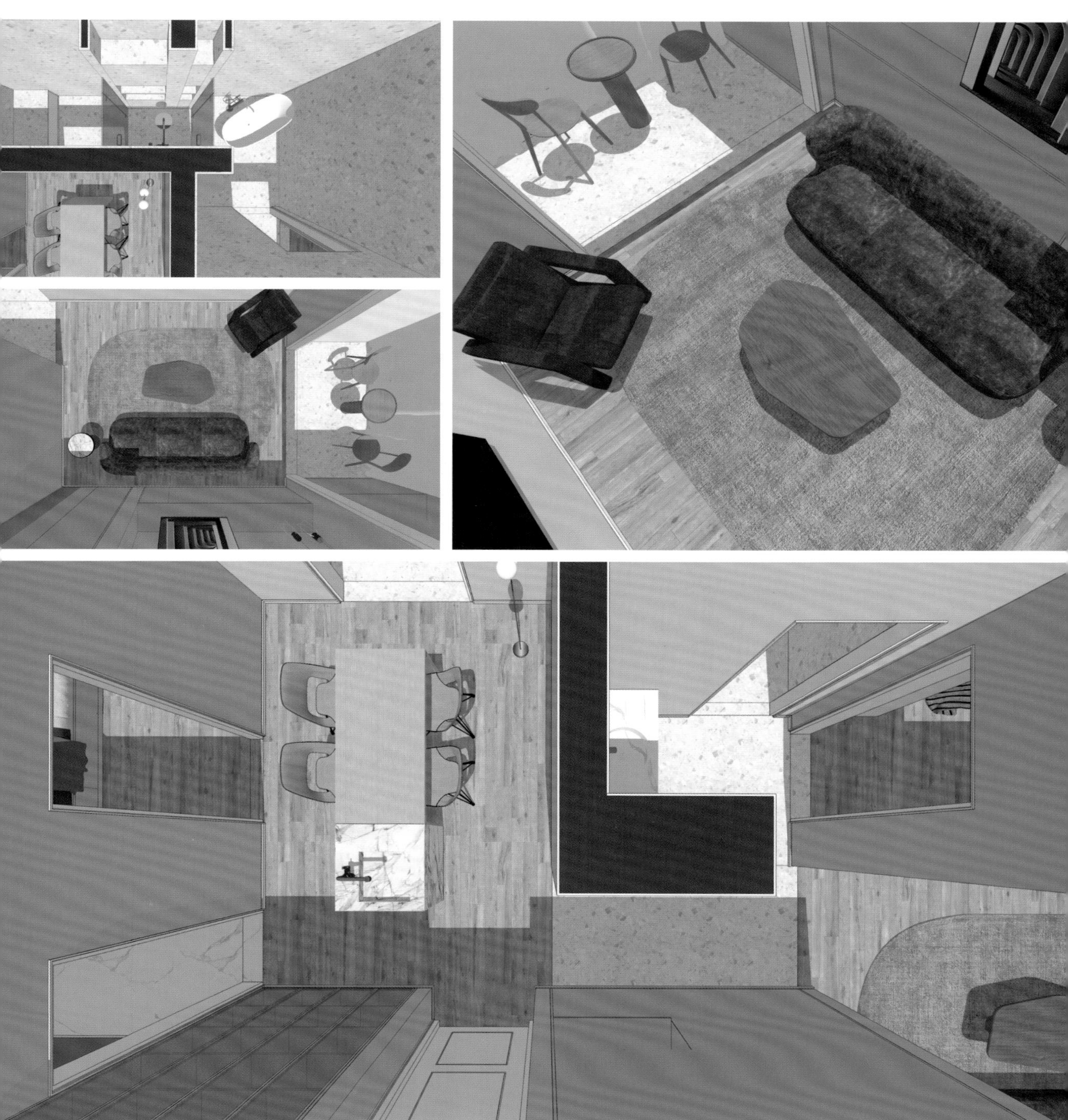

011 常规小两居，也可做出四式分离

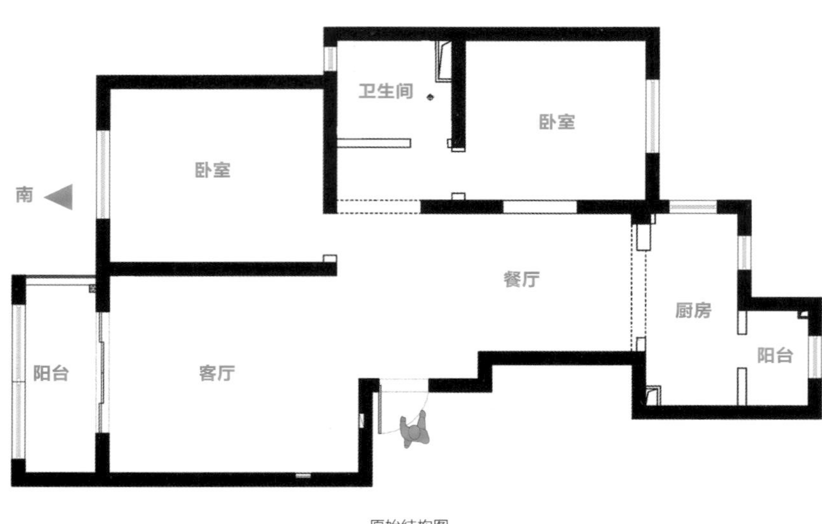

原始结构图

改造设计图

原始户型分析

入户正对卫生间门，餐厅空间不够规整，厨房须预留通往阳台的过道，实际操作台面过小。北卧尺寸常规化，不易在做出储藏空间的同时增设办公学习的区域。

改造后细节剖析

❶ 在入户处造景，生活的仪式感满满。餐厅与对面的壁龛结合，整体空间富有层次和变化。

❷ 将阳台空间纳入厨房，满足了居住者的正常使用需求。增设早餐吧台，提升生活品质。

❸ 改变北卧动线，卧室多出了工作学习的空间。卫生间区域也得以扩大，实现了四式分离，生活情境产生了天翻地覆的改变。

结语： 刚需户型也可承载居住者对生活品质的追求。造梦，是设计师与居住者前期沟通中最大的期许。

012 小两居，做出大平层的视觉观感

原始户型分析

厨房面积过小，操作台面十分紧凑。客厅、餐厅空间仅靠一处窗户通风、采光，效果不佳。

改造后细节剖析

❶ 早餐吧台贴合墙体，增加厨房的操作台面，满足喜爱下厨人士的需求，也避免通道过长造成面积浪费。

❷ 客厅、餐厅与书房全部打通。使用环绕动线，最大限度地满足了室内采光、通风的需求，也让空间有了大平层的空间既视感。

❸ 利用每一寸空间做储藏，设置长长的衣柜，可以媲美一个超大衣帽间的储物体量。飘窗处放置飘窗垫，可在清晨或夜晚时分，享受户外美丽风光的馈赠。

结语：在小户型中，也能拥有在大房子中才能获得的体验感，也能接收来自自然的馈赠。

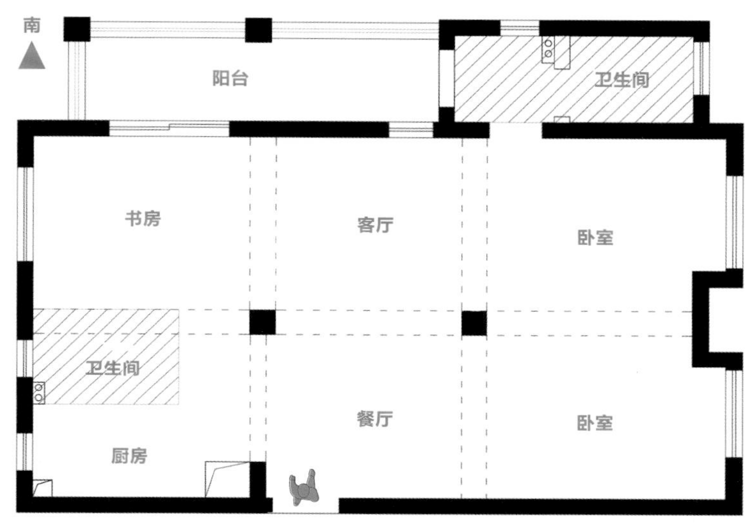

原始结构图

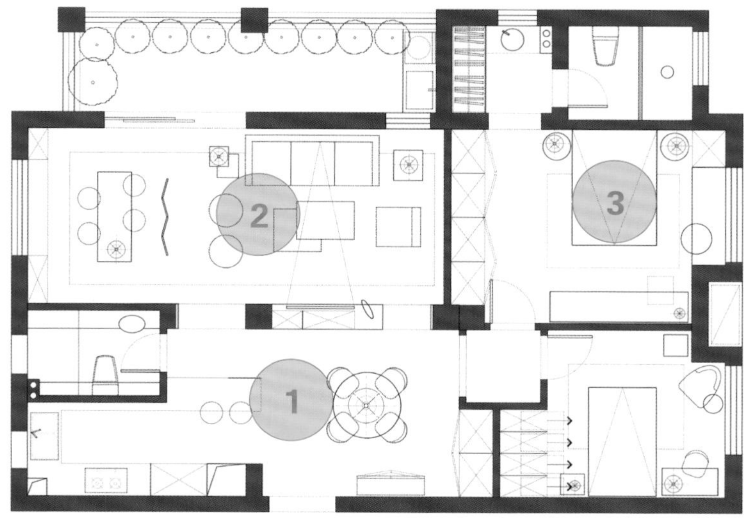

改造设计图

013 餐厅种树，厨房种菜，诗和田野就在身边

原始户型分析

入户空间无鞋柜点位，餐厅空间动线与主动线重合，整体来看，餐厅空间十分局促。若保留原始洗衣阳台的位置，厨房的操作空间将变得十分拥挤。

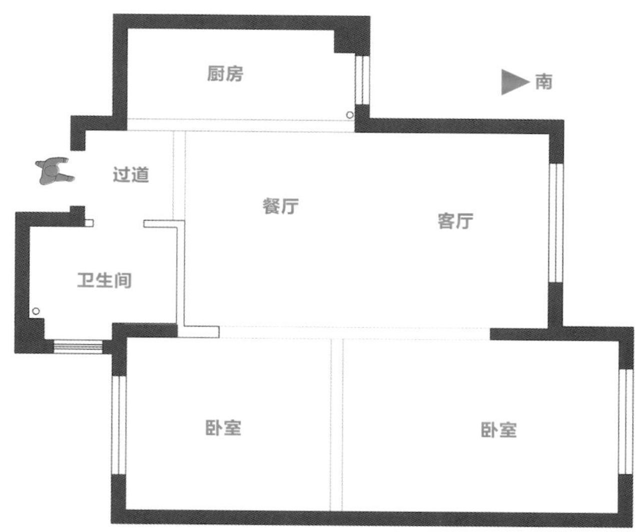

原始结构图

改造后细节剖析

① 保证卫生间的台盆能够正常使用后，借用部分台盆空间和酒柜空间放置鞋柜，入户空间便不再拥挤。

② 餐桌与厨房台面结合后，餐桌可作为厨房操作台面的补充而存在。再种上一棵树作为玄关对景，诗意油然而生。

③ 压缩客卧空间，用透明材质隔断，挤出用来洗衣晾晒的空间之时，也不妨碍客卧的通风和采光。

④ 沙发墙往东推出35cm左右，便可增设长2m左右的储物空间，再多的衣物也不用烦恼储物空间不足。利用窗下空间做储物空间和卡座，主卧的休闲功能也就有了补充。

⑤ 因主卧墙体的移动，可再增设两组储物柜，满足一家人的储物需求。进入静区空间的过程中，外部过道的壁灯也能让人感受到仪式感的存在。

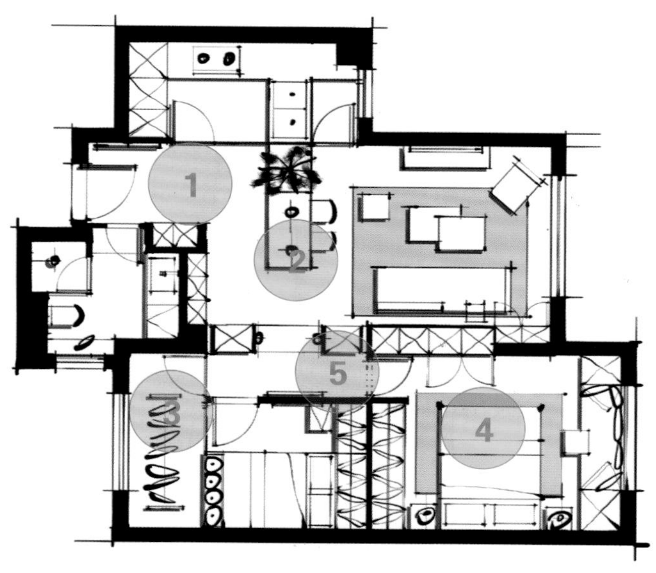

改造设计图

结语： 优质的生活空间，不仅仅要有一两处点睛的妙笔，还需要进行全方位的揣摩与推敲。

014 学区房还可以这样改造（方案一）

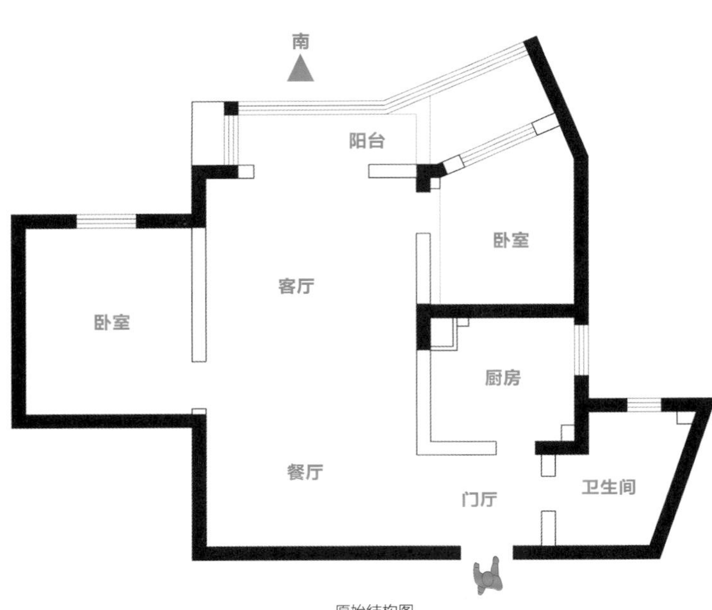

原始结构图

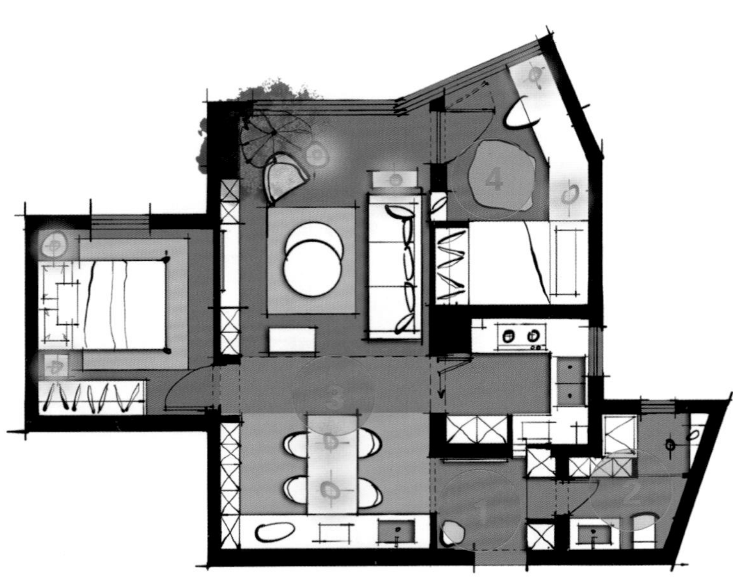

改造设计图

原始户型分析

门厅位置动线比较集中，显得十分拥挤。入户正对厨房门，形式上不太美观。小卧室面积过小，异形结构造成了一定程度的浪费。餐厅空间动线与主动线重合，实际使用面积十分紧凑。

改造后细节剖析

❶ 封掉原始的厨房门洞，在卫生间门的两侧做鞋柜，玄关空间不再拥挤，甚至还可以利用余地放置换鞋凳和装饰挂画。入户空间的仪式感油然而生。

❷ 卫生间内放置储物柜，所有的清洁用具和日常用品都可以放进去，干净、整洁。

❸ 餐桌与西餐吧台结合，节省了空间，增强了储物功能。在整个客厅、餐厅顺着墙体做了柜子，再多的物品也不用烦恼没地方放。

❹ 将阳台纳入小卧室，顺着异形墙体设计了超长学习区，夜晚陪伴孩子读书的光影在此一幕幕上映。

结语：学区房的改造，不仅仅需要满足日常生活需求，陪读的生活情境也需要营造。

015 学区房还可以这样改造（方案二）

原始户型分析

门厅位置动线比较集中，显得十分拥挤。入户正对厨房门，形式上不太美观。小卧室面积过小，异形结构造成了一定程度的浪费。餐厅空间动线与主动线重合，实际使用面积十分紧凑。

改造后细节剖析

❶ 将洗漱台盆外置后，卫生间实现了干湿分离。再在卫生间内增设储物柜，洗浴用品不会再凌乱。

❷ 厨房开放后，将操作台面与餐桌结合，玄关空间与整个公区打通，空间中视线豁然开朗，公区的使用体验和视觉感官体验也得到了优化。

❸ 小卧室中的床靠墙放置，解放传统床头柜位置，增设学习工作的台面或者梳妆台，方便实用。

结语：只需一点点创新，在普通的小空间中，也能获得比较舒适的空间体验感。

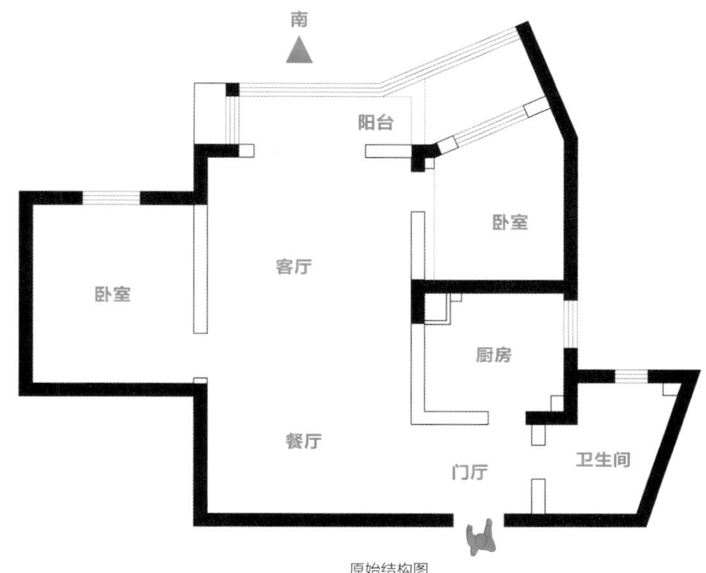

原始结构图

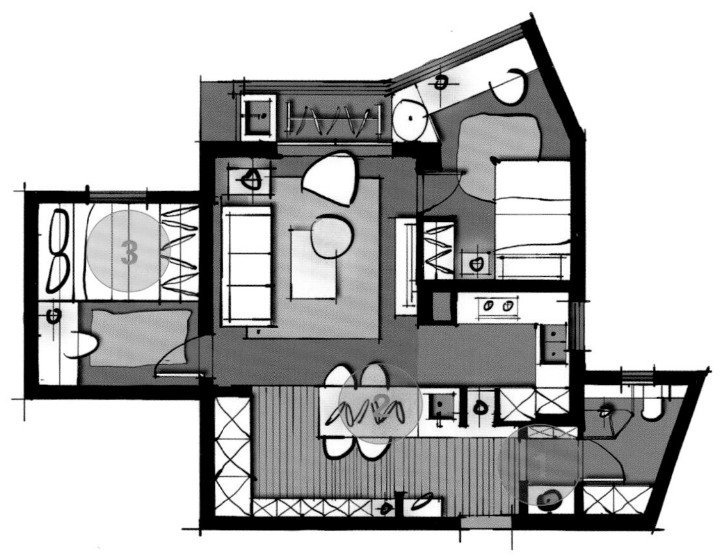

改造设计图

016 学区房还可以这样改造（方案三）

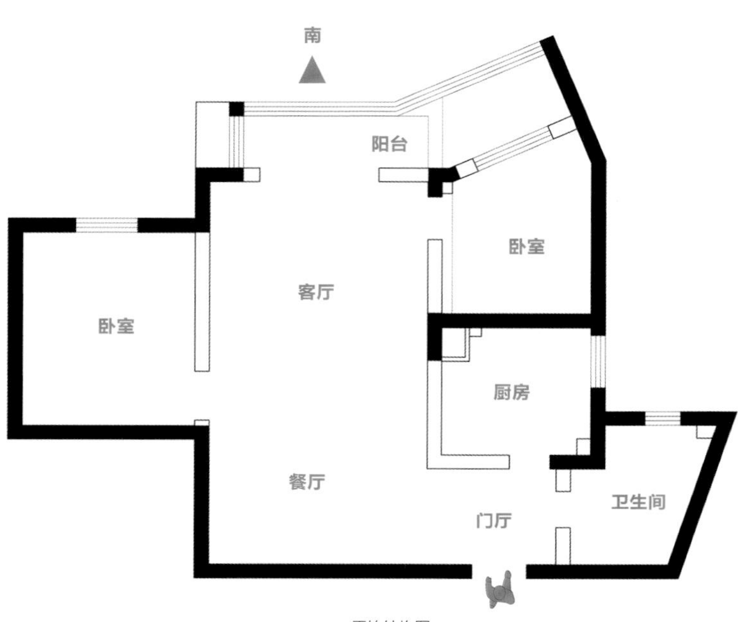

原始结构图

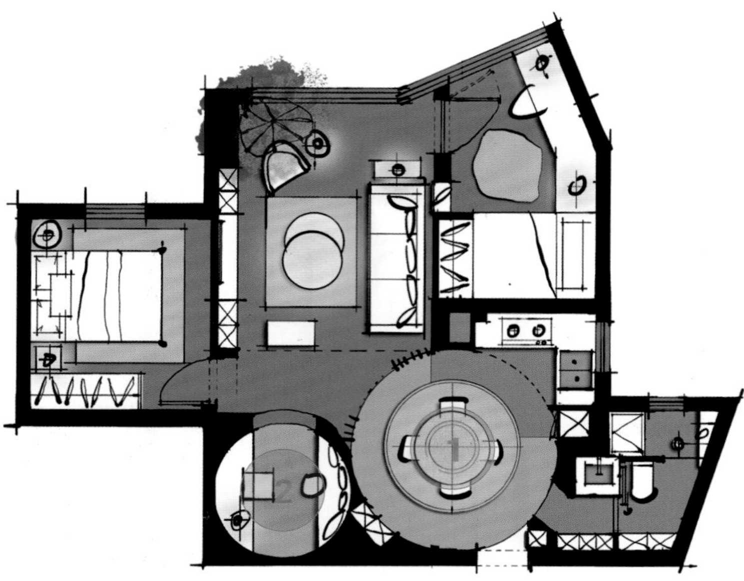

改造设计图

原始户型分析

门厅位置动线比较集中，显得十分拥挤。入户正对厨房门，形式上不太美观。小卧室面积过小，异形结构造成了一定程度的浪费。餐厅空间动线与主动线重合，实际使用面积十分紧凑。

改造后细节剖析

❶ 相对于上一个稍做突破的方案来说，此方案在形式上做了比较大的调整。将餐厅和厨房完全打开，又重新用圆形空间来划分。入户的仪式感和形式感更上一个台阶。整个餐厅运用环绕动线的手法进行改造，空间的形式和变化更加自由。

❷ 在环形书房空间中增设卡座，不仅满足了一家人办公学习的需求，在空间形式上也打造出了不一样的生活场景，给居住者的生活情境增添了更多的可能性和创造性。

结语：空间形式上的一点点突破，带给客户的往往是不一样的生活场景和生活体验。

017 茶韵书香，家的温情更加丰富

原始户型分析

厨房靠采光井通风采光，整体空间比较暗沉。过道面积过大，导致餐厅空间过于局促。卫生间仅有一个，面积又偏小，很难满足一家人在高峰期的正常使用需求。

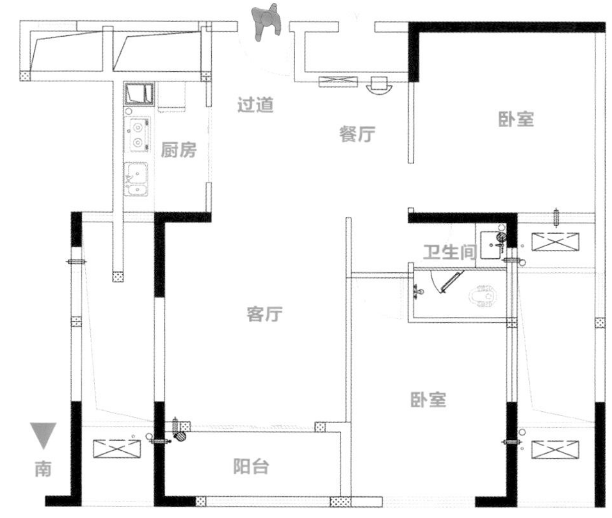

原始结构图

改造后细节剖析

❶ 厨房东移做成开放式厨房，解决厨房采光问题。鞋柜加深，增强储物功能。

❷ 卫生间往西扩张，台盆外置，做干湿分离，解决了高峰期洗漱与如厕的冲突。

❸ 客厅与阳台打通，增设网红下午茶功能，一种轻松闲适的生活气息溢满室内。

❹ 客厅与客卧通过书桌连通，增强两个空间的互动，使得整个空间生动有趣。

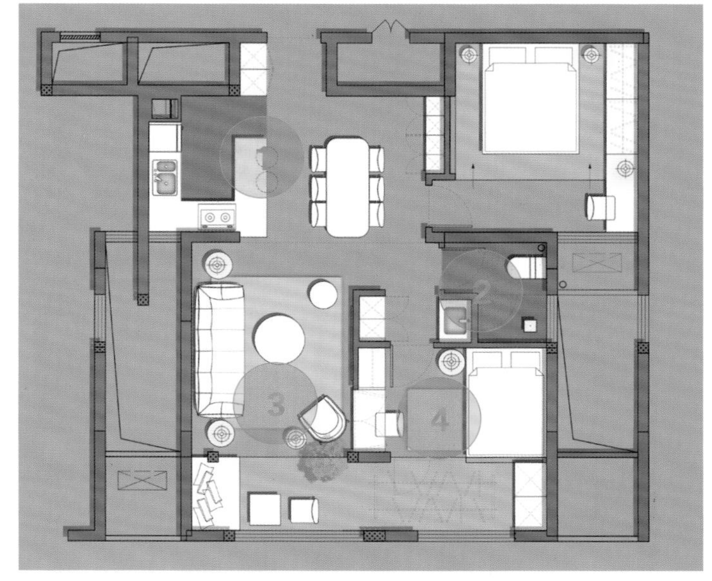

改造设计图

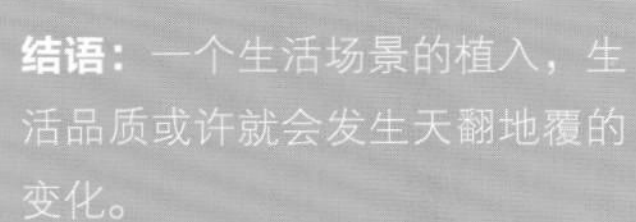
结语：一个生活场景的植入，生活品质或许就会发生天翻地覆的变化。

018 入户匹配鞋帽间，拥有豪宅般的体验

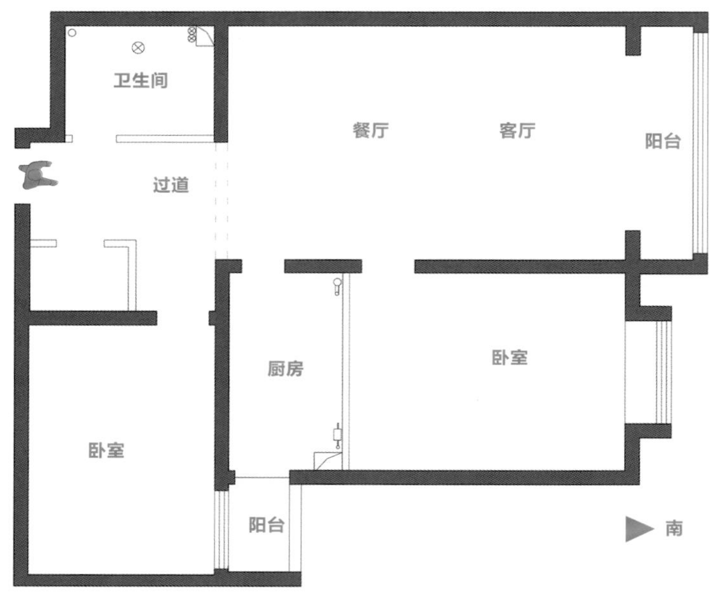

原始结构图

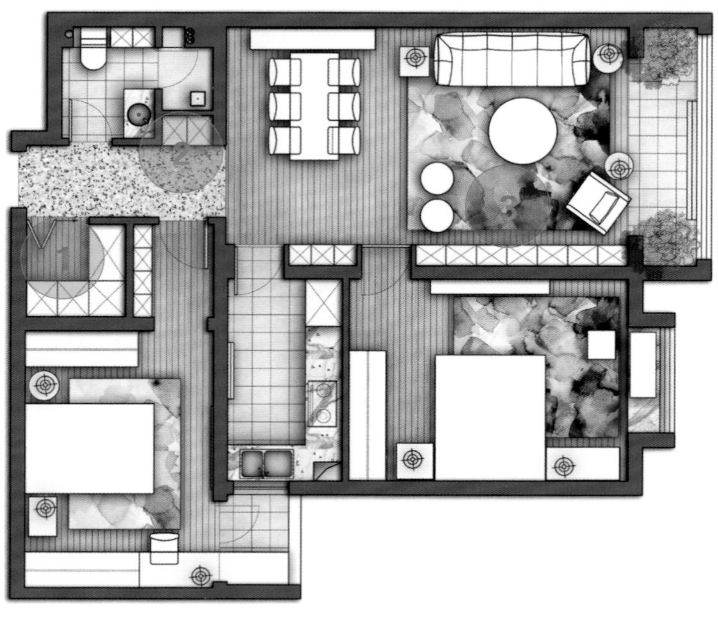

改造设计图

原始户型分析

餐厅空间动线与主动线重合，实际使用面积十分紧凑。生活阳台偏小，预留过道，无法满足厨房的正常使用需求。

改造后细节剖析

❶ 入户旁做鞋帽间，再多的鞋子也能装得下。

❷ 压缩淋浴间空间，凹出一个位置放置洗衣机，将小阳台解放给小卧室。

❸ 在客厅电视墙的位置做一排柜子，增强储物功能，完善立面完整性，小空间再也不凌乱无章。

结语：小户型的改造，利用好过道位置，可以满足更多功能需求。

019 坐在餐厅看室外，风景和美食更配哦

原始户型分析

入户正对卧室门，卧室缺乏私密性。餐厅空间动线与过道空间重合，实际使用面积稍显局促。电视背景墙过小且立面不完整。

改造后细节剖析

❶ 更改进入卧室的动线，在过道处形成独立玄关。

❷ 餐桌与墙体拐角处贴合，增强设计感，并留有空间用于解决电视背景墙不完整的问题。

❸ 电视背景墙以台面连通玄关端景，整个空间就有了流动感和延伸感。

❹ 在卧室和厨房，用斜向墙体来保证两个空间的正常使用，并多出了一组柜子的设置空间。

结语： 家庭的和睦，往往与一日三餐离不开，吃饭的时候，有一个好心情，往往能促进家庭的和睦。而好心情在建筑中的承载物，往往是一处精致的小景，或者是一个开阔的视角。

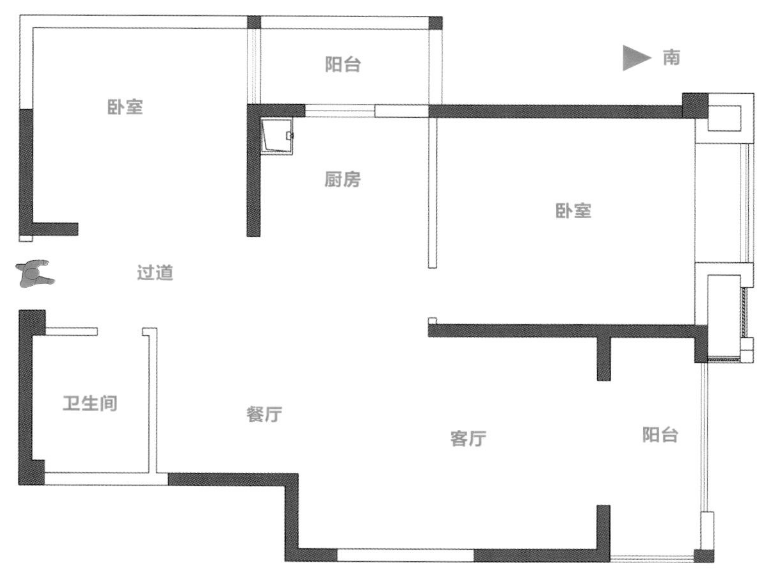

原始结构图

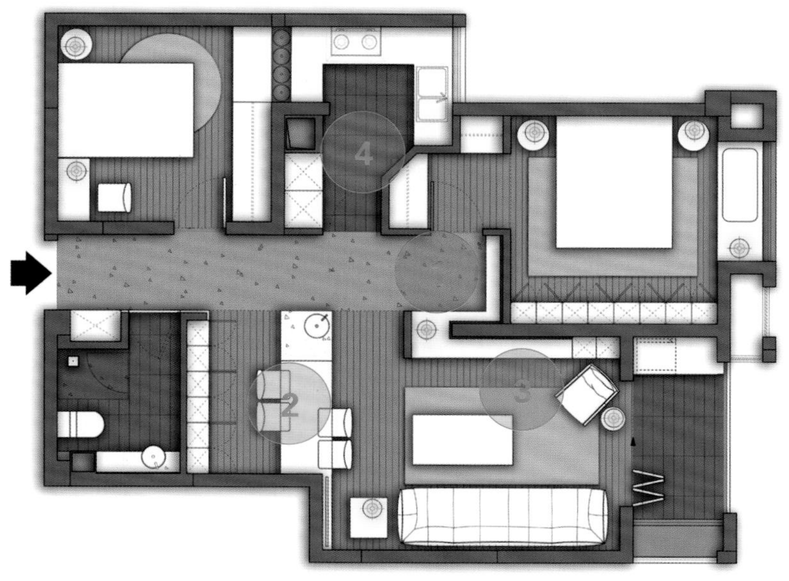

改造设计图

020 入户无鞋柜位置，一招解决

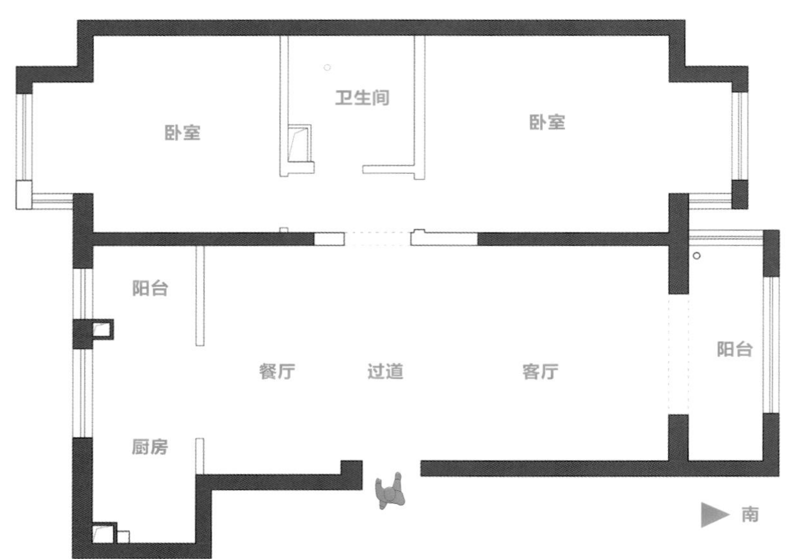

原始结构图

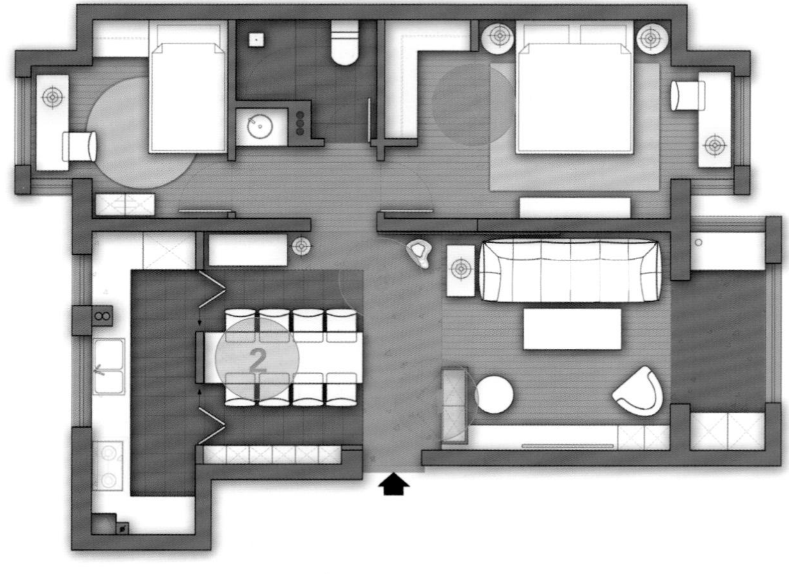

改造设计图

原始户型分析

入户无鞋柜位置，玄关对景墙不完整，存在凸角。厨房空间过于拥挤，无法很好地安排冰箱位置。主卧空间稍显逼仄，储物空间明显不足。

改造后细节剖析

❶ 电视背景墙处的长台面与鞋柜一体化设计，留有一定空间，视线可直达客厅，有趣实用，层次丰富。

❷ 餐桌靠墙放置，双动线进入厨房空间，厨房空间与餐厅空间的使用更加便捷。

❸ 延伸沙发墙，增大了主卧空间，更完善了玄关墙立面。入户有玄关空间，空间更有仪式感。

❹ 主卧占用部分卫生间空间，靠墙做L形衣帽间，满足了居住者的储物需求。

结语：满足需求永远是户型改造需要考虑的首要因素，然后采用一些修饰手法，往往能收到一些意料之外的益处。

021 环绕动线可以让空间更大哦

原始户型分析

客厅、餐厅面积过小，很难满足入户门厅、玄关墙、四人大餐桌、大客厅对空间的需求。卫生间面积过小，很难完成三件套的干湿分离设计。主卧空间不大，梳妆台并无合适的安置位置。

改造后细节剖析

❶ 将玄关墙与电视背景墙功能整合在一起，作为孤岛存在，并将过道空间与实用功能结合，节省空间。

❷ 利用主卧空间，凹出可放置一组柜子的空间，满足客厅的收纳需求。

❸ 将儿童房学习区开放，扩大了公共空间，便于互动和交流。

❹ 主卧床品区使用地台，节省空间，也让空间的趣味性更强。

❺ 厨房向西扩张，做U形台面，更加实用。

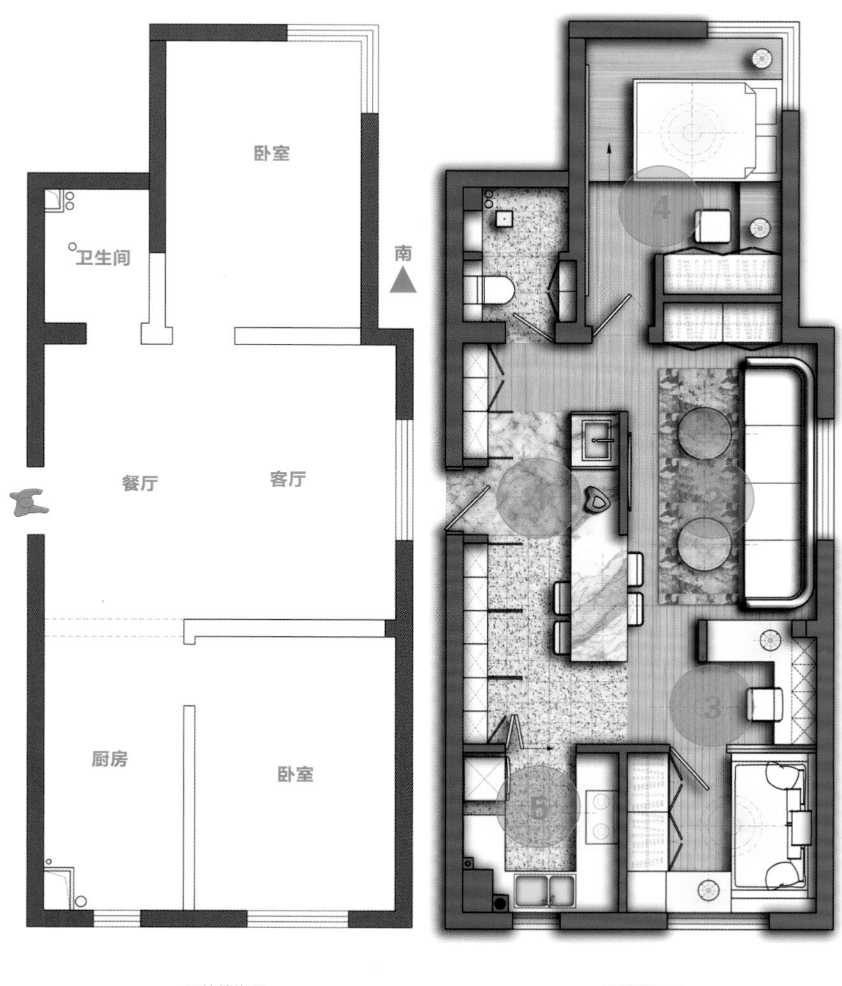

原始结构图　　改造设计图

结语： 一字形的孤岛，让小空间拥有更多可能性，也让生活方式充满趣味。

— 第 3 章 —

三室两厅公寓

（三居室户型）

这应该是目前全国最常见的刚需户型之一了，方方面面都刚刚够用，可满足三代同堂的居住需求，南北朝向，采光、通风良好。那为什么还需要改造呢？正因为这种户型的居住人员数量较多，所以会有很多个性化设计需求，改造的需求必然也会很多。

这种户型通常的改造需求可分为改大和改小两类。有的业主希望在原本三房的基础上增加一个房间作为书房或衣帽间，有的业主希望将三房中的一个房间作为书房或衣帽间，虽然“改大”和“改小”只有一字之差，但是设计构思却千差万别。

如果想要增加一个房间，又不想让其他房间受到挤压而降低生活品质，那么这时候就要运用经典的空间重叠公式：1+重叠空间+1=3。重叠空间并不是真实存在的，而是从原本户型中已经存在的空间中借一部分空间来临时使用。这个公式在所有小户型需要增加空间的时候都可以运用，并且屡试不爽，在后面的案例解析中会提到如何实战运用。

022 让业主倍感方便的强大收纳功能

原始结构图

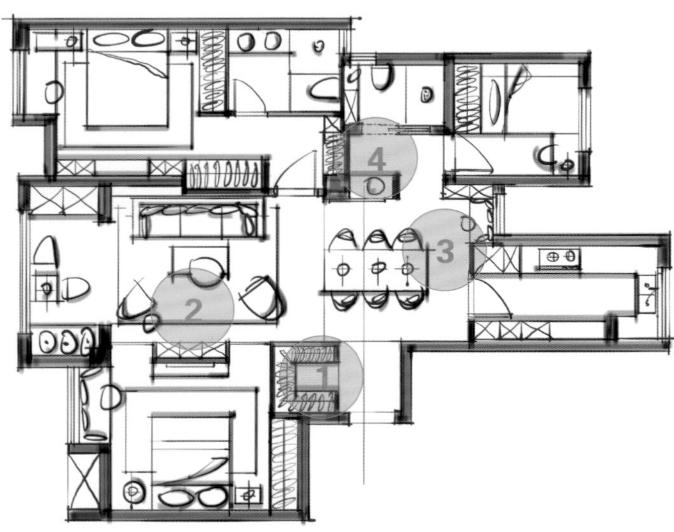

改造设计图

原始户型分析

原本的空间划分较为零碎，厨卫面积均偏小，公共空间占用了很大面积，极容易造成面积浪费。

改造后细节剖析

❶ 在入户左手边隔出衣帽间，放置多人的衣帽鞋包不成问题。规整划分过道、餐厅、客厅区域，视觉上整齐利索。

❷ 在客厅电视背景墙两边各开一扇门，在视觉上营造对称美感，使客厅区域显得更加时尚且庄重，增强了通透性，不会显得局促沉闷。

❸ 在作为整个空间枢纽区域的餐厅，通过对局部墙体的微小改动，不仅将厨房变大，隔出品酒休闲区，改善了入户视觉感受，更重要的是将过渡区域面积完全利用起来，减少了浪费。

❹ 公卫干区台盆兼有遮挡、视觉装饰等多种功能，使得公卫有限的面积能发挥多样的作用。

结语： 很多时候，设计时只有跳出惯性思维，才能发现新天地，胆大心细的尝试会收获意想不到的惊喜。

023 不要急着给户型朝向下定论

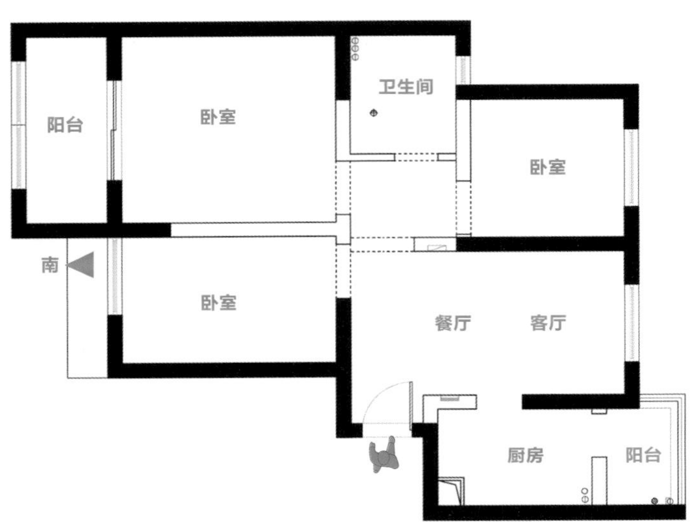

原始结构图

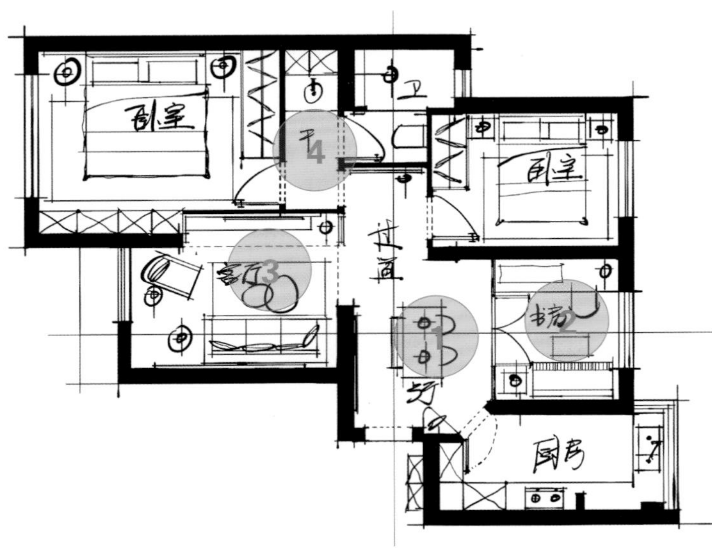

改造设计图

原始户型分析

紧凑的原始三居室户型中公共空间并不宽敞，北向区域的采光也不尽如人意，入户、过道和卫生间的动线直接相通。

改造后细节剖析

❶ 餐厅占用原有客厅的部分面积，成为入户后公共空间的中心，斜切的厨房入口设计也让餐厨区动线变得更加灵活。

❷ 将原来北向的客厅改造成书房，一来面积合适，二来采光也足够，紧挨着餐厨区，物质食粮和精神食粮缺一不可。

❸ 把南向的次卧改造成客厅，通过功能区的置换将户型朝向从北向变为南向。电视墙向主卧方向推进后，客厅面积变大，比例适中，并且在主卧能隔出一小块收纳区域。

❹ 把阳台纳入主卧，加强采光的同时，给卫生间留出改动空间，干湿分离得以实现；北向次卧墙体向卫生间推进后，整个户型的功能区面积基本均匀，比例平衡、合理，大大增强实用性。

结语：避免标签化户型，每种户型都有可取之处，本着均衡比例、增强实用性的原则进行改造设计，一定可以转劣为优。

024 在普通平层里体验豪宅般的居住感

原始户型分析

户型朝向和功能布局皆较好，不足在于入户玄关和公共空间的动线过于单一，收纳空间不足。

改造后细节剖析

❶ 利用可搭建楼板区域扩大玄关面积，加入晾衣功能和小型水景装饰，视觉上玄关空间变得宽敞利落，不失趣味性。

❷ 在满足封闭式厨房设计需求的前提下，开两个门，分别能从玄关和餐厅进入厨房，大大提高了动线效率。根据生活动线惯性，将餐桌纵向置于餐区中心，收纳位置左右对称呼应。过长的餐桌还可分离出一部分用作岛台，操作空间增多，将餐厨空间利用到极致。

❸ 同样有双向入口的还有公卫区，其衔接玄关与过道，占用部分客卧面积，改造出高效便捷的三分离卫生间，拥有超强实用性和舒适性，赶得上豪宅水准。

❹ 在面积有限的情况下，把儿童房沿过道的隔墙改为实用性储物柜，兼有隔断和收纳功能。朝向卧室内部开门的可做衣柜，朝向过道开门的可做灵活储物空间。

结语：办法总比困难多，多想为什么，多尝试不同方法，总会得到更好的效果。

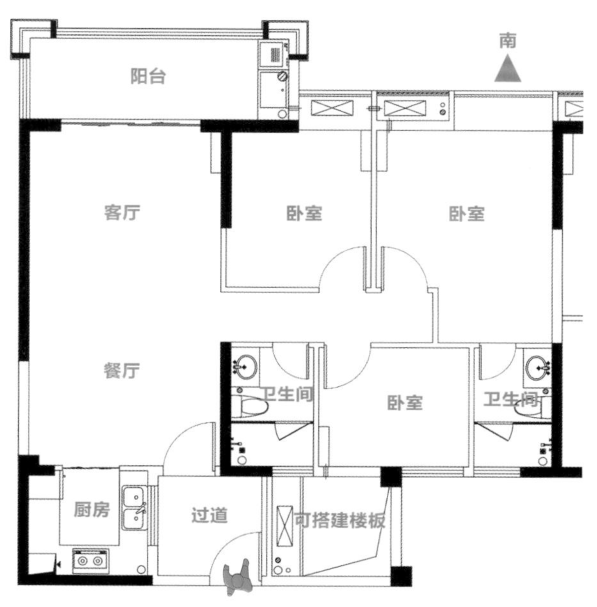

原始结构图

改造设计图

025 谁说户型改造必然敲墙，软装优化合理，布局照样出彩

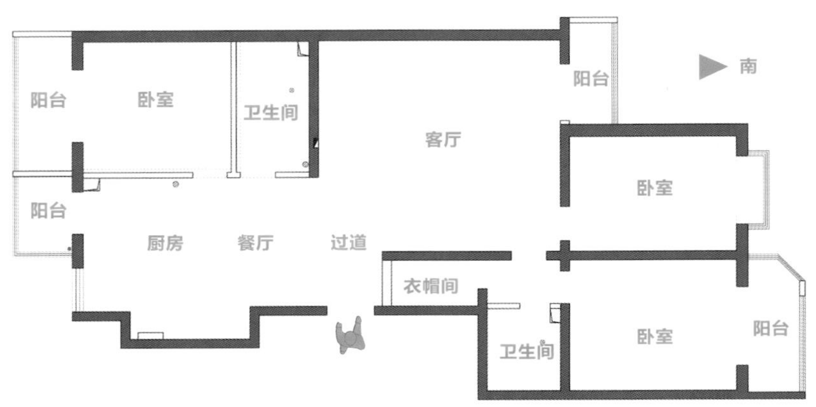

原始结构图

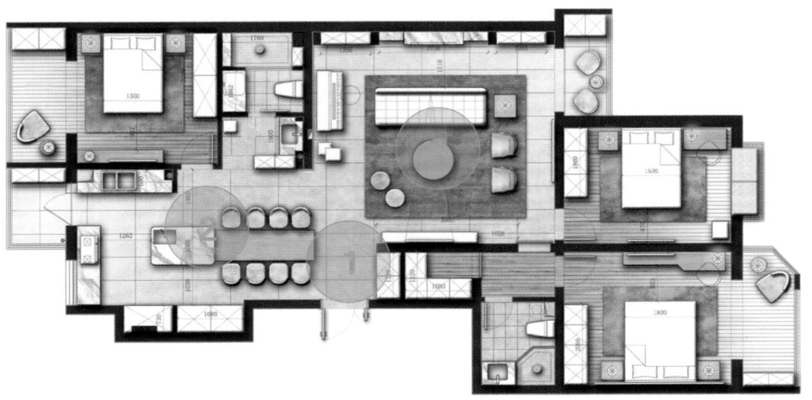

改造设计图

原始户型分析

户型结构比例较合理，根据业主需求，在不动墙体的情况下，通过优化家具布局来提升居住体验。

改造后细节剖析

❶ 为了不拥堵过道及占用餐厅面积，把入户鞋帽柜嵌入进门右手边墙体，满足基本功能需求；视觉上一开门便可看到装饰摆件和钢琴，营造出文化气息浓厚的高雅空间氛围。

❷ 厨房操作台面保持沿墙面布局，餐区充足的空间满足中岛和八人餐桌的布局需求，开放式餐厨区视野开阔，敞亮大气，满足家庭日常生活、聚会社交等多种活动的需要。

❸ 客厅沙发位给人带来统揽全局的心理感受，视觉上能够将大部分公共空间纳入视野，用地毯划分出沙发中心区域，四周动线流畅，串联起零散的小功能区，空间丰富却不显杂乱。

结语： 千里马常有，而伯乐不常有；优秀的户型千千万，但是能充分展现其优势并锦上添花的户型设计方法却很难得。

026 巧思细节扭转户型缺陷，构筑美好舒适生活

原始户型分析

该户型格局方正，采光充足；功能空间沿着入户轴线左右分布，一目了然；动线较合理。该户型存在的缺陷在于：入户走廊及玄关空间不足；两个卫生间的门朝向不合理。

改造后细节剖析

❶ 将书房靠近入户门的一小部分空间隔出，做成入户玄关，不会挤占入户走廊空间，又能最大限度增加入户收纳空间。书房的玻璃门能够将书房采光延续到入户玄关、走廊。

❷ 根据业主的生活习惯，把中厨入口向西厨方向推进，增加了操作台面和收纳空间。西厨的操作台可作为一个中岛来使用，兼具社交、家庭教育、便捷用餐等功能。

❸ 公卫的门正对餐厅，在其间加一道装饰性隔断，用巧思化劣势为优势。

❹ 把主卧房门向西移动，一排超大容量的衣柜空间就诞生了！卧室的舒适感、秩序感马上显现出来。主卧卫生间门正对着床，增加一排柜体隔断加大收纳空间，使得房间内更加整洁简练。在柜体隔断和主卫之间设置洗手台面，形成干湿分离主卫，将缺陷转为优点，充分纳入了所有功能且不拥挤。一天疲惫的工作之后在主卧就能得到治愈。

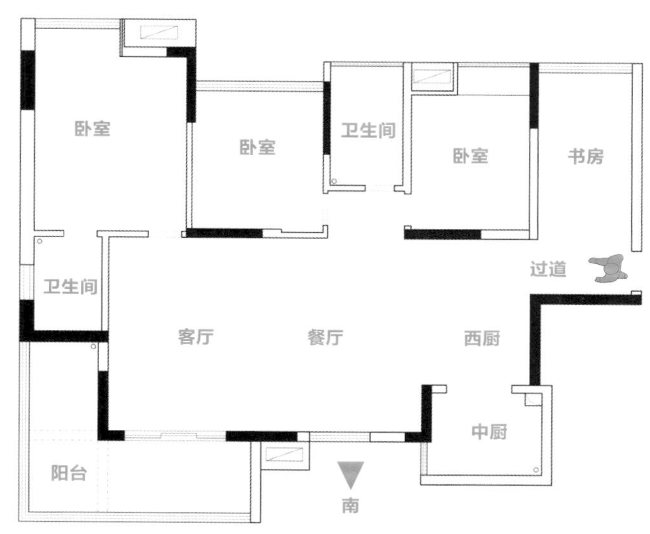

原始结构图

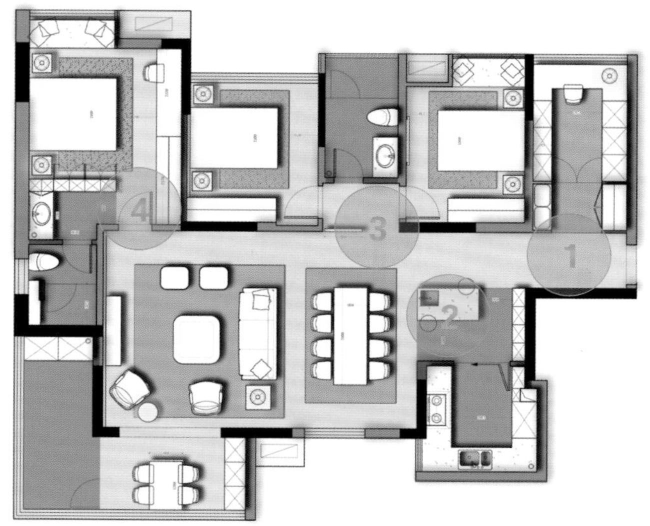

改造设计图

结语： 用巧妙细腻的手法，打造出温馨舒适的家，让居所引领人们创造更美好的生活。

027 玄关和餐厅合二为一，既节约空间又增加了多种功能

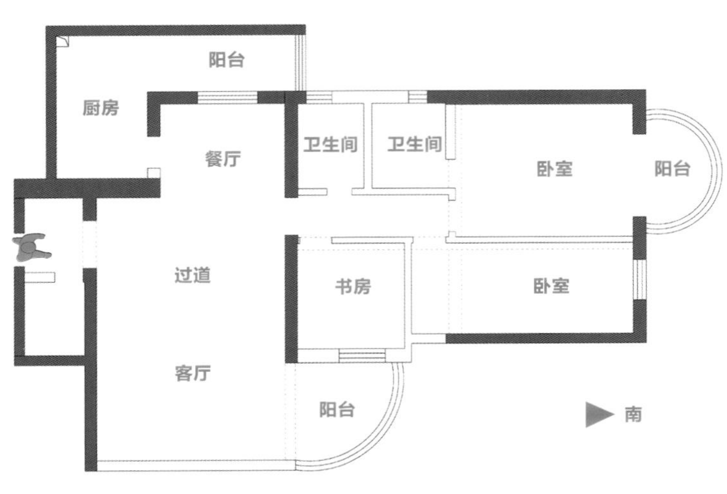

原始结构图

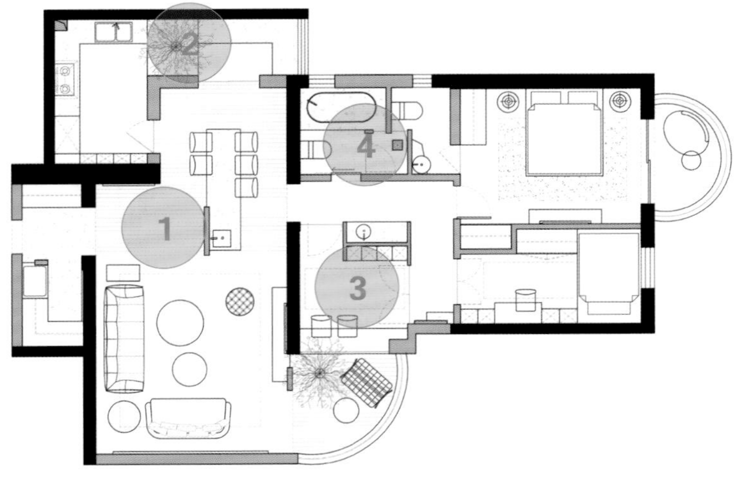

改造设计图

结语：一个区域发挥多种作用，将功能发挥到极致，才不枉对美好生活的期待。

原始户型分析

玄关比较局促；餐厅面积偏小，而入户过道占用的空间太多；公卫、主卫面积偏小，难以容下所有基本功能。

改造后细节剖析

❶ 将餐桌大胆延长至过道，餐厅面积扩容，在正对着入户门的餐桌区域的立面上做收纳隔断，隔断前做装饰墙，隔断后做收纳柜和桌面洗手池，餐厅不仅有用餐功能，还兼有隔断、备菜、收纳、社交等多种功能，充分利用有限空间发挥多样作用。

❷ 厨房和阳台之间用绿植分隔和过渡，在保证厨房功能完备的基础上，这样做可把空间做“活”，为生活在其中的人带来舒心惬意的享受。

❸ 把书房窗口扩大以引入更多的自然采光，两扇门的设计使动线灵活多变，适应多种场合，可动可静。

❹ 根据业主需求，只需公卫有淋浴和浴缸，因此可以适当缩小主卫，将部分面积让给公卫，用于设置淋浴和浴缸。主卫的台盆还可以放置到马桶对面，这样的话淋浴房可做成双侧开门的形式，形成小套间。

028 什么样的公寓改造进能宴请贵宾，退能一人独酌

原始户型分析

入户自然光线不足，玄关视线感受待优化；餐厅过道面积大，产生浪费，西厨体量小；客厅布局呆板，电视背景墙太短，公卫台盆正对门；儿童房杂乱，无学习区；主卧须避免面积浪费，主卫格局不合理。

原始结构图

改造后细节剖析

❶ 在厨房和玄关之间开窗口，通风透气，视线上可以相互顾及，日常生活使用便利，且使玄关纳入自然光。

❷ 将餐厅结合西厨吧台进行一体化设计，家庭聚餐和日常使用都很舒心方便，动线整合为两条，对称且利落；侧面置入小吧台和小水池，兼顾收纳、饮食、备菜等功能；入户后视线直通客厅阳台，因此在餐厅和客厅中间的休闲区做一个装饰隔断，也可提升空间格调。

❸ 调整主卧床头方向，避免主卫门对着床，多出来的空间可放置衣柜；主卫淋浴和浴缸紧挨着，方便使用和打扫清洁，主卫根据不同功能使用频率的减少，依次由外向内设置各功能区，在宽大的浴缸泡澡还能欣赏户外风景。

❹ 将客厅电视背景墙延长后，自然而然感受到面积的扩大，家具组合简洁大气，一把躺椅将客厅与阳台连接起来，增强了互动感。

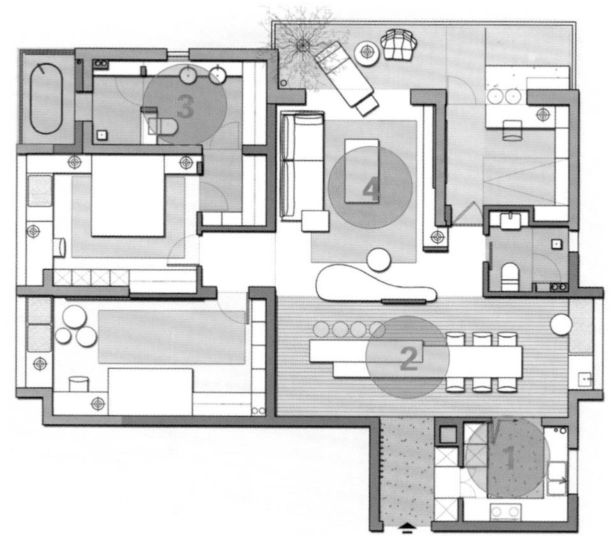

改造设计图

结语： 很多时候不能将所有功能生硬地塞入空间，要有侧重，有紧有松，空间才会有节奏感，才会让居住其中的人感受到空间设计带来的乐趣。

029 一进门就让人大开眼界的餐厨空间

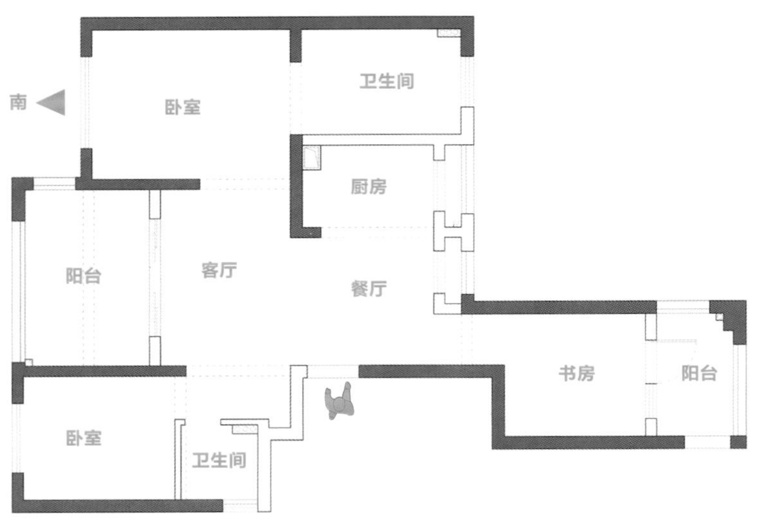

原始结构图

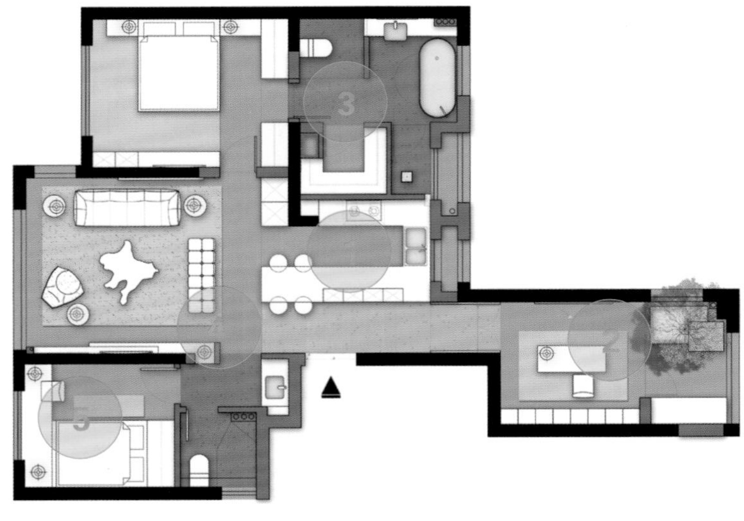

改造设计图

结语：设计师要在满足业主需求的基础上探寻更多可能性，甚至要比业主更了解他的需求。

原始户型分析

开放式厨房的面积利用不充分；书房散乱，舒适感不够；儿童房床头对着门；客厅面积小，阳台面积过大；主卧收纳空间不足。

改造后细节剖析

❶ 厨房和餐厅功能融合，节约空间，在正对入户门处做收纳柜，中间镂空，只做底柜和吊柜，视线不会被完全遮挡，没有压抑感。

❷ 站在门厅看向书房，映入眼帘的是绿植景观，使用放在书房中心位置的书桌时，抬眼看到的也是绿植景观，没有墙面的限制，采光充足，很容易使人沉浸到书房的氛围中去。

❸ 主卫借用原有厨房的部分面积，隔出衣帽间，有了更多的储物空间，还多出了可放置浴缸的区域，并且实现了干湿分离。

❹ 利用台面延长电视背景墙，使得客厅空间更为规整。

❺ 在儿童房沿窗做一排台面，整合学习、休闲、收纳等多种功能。

030 这样做才能让业主心甘情愿付设计费

原始户型分析

公寓门厅过大，需要品茗区，刚需人群对储物的要求高，公卫位置离公共空间远。

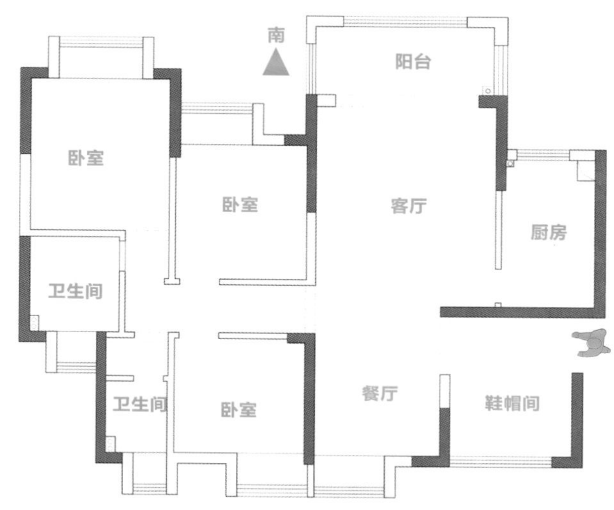

原始结构图

改造后细节剖析

❶ 可利用玄关角落造景，进门和用餐、品茶时都能欣赏到，营造惬意氛围。储藏柜一高一低设置，产生足够的收纳空间的同时，矮柜设计便于换鞋。

❷ 餐厅餐桌结合品茗区设置，抬高品茗区地面台面，形成既统一又有区别的用餐环境，为这种使用频率较高的区域带来更丰富更有层次的使用感受。

❸ 儿童房南北缩进一部分面积，不影响空间、动线，将南侧儿童房靠近过道处过长的空间隔出一部分做收纳柜，过道尽头的墙面做简单的装饰，让空间更有质感。

❹ 通过改变进入主卧的动线来增加衣帽间，共用动线以提高空间利用率，并且为公卫留出储物空间。

❺ 在厨房和电视背景墙结合处做收纳柜体，不仅能衔接空间，还能比做隔墙产生更多的收纳空间。

❻ 客厅一边延伸到阳台，一边和厨房相关联，整体区域既独立又与其他空间有联系。

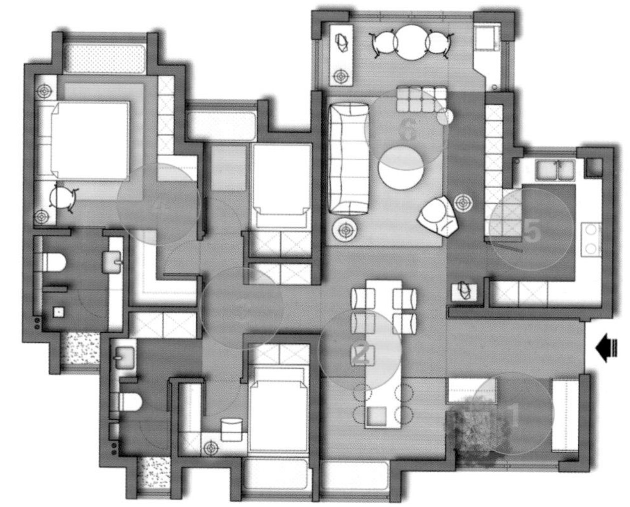
改造设计图

结语： 动线叠加可节约空间，巧用隔断手法增加储物空间。

031 嫌公共空间面积太小？超强改造让人瞬间信服

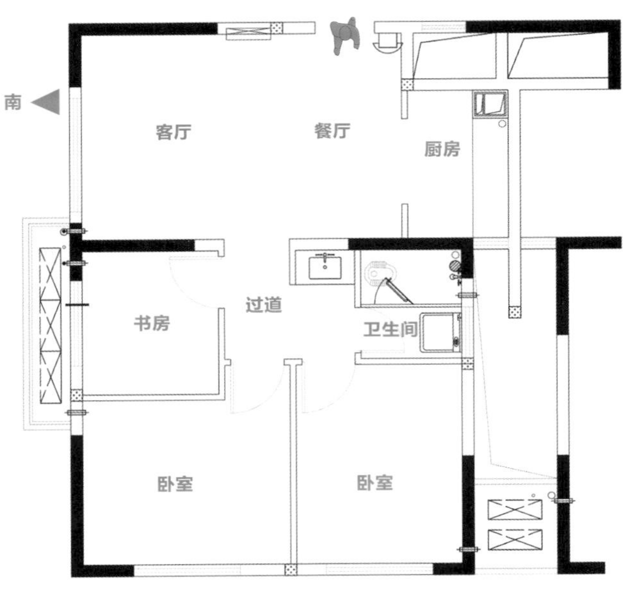

原始结构图

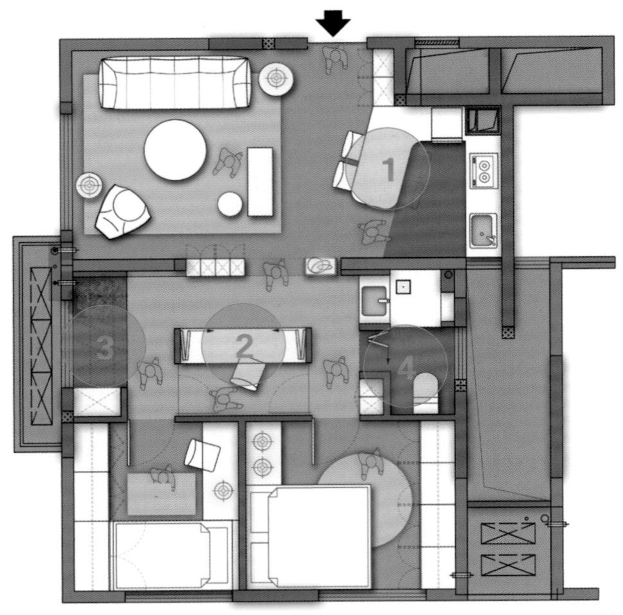

改造设计图

原始户型分析

公共空间面积均偏小，没有阳台，无法满足晾晒需求，卫生间功能布置太浪费空间。

改造后细节剖析

❶ 业主需要开放式厨房，将厨房操作台面延伸出来作为餐桌，餐桌45°斜摆，把餐厨区合为一体，功能尺寸满足日常使用需求，且不局促。

❷ 把室内中心过道面积利用起来，变为书房，空间结构及动线共用，形式多样新颖，书房宜动宜静，通透敞亮。

❸ 原来书房朝南的窗口处就能满足晾晒衣服的需求，还可搭建一处绿植小景，赋予这个较开阔的空间以活力与生机。

❹ 洗衣功能区放到晾晒区后，在卫生间比例均匀地放置各项功能，洗手台盆朝外，形成干湿分离。

结语：把功能叠加组合、动线梳理清晰，小户型也不必担心空间不足。

032 狭窄、尖角一招解决

原始户型分析

入户没有收纳空间，正对卫生间门；餐厅位置尴尬，走道较拥挤而且有尖角。

改造后细节剖析

❶ 入户沿墙做一整面鞋柜，餐桌处连接多个区域，动线多变且合理，不浪费空间。

❷ 在开放式厨房做一个小吧台，和餐桌呼应，视线贯通开阔，家人间互动空间更多。

❸ 次卧采用斜角门弱化走道尖角，使视线过渡平和且自然，走道里的视野也开阔了一些。

❹ 在入户后视线尽头设置一处端景装饰，也给主卧预留出一块储物区。台盆嵌入公共储物区，避免正对着卧室门，也可实现干湿分离。

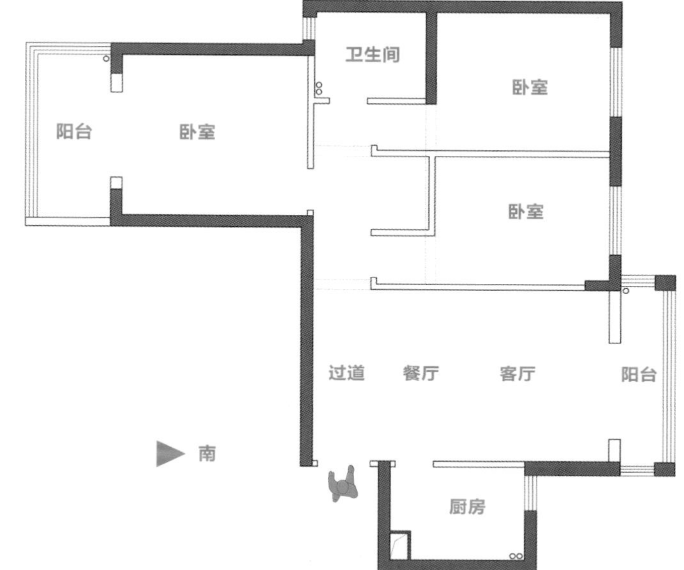

原始结构图

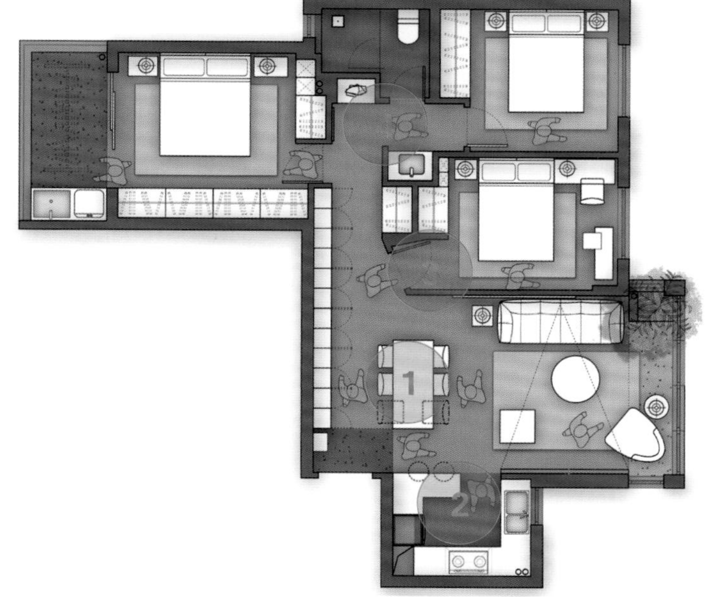

改造设计图

结语：刚需房尤其要注重收纳空间的设计，实用高于一切。

033 承重墙太多，无从下手的户型利用45°倾斜妙手回春

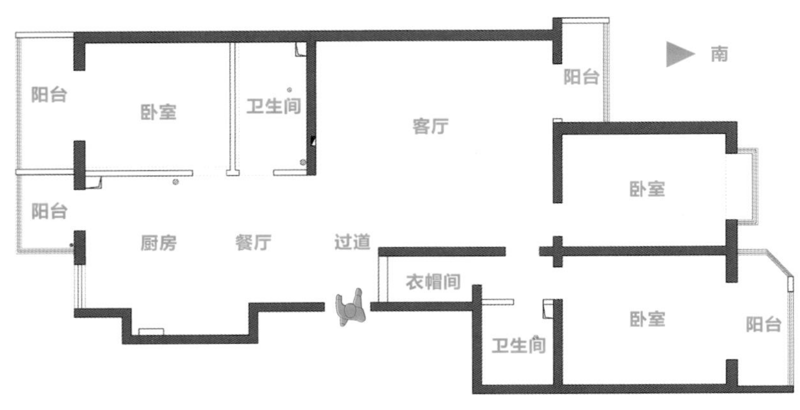

原始结构图

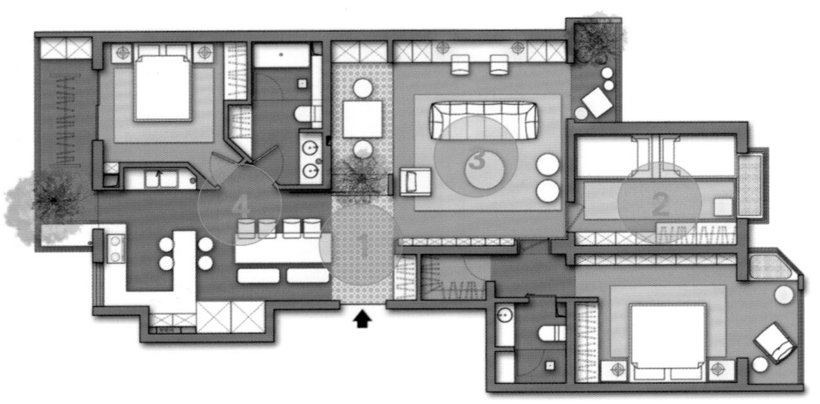

改造设计图

结语： 灵活运用45°倾斜角，可以化解很多不利格局，增强实用性，大大提升居住质量。

原始户型分析

室内墙体绝大部分为承重墙，再加上管道的限制，调整难度大；入户无遮挡，两个小卧室储物空间不足。

改造后细节剖析

❶ 在门厅地面顺着视线延长到客厅的区域，划分出茶室，视觉上使原本零散的布局变得规整，清晰划分不同区域，设置的绿植奠定了进门后对室内环境的第一印象，自然舒畅。

❷ 儿童房在考虑安全性的前提下，先置入并列的两张床，让孩子们有更紧密的联系，后期随着孩子成长可进行调整。

❸ 客厅沙发后沿墙打造整排阅读休闲区，动静结合，增强家庭活动氛围。柜体采用对称设计，增加收纳空间，美观与实用相结合。

❹ 次卧和公卫两处空间的门倾斜45°，解决了进门尺寸不足的问题，且避开了管道位。

034 在平平无奇的户型中拥有大气震撼的体验感

原始户型分析

本户型属于常规户型，没有缺点，优点不突出，需要在布局和设计上优化细节。

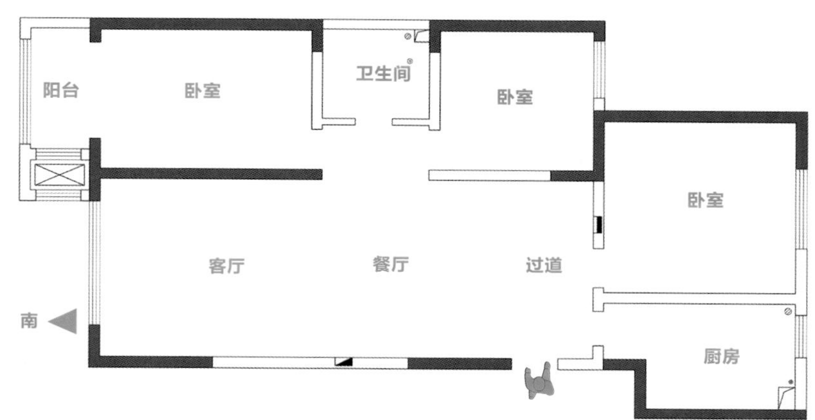

原始结构图

改造后细节剖析

❶ 门厅端景装饰放在过道尽头，不影响动线节奏和用餐区域，装饰区下方可设置餐边柜等收纳柜。

❷ 进入厨房的走道两侧一边做入户鞋柜，在另一边空间较大的区域嵌入冰箱等厨房设备，多种功能共用动线和空间，次卧的衣柜空间也被隔了出来。

❸ 公卫门换个位置开口，避免正对用餐区，适当缩小湿区面积，增大过道空间，留出干区台盆的位置。

❹ 客厅、餐厅墙体整面做柜子，在视觉上非常连贯大气，在功能上满足公共空间的硬性储物要求，立面可以部分掏空不做柜门，避免做整面柜体过于呆板，可发挥空间很大。

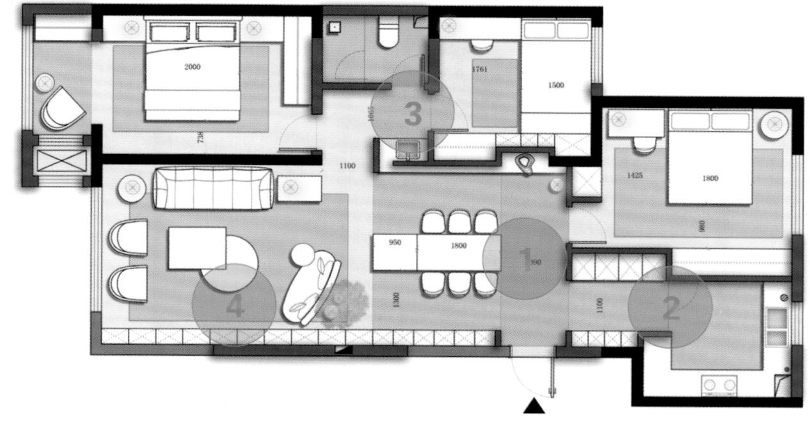

改造设计图

结语： 有零有整的空间布局能将普通户型变得有特色，就像节奏优美的音乐给人带来美好的感官体验。

035 该拿比例失衡的小型卫生间怎么办?

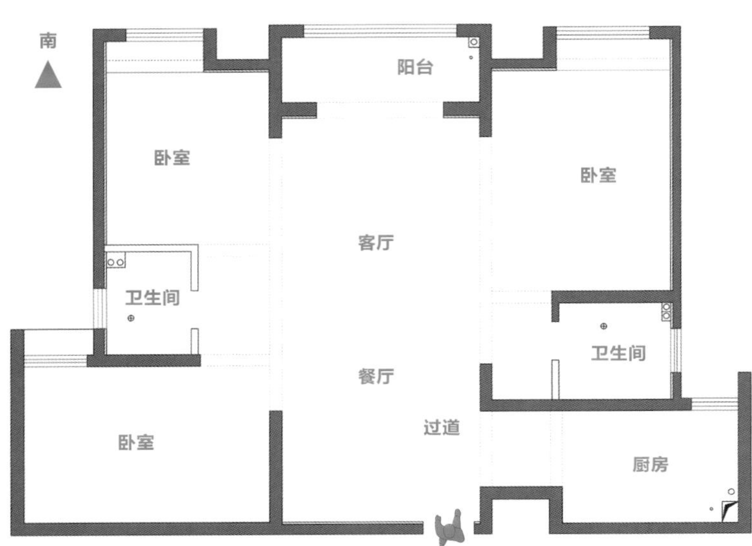

原始结构图

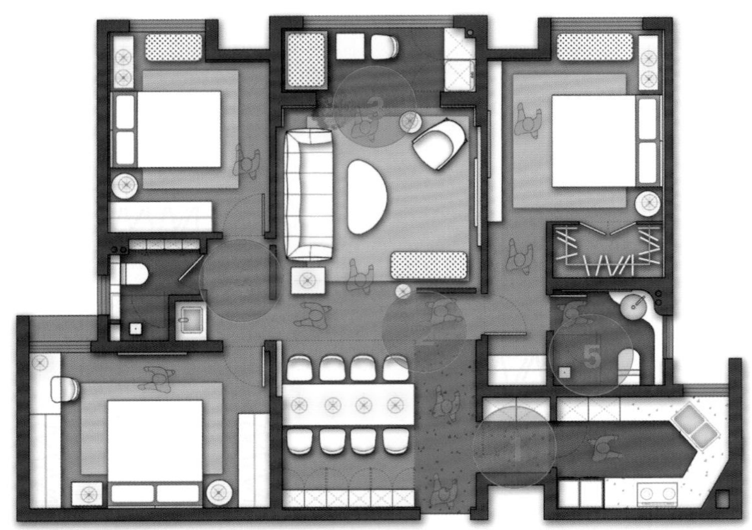

改造设计图

原始户型分析

没有门厅过渡空间，两个卫生间面积都偏小，公共空间功能区待优化。

改造后细节剖析

❶ 缩进厨房进门处空间，在不长的走道中置入鞋柜，解决入户收纳问题。

❷ 在客厅长椅后设置一面矮隔断或软隔断，使得入户视线半遮半掩，也能清晰界定客厅空间界限。

❸ 南向阳台容纳了洗衣干衣、休闲娱乐等多种功能，视线与客厅沙发位既有交汇也有遮挡，可当作客厅的外延，也可作为一个独立小空间。

❹ 公卫台盆放在外面，形成干湿分离格局，提高使用效率，洗手动线与走廊动线结合提高过道利用率。

❺ 主卫台盆靠窗布置，避免产生淋浴房玻璃隔断卡在窗户玻璃上的收口冲突。

结语： 在设计中维持空间的整齐、完整，以及界限感，不论遇到何种限制，都不会乱。

036 把刚需户型做出大平层的居住体验

原始户型分析

厨房、过道、餐厅空间利用不充分，功能区分散，较难整合利用。

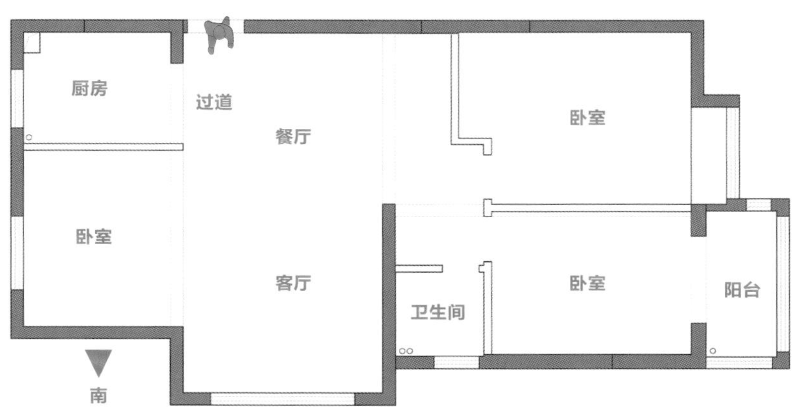

原始结构图

改造后细节剖析

❶ 进门左手边隔出鞋柜、杂物的收纳空间，厚度与厨房台面深度持平，对称规整；厨房可开放可封闭，开放时整个入户区、餐厨区动线连贯灵活；在正对入户门的餐桌区立面做装饰端景，遮挡看向客厅的视线，提升空间品位。

❷ 加强书房空间通透感，与客厅间的隔断选择矮墙加玻璃窗的形式，纳入更多自然光照，沙发床展开后，书房可作客房使用。

❸ 卫生间根据需求做成干湿分离的形式，为避免台盆正对卧室门，将其设置在过道另一边，进门后、用餐前也方便使用。

❹ 业主有两个小孩，在儿童房放置两张书桌，洗手台盆后的区域正好可做衣帽间，容纳孩子们大量的物品。

改造设计图

结语：先把空间划分为整块的区域，再由整体进行细分规划，不会漏项，更不会散乱。

037 入户拐个弯别有洞天，带来桃花源式的体验

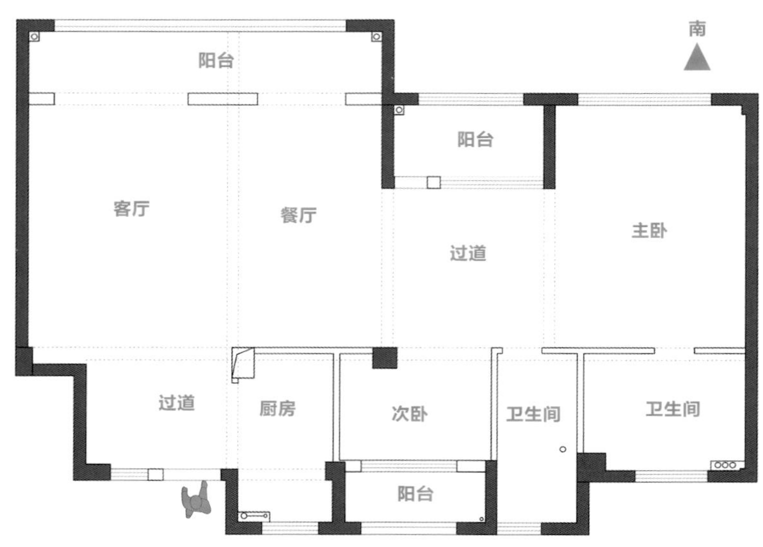

原始结构图

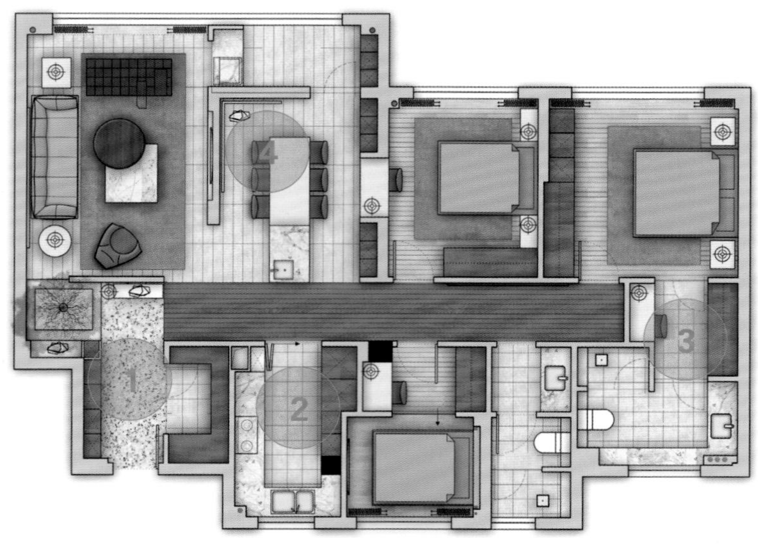
改造设计图

原始户型分析

户型可塑性强，入户视线直通客厅，室内过道浪费太多面积。

改造后细节剖析

❶ 左移入户门，在入户右手边的空间做衣帽间，加大收纳空间，在过道与客厅之间做端景隔断，引导动线走向，视觉上观赏性增强。

❷ 厨房入口改到主动线一侧，正对用餐区，借用次卧面积隔出放置大家电的位置。

❸ 将主卧与主卫的过道区域充分利用起来，增设衣柜和书桌，形成衣帽间、书房、过道三者统一的空间，也满足业主需求。

❹ 客厅与餐厅、生活阳台面积均衡、比例适当，沿主动线放置餐桌和西厨岛台，没有一丝空间的浪费。半高电视背景墙增强餐厅和客厅互动性，通过L形半围合墙体适当划分界限，视觉上仍然相互照应。

结语：此类户型还可采用其他多种设计手法，打造出不同的生活场景，非常适合设计师拿来做户型改造练习。

038 别怕玻璃墙，适当使用让空间层次更丰富

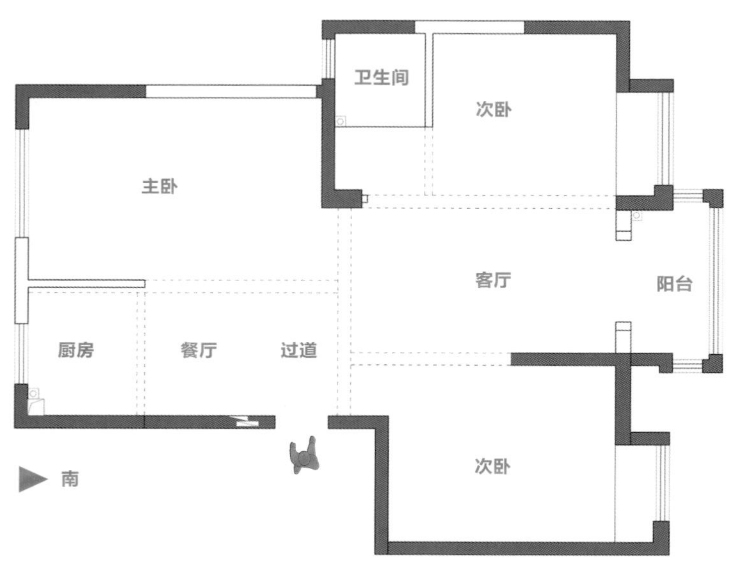

原始结构图

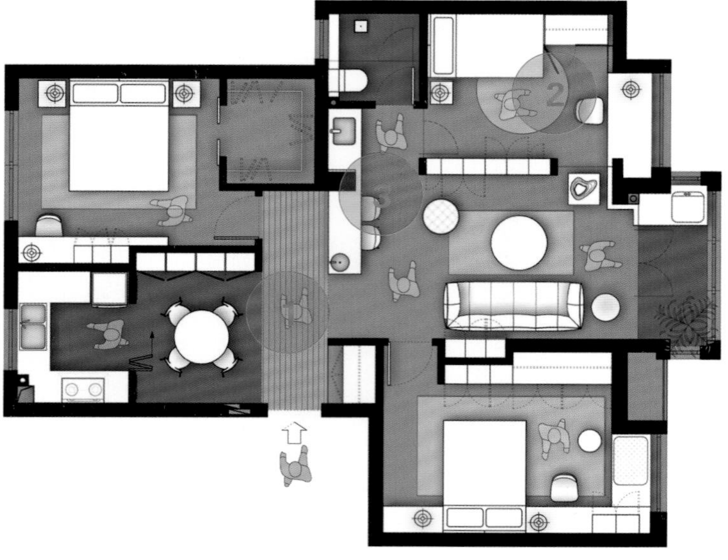

改造设计图

原始户型分析

刚需小户型承重墙较多，客厅狭长，要求三居室必须都有卧室功能，要求有吧台功能。

改造后细节剖析

❶ 进门右手边做鞋柜，沿着入户方向做过道并延长至尽头墙面，用不同地面材质划分空间，强调秩序感。

❷ 儿童房设计得更加灵活有趣，用柜体做隔断，靠近书桌的地方做一小面玻璃墙，空间更通透，居住感更多样化。

❸ 吧台沿着洗手台延长，与入户动线相切，满足使用功能需求，不影响动线的流畅性，并充分利用了空间。

结语：巧妙地使用少量特殊材质，令小空间产生多变的生活体验，让业主更享受在家的美好时光。

039 心心念念的独立书房在这里也能拥有

原始户型分析

入户没有鞋柜等储物区；公卫门正对西侧次卧门，且窗口外是室内阳台；餐厨空间偏小；主卧需要衣帽间。

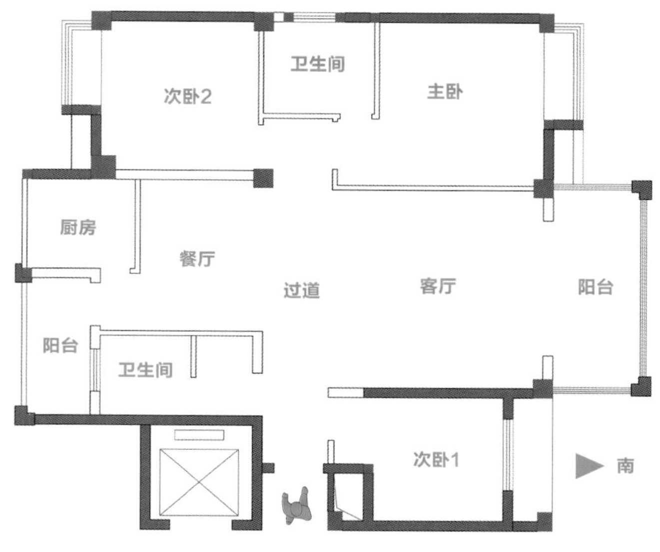

原始结构图

改造后细节剖析

❶ 将入户鞋柜设置在西侧次卧门口，并不影响西侧次卧功能，鞋柜对面设置的换鞋凳连接电视墙，视觉上更有整体性。

❷ 阳台面积足够大，可借用阳台做一个多功能区域，集晾晒、休闲、阅读功能于一体，各功能纵向排布，互不干扰。

❸ 减少一个小阳台，将部分面积分给餐厨空间，餐区动线叠加使用；在由厨房操作台面延长形成的小吧台上，设置折叠窗，可开放可封闭，适应多种场景，功能灵活高效，通风采光效果更佳。

❹ 主卧墙体向客厅移动，将得到的空间做衣柜用于收纳，主卧和东侧次卧格局完全对称，因此主卫开门位置可以根据需求灵活变动，从而改变主卧和次卧的位置。

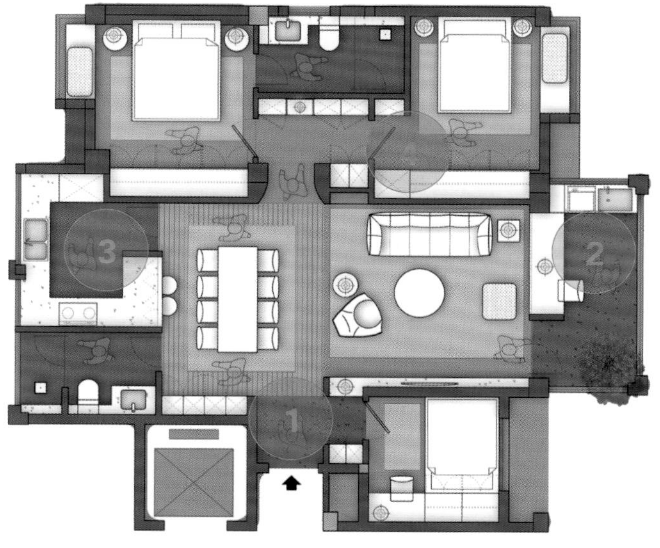

改造设计图

结语： 在同一空间里，动线、功能叠加使用是常见设计手法，但注意要从实际需求出发，避免过度设计。

040 用环形动线连接所有空间，户型有了“主心骨”

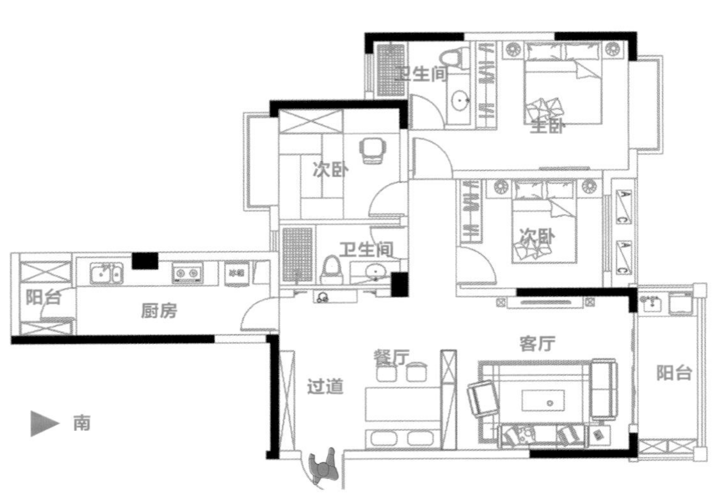

原始结构图

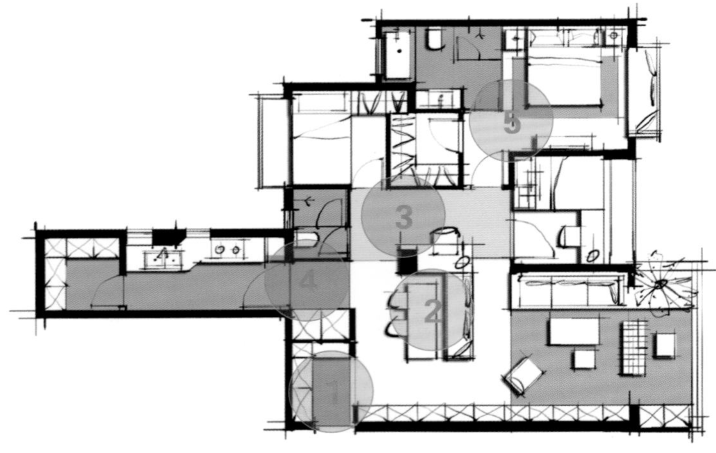

改造设计图

结语：空间多且零散杂乱时，需要理出一条主线，根据主线来布局，才不会越改越乱。

原始户型分析

原始户型承重墙少，可改动空间大，可在原始户型基础上进行优化，餐厅小，离厨房较远，过道占用较多面积。

改造后细节剖析

❶ 合理压缩入户门厅使用面积，隔出更多的收纳空间，提高空间利用率；在入户右侧沿墙做一排柜子，直通阳台，融合玄关、餐厅、客厅的收纳功能，形成了别墅空间才有的气势。

❷ 用孤岛形式串联全屋功能区之后，动线更加灵活，围绕承重柱放置卡座、餐桌、岛台，减弱承重柱对空间的不利影响。在餐区可以开展丰富的日常活动，增加家人之间的互动频率。

❸ 将公卫缩小的面积给餐厅使用之后，保留了湿区功能，把干区功能放到了餐区岛台洗手池上，功能及动线重叠，再次提高空间利用率。

❹ 把厨房大家电放于玄关背后压缩出来的空间里，厨房内部操作台面得到充分利用，使生活阳台收纳面积大增。

❺ 主卧利用压缩出来的面积设计了衣帽间，间接扩大了主卫的使用面积，淋浴和浴缸得以分区使用，主卧居住体验感更为舒适、便捷。

041 每间房都很小怎么办，叠加设计造出大空间

原始户型分析

入户过道面积小，无玄关，正对主卧门，在面积有限的情况下改造难度增大。

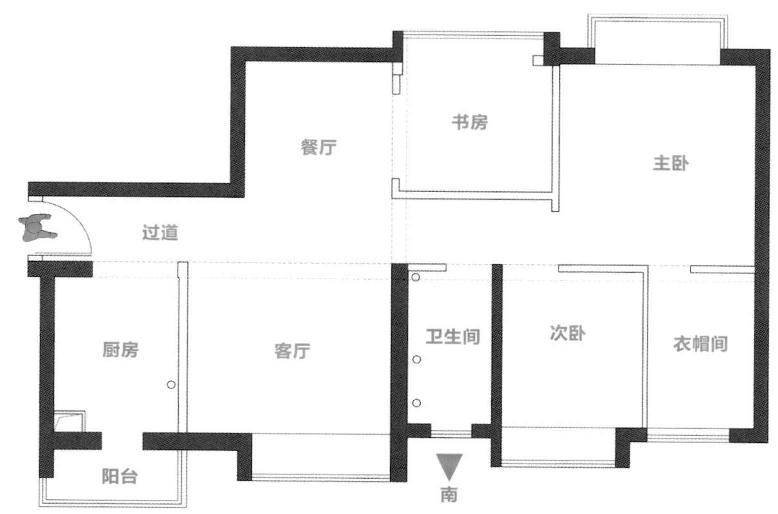

原始结构图

改造后细节剖析

❶ 在不影响客厅功能的前提下，将厨房隔墙向客厅移动十几厘米，加宽操作台面和收纳空间，也隔出了入户鞋柜的空间，设置折叠门不影响两边功能的使用。

❷ 悬空隔断端景与餐桌衔接，视线被阻挡，整体空间却仍然透气，引导动线分流。

❸ 餐桌和茶桌合为一体，让整个户型空间中有一处宽敞的公共空间，飘窗台成为一处阅读休闲区，动线和功能重叠没有浪费面积，更提升了餐区空间的活跃度。

❹ 客厅面积有限，利用飘窗休闲区延长客厅空间，使南向在视觉上更敞亮一些。

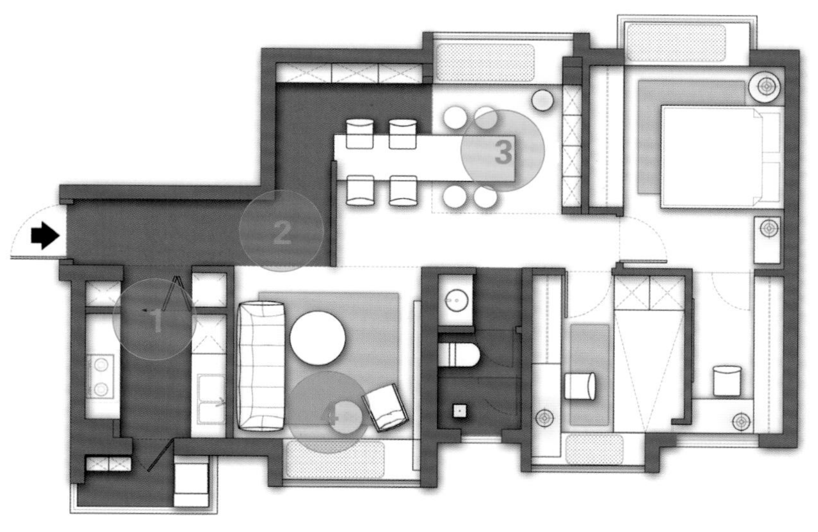

改造设计图

结语： 一体化空间设计非常适合用于小户型，可以打造出媲美大户型的亮点空间。

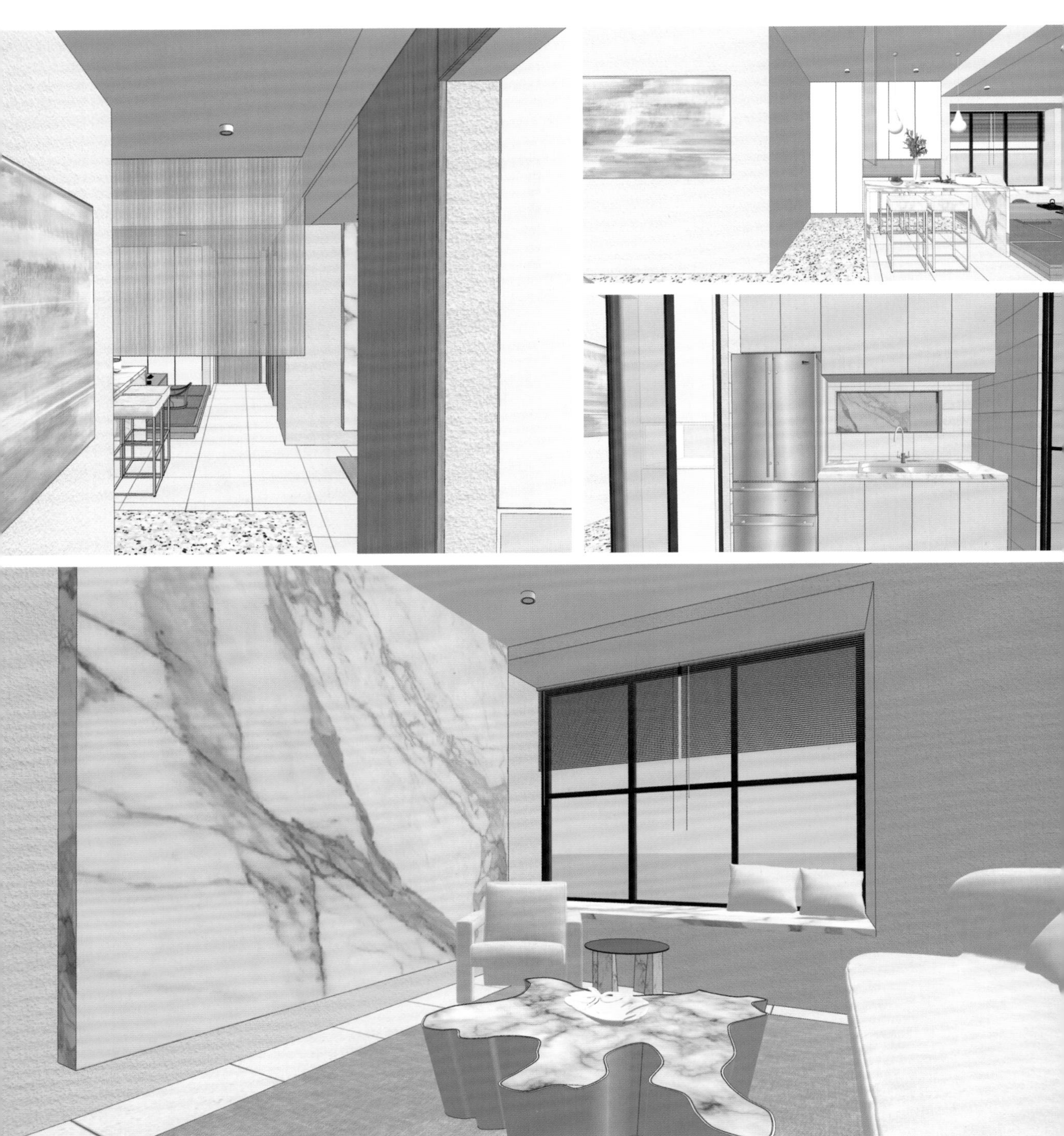

042 当环绕动线运用到极致是一种什么样的空间体验

原始户型分析

根据居住者需求，厨卫空间不做大的改动，卧室空间都朝北，主卧及次卧面积小。

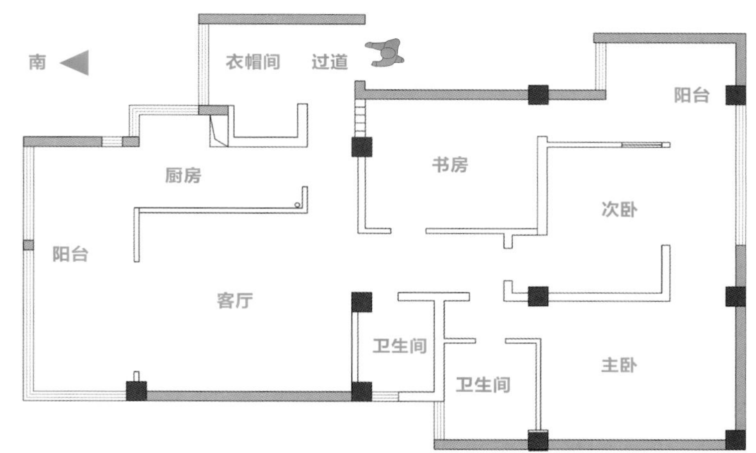

原始结构图

改造后细节剖析

❶ 公区通过不同的地面材质划分空间，引导动线，形成双动线、环绕动线。入户处有进厨房和进客厅两条动线，餐厨区动线与客厅动线互不干扰又便捷连贯，餐桌旁岛台下方可收纳洗衣机；厨房沿过道墙面做一个窗户，过道中也有了光影变化。

❷ 客厅纳入了更多南向光线，利用阳台一角打造一处室内小花园，空间氛围悠闲、自然、轻松。公共空间各自独立，又互相连接呼应。

❸ 书桌置于书房中心位置，双动线增强空间感，关门即可得到私密安静的阅读环境，开放式空间和玻璃材质可避免走道在视觉上产生压抑感。

❹ 卧室与走道也通过材质区分空间，卧室采用常规布局，并把北向阳台纳入卧室空间，两间卧室分别有了衣帽间和书桌功能。

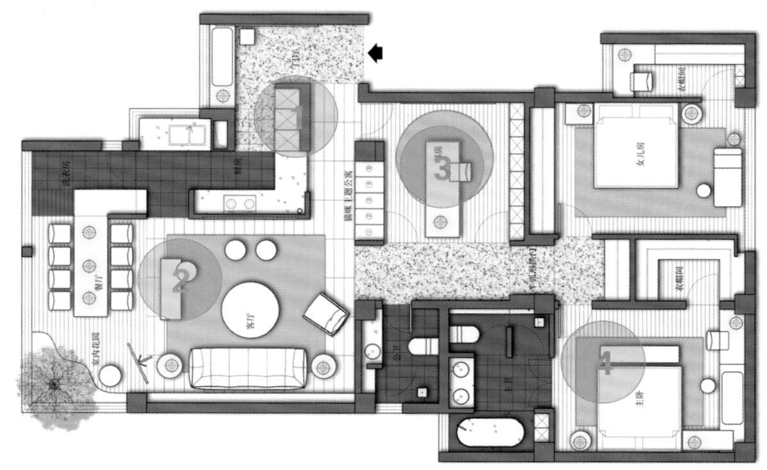

改造设计图

结语：三条双动线组合为环绕动线，营造超强空间感，让家居生活产生更多可能性。

043 三室变四室，超值户型改造

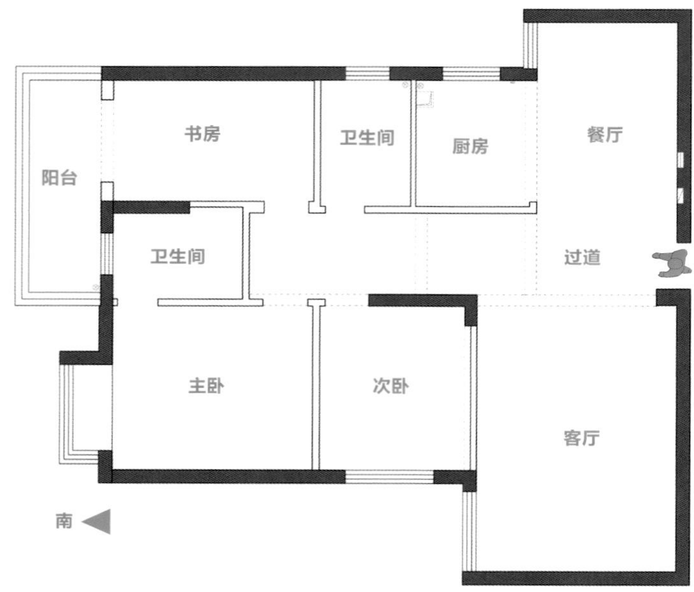

原始结构图

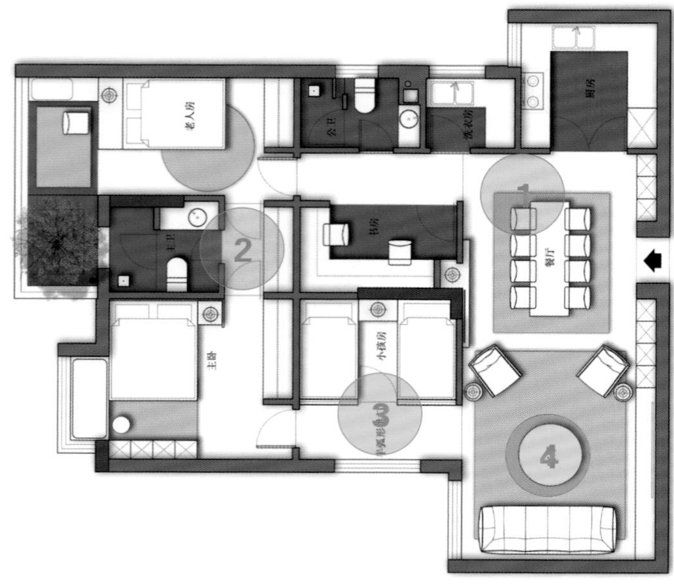

改造设计图

原始户型分析

三室两厅格局，布局规整，承重墙少，仍有可利用起来的面积，公区可改造空间大。

改造后细节剖析

❶ 将入户过道利用起来，把用餐区放置在中心，形成双动线，稀释过道的体量感。

❷ 主卫可以供两侧功能空间共用，由于业主不常回来居住，在不同的情况下，卫生间可专供老人房使用，也可专供主卧使用，充分利用功能，减少闲置。

❸ 儿童房隔断为玻璃材质，保证了采光充足；走廊空间可作为孩子们娱乐的场地；儿童房旁边是专门的书房，将学习空间和休息娱乐空间进行了分区，也能提升孩子们的专注力。

❹ 改变客厅沙发布局，两侧沙发相对摆放，更强调家人间的互动和沟通。

结语：每种户型都对应着不同的业主和不同的生活方式，设计本身更应考虑到个性化需求。

044 每天回到家一打开门就能享受到舒展的视觉空间

原始户型分析

格局较合理，功能完善，需改善细节来提升居住体验。

改造后细节剖析

❶ 用地面材质将入户走道与其他空间相区分，将视线引导到端景墙；餐桌与过道动线相切；客厅不放电视，摆放围合式沙发和书架，形成一个小型阅读角。

❷ 厨房操作台面沿墙面布置，顺势延伸到餐区，形成一个小型水吧台，增加操作台面和收纳空间，餐厨区既有联系又互相独立。

❸ 业主需要衣帽间功能，适当压缩东侧次卧空间，做出一间榻榻米茶室，兼作客房；在剩余的面积内设置小型衣帽间和洗手台盆，形成干湿分离卫生间。

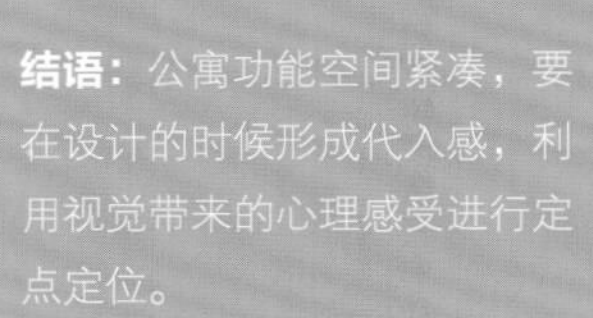
结语：公寓功能空间紧凑，要在设计的时候形成代入感，利用视觉带来的心理感受进行定点定位。

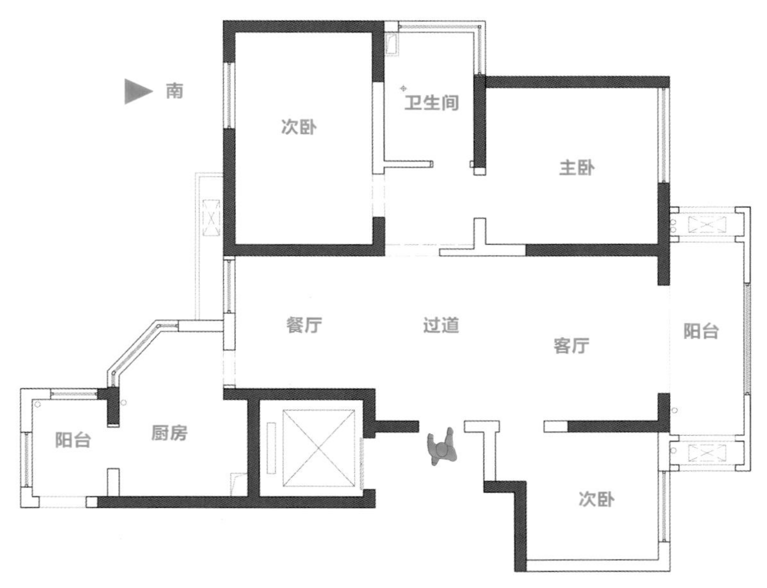

原始结构图

改造设计图

045 容易产生面积浪费的狭长户型这样改造

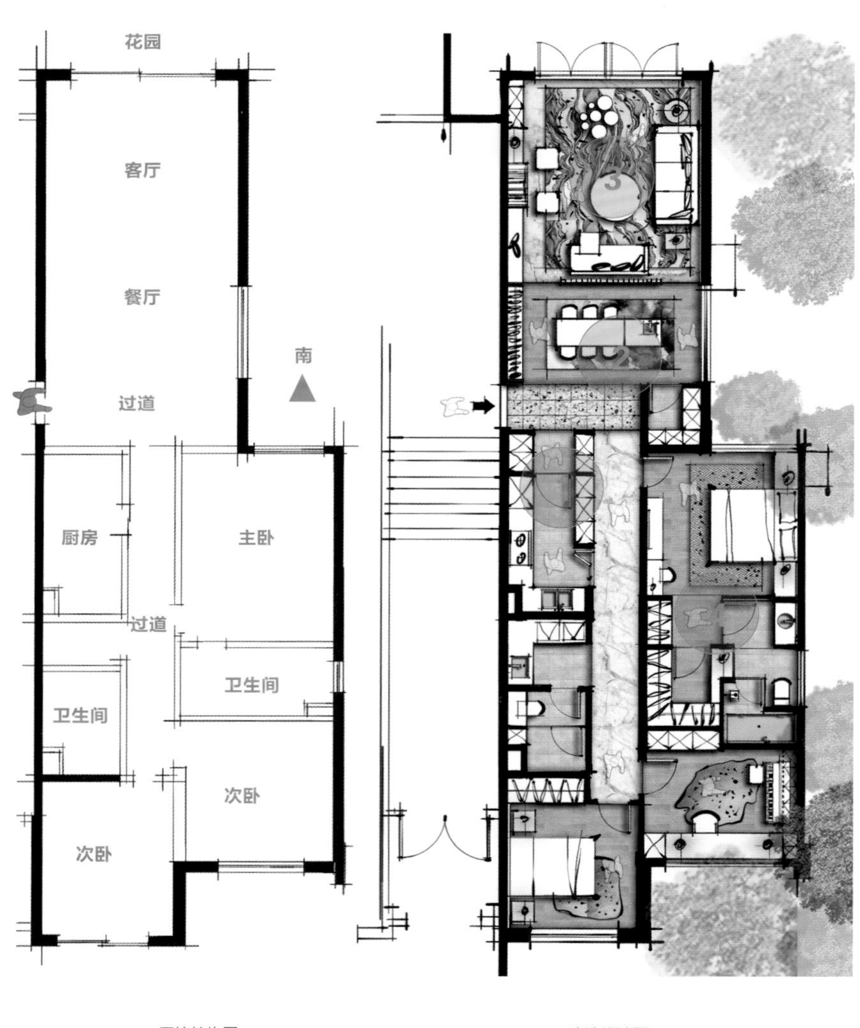

原始结构图　　改造设计图

原始户型分析

狭长户型，位于一层，采光受限，室内承重墙少，可改动余地大。

改造后细节剖析

❶ 为了避免占用过多面积和干扰动线，端景墙与走道墙面相接，入户右拐进入鞋帽间，紧接着就是厨房，动线紧凑高效，提高空间使用率。

❷ 餐桌延长结合小岛台来使用，客厅与餐厅之间的软隔断营造出既独立又关联的空间感受，利用软装地毯进行空间划分和呼应，空间不会显得散乱无章。

❸ 围绕客厅中心布置沙发、休闲椅、娱乐区，围合布局加强家庭互动氛围，家具体量有重有轻，对称摆放，不轻浮也不笨重。

❹ 主卫淋浴、浴缸一体化设计，干湿分离，空余出的面积给到衣帽间，增加收纳空间。

结语：强调功能之间的衔接和呼应，用整体观带动规划布局。

046 餐厨空间跟客厅一样大，做饭用餐拥有更多乐趣

原始户型分析

餐厨空间较小，过道占用太多面积。

改造后细节剖析

❶ 入户门厅通过地面材质分割空间，鞋柜既有收纳的功能，又可当作隔断使用，与墙面之间留的空隙可做装饰，使门厅不至于过于呆板；换鞋凳与餐厅操作台面相接为一体，既实用又有设计感。

❷ 利用小阳台面积，将公卫挪动后，餐区面积增大，中心的用餐区再次形成动线分割，结合走廊动线和厨房动线，纳入更多光线，视觉上豁然开朗。

❸ 独立的洗手台盆和冰箱放置在一起，划分出多条动线，与厨房产生关联，也可作公卫的干区使用。

❹ 把主卧和南侧次卧之间的墙面向南侧次卧推进，凹入区域形成衣帽间；由于主卫正对卧室床，因此将主卫适当改造为小套间，一是形成干湿分离，二是缓冲卫生间正对卧室的格局，并且可多设置一处收纳柜体。

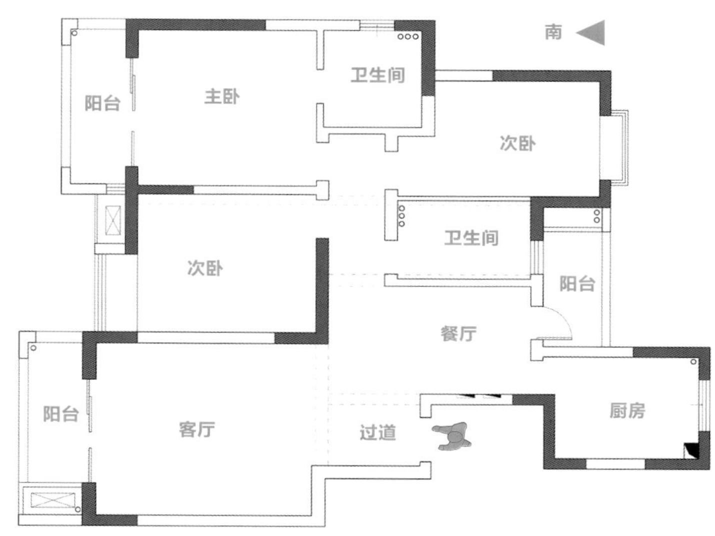

原始结构图

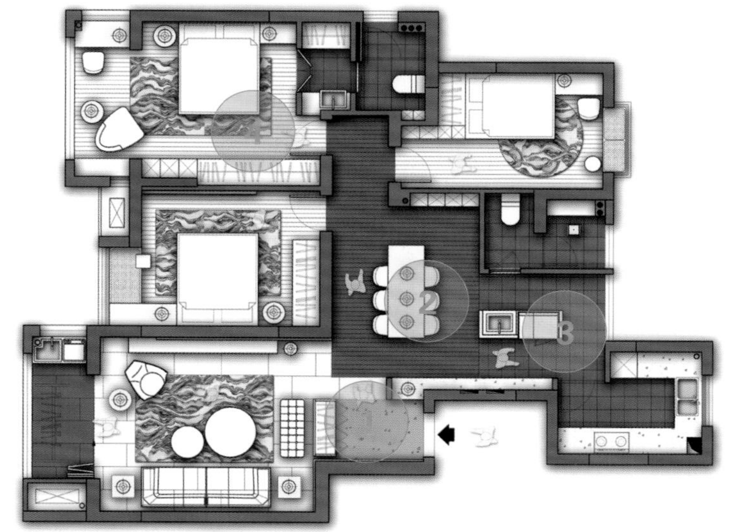

改造设计图

结语： 刚需户型更看重空间的利用率，餐厨空间作为使用频率很高的区域，需要更优质的居住感受。

047 运用轴网切割法帮你理清杂乱的思路

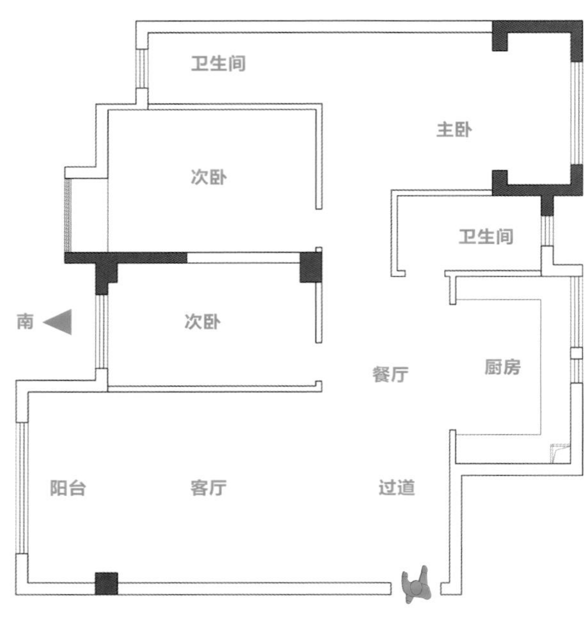

原始结构图

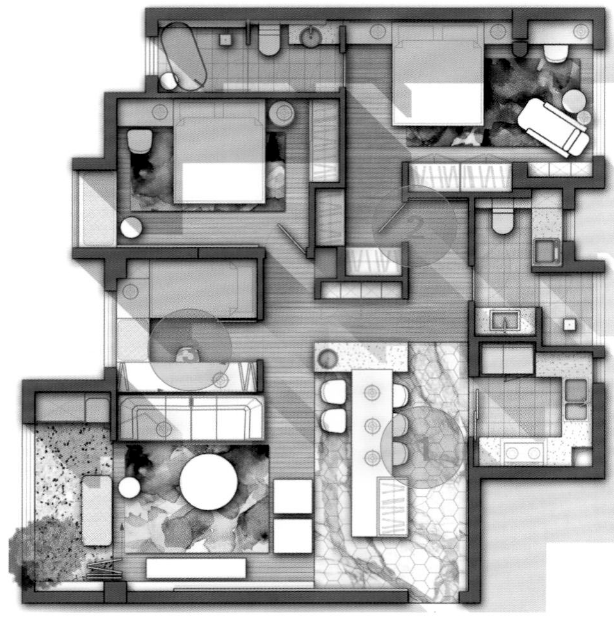

改造设计图

原始户型分析

功能刚需，隔断墙体可改动空间大，较多的功能需求给户型布局改造带来挑战。

改造后细节剖析

❶ 把过道和次卧部分面积并入餐区，餐厅面积扩大一倍，最多可容纳六人用餐；入户鞋柜嵌入餐桌区，中间掏空，只做底柜和吊柜，视觉上不突兀。

❷ 为了避免主卧门正对公共空间，设置一组储物柜作隔断遮挡，既使餐厅有餐边柜等储物空间，又使主卧增加了储物空间。

❸ 在面积缩小的次卧做榻榻米，加大收纳空间，在书桌与沙发之间做矮墙，上部做折叠玻璃窗，让公共空间更有通透感，减少墙面对视线的遮挡。

结语：沿墙面画出轴线，划分出大块空间，再将功能分区填入，即可快速布局户型空间。

048 刚需户型阳台巧利用，主卧单间变套间

原始结构图

改造设计图

原始户型分析

格局方正合理，主卧储藏空间不足，需要更多的衣柜和衣帽间，还需要大办公空间；餐厨空间局促，动线不合理。

改造后细节剖析

❶ 餐桌放置在靠近厨房门口处，动线便利，餐厨区域比例平衡，餐桌靠近走道，充分利用空间且不影响通行，水吧台衔接厨房操作台和餐桌，下面可做收纳柜体。

❷ 客厅利用地毯划分空间，同时规整散落在客厅的椅凳、茶几等零散家具，做到多而不乱，层次丰富但不烦冗。

❸ 根据业主对衣帽间和大书桌的需求，把原南侧次卧安置在原来北向阳台处，主卧面积增加一倍；南向窗的采光非常适合阅读、办公。

❹ 主卧床靠窗，以避免过道正对着床，由于主卧不需要淋浴空间，所以多出的空间可以设置收纳柜体。

结语：通常，刚需户型设置一个阳台就基本够用，把另一个阳台的空间利用起来，可打造更优质的生活空间。

049 门厅端景与吧台组合，美食与美景相得益彰

原始户型分析

本案例为江景房，不需要浴缸，功能空间都比较小，其中一个卫生间为暗卫。

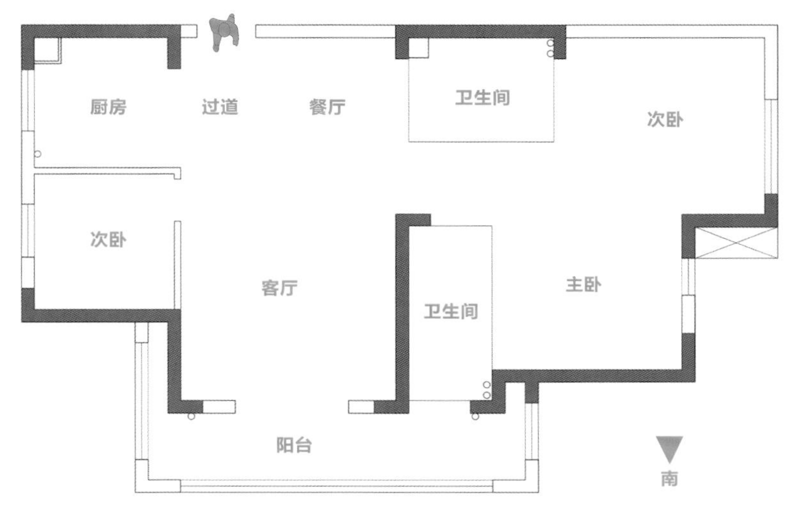

原始结构图

改造后细节剖析

❶ 厨房台面延伸出来，给入户玄关打造出端景装饰，餐桌台面与其连接，充分利用了过道面积，给入户收纳预留出更多空间。

❷ 儿童房书桌区域和客厅之间用矮墙和玻璃窗打造组合隔断，既能和动态空间互动，关上窗拉上窗帘又能保持空间的私密性。

❸ 在观景阳台装落地玻璃窗，沿窗布置休闲区，与客厅矮凳组成一个围合互动区，矮凳又是客厅互动区的一部分，打造出丰富多彩的生活场景。

❹ 主卧墙面向北推进，隔出衣柜空间，根据需求将主卫一部分面积用于设置衣帽间，在主卫只需保留马桶和洗手台盆功能。

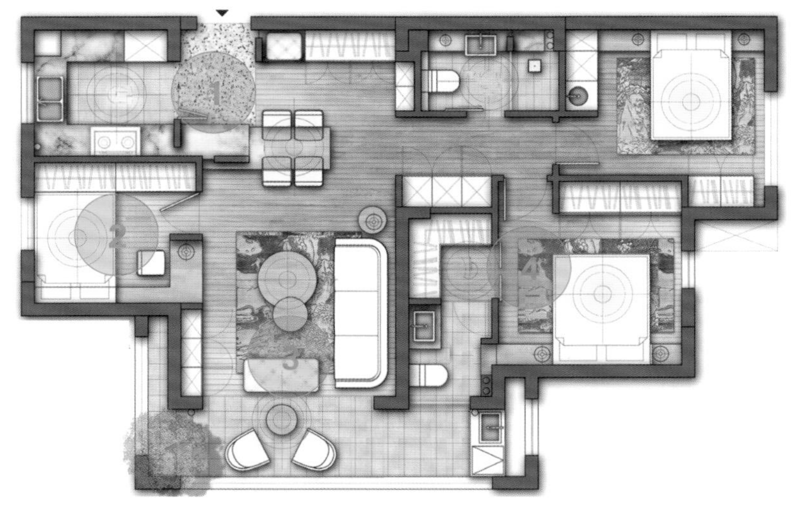

改造设计图

结语： 坐在餐桌上，品尝美食，远眺可望江景，近观可赏装饰，岂不乐哉。

050 没想到这么小的厨房还能开两扇门

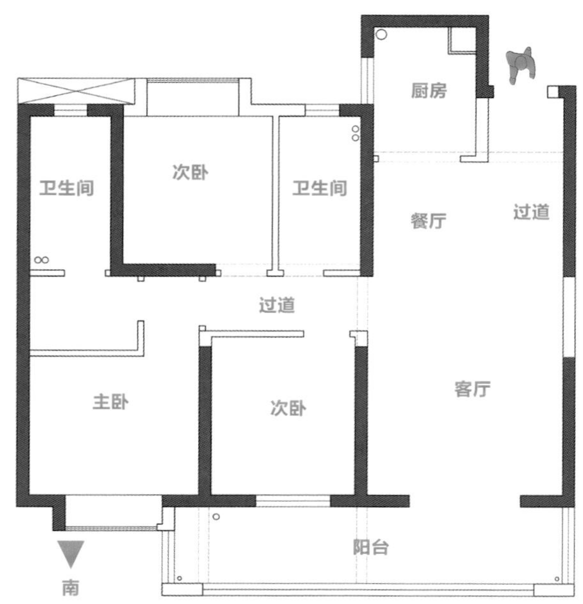

原始结构图

改造设计图

原始户型分析

厨房、餐厅面积小，需要大量储物空间，不需要衣帽间，主卧与主卫之间的空间有些浪费。

改造后细节剖析

❶ 小户型房子的厨房做两扇门，入户可直接由其中一扇进入厨房，经另一扇可直接从厨房进入餐厅，日常使用非常便利，空间感也更强。

❷ 公卫干区台盆台面与餐厅水吧台台面相接为一体，视觉上更连贯和谐；客房适当压缩面积，提高面积利用率。

❸ 主卧纳入过道面积以增加储物空间，主卧和主卫之间设置洗手台盆和收纳柜，实现干湿分离，主卫内放置浴缸。

❹ 根据需求在客厅摆放弧形沙发，与对面通排满墙的柜体形成反差，规整中加入一些跳跃的元素。

结语： 改造刚需户型时，功能、动线重叠方法可以灵活应用。

051 玄关墙的设计改造又来啦

原始户型分析

户型方正，格局微调即可，只需要一个卫生间。

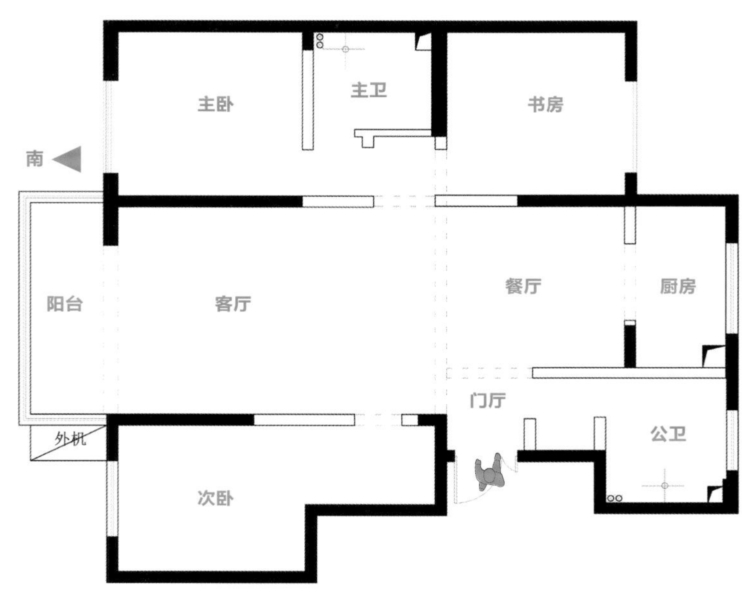

原始结构图

改造后细节剖析

❶ 门厅选用水磨石地面材质来进行空间分割，在水吧台前立起一面艺术酒柜，也可当作玄关墙隔断。

❷ 卫生间平时作为主卫使用，与衣帽间、主卧一起组成主卧套房，家人都在家时就可以敞开移门当作公卫使用；卫生间与主卧间用柜体隔断，浴缸、淋浴房、台盆分区设置，卫生间尺寸满足放置双台盆的需求。

❸ 厨房拆掉一面隔墙，将台面扩展出来，内部操作空间变大。

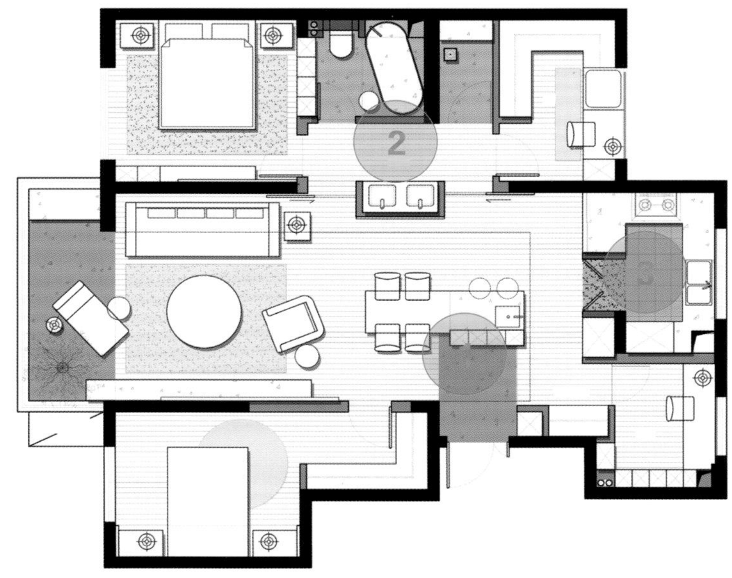

改造设计图

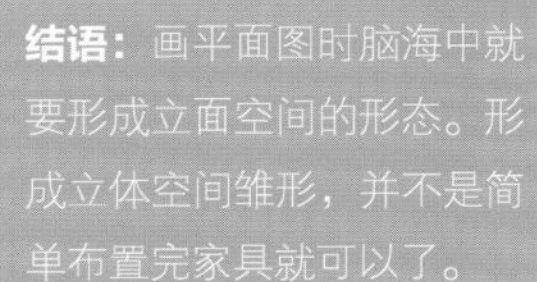

结语： 画平面图时脑海中就要形成立面空间的形态。形成立体空间雏形，并不是简单布置完家具就可以了。

第 4 章

四室两厅公寓

（四居室户型）

随着房间数量和使用面积的增加，业主的生活品质也在逐渐提升，四居室户型的空间可满足三代同堂的居住需求，并且多出来的一个房间有很多选择性，可以改造为主卧的衣帽间，也可以作为书房或者客房。看似很简单的改造需求实则难倒了很多设计师。改造这种户型的难点在于如何把多出来的一个房间的面积平均分配给每一个空间的同时，还能保留一个多功能的可随意分配的房间。

房子的面积越大，需要考虑的内容就越复杂，满足功能需求是第一步，空间的整合和视觉体验等也是需要着重思考的因素。

四居室户型的承重结构相对来说会少很多，对改造思路的束缚也比较小，这会导致同时适用的改造思路有很多种，思路太多并不总是一件好事，这可能会打乱设计师的节奏，让其陷入纠结之中，能将所有的改造思路归纳整合成一个最佳的设计方案才是真正的高手。

052 只需几步即可改变格局，轻松解决空间浪费问题

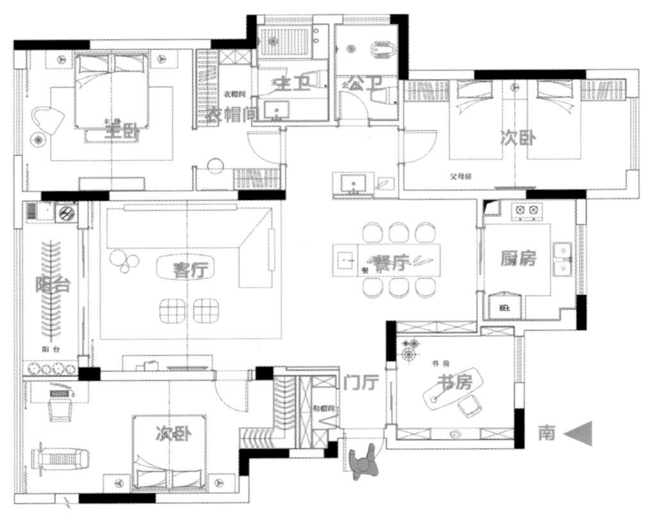

原始结构图

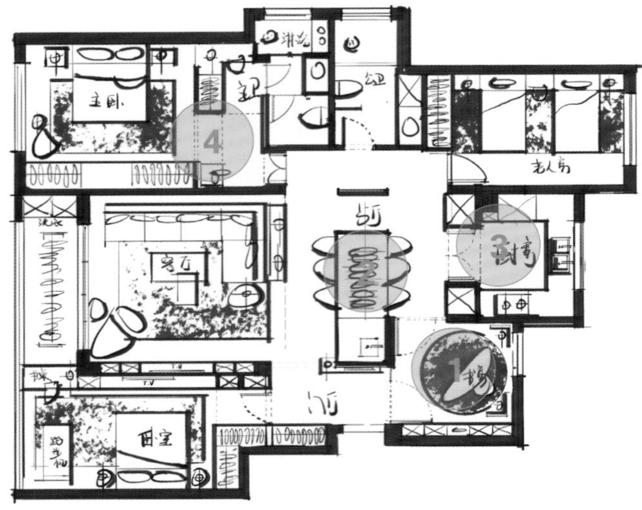

改造设计图

原始户型分析

原始方案中动线不够灵活，客厅、餐厅面积利用不充分，造成空间浪费。卫生间区域十分拥挤，双床房间房门正对床位，居住体验不佳。

改造后细节剖析

❶ 入户处添加端景设计，增强了仪式感。书房采用玻璃门，最大化地将自然光引入室内，改善了门厅位置的采光，整个空间更加通透。同时书房还增加了出入的动线，更加灵动。

❷ 餐厅利用优化前被浪费的空间，结合端景做了长条形的吧台和餐桌，形成环形动线。再加上屏风的设计，巧妙地解决卫生间门正对餐厅的问题。

❸ 将酒柜设置在厨房门的两边，形成对称感，并结合餐桌的形式改变厨房门位置，无形中扩大了厨房空间。

❹ 改变主卧柜体的位置，将其移动到床的对面，形成对称柜体。将老人房的门向东移动，加大两个卫生间的空间，并且在进主卧处做了一个玄关，增加了步入卧室的仪式感。取消主卧与衣帽间之间的墙体，增强了空间的延伸感，放大了空间。

结语：设计可以改善户型，把局促的空间放大，充分利用被浪费的空间，让空间更人性化、更舒适。

053 空间利用得好，不仅大气还充满仪式感

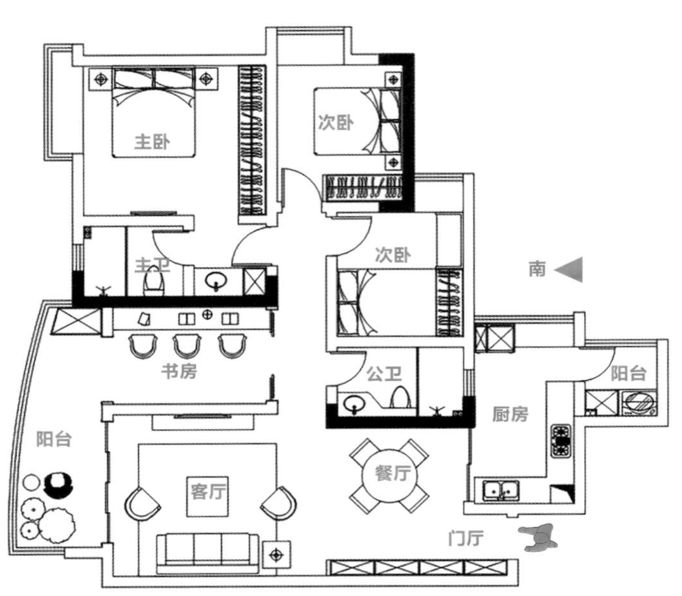

原始结构图

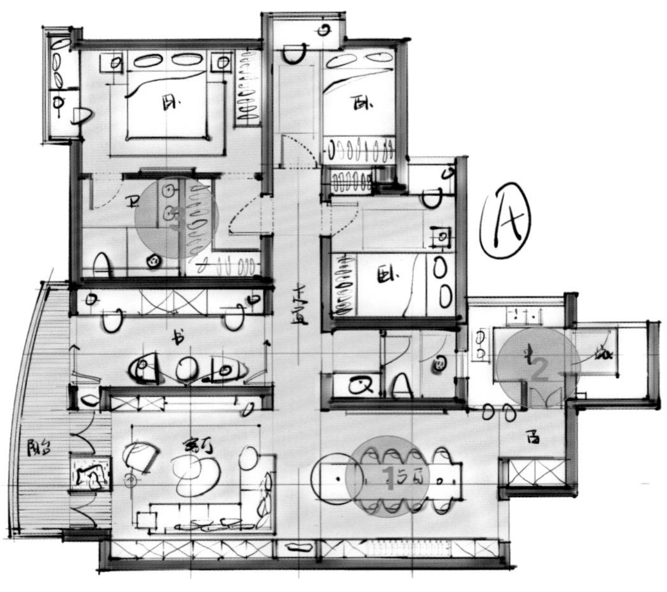

改造设计图

原始户型分析

原始方案中空间利用不合理，入户后，餐厅体量太小，至厨房区域功能分布不合理，并且存在严重的空间浪费问题。主卧布局粗糙，空间利用不到位，无衣帽间区域，而且主卧门正对主卫门，体验不佳。

改造后细节剖析

❶ 切割餐厅空间，空出活动空间，使就餐区域最大化，形成典型的环绕动线。整个空间瞬间变得大气，动线十分灵活。

❷ 缩小厨房空间，减小不必要的活动空间，避免产生浪费，同时还能增添西厨吧台功能。合理地利用空间，将每一寸空间的功能发挥得淋漓尽致。

❸ 利用原本被浪费的主卧床前空间，将卫生间的空间扩大，增加衣帽间功能区，且不压缩卫生间空间。合适的布局，空间的正确使用，让空间的功能更丰富，让生活多彩，并且不会有拥挤感，整体十分舒适。

结语：充分利用每一寸空间，发挥它们最大的价值，提升生活的仪式感。

054 稍做调整，小户型秒变大豪宅

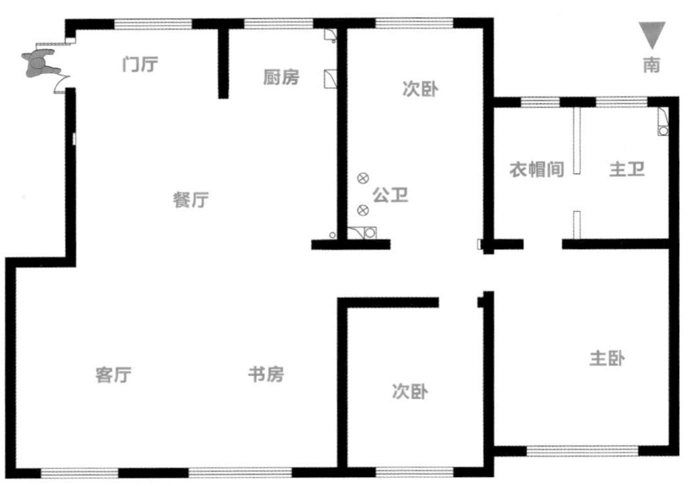

原始结构图

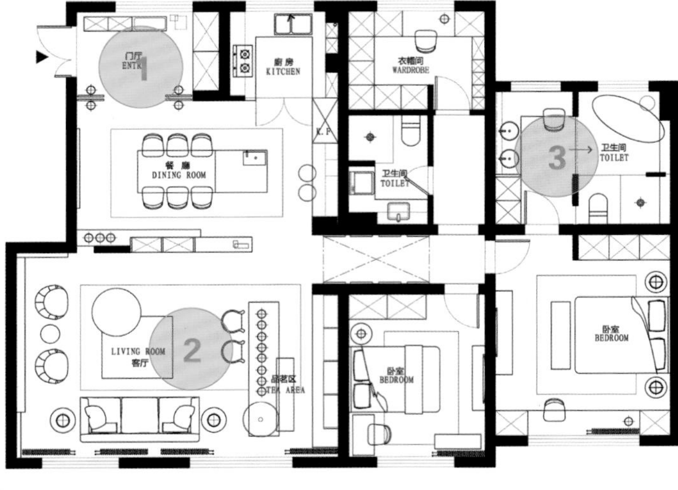

改造设计图

原始户型分析

原始户型中静区结构基本上为承重结构，可改动空间小。套房空间比较局促。

改造后细节剖析

❶ 入户位置利用艺术屏风，在保证视觉通透性的基础上，打造出一个充满仪式感的独立门厅。在玄关位置做了柜体，既能摆放鞋子又能悬挂衣物，使用更加便利。在餐厅利用靠墙的位置增加西厨的功能，为空间增加新鲜血液，并对原本不大的厨房进行了延伸，空间体验感更舒适。

❷ 合理的配套设计，让空间瞬间饱满起来，涵盖了会客、学习、品茗功能。整个空间做到了采光最大化、通透性最大化。同时背景墙不采用常见的靠墙做法，而采用半高做法，将光线引入餐厅，打造出豪宅般的既视感。

❸ 去掉原始户型里主卧的衣帽间，扩大卫生间，让原本不大的套房瞬间档次提升。同时在主卧内设置一排常用衣柜，把鸡肋的北侧次卧位置让出来，用于设置主卧的不常用的衣柜和储物空间，空间利用率达到了最大化。

结语： 合理的规划使空间配置瞬间提升不止一个档次。设计的要点之一就是有效地利用空间。

055 户型改造后，空间利用率竟提升了60%

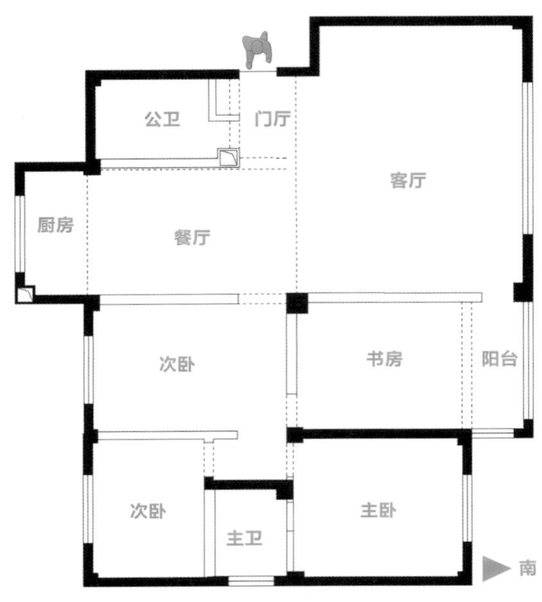

原始结构图

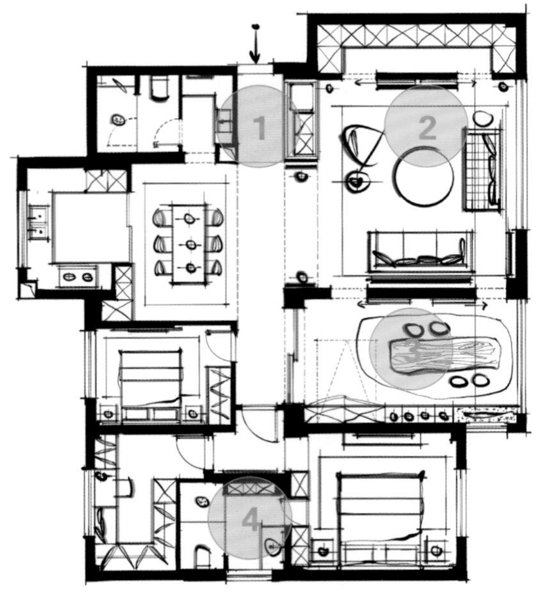

改造设计图

原始户型分析

入户区域不够大气，厨房空间小，主卧配置低，主卫也十分小，甚至放不下基础的卫浴三件套。

改造后细节剖析

❶ 改变公卫门的位置，并在入户区域添加柜体与换鞋凳，从空间上分割出独立的门厅，美观的同时丰富了其功能性。

❷ 利用原始户型中客厅凹进去的空间做柜体形成储物间。嵌入墙体的门可开可合，当关上的时候，将会形成一面完整的背景墙，同时利用家具的灵活摆放，营造出围合的会客环境。

❸ 将原本封闭的书房空间，利用艺术移门，与客厅相连接，书房与外界有了联系，增加了空间的灵动性。同时这个书房、茶室一体化的空间还兼具卧室的功能。靠墙的柜体内有可翻下使用的床。当需要临时卧室的时候，将床翻下，把门都关上，就可以形成一个私密空间。整个空间的改造，增强了空间的功能性，还增加了空间与空间之间的互动性。

❹ 将原始户型中主卫左侧的次卧空间改成主卧的衣帽间，并缩小另一个次卧的空间，加大主卫区域后，可在主卫中放置三件套。对原本空间的功能进行合理的更改，让空间利用更有效，并提升了主卧的配置。

结语：没有不适合居住的户型，设计让空间里的一切都变成适合居住者的样子。

056 走道过长？这个绝招，教你轻松解决

原始户型分析

整个空间布局失调，厨房小，客厅、餐厅位置空间浪费严重，主卧配置与现在的户型不匹配。

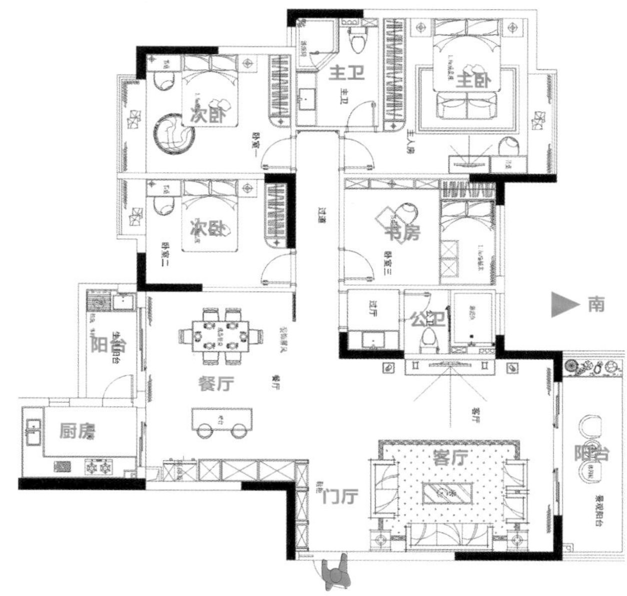

原始结构图

改造后细节剖析

❶ 利用原本充足的客厅空间，在沙发后面做柜体，兼具储物和展示功能，空间变得更加和谐。阳台位置采用折叠门，空间可开可收，能最大化加大空间。沙发布置没有使用常规的3+2+1（三人位+双人位+单人位）形式，而采用比较灵活轻松的方式，可以更好地拉近人与人之间的距离。并在观景阳台处做了休闲区，整体空间更加舒适惬意。

❷ 扩大厨房区域，让厨房空间更加舒适。餐桌置于走廊空间的左侧，最大化利用空间，增加了可就餐的空间。在西厨沿窗边设置休闲座椅，空间层次更丰富。

❸ 增加了入户端景，解决了原始结构走道过长的问题。卧室的门采用玻璃材质，将光线最大限度地引入室内。

❹ 改变了主卧门的位置，对主卫区域进行了细微的调整，加入了衣帽间，并在淋浴房位置使用玻璃材质，借用主卧的光线，改善了主卫区域的采光。

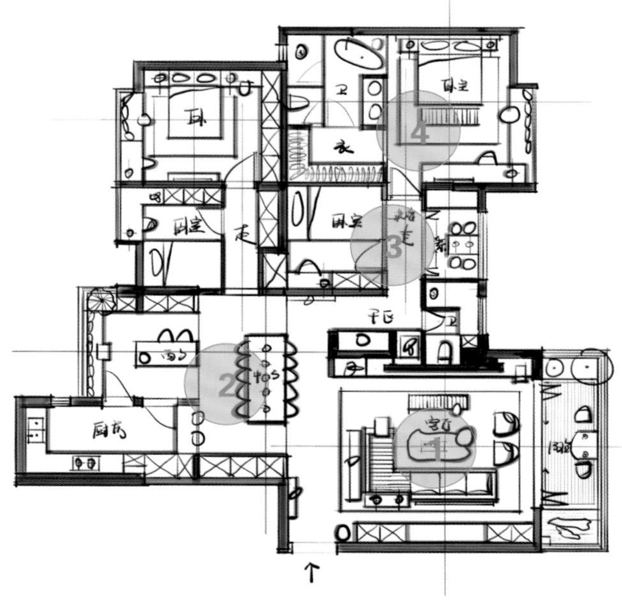

改造设计图

结语：恰当地改造，合理地规划，避免空间的浪费，让整个空间更加舒适，是设计的魅力。

057 学会这几个技巧，空间层次感和仪式感加倍

原始结构图

改造设计图

> **结语：**巧用心思，空间使用感加倍。一千个读者心中有一千个哈姆雷特，而不同的设计，也将会打造出完全不同的居住感。

原始户型分析

厨房空间拥挤，采光效果差；主卧衣帽间位置窄；次卧空间也过小，空间利用不合理；卫生间过多，浪费了空间。

改造后细节剖析

❶ 去掉部分墙体，让茶室的采光更加充足。在茶室位置做地台，并在地台下安装灯带。不仅抬高了茶室，还增加了空间的层次感和仪式感，茶室成为空间的一大亮点。在入户处做了屏风隔断，入户时茶室的景致若隐若现，同时达到视觉上延伸的效果。

❷ 将阳台和客厅之间的墙体拆除，扩大客厅空间。设置红酒吧并融入客厅，用于会客。通过抬高地面和材质区分区域，整个客厅空间变得十分通透，互动性更强。

❸ 厨房和餐厅结合在一起设计，让厨房空间更大，和餐厅空间形成互动性。半开放式的厨房，采用玻璃移门，客厅的光能引入厨房，改善厨房的采光。

❹ 将原始户型里的套卫拆除，扩大主卧和衣帽间的空间，同时在步入主卧的走道中形成一个类似玄关的空间，使得进入主卧更有仪式感。在主卧内做了常用的柜体，配合衣帽间，让整个空间内的储物空间更大。卫生间采用移门，使用起来更加方便，配有标准的四件套，提升主卧档次的同时，居住感更加舒适。

058 你的家还可以这样打造层次丰富的多功能区

原始户型分析

空间分布凌乱，门厅位置空间不好利用，生活阳台面积大，造成浪费，主卧配套空间（衣帽间、主卫）鸡肋。

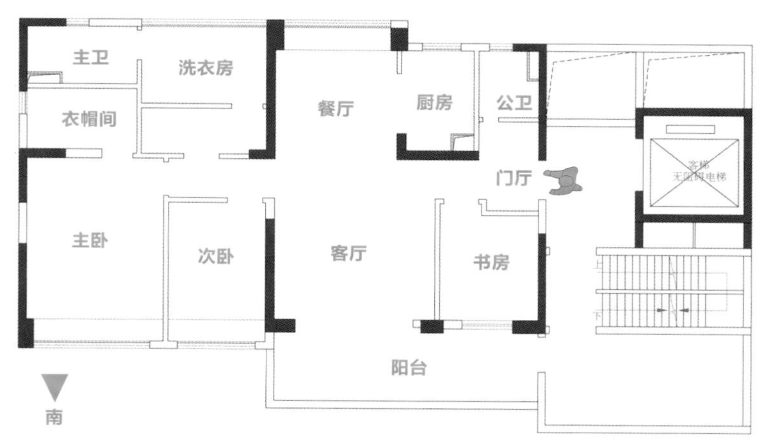

原始结构图

改造后细节剖析

❶ 将原本的厨房区域改成淋浴区和小孩的零食、干货储藏区域，形成环绕动线，空间更加灵动。

❷ 拆除客厅与书房之间的墙体，空间有了关联性，让家长与孩子有更多的互动。在书桌上做了可开可关的折叠窗户，在墙面做柜体，内置翻转床。如果有客人留宿，这里可以形成一间临时的客房。将瑜伽区和晾晒区放置在阳台区域，做瑜伽的时候能观景，晾晒功能放在阳台靠里面的位置，不会影响室内的视线通透效果。

❸ 做开放式厨房，与餐厅相结合，并增加了西厨岛台功能。家长可以与孩子一起动手做美食，增加父母与孩子之间的亲密度，在就餐区沿窗设置卡座，十分节省空间。

❹ 将原本的洗衣房区域改成衣帽间，将原本的衣帽间区域纳入主卫区域，这样的改变，将原本离主卧有一段距离的主卫打造成一个非常大气的设置了四件套的卫生间。

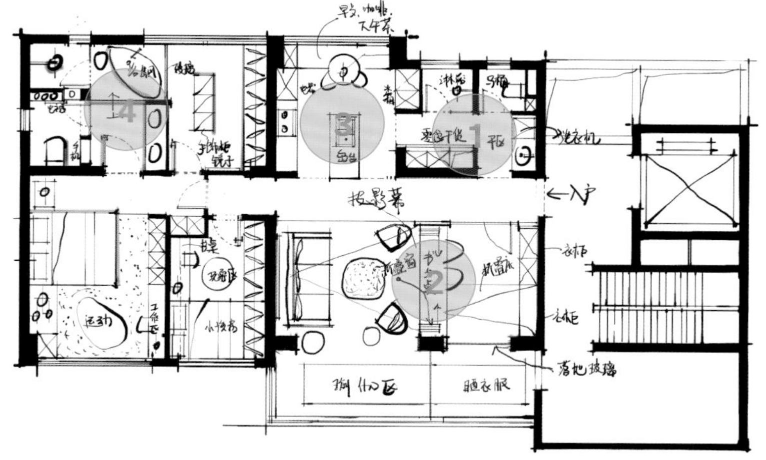

改造设计图

结语：空间利用得好，打造出集儿童玩耍、书桌、瑜伽、晾晒等多功能于一体的休闲娱乐空间不是梦。

059 用细节打造艺术感爆棚的家

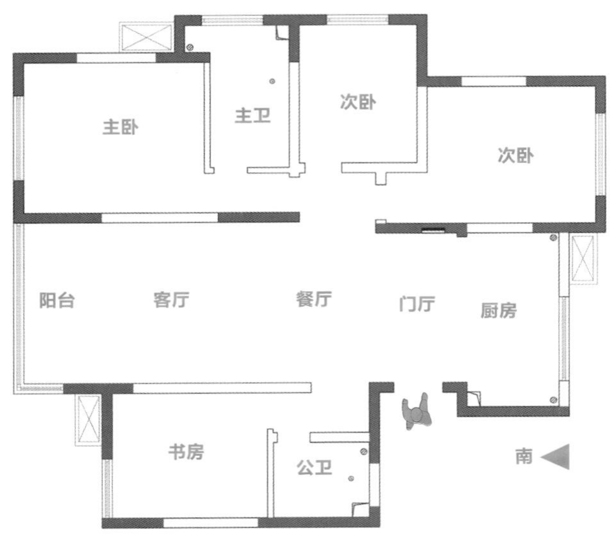

原始结构图

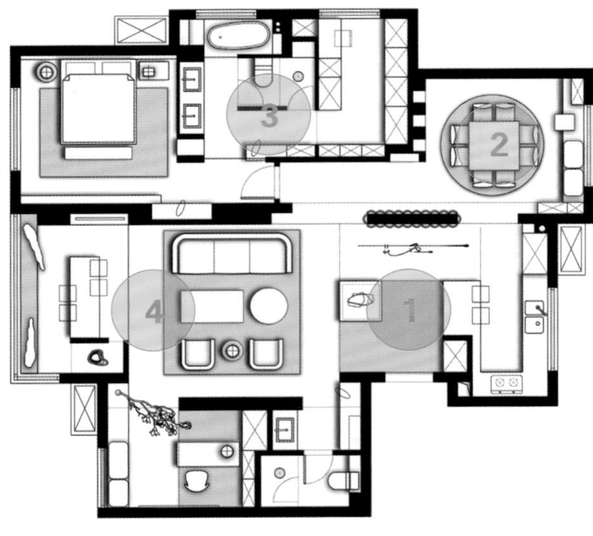

改造设计图

结语：一样的空间，有不同的呈现。通过设计，将艺术底蕴装进家里。

原始户型分析

入户区域显得空洞，厨房到餐厅就餐位置有一定距离，主卧配置比较低，空间局促。

改造后细节剖析

❶ 对入户区域做地面分割，区分出门厅位置。并通过地面和动线与艺术品的结合，把端景后置，做成凹凸的背景，打造出大气的门厅。鞋柜和吧台结合，使空间整体感更强，且给人十分干净、简洁的感觉。

❷ 将原本的北侧次卧改成餐厅，距离厨房更近，采光通风也更佳。在沿窗户位置做一排座椅，饭后可坐于此处休闲放松。墙壁上的柜体采用做一个隔开一个的设计，让空间更具有律动感，灵活不呆板。

❸ 原始户型中主卫旁边的次卧，改造时将其纳入主卧空间，做成主卧配套衣帽间，并结合主卫空间来设计。淋浴空间与马桶区域分开，使用时不会互相干扰。运用墙体与墙体之间的间隙做透景设计，增强空间的延伸感从而放大空间。

❹ 客厅分为会客区及品茗区，空间功能瞬间丰富。在品茗区利用解构手法打造景致，给空间增添了意境感。客厅角落位置的植物延伸到学习区，通过植物将两个空间结合在一起，同时赋予了空间生命力，给学习区增添一份宁静。

060 原始空间不完美，设计来拯救

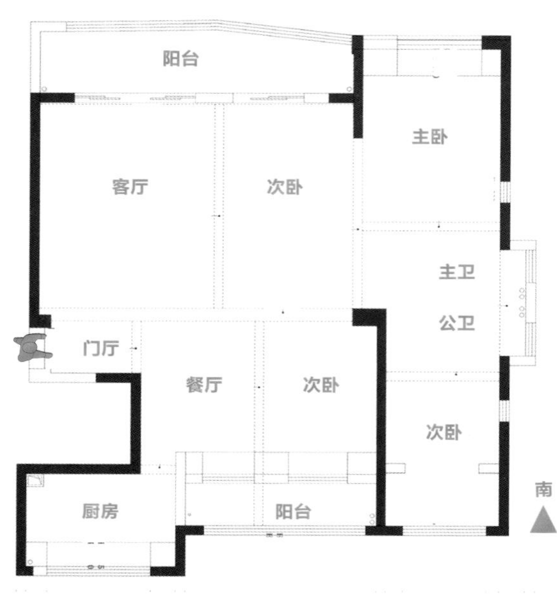

原始结构图

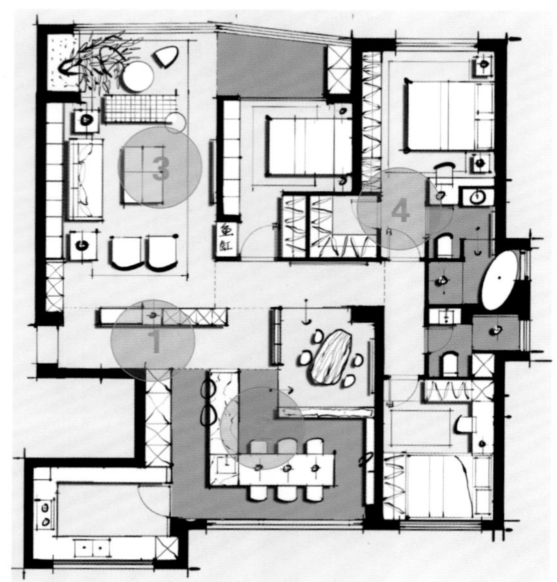

改造设计图

原始户型分析

空间私密性比较弱，主卧空间配套不全，餐厅空间较小。

改造后细节剖析

❶ 入户区域处柜子与换鞋凳一体化的设计，让整个空间十分干净利落。并且通过柜子的切割，改造出一条走道，走道的末端采用半透景法设计端景。柜体两边都留有位置可通向客厅方向，双动线的做法让空间瞬间鲜活了起来。

❷ 将原始户型中餐厅西侧的次卧、阳台结合餐厅，做三个功能区：品茗、西厨、就餐区，丰富了空间的功能。吧台与餐桌结合在一起做成拐角形式，十分节约空间。将品茗区抬高，下藏灯带，增强了空间的仪式感。

❸ 沙发后设置一排展示柜，以提升客厅空间的品质感。去掉客厅南侧阳台位置的墙和推拉门，并通过沙发的组合方式增强客厅和南侧阳台空间的关联性。在这个大空间里放置绿植，然后在电视背景墙位置做水景，水和树的结合，给空间增添了美感的同时更具生命力。

❹ 将主卧旁边的次卧空间的一部分做成衣帽间，用于储藏换季衣物，在主卧内设置常用的衣柜，解决了空间的储物问题。主卫做到了干湿分离，并且通过台盆和化妆台的结合方式，更有效地利用了空间。

结语： 设计让原本不完美的空间，变得富有生命力。在满足日常需求的基础上，让空间的功能更加丰富，更有仪式感。

061 空间零碎不要慌，这样设计大气又通透

原始结构图

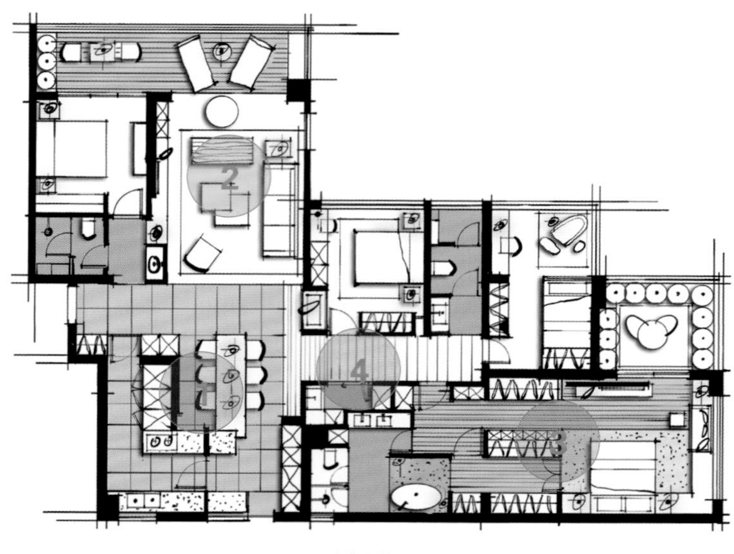
改造设计图

结语：巧妙地利用零碎空间，将它们联系起来，让空间大气、灵动。

原始户型分析

厨房空间狭长，空间小，餐厅四周的空间很零碎。

改造后细节剖析

❶ 扩大厨房空间，并结合餐桌的设计加强了空间的联系。厨房采用玻璃材质隔断将空间隔开，解决了采光问题的同时也能保证厨房的封闭性。

❷ 通过圆形小桌将客厅和东侧阳台紧密联系起来，放大了客厅的空间感。电视背景墙结合东侧次卫台盆设计，增加了东侧次卫的使用空间。

❸ 将原始空间里的洗衣房区域纳入主卫，扩大主卫空间，使用感更舒适。在进入主卧的走道处设计了类似玄关的空间，步入主卧时具有私密性，也增添了仪式感。通过衣柜和卫生间的结合设计，满足了收纳需求的同时，空间得到了有效的利用，且空间感更加灵动。

❹ 在原公卫旁的次卧空间充足的情况下，拿出部分空间，做带烘干功能的洗衣房，满足了日常的洗衣需求。

062 打破原始格局，空间更增值

原始户型分析

公区不够通透，空间分割得比较零碎，空间互动性不够强。

改造后细节剖析

❶ 去掉衣帽间，瞬间让整个空间宽阔起来，并利用承重结构设计书桌，书桌结合屏风设计，再加上装饰品，一个大气的入户门厅就完成了。同时还做了休闲吧台，增强了空间的互动性。

❷ 将原本的公卫改成休闲区，让本来不大的餐厅瞬间变得大气，丰富了空间的功能，营造出轻松愉快的生活氛围。北侧阳台通过地面材质的一致设计延伸到室内，无形中从视觉上加大了阳台空间。

❸ 西侧次卧旁边的套卫改成公卫，并将衣柜位置的部分空间用于设置公卫的洗手台盆，扩大公卫区域，增加舒适度。

❹ 将主卧的门开在客厅方向，在原本进出主卧的走道处设置衣帽储藏空间，并向客厅方向推拉几十厘米，满足衣物储藏需求。而主卫墙体大多采用玻璃材质，通过透光不透影的设计，尽可能保证空间的通透性。

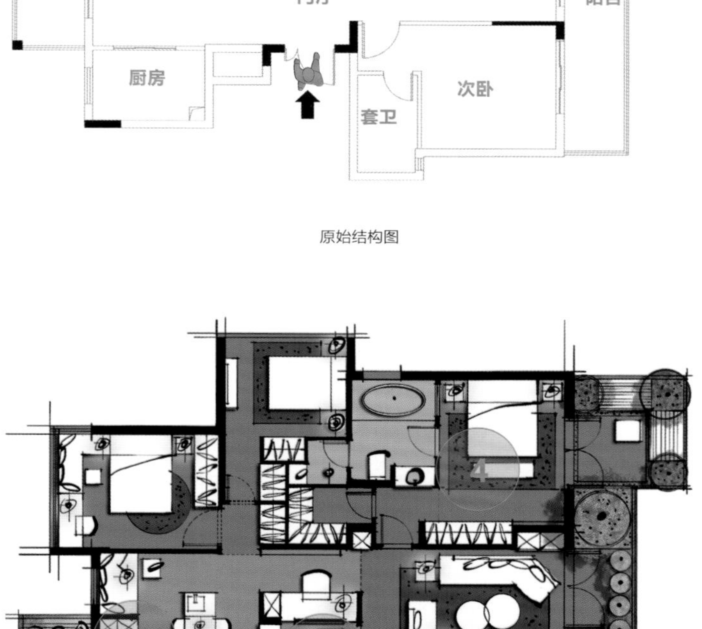

原始结构图

改造设计图

结语： 通过改变原始户型的功能区，获得更合理的规划布局，使空间的使用价值更高。

063 创意设计，让空间不再拥挤

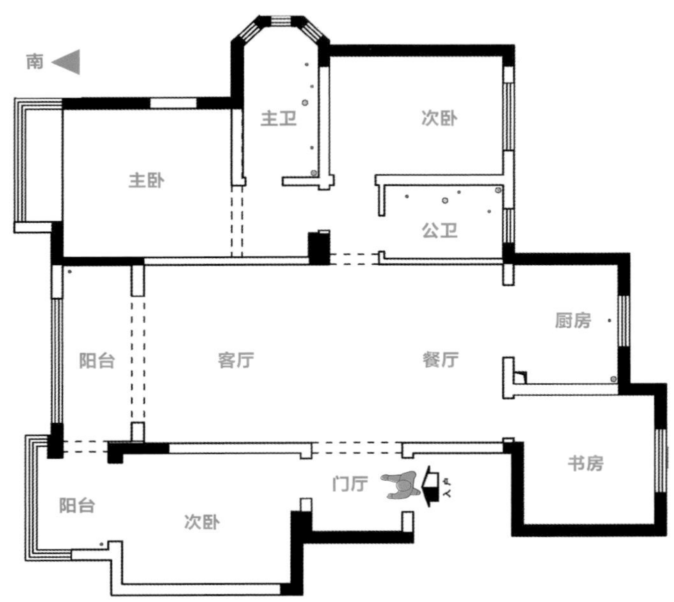

原始结构图

改造设计图

原始户型分析

入户后正对次卧门，客厅空间小且窄，主卧空间不够。

改造后细节剖析

❶ 将阳台融入客厅后，空间变得充足，在这样的情况下，在客厅与就餐区之间设计了一个吧台，服务于整个空间的同时，加强了空间的联系性和互动性。

❷ 将洗衣功能放在了东侧次卧阳台上，在保证空间足够的情况下同时也保证了客厅的美观性。东侧次卧的床位于墙体之间，让整个空间更加有安全感。

❸ 拆除主卧飘窗，在床的四周留足够的空间用于休闲功能，并且床头柜的组合形式让空间的舒适感、通透感更强。

结语：吧台的设计，能缓解厨房的拥挤感。去掉飘窗，让主卧舒适感更强。细节上的改动，让空间告别拥挤。

064 将原始空间的缺陷秒改成优势

原始户型分析

入户后整个空间一览无余，私密性比较弱，主卧略显小气，没有独立的衣帽间，主卫也比较小。

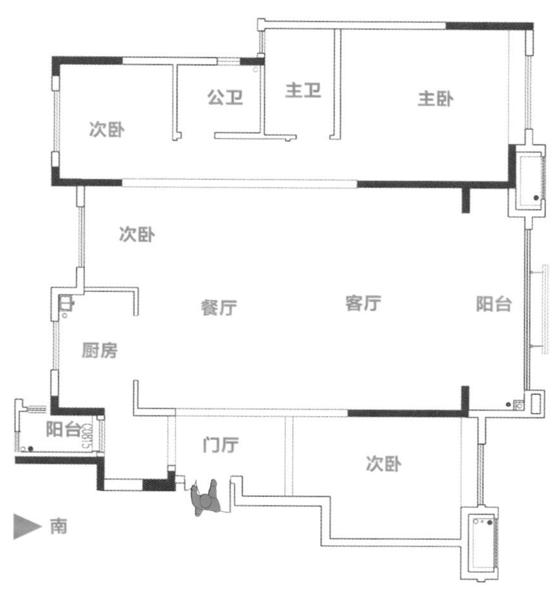

原始结构图

改造后细节剖析

❶ 在入户处做一排柜子，形成带拐角的动线，在保证了空间私密性的同时，具有鞋子收纳的功能，并且从视觉上进行了延伸，放大了空间感。在玄关处设置了钢琴，一是可以起到装饰的作用，二是琴声可以覆盖整个公区，让公区的每一寸空间都能受到音乐的熏陶。

❷ 扩大厨房操作区域，使用感更加舒适。餐厅采用吧台和餐桌结合的形式进行设计，营造出更加轻松的氛围，同时也让餐厅更好地融入大空间。

❸ 在客厅东侧沿墙设计一个学习区，让客厅的功能丰富起来，同时也打造出一种书香气息。通过沙发的组合形式把阳台完美纳入客厅，将空间扩大到极致。南侧阳台角落里的植物，给空间增添了生命力。

❹ 将主卫向公区移动，设计出一个独立的衣帽间。并将主卫区域向主卧方向扩充，让主卫能设置舒适的四件套。同时主卫台盆处与卧室睡床区之间采用了玻璃隔断设计，让两个空间有联系，空间更加通透，采光也得到优化。

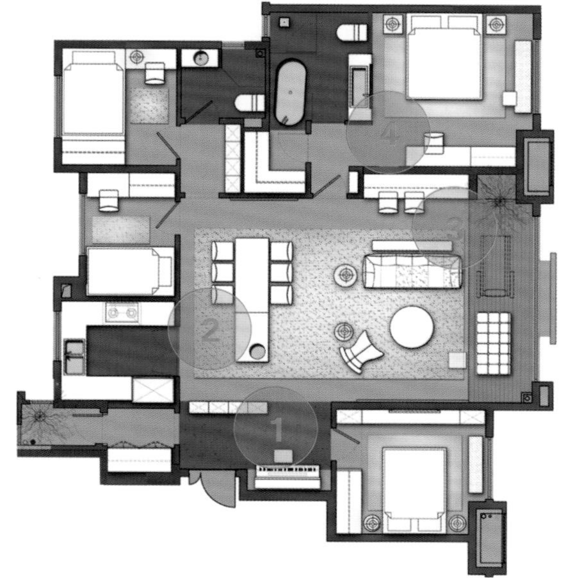

改造设计图

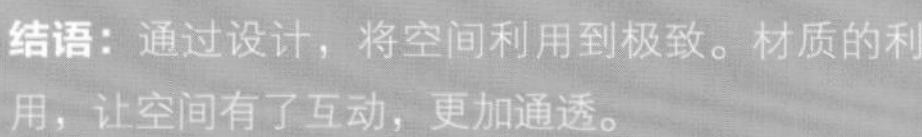

结语： 通过设计，将空间利用到极致。材质的利用，让空间有了互动，更加通透。

065 采光不佳，妙用材质来改变，空间通透感更优

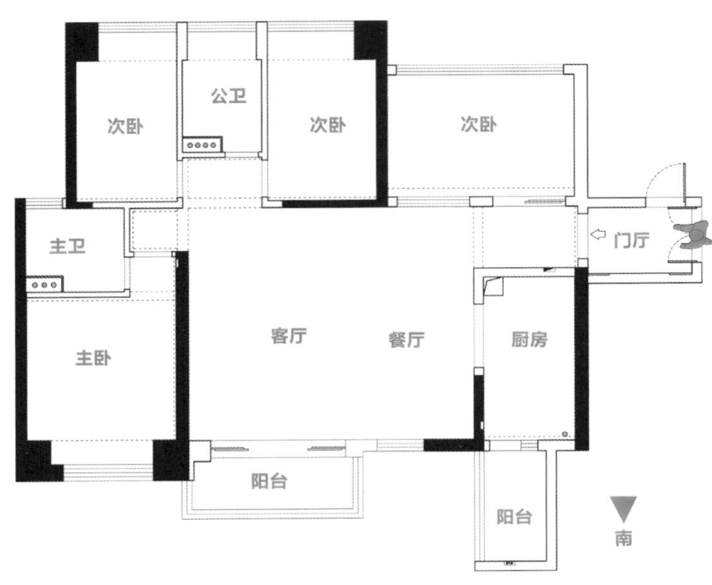

原始结构图

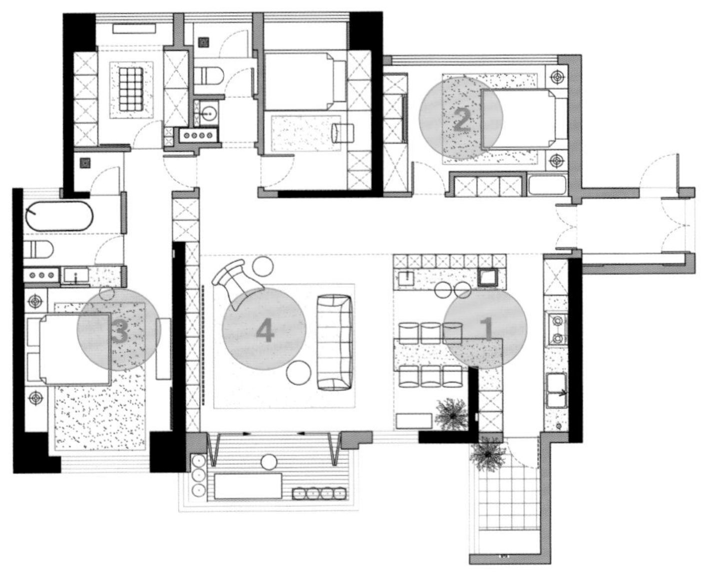

改造设计图

原始户型分析

入户区域狭长，采光比较差。从入户到厨房动线太长，不方便。主卧无衣帽间。

改造后细节剖析

❶ 做开放式厨房，吧台结合储物功能来设计，增加进出厨房的动线，采光得到改善。餐桌结合吧台拐角来设计，十分节约空间。

❷ 东侧次卧角落采用玻璃材质，在换鞋凳的背后能将次卧的光引入走廊，打破了墙面呆板的同时改善了采光，层次更加丰富。

❸ 将主卫旁边的次卧改成主卧衣帽间，增加主卧的储物空间，使主卧的配置更加齐全。同时利用衣帽间区域的部分空间做淋浴房，玻璃材质的使用，让空间更加通透。主卫台盆采用吧台形式的设计，兼具化妆台的功能，同时能改善采光。

❹ 在客厅墙面做展示柜，让空间的展示功能和收纳功能更强大。在客厅旁的阳台处设计可开可关的折叠门，使得阳台与客厅产生了互动。

结语：开放式厨房，扩大了空间感。利用功能结合的设计方式，使得同一空间同时兼备两种或多种功能，节省了空间，并丰富了空间功能。

066 儿童房还能这样设计

原始户型分析

厨房、餐厅、门厅空间挤在一起，空间拥挤。主卧空间配置比较低。

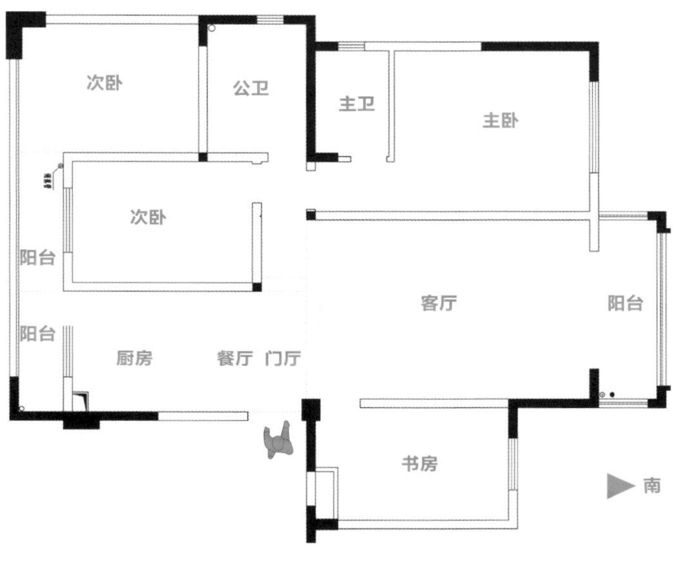

原始结构图

改造后细节剖析

❶ 将西侧生活阳台和厨房合并，扩大厨房空间，使用更加方便舒适。厨房台面上方利用玻璃隔断设计，使原先采光不足的餐厅采光最大化。在取消生活阳台后，空间也不足的情况下，将洗衣房和餐厅还有门厅结合起来，使得空间的利用率最大化，同时营造出一个舒适的门厅。

❷ 客厅与南侧阳台之间设置折叠门，将阳台空间纳入客厅，视觉上空间更加开阔。阳台上用植物点缀，营造出充满活力的空间。电视背景墙结合书房来设计，两个空间的联系更加密切。

❸ 儿童房采用灵活的设计方法，设置可开可关的折叠门，形成可封闭可互通的两个空间，玩耍和休息功能兼备，空间利用率达到最大。

❹ 主卧往公区方向扩大，改造出独立衣帽间，同时抬高主卧地面，让空间更具仪式感。卫生间墙面采用玻璃材质，空间更加通透。

改造设计图

结语： 折叠门的灵活使用，让儿童房之间有了良好的互动性。

067 妙用异形设计，让空间更加舒适

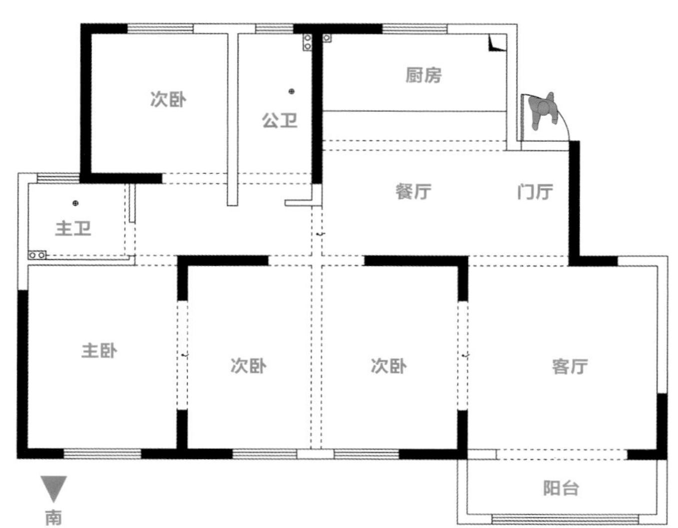

原始结构图

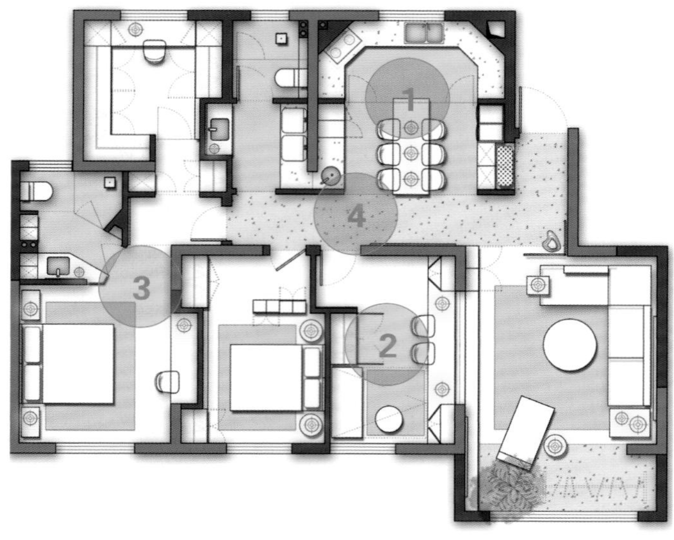

改造设计图

结语：异形的厨房设计，提升了空间的利用率，使用更加舒适。

原始户型分析

进门后正对客厅空间，私密性不强，餐厅空间太小。主卧的储藏功能不强，配置较低。

改造后细节剖析

❶ 原始户型中厨房空间宽敞，但利用率不高。将台面做成异形的，提高台面的利用率。并利用固定玻璃和玻璃门把厨房和餐厅隔开的同时，优化采光条件。餐边柜和厨房台面的组合形式，最大化节约了空间，使得原本不大的餐厅的舒适度达到最佳。

❷ 书桌靠墙设置，最大化地节约了空间，并且让空间更加通透。书房内布置了可收可放的沙发床，当有需求时，书房可变身成简单的客房。

❸ 将主卫往主卧中床的位置移动50cm，做成异形的卫生间，避免主卧门正对卫生间门，也避免产生卫生间门正对床的问题。将北侧次卧改为衣帽间，纳入主卧，让主卧的档次再上一层楼。

❹ 把厨房的台面延伸出来做成西厨吧台，西厨吧台和公卫台面的连接处无墙体，留出间隙让视线通透，达到空间延伸的效果，从视觉上增大空间。

068 擅用空间分割，优化使用功能

原始户型分析

入户后室内空间即在眼前敞开，一览无遗，私密性差，房间都比较小。

改造后细节剖析

❶ 在入户区域打造一个具有仪式感的端景墙，兼具储物功能，通过地面材质和天花来强化门厅的视觉感。

❷ 压缩部分门厅空间，腾出一个合适的空间做衣帽间，配套给主卧空间。卫生间采用的玻璃材质，将衣帽间和卫生间这两个空间联系起来，形成互动的同时，通透性增强，并且可增大卧室的空间，同时采光效果更佳。

❸ 扩大厨房区域后可放置冰箱，并可改造出一个舒适的操作台面。同时将餐厅设计成正方形的，在中间配上圆桌，使空间的仪式感更强，并且也不会造成空间浪费。再设计一组酒柜，不仅美观而且实用。

❹ 把书房空间加大，留出足够的空间还能做生活阳台。书桌、书柜沿墙设计，非常节省空间。在学习区放置绿植，可以打破空间的沉闷，让学习区充满生机和活力。

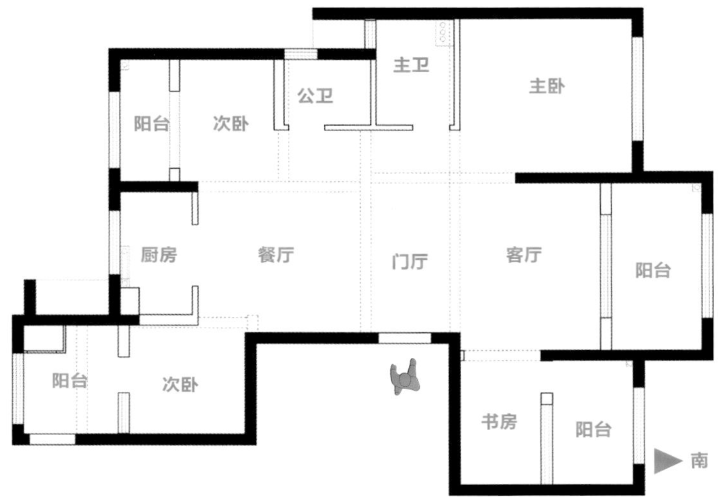

原始结构图

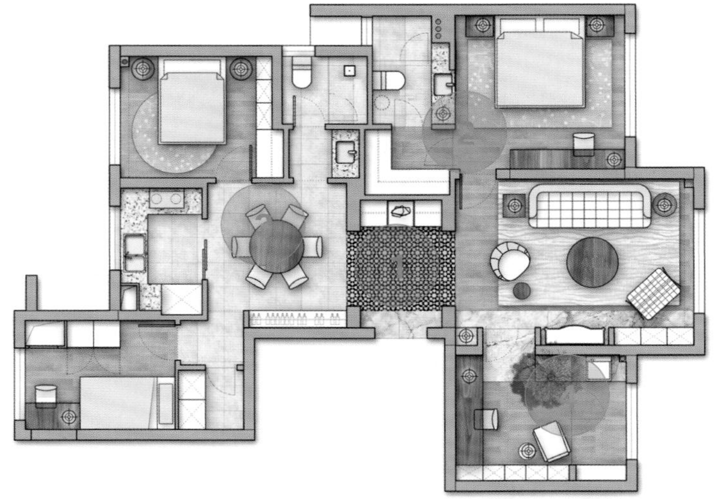

改造设计图

结语： 对空间进行更加合理的分割，让功能区发挥更大的作用，使用更加便利。

069 入户无玄关，该怎么办？

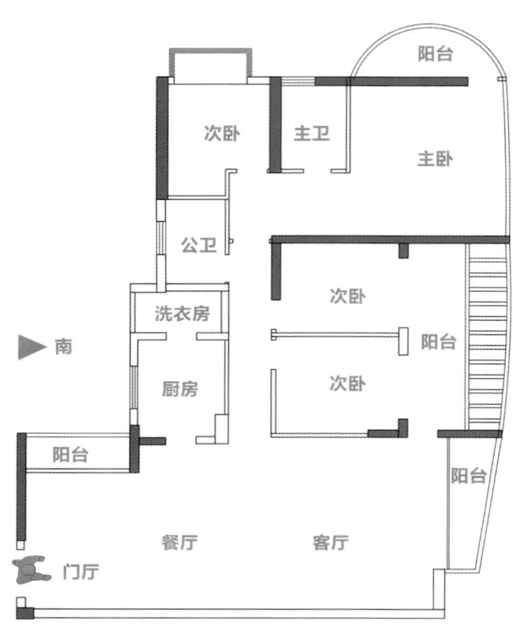

原始结构图

改造设计图

原始户型分析

门厅无玄关，厨房面积小，需要中西厨结合，主卫面积小，无法放置浴缸。

改造后细节剖析

❶ 在入户进深1.8m左右设置玄关柜，满足使用需求且不浪费面积，对客厅空间也有遮挡，不会入户后室内空间一览无余，与墙面间留有空隙，增加空间呼吸感。柜子后仍能放入八人座餐桌，空间利用率高。入户左手边留有空间，可做收纳柜，并仍能保证过道宽度。

❷ 台面从入户水吧台一直延伸到厨房，将原来的洗衣区并入厨房，厨房面积扩大，动线拉长，将洗衣机等放入操作台面下，还能空余出一块小吧台，仅厨房区域的功能就可称为“麻雀虽小，五脏俱全”。

❸ 两间儿童房所有的门打开就是娱乐区，可以供小孩玩耍，关上门就是两个互不打扰的空间。书桌放置在南侧阳台，采光充足，两个书桌间可以做休闲区，也可以做小书架，给孩子们的生活带来无穷乐趣。

❹ 把主卫台盆设置在主卫外面，实现干湿分离后动线重叠，淋浴房和浴缸一体化设计。这些设计方式节约了不少面积，让主卫拥有多种功能。

结语： 四居室面积变大，房型增多，满足各种功能要求的需求更为迫切。户型越大，越考验改造功力。

070 厨房采光和通风差是个大麻烦（方案一）

原始户型分析

厨房采光和通风较差，有异形空间，卫生间面积均偏小。

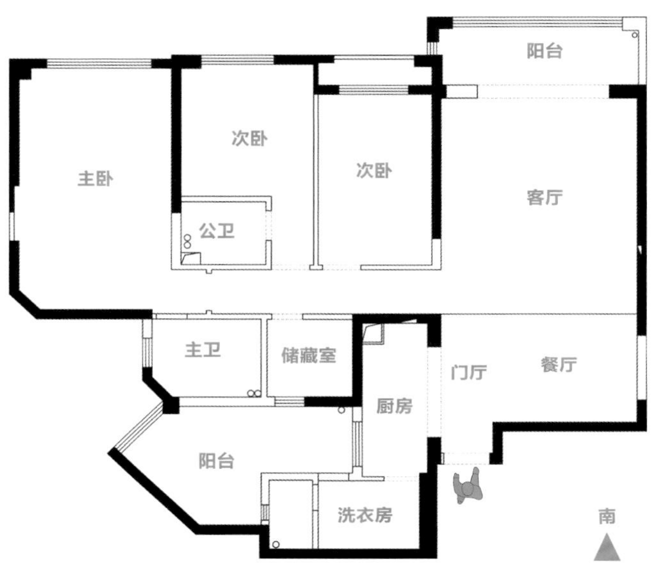

原始结构图

改造后细节剖析

❶ 在餐桌旁加西餐岛台，使餐厅功能更加完善，使用更为便捷，视觉上齐平墙体与客厅边缘，质感丰富又不会乱。

❷ 为了纳入更多光线，打通北侧生活阳台通向厨房的动线，通过绿植遮挡部分视线，不会阻隔通风，更会带来一些自然清新之意；把原来的洗衣房改造为书房兼客卧，用玻璃窗与阳台隔断，保证采光，打开窗就有新鲜空气涌入。

❸ 对原来的主卫和公卫的功能进行划分，其中，主卧旁边的次卧也有门直接通向南侧卫生间，使用感舒适且非常便捷。

❹ 将原来的储藏室改为干湿分离公卫，动线重合，台面尺寸受限，可选用圆形台盆，动线贯通公区和私区，从任何房间到达公卫都不会很远。

改造设计图

结语： 根据不同功能的使用频率，来调整改造的重点和顺序。

071 厨房采光和通风差是个大麻烦（方案二）

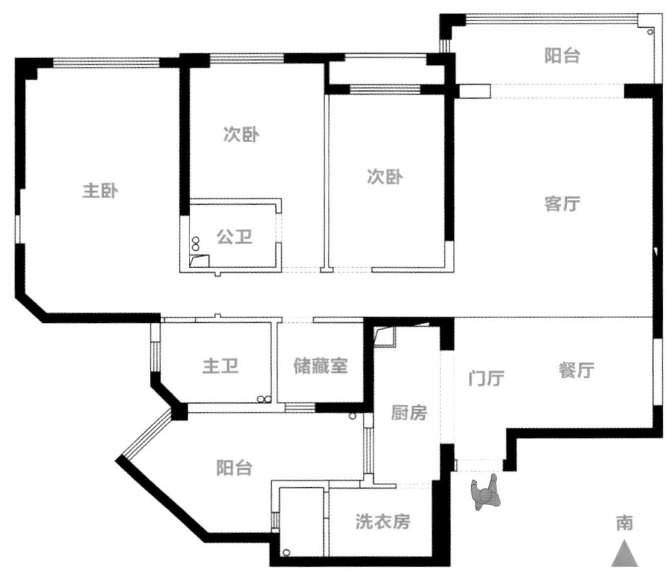

原始结构图

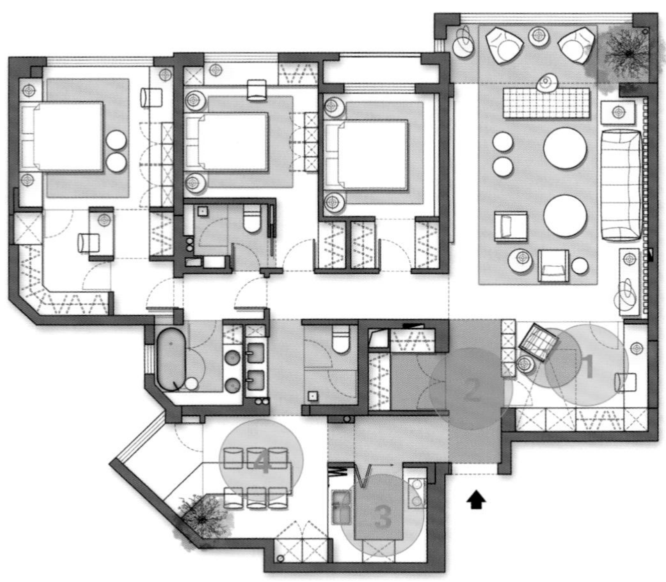

改造设计图

原始户型分析

厨房采光和通风较差，有异形空间，卫生间面积均偏小。

改造后细节剖析

❶ 将原来的餐厅改为书房兼客房，客床平时立起来收纳，两个门都打开可形成环绕动线，关上可保证安静、私密。

❷ 将原来的厨房做成入户收纳空间，也可作为一个小衣帽间，并利用地面材质划分出门厅空间，引导动线。

❸ 将厨房安置在原来的洗衣房处，有了充足采光，折叠玻璃窗和折叠门可以任意改变厨房的开放程度，保证通风，跟用餐区有互动性，U形操作台面充分利用面积，将做饭变得更加高效。

❹ 把餐厅放到原来的北侧阳台上，并且已经不单单具备用餐功能，更给家人提供了休闲区、赏景区、互动交流区，即便处在整个房子的一角，也完全不用担心它的使用频率。

结语：此方案设计合理，符合逻辑，书房和餐厅空间的置换，弥补了户型上的缺陷，带来完全不同的居住感受。

072 你我的梦想——主卧步入式衣帽间

原始户型分析

布局均衡，原本结构不变，进行微调即可。

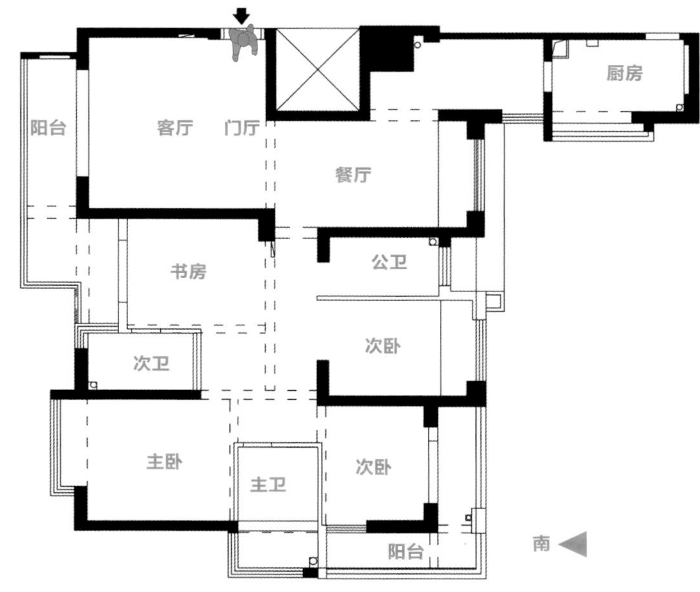

原始结构图

改造后细节剖析

❶ 入户端景选择使用收纳柜或展示柜，电视背景墙由柜体延伸出来，厚度递减，层次丰富；客厅单椅既有整齐摆放的，又有灵活摆放的，提升客厅活泼感。

❷ 在餐厅中，餐桌沿过道摆放，减缓狭长感，留有足够空间，可在窗边放置餐边柜和水吧台。

❸ 主卫门倾斜45°，进入主卧的动线更顺畅，减弱尖角带来的不适感；利用次卫旁边的空间做主卧衣帽间，满足收纳需求。

❹ 原有书房纳入部分南侧阳台的面积，改造出带有小书房的次卧，增加了一间南向采光的卧室。

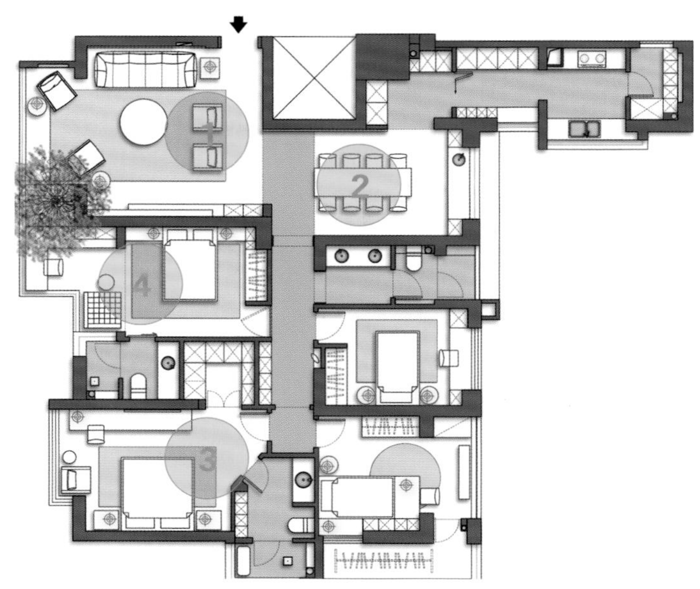

改造设计图

结语： 微调时更强调家具组合方式，用细节调整来改善居住感受。

073 给设计师打造多元化的家，少不了创意与惊喜

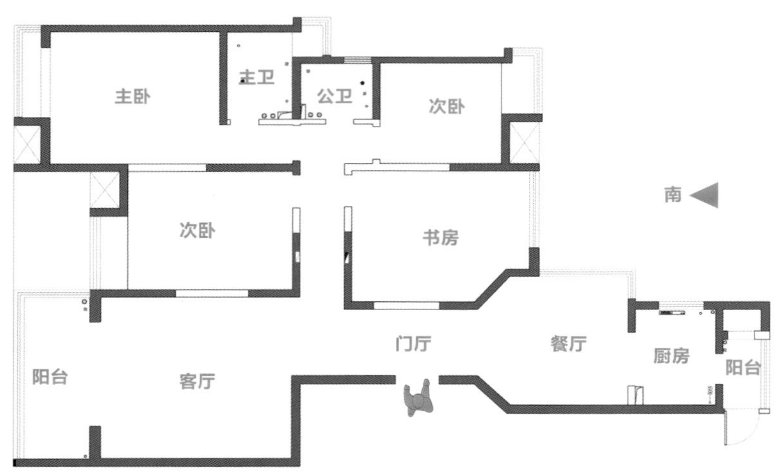

原始结构图

改造设计图

结语：公共空间亮点点到即止，没有眼花缭乱之感，互不干扰，多次出现又奠定了空间基调。

原始户型分析

基本上每间房的面积都较大，承重墙虽多但没有封死，业主需求多元化，且要求打造亮点。

改造后细节剖析

❶ 端景沿入户视线拉伸到尽头，结合入户两边的门厅，给人以舒朗大气的第一印象，动线对称灵活，门厅处嵌入四个半圆柱体，配合四盏壁灯，仪式感满满。

❷ 餐厨台面一体，用桌面叠加方式，且划分了不同区域，层次感丰富，且使用便利，沿墙铺满收纳柜，让餐厅变得整洁有气势。

❸ 茶室放在南向阳台，茶桌沿门垛铺设，客厅长椅两边皆可互动，用松树和小型枯山水来打造禅意氛围。

❹ 沿入户走道看去，绿植后面就是开放式书房，诗意自然；选用悬空书架和低台面，不会有压抑、沉重感，让书房空间更为轻盈灵动。

074 面积过大抓不到重点，改造起来也头疼

原始户型分析

门厅过大，根据业主需求，原本设置的佛龛位不能动，煤气灶须朝北靠窗。

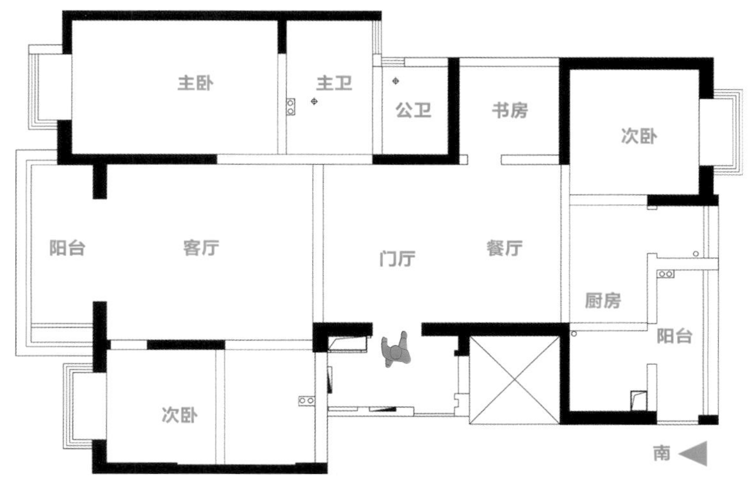

原始结构图

改造后细节剖析

❶ 对门厅区域进行细化分割，对内部不同区域的功能进行重叠设计，如门厅走道与水吧台、客厅软榻功能重叠，鞋柜放在电梯厅等，充分利用空间面积。

❷ 设置L形大操作台面，可完全满足厨房收纳需求；根据要求把煤气灶放到朝北靠窗处，加一个隔板挡油烟；厨房与洗衣房共用一部分台面，操作便利。

❸ 在客厅沙发对面放休闲椅，打造一处休闲区，与客厅有互动，也可作为安静的阅读角等。

❹ 书房玻璃门可将自然光纳入用餐区，落地窗前放舒适的单人沙发，使人沉浸于书籍的世界，偶尔抬头远眺放松心情。

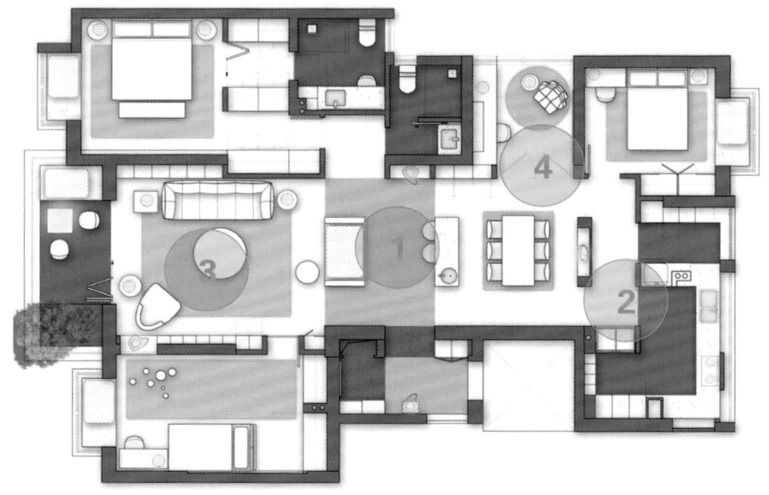

改造设计图

结语：门厅空间越大，越需要仔细把控，明确动线，平衡各功能区的面积。

075 创新功能组合给刚需户型带来无限可能（方案一）

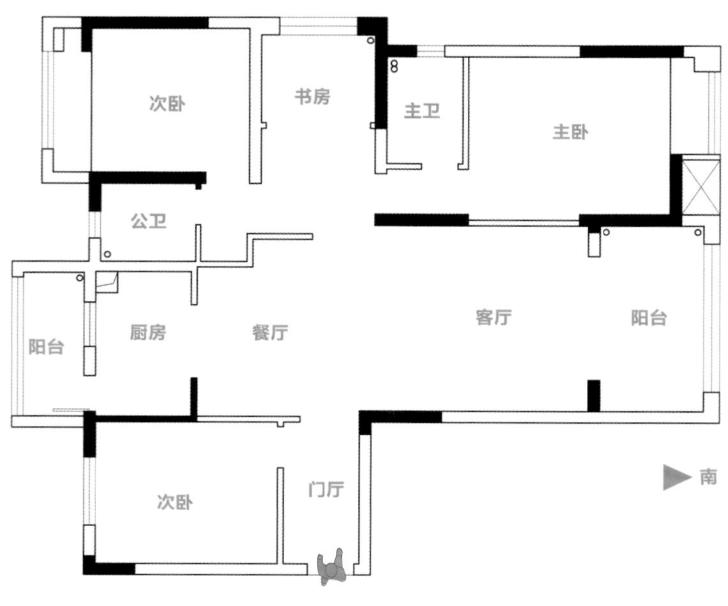

原始结构图

改造设计图

原始户型分析

原始户型和业主需求皆较为常规，点位基本合适，厨房面积小，需要茶室空间，功能组合待优化。

改造后细节剖析

❶ 改变西侧次卧入口，入户门厅左手边整面墙都能拿来做鞋柜，可置入换鞋凳，门厅独立性、整体性更强；与次卧之间设置一处玻璃窗口，门厅更明亮，带有通透感。

❷ L形台面由餐桌和水吧台组成，台面高低错落，可用于多种用餐场景，在水吧台前立装饰屏风遮挡视线。

❸ 主卧朝南，可利用飘窗做小书桌，主卫台盆分离出来实现干湿分离，地面用圆弧铺装造型引导动线，弱化尖角带来的不适感。

❹ 厨房可拆掉隔墙设置台面，既可作为操作台面又是水吧台，更高效、划算，另一边设置洗菜炒菜区，功能不混乱。

结语：遇到好的户型，切忌放松要求只摆家具，要在功能上寻求更好的突破。

076 创新功能组合给刚需户型带来无限可能（方案二）

原始户型分析

原始户型和业主需求皆较为常规，点位基本合适，厨房面积小，需要茶室空间，功能组合待优化。

改造后细节剖析

❶ 书房放到西侧次卧，鞋柜旁留有缝隙可为书房带来光影变化，书房入口动线灵活，角落端景美化了入户空间，视线尽头可做装饰墙面。

❷ 开放用餐区以分割动线，功能增强，做了西餐台（或水吧台），结合书房、门厅动线形成环绕动线。

❸ 主卧朝南，可利用飘窗做小书桌，主卫台盆分离出来实现干湿分离，地面用圆弧铺装造型引导动线，弱化尖角带来的不适感。

❹ 客厅用长条形地毯规整沙发空间，引导视线延长至阳台，弱化柱子对空间的划分感，客厅与阳台在视觉上合为一体，带来更宽敞的空间感受。

结语： 好的户型，加上创新的功能组合方式，生活场景更加多样。

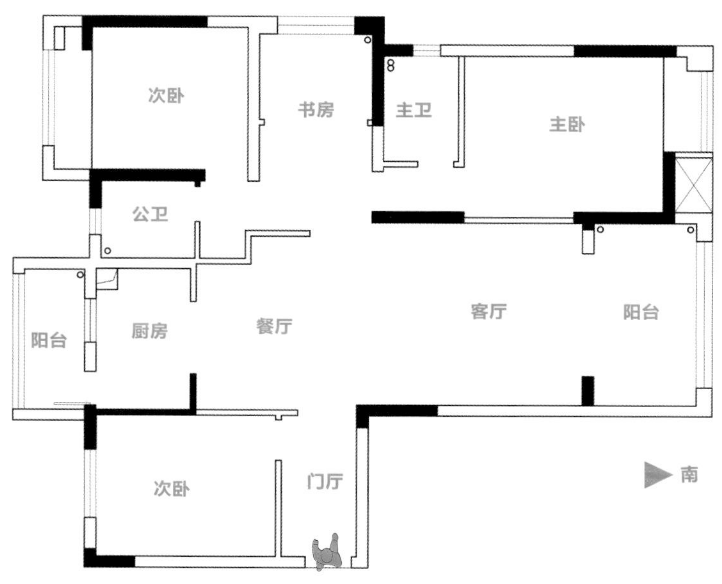

原始结构图

改造设计图

077 视觉感受不可小瞧，巧妙穿插视线带来更丰富的视觉体验

原始户型分析

户型常规，厨房面积小，部分功能需求无法满足。

改造后细节剖析

❶ 在入户右手边利用多余空间放鞋柜，与西侧次卧之间留空隙，让空间更有透气性。

❷ 利用过道空间，延长餐桌台面形成小中岛，可以在玄关设置屏风作为端景。

❸ 北向次卧并入主卧空间，一是可以加入浴缸，二是可以隔出一间私密性较强的小书房，三是增加了一排收纳柜。主卫干区台盆与墙面之间留有空隙，视线、光线穿插可增强互动性。

❹ 次卧与客厅阳台间用玻璃隔断，实现光线上的穿插，可保证私密感，空间感更强。

结语：避免出现零碎空间，浪费面积，居住感不佳，注重完整空间的呈现。

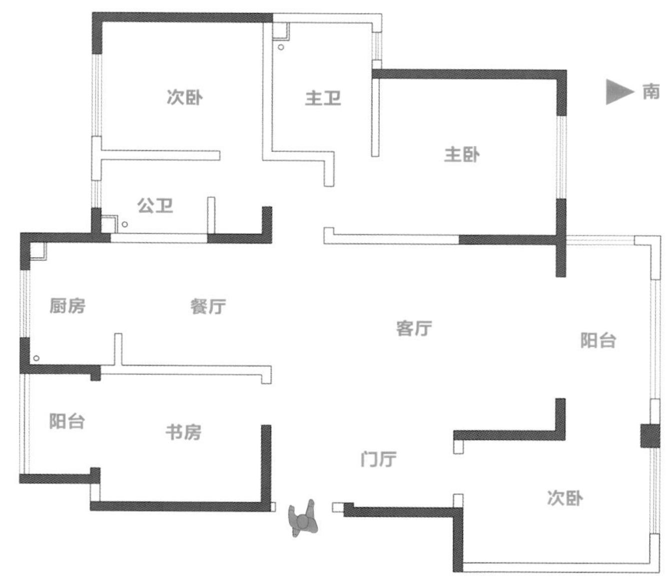

原始结构图

改造设计图

078 只想着功能需求，改造户型的路就堵死了

原始结构图

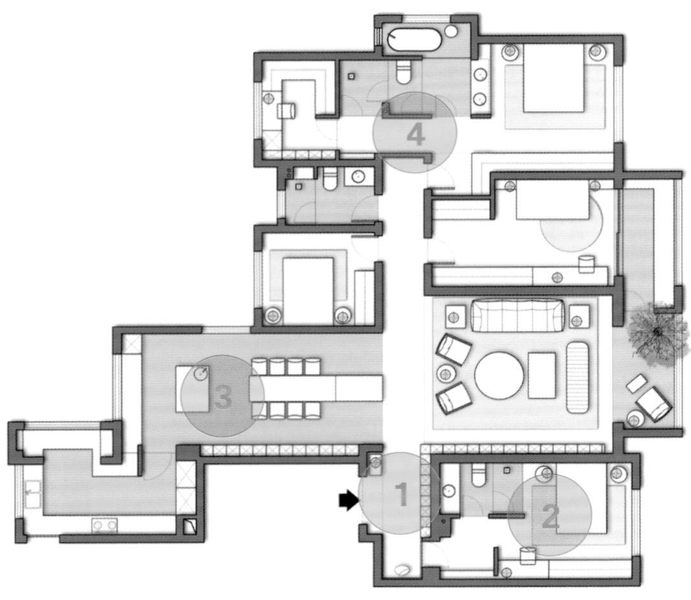

改造设计图

原始户型分析

承重墙多，空间较零碎，厨房小。

改造后细节剖析

❶ 入户后视线正对储物柜，此处的储物柜与客厅电视背景墙储物柜块面相交，非常大气，并可引导动线。

❷ 次卫压缩长度、延长宽度，隔出干湿分区；沿一整面墙进行矮凳、书桌、衣柜的组合设计，功能齐备且不杂乱。

❸ 厨房贯通阳台，操作台面沿墙面延伸到用餐区，独立中岛满足西厨需求，餐桌供家中常住人口日常使用还绰绰有余。

❹ 使用玻璃材质隔断的卫生间，不会显得太封闭，打开门形成环绕动线，加强空气流动性，使用起来也更方便。

结语： 注重空间的连贯和呼应，利用视线延伸、心理引导、材质穿插等手法达到空间的和谐统一。

079 没有什么比跟家人一起做饭更重要

原始户型分析

厨房、餐厅面积小，可做开放式厨房，入户门正对主卧门，需要四室变三室。

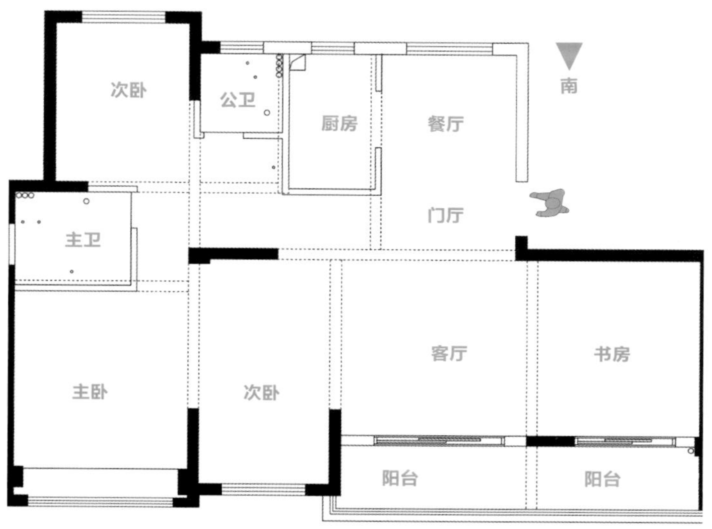

原始结构图

改造后细节剖析

❶ 入户左手边有鞋柜用于收纳，右手边对餐厅、厨房功能进行重叠设计，把空间做得非常有大平层的气势，餐桌和操作台面的功能界限模糊化，给餐厨空间带来更多可能。

❷ 公卫干湿分离，水槽台面延长后可设置端景装饰，避免入户门正对主卧门，也给公卫干区营造了一些仪式感。

❸ 书房兼具客房功能，与客厅之间用家具和玻璃门隔开，可融为一体，也可各自成为一体，绿植以软隔断形式将阳台分为两部分，与书房和客厅的隔断呼应，一边是诗和远方，一边是生活。

❹ 将北侧小次卧并入主卧，做成一个大套间，主卫开两扇门，动线更加便利，空间感更强。

改造设计图

结语： 多处公共空间既独立又开放，互动性加强，更有助于增进家庭成员之间的感情。

080 谁说美观与实用不能共存?

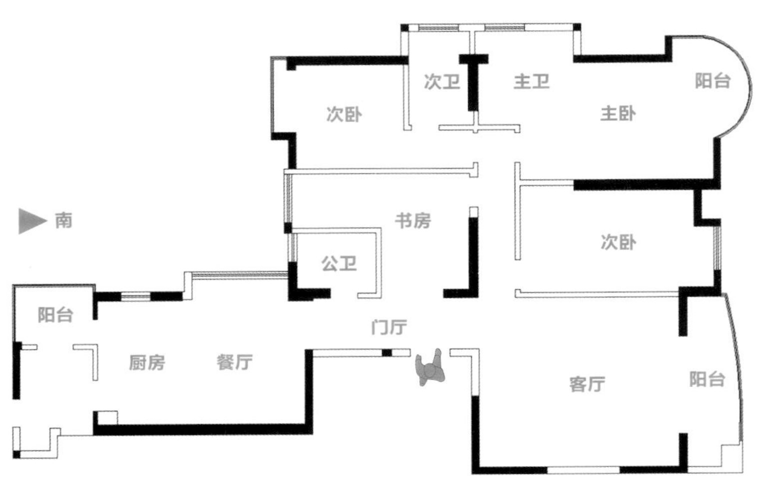

原始结构图

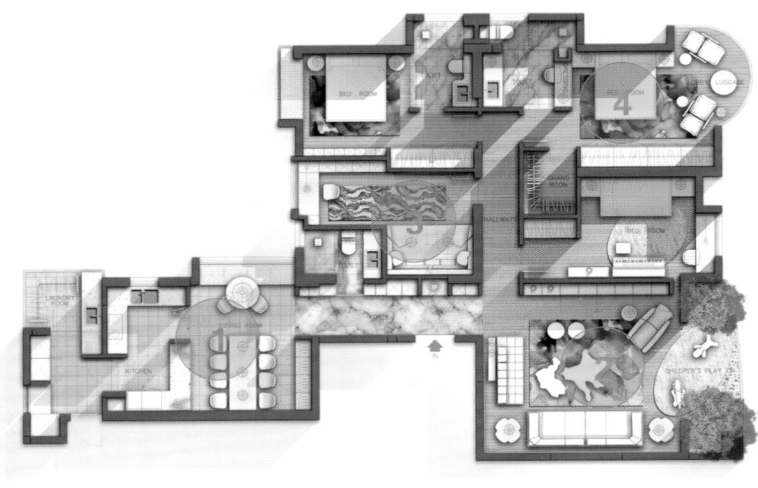

改造设计图

结语：改造优质大户型时，在保证美观、实用的前提下，更需有效增加储物空间，避免空间杂乱。

原始户型分析

本户型为优质公寓户型，强调细节优化，需要早餐区，需要儿童玩耍区。

改造后细节剖析

❶ 在餐厅靠窗处做一个小吧台作为早餐区，也可以设置小圆桌作为早餐区，厨房操作台面与餐厅之间做折叠窗、折叠门，传菜、递菜不用绕路，非常方便。

❷ 客厅用地毯划分空间，并可作为装饰，把儿童玩耍区、运动区放到西侧阳台，用弧形地毯模糊界限，不论是客厅还是阳台在视觉感观中都更大。

❸ 在书房靠窗放书桌，保证足够的采光，并可在书房设置家庭影院区，同时兼作客房，书房功能更为多样化。

❹ 主卧借北侧次卧面积做出衣帽间；在主卫干区洗手台盆对面放梳妆台；用玻璃窗隔断，把卧室采光引入主卫；东侧阳台可打造为休闲区，用于观景、阅读、聊天等。

081 这样的用餐区，让人难以挪开视线

原始户型分析

入户门正对公卫门，门厅过大，餐厨区太小。

改造后细节剖析

❶ 原有餐厨区合并为带西餐岛台的厨房区域，划分一块区域设置鞋帽间供入户时使用，动线连贯合理，符合日常生活习惯。

❷ 原有的整个门厅成为主要用餐区，包裹住承重柱，减弱其存在感，展示性绿植设置在公区和私区之间，形成视线上的遮挡和划分，进行了缓冲，也是空间里的一处亮点。

❸ 西侧次卧走道宽度大，可沿墙面做一排衣柜，形成足够大的储藏空间，靠窗部分置入书桌，满足使用功能需求。

❹ 通过地面材质将主卧划分为休息区和阅读区，在使用时功能更为清晰。

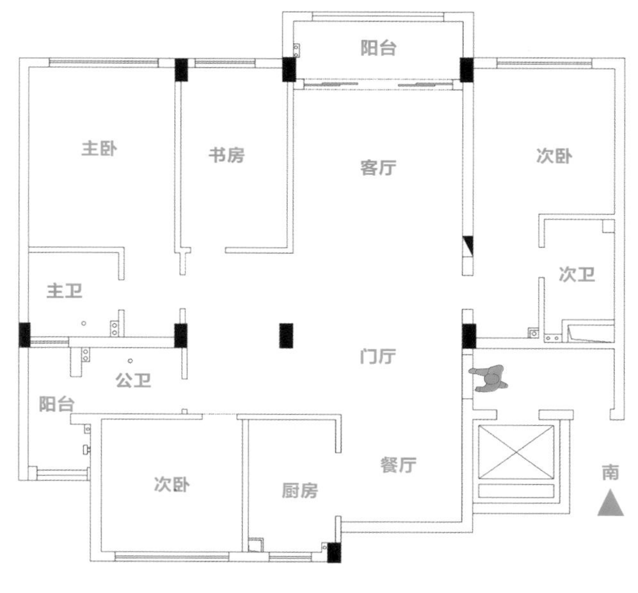

原始结构图

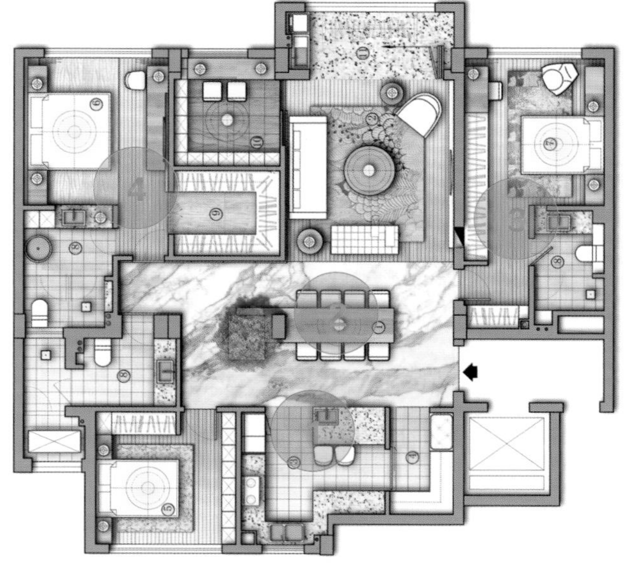

改造设计图

结语： 打造大面积的豪华空间不可忽略立面的设计，层次要丰富，要让视线中有一处焦点，如本案例中餐厅里的展示性绿植。

082 改变空间主动线之后，空间不足秒变亮点

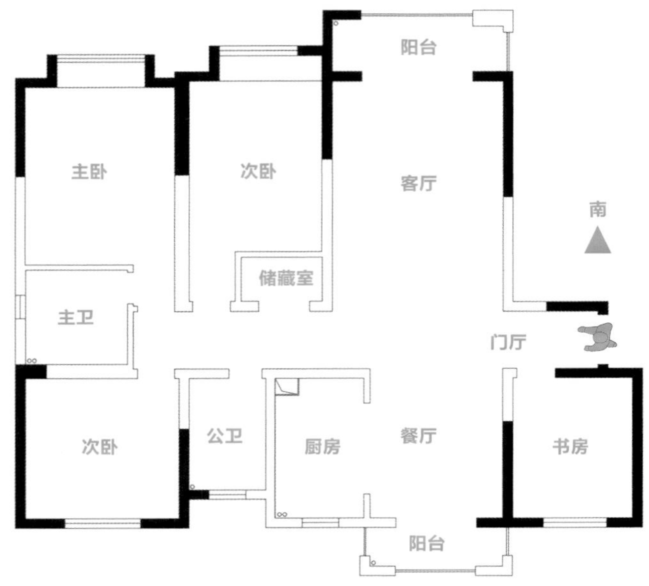

原始结构图

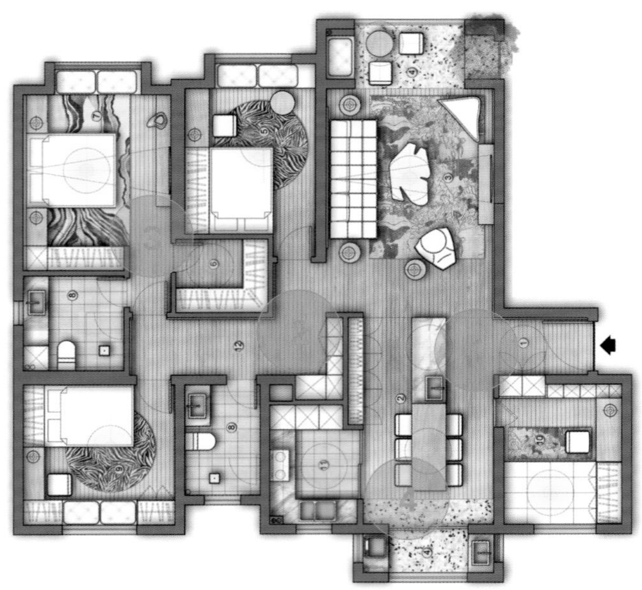

改造设计图

原始户型分析

入户无玄关，走道过长，餐厅待优化的空间大。

改造后细节剖析

❶ 借用一部分书房空间做入户鞋柜，并改变进入书房的动线，用餐区的小吧台和墙边酒柜共同作为入户端景。

❷ 在用餐区延伸出来的区域增加收纳空间，形成双动线，用餐区与其他功能空间加强了联系，切断了狭长的走道。

❸ 主卧休息区用大块地毯铺装，功能和空间感更加明确，将部分南侧次卧和储藏室的面积让出来给主卧做衣帽间，不影响次卧使用，改造后各功能区的面积更为均衡。

❹ 北侧洗衣阳台通过地面材质的延伸，在视觉上扩大了空间。

结语：主动线衔接着各个功能空间，优化空间的同时也要顾及动线的变动，反之亦然。

083 厨房一换位置，入户感受大变样

原始户型分析

厨房面积小，阳台面积大，需要西餐岛台、品茗区、健身区。

改造后细节剖析

❶ 将厨房放到北侧阳台，面积增大，在餐厅中也能使用厨房台面，并且在餐桌旁设置西餐岛台，使各功能一体化。

❷ 将茶室放在南侧客厅阳台，用软垫划分客厅和茶室空间，用屏风稍稍围合，烘托茶室氛围，合起屏风便可赏景。

❸ 书房做得更为灵活、通透，开门的两侧均为玻璃隔断，视线和动线更加流通，在书房外利用阳台面积划分出健身区。

❹ 主卫因为不需要浴缸，所以淋浴区能做得大一些，使用起来更舒服，在干区洗手台盆旁用延伸出来的台面做一个梳妆台，作为主卫与卧室之间的隔断。

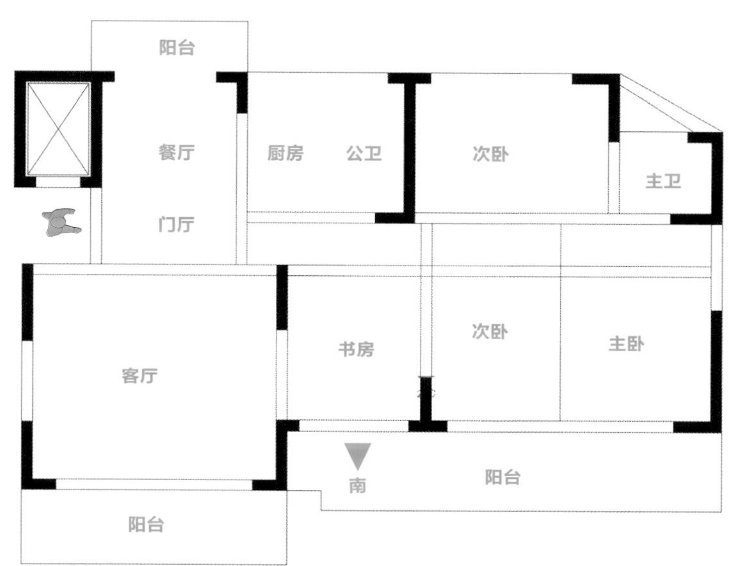

原始结构图

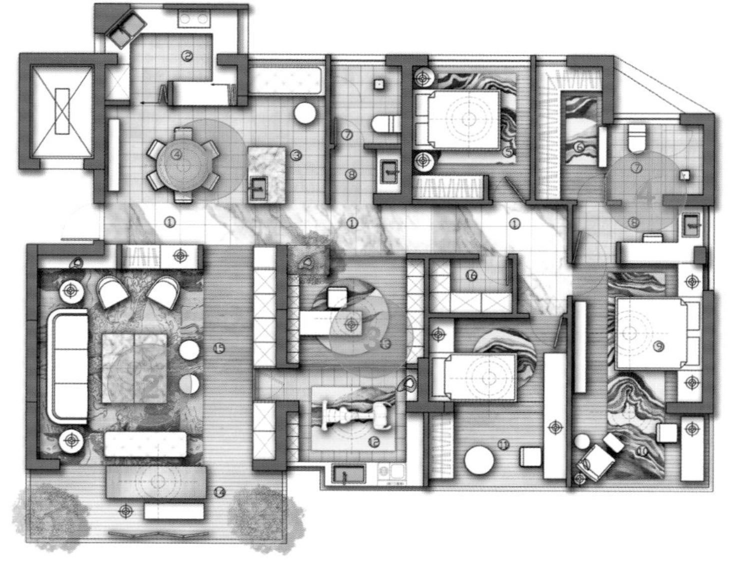

改造设计图

结语：餐厨区一直是户型设计中需要关注的重要区域，在条件允许的前提下，可适当移动餐厨区域位置来改善空间关系，达到更好的效果。

084 卫生间采用三分离式设计，让空间舒适感直线上升

原始结构图

改造设计图

原始户型分析

户型整体没有硬伤，公区开敞空旷，优化功能动线排布即可。

改造后细节剖析

❶ 厨房通过动线分为两部分，一部分为洗菜做饭区，一部分为冰箱等收纳区，中心放岛台，与餐桌呼应，整个餐厨区形成环绕动线，灵活便捷。

❷ 客厅与南侧阳台上的茶室设置软凳等家具，通过功能组合重叠法进行设计效果更佳，地面材质又能清晰划分出不同空间。

❸ 将原来的公卫做成主卧衣帽间，通过主卧休息区动线可直接到达衣帽间。主卫功能围绕动线形成三分离，关闭玻璃门可围合成一个空间，且不影响空间的开阔通透感。

❹ 南向次卧采用常规布局，用地毯强调休息区，增加舒适度，并通过推拉门与阳台健身区连接。

结语： 动线设计与功能设计相辅相成，只有立足于人的基本需求，空间设计的价值才会真正体现出来。

第 5 章

大平层户型

大平层户型已经是公寓户型中的顶级户型了，属于公寓中的豪宅。这种户型的居住品质可以媲美别墅的居住品质，在价位等方面是和别墅不相上下的。

大平层的改造重点在于营造空间的仪式感，完善多功能空间的配置，控制好空间尺寸比例，打造大平层应该具备的空间豪华感。

大平层户型和其他公寓户型最大的区别有两个：第一个是面积和空间结构发生了变化，大平层户型一般有四间卧室外加一间多功能房，多采用承重柱框架结构，改造的时候可以最大限度地保持室内通透；第二个是业主生活方式不同，大平层的售价远高于其他普通公寓房，业主多为社会精英之类的人群，设计需求发生了很大的转变。

大平层户型在日常生活所需的功能上相比于其他公寓户型会有很大的改变。大平层户型的客厅因为要用于待客、交友，会更注重客厅的互动性和气势感，餐厅用餐的人数也会增加，并会请保姆来工作。卧室里面的衣帽间是改造的重点之一，是女主人的“宝藏屋”，当然，如果有条件，男业主也应该拥有单独的衣帽间。

085 如何将常规户型空间利用率做到极致（方案一）

原始结构图

改造设计图

结语：在原始户型满足常规功能需求的情况下，如何将空间利用做到极致就成为改造的重点。

原始户型分析

原始户型可满足常规的功能需求，业主需要五间套房和品茗区、健身区，在此基础上，将空间利用做到极致。

改造后细节剖析

❶ 把入户玄关距离拉远，端景和酒柜做在一排，让出一个很大气的入户门厅，两个放置装饰艺术品的位置，给空间增添了仪式感和对称感。

❷ 在餐厅空间足够的情况下，增加了西厨和吧台的功能，整个功能空间贯穿于一条中轴线上，营造出空间的对称美，仪式感就出来了。

❸ 根据主卧的形状，在主卧入户处设计一个玄关，同时压缩衣帽间的空间，设置一个迷你水吧，增加了功能，生活更加便利。衣帽间的配置，加上床边的衣柜，增加了储物空间。

❹ 将多功能室放在远离静区的地方，同时接近公区。客厅与多功能区之间设计矮墙，让两个空间既形成互动，又各自有其隐蔽性。书桌、茶室一体化设计，满足了业主的品茗需求，同时功能更丰富。跑步机放置于窗边，光线好，运动时还能欣赏风景，愉悦心情。

086 如何将常规户型空间利用率做到极致（方案二）

原始户型分析

原始户型可满足常规的功能需求，业主需要五间套房和品茗区、健身区，在此基础上，将空间利用做到极致。

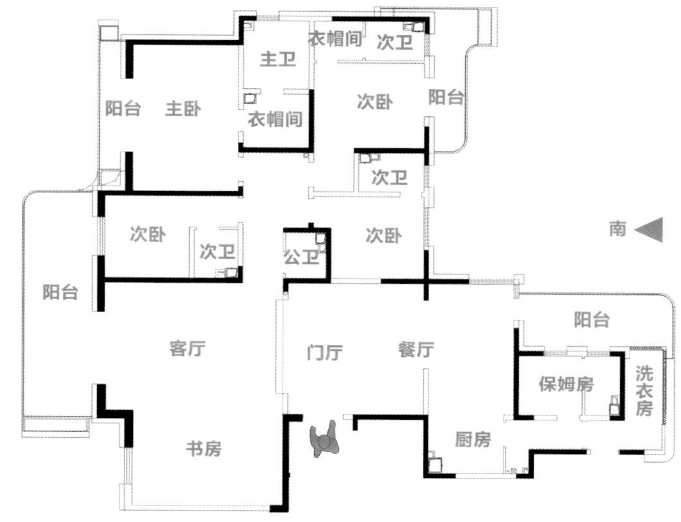

原始结构图

改造后细节剖析

❶ 入户位置的端景处做了一个拐角往过道延伸，无形中拉大了空间，使空间更大气。在客厅和餐厅连接的位置设计了一个圆形的钢琴区，既起装饰的作用，又可以让音乐覆盖整个公区，且处在客厅、餐厅空间的中心点，平衡了客厅和餐厅两个区域。

❷ 将餐厅旁边的次卧改为具备品茗、健身等功能的多功能房，靠近公区的位置，并使过道靠近多功能房，空间更加宽敞、通透。

❸ 通过多功能区，来到中庭，这里是动线的周转区，需要足够的空间。这个大气的中庭可作为公区和静区的分割区，非常有仪式感。

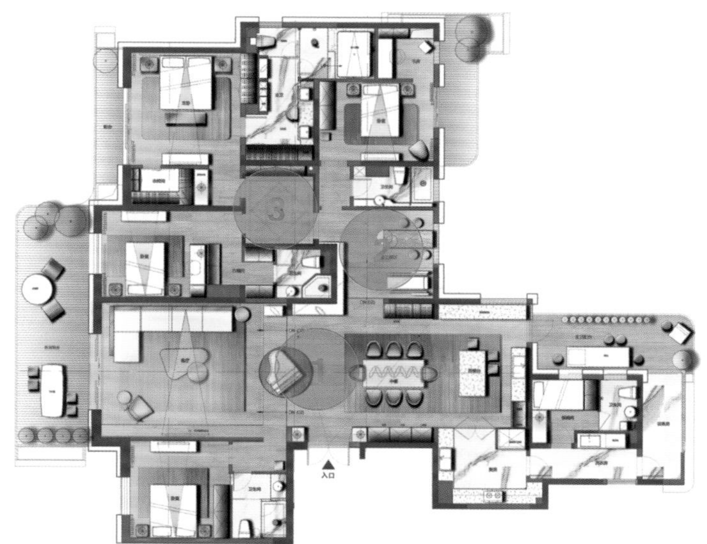

改造设计图

结语： 为满足大量功能需求，提升空间利用率的同时，也应注意提升空间格调。

087 “秒杀”样板房的大平层这样设计

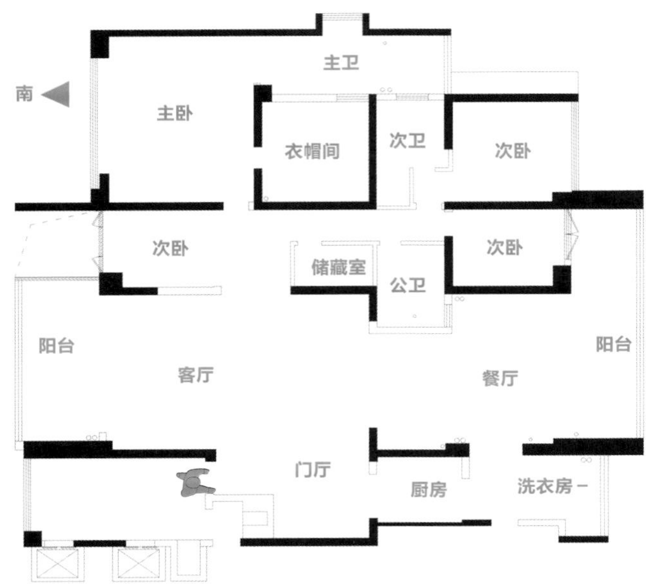

原始结构图

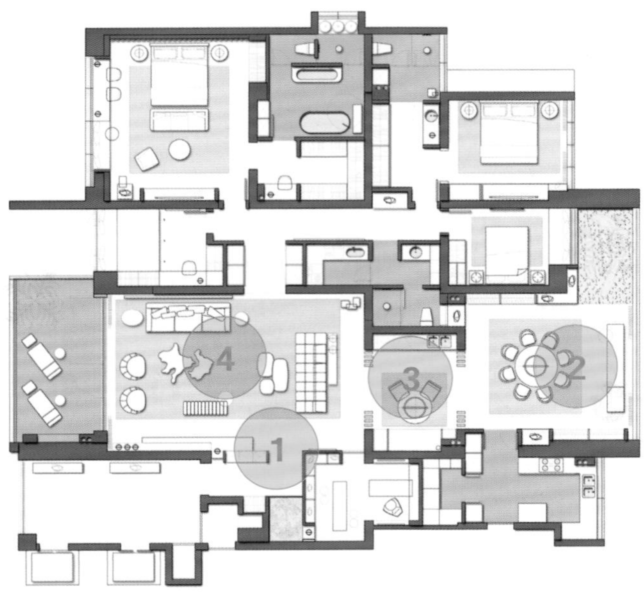

改造设计图

原始户型分析

门厅处的空间不好利用，且空间大，造成浪费。厨房小，采光、通风都比较差。

改造后细节剖析

❶ 利用门厅的大空间，布置了一个办公区和品茗区，同时留出一个位置布置景观，有效利用了空间，并提升了门厅的舒适感。柜体结合电视背景墙一起做，在间隙中摆放艺术品，让空间有延伸感的同时，还能获得框景的效果。

❷ 餐厅朝北侧阳台方向扩大空间，并设置休闲区，使得就餐环境更加舒适，还可以在此处品酒、赏景、聊天。在角落处放置绿植，瞬间增加了整个空间的生机。

❸ 在客厅和餐厅之间，设计了一个西厨区域，同时可以服务两个空间。在靠墙处设计卡座，可以用来吃早餐、喝下午茶，同时还能和旁边的空间形成互动。

❹ 客厅通过家具的组合形式，消化了原本客厅的大体量感，同时没有破坏原本的动线，这样的设计在没有浪费空间的情况下，让整个空间更加和谐大气。

结语： 在空间足够大的情况下，可通过创意设计提升空间的格调。

088 湖景大平层这样规划，才是豪宅应有的范儿

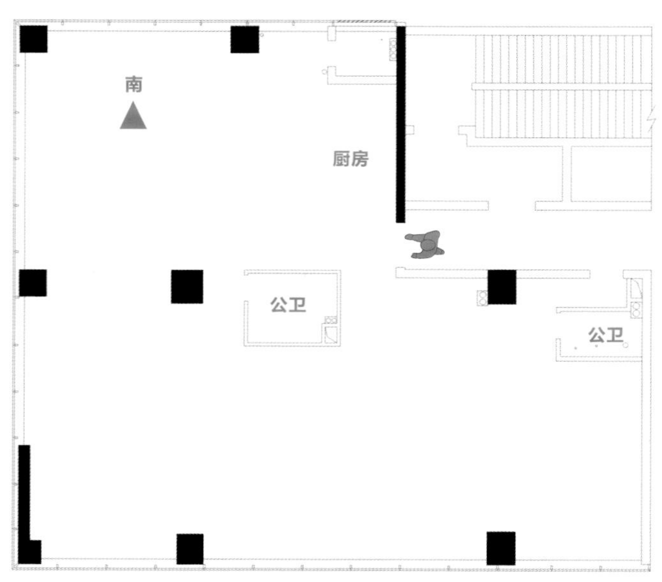

原始结构图

改造设计图

原始户型分析

入户处无端景；公卫处于整个房子中心的位置，并不合适，且没采光、不通风。

改造后细节剖析

❶ 做开放式厨房，并结合餐厅一起设计，最大化利用空间，在满足功能需求的同时也让空间更舒适。墙体采取不完全封闭的设计，让空间更通透，并与其他空间形成互动。

❷ 将客厅设置在观赏湖景的最佳区域，将端景与沙发结合进行设计，原本没有端景，经改造入户后即可看到远处的端景，提升了美感。通过独特的家具组合把阳台区域自然融入客厅，氛围更轻松，拉近了人与人之间的距离。

❸ 在空间中央位置设置学习区，可辐射整个房子，使用解构主义手法，让空间变得更加通透，采用玻璃材质的门，能最大化地引入光线，解决采光问题。

❹ 储物间位置利用走廊和卧室的空间，做了一条环绕动线，让空间更加灵动、更有趣味性。

结语：探索架构开放互连的空间，丰富其可能性，同时注意空间的舒适度，打造出充满惬意氛围的湖景大平层。

089 户型缺陷巧化解，原来平面方案可以这样改

原始户型分析

入户门厅区域狭小，过于拥挤；走廊尽头直冲主卧门；公卫小，放置基础三件套后，空间略不足。

改造后细节剖析

❶ 将入户后直面的空间向南推进，做成圆弧形的端景，缓解入户后正对墙的压抑感。走廊尽头本来直冲主卧门，先将原本主卧门的位置做成端景，再压缩一点北侧次卧空间，将主卧门北移，解决了走廊直冲主卧门的问题。

❷ 原来的厨房和餐厅开间比较小，尽量做大台面，不用墙体区分空间，而利用一个吧台区分厨房和餐厅空间，使得吧台具备早餐台的功能，也拥有分割空间的功能。

❸ 主卫中双台盆的高配置能供两个人同时使用，同时主卫和主卧玄关位置也设置了一条动线，从主卧可通过最短的路线进入主卫，十分方便。在淋浴处设置了坐凳，使用感更加舒适。

❹ 分割一部分原本的客厅旁次卧的空间设置书房，丰富了空间的功能，并且内置折叠床，当床放置下来时，这里可以成为一间临时的客房。

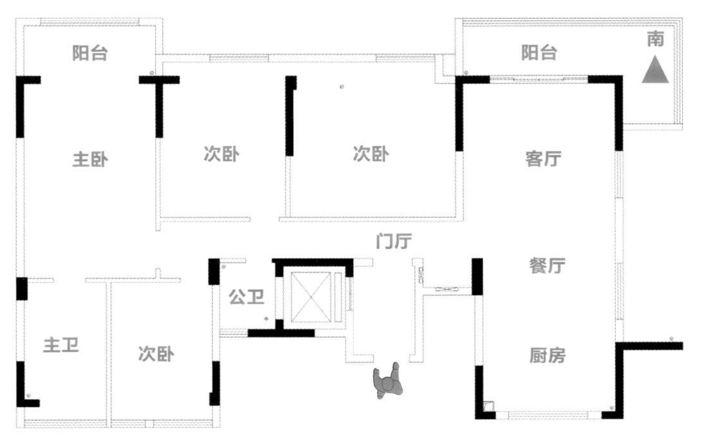

原始结构图

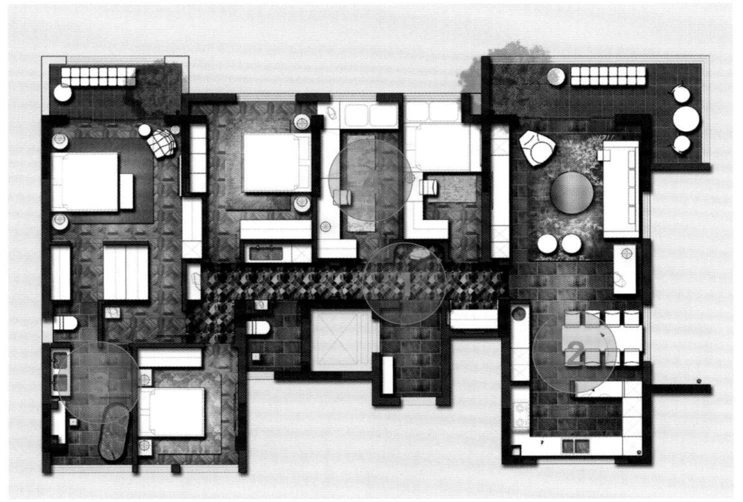

改造设计图

结语：对空间进行充分的分析，合理规划它的功能区，运用一些小技巧去化解原始空间的缺陷。

090 解构主义手法的妙用

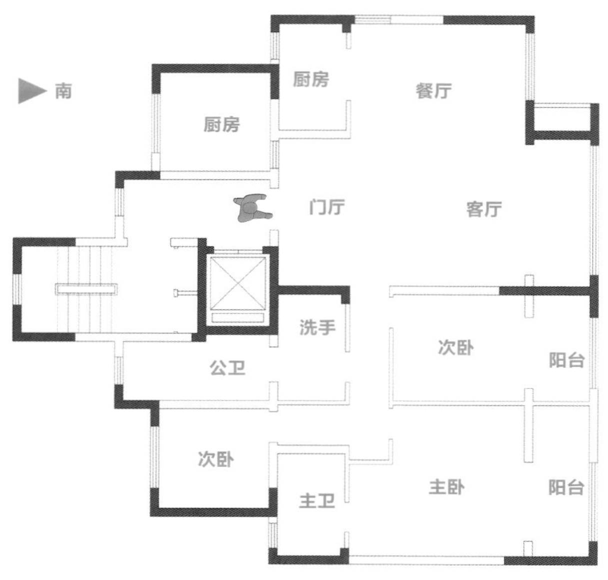

原始结构图

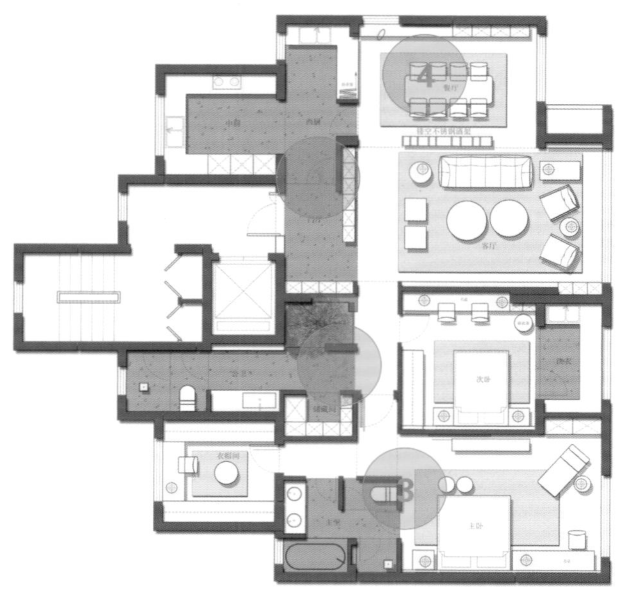

改造设计图

原始户型分析

入户后整个室内空间即在眼前敞开，没有私密性，而且大门直冲外面的窗户，居住感不舒适。

改造后细节剖析

❶ 利用墙体和柜体的结合设计，解决了入户玄关无法保证室内私密性的问题。把厨房空间打通，将门做在靠近门厅处，采用玻璃材质，保证空间的通透性。在西厨区域做水吧台，同时服务于客厅、餐厅，采用折叠窗，可封闭、可打开，既保证了空间的通透性，同时让空间更灵活。

❷ 在原本的洗手区，设计了一处景观点缀空间，增加了空间的活力，同时还腾出空间用于做储物间，满足功能需求的同时，十分美观。

❸ 主卫采用环绕动线，方便从主卧区域进入主卫和衣帽间，让主卧套房内的动线灵活了起来。

❹ 在餐厅用一组镂空的酒柜区分客厅、餐厅空间，保证了空间的通透性、互动性及美观。

结语：巧用解构主义手法解决入户门厅无法保证隐私性的问题，使得空间感更强、更灵活。

091 论如何打造和谐的空间美学

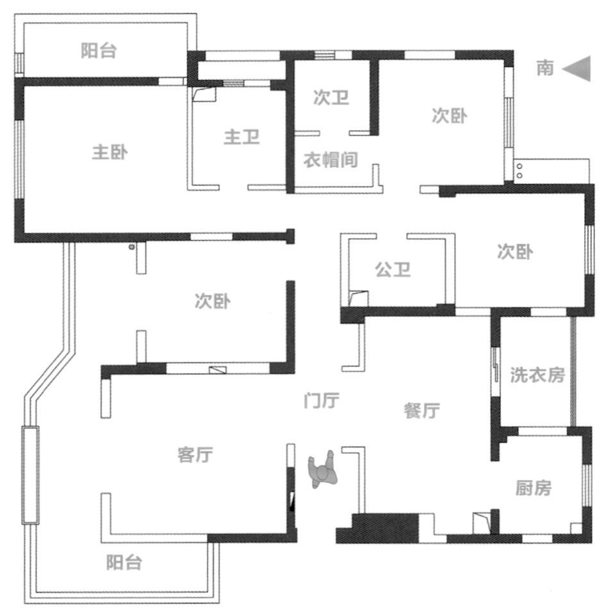

原始结构图

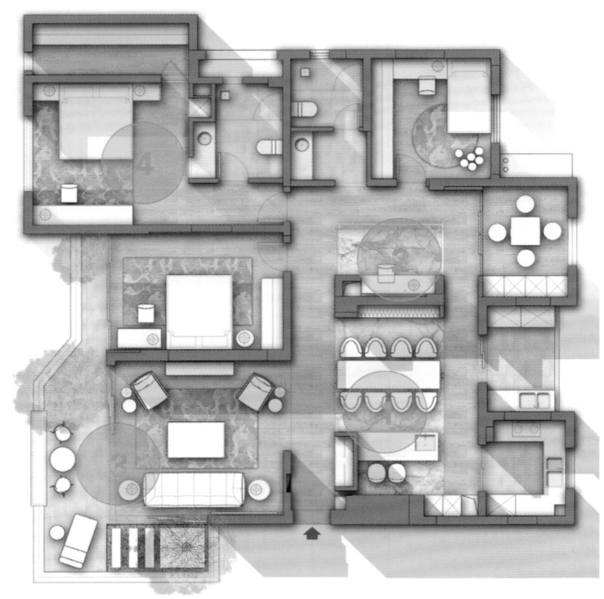
改造设计图

原始户型分析

客厅采光比较差，不够通透。餐厅就餐空间比较大，有点浪费。公卫不能直接采光与通风。

改造后细节剖析

❶ 去掉入户区域右手边的墙体，嵌入鞋柜，留出小的间隙，保证边上的吧台能够更加通透。餐厅就餐空间足够大，加入西厨的功能，使整个空间饱满起来，功能更加齐全。

❷ 在学习区采用环绕动线，用玻璃进行隔开，既保证空间的私密性和独立性，又让空间更灵活、通透。

❸ 去掉客厅与东侧阳台之间的门，让原本比较沉闷的客厅，瞬间通透大气起来。再加上联动门的使用，让空间可开可合，十分灵活，且不占空间。

❹ 将主卧里的阳台位置让出来设置独立的衣帽间，卧室内仅设置了桌子，保证了空间的整洁大气，卫生间使用玻璃门，加大采光的同时还拉伸了视线，让空间之间有了互动。

结语： 恰当地规划，在保证空间通透且不造成浪费的情况下，做到了散而不乱、动线明确。

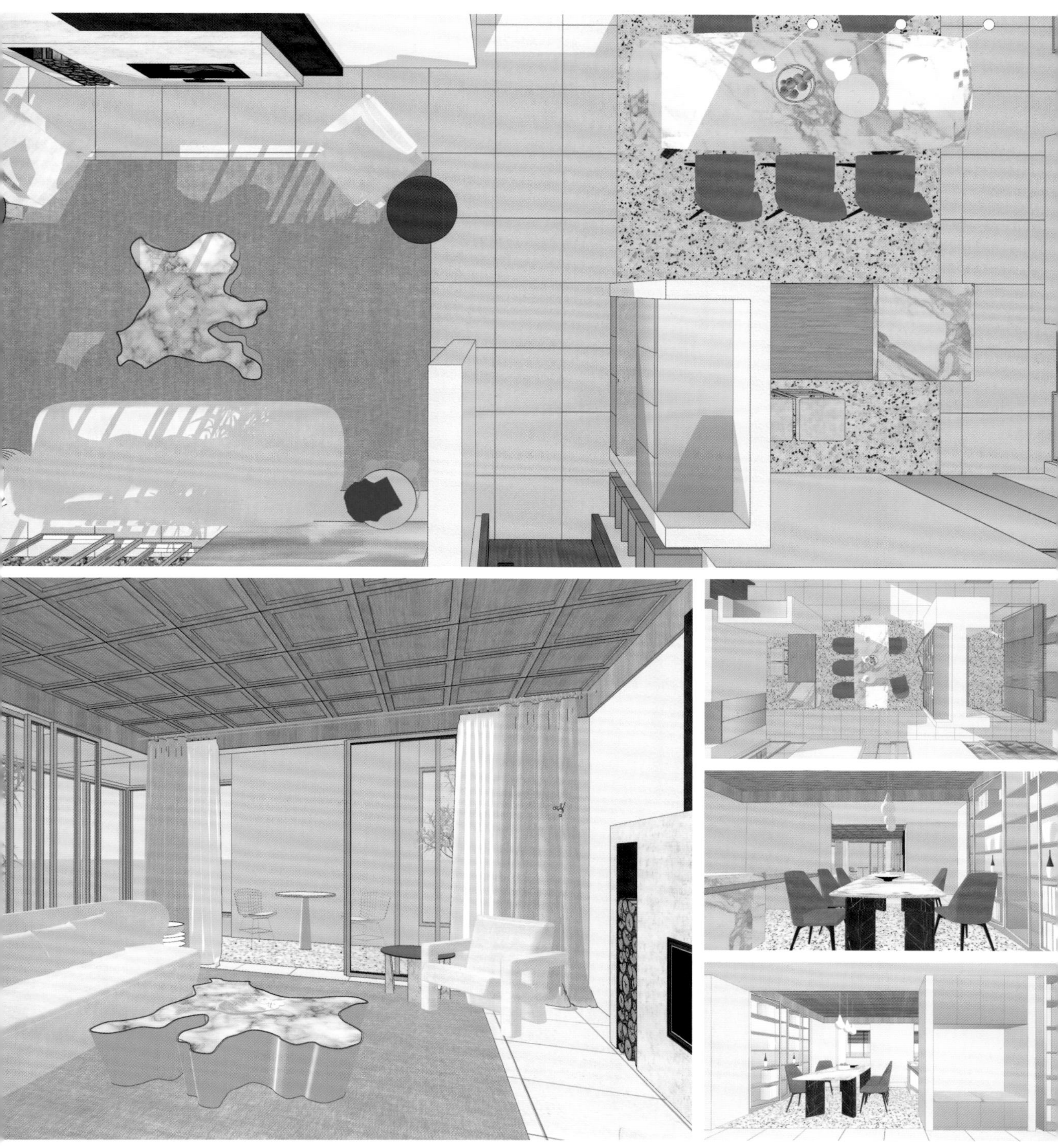

092 打破原始格局，更合理地进行空间划分

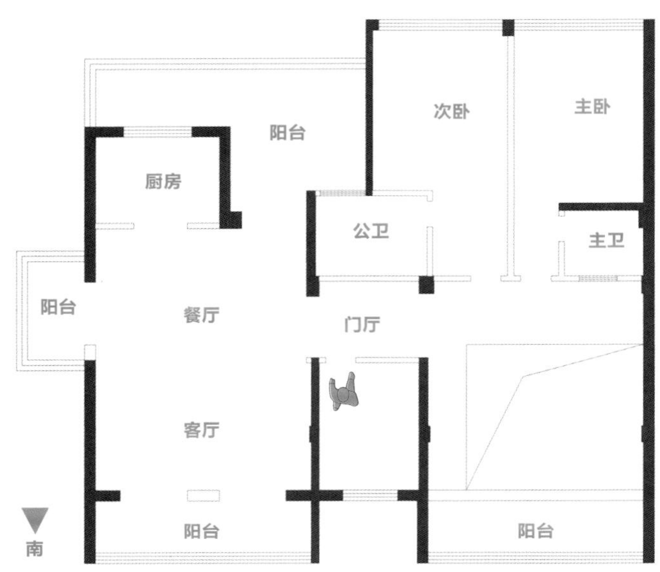

原始结构图

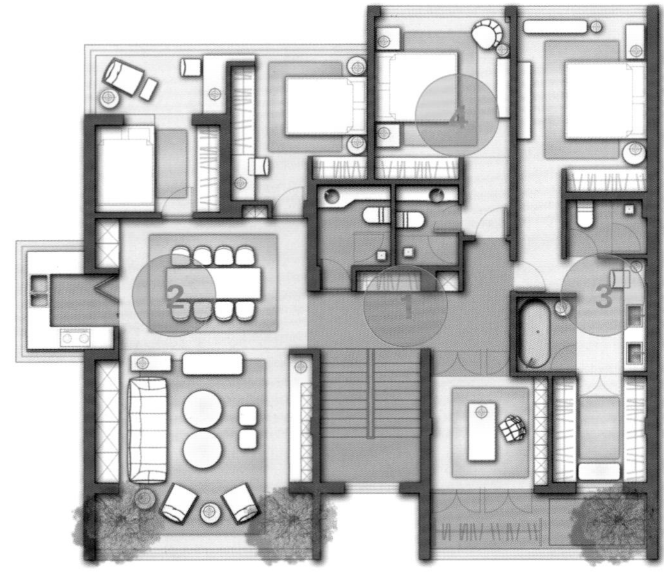

改造设计图

原始户型分析

北侧生活阳台空间过大，不方正，难以利用，造成空间浪费。

改造后细节剖析

❶ 在入户区域做了一排柜子，满足了鞋帽储藏的需求，地面用不同材质来分割空间。利用隐形门代替原来不美观的卫生间门，把门和墙体融为一体。

❷ 原本的厨房和北侧生活阳台空间不好利用，造成空间浪费。现将它们改成两间卧室，将餐厅旁边的阳台改成厨房，这样的布局更加合理，可最大限度地利用空间。

❸ 主卫台盆结合化妆桌来设计，浴缸单独设在了一个空间，做到了干湿分离，并且泡澡的时候更加有安全感，更加舒适。

❹ 将公卫分出一部分空间，纳入卧室，这样一来北侧次卧内可以增加一个套卫，提升了空间的品质，并且更加方便。

结语： 原始户型的功能分布不合理时，可打破其固有格局，重新进行空间划分，以利于更好地利用每一处空间。

093 微妙的设计，将270°超宽视野豪华江景房的优势发挥到了极致

原始户型分析

入户进来没有隐私感，整面的弧面窗户，难以处理。

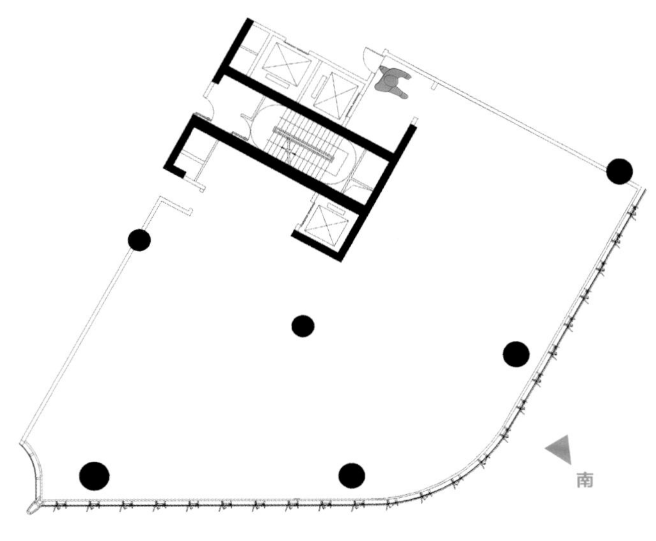

原始结构图

改造后细节剖析

❶ 在离静区最近的位置设计了一个起居室，仅服务于静区，在靠弧面的落地窗位置，也是风景最好的位置，设计了几个休闲躺椅，让居住者能更舒适地欣赏江景。

❷ 在空间内做了环绕动线，在大空间里面，环绕动线是非常方便、实用的，在异形的空间内，通过小面积的空间浪费，规整了整个户型，让户型更加方正、好用。

❸ 在入户处设计了装饰柜，用作划分玄关，在保证了一定的私密性的同时，与其他空间也是有联系的。客厅、餐厅设在靠窗风景最好的区域，能方便地欣赏外面的江景。这样一来，整个户型的价值就呈现出来了。沙发组合采用的是对摆的方式，很好地利用了这个大空间。

❹ 在西侧三个卧室中间留了一个观景阳台，用于便利地服务三个卧室，同时也能通过这个靠窗的阳台，一直走到公区，这个阳光走廊的巧妙设计，将户型的价值发挥到了最大。

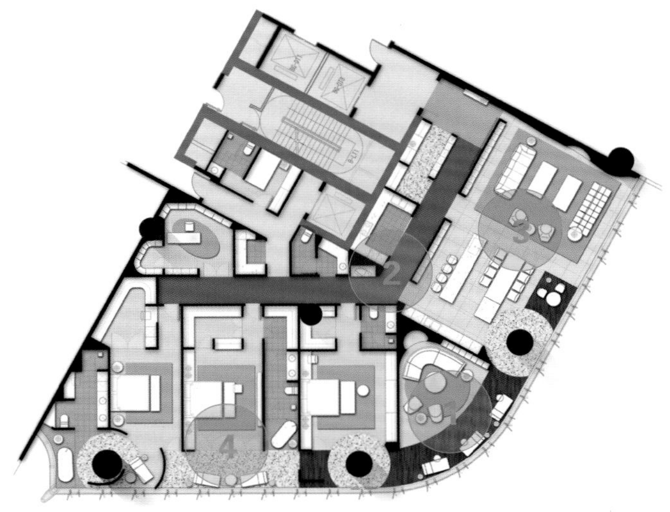

改造设计图

结语： 阳光走廊的巧妙设计，将每个房间串联起来，完美呈现了超宽视野豪华江景房的价值。

094 环绕动线用得妙，空间大了不止一点

原始结构图

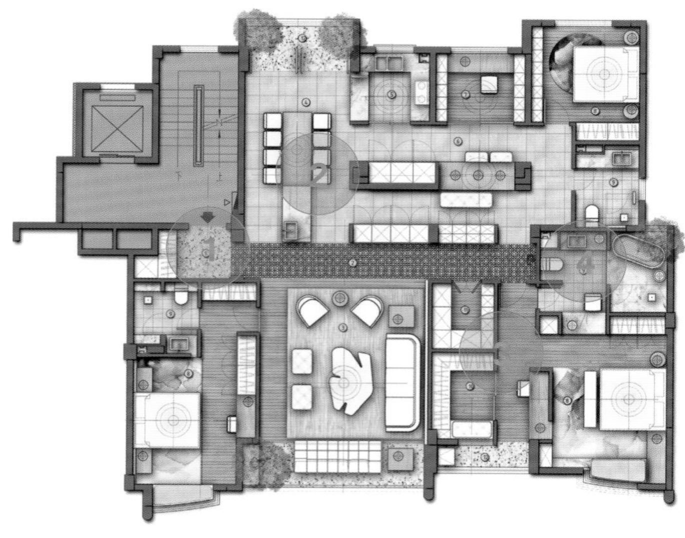

改造设计图

原始户型分析

入户处空间不周正，整个空间动线呆板，主卧套房配置比较低。

改造后细节剖析

❶ 用柜子巧妙处理，让门厅周正起来，加上垭口的设计，还有地面材质的分割，门厅的独立性和大气自然而生。

❷ 对餐厅、厨房位置做了较大的改动，整个空间呈环绕形，让动线流动了起来，十分灵活。在餐厅中对吧台和餐桌进行结合设计，功能瞬间丰富了起来。在环绕动线内做品茗区，将学习区设在了采光好的位置，整个空间的层次变得更加丰富。

❸ 将主卧旁边的次卧纳入主卧，改造为步入式衣帽间，提升主卧的舒适感。同时分出部分衣帽间区域做储藏室，满足了整个房子储藏杂物的需求。

❹ 在主卫里将一部分地台抬高，将淋浴房和浴缸设在一个区域。同时在主卫里设置梳妆台，玻璃材质的运用，让空间的互动性更强。

结语：妙用环绕动线布置大平层，公区空间变大，并且功能更加丰富，瞬间提升了居住空间的品质。

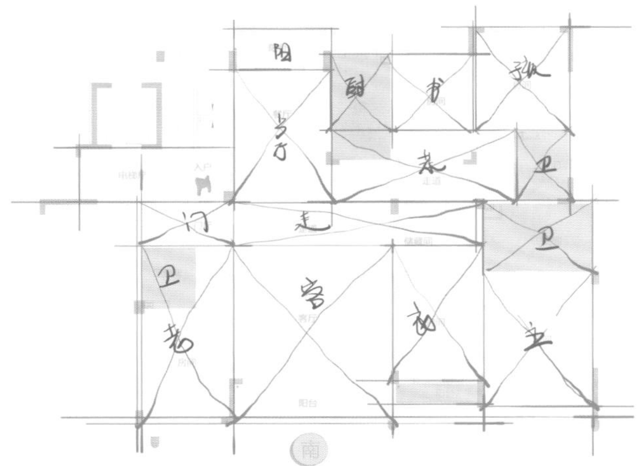

095 材质运用好，空间感放大几倍不是梦

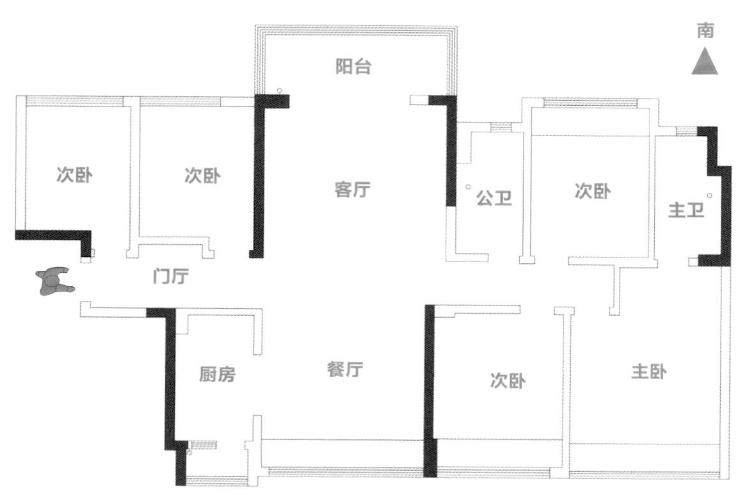

原始结构图

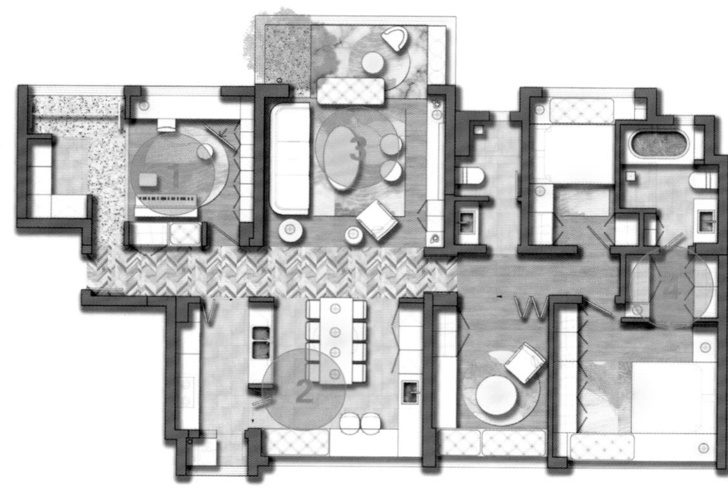

改造设计图

结语： 将书房的墙体改成玻璃材质墙体后，空间采光和空间感都加倍，材质的巧妙运用，让生活品质更上一层楼。

原始户型分析

功能空间分布比较零散，不够灵活，从入户处到厨房的距离比较远，且动线单一，主卫太小。

改造后细节剖析

❶ 将门厅旁边的两间次卧打通，设为储物区和晾晒区，并将钢琴放置区域和学习区域设计在一起，组成书房。在书房区域嵌入鞋柜功能，并配有换鞋凳，非常实用。玻璃材质的运用，可以将光线引入走道，使得整个空间的采光都非常好。

❷ 把厨房处的动线改成双动线，将厨房打开，用玻璃材质分割空间，既能保证空间的通透性，还能让厨房和其他空间有互动。将餐厅飘窗区域改为休闲区，配套给餐厅使用，空间更加舒适大气。

❸ 客厅原本空间比较小，故阳台取消门的设计，通过家具的组合方式让两个空间融合在一起，从而加大了客厅区域。

❹ 压缩主卫旁次卧的空间，扩大主卫的空间，在主卫设置舒适的四件套，多余的空间用于设置衣物储藏空间，大大提升了主卧的配置。

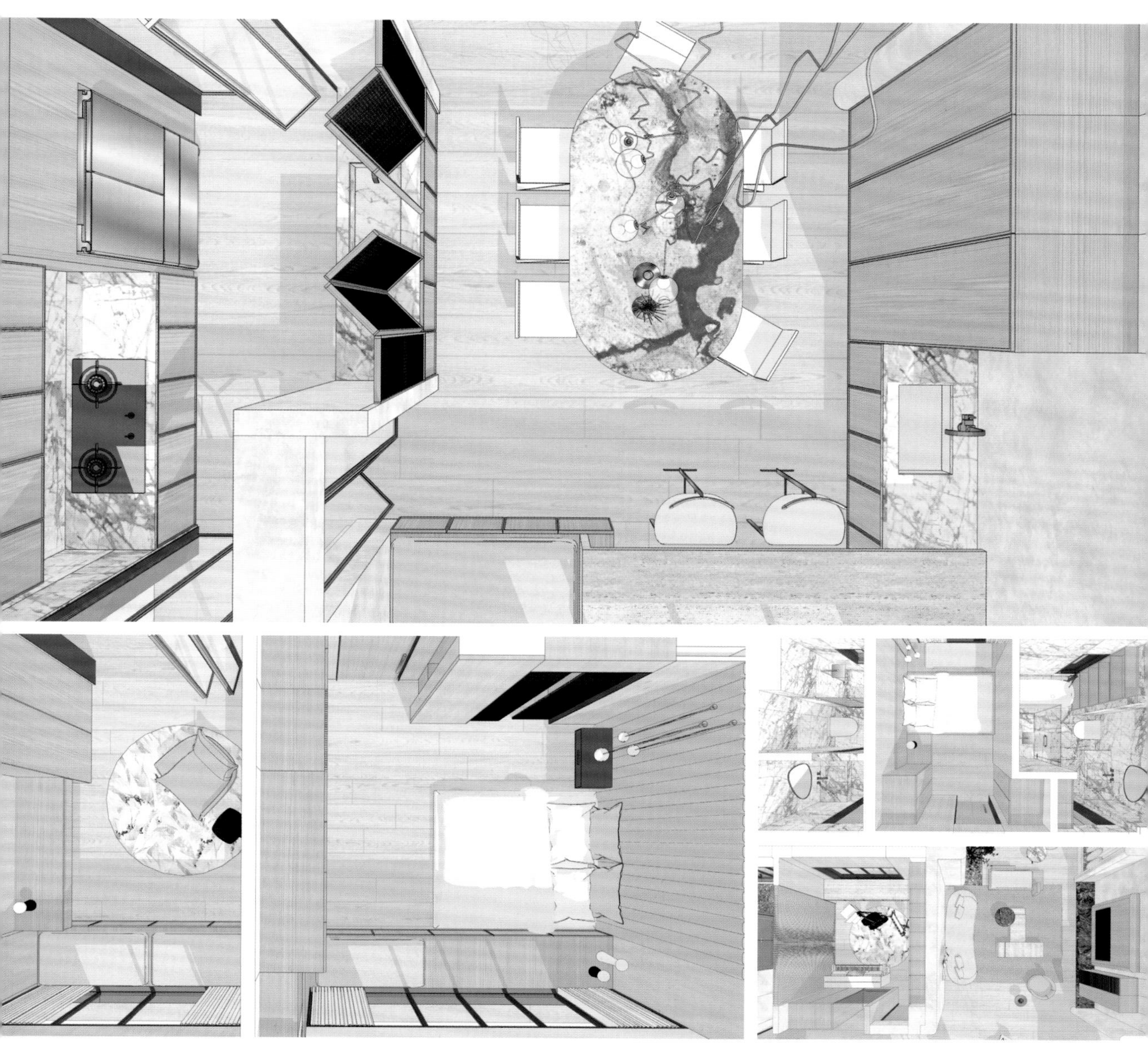

第6章

复式户型

人们常常把影视作品中那种楼上楼下、两层一户的住宅理解为复式住宅。其实那是跃层式住宅，它与复式住宅是完全不同的两个概念。

从外观来说，跃层式住宅是一套住宅占两个楼层，有内部楼梯联系上下层，一般在首层安排起居室、厨房、餐厅、卫生间，在二层安排卧室、书房、卫生间等。

简单地讲，如果上下两层完全分隔，应称之为跃层式户型；如果上下两层在同一空间内，即在下层空间中可以看见上层空间的部分墙面、栏杆或走廊等，则称之为复式户型。

还有一种户型称为叠加户型，介于公寓和联排别墅之间，其实也可以说是复式户型的一种加强版。叠加户型和公寓类似，但通常只有六层，地上四层，地下一层，顶上一层（通常为花园），一般入住两户人家。下面一户使用一层、二层及地下室，上面一户使用三层、四层及屋顶花园。叠加户型的外观看起来不像公寓房那么高，更像是增高版的独栋别墅。

这些户型最大的优点之一就是可以做挑空的空间，这是所有单层的公寓房都不具备的条件，哪怕是大平层也没有这样的条件；缺点是楼梯和挑空会浪费很多空间，实际可利用面积就会减少。

复式户型的改造难点在于楼梯的定位及上下空间关系的整合，如何保证空间的品质和合理的功能使用逻辑是应该着重考虑的问题。

096 在小复式里体验大别墅的空间品质

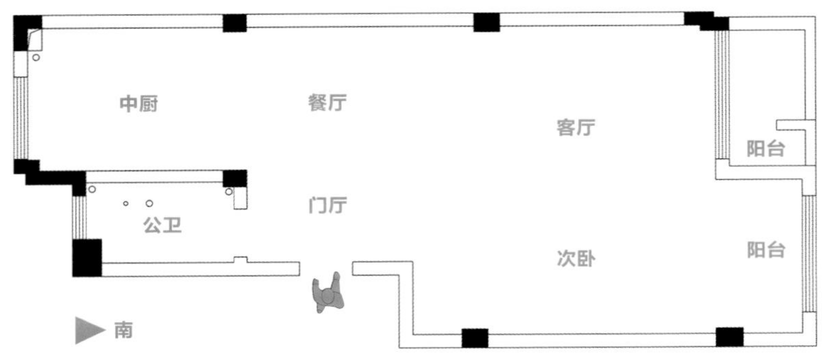

原始结构图

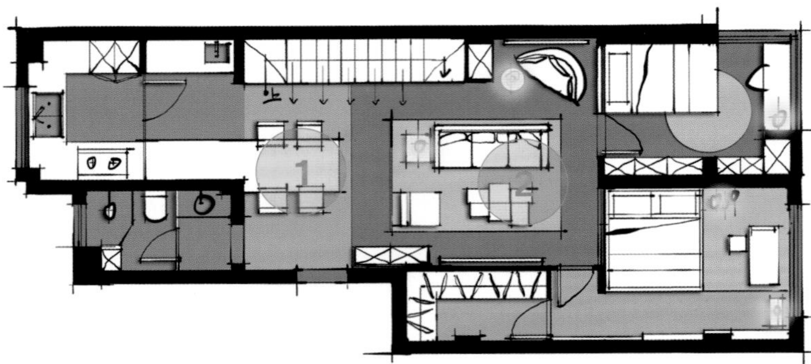
方案一 改造设计图

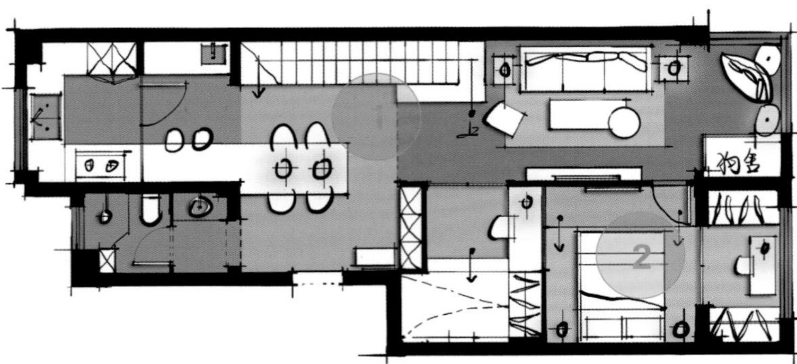

方案二 改造设计图

1F

原始户型分析

小复式顶层带露台，需要先进行楼梯定位，一层一房改两房。此房业主作为婚房使用，养有一只大型犬，需要中西厨、吊椅。

改造后细节剖析

方案一

❶ 餐桌由厨房操作台面延伸而来，节约空间，满足常住人口日常使用需求。

❷ 把两间卧室设置在靠窗位置，客厅放在较为中心的区域，以保证有较好的通风和采光条件。

方案二

❶ 在入户右手边设置鞋柜和换鞋凳，在楼梯下设一个小平台，引导动线，楼梯下有很大的储物空间，做成柜子或小房间均可。

❷ 在卧室休息区设置抬高的地台，不需要额外加床头柜，床垫等直接放在地台上或凹入地台使用，地台下可储物，高效利用空间。

原始户型分析

二层结构合理，可满足以休闲娱乐为主的功能需求，业主需要影音空间、老人房（不常用）、露台洗衣房。

改造后细节剖析

❶ 根据业主的特殊需求，在二楼中心位置设置影音空间。

❷ 楼梯旁边的露台门向北推移，使视觉感受不拥挤，狗舍放置在这个露台上，旁边设置休闲区，可以赏景、聚餐等，提升空间品质。

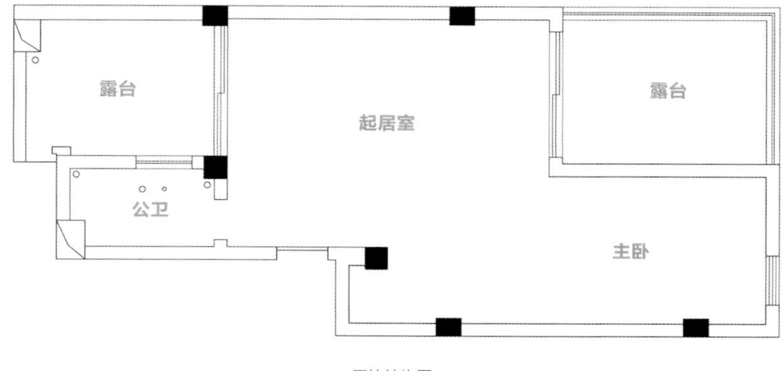

原始结构图

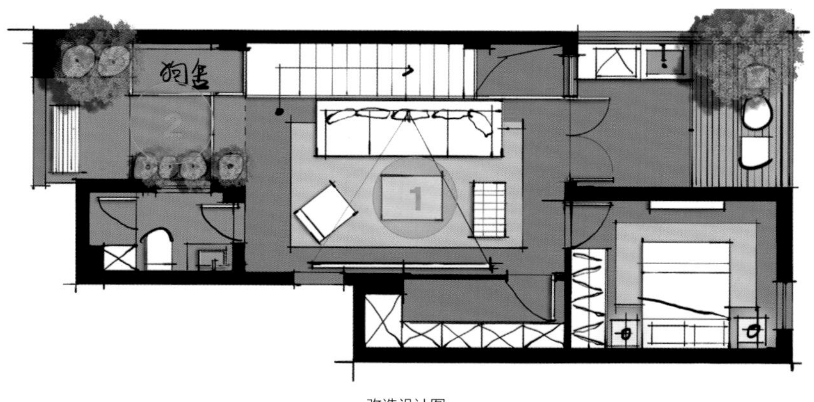

改造设计图

结语： 定位楼梯时需要考虑动线、功能面积，并要结合所有楼层的空间结构，选择最节约空间面积的位置。在小复式中加入一些休闲功能空间，整个房子的舒适感将会有质的飞跃。

097 没想到这样做楼梯，室内的艺术性和韵律美感全有了

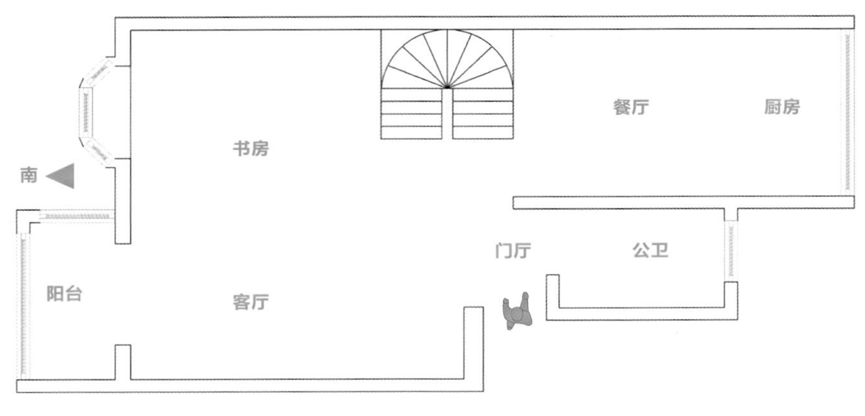

原始结构图

改造设计图

原始户型分析

一层需要基本的公区。

改造后细节剖析

❶ 在楼梯处错位叠加小平台，增加了空间艺术性，加上弧形楼梯造型，缓冲了楼梯的凹凸感，给空间带来丰富的韵律感。

❷ 书房兼作活动区，与客厅之间使用一段矮墙隔断，同时也作为电视背景墙。

❸ 厨房位置固定，因此将餐厅紧邻厨房设置，厨房采用岛台隔断，额外增加了一个小吧台。

2F

原始户型分析

二层为私区，要有一间主卧（含衣帽间、主卫）和两间次卧。

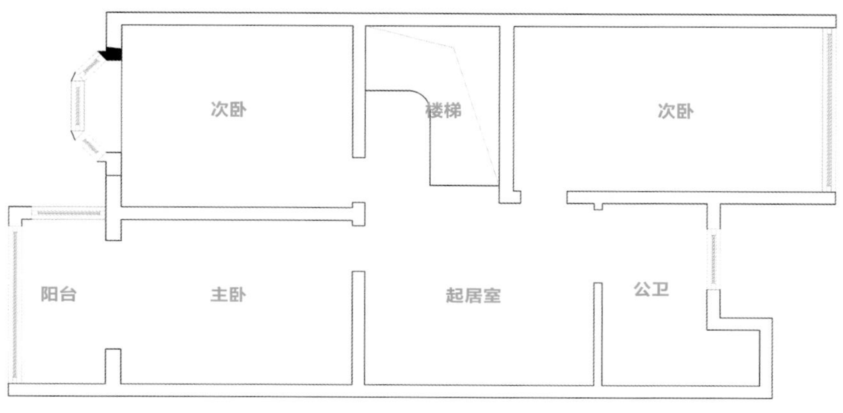

原始结构图

改造后细节剖析

❶ 根据朝向和基本户型分割确定主卧、次卧位置，衣帽间衔接主卧和主卫空间，避免了卧室门正对楼梯口。

❷ 主卫和公卫区域只有一扇窗户，两间卫生间的淋浴区采用玻璃隔断，满足主卫采光需求。

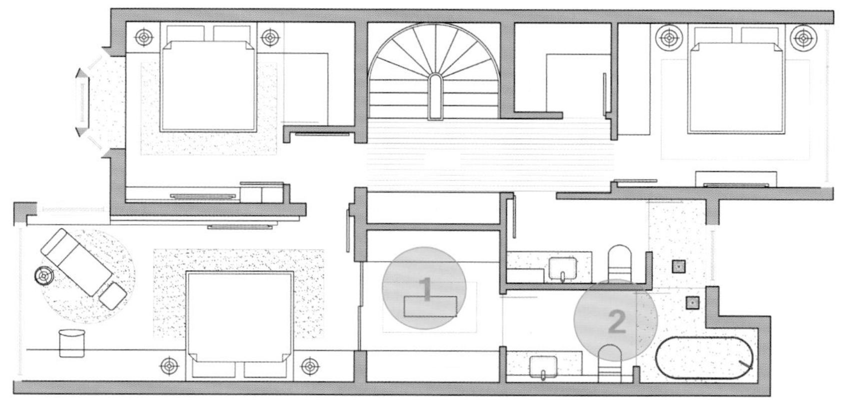

改造设计图

结语：在原有户型楼梯位置合理的前提下，要更专注于楼梯造型的设计，以及楼梯和整体空间的协调设计，重视其带来的心理感受。

098 如此设计民宿，吸引力满满

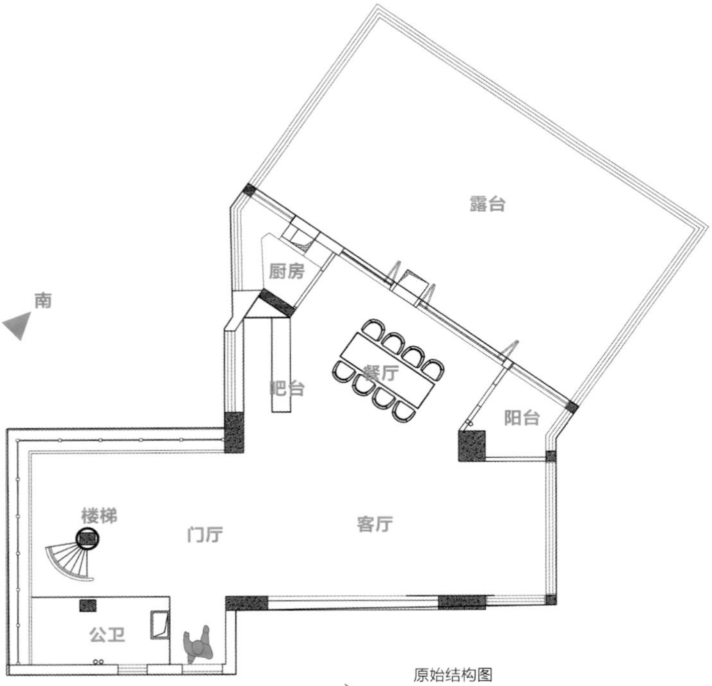

原始结构图

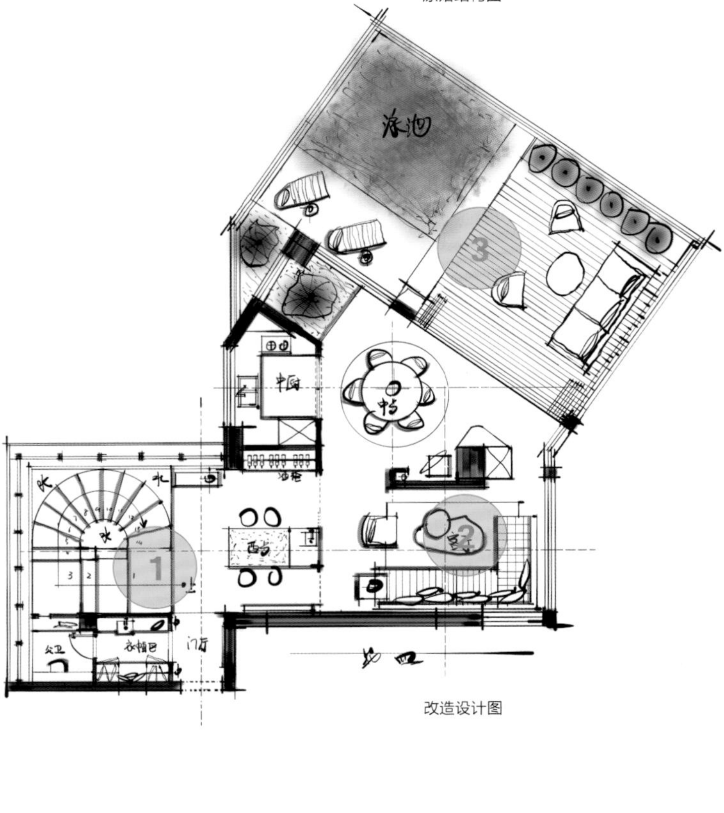

改造设计图

原始户型分析

此案例为顶层复式公寓，用作民宿，一层为公共功能区域，露台需设计泳池。

改造后细节剖析

❶ 扩大楼梯区域，延长前两级台阶的进深，缓解楼梯踏步的密集感，自然过渡。

❷ 客厅电视背景墙为矮墙，与旁边的柱子、柜子合为一体，不会完全挡住视线，弱化柱子的违和感。

❸ 在露台边缘设置泳池，可以欣赏无边美景，露台的休闲区可满足多人使用的需求。

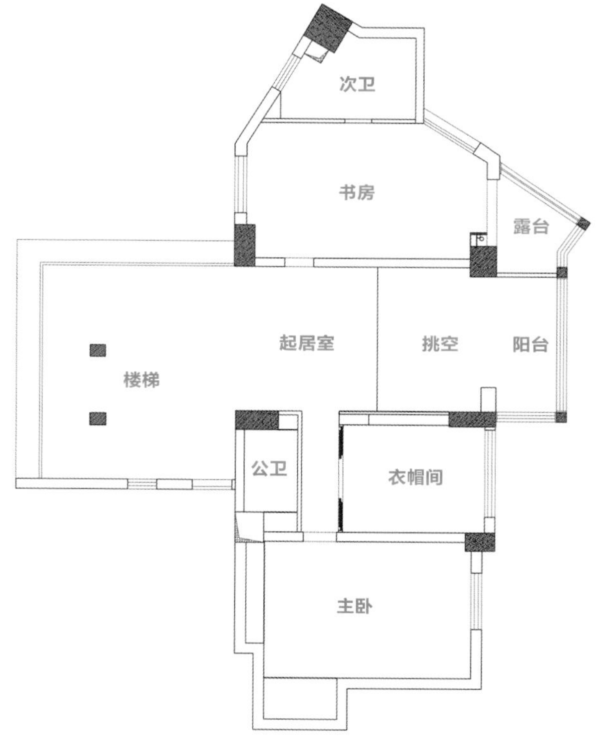

原始结构图

2F

原始户型分析

二层需要设置的硬性功能空间为主卧。

改造后细节剖析

❶ 在楼梯口空间摆放艺术装置等，可以是与当地文化相关的装饰物，也可以是合乎业主品位的装饰物等，以提升空间格调。

❷ 在开间最大的区域设置主卧，卫生间设计为三分离式的，储藏空间非常多，有一部分可作为展示柜，与独立衣帽间、卫生间一起形成舒适宽敞的主卧套房。

❸ 将起居室部分区域设计为开放式功能空间，更能满足室内的采光需求，楼上、楼下可进行互动交流，起居室一角可作品酒区、阅读区等。

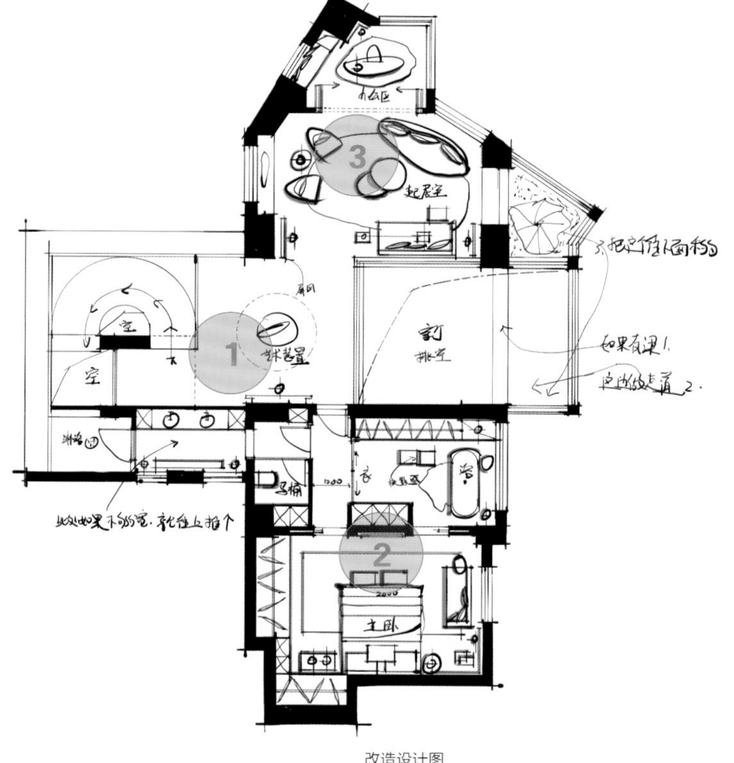

改造设计图

结语：民宿的用途得以使对空间的把控更为开放、多元，更强调娱乐和互动功能。

099 品质堪比独栋别墅的顶层复式，设计赋予其超高价值

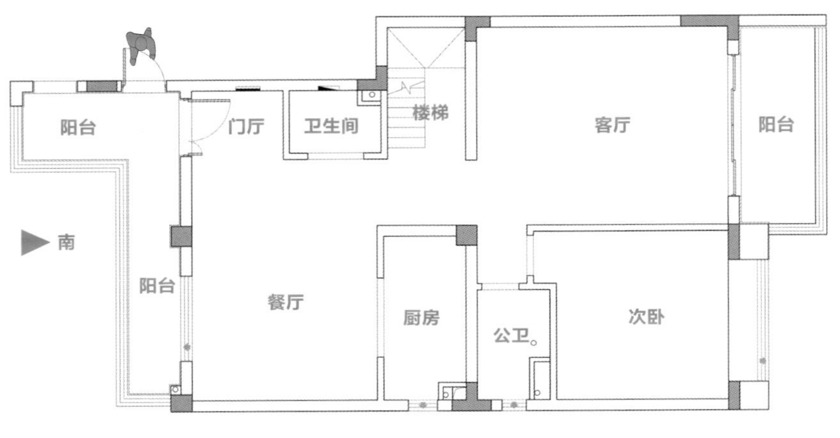

原始结构图

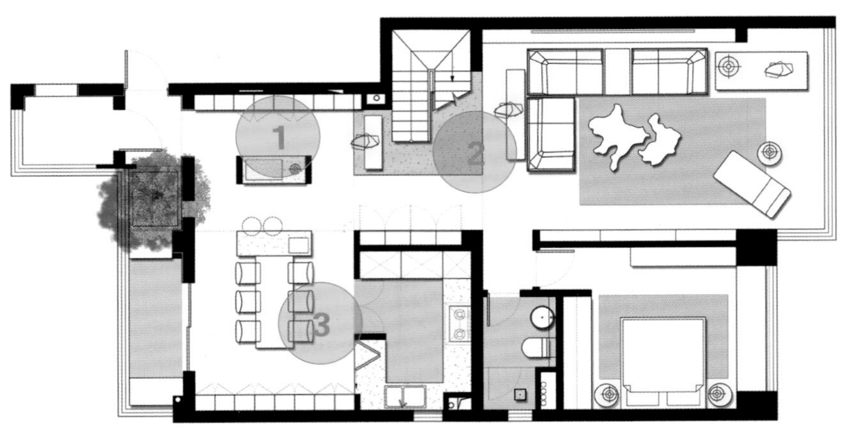

改造设计图

1F

原始户型分析

一层门厅和厨房区域小，入户门可改动，需要一间卧室。

改造后细节剖析

❶ 楼梯旁的卫生间功能与公卫重复，把它纳入整个门厅区域，沿墙做一整排鞋帽收纳柜，换鞋凳界定了门厅范围。

❷ 第一层踏步做大，成为一个小平台，作为楼梯与公区的过渡空间；用装饰柜及装饰物划分门厅和楼梯空间，并将其作为端景。

❸ 扩大厨房，餐厅与厨房面积比例平衡，在餐桌一端设计横向小吧台，功能更加强大，餐厨之间的互动性更强。

2F

原始户型分析

二层需要两间次卧、一间公卫，主卧需要独立书房。

改造后细节剖析

❶ 书房需要良好的采光，设置在南向靠窗空间，保证角落位置安静私密。衣帽间放在书房与公卫中间，动线重合，主卫窗口处设置淋浴房和马桶，洗手台盆放在进门旁边，动线流畅、互不干扰。

❷ 将原有露台区设计为次卧，北侧凸出的空间做阅读学习区，功能齐备，满足客户需求。

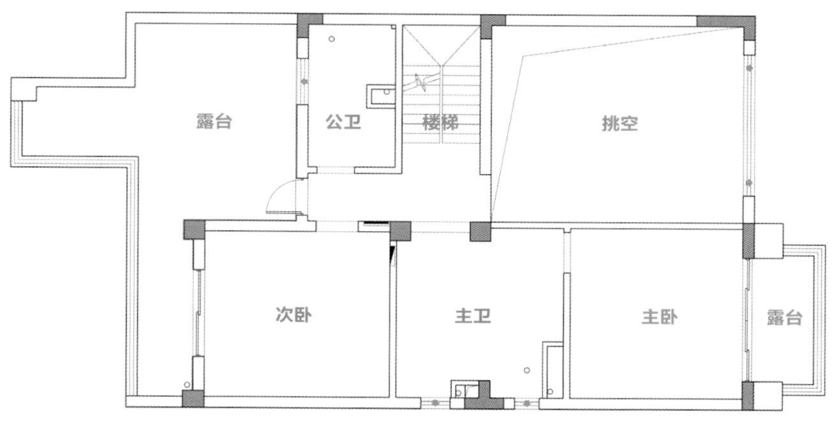

原始结构图

改造设计图

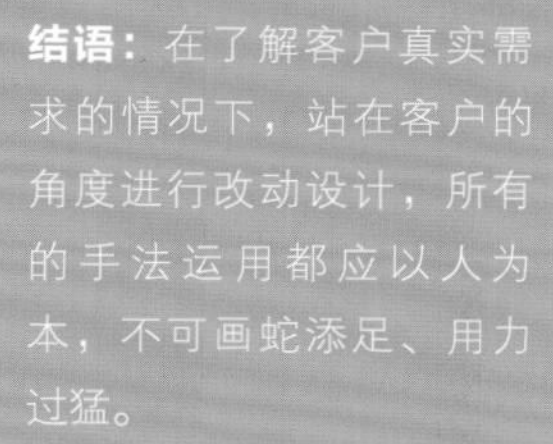

结语：在了解客户真实需求的情况下，站在客户的角度进行改动设计，所有的手法运用都应以人为本，不可画蛇添足、用力过猛。

100 连立面设计都帮业主想到，通风和采光不好都难

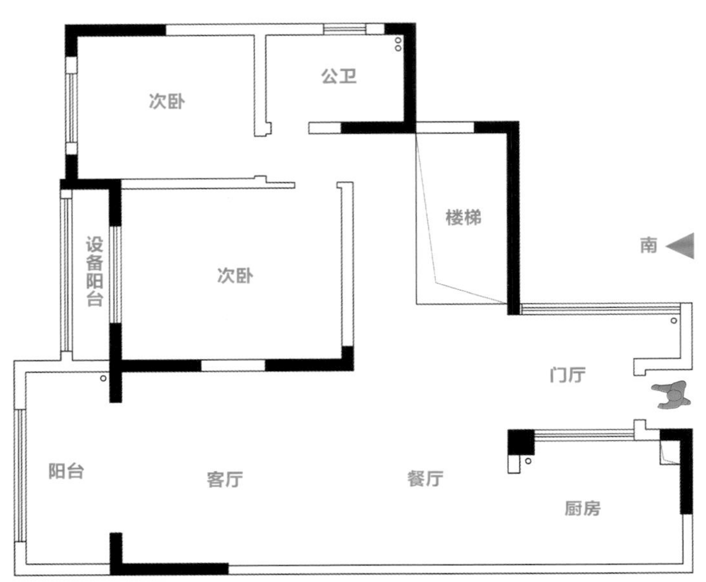

原始结构图

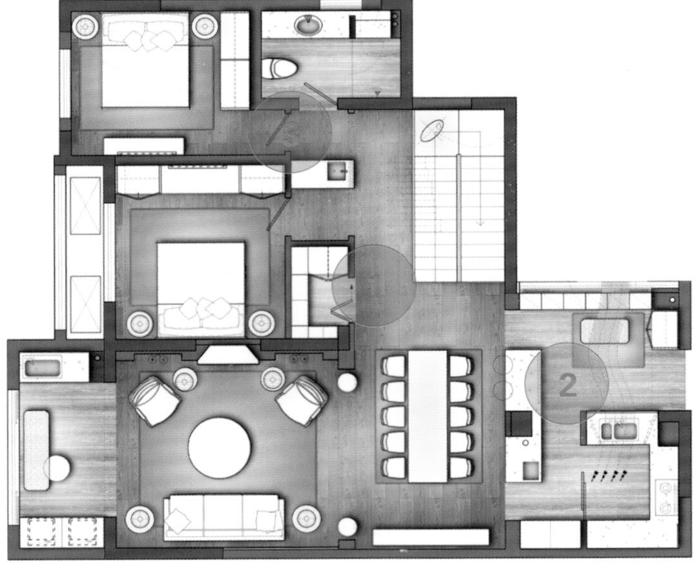

改造设计图

1F

原始户型分析

一层需要设置超大鞋柜、晾晒区、储物间、老人房，入户门可以向外推至齐平，楼梯处采光不足。

改造后细节剖析

❶ 储物空间是从中间次卧中分离出来的，采用折叠门不占用空间，不影响使用，两间老人房的空间面积达到了平衡，动线也得到了优化。

❷ 入户右手边设置衣柜，可放衣服等，在窗下做一长排鞋柜，不阻隔门厅的通风、采光；缩短靠门厅的厨房台面，改动线为生活动线和工作动线，把柱子嵌入西厨中岛，二者成为一体，设置小吧台，把门厅的空间也适当利用起来。

❸ 将小型水吧区放在两间老人房之间，下面还能放入小冰箱，喝水、洗漱等都非常方便，专为老人准备。

2F

原始户型分析

二层需要主卧、儿童房、书房。

改造后细节剖析

❶ 书房可做成半开放式空间，开放时，可以实现南北通风，采用玻璃隔断，任何时候都能满足走廊、楼梯间的采光需求。

❷ 在上楼梯左手边做一个小挑空，使上下层、南北向的空气对流起来，光线可以照到更多地方。

❸ 在主卫干区设置两个台盆，可供两人同时使用，在浴缸和台盆之间设置一个小休息区，在此处换衣、休闲皆可，生活品质和幸福感大大提升。

结语：确定平面图是户型设计的第一步，在进行这一步的工作时，要综合考虑业主需求、空间氛围等多种要素，切忌做一步想一步。

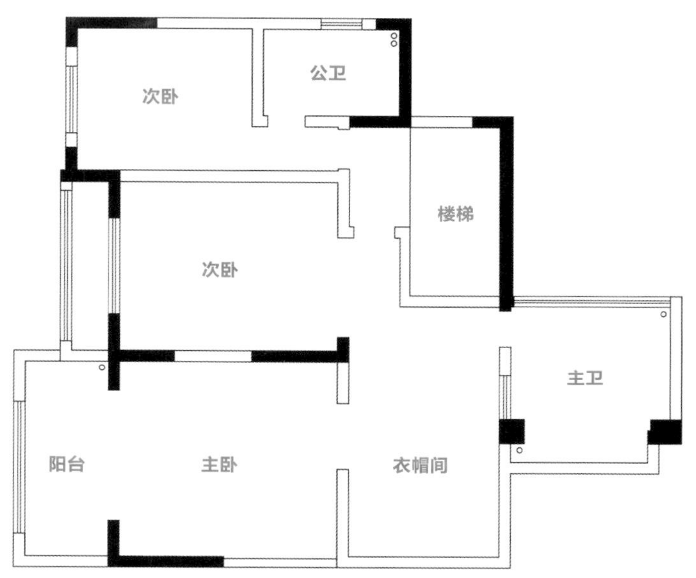

原始结构图

改造设计图

101 复式户型采用迂回动线，不走回头路

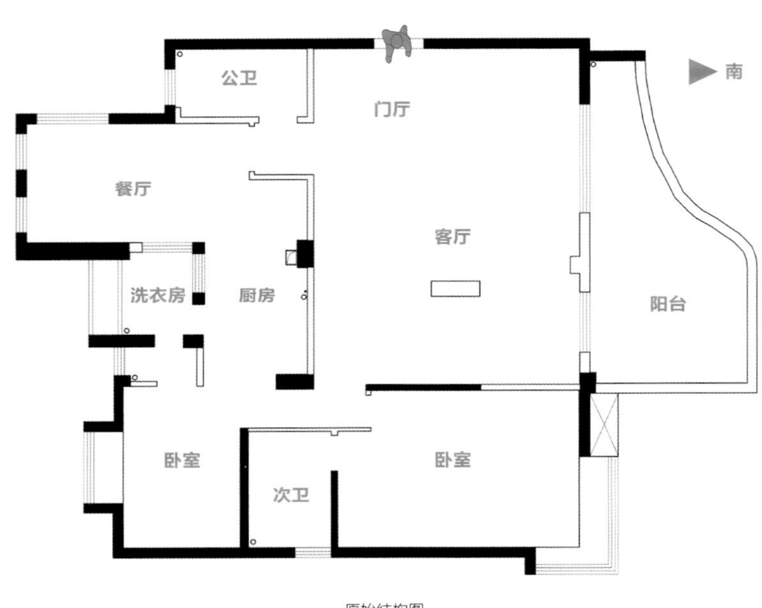

原始结构图

改造设计图

1F

原始户型分析

楼梯位置需要重新定位，需要保姆房、健身区、下午茶休闲区。

改造后细节剖析

❶ 在入户视线尽头设置端景，通过墙面空隙也能看到楼梯间，在入户右手边增设鞋帽间，并直接通向公卫，动线方便灵活。

❷ 餐厅由中餐区、西餐区、水吧台组成，实用且气派，满足日常生活需求，用来会客也很得体。

❸ 茶室旁设置一个冥想区，处于角落位置，较为私密、安静；休闲区衔接茶室和客厅，与客厅之间没有用实墙分割空间，带有装饰性的隔断同时也成为沙发背景墙，通透、舒适，又增添了高雅氛围。

2F

原始户型分析

二层需要主卧、大衣帽间、两间儿童房。

改造后细节剖析

❶ 鹅卵石加艺术雕塑成为露台一景，也成为晾晒区与休闲区的分界线；绿植既可以提升露台的大自然气息，也可以保证公卫的私密性。

❷ 在由楼梯入二层处做一处端景，墙面凹入一部分，视觉上不显空间拥挤，根据生活中的不同需求，可以自由替换装饰，保持新鲜感和趣味性，并满足美感需求。

❸ 主卫浴缸靠窗放置，赏景、泡澡放松两不误，台盆放在主卫门口，使用更为便捷，淋浴房与露台间用磨砂玻璃之类的材质，同时保证采光和私密性。

结语： 入户动线与功能区之间的关系设计比较关键，在保证空间利用率高和功能合理的前提下，更要注重空间氛围和品质。上楼梯后视线所及的空间也须重视，此处空间带来的心理感受和视觉感受尤为重要。

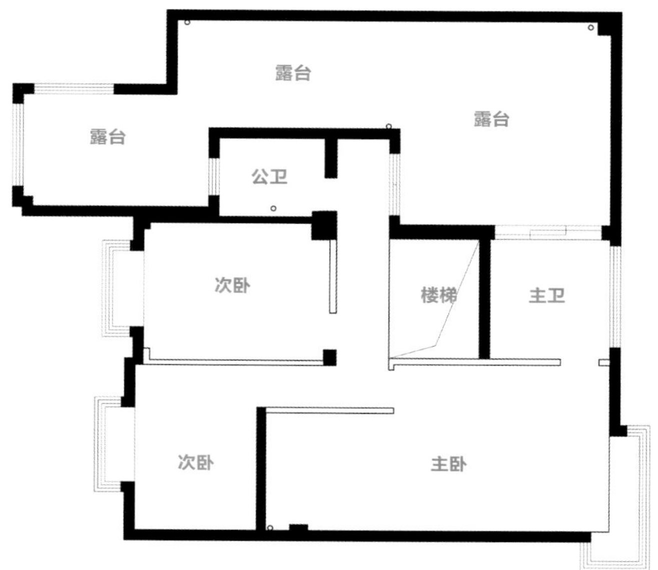

原始结构图

改造设计图

102 复式户型这样设计，恍如住在豪华别墅里

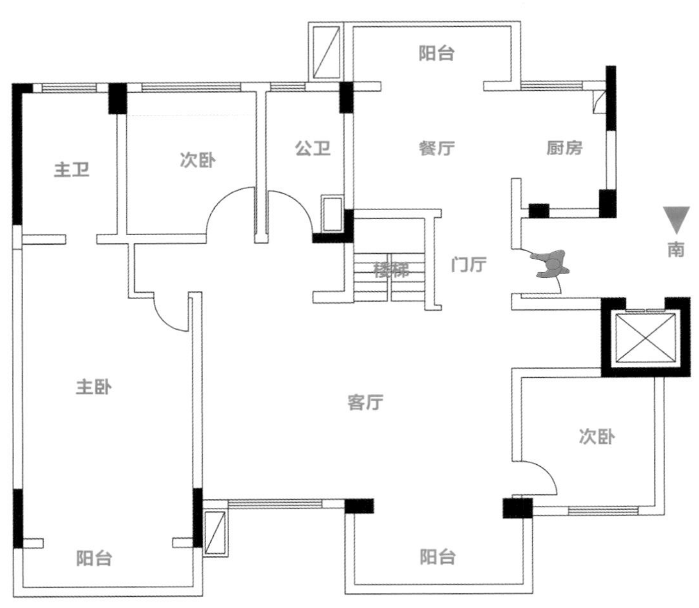

原始结构图

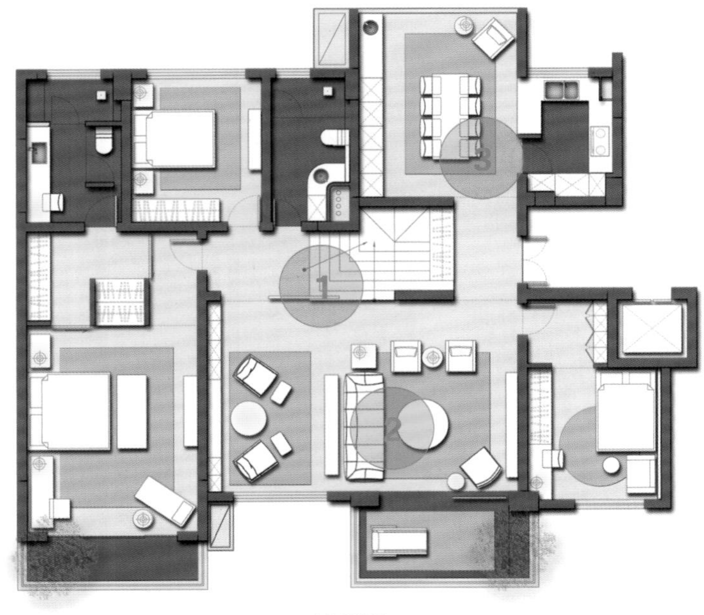
改造设计图

1F

原始户型分析

厨房、卫生间位置固定，餐厅面积小，楼梯须调整，一层需要设置父母住的套房、儿童房、保姆房。

改造后细节剖析

❶ 楼梯下面可嵌入鞋帽柜，一层楼梯采用U形踏步，大气十足，在正对公卫处设计矮扶手，可以遮挡公卫和沙发之间的视线。

❷ 将宽敞的客厅分为会客区和休闲区（阅读区），兼顾正式与休闲、多人与单人、会客与家庭休闲娱乐等场景的功能需求，整体来看，功能更加丰富多彩。

❸ 把北侧小阳台纳入餐厅，沿整面墙做餐边柜、水吧台，靠窗一角设置一个小休闲区，给餐厅带来一些不同的气息，厨房备餐台上设置折叠窗，可开放、可封闭，满足不同场景的需求。

2F

原始户型分析

二层需要主卧、影视厅。

改造后细节剖析

❶ 将南向小露台纳入影视厅，空余出一个小阳台，用于满足娱乐、接听电话等场景的功能需求；和北向大露台之间的空间可设置成洗衣房。

❷ 在主卧隔出一间大衣帽间，完全可以满足业主衣物、鞋包等的储物收纳需求，在衣帽间与卧室休息区之间放梳妆台，也可起到隔断作用。

❸ 主卫采用四分离式设计，可以从主卫直接进入北向大露台，用玻璃门纳入露台的自然光线。

结语：沉浸在功能、动线之间关系的设计中时，不要忘记复式户型的体量，该有的空间氛围和气质要符合这种体量，要把握尺度。

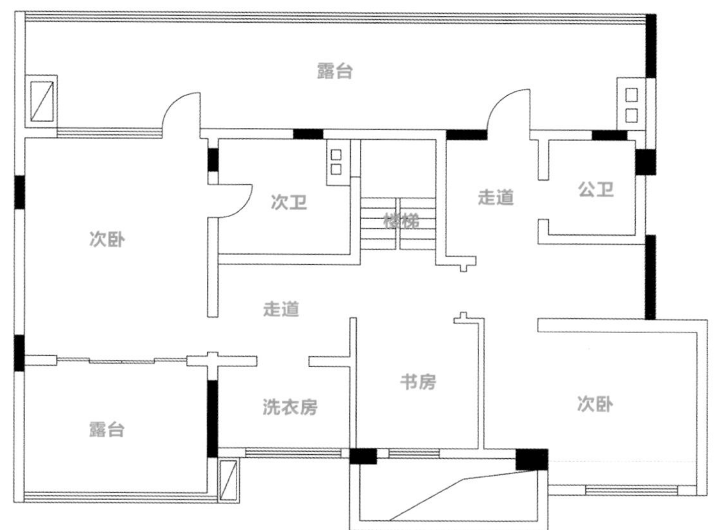

原始结构图

改造设计图

103 就算把挑空封掉，每个空间的采光仍然较好

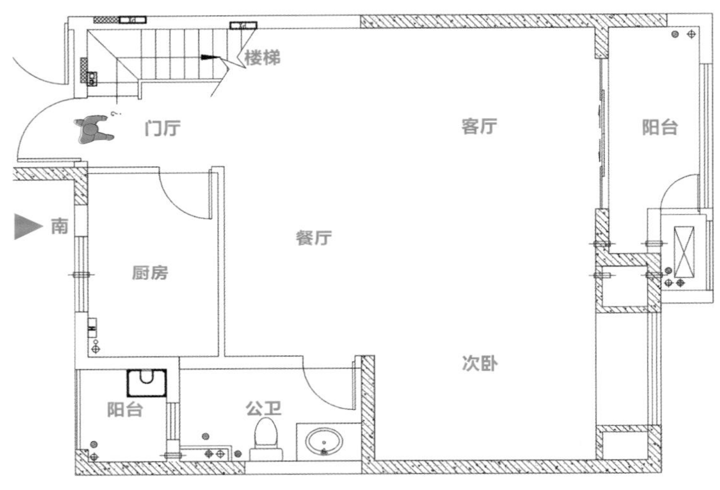

原始结构图

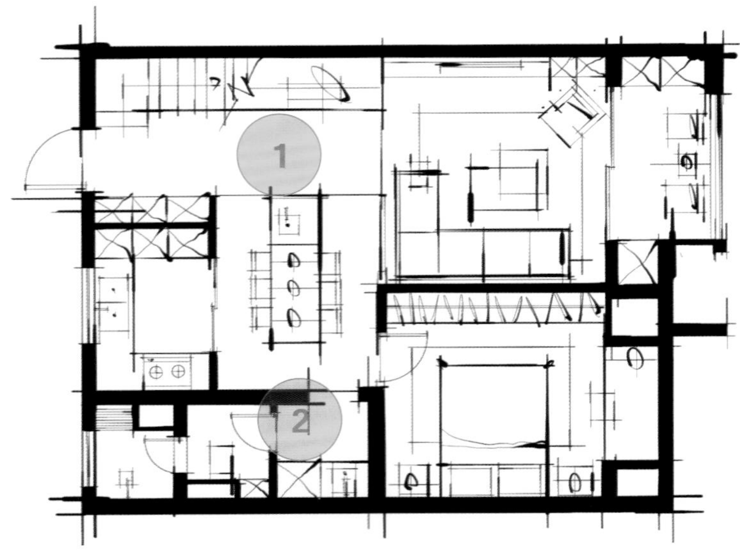

改造设计图

1F

原始户型分析

一层入户门厅面积小，无储藏空间，公卫门正对餐厅。

改造后细节剖析

❶ 压缩厨房，空出的面积给门厅，做一排大容量鞋柜，厨房门正对餐厅，入户动线和餐厨区动线更明了、便捷；餐桌和水吧台进行一体化设计，水吧台位置的设计也方便入户后马上使用，功能更完备、强大；楼梯下做一个台面，用于放置雕塑等装饰品，增添空间的艺术格调。

❷ 公卫设计为干湿分离式的，台盆旁有嵌入式洗衣机，避免了厕所门正对餐厅；在卧室里做一大排衣柜，形成很大的储藏空间；客厅沙发与餐桌之间用镂空的屏风作为划分空间的界限，保持了空间的通透性和秩序感。

2F

原始户型分析

二层采光差，挑空面积过大，浪费空间；从楼梯上来之后过道直接对着公卫门，心理体验感和视觉感观不佳。

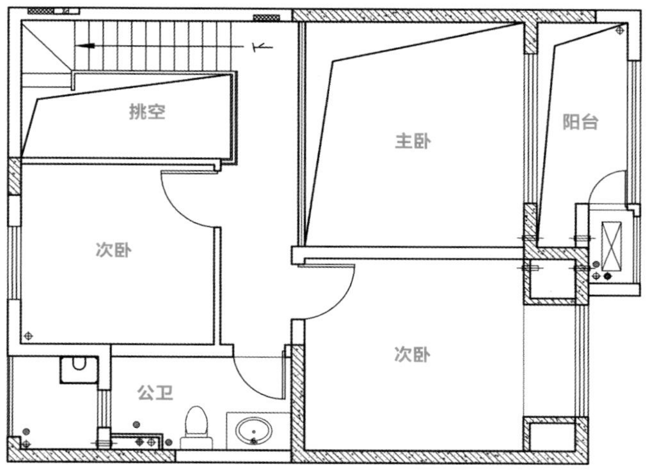

原始结构图

改造后细节剖析

❶ 将楼梯间旁边的北向次卧做成阳光茶室，用玻璃隔断，使得楼梯间采光充足，让二层释放出来一个敞亮的休闲大空间；同时光线可通过楼梯间的挑空区域，使得一层也有二次采光，一层门厅处更明亮，空间更通透大气。

❷ 将公卫做成干湿分离式的，避免上楼梯后过道正对公卫门，淋浴房放在北侧小阳台空间。

❸ 将原本南侧客厅和阳台的挑空区域浇筑起来之后，设置一个大主卧，沿墙设计一排衣柜，储藏空间非常大，化妆区和休闲区设在南向阳台处，主卧的居住品质得到提高。

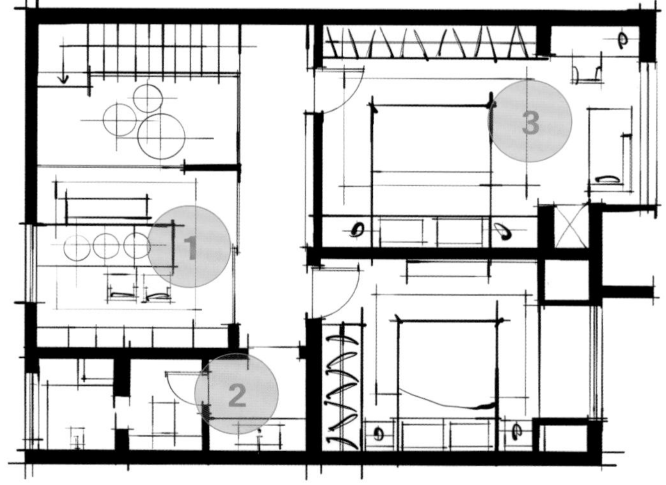

改造设计图

结语：上楼梯前的缓冲区域和灯光性装饰需要重点关注，不仅可营造视觉上的美观效果，心理上也可减弱楼梯带来的压迫感，同时还可以与其他区域相互照应和衬托。

104 一层是地下室的复式户型，采光和收纳让业主惊叹

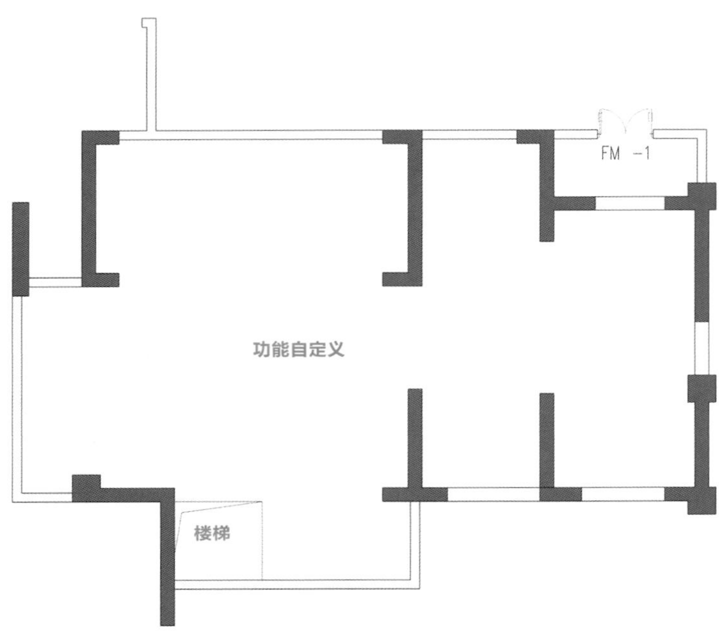

原始结构图

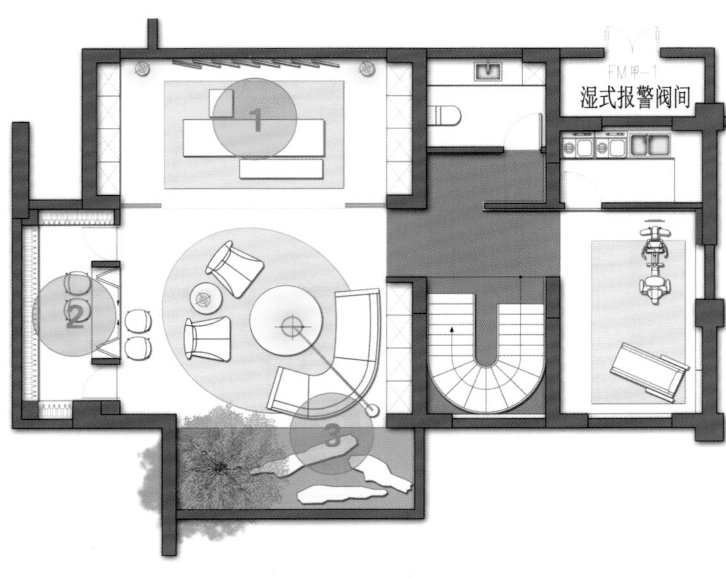

改造设计图

原始户型分析

地下室空间需要品酒区、品茗区、健身区。

改造后细节剖析

❶ 在品茗区对称摆放收纳展示柜，茶席规整中又带有变化，屏风和壁灯装饰的设计带来禅意意境。

❷ 酒窖区设有一个吧台，吧台上设有折叠窗，可开放，和会客区互动，也可使酒窖区完全封闭。

❸ 休闲区有从一层而来的充足采光，绿植结合从顶部投下的日光，成为会客区旁的一景，从品茗区看去，形成较好的视觉体验。

1F

原始户型分析

楼梯位置待定，一层除了需要厨房、卫生间、客厅、餐厅，还需要书房、主卧、次卧。

改造后细节剖析

❶ 在入户区域对面设置一排收纳柜，一是作为玄关隔断，二是作为客厅沙发背景墙，客厅沙发右边挑空一块，加强地下室采光和通风。

❷ 厨房、书房、公卫按比例分割空间；在餐厅对餐桌与水吧台进行组合设计，让公共活动区域更加有气势；将公卫设计为干湿分区式的。

❸ 楼梯设置在南向窗口位置，通风和采光俱佳，同样也能给地下室带去透气感，U形楼梯在转折处形成缓冲，弧形的形状给空间带来更多柔和感受。

结语：改造这种一层在地下空间的复式户型时，要想办法给地下空间营造通透感，改善通风、采光。

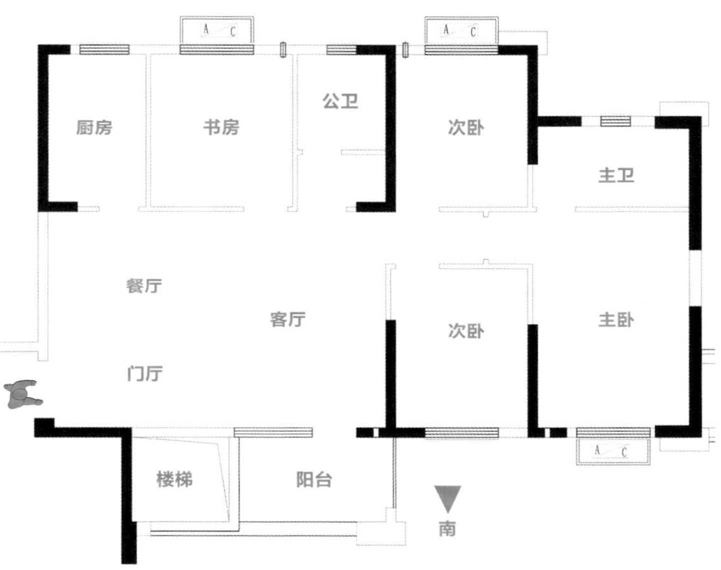

原始结构图

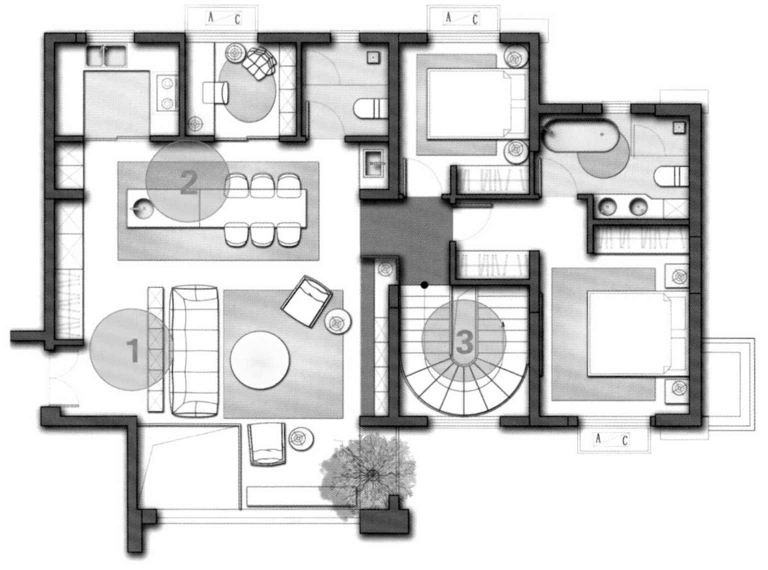

改造设计图

105 不要浪费复式豪华江景房的超宽视野

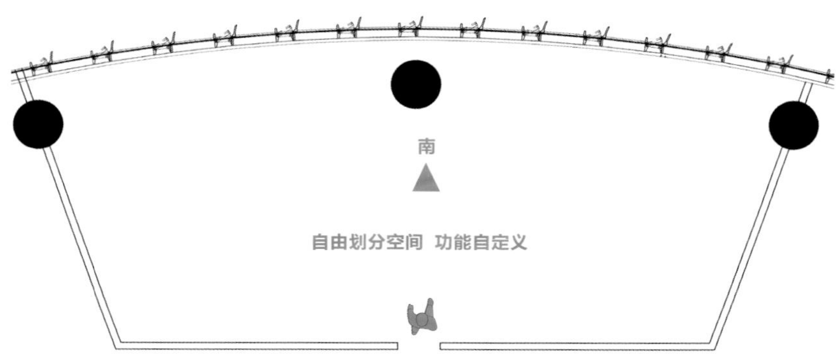

原始结构图

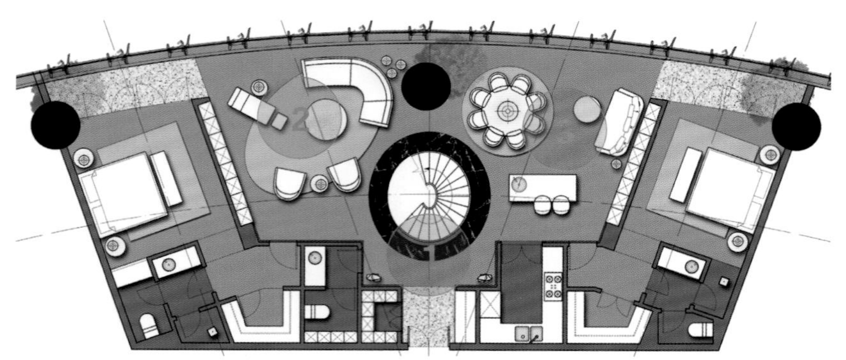

改造设计图

1F

原始户型分析

本案例为复式异形江景房，采光全部来自南侧，空间无任何墙面分割，设计自由度非常大。业主需要四间卧室。

改造后细节剖析

❶ 螺旋状楼梯置于全屋正中心，不仅形成连接上下层的动线，更是起到了展示性作用，在玄关处就能欣赏楼梯造型的美感，同时对整个户型的对称布局起到划分作用，并与公区空间形成互动。

❷ 客厅用弧形沙发、休闲椅、圆形茶几打造出围合的互动空间，不同造型、功能和数量的休息座椅各自又可以形成一处小的互动空间。

❸ 中餐区、西厨区、休闲区三个功能空间组成餐厅，形成一个小环绕动线。西厨区还可用作厨房的备餐区。在休闲区能一边赏江景一边品下午茶，可承载多样的生活情境。

2F

原始户型分析

本案例为复式异形江景房，采光全部来自南侧，空间无任何墙面分割，设计自由度非常大。

改造后细节剖析

❶ 对应一层公区的整个区域在二层做了挑空，一层公区有极开敞的视野。

❷ 二层次卧采用常规方法布置，沿挑空区设置一排超长写字桌，可面对江景办公、学习，还可与楼下形成互动。

❸ 主卧休息区做了抬高处理，强调和突出主卧居住感受，突出主体，床头正对江景；主卫台盆和马桶设置在干区，浴缸和淋浴房设置在湿区。

结语： 改造异形空间的第一步，就是沿最长斜边画出平行轴线，使空间有被改造出方正房间的基础条件。

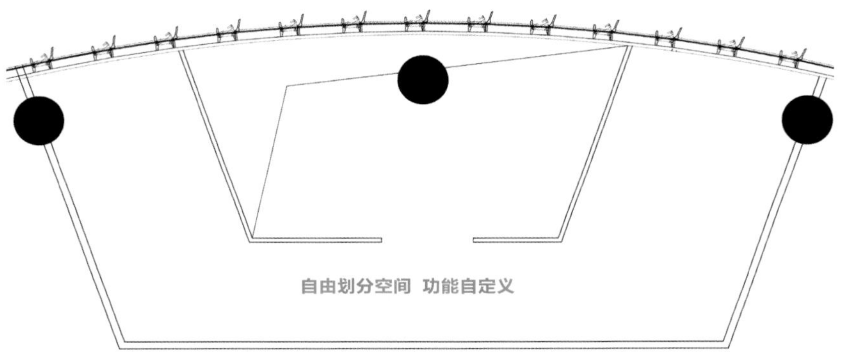

原始结构图

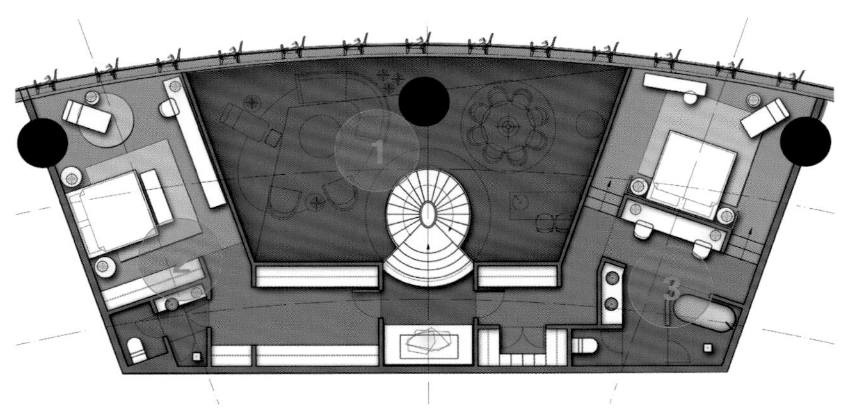

改造设计图

第 7 章

错层式户型

错层式户型和复式户型有一个共同的区别于常规公寓户型的特征：常规公寓户型中的厅、卧、卫、厨等所有房间都处于同一层面，而错层和复式户型内的部分房间则处于不同的层面。

错层式户型的改造是非常考验设计师的空间理解能力的，是所有户型中较难改造的户型之一。建议在改造此类户型的时候借用立体模型进行构思，这样才能更直观地理解楼层的空间关系。

改造错层式户型应该将如何增强不同楼层之间的互动作为切入点，错层式户型如果改造得成功，也能打造出独栋别墅一样的空间气势。楼梯是一个非常关键的因素，错层式户型的楼梯都采用分段式的布局形式，不会直接采用一个楼梯串联每一层的空间，如果能把错层式户型的楼梯做出亮点，那么改造就成功了一半。

106 考验功力的时候到了，烧脑的法式错层独栋别墅设计

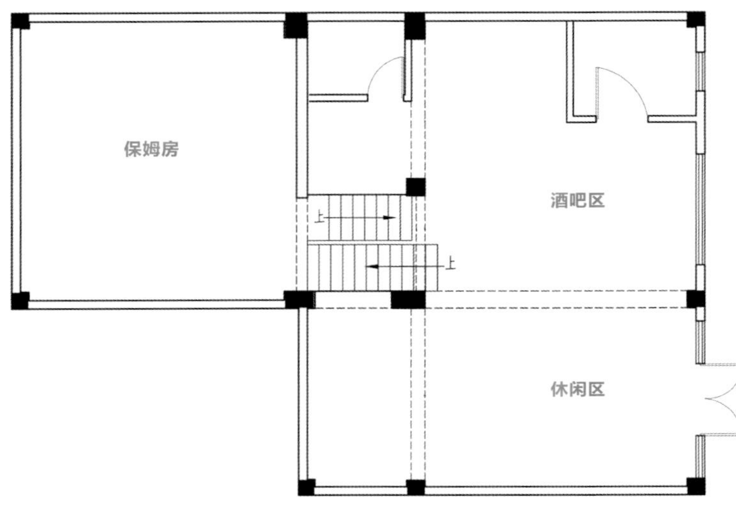

原始结构图

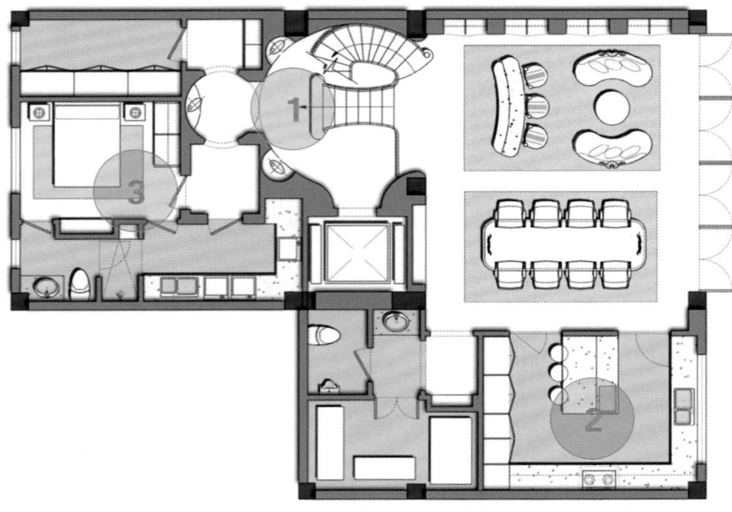

改造设计图

BF

原始户型分析

本户型为联排错层式户型，结构比较固定，外立面无法更改，需要加一个电梯位，风格定位为法式新古典，地下空间主要设置家政区和餐厨区。

改造后细节剖析

❶ 楼梯位置东移，根据法式古典风格定位，做曲线感强的楼梯造型，通过细节元素体现风格特点；在下楼梯进入家政区前的区域设计弧形门厅，形成一处端景，并呼应楼梯厅的弧形造型。

❷ 餐厨区设计在靠近室外花园的一边，带来丰富多彩的视觉享受；用餐区、吧台区和休闲区整体是一个开放的空间，使得楼梯厅有很好的采光且不拥挤；厨房既可开放也可封闭，利用西厨岛台的设置合理规划了厨房动线，符合使用习惯。

❸ 洗衣房处设计灵活的双动线，从卧室里和门厅处都能直接进入洗衣房，保姆房配有独立的卫生间，使用更方便。

1F

原始户型分析

一层基本结构不变，需要设置门厅、公卫、客厅、品茗区、钢琴区及老人房。

改造后细节剖析

❶ 门厅玄关处不仅有端景，也做了两侧门套，凸显玄关空间，也做了阴角、圆角处理，通过细节装饰体现法式古典风情。

❷ 楼梯厅和电梯厅是一整块动线枢纽区，从弧形楼梯走上来后，是一块小平台，形成分段式楼梯，衔接一层的两块错层空间，在由门厅上到客厅的楼梯两侧做罗马柱装饰，给空间带来宏伟气势。

❸ 客厅空间开间最大且朝南，光线充足。钢琴区和品茗区都属于公区，可设置在一起，中间用镂空不锈钢架作装饰性隔断。客厅四角用罗马柱装饰和划定空间，且主体空间更要运用风格元素。

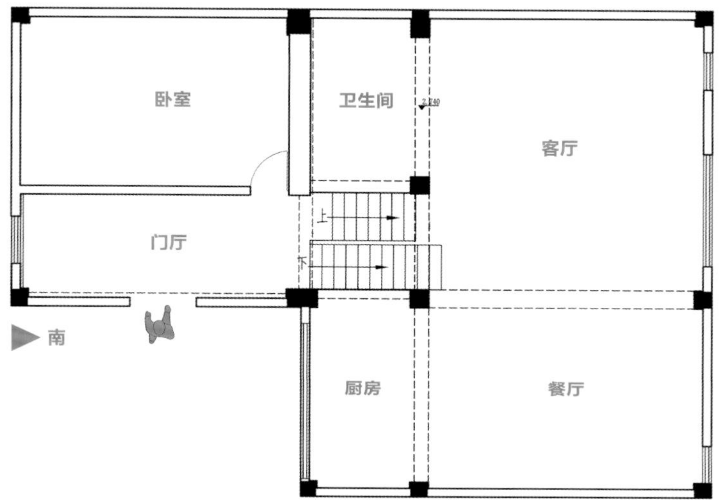

原始结构图

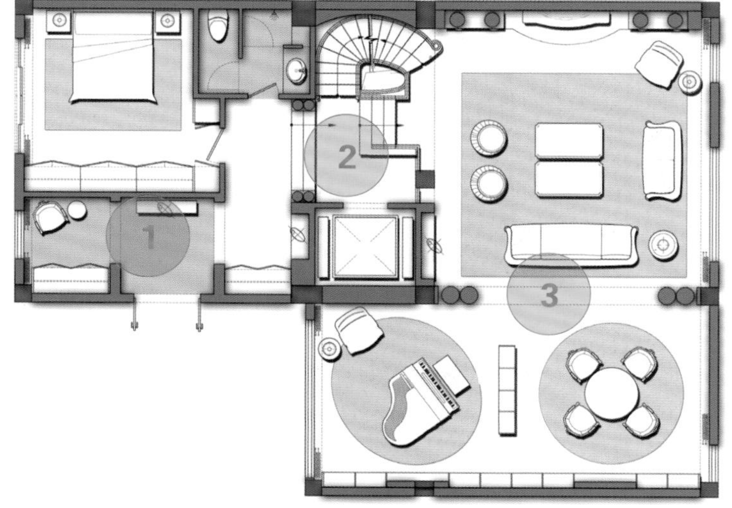

改造设计图

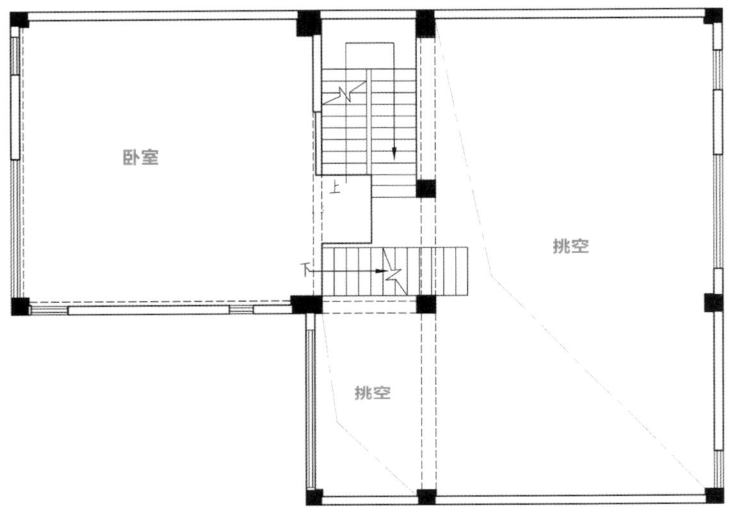

原始结构图

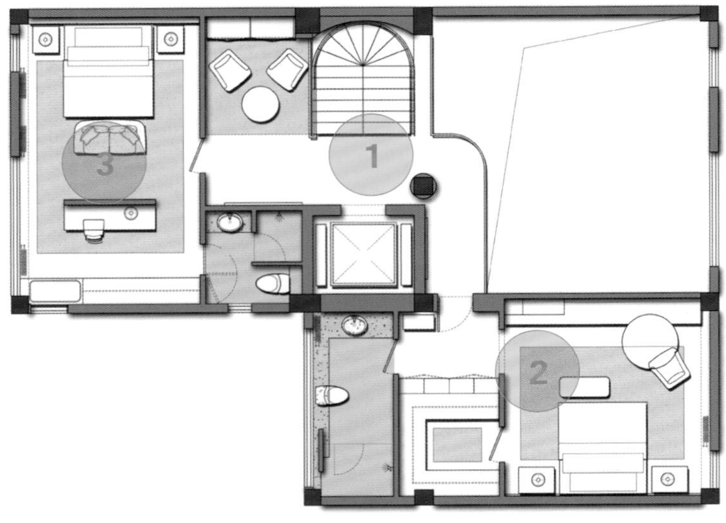

改造设计图

2F

原始户型分析

二层仅需要设置两间卧室套房。

改造后细节剖析

❶ 从楼梯上到二层之后，旁边有一间开放的小起居室，这样设计一来避免设置隔墙给楼梯空间带来压迫感和局促感，以免显得整个屋子狭小；二来丰富使用功能。

❷ 挑空面积过大，错开客厅位置搭建出走道和一间套房，在阅读区设置圆桌组合，椅子摆放位置更为灵活多变，圆桌可与电视柜台面相重叠。

❸ 北侧套房用联排别墅中常见的家具组合方式，动线一通到底，功能划分清晰，套房内卫生间门可打开180°，不影响使用动线。

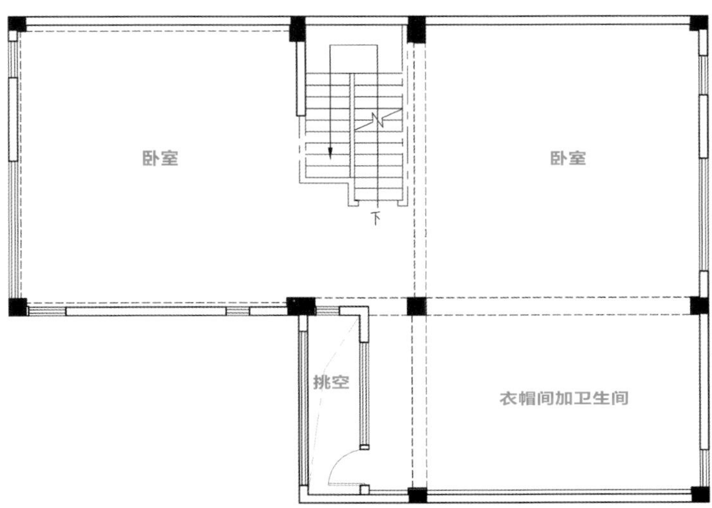

原始结构图

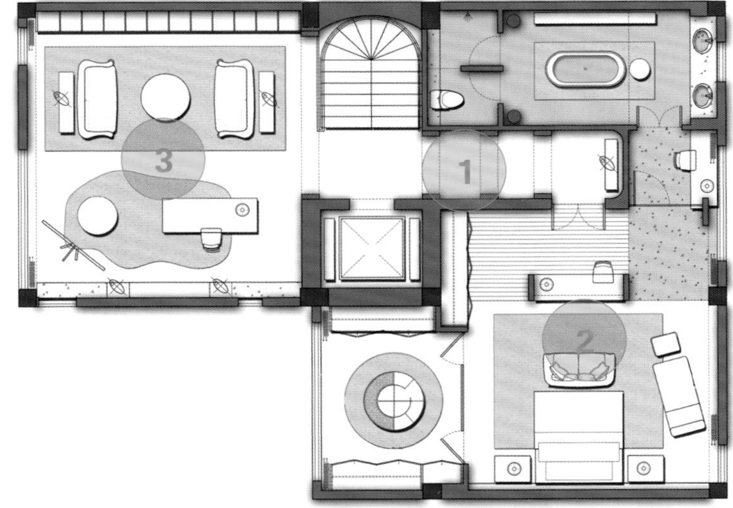

改造设计图

原始户型分析

三层需要设置一间大套房、画室。

改造后细节剖析

❶ 将进入卧室的走道设计为艺术走廊；在视线尽头设计端景，墙面做成弧形造型，呼应下面楼层的弧形元素；两侧墙面设计柱体装饰，营造法式古典氛围。

❷ 卧室进门处设置书桌，既可满足阅读功能需求，又对视线有一定的遮挡，不会直接看到床。衣帽间设置在睡床旁边，采用玻璃隔断，衣帽间的大量采光可进入卧室。衣帽间中心的圆形地台组合既可储物，也可当换鞋换衣椅使用。

❸ 画室面积非常大，应该考虑纳入多种功能，如书房功能、休闲功能、健身功能等，同时还能作为一个起居空间使用，三层也能实现动静结合。

结语：改造错层式户型时，应从地下室入手，由下往上捋顺空间改造思路，基础奠定好之后，越往上其实越接近公寓房，设计手法也类似。

107 错层别墅其实更容易打造出空间亮点

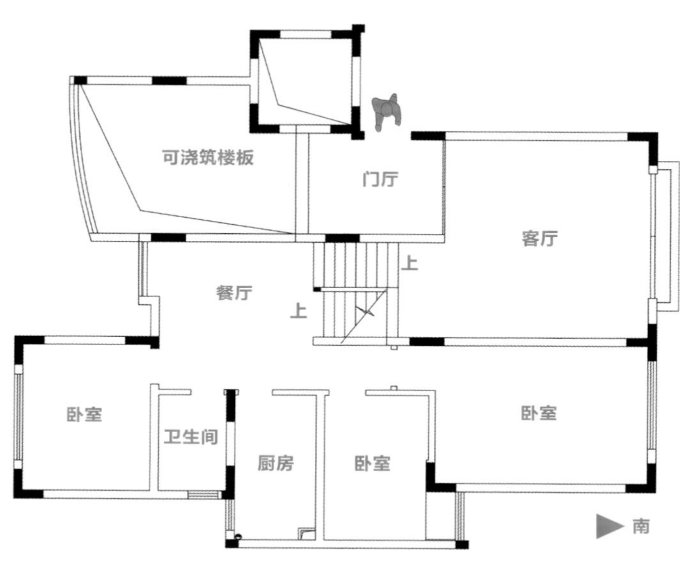

原始结构图

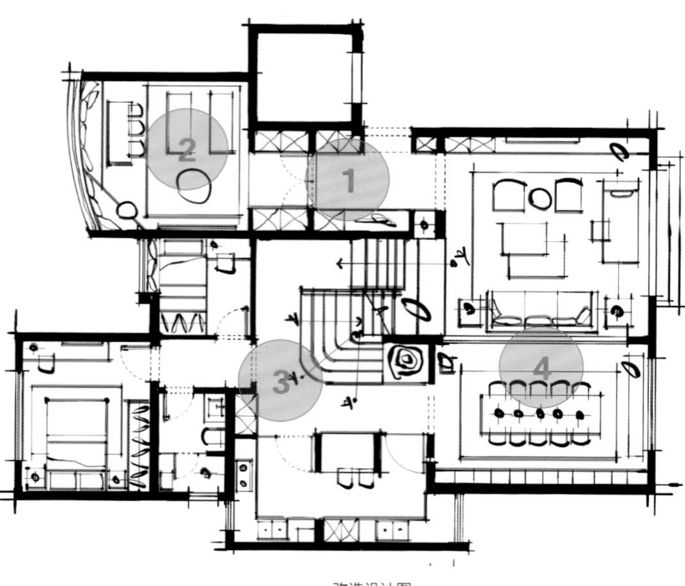

改造设计图

1F

原始户型分析

本户型为错层别墅，一层的错层结构使功能空间之间的互动性较差。一层需要设置门厅、客厅、餐厨区、老人房及保姆房。

改造后细节剖析

❶ 入户门厅走道比较宽，所以两边都做收纳柜，正对一面端景墙。右侧设置一个鞋帽间，穿过鞋帽间可进入北侧露台阳光房。左侧做一个小装饰台，与楼梯间的视线互动起来。

❷ 露台阳光房功能完善，可兼作健身区、瑜伽区、下午茶休闲区，还能用于聚会、聚餐。

❸ 楼梯位置无法更改，只能从楼梯动线和造型上来做调整，将楼梯第一级踏步扩大为一个小平台，走动起来方便安全，并可提升美观度；将上二层的楼梯最初几级踏步做宽，呈L形，从餐厨区上楼不用绕路，动线方便直接，整个空间也通透了许多，楼梯造型成为一种室内装饰景象。

❹ 将原南侧卧室空间改为餐厅，同时注意功能和面积相匹配，餐厨区均扩大，餐厅与客厅之间设置玻璃窗，增强了关联性，弱化了错层结构带来的封闭感。

2F

原始户型分析

二层部分空间不可以使用，需要设置起居室、主卧和儿童房各一间。

改造后细节剖析

❶ 主卧与楼梯厅之间的墙面稍向南移，增大楼梯厅的面积和缓冲空间，也留出主卧门位置，避免正对楼梯，保证私密性；沿主卧墙打造一整排衣柜，满足储物需求，正对床的位置做矮柜，可以放置电视。

❷ 主卫空间比较紧凑，因此对动线进行重叠设计，各功能围绕动线布局，实现干湿分离，并使有限的空间使用起来非常便捷舒适。

❸ 在儿童房设置单独的学习区和卫生间，为契合使用习惯和保持动线的连贯，把卫生间放在有窗的北侧空间。

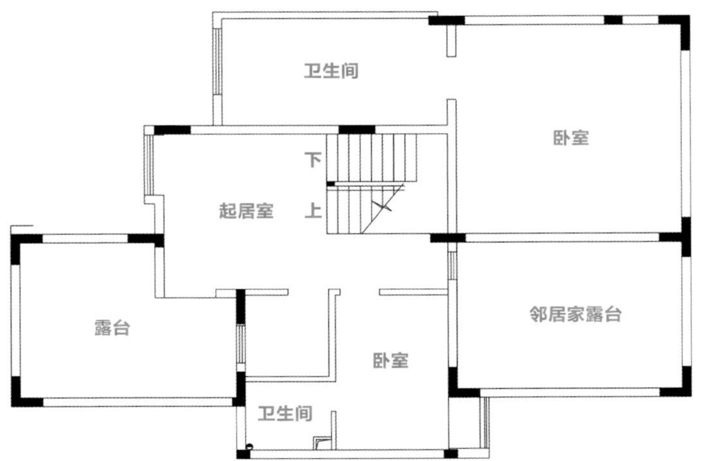

原始结构图

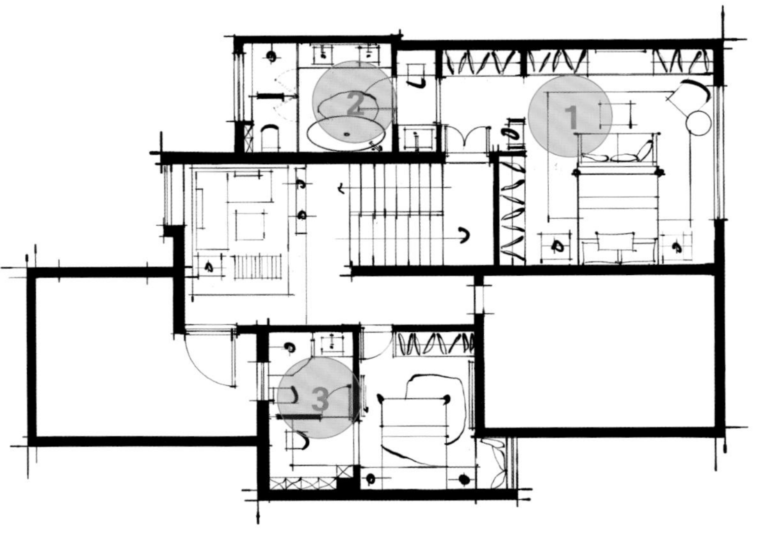

改造设计图

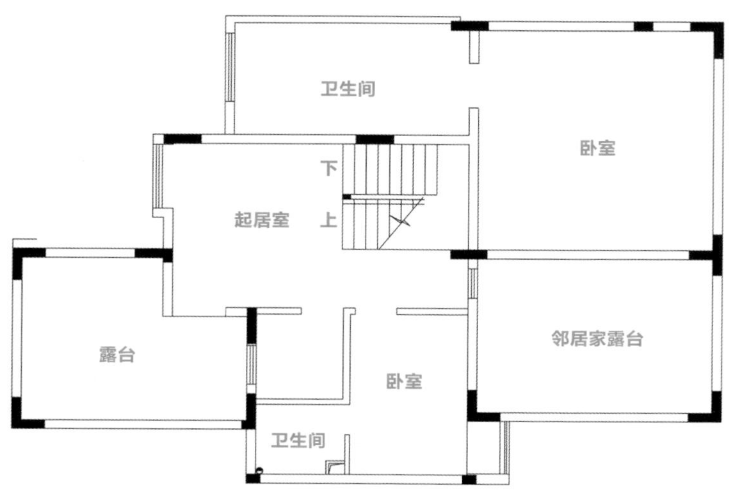

原始结构图

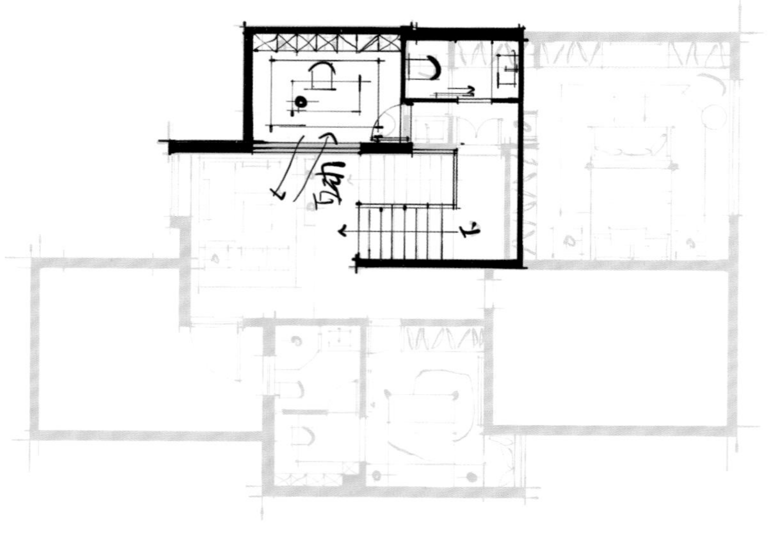

改造设计图

原始户型分析

三层阁楼需要设置书房。

改造后细节剖析

从二层起居室上到阁楼，是宽敞的走道空间，书房没有连通室外的采光区，层高偏低，所以隔断采用玻璃材质的，与二层起居室有了互动，并可纳入一些二层的采光；旁边配有一个迷你卫生间，因为二层没有公用卫生间，所以当书房兼客房使用时，有一个公卫更加方便。

结语： 错层结构弱化了整体空间的连贯性，影响到动线和互动性，甚至采光和通风也受影响，应本着规避错层缺陷的原则，来改造功能空间。

第8章

联排别墅户型

联排别墅发源于英国，在欧美国家较为常见。联排别墅往往位于交通方便的郊区，一般不超过五层，邻居之间有共用墙，但独门独户。在西方，联排别墅的主人是中产阶级或新贵阶层，在中国，它们则属于高收入人群。

在中国，联排户型是别墅类型中数量最多的一种户型，也是别墅中的刚需户型，类似于公寓房中的三室两厅户型。

联排别墅的优点就是空间大，拥有小花园和地下室，缺点也很多，户型通常较为狭长，中间区域采光和通风欠缺，每一层的面积都偏小，楼层数一般为五层，楼梯和走道占用大量的空间，实际可使用面积减少很多，反而有时不如大平层实用。如果是大联排户型和边套户型则没有上面所列的缺点，可以媲美小型的独栋别墅。

联排别墅改造的需求量非常庞大，因为楼层比较多，所以室内电梯是一个非常常见的改造需求，但在原本空间就不是很宽敞的户型中加上一个电梯之后，其他空间就会受到挤占，出现一些“不良反应”。本书所列的联排别墅案例中有很多关于楼梯和电梯的布置方式，希望可以给大家带来一些参考。

108 明亮舒适的极简主义，呈现空间结构美感

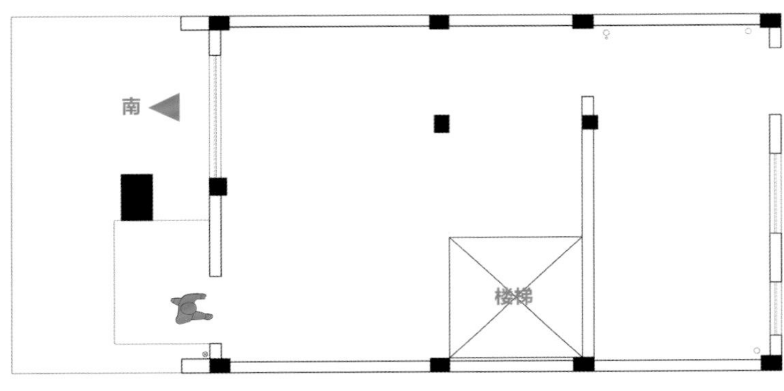

原始结构图

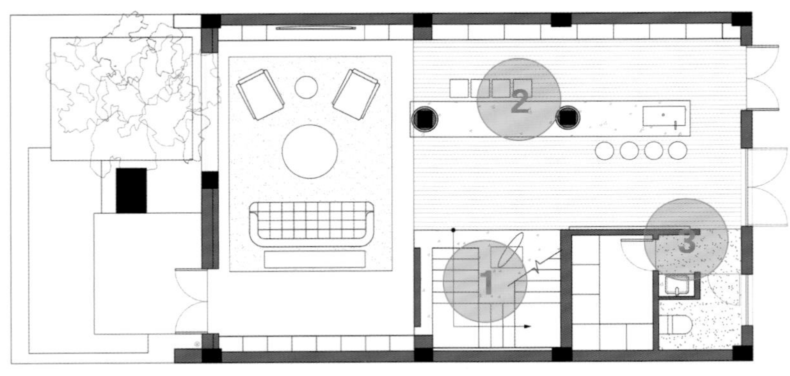

改造设计图

1F

原始户型分析

本案例为常规联排别墅户型，为中间套，南北两侧有窗，楼梯位须设计，一层有隔层，整体空间需要灵活宽敞，注重居住的舒适感，强调结构美感。一层需要设置客厅、卫生间、储物间、水吧区。

改造后细节剖析

❶ 楼梯位设在中间，这样从任何空间走到楼梯的动线都较为便捷；楼梯与门厅之间设屏风或艺术装置隔断，整个楼梯空间由一块抬高平台划分出来，兼具装饰性、实用性。

❷ 水吧区空间很大，如果只有单一的水吧功能会让空间失衡，要置入更多的功能来丰富空间，如聚会、烘焙、手工、学习、办公等活动都可以在这里进行，用长台面包裹两根承重柱，弱化柱体过强的存在感，无形中利用了柱体的位置划分了台面的不同功能区。

❸ 卫生间和储藏间的进入动线叠加，主要是使外部空间的墙面更加完整，减少零碎的分割，凸显整体空间的简约感。

隔层

原始户型分析

隔层有室外露台，需要设置厨房和餐厅，楼梯已定位好，只需定位功能空间。

改造后细节剖析

❶ 开敞的餐厅空间将阳台的光线引入一层空间，通向阳台的玻璃门可以完全打开，消除室内外界限，空气流动起来，也能满足聚会、聚餐需求。

❷ 原本封闭的厨房需要设计得更为灵活，设置中岛，形成双动线；与阳台相邻的台面上有整面玻璃窗，最大限度地提高厨房的通透感，窗外绿植造景给厨房空间带来更多自然活力。

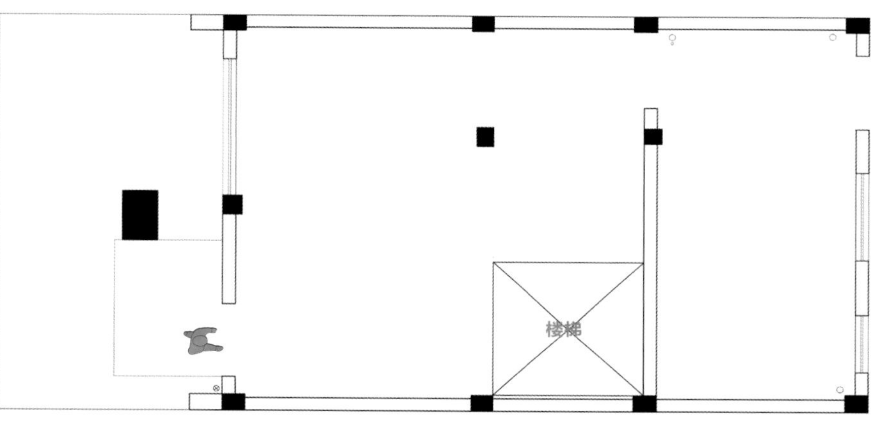

原始结构图

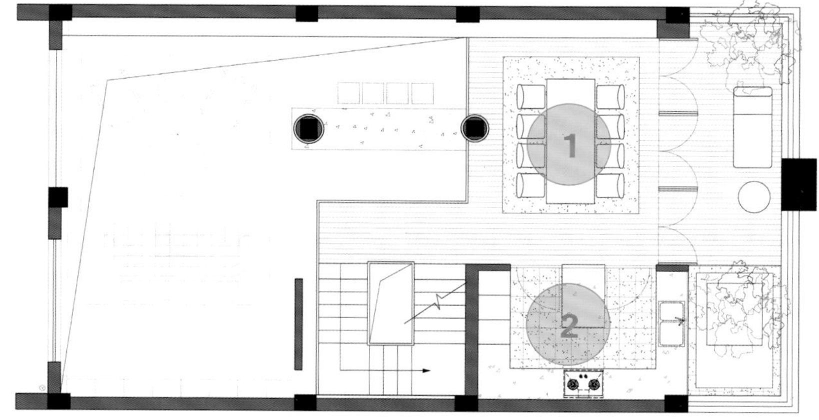

改造设计图

2F

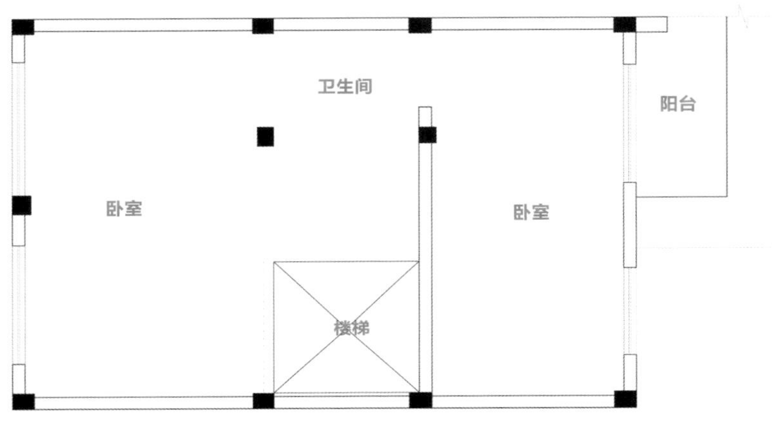

原始结构图

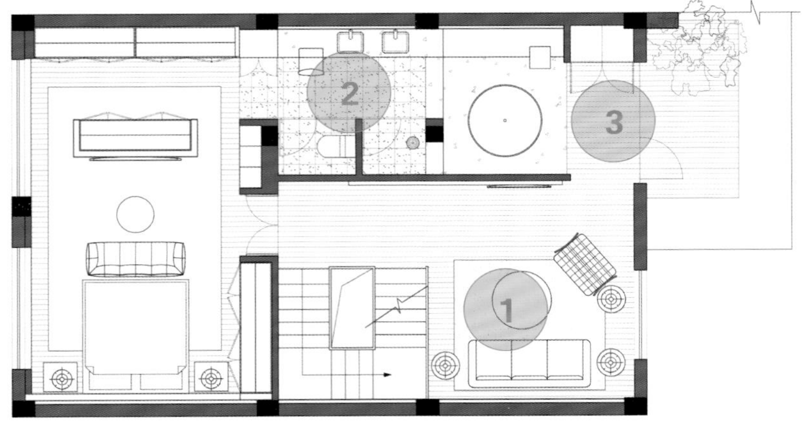

改造设计图

原始户型分析

二层需要设置主卧（带主卫、衣帽间）、起居室、洗衣房。

改造后细节剖析

❶ 作为公共空间，起居室靠近楼梯，与其他功能空间共用走道动线，通过常规家具布局就能营造舒适的居住感。

❷ 主卧设置在南向空间，为了避免卫生间门正对床，并让衣帽间与卫生间功能的关联性更强，所以在主卧进门左边放床，右边动线直达衣帽间和主卫；主卫做三分离设计，设置双台盆，和梳妆功能一体化，浴缸与洗衣房之间设置的雾化玻璃隔断能纳入阳台采光。

❸ 洗衣房紧挨阳台，衣物处理完后可直接拿到阳台晾晒，动线顺畅合理。

3F

原始户型分析

三层需要设置业主女儿的卧室（带卫生间）、公卫、衣帽间、书房。

改造后细节剖析

❶ 业主女儿卧室内的卫生间和衣帽间做孤岛式布局，形成环绕动线，卧室内的卫生间和阅读区组合成孤岛区域，用隔断划分，书房和衣帽间融入同一空间。

❷ 作为公共空间的公卫主要供露台空间使用，公私动线、功能界限不可混乱，公卫和露台之间用雾化玻璃隔断，既保证私密性，也有采光，再在露台一侧设置绿植装饰，成为一处兼有观赏性和装饰作用的小景。

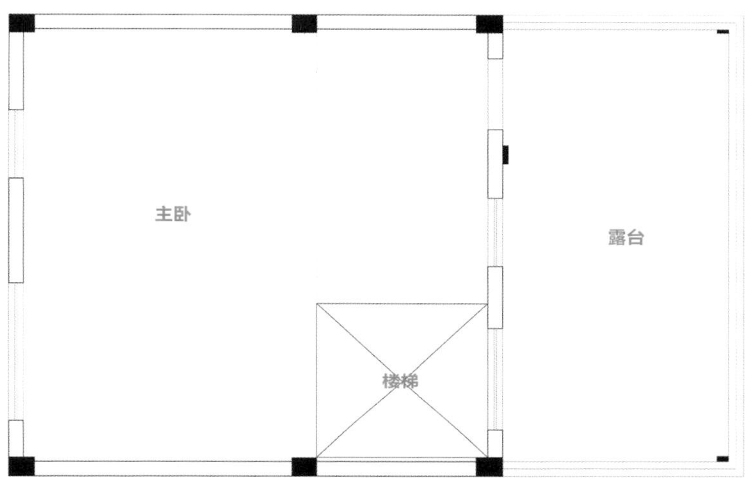

原始结构图

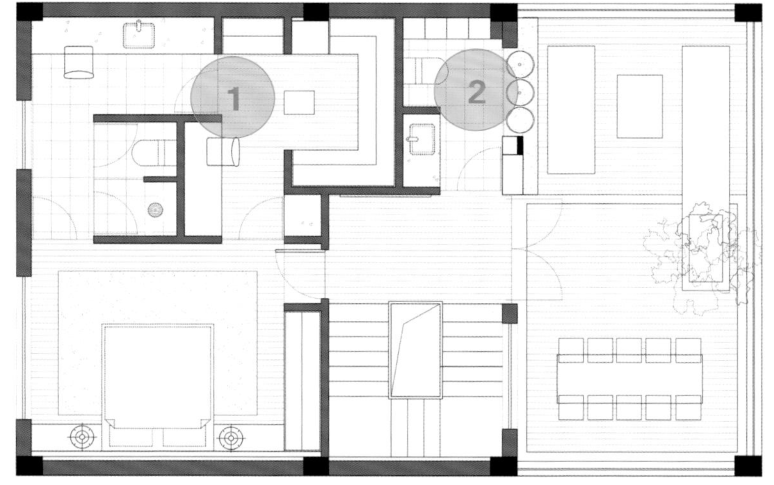

改造设计图

结语：如果从格局上突破较难，就要从功能上突破。针对同一套户型，优秀的设计方案有很多，但是只有满足业主需求的设计才是最好的设计。

109 地下室不一定就昏暗压抑，如此设计，地下有多层空间也不怕

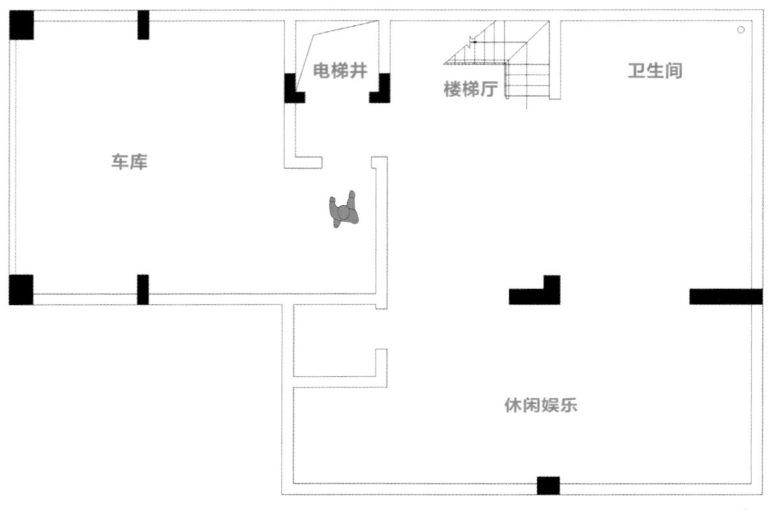

原始结构图

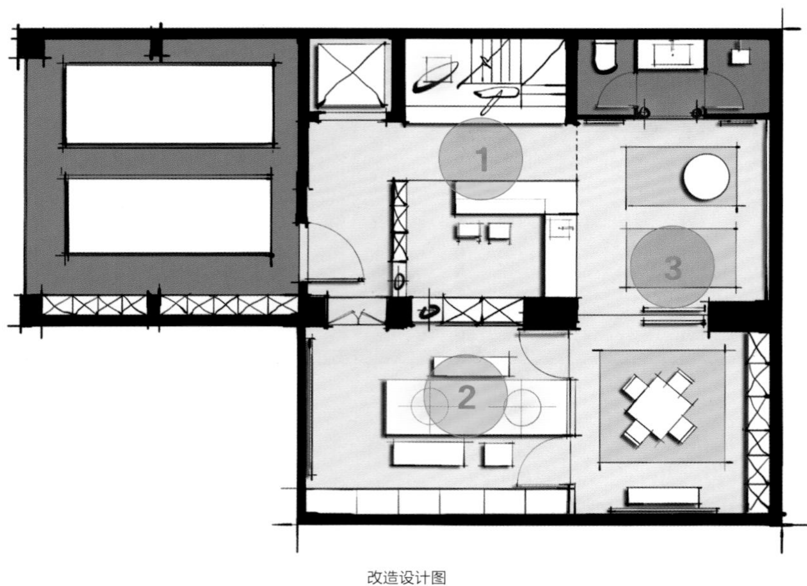

改造设计图

B2F

原始户型分析

联排别墅的结构较统一，南北向有采光、通风，地下室较暗，地下二层需要设置茶室、健身区、棋牌室、酒吧、卫生间。

改造后细节剖析

❶ 在地下二层的中间位置设计半开放式的酒吧，这里有来自楼上挑空区的充足光线，另外，做成一个观赏性空间，从楼上看下面的空间非常有质感和格调。

❷ 地下室内的茶室更为侧重品茶功能，设有大茶席和多人座位，以及布满整面墙的收纳展示柜，空间布置得更具禅意氛围，在所有可出入的动线上都设了门，全部打开时可形成环绕动线。

❸ 相较于茶室和棋牌室可封闭的空间，健身区完全是敞开式的空间，从楼梯下来或从车库进来时，不会觉得空间拥挤。

B1F

原始户型分析

地下一层除了楼梯和电梯区域，剩下的全部为挑空区，要搭建楼板，设置厨房、中餐西餐区、休闲区、保姆房。

改造后细节剖析

❶ 根据一层的挑空采光区，布局地下一层的挑空区，二者的采光区位置一致才能将更多的自然光线垂直引入最下面的地下空间，挑空区宽度与楼梯厅宽度一致，营造一定的空间气势。

❷ 中餐厅布置在大开间内，空间感更强，休闲区设在中餐区和西餐区之间，与中餐区的互动感更强，丰富了餐厅使用情境。

❸ 西餐区设有一排设备柜，和厨房之间功能相互交错，当厨房门全部打开后，西餐区还能作为备餐台或上菜台使用。

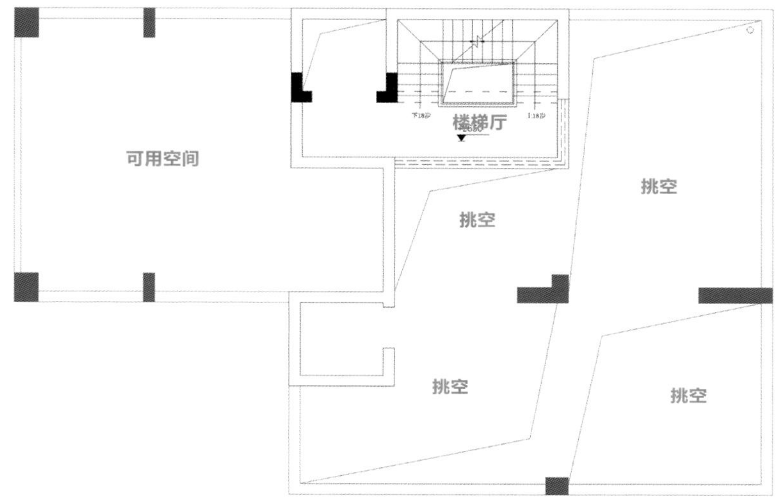

原始结构图

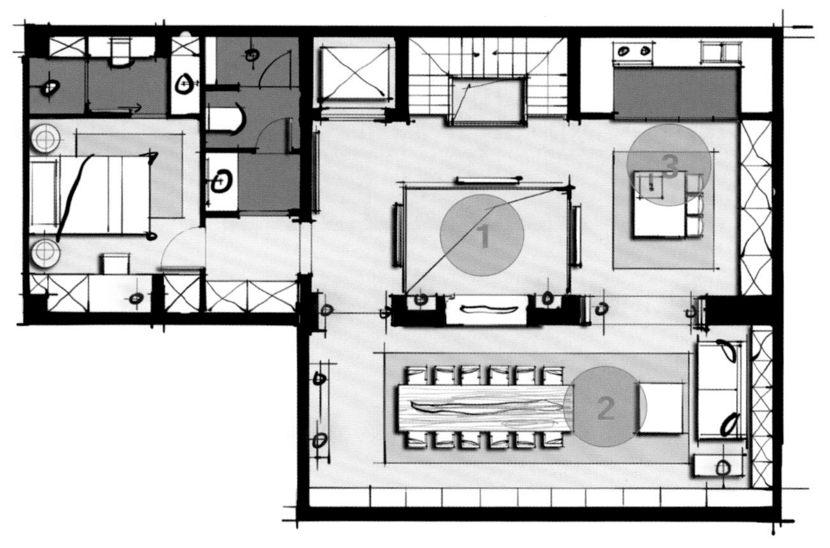

改造设计图

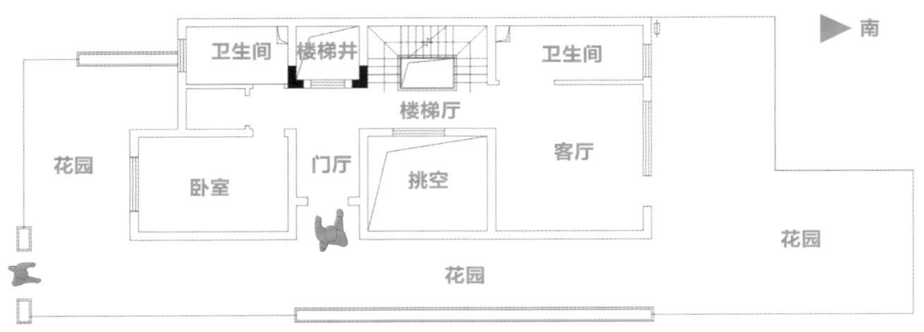

原始结构图

改造设计图

原始户型分析

南北向有采光、通风，墙体都可以改动，整栋楼需要设置电梯，一层需要设置客厅、阅读区、品茗区、客房、公卫、花园、洗衣房。

改造后细节剖析

❶ 将入户门改到狭长的花园走道，把原来狭长的花园区域纳入室内空间，做成阳光房，门厅区域也更大一些，从客房分离出鞋柜空间给门厅使用。

❷ 受限于面积，品茗区设在原挑空位置，留一小块挑空区，能给地下空间提供采光，另外，楼梯空间里也设一块挑空区，再加上原花园走道区的挑空，完全保证了两层地下空间的采光，并在这里设置水吧区、休闲区。

❸ 客厅设在南侧大空间里，楼梯的第一阶台面延伸扩展到客厅，成为一个大面积的地台，界定出客厅的休闲书吧空间，给大空间增添了层次律动感。

原始户型分析

二层墙面均能改动，有两大块挑空空间，需要设置两间卧室套房、一间书房兼起居室。

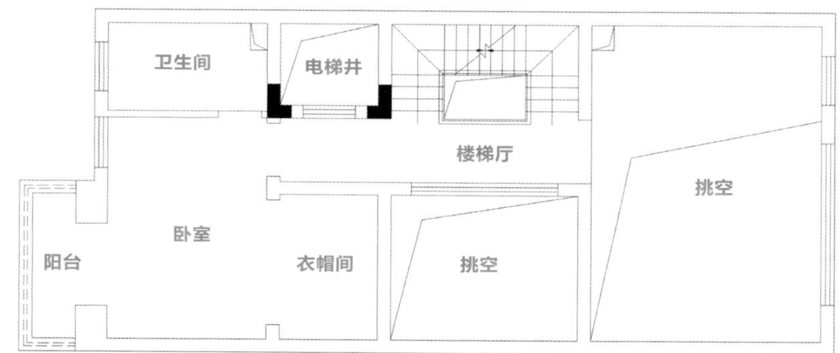

原始结构图

改造后细节剖析

❶ 北侧卧室套房内卫生间的布置是一处亮点，向卧室凸出的空间让卫生间面积更宽敞，各功能使用更为舒适，台盆和梳妆台设计为一体，品质大为提升，也没有影响卧室功能的使用。

❷ 衣帽间没有用实墙与卧室完全隔断，梳妆台位置与床头柜之间的墙面改用玻璃隔断，相互之间有视线、光线的穿插，空间活跃起来。

❸ 书房兼起居室作为公区，放在二层空间中心位置，没有完全敞开或封闭，只在正对楼梯上下动线的地方设置两扇装饰屏风，稍微阻隔楼梯厅处的视线，划分功能区界限。

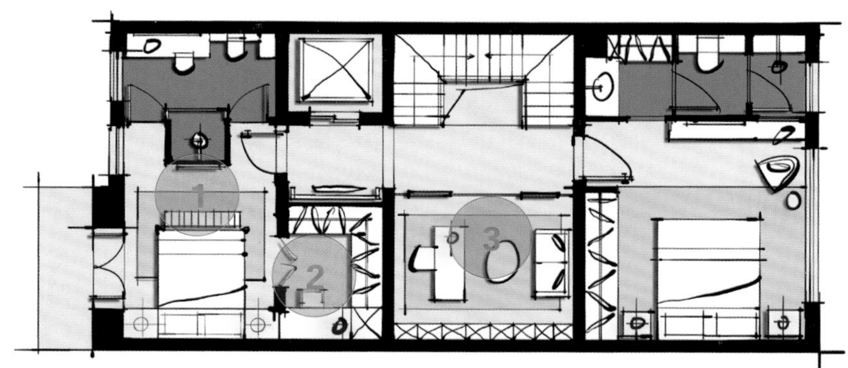

改造设计图

原始户型分析

三层需要设置一间主卧套房。

改造后细节剖析

❶ 主卧睡床区置于南向空间，纵向空间较深，结合书房功能进行设计，在书桌前设计矮墙，形成空间的界限划分感，卧室也不至于过于空荡无味。在书房整排收纳柜之间设置一处迷你吧台，这样的多功能柜体让卧室内的居住体验更丰满立体。

❷ 浴缸位于卫生间和衣帽间之间，可自成一处单独空间，与露台打通后，视线开阔，空气流动起来，是一处休闲放松的角落。

❸ 卫生间做双台盆及干湿分离设计，淋浴房外有储物柜，更加方便衣物、毛巾等的收纳。

卫生间
卫生间
楼梯厅
露台
露台
卧室
洗衣房
天窗

原始结构图

改造设计图

结语：改造层数较多的联排别墅时，应先统筹整体，定位一层，由一层往上或往下设计，时刻考虑上下层的空间联系。

110 别墅楼梯位置这样改，动线更高效便捷

1F

原始户型分析

本案例中联排别墅的厨房、卫生间位置不能更改，门厅光线差，楼梯位可改动，一层需要设置客厅、书房、餐厨区、老人房套房、公卫。

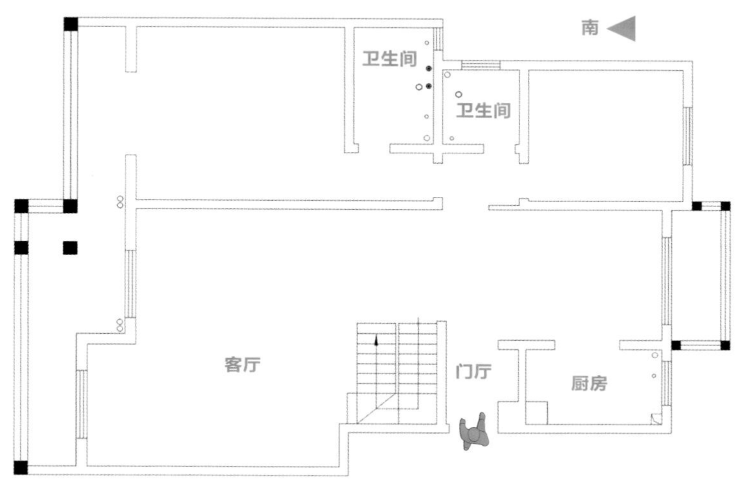

原始结构图

改造后细节剖析

❶ 把楼梯移到原来楼梯区域对面的位置，门厅的视野更开阔，光线更充足，空气流动性加大，在楼梯厅前方墙面做一处端景装饰。

❷ 客厅主沙发位与楼梯处于同一侧，这样视线更宽广，整体对称摆放家具，增强仪式感；东侧做一面收纳柜造型或壁炉造型，与凸出的软榻一起形成一处休闲空间，相较于对面的正式氛围，这边的氛围更为放松，但从整体上看客厅家具布局仍保持着对称美感。

❸ 将北侧的小阳台空间纳入餐厅区，通过地面材质区分，强调空间属性，餐桌与小吧台合为一体，不同的材质和桌面高差又形成区别，让就餐区有了更多场景氛围，不再一成不变。

改造设计图

原始户型分析

二层挑空区不可以封住，需要设置业主儿子的卧室（带卫生间）、书房兼起居室、客房、公卫。

改造后细节剖析

❶ 书房兼起居室与楼梯间过道选择用折叠门隔断划分，完全打开时，光线和空气在上下层之间、南北向之间流动起来，让人使用起来心情也很舒畅，沙发与书桌面对面布局，增加互动沟通。

❷ 把业主儿子卧室卫生间的干区和湿区设置在动线两侧，洗手台面延长到马桶位置，看起来更为整体，两侧也都依据使用频率的高低来布置功能空间的位置。

❸ 在楼梯厅墙面设置储物柜，与书房兼起居室内墙面上的收纳柜的进深齐平，在卧室区门口正对的楼梯厅墙面位置做装饰台端景，这样从立面上看变化中不失整齐规律。

卫生间
卫生间
卫生间

原始结构图

改造设计图

3F

原始户型分析

三层露台既不能封也不可扩建，需要设置健身区、品茗区、佛堂、洗衣房。

改造后细节剖析

❶ 佛堂作为一处极具仪式感的场所，放在封闭、安静的空间里，尽量让其少受外界的干扰，靠窗处放置软榻，用于交流或休息，上面还可放置小案几，用来书写、阅读。

❷ 品茗区通向露台的折叠门完全打开后，与室外的界限模糊，形成一处高品质的茶室，可一边聊天喝茶，一边赏景吹风，非常惬意。

❸ 露台设置一段玻璃顶，下雨时也能将门窗打开，到露台上欣赏雨景，晾晒的衣服可以移到玻璃顶下，非常方便实用。

结语： 楼梯位的改动基本没有影响到功能区原本的布置，但是视觉和心理体验上确实有了极大的改善。

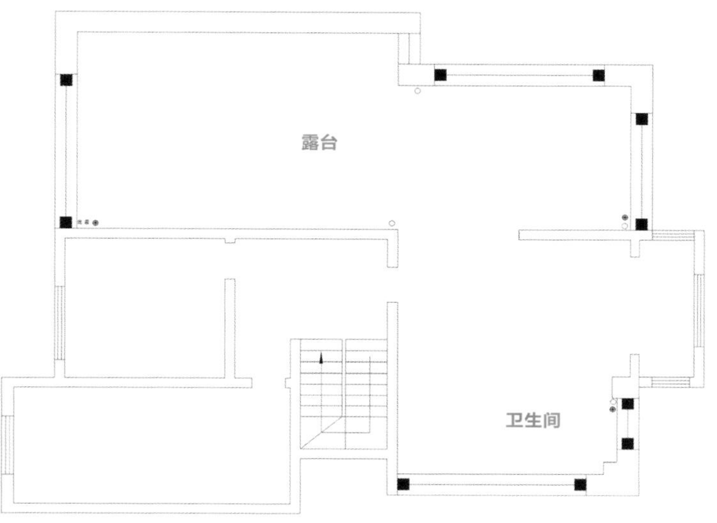

原始结构图

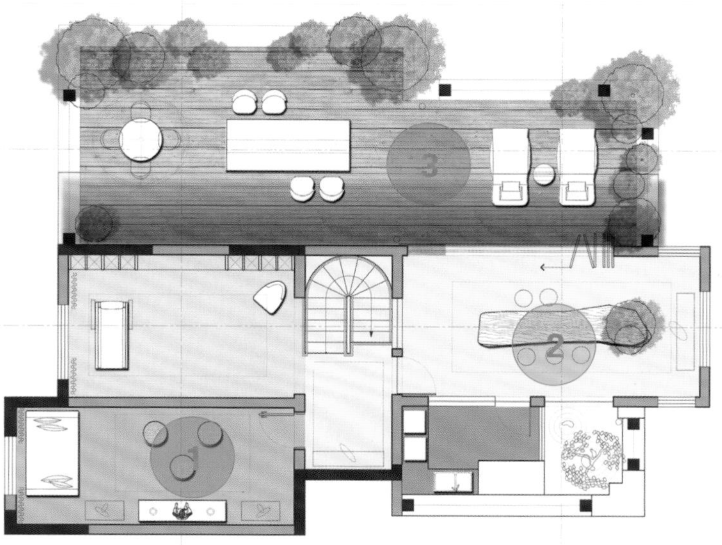

改造设计图

111 别墅楼梯样式这样改，室内空间艺术品位瞬间提升

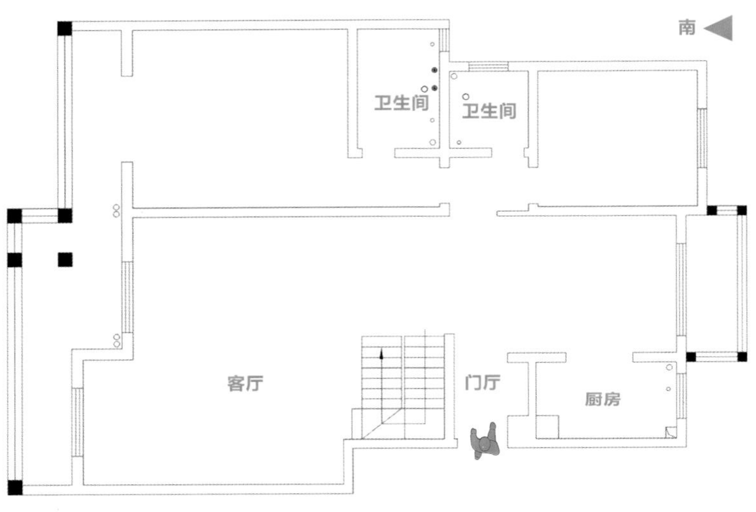

原始结构图

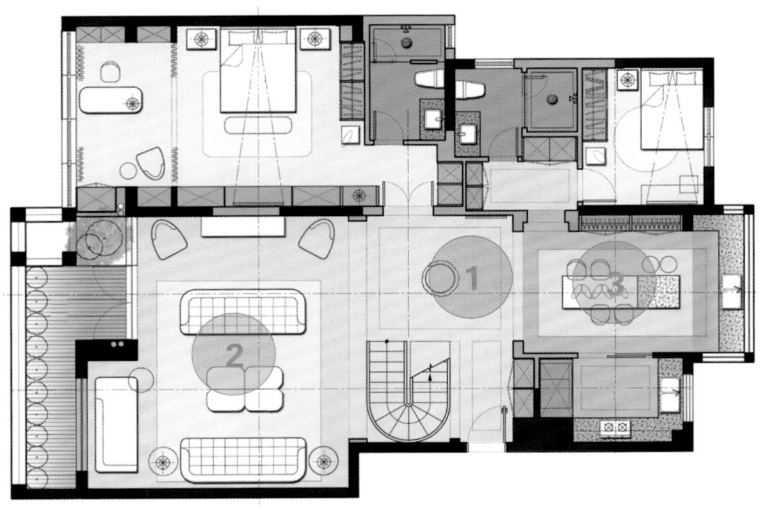

改造设计图

1F

原始户型分析

本案例中联排别墅的厨房、卫生间位置不能更改，门厅光线差，楼梯位可改动，一层需要设置客厅、书房、餐厨区、老人房套房、公卫。

改造后细节剖析

❶ 入户正对的墙面处设置一处端景，右侧设置收纳鞋柜，左侧楼梯悬空设计，与客厅之间光线、视线互通，增加门厅采光，楼梯也可作为玄关遮挡部分视线。

❷ 客厅通过地面材质区分出两块区域，中心为较正式的会客区，两排沙发相对摆放，在西侧墙处放壁炉和休闲椅，可把电视放在壁炉位置，休闲椅可用于简单的阅读等活动。另外，在靠南侧阳台的凸出空间放软榻，在此处既可与沙发区互动，也可单独享受阳台风景。

❸ 将北侧的小阳台空间纳入餐厅区，通过地面材质区分，强调空间属性，餐桌与小吧台合为一体，不同的材质和桌面高差又形成区别，让就餐区有了更多场景氛围，不再一成不变。

2F

原始户型分析

二层挑空区不可以封住，需要设置业主儿子的卧室（带卫生间）、书房兼起居室、客房、公卫。

改造后细节剖析

❶ 书房兼起居室与楼梯间过道选择用折叠门隔断划分，完全打开时，光线和空气在上下层之间、南北向之间流动起来，让人使用起来心情也很舒畅。

❷ 把客房功能放到一楼，原空间做成给孩子使用的衣帽间、学习区域，提升居住品质。

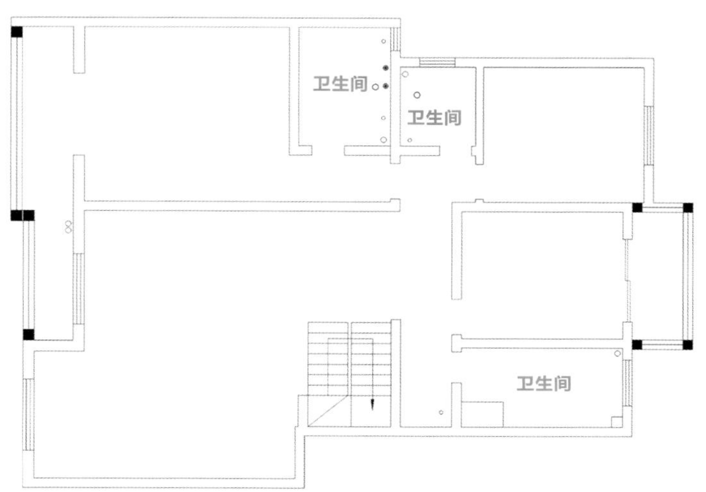

原始结构图

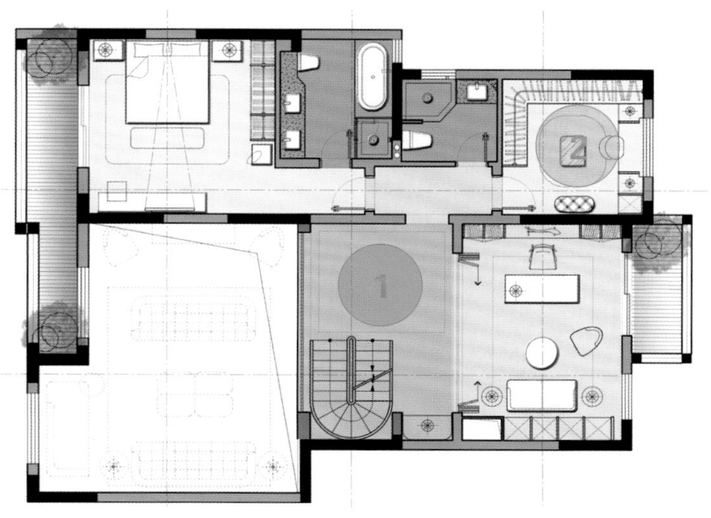

改造设计图

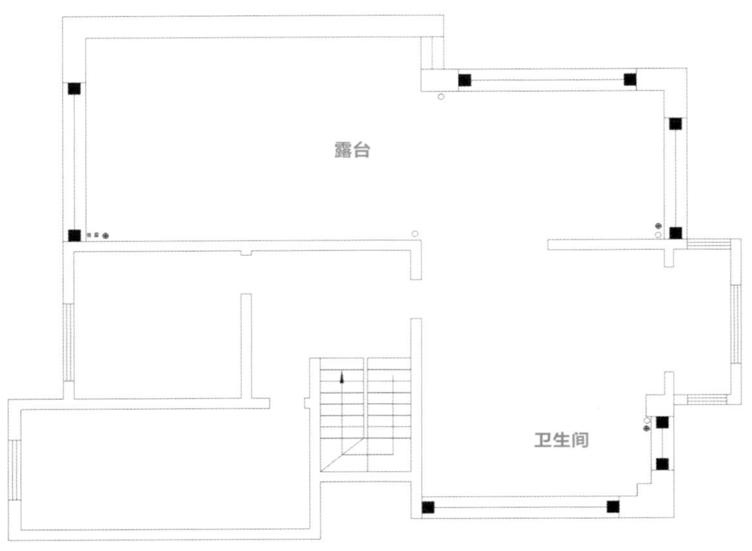

原始结构图

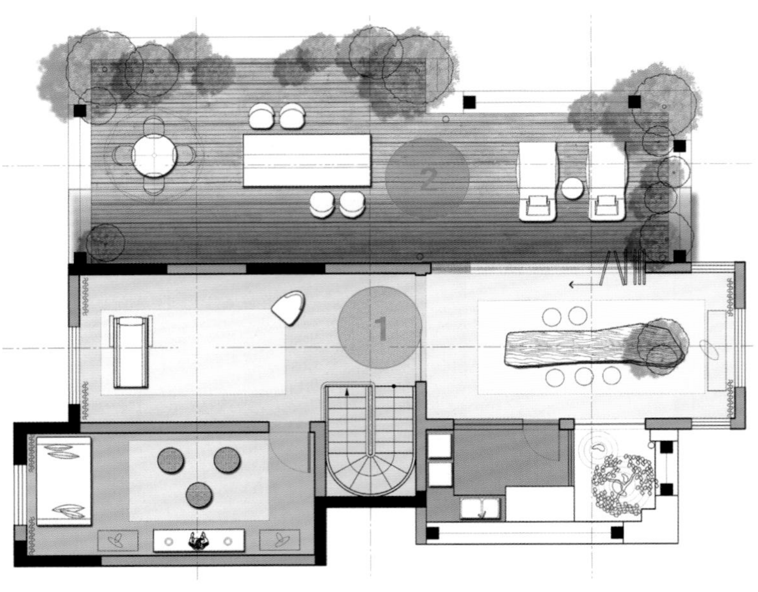

改造设计图

3F

原始户型分析

三层露台既不能封也不可扩建，需要设置健身区、品茗区、佛堂、洗衣房。

改造后细节剖析

❶ 按照原有结构置入各个功能空间即可，沿楼梯上到三层之后，南北向空间与楼梯厅联通，南北两侧为健身区和品茗区，中间设置屏风遮挡视线。品茗区通向露台的折叠门完全打开后，与室外的界限模糊，形成一处高品质的茶室，可以一边聊天喝茶，一边赏景吹风，非常惬意。

❷ 露台设置一段玻璃顶，下雨时也能将门窗打开，到露台上欣赏雨景，晾晒的衣服可以移到玻璃顶下，非常方便实用。

结语：改造时，聚焦于功能组合布局的优化设计，由基本需求出发，侧重品质的提升和文化氛围的营造，优化业主的居住体验。

112 别墅楼梯位置这样改，楼梯气场更强大

1F

原始户型分析

本案例中联排别墅的厨房、卫生间位置不能更改，门厅光线差，楼梯位可改动，一层需要设置客厅、书房、餐厨区、老人房套房、公卫。

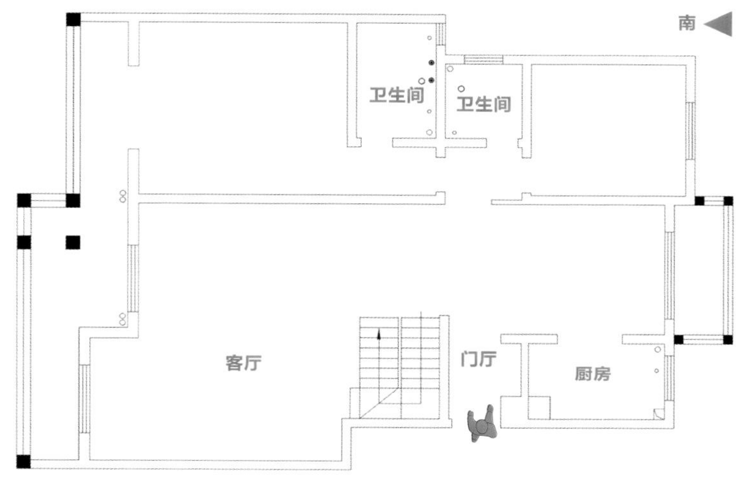

原始结构图

改造后细节剖析

❶ 楼梯放到原餐厅位置，餐厅移到靠近门厅处并与客厅相邻，客厅、餐厅成为一整块大空间，更具豪宅气势，且将楼梯放到角落位置比较节省空间，让功能区衔接得更为紧密一些。

❷ 公卫做了干湿分区，淋浴房和浴缸区也设置了小台盆以方便使用，洗衣机收纳在淋浴房旁边，换洗的衣物可立即放进去清洗。另外，与老人房之间采用玻璃隔断，给公卫干区带来自然采光。

❸ 老人房是一个超大套房，进门后有一处过渡空间，可设置为衣帽间，柜门朝内侧衣帽间打开，阳台处布置阅读休闲区，是赏景休闲的好位置。

改造设计图

原始户型分析

二层挑空区不可以封住，需要设置业主儿子的卧室（带卫生间）、书房兼起居室、客房、公卫。

改造后细节剖析

❶ 挑空位凹出一块造型，与地面圆形装饰相契合，起居室更具设计感，体量更大，楼上、楼下的公区形成互动。

❷ 楼梯厅是一块完整的大空间，这个过渡区域可为旁边的起居室所用，一来可沿墙面设置整排书柜和收纳柜，二来丰富了楼梯厅，提升了空间品质。

❸ 业主儿子卧室的卫生间把浴缸放在靠窗位置，洗手台面设置双台盆，淋浴房采用带角度的进门方式，不同的组合方式仍然确保了使用动线的合理和完备的功能。

卫生间
卫生间
卫生间

原始结构图

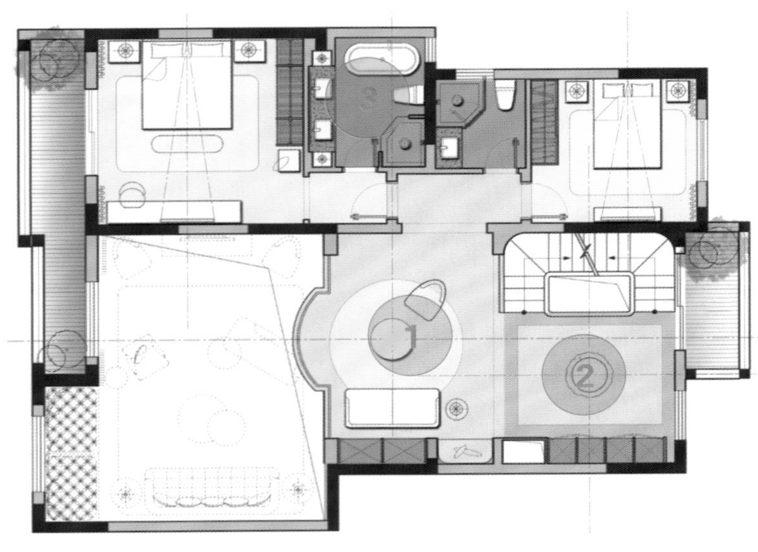

改造设计图

3F

原始户型分析

三层露台既不能封也不可扩建，需要设置健身区、品茗区、佛堂、洗衣房。

改造后细节剖析

❶ 沿楼梯上到三层，北侧小阳台和东侧洗衣房旁边的干景阳台带来充沛的自然光线，缓解了楼梯厅的狭长所带来的局促感，两处阳台上的干景更是提升了空间的文艺气息。

❷ 健身区作为动区，靠近楼梯设置，在此处不仅能欣赏到阳台的干景，更能眺望远处，运动环境更加开放、自然。

❸ 品茗区可开放、可封闭，与健身区之间用三扇旋转门做隔断，可动可静，即可招待朋友，也可独自品茶思考。

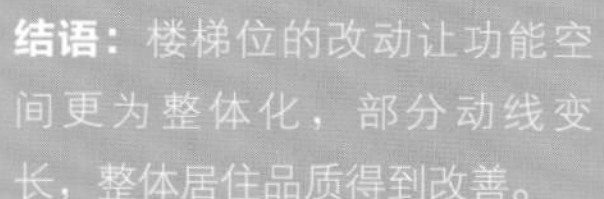
结语：楼梯位的改动让功能空间更为整体化，部分动线变长，整体居住品质得到改善。

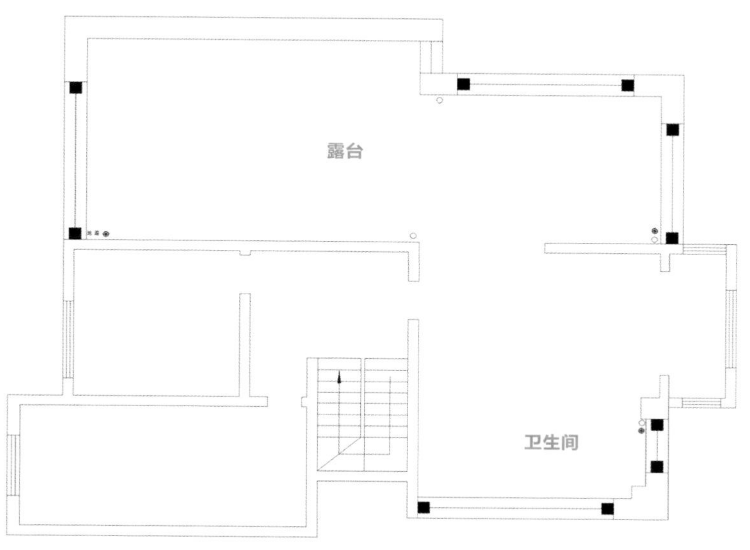

原始结构图

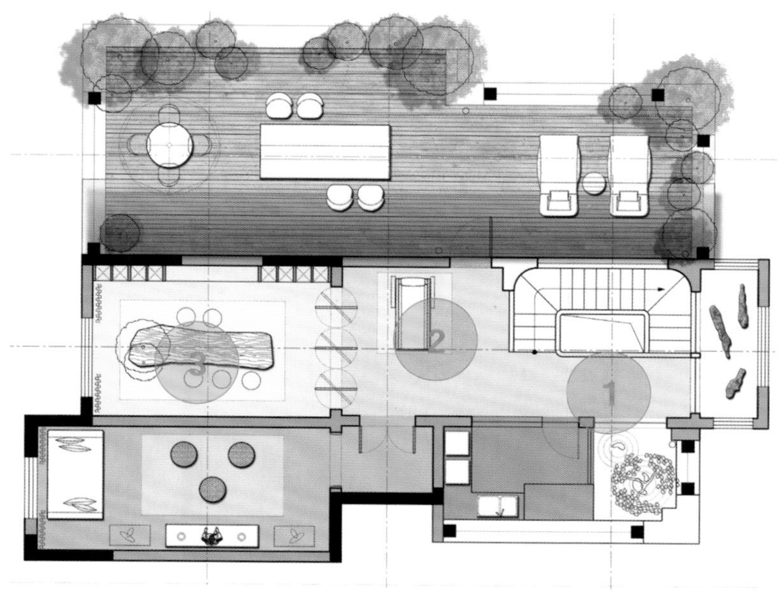

改造设计图

113 几处空间的重置，让别墅终于有了精致华丽的气质

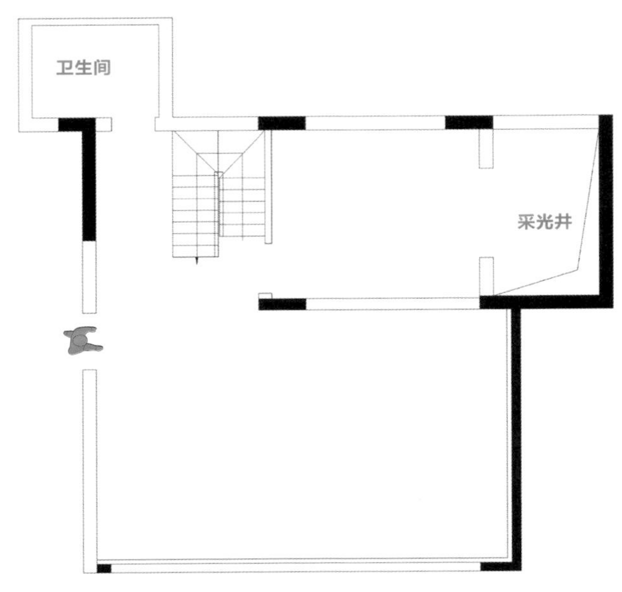

原始结构图

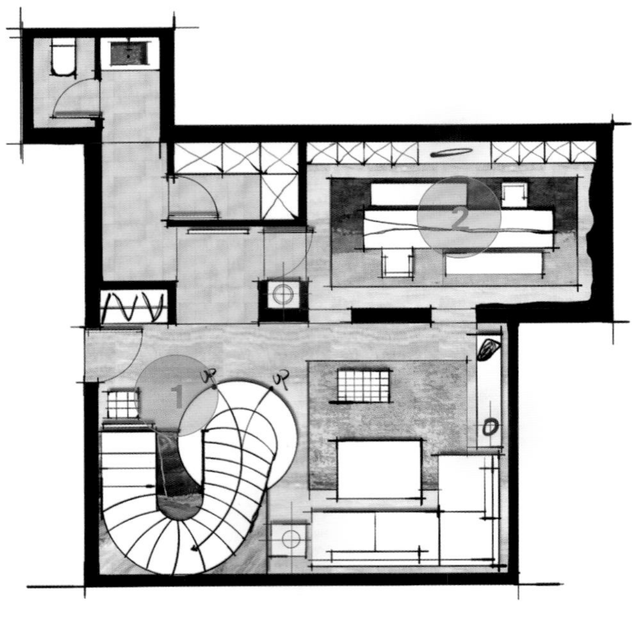

改造设计图

BF

原始户型分析

本案例中的联排别墅的楼梯位可更改，需要设置休闲区、茶室、储藏间、卫生间。

改造后细节剖析

❶ 入户左手边设置鞋柜，右手边放换鞋凳，与楼梯之间设置一面装饰屏风；楼梯第一阶抬高，扩大面积，自成一景，并且从其他角度上楼梯更加方便，安全性也提高了。

❷ 茶室有一张大长桌，不仅可以用于喝茶、聊天，还可以用于书写、阅读，东面靠墙设置博古架用于展示、收纳，南面墙采用岩石质感的材质，使茶室更有自然质朴的气息，墙面也不会显得过于呆板。

1F

原始户型分析

一层需要设置客厅、餐厨区、老人房、洗衣间和卫生间。

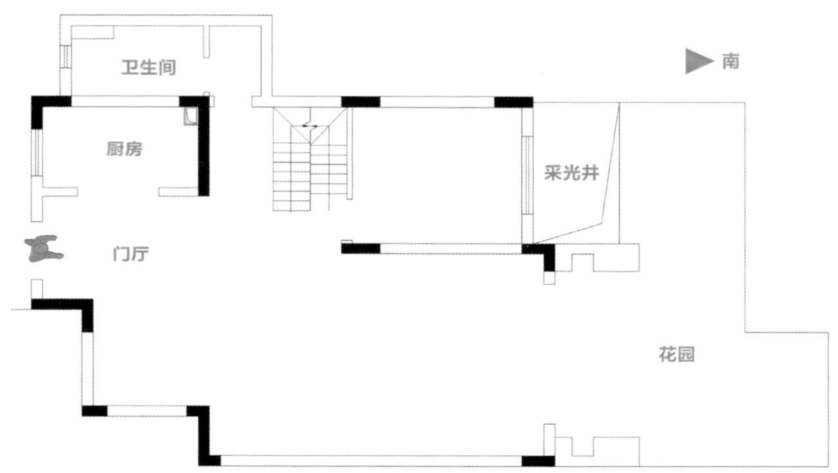

原始结构图

改造后细节剖析

❶ 入户区域移到原厨房位置，得到一个独立的玄关空间，拉近了厨房和餐厅之间的距离，入户左手边换鞋柜后面是公卫空间，公卫位置受户型条件限制，离公区动线较远。

❷ 弧形造型的楼梯为室内的一处亮点，立面上更凸显别墅空间的时尚气质，避免了直跑楼梯的呆板乏味。

❸ 改动门厅之后，将原先浪费掉的走道利用起来，成为老人房内的卫生间功能区，让老人的居住体验和品质得以提升。

❹ 客厅用宽大的组合沙发进行家具组合定位，沙发对角位置放置的休闲椅平衡了贵妃榻带来的空间重心偏移感，客厅不论是使用起来还是看起来都令人舒心。

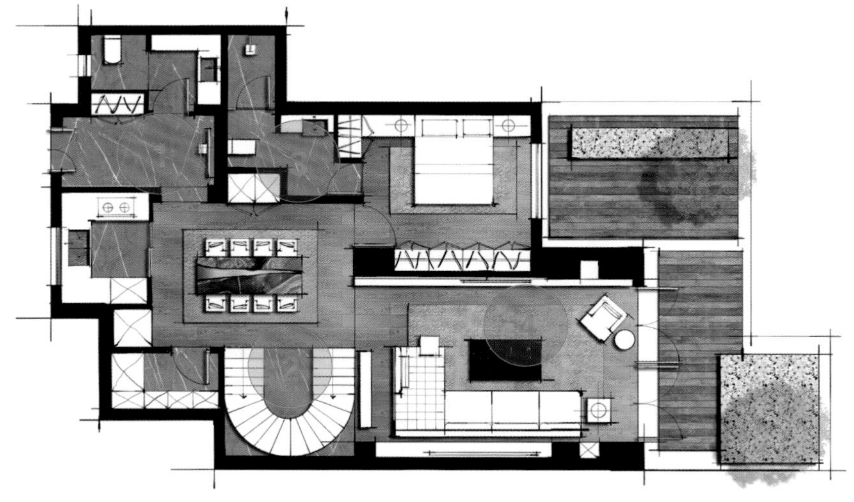

改造设计图

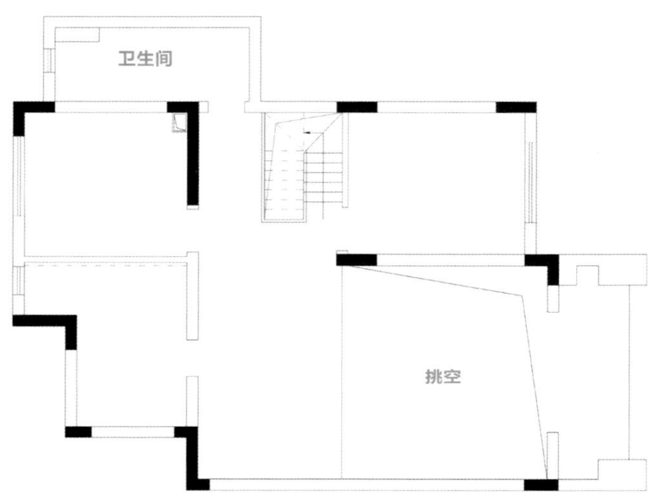

原始结构图

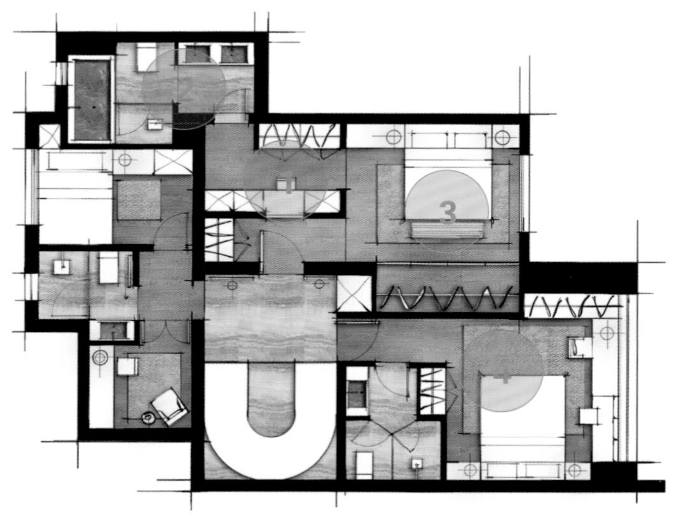

改造设计图

结语：重新定位楼梯时，注意综合考虑楼梯不要阻挡南向采光，尽量不破坏各层功能空间的连贯性，动线上最好没有过于绕远的情况。

原始户型分析

二层有挑空区，需要设置两间套房、一间儿童房、独立书房、公卫。

改造后细节剖析

❶ 在东侧大卧室套房进门后的区域设置柜体用于收纳，不过正对门处的柜体为矮柜，台面上放一些装饰物，不会让大套房一进门却有种小户型的拥挤感。

❷ 卧室卫生间向西侧扩大一些，重新分割面积，达到比例平衡，得以在靠窗处放入浴缸，主卧功能更加完善。

❸ 东侧卧室原开间比较小，所以向西侧扩大面积，以达到空间比例的平衡，凹出的空间设置为开放式的衣帽间。

❹ 西侧小卧室套房将卫生间的位置切出一块收纳区，来补充收纳空间；靠窗的一部分位置设置为飘窗，另一块位置设置为书桌或梳妆台。

114 别墅电梯+楼梯功能的创新组合方式

B2F

原始户型分析

地下室层高满足多搭建一层的条件，无墙体限制，地下二层需要设置起居室、吧台、影音室、公卫。

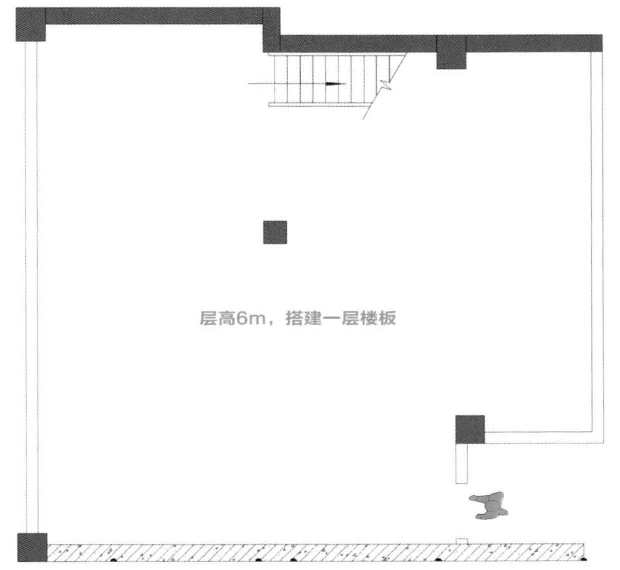

原始结构图

改造后细节剖析

❶ 在楼梯口和电梯口设计端景装饰，二者的装饰相互呼应，由此形成高端的楼梯厅空间；公卫门正对一处端景。

❷ 公区依据整体空间动线划分成完全敞开的两块功能区，即起居室和酒吧区，它们之间通过大门套和柱子加强空间感。

❸ 在入户位置设置独立门厅，正对鞋柜等收纳区，同时鞋柜造型兼有端景功能，门厅内的四角做弧形处理，增强空间整体仪式感。

❹ 影音室不仅能满足家人进行观影、游戏或唱歌等各种娱乐活动的需求，还可以满足人更多时的聚会、聚餐需求。

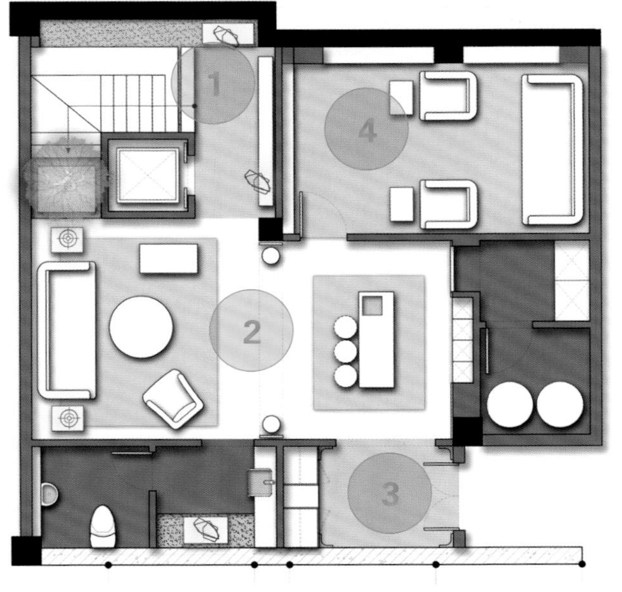

改造设计图

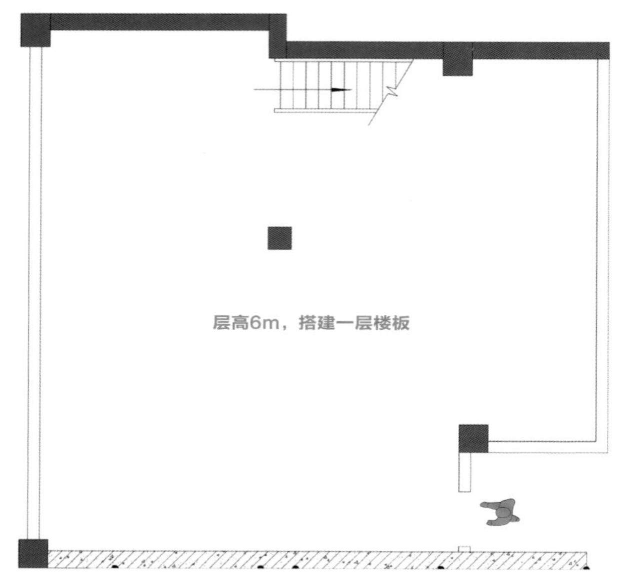

原始结构图

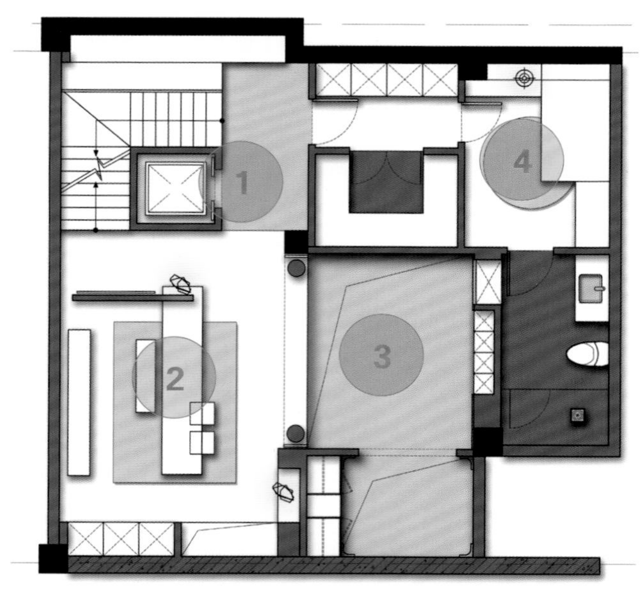

改造设计图

原始户型分析

地下室层高满足多搭建一层的条件，无墙体限制，需要设置茶室、保姆房。

改造后细节剖析

❶ 楼梯厅部分动线与茶室空间相结合，通过地面材质区分，显得茶室空间更大。

❷ 茶室是一个开放空间，在桌面处做一面装饰隔墙，让茶室空间更规整，喝茶时可自然看向挑空区，视线开阔，减弱空间层高局限。

❸ 中间挑空位置，对应楼下的门厅和酒吧区，使得楼下一进门就有豁然开朗的视觉感受，大面积的挑高空间气势很强，一点没有一般地下空间的局促感。

❹ 保姆房除了具备基本休息、收纳和卫生间功能，把洗衣房、储物间的功能也一并划分了进去，更方便处理日常家政工作。

原始户型分析

本案例中的联排别墅室内承重墙、柱较少，可改动空间大，南北通透，需要设置电梯、客厅、餐厨区、公卫、独立书房。

改造后细节剖析

❶ 楼梯空间换位置后，避开梁柱，所占面积变大，电梯在L形楼梯拐角处，不会影响楼梯采光，上下楼空间并不会狭窄小气，楼梯空间感更强，更匹配别墅空间气质。

❷ 厨房两侧开门，形成双动线，与楼梯间布局方式一样，在L形拐角处设置公卫，将日常生活中需要封闭的功能空间布置在一侧。

❸ 客厅家具组合规整，其中用个别弧形、非对称家具给客厅增添一些动感活力。

❹ 餐桌和书房在一整块空间内，用玻璃隔断，书房两边的门关闭时可形成完全独立的空间，与客厅通过柜体间的空隙形成视线互动。

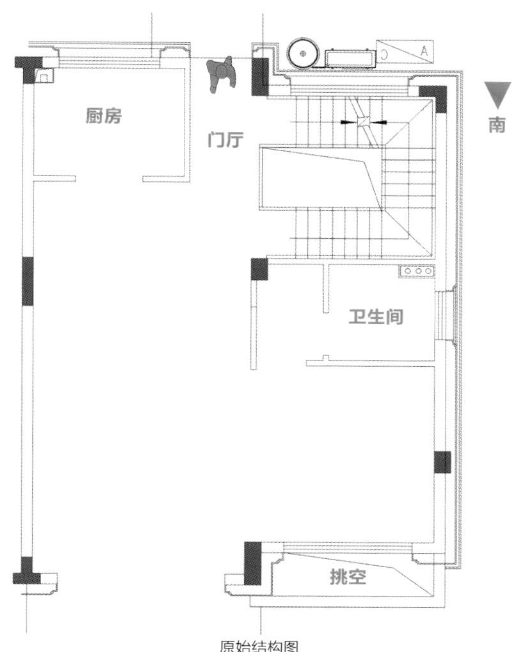

原始结构图

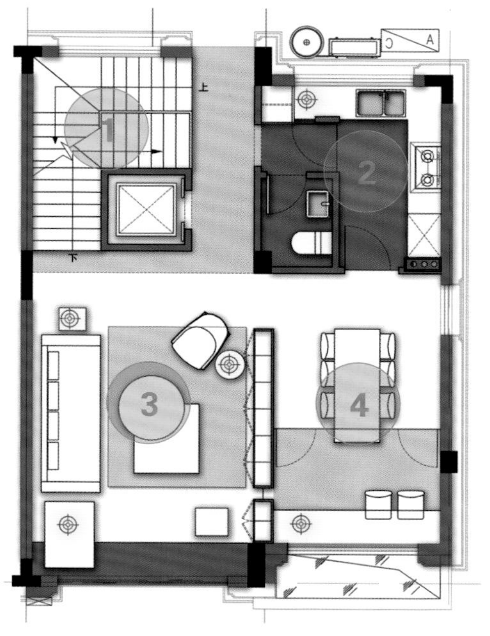

改造设计图

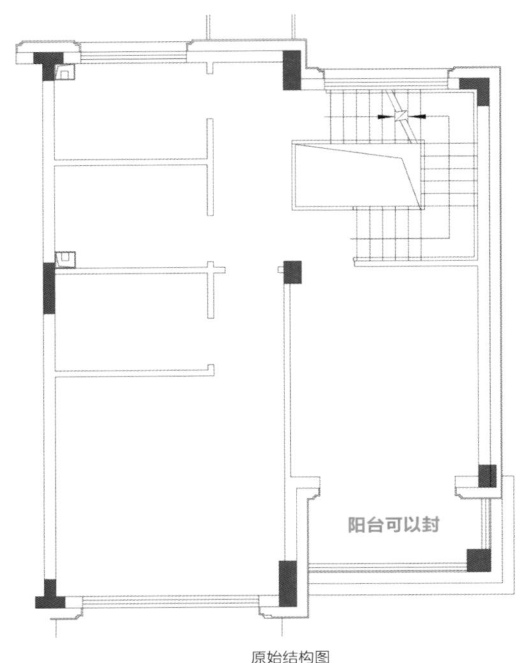

原始结构图

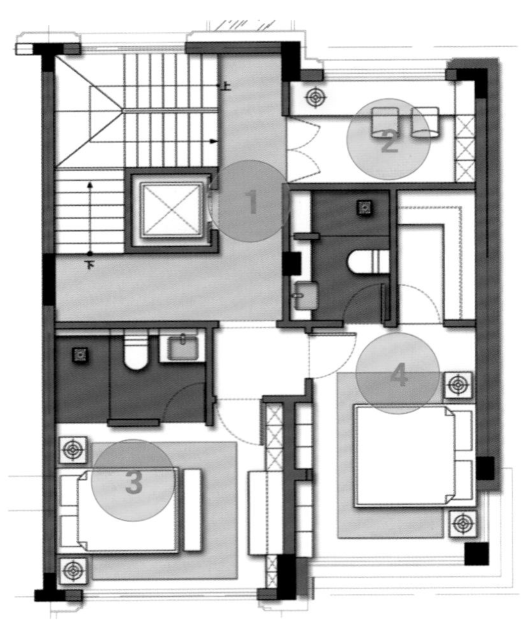

改造设计图

2F

原始户型分析

本案例中的联排别墅室内承重墙、柱较少，可改动空间大，南北通透，二层阳台可封，需要设置两间套房、独立书房。

改造后细节剖析

❶ 设计L形走道，一是有由楼梯、电梯处进入各空间的动线，二是可以作为公区和私区的缓冲过渡区。

❷ 独立书房设在角落位置，避免受过多的干扰，同时大面积的窗户保证通风、采光充足。

❸ 西侧小套房包含干湿分区卫生间，卫生间无窗，所以采用玻璃门和部分玻璃隔断增加采光量；靠墙面设置一排收纳柜，柜子中间设计一张可展开的台面，可摆放电视或装饰品，展开后可当作书桌使用。

❹ 将南侧阳台纳入东侧大套房，同西侧小套房的布局镜像对称，不同的是隔出一间小衣帽间，卫生间和衣帽间都采用玻璃门，尽量使各个房间的通透性都加强。

3F

原始户型分析

本案例中的联排别墅室内承重墙、柱较少，可改动空间大，南北通透，三层需要设置一间主卧套房、独立书房。

改造后细节剖析

❶ 书房需要自然光线和通风，只能布局在北侧，大空间内能放置一张大休闲椅，让阅读更加惬意放松。

❷ 卫生间尽量避免正对楼下卧室休息区，所以只能略微避开窗边的空间，采用常规布局，用玻璃隔断，减少拥挤感。

❸ 电梯井后有一块空间挑空，二层、三层之间增加了光线、视线的沟通关联，可在此处设计装饰性吊灯，增强别墅空间的精致感。

❹ 衣帽间进深较大，用于储藏大量衣物、杂物等，可以稍微减少衣帽间进深，把一部分空间给到卫生间。

结语：提升别墅空间的奢华感，并不是堆砌华贵的装饰元素，而是通过布局方法和空间关系的处理，来满足心理上的需求。

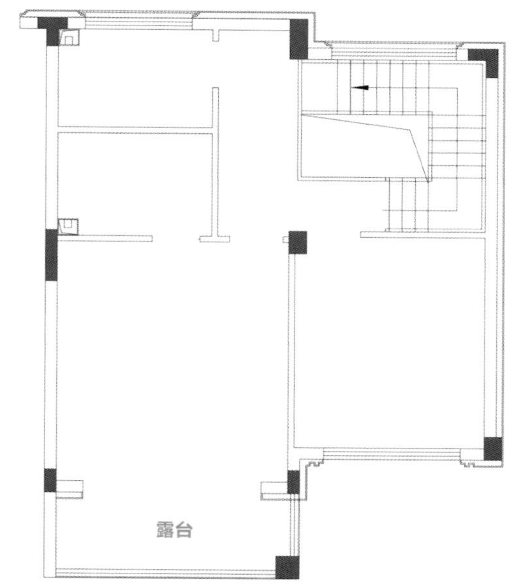

原始结构图

改造设计图

115 两处大面积挑空，把普通联排别墅推向趣味和创意的顶点

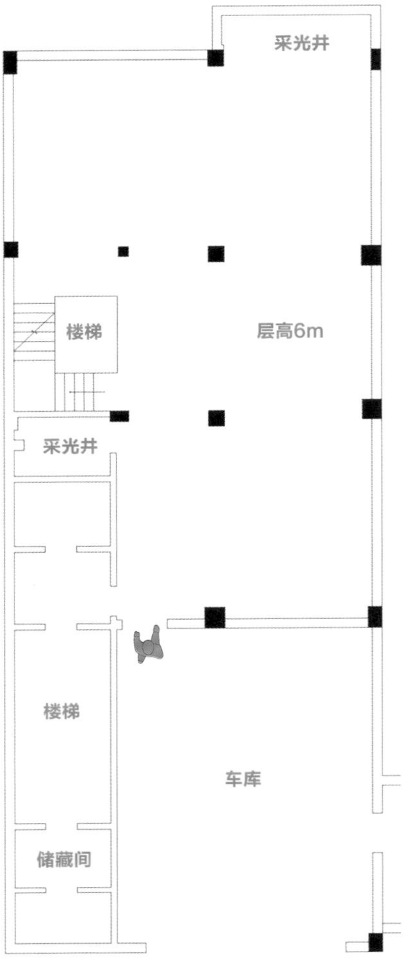

原始结构图

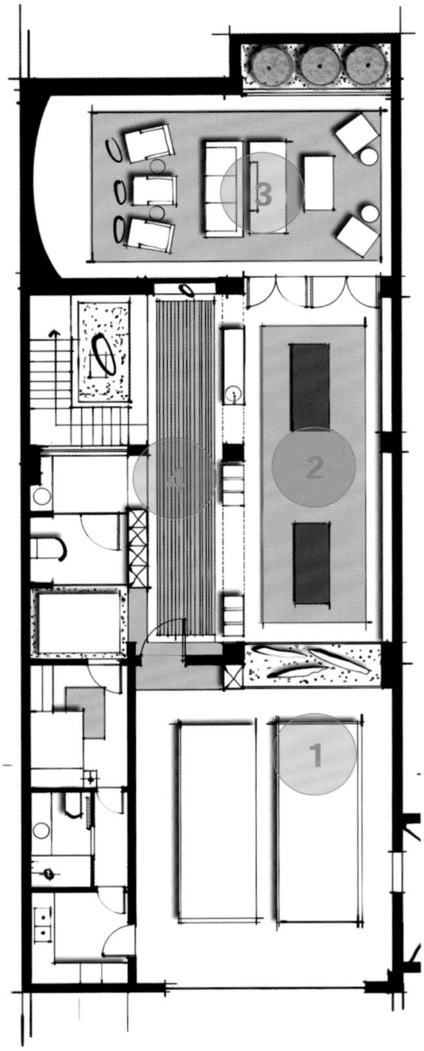

改造设计图

原始户型分析

地下二层需要设置影音室、健身区、保姆房、公卫。

改造后细节剖析

❶ 敲掉车库与室内间的隔墙，设计一处装饰隔断，在车库就能与室内空间有视线上的互动。

❷ 健身区开敞的空间比较灵活，多人健身也没问题，将健身工具收起来就是一块完整的空闲空间，可机动灵活使用。

❸ 影音室兼休息区包含多种功能，可承载家庭聚会、儿童娱乐、影音休闲、会客等多种场景。

❹ 由车库进入室内空间有一条具有仪式感和艺术性的走道，走道尽头有端景墙装饰，视线延展性很好，可减少地下空间的压抑感。

B1F

原始户型分析

地下一层需要设置台球室、酒窖。

改造后细节剖析

❶ 挑空区下方是影音休闲区，更有一丝电影院的氛围，地下室两层空间之间更为整体化，关联性更强。

❷ 从楼梯厅进入酒窖的区域具有对称性，两侧有端景装饰，显得正式且有仪式感。

❸ 酒窖除了有收藏、储物功能，还有展示功能，做成弧形造型让空间更有特色和趣味，强调酒窖功能和性质。

❹ 台球室空间考虑到球杆的使用，开间更大一些，与酒窖之间有一处窗口，视线可互动，酒窖充满格调的装饰也成为台球室的一大亮点。

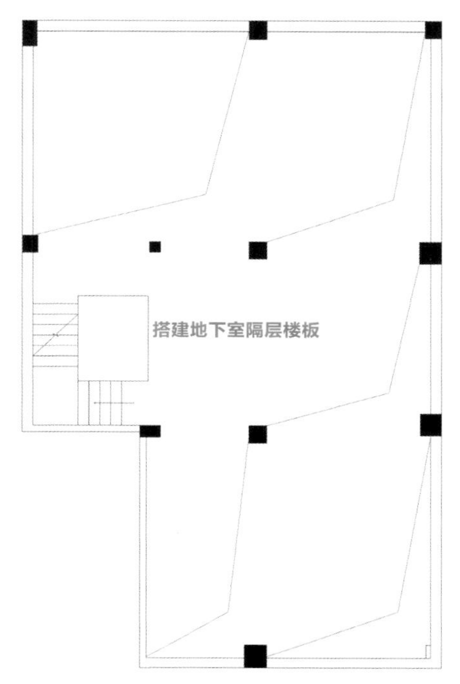

原始结构图

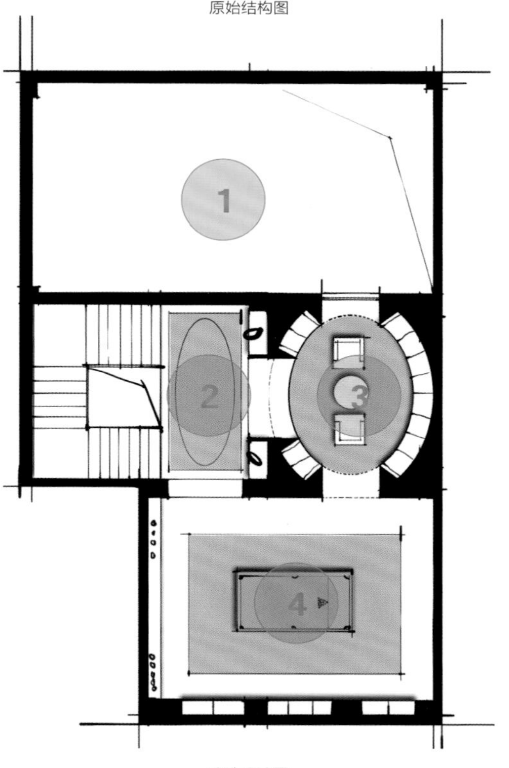

改造设计图

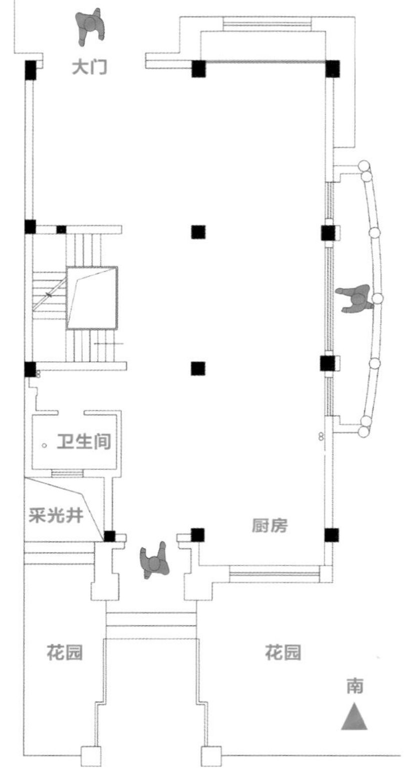

原始结构图

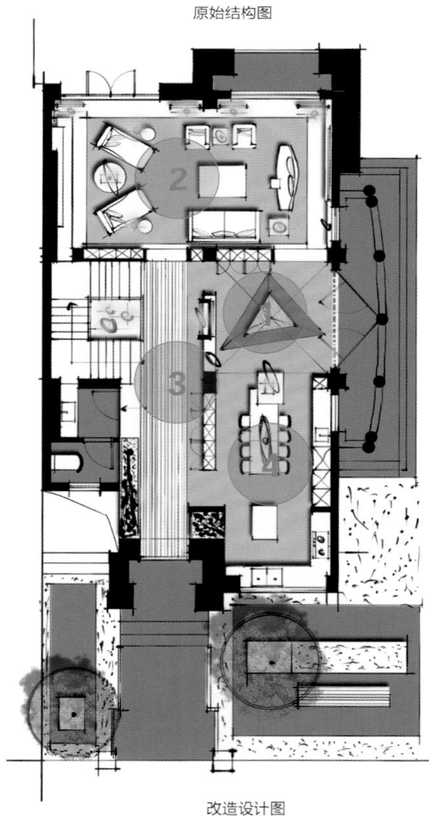

改造设计图

1F

原始户型分析

案例中联排别墅的户型呈长条形，楼梯位于中间，需要客厅、餐厨区、公卫，入户不能直接看到楼梯，额外需要门厅处有一个金字塔形玻璃装饰。

改造后细节剖析

❶ 搭建一个三角形玻璃材质入户门厅，设计两扇对称的入户门，与门厅三角形艺术装饰相呼应；玻璃装饰处的地面也在呈三角形的区域内采用玻璃材质，光线能通到地下空间。

❷ 客厅体量很大，能分为两大功能区，会客区采用沙发围合布局，动线分布于两侧，休闲区用两张大休闲椅营造出舒适、时尚的阅读空间。

❸ 在玻璃装饰东侧设置台面隔断，与餐厅收纳柜衔接起来，台面两侧都能作端景墙，在门厅处看到的是装饰画，在楼梯厅走道处看到的是能与楼梯间装饰呼应起来的端景墙。

❹ 厨房与餐厅采用整体化设计，操作区和收纳区沿墙面布置，互动区（如西餐岛台和中餐区）位于中心。

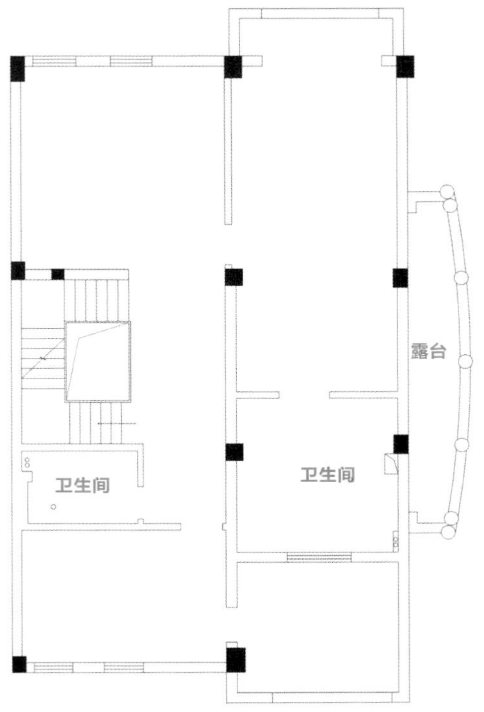

原始结构图

2F

原始户型分析

二层要求在一层客厅上方做挑空区，需要设置两间卧室、独立书房、公卫。

改造后细节剖析

❶ 书房空间设计在露台旁，这样露台可供公区使用，公区各功能区之间的通透性更强，靠近挑空区设置一排休闲区，和楼下互动起来。

❷ 挑空区给楼下客厅带去更大的空间体量，让别墅主要的公区空间开阔明亮起来，形成视觉冲击。

❸ 在东侧大一些的卧室窗边设计一些功能，书桌和休闲台采用一体化设计，功能更齐备。

❹ 西侧小卧室借用东侧大卧室一部分空间，在凹入处设计衣柜，满足收纳需求。

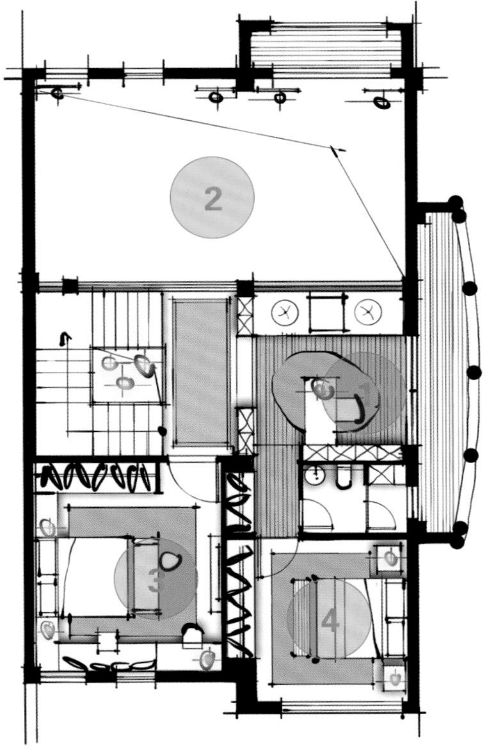

改造设计图

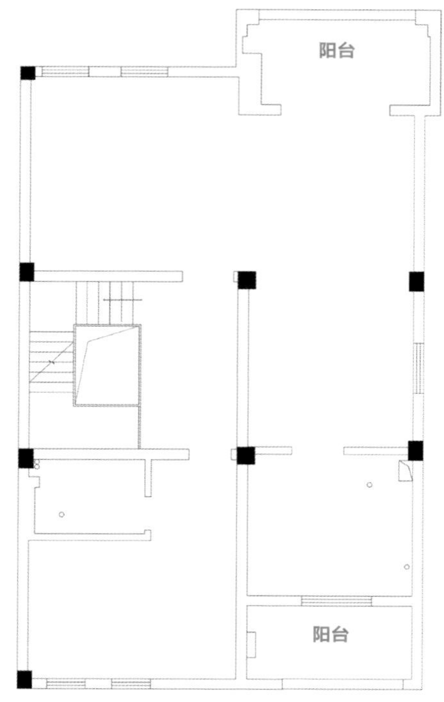

原始结构图

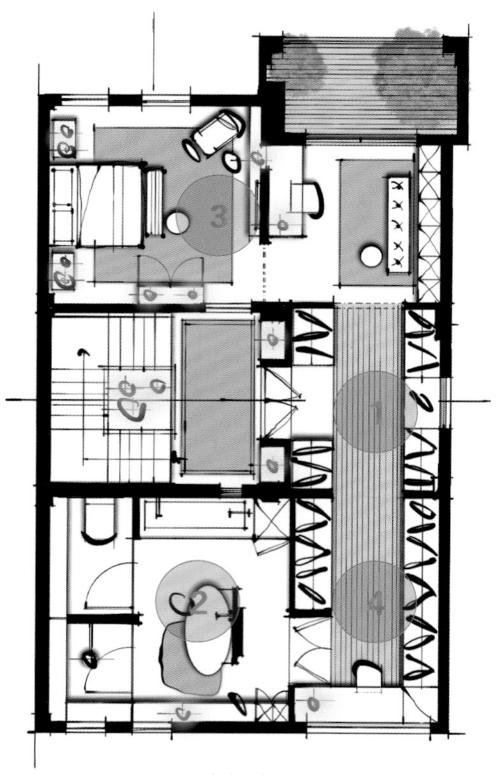

改造设计图

3F

原始户型分析

三层需要设置主卧套房。

改造后细节剖析

❶ 主卧开门位置居中、左右对称，从楼梯厅看很有气势，在主卧门正对面做一处端景，两边为收纳柜体，屋内动线向左右两侧延伸。

❷ 主卫浴缸放在空间中心，四周视线开阔宽敞，更加放松舒畅，用屏风适当遮挡门口视线。

❸ 在卧室睡床区和楼梯厅之间的墙体上开窗，将光线引入楼梯厅；在睡床区对面设计休闲区，在露台旁设计大休闲区，大休闲区还可以作为书房，书房与睡床区用矮墙隔开，矮墙也能作为电视背景墙使用。

❹ 楼梯厅进入主卧入口处为男主人衣帽间，北侧靠近主卫处为女主人衣帽间，男女主人的物品分开收纳。

结语： 通常入户后的第一印象，就会定义整套别墅的品位和个性，利用结构纵横交错手法，让公共空间变化多样、丰富有趣。

116 刚需小联排别墅也能妥妥满足三代人的多样需求

B2F

原始户型分析

地下二层主要是车库，入户门厅要有换鞋处。

改造后细节剖析

❶ 穿过门厅，走道左侧墙面上的装饰画在心理上起到引导作用，楼梯右侧下方整块空间为干景区，可缓解走道的狭长感。

❷ 通过地面材质分割出门厅空间，吊顶装饰与地面相呼应，入户门正对处有雕塑等艺术装置，增强仪式感和艺术感，入户右侧放置鞋柜和换鞋凳。

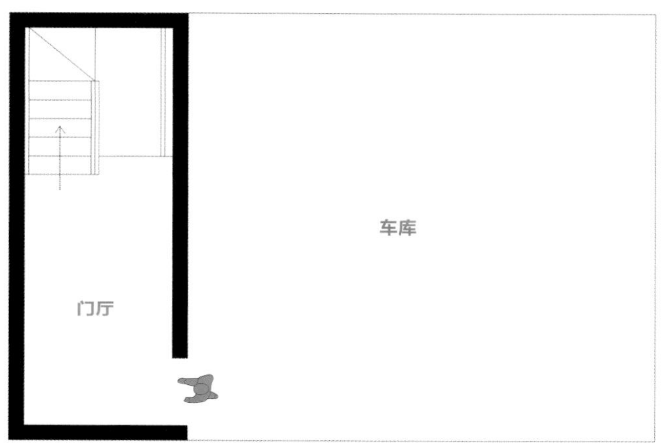

原始结构图

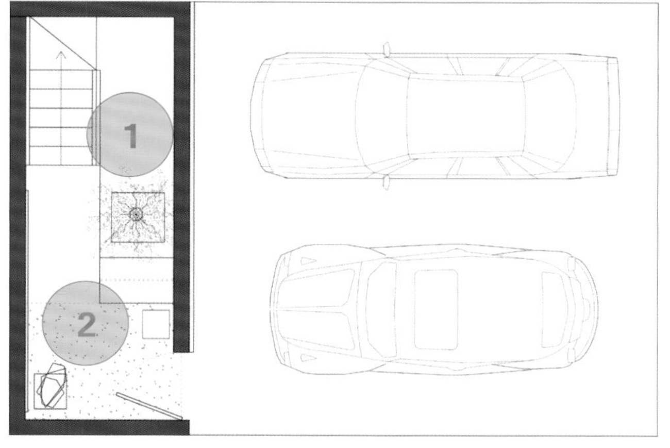

改造设计图

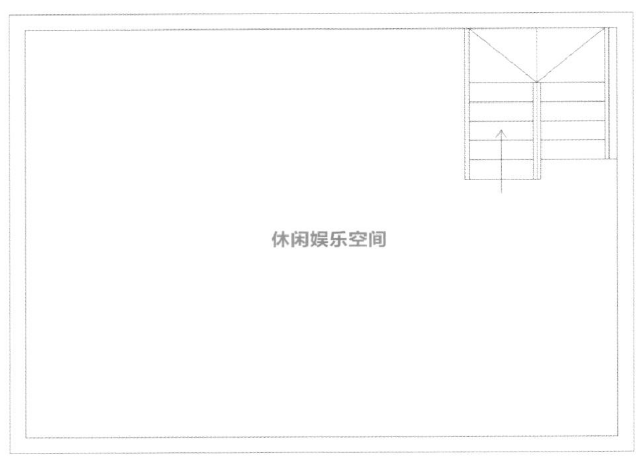

原始结构图

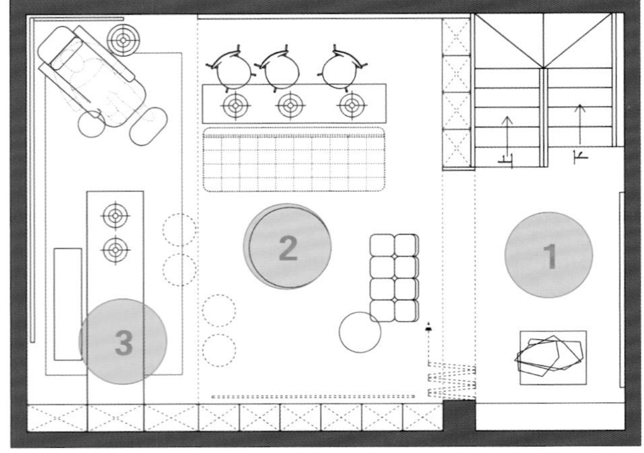

改造设计图

原始户型分析

地下一层需要设置影视区、酒吧等多功能区。

改造后细节剖析

❶ 楼梯厅设计得非常有仪式感，在正对楼梯的位置设计艺术装置，与多功能区之间用折叠门隔断，也可以形成完全封闭的多功能区，阻隔人们上下楼梯带来的影响。

❷ 将影视区、酒吧区、休闲区之间的界限模糊掉，家具布置上有各自的位置和界限，但是在视线、动线上完全相互贯通，同时功能边界相互重合，在长沙发上观影时也能品酒，在躺椅上放松时也能观影，是一个完全开放的互动空间。

❸ 茶席可兼作阅读书桌，同样也可组合多重功能，给多功能区带来无限可能。

原始户型分析

本案例中的小联排别墅南北向有采光，东西两侧为实墙，楼梯位置在中间，无承重隔墙，一层需要设置起居室（含书房）、餐厅、开放式厨房、公卫。

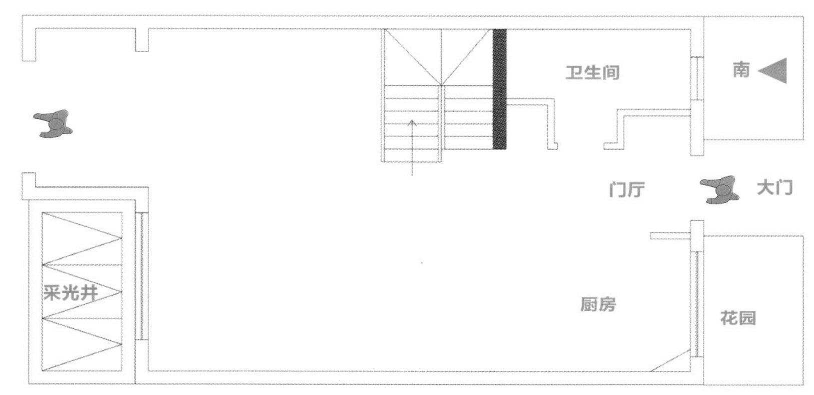

原始结构图

改造后细节剖析

❶ 公卫面积较小，要把基本功能纳入其中，采用台上盆，允许台面进深更短一些，留出尺寸合理的动线，用端景台将室内外视线连接起来。

❷ 餐桌和吧台合为一体，其中吧台区也有两部分，一部分供厨房洗菜、切菜、备菜使用，另一部分是休闲水吧台，将餐厨区界限模糊掉，形成一体化的多功能空间。

❸ 将客厅电视背景墙做成矮墙或柜体形式，往西侧推进，背景墙后面留出一块空间，用于设置书房，客厅使用体验基本不受影响，用一大块地毯覆盖书房和客厅核心区域，空间感散而不乱。

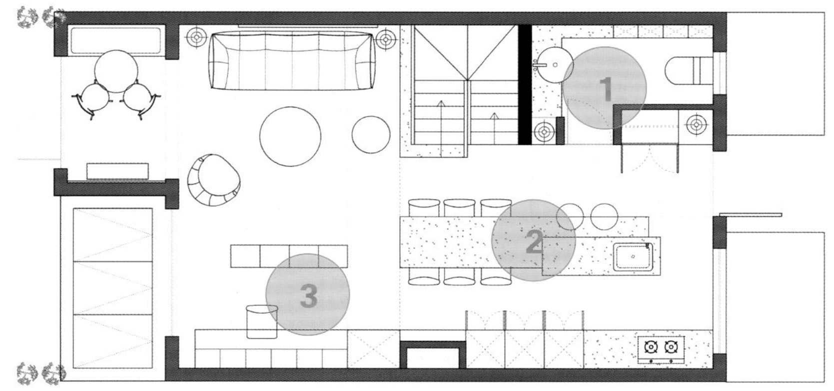

改造设计图

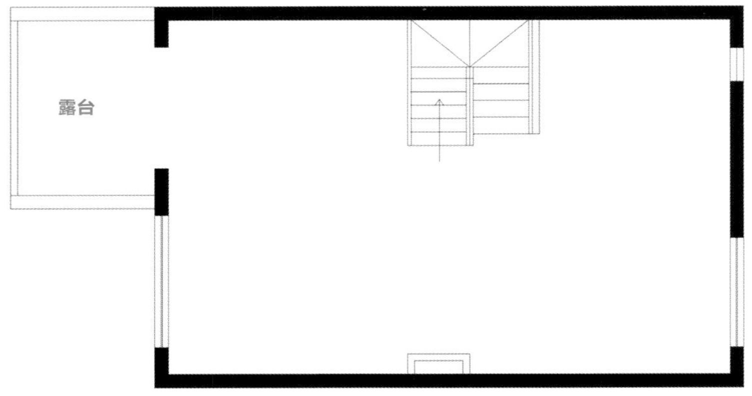

原始结构图

改造设计图

原始户型分析

二层需要设置老人房、儿童房、储藏间、洗衣房、公卫、棋牌室。

改造后细节剖析

❶ 储藏间也是衣帽间，可对两间卧室的收纳空间进行补充，储藏间紧挨着露台洗衣房，使用时便捷、高效。

❷ 老人房置于南向空间，压缩一个床头柜的位置，得到一个小衣帽间，打开推拉门后直接是置物架和挂衣杆，节省空间。

❸ 棋牌室还可以作为孩子的娱乐区来使用，随着孩子的成长，也能用作孩子学习的空间，根据不同情况可灵活配置功能。

3F

原始户型分析

三层需要设置主卧套房。

改造后细节剖析

❶ 睡床区抬高做成地台，床垫凹入地台内，不用额外放置床头柜，睡床区显得更大、更自在。

❷ 衣帽间没有完全隔起来，否则会使卧室整体空间体量变小，衣柜、收纳柜和洗手台盆组合成中岛式功能区，同时形成双动线，更凸显豪宅的特质。

❸ 卫生间把台盆功能移出去之后，其他三个功能的空间布置就能带来更舒适的使用体验，玻璃门让更多的光线进入卫生间。

结语： 小面积的联排别墅选择进行功能的叠加组合更为合适，但要时刻避免做成小户型的居住品质，仍要保持别墅的品质。

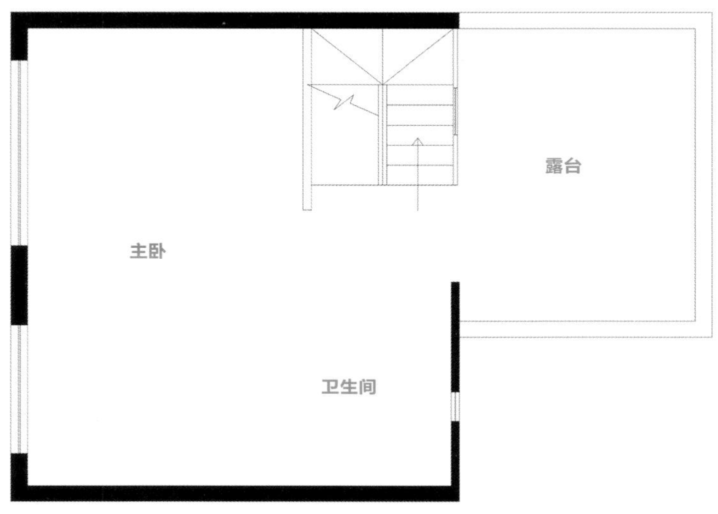

原始结构图

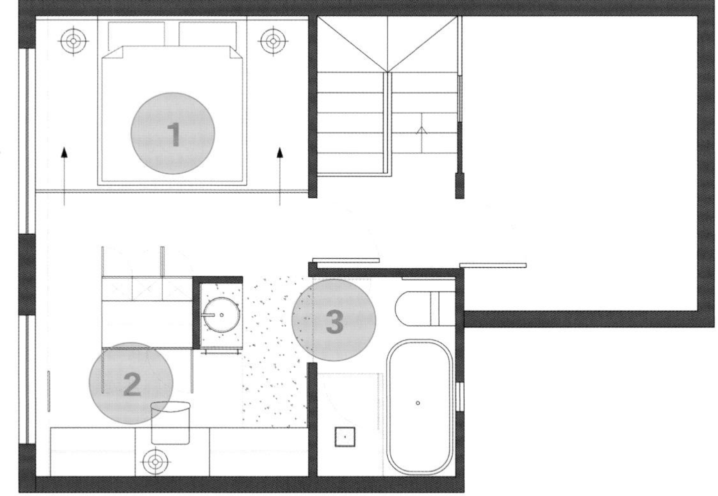

改造设计图

117 视线穿插手法的运用，让狭长空间还有的救

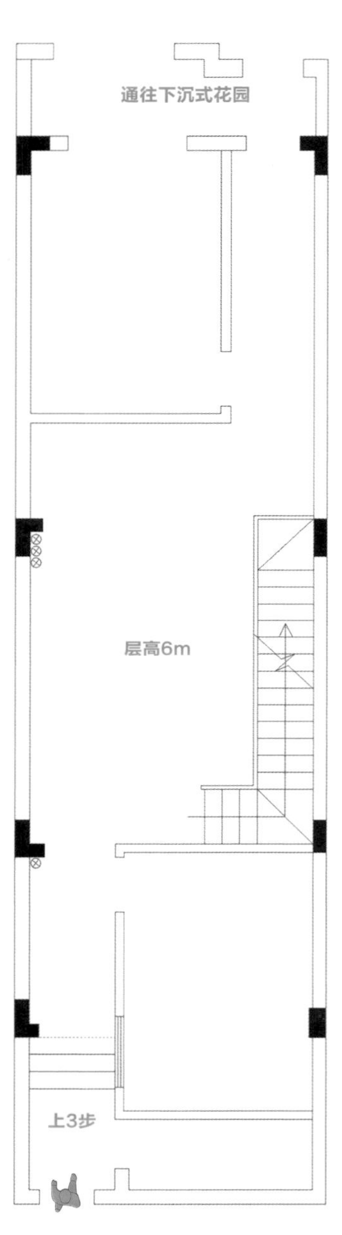

原始结构图

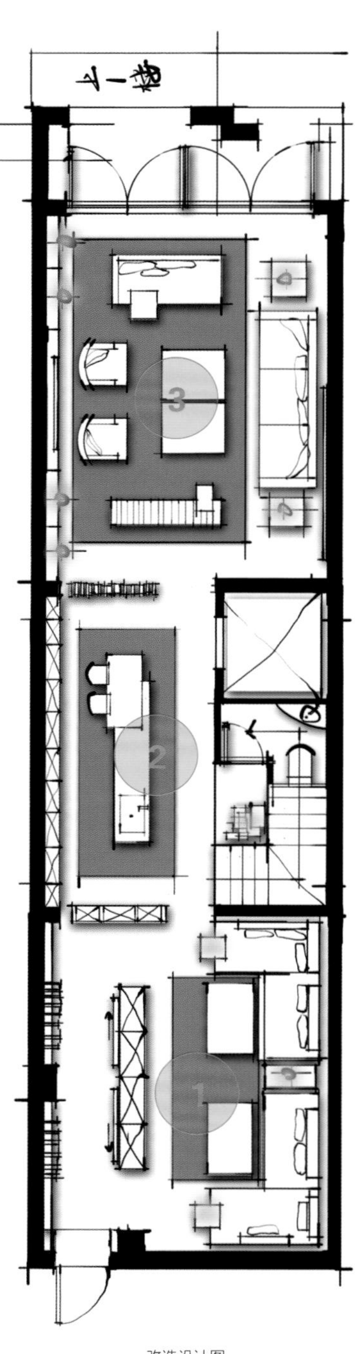

改造设计图

B2F

原始户型分析

地下室层高6m，可以做隔层和挑空设计，地下二层需要设置起居室、影音室、吧台区、公卫。

改造后细节剖析

❶ 入户后有一条走廊，兼作门厅，鞋柜起到隔断的作用，将推拉门关闭后，影音室与门厅之间被完全隔断，各自成为一块独立的封闭空间。

❷ 在吧台区可以做一些简餐、酒水，再加上后面一排有超大容量的收纳柜，让小型聚会和下午茶可以在这里进行，也能满足两边功能空间的饮食需求。

❸ 起居室虽然在地下空间，仍有充足的采光，通过露台花园可以直接走室外楼梯上到一层，光线、空气完全与室外相通，另外，此处上层为挑空区，整个起居室非常大气。

B1F

原始户型分析

地下一层（隔层）需要设置一处公卫。

改造后细节剖析

❶ 为了满足公区公卫的空间品质和使用体验要求，在地下一层搭建公卫空间，为了不影响其他公区的空间感，公卫设计为干湿分区式的空间，进门处为洗手台盆，并设置小便池。

❷ 增加水吧功能或洗衣房功能，从楼梯间看去墙面上对称布局了两扇门，中间为端景装饰，不仅功能更齐全，并且不失美感和设计感。

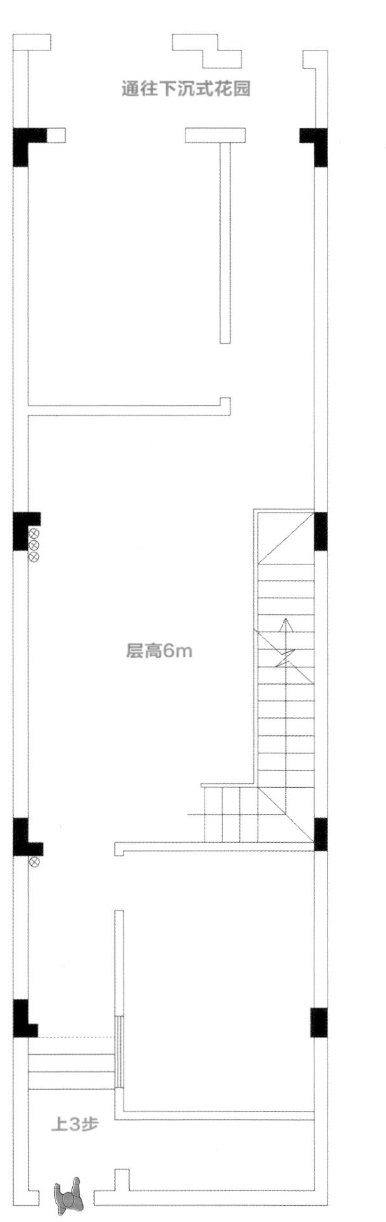

原始结构图

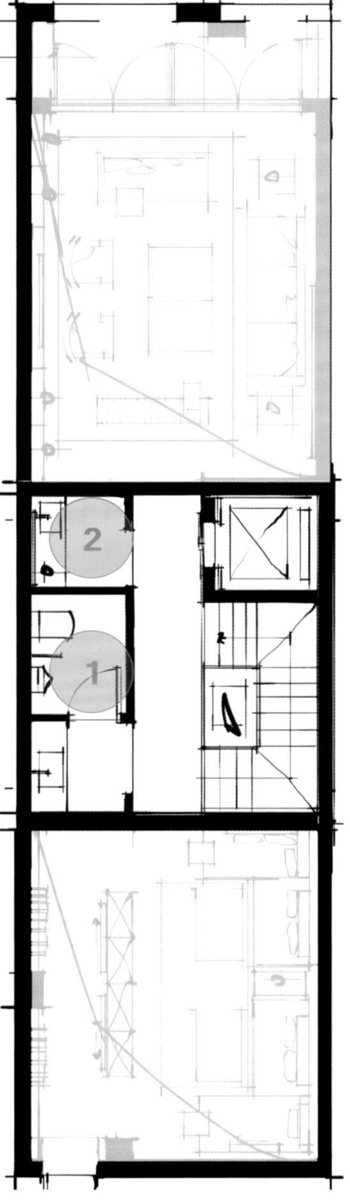

改造设计图

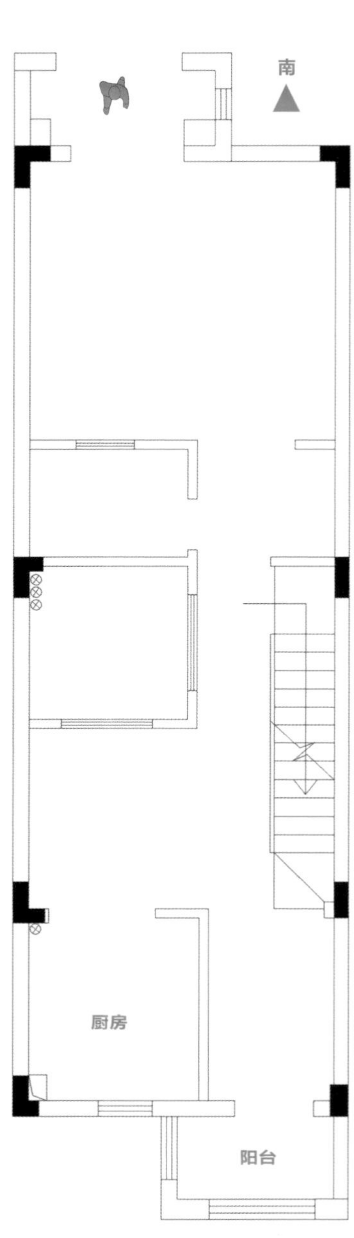

原始结构图

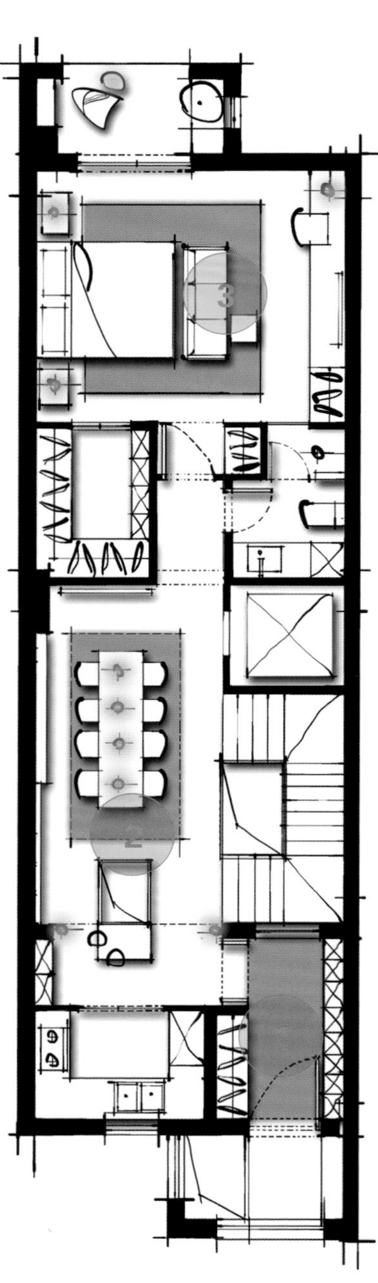

改造设计图

原始户型分析

案例中的联排别墅南北向采光、通风，楼梯要改大，一层需要设置电梯、门厅、餐厨区、老人房、公卫。

改造后细节剖析

❶ 将原本由南侧入户改为由北侧入户，进门处有一块独立门厅，两边都有收纳柜，可用于放鞋包、杂物等，与楼梯间的隔断用玻璃材质，给门厅空间带来一些动感，也为楼梯间带来更多自然光线。

❷ 厨房采用U形布局，厨房外的西餐区旁边做一处挑空，和楼下的地下空间形成互动，餐厅空间也增添与众不同的特质，同样，楼梯间中心也做挑空，使得声、光、空气流动起来。

❸ 将一块卫生间空间纳入老人房，用于做水吧台，满足老人日常饮水需求，卫生间和老人房隔墙采用玻璃隔断，给卫生间引入更多自然光线。

原始户型分析

二层需要设置两间儿童房、一间书房兼客房。

改造后细节剖析

❶ 儿童房里都配置了小书桌和休闲区，也有各自独立的衣帽间，北侧小套房内没有卫生间，因为本层房间有当作客房使用的需要，所以本层设置公卫，不过平时也是配套给北侧小套房使用。

❷ 书房平时可开放使用，折叠推拉门不占空间，有客人来住或者需要安静的阅读条件时，关上门就是一处封闭空间，可屏蔽走道和楼梯间处的干扰。

❸ 南侧大一些的套房外设置一间储藏间，用于补充三楼的收纳空间，也可以存放其他杂物，同时使得二层的两间卧室的面积比例不致失衡。

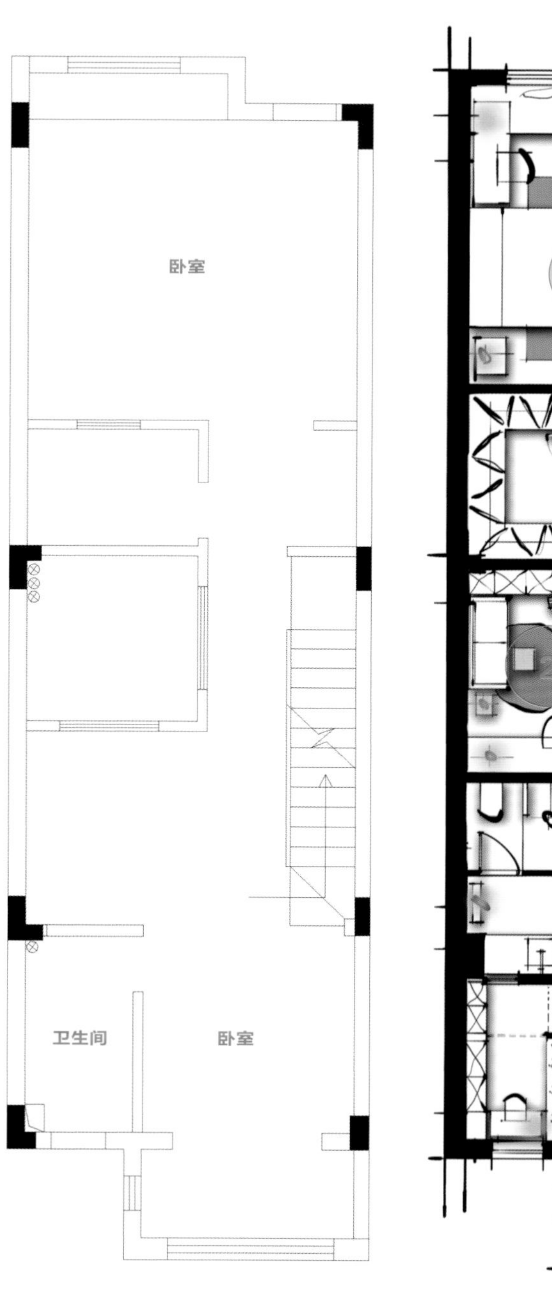

原始结构图

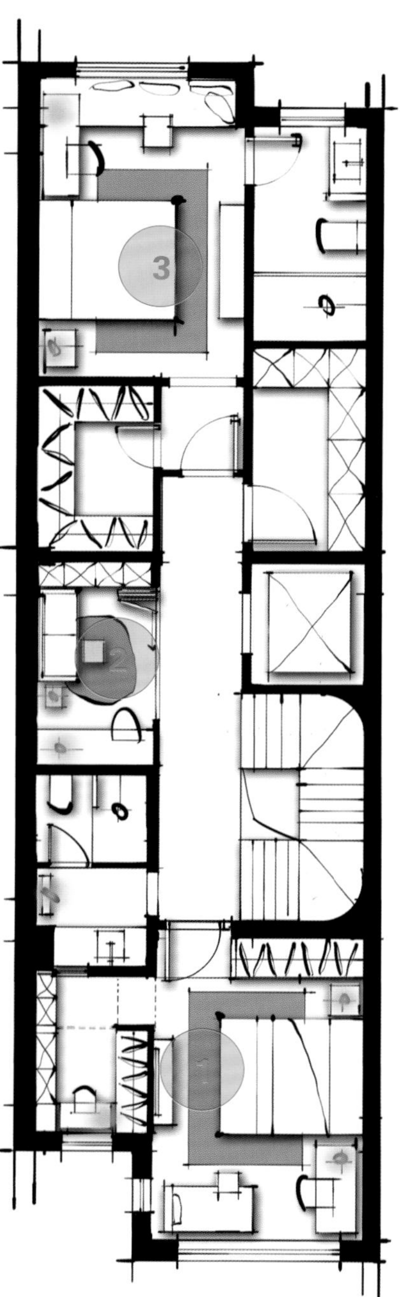

改造设计图

原始结构图

改造设计图

3F

原始户型分析

三层需要设置主卧套房。

改造后细节剖析

❶ 睡床区略微向楼梯方向扩大，不影响上下楼梯高度，床尾设置一排衣柜用于收纳，容量可与衣帽间媲美。

❷ 主卫空间狭长，把浴缸区扩展到露台位置，做玻璃顶和玻璃隔断，引入丰富日光，削弱卫生间内部的狭长感。

❸ 洗衣房放在露台上，形成独立空间，任何人都能在露台上使用，洗完后可以即刻在露台晾晒；露台休闲区可以用于喝茶、聊天、简单聚餐等。

结语： 公共空间设计利用视线穿插手法，立面上各层的关联性大大加强，合为一体，平面上带来丰富有趣的视觉体验，打破了联排别墅原有的狭长的呆板空间。

118 家也会成长变化，设计出当下与五年后的空间

原始户型分析

本案例为联排别墅户型，需要增加电梯，一层需要设置客厅、茶室兼客房、餐厨区、公卫，其中客厅和茶室要设在相邻的位置。

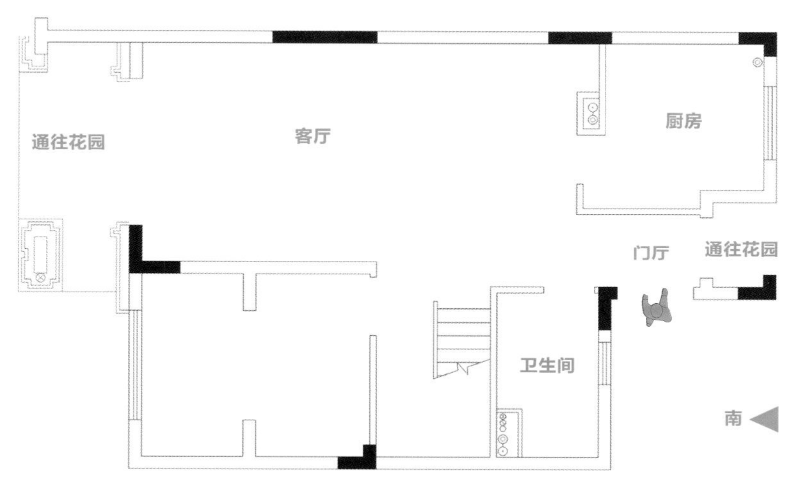

原始结构图

改造后细节剖析

❶ 入户处的墙面往室内改平，留出鞋柜位置，入户门和通往花园的门共用玄关空间。门厅与厨房之间设置水吧台，同时可用作隔断，并且不会完全阻隔视线、光线，避免玄关产生压抑感。

❷ 厨房与邻近的空间都通过台面来进行界限划分，没有墙体分割的生硬感，并且多了可操作和收纳的空间。

❸ 茶室兼客房空间与客厅完全打通，成为一体，利用电视背景墙作为客厅与餐厅的界限，不影响客厅与茶室之间的动线和视线沟通。茶室作客房使用时，关上折叠门即成为独立且私密性强的卧室空间。

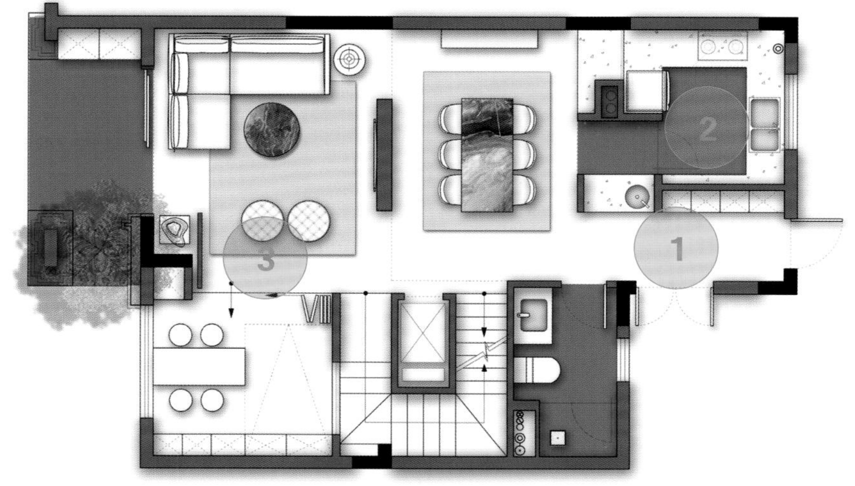

改造设计图

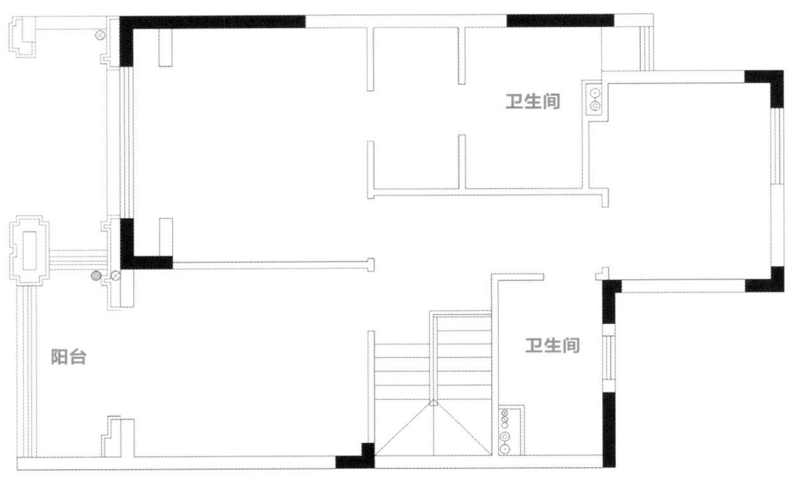

原始结构图

改造设计图

结语： 业主对户型的需求，不仅体现其对当下的生活状态的想法，更有对未来的期许，设计时应具备前瞻性，想业主之所想。

2F

原始户型分析

二层需要设置主卧套房、次卧、公卫、独立书房（也可以套入主卧使用）。

改造后细节剖析

❶ 沿楼梯上到二层之后，楼梯厅有一个较宽敞的缓冲区，楼梯口正对的墙面处挂有大幅装饰画，提升了空间艺术品质。

❷ 主卫不需要浴缸，所以能将卫生间功能细化拆解，各个功能空间能做得更大一些，洗手台盆旁边可设置拖把池或者小水吧，日常使用体验感更舒适。

❸ 书房与楼梯间之间可做玻璃窗，给楼梯间带来更多光线，书房和主卧之间留有通道，主卧的书桌和书房的休闲区之间采用玻璃隔断，增强互动性，书房留有足够的面积，以后也能改作儿童房。

119 如何将小户型别墅空间做大（方案一）

B2F

原始户型分析

整栋别墅的电梯位和楼梯位比较固定，有承重墙的局限无法更改，地下二层需要设置门厅、酒吧、公卫、客厅。

原始结构图

改造后细节剖析

❶ 将公卫设在有窗的空间，并且不影响其他空间的面积和功能；门厅通过地面材质的延伸扩大了范围，独立性更强，入户处左侧空间做成鞋帽间，不封闭，与酒吧区浑然一体，空间之间有更多联系与互动。

❷ 客厅处有大面积的玻璃门，可与室外花园有很好的互动，沿墙设置的柜体不仅与鞋柜区、酒吧区的柜体一起形成整个收纳块面，还在纵向立面上延长到地下一层，整个挑空区的墙面也有一整块柜体，将地下两层的空间衔接起来，非常有气势。

❸ 下沉式花园面积较大，视线开阔，做成休闲娱乐区，通过一些不同地块的高低落差来划分主要功能区和走道空间。

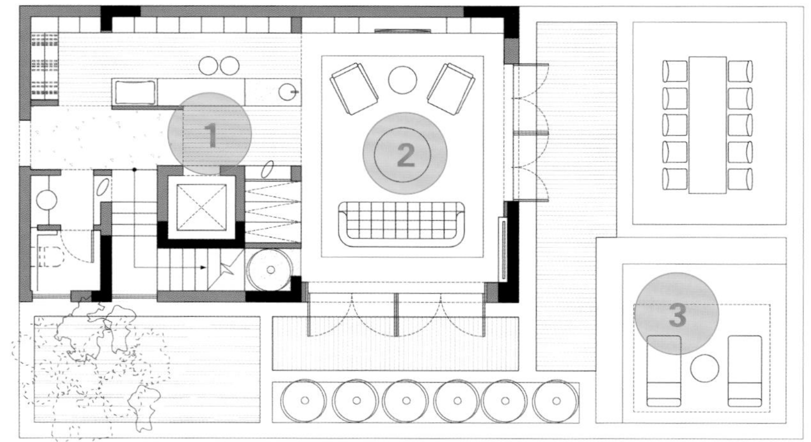

改造设计图

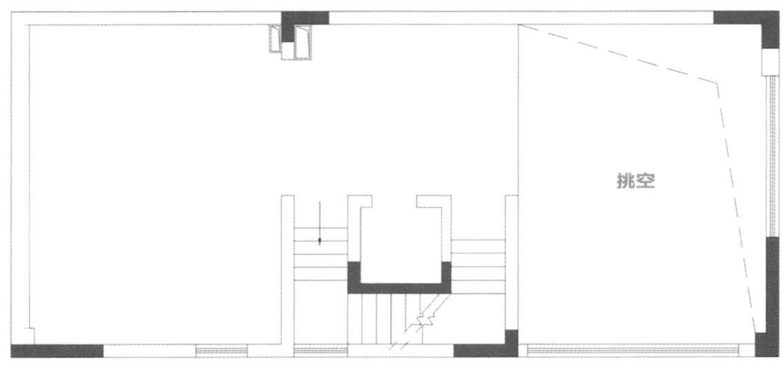

原始结构图

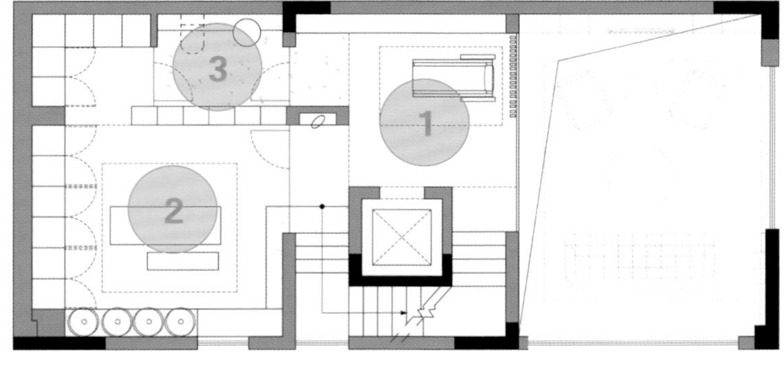

改造设计图

原始户型分析

地下一层需要设置茶室、储藏间。

改造后细节剖析

❶ 在靠近挑空区的健身区做一些格栅装饰，在心理上产生一种有护栏围护起来的安全感，如果在这个区域设置钢琴区，格栅也对外界声光形成适当遮挡，在使用时心理上更为舒适。

❷ 楼梯台阶延长到茶室，与室内高台面相接，内外空间有了联系；侧面收纳柜体与储藏间的收纳空间成为一体，保持空间的连贯性，这样任意一个空间看起来都更大了。

❸ 卫生间和茶室之间用薄墙体和柜体隔断，沿柜体设计一处端景，一是对上楼梯后的视线形成装饰性遮挡，二是适当扩展了卫生间的面积，在视觉感受上卫生间空间更大了，各功能空间的面积更平衡一些。卫生间两边开门，形成环绕动线。

原始户型分析

本案例为联排小户型别墅，地下室有下沉式花园，从花园可走到一层，客厅可放在一层或地下室空间，一层需要设置餐厨区、公卫、休闲区、卧室或茶室。

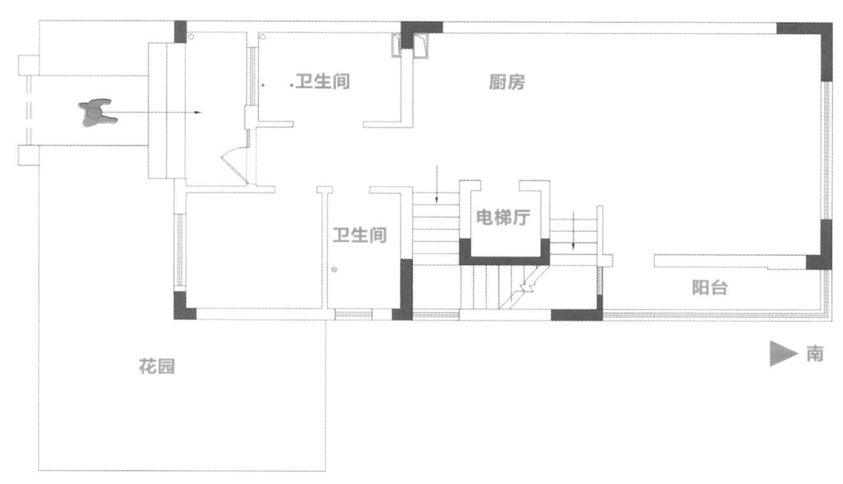

原始结构图

改造后细节剖析

❶ 入户门厅处设置连贯的台面，营造仪式感，与休闲阅读区有视线穿插，室外用绿植做装饰和遮挡，保证室内空间的私密性。

❷ 卧室可放入1.2m宽的睡床，满足一位老人的休息和收纳需求，公卫紧挨老人房，一定程度上老人使用时也比较便利。

❸ 可设计开放式厨房，把餐厅和厨房融为一体，减少隔断占用的面积，室外造一绿植小景，与厨房视线相通，营造自然舒适的意境。

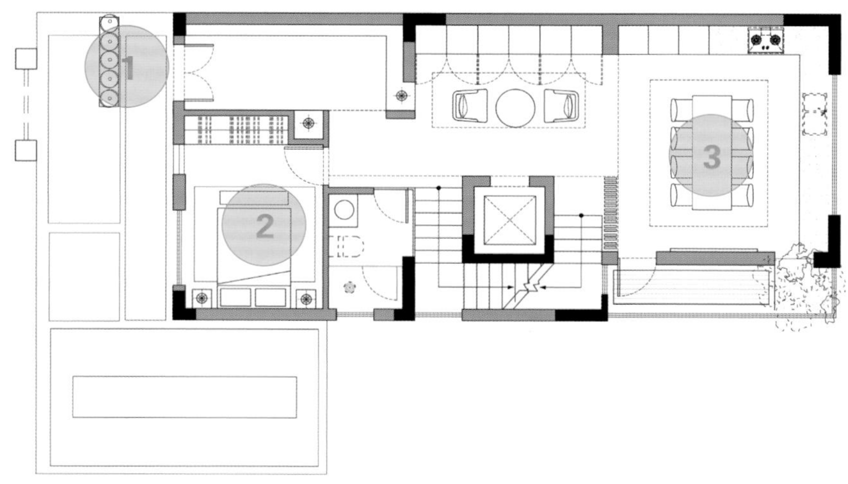

改造设计图

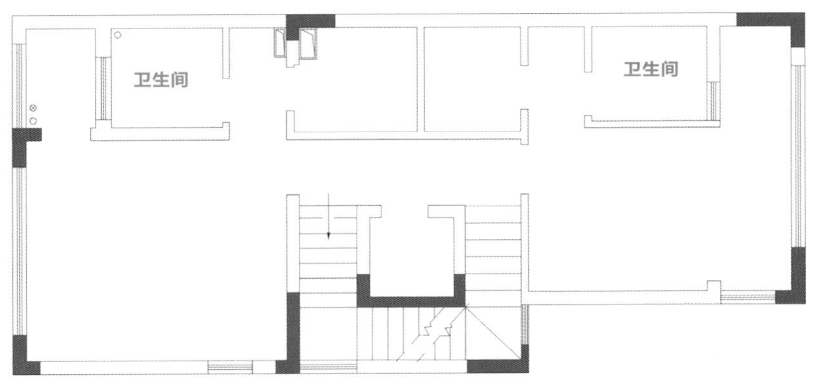

原始结构图

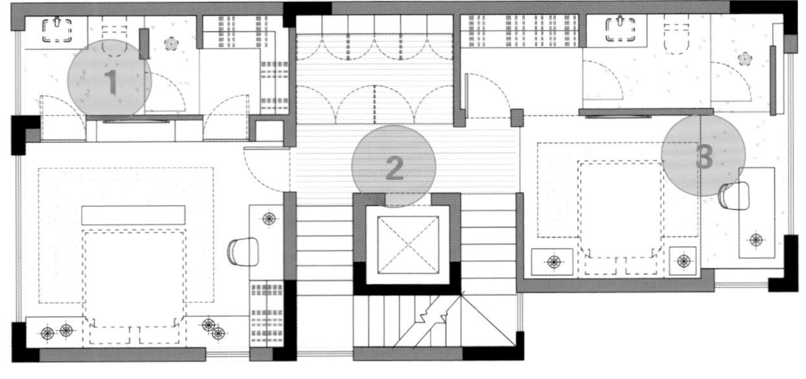

改造设计图

原始户型分析

二层需要设置两间套房，给小孩使用。

改造后细节剖析

❶ 衣帽间和卫生间淋浴房之间设置玻璃隔断，视觉上空间体量很大，衣帽间引入卫生间的采光，不会产生空间压抑感。

❷ 楼梯厅和储藏间之间采用玻璃门隔断，并采用相同的地面材质让空间整体感增强，储藏间用作孩子们的玩具房，当玻璃门打开后，空间增大，孩子们的玩耍区则增大。

❸ 南侧套房的淋浴间与书房之间采用雾化玻璃隔断，与玻璃窗相切的隔断处理手法运用得比较巧妙，设计薄装饰隔墙连接雾化玻璃隔断；通过不同的地面材质来强调书桌学习区域，增强仪式感。

3F

原始户型分析

三层需要设置主卧套房、独立书房。

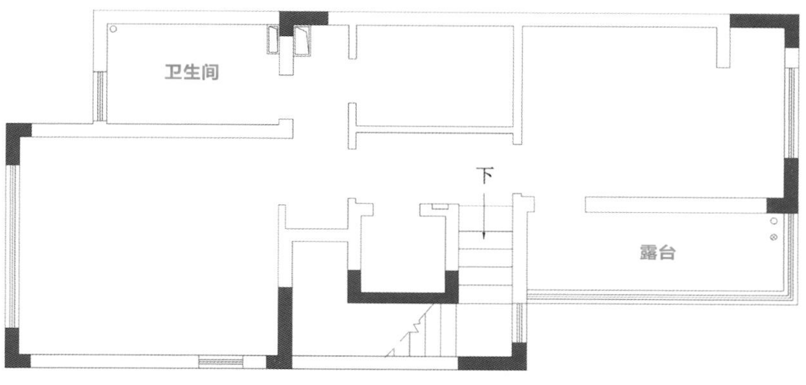

原始结构图

改造后细节剖析

❶ 门厅与主卧衣帽间用密集型格栅作隔断，带来丰富的光线变化，如果需要更加强调私密性，可在格栅后设置雾化玻璃门，可开可关；门厅整面墙都用格栅处理，模糊实体墙的界限感。

❷ 主卧入户处设置水吧台，完善功能，在睡床区整块抬高地台，床榻嵌入地台，床尾可设置书桌或梳妆台，靠窗区域为休闲区，灵活度较高；洗手台盆可供两边的功能区共同使用，动线叠加，日常使用起来便捷高效。

❸ 模糊书房和露台的边界，露台空间可作休闲区，与书房功能相辅相成；在露台区可用绿植美化空间，带来视觉上的自然享受。

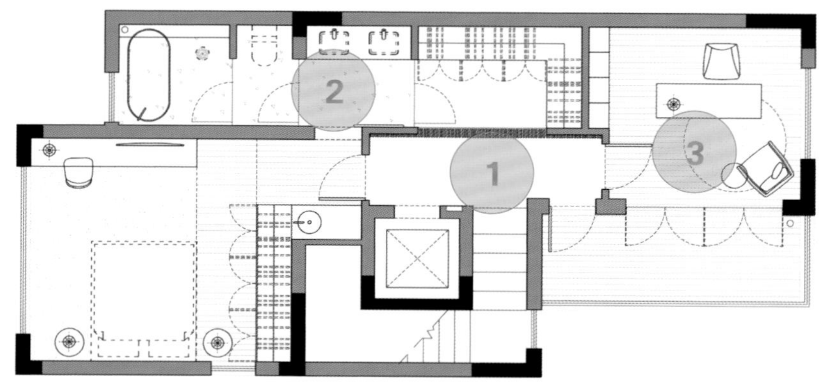

改造设计图

结语： 用解构主义手法，通过纵横贯通的方式让空间产生律动感，赋予别墅空间更多的活力和情调。

120 如何将小户型别墅空间做大（方案二）

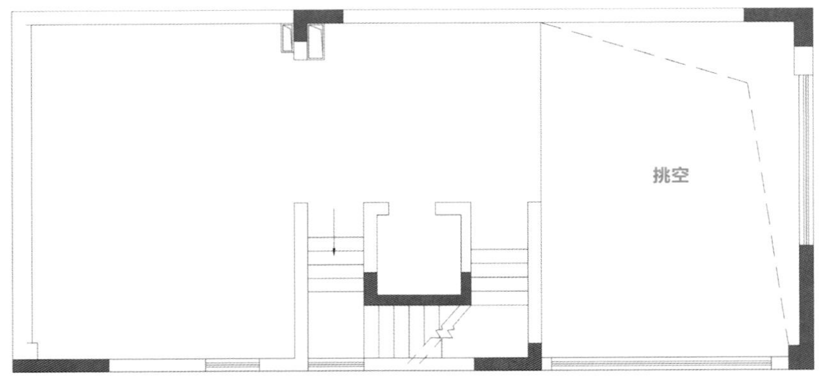

原始结构图

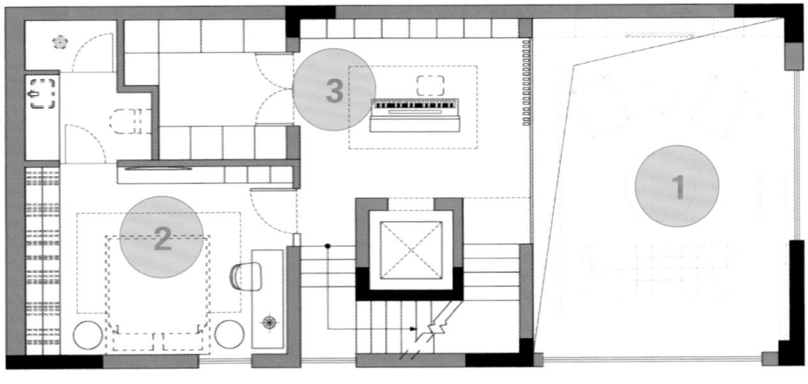

改造设计图

B1F

原始户型分析

地下一层需要设置卧室、储藏间。

改造后细节剖析

❶ 挑空区让大量光线、空气充盈地下两层空间，并能跟室外花园紧密联系，四时之景尽收眼底。

❷ 此方案把茶室放到一层，将卧室空间设在地下一层，床头位保证基本采光，卫生间设在套房内。将卧室这种比较私密的空间设在地下，能让一层空间的功能发挥得更好。

❸ 钢琴区是一个开放空间，格栅的设计让使用者保持更高的专注力，与一层和下沉花园通过挑空区相互联系，让整个空间沉浸在琴声之中。

原始户型分析

本案例中的联排小户型别墅，地下室有下沉式花园，从花园可走到一层，客厅可放在一层或地下室空间，一层需要设置餐厨区、公卫、休闲区、卧室或茶室。

改造后细节剖析

❶ 入户门外的花园处设置绿植作为隔断，遮挡外界看向室内的视线，在门厅右侧和入户门正对的地方设置收纳柜体，并留有与其他空间进行视线穿插互动的空隙。

❷ 门厅旁的空间设计为茶室，让门厅面积变大，空间功能更加灵活，茶室前的动线空间也能当作功能空间来使用，玻璃材质让室内外空间联系得更紧密。

❸ 餐厨区采用玻璃门，做成封闭式的空间，视线、动线上依然通透，餐厅和厨房融为一体，减少隔断占用的面积，室外造一绿植小景，与厨房视线相通，营造自然舒适的意境。

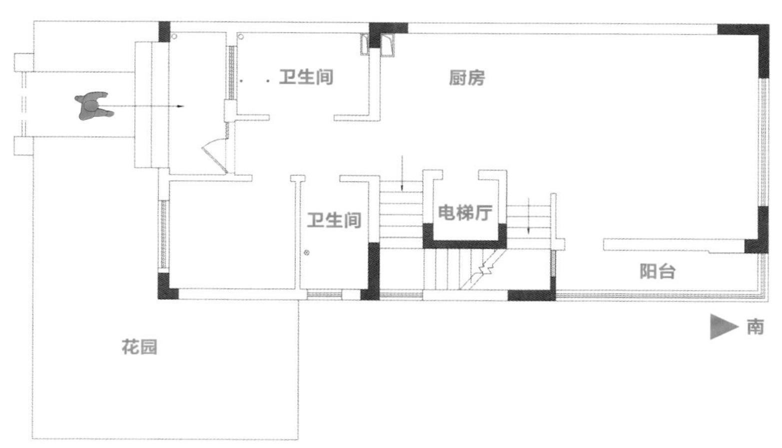

原始结构图

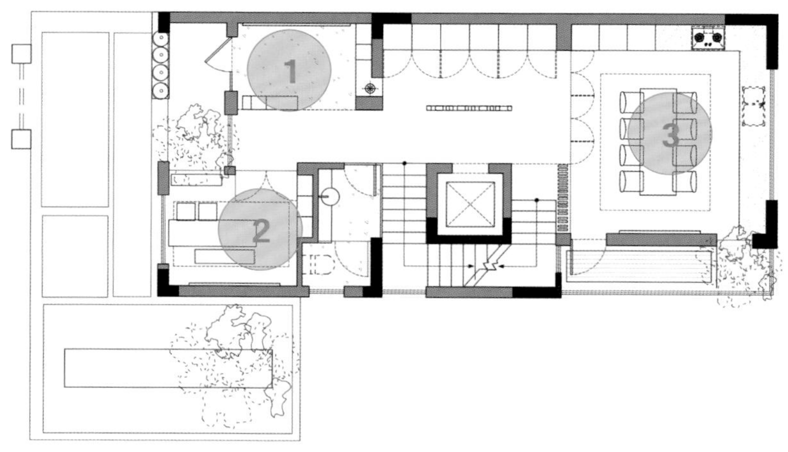

改造设计图

结语：将厨房和餐厅融合到一个空间，打造更加随性、灵活的餐厨区。

121 常规户型联排别墅，想要更大气的空间气场要如何设计

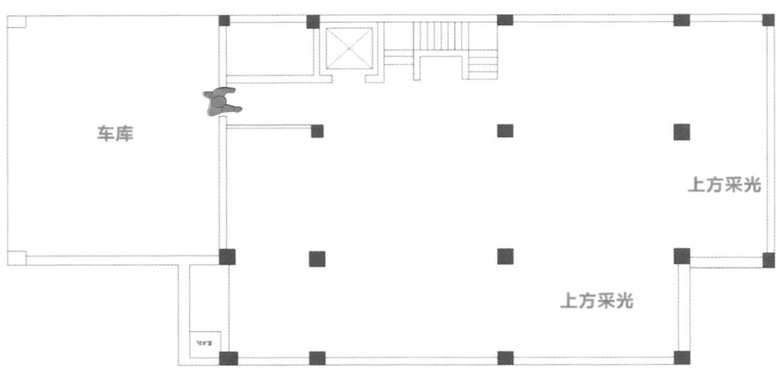

原始结构图

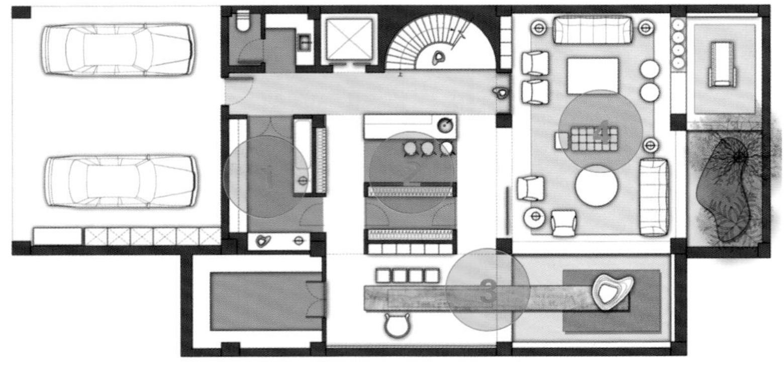
改造设计图

B2F

原始户型分析

地下二层需要设置主会客起居室、酒吧、酒窖、茶室兼书房、鞋帽间、储藏间、公卫。

改造后细节剖析

❶ 由车库入户后有进深较长的走道，尽头设置了端景墙，阻隔看向起居室的视线；入户右侧为独立鞋帽间，设置进出两个开口，由南侧门出来能直接到达酒吧区和茶室，视觉感观上体会到的是大空间的体量。

❷ 酒吧、酒窖作为一个整体空间来设计，采用环绕动线既可细化功能分区，也能打破功能界限。

❸ 茶室内的桌子直接延伸到绿植水景区，处理手法非常大胆，室内外直接衔接起来。

❹ 会客起居室分为主厅区、偏厅区，主厅区西侧和南侧皆有绿植水景，可以用作居家亲子空间或亲朋好友谈天说地的场所，也可以用作正式的待客区或会议区。

B1F

原始户型分析

地下一层需要设置客房、保姆房、影音室。

改造后细节剖析

❶ 楼梯厅与小起居室之间通过地面材质划分空间，视线上仍保持开放通透，走道视野更为宽阔。

❷ 东侧保姆房使用频率比较高，设置得离公共动线更近一些，方便日常工作；睡床区有挑空区带来的自然采光。

❸ 在中间设置小起居室，一来满足有客人居住时在公共空间休息、聊天的需求，二来可作为影音室的补充空间。

❹ 西侧客房卫生间内洗手台设在中间，淋浴房和马桶区的门分立于两边，对称布局；睡床区旁边的休闲区不仅有挑空空间带来的丰富光线，还能欣赏到楼下的绿植水景。

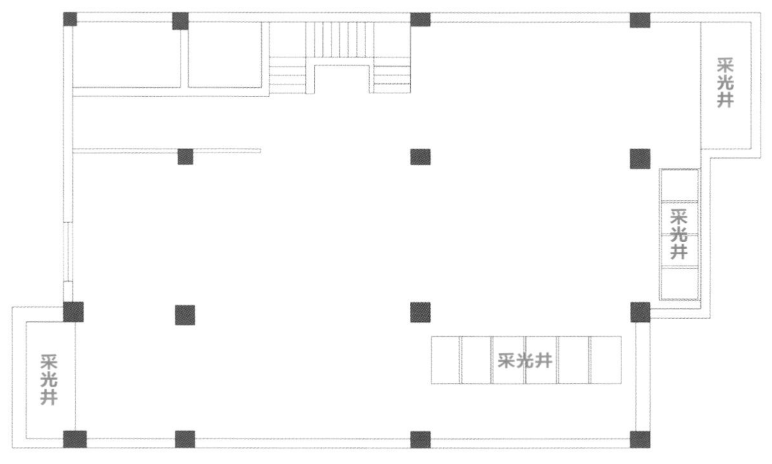

原始结构图

改造设计图

原始结构图

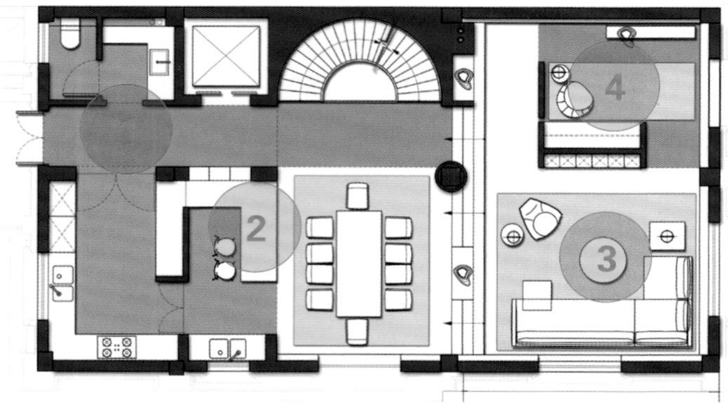

改造设计图

1F

原始户型分析

本案例中的联排别墅为中间套，楼梯位、电梯位固定，一层需要设置餐厨区、客厅、公卫。

改造后细节剖析

❶ 公共动线相重叠，由后门处看向室内能看见前门厅处的鞋柜形成的端景。

❷ 西厨区和中厨区由地面材质进行区分强调，没有硬性结构上的分割，较开放的处理方式让餐厨区有一条长的环绕动线，行进方式变得通畅、灵活，一层整体空间更通透。

❸ 气派的起居室根据要求放到地下二层，一层的起居室更侧重于功能的体现，主要是给家人们休闲时使用的，与餐厅之间形成很强的互动性。

❹ 前门厅利用柜体设置一块岛台，规划出门厅界限，也在公区形成环绕动线，门厅面积适当做大，沿主动线铺设地毯，更具仪式感，端景、换鞋凳和柜体之间的组合方式让门厅独具新意。

原始户型分析

二层需要设置两间卧室套房、一间起居室。

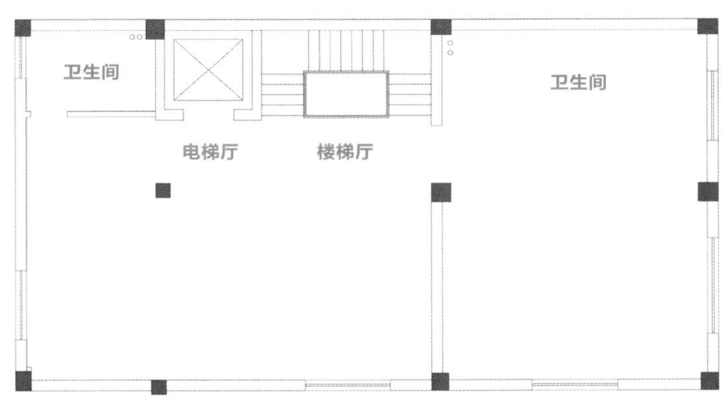

原始结构图

改造后细节剖析

❶ 沿楼梯上到二层，首先映入眼帘的是起居室西侧设置的雕塑装饰，整个起居室的家具搭配气派、有型。

❷ 北侧卧室套房中设置独立的衣帽间，没有设计成与进入卫生间的动线重合且两侧布置柜体的衣帽间，主要是为了避免卫生间门正对睡床，衣帽间柜体与卧室进门处的柜体形成一整个大块面，空间更显完整统一。

❸ 南侧大套房的衣帽间不需要做大，睡床区一侧的墙面留有足够的长度，可用于设置衣柜，形成堪比衣帽间的储物量；将睡床区、休闲区、阅读区整体放到抬高的地台上，使得利用频率高的主功能区一体化。

❹ 南侧大套房内卫生间的面积也适当扩大了，台盆旁边设置梳妆台，淋浴房旁边新增了柜体，用于收纳，使用起来很方便；对淋浴房墙面及窗户做了巧妙的处理，解决了隔断直抵窗户的问题，同时窗户处的采光能到达卫生间和休闲区。

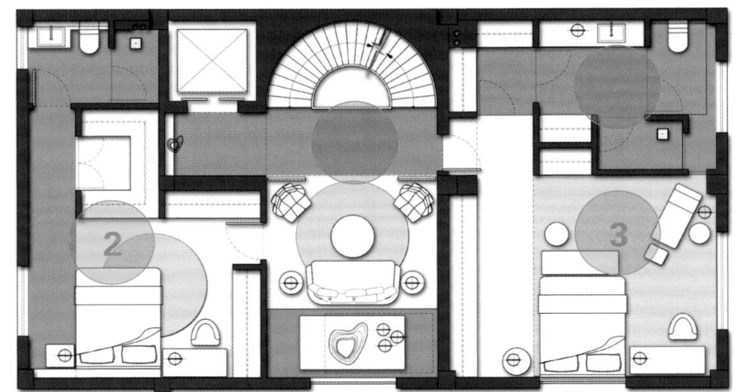

改造设计图

原始户型分析

三层需要设置主卧套房，包含书房功能。

卫生间
电梯厅
楼梯厅
露台
阳台

原始结构图

改造后细节剖析

❶ 三层除了楼梯和电梯所占空间，其他空间都给主卧使用，同时露台上的风景给走道带来更多生机和趣味。

❷ 卫生间和小衣帽间处形成一条环绕动线，空间感更大，台盆延长到浴缸位置，立面更加整体和谐。

❸ 挑空区正对楼下起居室的雕塑装饰，不仅让视线穿插互动起来，也将艺术氛围带到了三层。

❹ 北侧主卧衣帽间连通书房和露台，露台连通走道和主卧门，由此又形成第二条长的环绕动线。

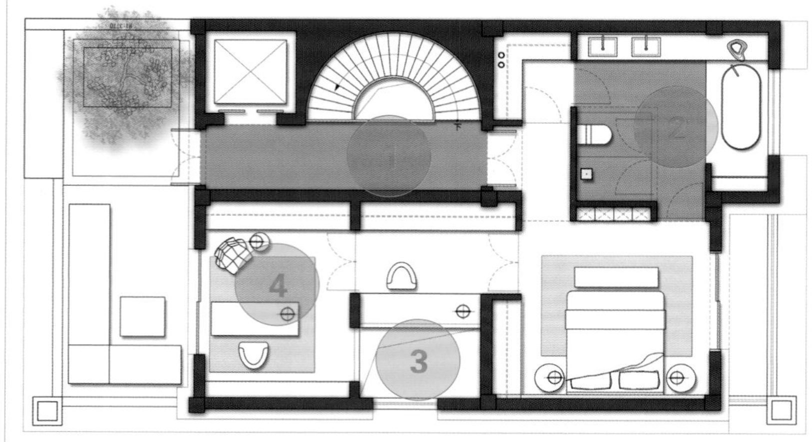

改造设计图

结语：想在室内营造大气、敞亮的气场，就要在空间内部、不同空间之间打造环绕动线，弱化梁柱结构，去掉门套等多余元素。

122 打破传统的布置思维，呈现多样的空间场景

B1F

原始户型分析

功能空间需求较多，地下一层需要设置休闲区、棋牌室、储藏间、茶室、影视厅、健身区。

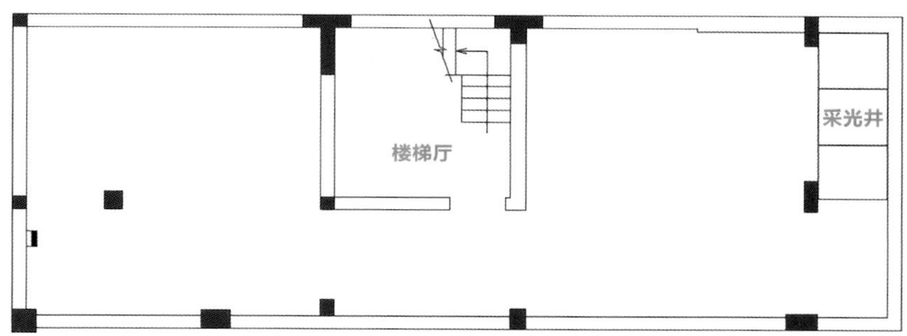

原始结构图

改造后细节剖析

❶ 起居休闲室位于地下一层中心，从楼梯下来后开放的空间更有呼吸感，同样，茶室的隔断用了自然材质的格栅加玻璃的组合，让公区凸显开放通透感。

❷ 茶室位于室内一角，茶室的门完全关闭，空间独立时，可以保证安静的环境，大面积的玻璃门维持了空间的通透感，设置干景，营造出茶室禅意自然的氛围。

❸ 健身区同样设置了干景以烘托环境氛围，墙边柜体可以不设置柜门，开敞展示陈列物，在视线上进行虚实处理，让健身运动时心情更为舒畅。

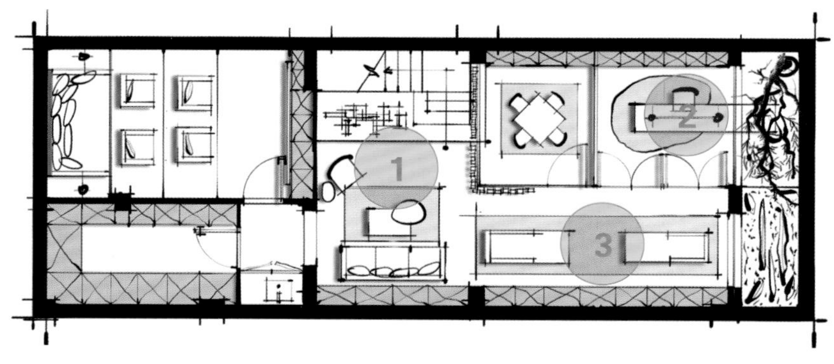

改造设计图

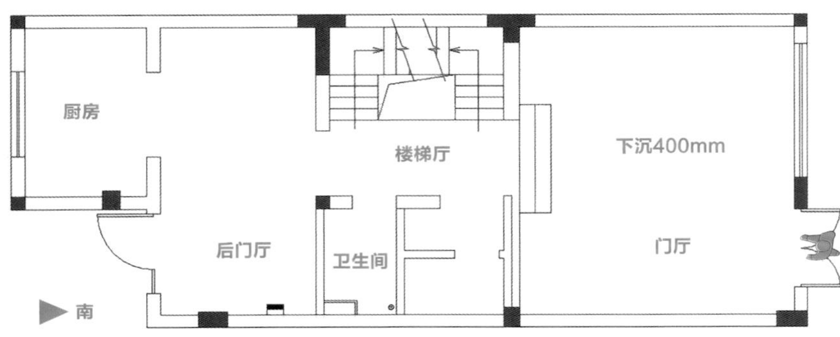

原始结构图

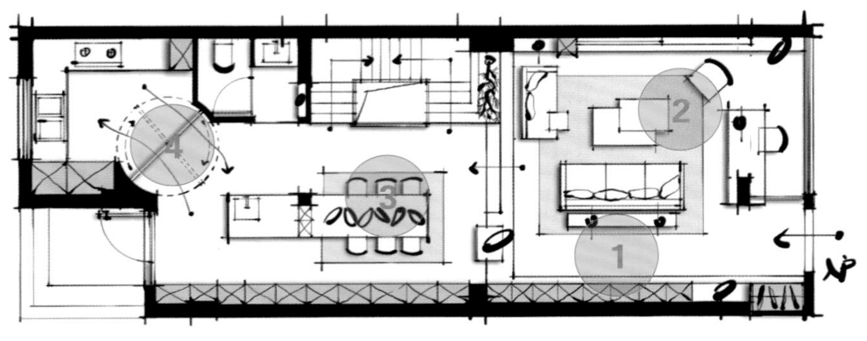

改造设计图

1F

原始户型分析

本案例为中间套联排别墅，南北侧有门窗，承重墙较少，一层需要设置门厅、厨房、中餐区、西厨岛台、客厅、卫生间。

改造后细节剖析

❶ 客厅和餐区之间的落差处，楼梯横向延长至墙面，更大气舒展，在正对南向入户门的位置设计一处与楼梯错落的端景雕塑，打造出高品质的空间质感。

❷ 将客厅面积做到最大，与茶室共处于同一空间，相互之间用休闲椅连接，功能相互融合。

❸ 把中餐桌和西餐岛台进行一体化处理，同时巧妙地把承重柱体融入家具功能当中，成为中餐桌和西餐岛台的分界点，实用和美观达到和谐统一。

❹ 卫生间尖角和后门入户处尖角相对，把厨房门做成单扇大旋转门，弱化尖角，厨房看起来更敞亮、更具设计感。

原始户型分析

二层阳台可以封，需要设置两间套房。

改造后细节剖析

❶ 在西侧大套房内充分利用南向丰富的采光，将阅读区、收纳区、休闲区交错布置，在卧室里也形成动静分区。

❷ 二层有条件的话，要考虑进行上下层之间的互动关联设计。挑空区位于南向空间，给楼梯间带来丰富采光，也没有打散套房的功能布局，保证了动线的流畅。

❸ 在东侧套房内，向卫生间借位设置床位处的电视背景墙兼收纳柜，保证墙面平齐，卫生间旁边原有的挑空区仍然保留。

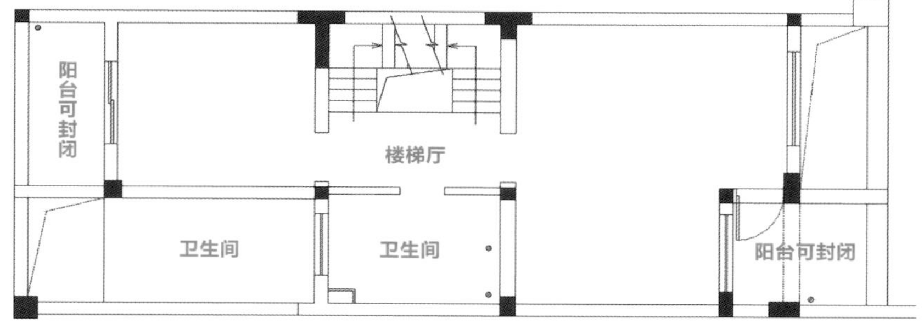

原始结构图

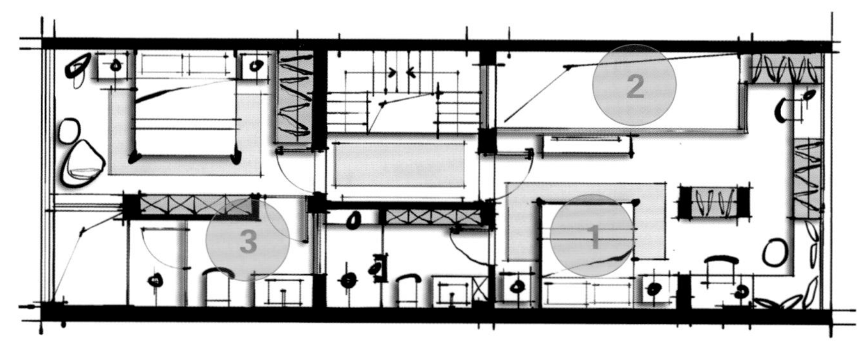

改造设计图

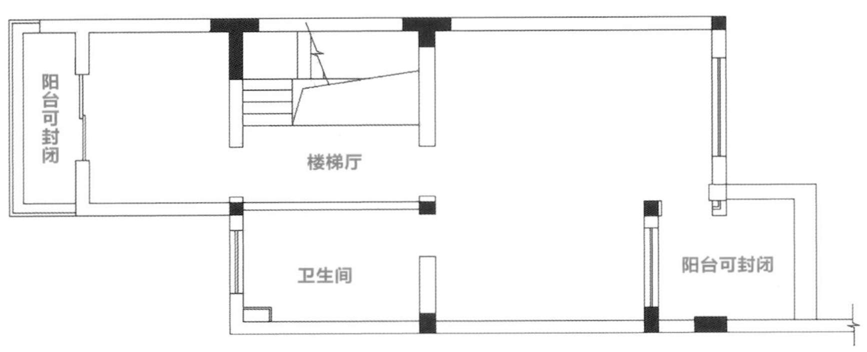

原始结构图

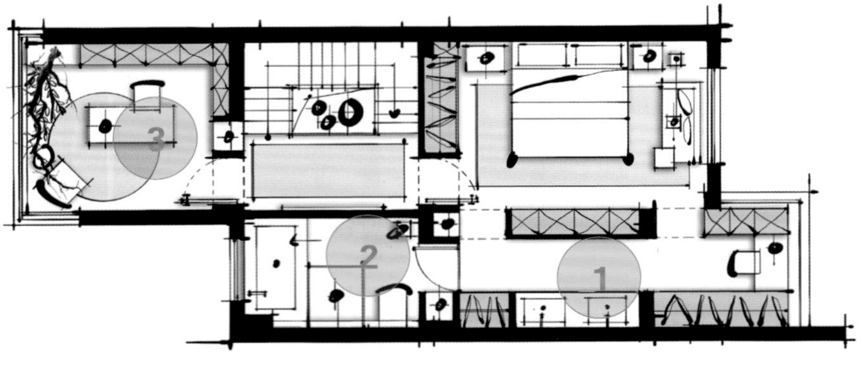

改造设计图

3F

原始户型分析

三层阳台可以封，需要设置主卧套房和独立书房。

改造后细节剖析

❶ 在柱体比较多的区域设置柜体，减少因柱体产生的零碎面，同时有了一块独立的岛台式区域，形成环绕动线。

❷ 淋浴房和浴缸各自独立设置，可以同时使用，采用干湿分离设计，把台盆放到卫生间外面，也能与衣帽间结合使用。

❸ 独立书房采用常规布局，亮点在于在书房和楼梯厅之间设计一处台面，两个空间有了视线、光线上的穿插交流。

结语： 多用环绕动线和装饰、收纳隔断来处理功能空间的关系，在联排别墅户型中满足不同的个性需求。

123 联排别墅的主卧这样设计，邻居看了都纷纷投来羡慕的目光

原始户型分析

原本的地下室只有北侧有部分可用空间，功能布局可自由发挥。

改造后细节剖析

❶ 将楼梯第一级踏步做成大的块面，形成一块地台区域，采用不同的材质让楼梯空间有质感上的变化。

❷ 为了提升楼梯空间的艺术感和装饰性，设计绿植装饰或艺术装置，营造山水自然的意境，并与楼上的设计保持连续性。

❸ 为了满足地下室日常活动需求，公卫必不可少，囊括洗手台盆和马桶等基本功能即可。

❹ 地下室主功能空间一般用于接待、娱乐休闲，结合业主需求和兴趣爱好等个人特质，设计一块完整的兼具多种功能的休闲区，品茗区设在采光良好的窗边区域，可一边喝茶一边赏景；起居休闲区连接茶室和水吧台，也是功能比较综合的公共空间；墙边柜体不仅可以满足基本收纳需求，更具有大气美观的视觉效果。

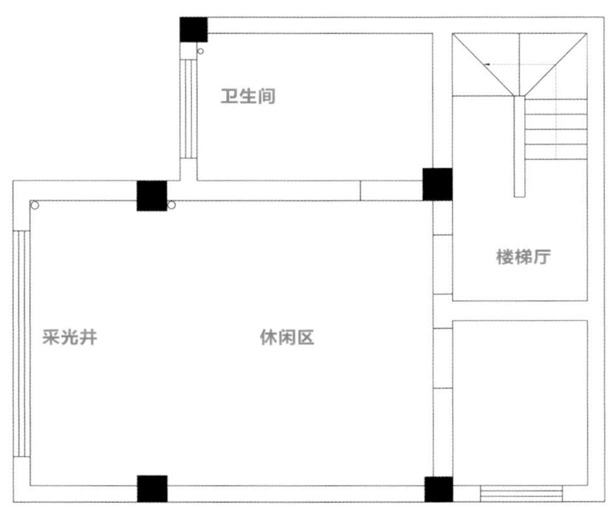

原始结构图

改造设计图

卫生间
南
厨房
门厅
阳台
挑空

原始结构图

改造设计图

原始户型分析

案例中联排别墅的客厅区域为下沉空间，一层需要设置客厅、厨房、中餐区、西厨区、阅读休闲区、公卫。

改造后细节剖析

❶ 入户门厅处的鞋柜功能与西餐岛台相结合，形成双动线，让空间保持通透开放，中餐桌也可以采用圆形造型；在客厅边缘设计一处端景，把承重柱利用起来，满足视觉美观需求。

❷ 餐厅留有很大的活动空间，与别墅的体量相匹配，也能与西餐吧台搭配使用。

❸ 小阅读区空间比较独立，其中一处休闲区与客厅用矮墙分隔，一面用作电视背景墙，一面用作休闲椅靠背。

❹ 下沉客厅采用L形踏步，更加整体大气，动线也更为多样；主沙发区设置一排地台，沙发嵌入地台中，一是满足了边几柜的功能需求，二是一体化设计让空间主次更分明、更有质感。

原始户型分析

二层的阳台都可以封，需要设置主卧、次卧、洗衣房兼储藏室，其中主卧、次卧共用一间卫生间即可。

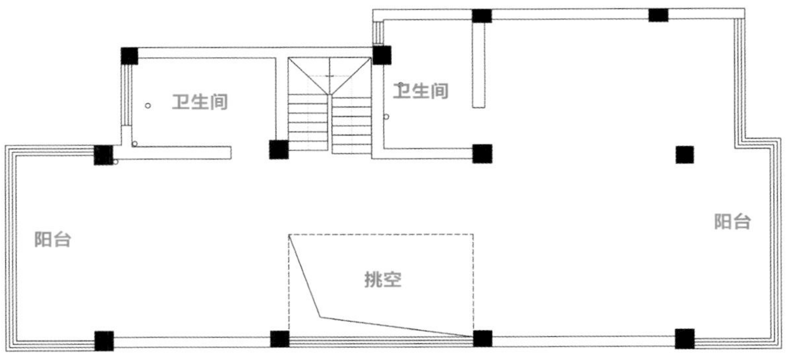

原始结构图

改造后细节剖析

❶ 不改动挑空位置，让上下层公共空间保持互动联系，不影响其他功能区的布局。

❷ 次卧入户位置有尖角，用一面矮墙弱化尖角，没有完全遮挡视线；将书房阅读功能和休闲功能放在日光充沛、通风良好的阳台上。

❸ 适当扩大卫生间面积，满足两间卧室的使用需求，可以从走道进入卫生间，也可以从主卧内直接走到卫生间，并且主卧内有双通道可进入卫生间，动线灵活；把浴缸放在主卧南向靠窗的位置，给主卧带来更好的居住体验。

❹ 主卧休闲区与浴缸区之间用绿植虚掩，视线通过玻璃门仍可保持互动。

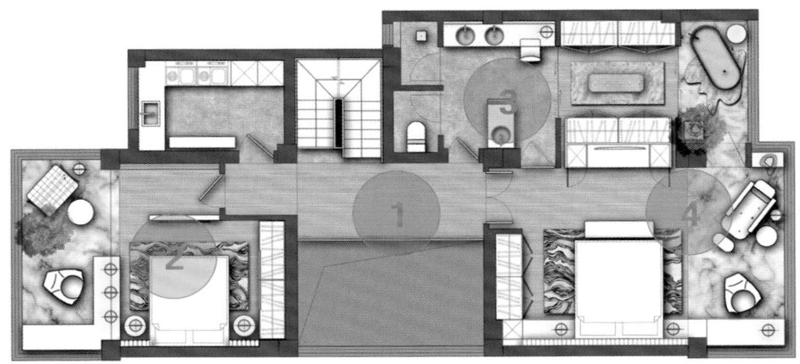

改造设计图

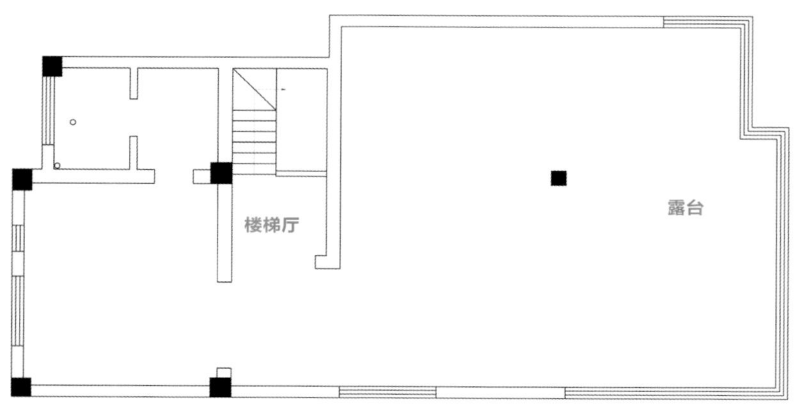

原始结构图

改造设计图

结语：梳理联排别墅上下层之间的关系、紧邻空间之间的关系，把这些空间关系运用穿插叠加手法处理好，有事半功倍的效果。

3F

原始户型分析

三层需要设置起居室、卧室、聚餐区。

改造后细节剖析

❶ 书房功能与起居室融为一体，丰富起居室的活动场景，空间感更大；起居室空间比较独立，也能当作影音室使用。

❷ 打开睡床区折叠门，卧室就能与室外露台互动连接起来，卫生间位置与楼下一样，管线布置更方便，避免睡床区和卫生间上下位置一样。

❸ 由楼梯通往露台的通道延伸到西侧，不会打破卧室内的功能组合以及私密性，这样形成的动线最为直接、有利。

❹ 聚餐区要保证全家人都可以上来使用，客人也能使用，所以要与卧室适当隔离；但在大多数时候可以供卧室使用，少有卧室能独享如此高质量的室外露台。

124 空间太小了，直跑楼梯考虑一下，能让家里空间大一圈（方案一）

原始户型分析

原地下室没有采光，楼梯要更改设计，地下室需要设置门厅、休闲区、两间老人房、公卫、下沉式庭院。

改造后细节剖析

❶ 门厅既有端景装饰彰显别墅空间品位，也有充足的柜体空间满足衣帽、鞋包储藏需求，二者共同围合成门厅空间。

❷ 楼梯设置在南侧靠墙位置，采用直跑型设计，更节约空间，楼梯下设计一整块地台，与起居室沙发区相互嵌入，客厅空间更开敞；客厅与车库之间采用折叠门，模糊空间界限，室内外联系更加紧密。

❸ 地下空间本就不大，原来的楼梯位设在中间，空间拥挤且浪费面积，改造时在此处设计一个有顶面的室外过渡空间，与花园没有任何隔断，任何天气状况都可以在此处行走和赏景。

❹ 下沉的室外庭院能给地下空间，尤其是两间老人房带来更多采光和通风，花园内的自然绿植、山石装饰令人心情愉悦，给老人带来更优质的居住条件。

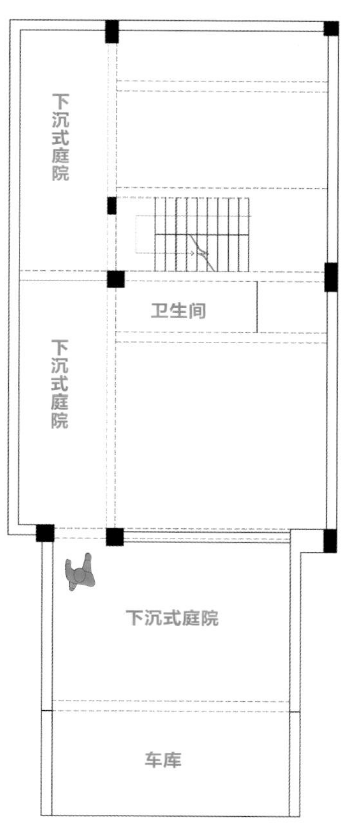

原始结构图

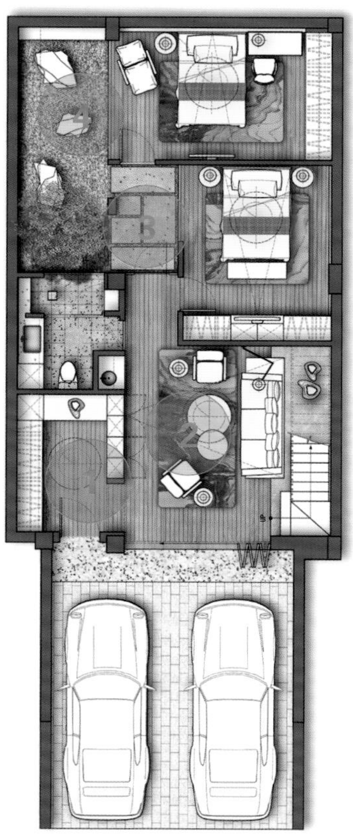

改造设计图

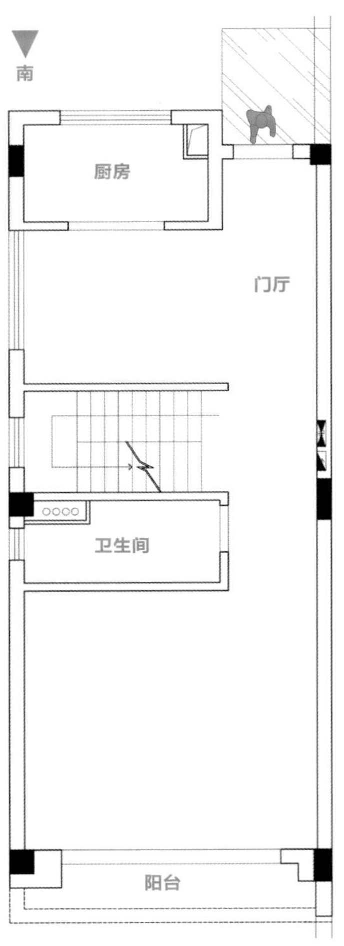

原始结构图

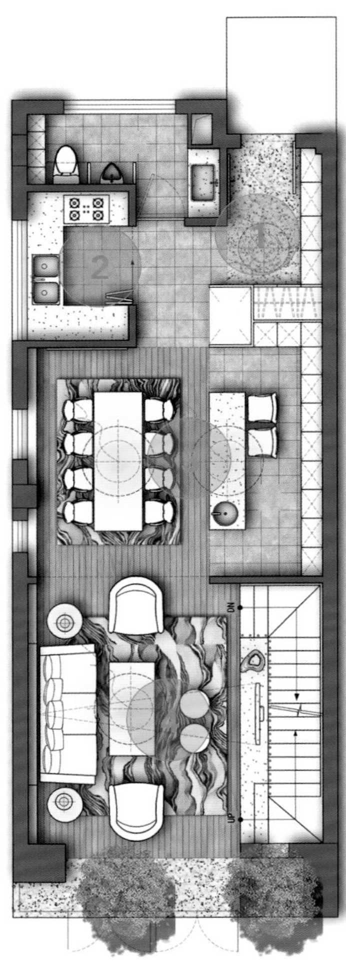

改造设计图

1F

原始户型分析

本案例中的联排别墅单层面积较小，一层需要设置中餐厅、西餐厅、厨房、客厅、门厅、公卫。

改造后细节剖析

❶ 门厅空间要有很强的收纳功能，把冰箱放到柜体旁边，兼有隔断和平整立面的效果，释放更多的厨房面积。

❷ 厨房改到更加靠近用餐区的位置，使用起来才更合理方便，餐厅、厨房之间可以采用矮墙加玻璃窗的隔断形式，备菜、上菜都很方便快捷，空间也更通透一些。

❸ 中餐区和西餐区位于中心位置，跟两边的空间都能配合使用，西餐吧台能为客厅提供服务，也能跟中餐区相互辅助使用。

❹ 客厅电视背景墙巧妙利用了楼梯造型，两者功能相结合，既满足人们对于装饰性的需求，又互不影响使用。

原始户型分析

二层原公区有一处挑空，需要设置主卧、儿童房。

改造后细节剖析

❶ 把上楼的踏步多做一部分，延伸到走道上，缓解走道的狭长感，也为上楼的空间营造缓冲区。

❷ 在南侧楼梯间阳台处设置一个独立的艺术装置区，可以做成镂空的形式，和一楼连接起来，在室外可以欣赏楼梯结构的美感，在室内可以欣赏艺术品和室外自然景色。

❸ 主卧设置在南向空间，主卫湿区采用新的功能组合方式：三件套组合在方形空间中，淋浴区和浴缸区由同一个门进入，共用动线，也避免马桶位正对门。衣帽间没有过多墙体，与睡床区相邻的衣柜两侧皆可开门使用；在南侧阳台打造一个小阅读区，满足人们对于书房功能的需求。

❹ 儿童房的睡床区采用常规布置，卫生间扩展到北侧阳台上，在原来的北侧阳台设置淋浴房，让各个功能区的面积都更大一些。

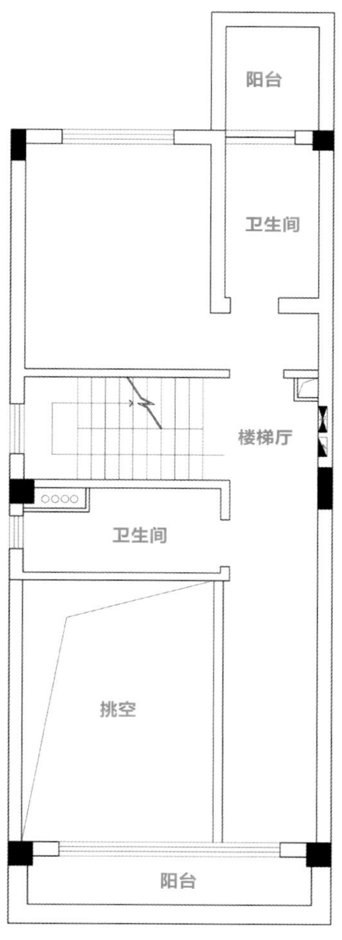

原始结构图

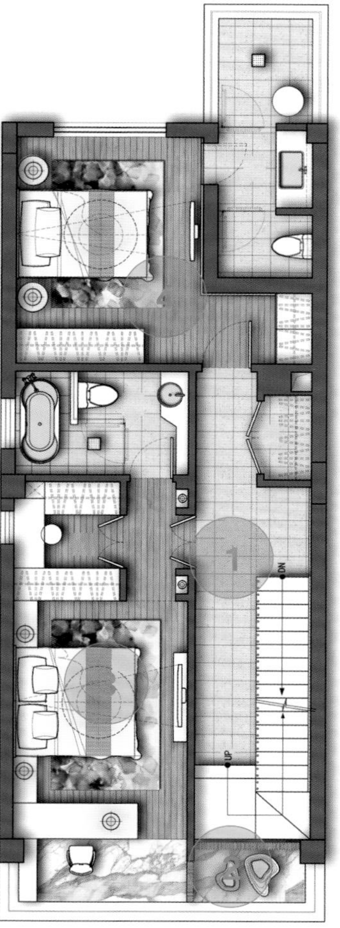

改造设计图

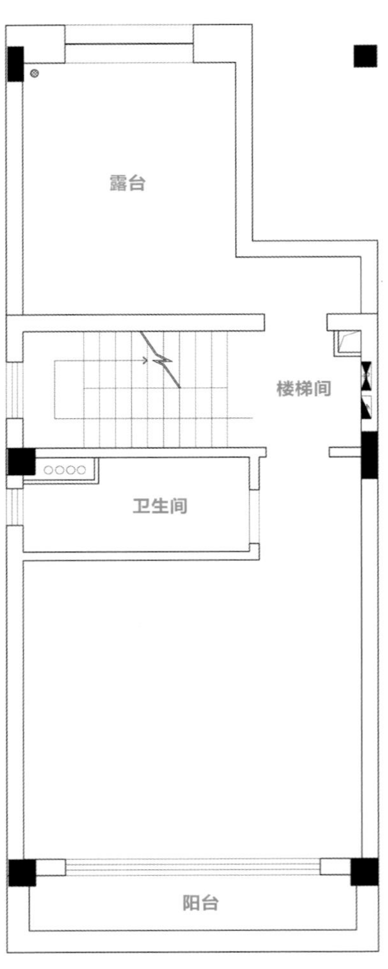

原始结构图

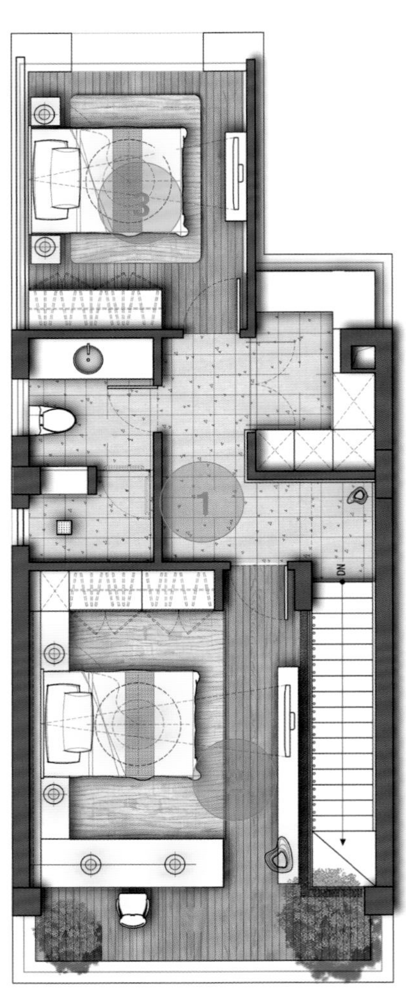

改造设计图

3F

原始户型分析

三层阳台可以纳入室内使用，需要设置两间卧室、公卫、储藏间或小书房。

改造后细节剖析

❶ 公卫淋浴区和马桶之间的隔断用了一小块地台，可以坐下洗澡冲凉，在墙体上方设置一些层板用于放置洗漱用品或衣物；独立储藏间兼有洗衣房功能。

❷ 三层不用再预留上楼的走道，所以卧室空间可以直接延伸到楼梯边上，面积更宽敞，在卧室中可融入书房功能，书桌与床头柜进行一体化设计，床垫上部嵌入一体化的床头柜中，即统一又有交错变化；睡床区用一整块地台抬高，把休息区各功能整合起来。

❸ 北侧小卧室采用常规布置，满足人们对于基本休息、收纳功能的需求。

结语： 通过楼梯形式的改变来增加其他功能空间面积，适用于面积较小的联排户型，动线不会过于绕远。

125 下沉式庭院，让通风和采光问题都迎刃而解（方案二）

原始户型分析

地下一层楼梯位不做更改，需要设置门厅、休闲区、两间老人房、公卫、下沉式庭院。

改造后细节剖析

❶ 入户门向室内推进1m左右，有了一处室外的带屋檐的门头，下雨时开门也不用一手撑伞一手翻钥匙，以免手忙脚乱；在入户处正对面和右侧设置鞋帽收纳柜，用不同的地面材质划分空间范围。

❷ 地下室的起居室不是主起居室，面积可适当缩小，采用折叠门加强室内外空间的联系，让地下室空间拥有丰富的采光和通风。

❸ 南侧的老人房入户门更靠近休闲起居室，门口设置一处水吧台，方便老人日常使用，也可供客厅使用，作为一处小早餐吧台。

❹ 原本地下室无采光，在角落位置开辟一块下沉式花园，引入自然光线，让大部分地下功能空间拥有采光、通风，整个地下一层摆脱了地下空间原有的压抑灰暗。

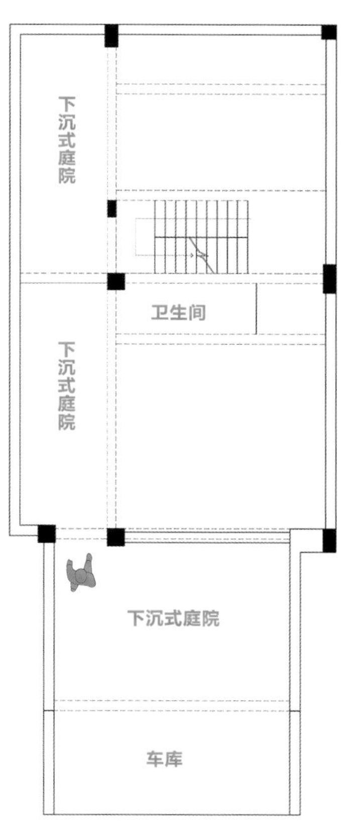

原始结构图

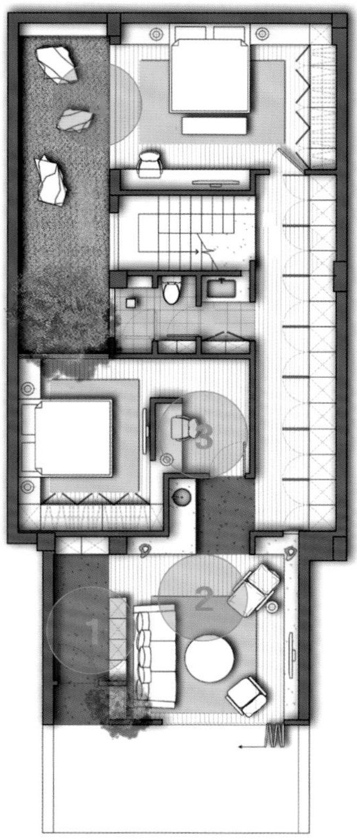

改造设计图

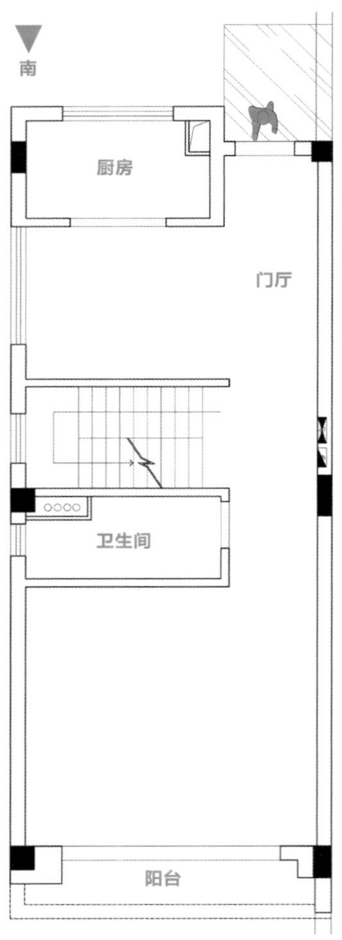

原始结构图

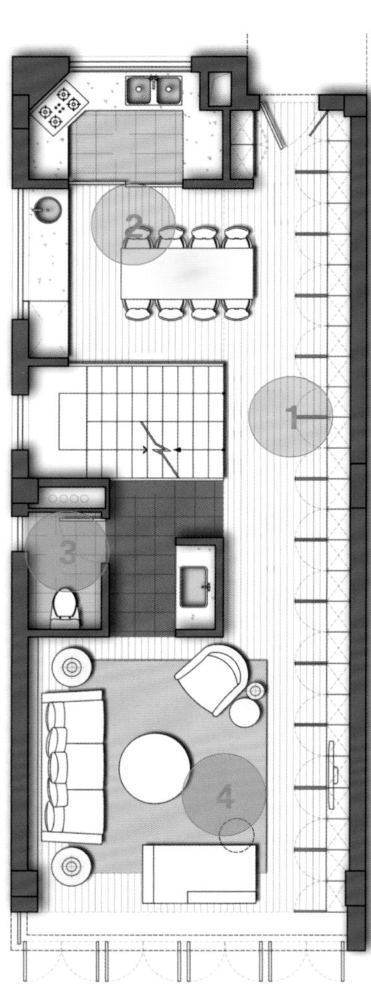

改造设计图

1F

原始户型分析

一层需要设置主起居室、餐厨区、公卫。

改造后细节剖析

❶ 同地下一层一样，在东侧沿墙铺满收纳柜体，中间间或穿插镂空区或者无柜门柜体，让整面墙不过分呆板，用这种具有标志性的大块面串联起整个一层空间。

❷ 受面积所限，西餐区结合水吧台台面沿窗布置，中餐区放置于餐区主体位置，使得动线保持流畅自然。

❸ 一层卫生间位置和地下一层卫生间位置相同，方便管线布置，进行干湿分离设计后，洗手台盆不仅仅供卫生间使用，更具有岛台的性质，安装上净水器也可以作为水吧台来使用；卫生间封闭空间可以缩到最小，把更多面积释放出来给到开放的公区。

❹ 主起居室与室外之间用可全部开敞的玻璃门作为隔断，形成宽阔大气的气势，室内外互通光线、空气，更具别墅风范。

2F

原始户型分析

二层需要设置主卧、儿童房。

改造后细节剖析

❶ 楼梯厅向南侧大套房推进，尺寸大约为衣柜的进深，楼梯厅更显宽阔，进入主卧也有了一块缓冲区。

❷ 南侧主卧因为楼梯位置的关系，可以做得更大一些，衣帽间不仅储物量激增，还能做出双通道动线，居住品质极大提升。

❸ 南侧主卧的卫生间隔墙造型做成弧形，没有尖角对着睡床区，视觉上有种引导性，卫生间增加了低调的艺术感和设计感。

❹ 儿童房睡床区采用常规布置，卫生间扩展到阳台上，在原来的阳台上设置淋浴房，让各个功能区的面积都更大一些。

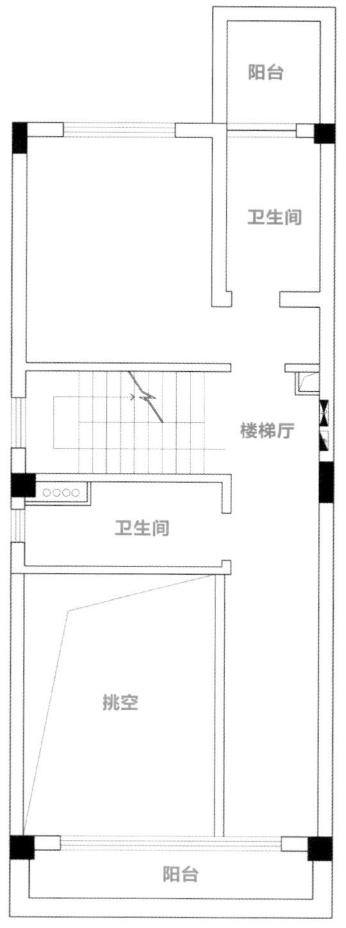

原始结构图

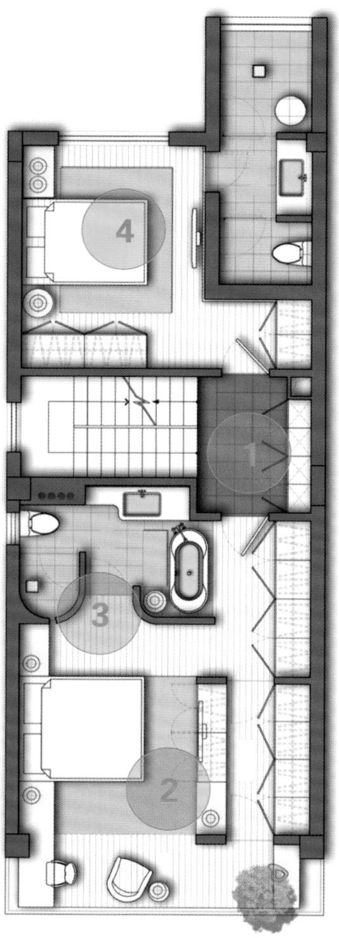

改造设计图

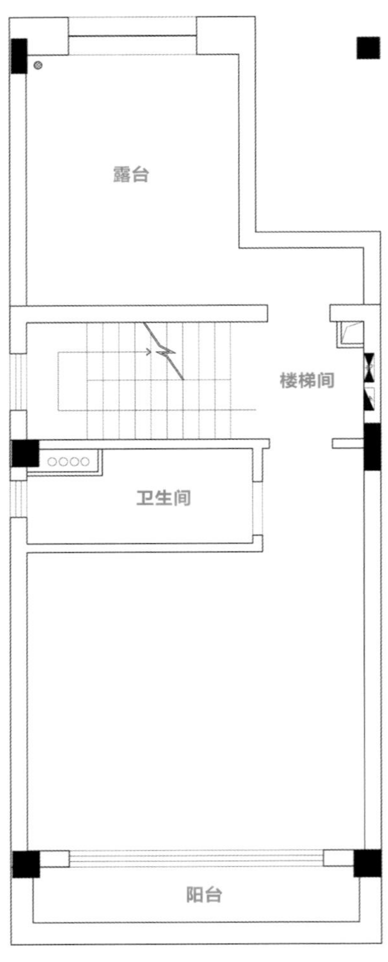

原始结构图

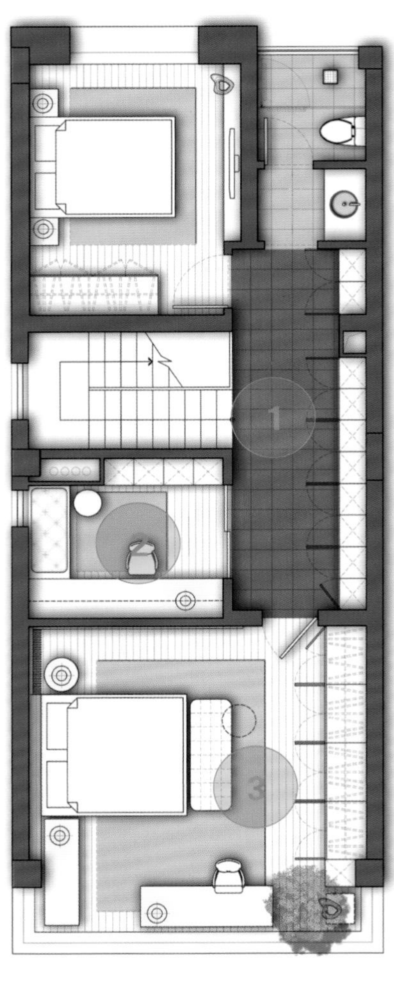

改造设计图

3F

原始户型分析

三层阳台可以纳入室内使用，需要设置两间卧室、公卫、储藏间、书房。

改造后细节剖析

❶ 门厅比较宽敞，设置储藏柜之后，给行走动线留的宽度绰绰有余，用不同地面材质区分公区、私区空间。

❷ 把原来三层的挑空区搭建起来，用于设置公卫，这样就留有空间用来设置独立书房，用于大人工作或者小孩学习，氛围更佳，甚至也可以临时当作一间客房使用。

❸ 南侧大卧室沿墙设置一排衣柜，足够满足物品储藏需求，如果做成单独的衣帽间反而使室内空间变得零碎狭小。

结语：保留原有楼梯位，只是将每层的优势空间变换了一下，大面积储物展示柜铺展开，让每层空间保有大宅风范，上下层之间呼应串联起来。

126 楼梯位置更换之后，各空间之间有了对话（方案一）

原始户型分析

本案例为面积较大的边套联排别墅，开间大，车库位置的层高满足做隔层的条件，地下一层需要设置休闲厅、工作区、茶室、影音室、水吧台。

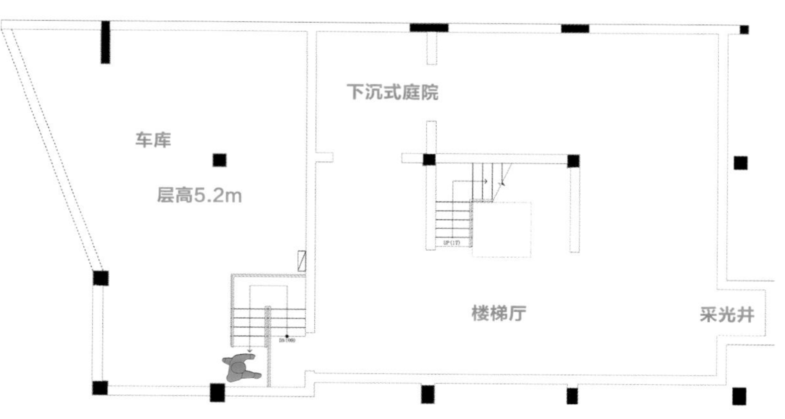

原始结构图

改造后细节剖析

❶ 车库上的隔层空间是独立的封闭空间，可以作储藏间或者保姆房使用，暂时没有具体设计，空出来供业主自由发挥。

❷ 楼梯换位置，给公区之间的互动带来更好的条件，休闲厅与水吧台融为一个大开间，使用两侧功能的人可以相对而谈，形成悠闲自在的交流场景。

❸ 相较于传统封闭式的影音室，本案例中的影音室设计得更开放一些，与茶室之间采用玻璃窗隔断，与公共空间之间采用柜体隔断，也可以称之为多媒体室，不仅可以观影、唱歌，还可以承载各种娱乐休闲活动。

改造设计图

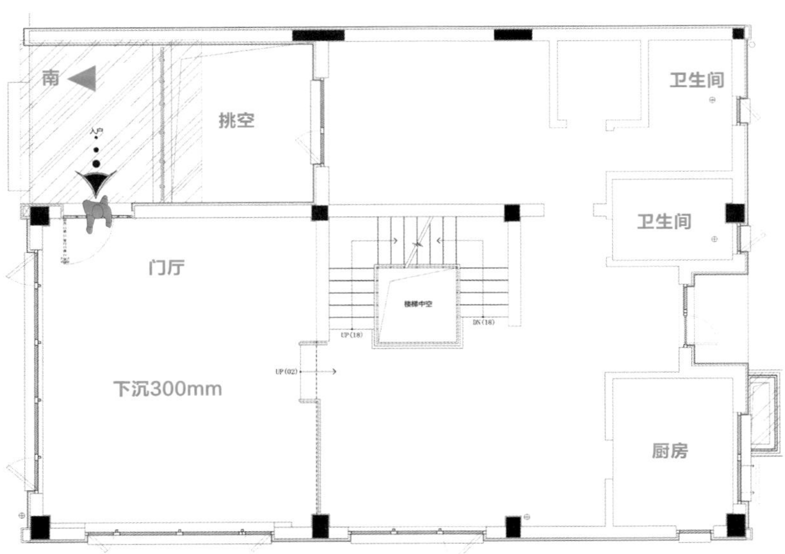

原始结构图

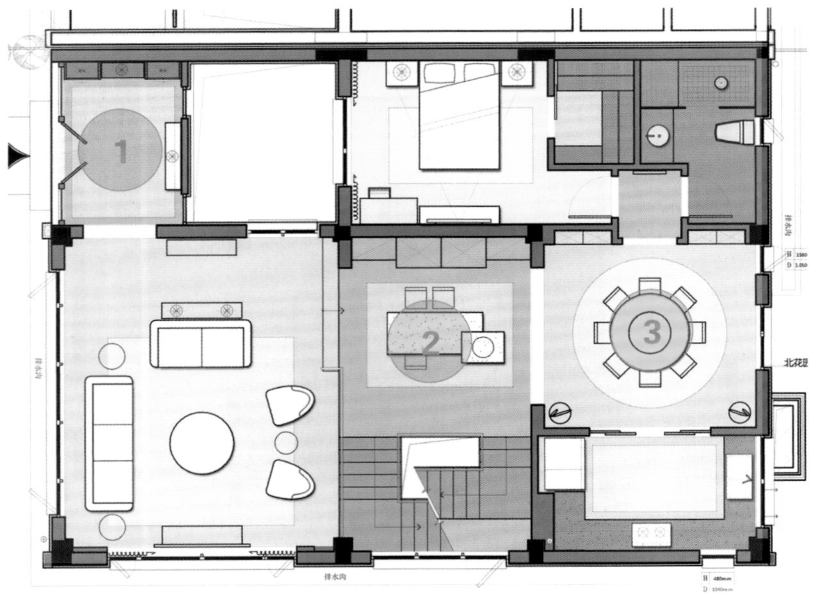

改造设计图

1F

原始户型分析

本案例为面积较大的边套联排别墅，三面有采光窗口，开间大，一层需要设置门厅、客厅、中厨、西餐厅、中餐厅、老人房、公卫。

改造后细节剖析

❶ 在门厅北侧、西侧设计两处端景，一是正对入户门的端景，二是正对室内空间的端景（收纳柜），兼有储物功能，不论从哪个空间看向门厅，都不杂乱且有仪式感。

❷ 楼梯换位置之后，客厅和餐厨区由主动线呈直线状贯通，视觉感受上空间更加开敞，互动频率大大增加。

❸ 中餐厅采用传统的圆桌，与老人房和公卫之间设置装饰背景墙，餐厅空间更美观整齐，保证了老人房的私密性，且避免公卫门正对餐厅。

2F

原始户型分析

二层需要设置两间卧室、一间书房。

改造后细节剖析

❶ 将书房功能独立出去，东侧卧室内其他功能空间的使用体验会有质的提升。独立衣帽间采用折叠门，给动线留有回旋余地，窗边设置小书桌，满足阅读等需求。

❷ 楼梯厅中心对称布置，端景墙装饰和楼梯间装饰相呼应，地面纹饰给空间带来律动感。

❸ 西侧卧室内的书桌台面沿墙体伸展到卧室门位置，书桌没有显得太过突兀，从立面上看，家具和墙面的关系更加一体，也增加了置物台面和收纳杂物的空间。

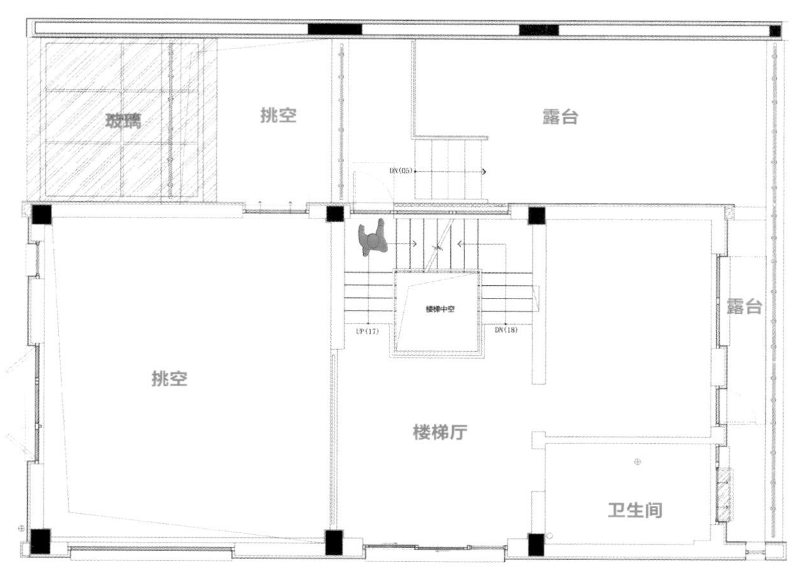

原始结构图

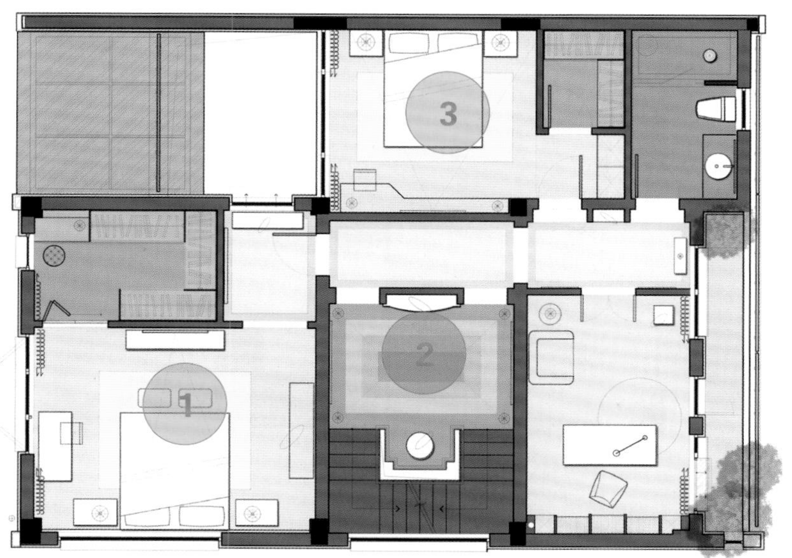

改造设计图

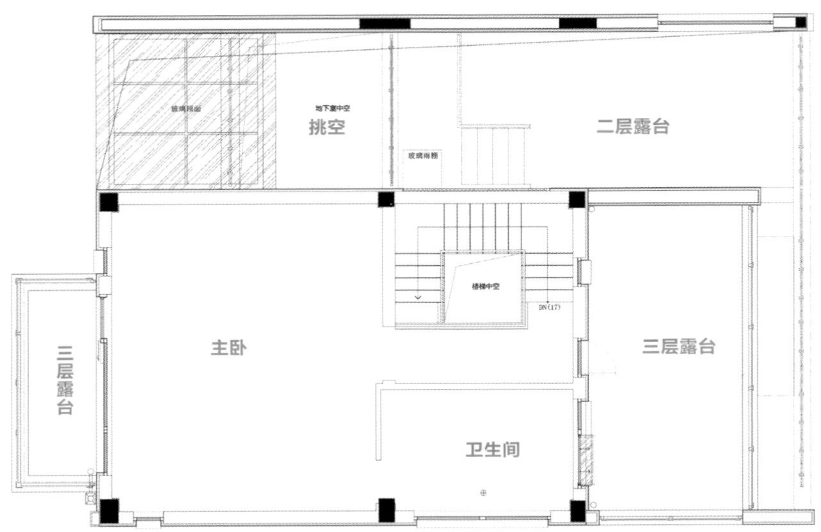

原始结构图

改造设计图

原始户型分析

三层露台可扩展搭建，需要设置主卧套房。

改造后细节剖析

❶ 在睡床区一角设计一处休闲放松的空间，放置书桌，满足日常阅读、书写功能需求，休闲椅能比较灵活地供各功能使用，用大块地毯强调睡床区。

❷ 主卫和独立衣帽间共用进门动线，左右对称布置，中间放置收纳柜，可以把换洗衣物或者睡衣等放在里面，方便洗浴时使用。

❸ 在露台做一半玻璃顶，也就是玻璃屋檐，天气晴朗时不阻碍阳光进入室内，雨天时屋檐下可以晾晒衣物，也便于在屋檐下行走。

结语：楼梯位置调整之后，公区各功能空间的互动性明显增强，对多种功能进行重新组合，避免产生零散的布局形式和面积的浪费。

127 互不干扰的动线规划可以这样做（方案二）

原始户型分析

本案例为面积较大的边套联排别墅，开间大，车库位置的层高满足做隔层的条件，地下一层需要设置休闲厅、工作区、茶室、影音室、水吧台。

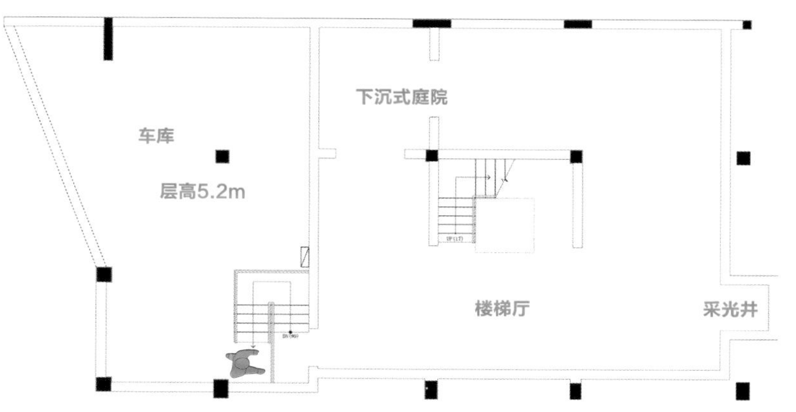

原始结构图

改造后细节剖析

❶ 车库上的隔层空间是独立的封闭空间，可以作储藏间或者保姆房使用，暂时没有具体设计，空出来供业主自由发挥。

❷ 从车库上到地下一层处有一处内门厅，在此处设计端景墙，提升地下空间的美感，到休闲厅也有一处过渡地带。

❸ 沿一层楼梯下来正对着水吧区，可以为整个地下一层的各个功能区提供服务，紧挨主动线，也能供主动线使用，开敞的舞蹈室引入的自然光线让水吧空间也有光影流动。

改造设计图

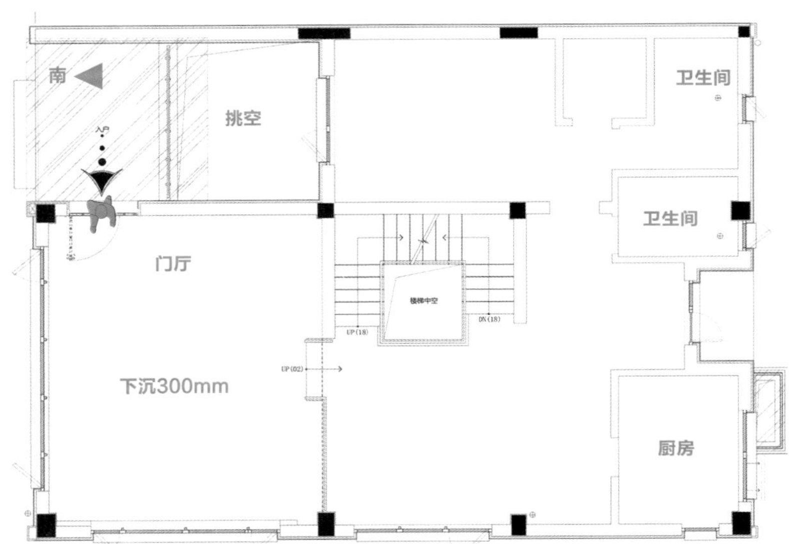

原始结构图

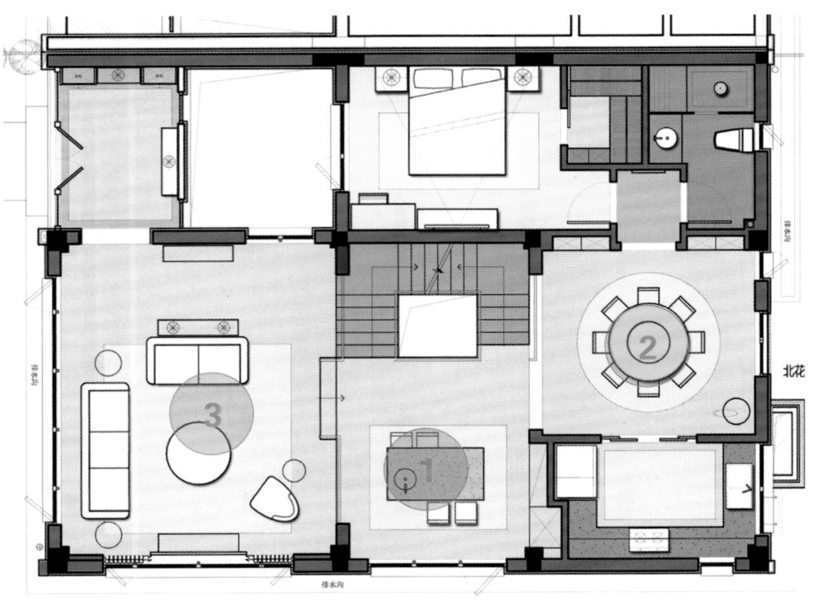

改造设计图

1F

原始户型分析

本案例为面积较大的边套联排别墅，三面有采光窗口，开间大，一层需要设置门厅、客厅、中厨、西餐厅、中餐厅、老人房、公卫。

改造后细节剖析

❶ 西厨吧台位于客厅和厨房之间，在公共空间的中心，方便周边各功能区使用，如果将厨房与西厨区之间的隔断墙去掉，做成玻璃门，会形成双动线，使用时更加便捷。

❷ 中餐厅采用传统的圆桌，与老人房和公卫之间设置装饰背景墙，餐厅空间更美观整齐，保证了老人房的私密性，且避免公卫门正对餐厅。

❸ 客厅开间很大，在组合沙发背后设计公共主动线，不干扰和割裂客厅功能，保持家具组合之间的连贯互动。

2F

原始户型分析

二层需要设置两间卧室、一间书房。

改造后细节剖析

❶ 开敞的起居室让门厅的视觉感受更敞亮；起居室旁边为干湿分离的公卫，提升空间使用品质的同时，也为进出露台留出了动线。

❷ 南侧卧室里的书桌既提供阅读功能，也起到隔断作用，形成环绕动线，与衣柜之间用矮墙隔开，一定程度上保持了开间的通透感。

❸ 西侧大套间卧室的书房空间更为独立一些，露台能给书房带来柔和的采光和通风，也是进入更为私密的睡床区的一块过渡地带。

原始结构图

改造设计图

原始结构图

原始户型分析

三层露台可扩展搭建，需要设置主卧套房。

改造后细节剖析

❶ 在睡床区周边设置休闲区、书桌和边柜，边柜上可以放置艺术装饰品等，给卧室带来不太一样的居住体验。

❷ 衣帽间为开敞式的空间，衣柜和书桌结合成一处岛台区，打造环绕动线，整个主卧的空间感增强。

❸ 楼梯厅块面比较整体，开门位置也是对称的，让这一小块公共空间保持端庄和仪式感，两侧开门可以让卧室和露台形成对流风。

改造设计图

结语：在楼梯位不改变的方案中，楼梯可作为分隔公区、私区及动区、静区的空间，把主动线与功能区内的休闲动线分离开来，互不干扰。

128 设计风格照样能在平面设计图里展示出来

原始户型分析

地下二层有车库，需要设置娱乐室和储藏间。

改造后细节剖析

❶ 门厅非常大气，地面拼花极具艺术性和装饰性，庄严的对称设计带来很强的仪式感，选用欧式吊灯呼应地面的拼花装饰。

❷ 娱乐区兼容多种功能，放置了多种健身器材，有台球桌和乒乓球桌，设置了休闲聊天区域，可以灵活调整娱乐项目内容。

❸ 地下二层和地下一层之间的楼梯与上面三层的楼梯位置不同，既能单独强调地下空间的联系，也能将地下二层的更多面积用于功能布置。

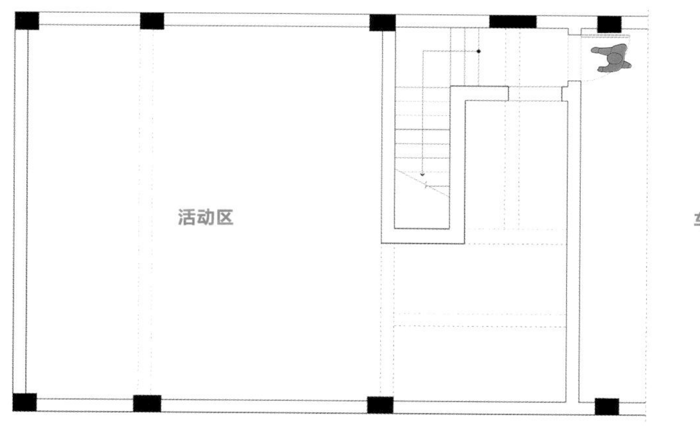

原始结构图

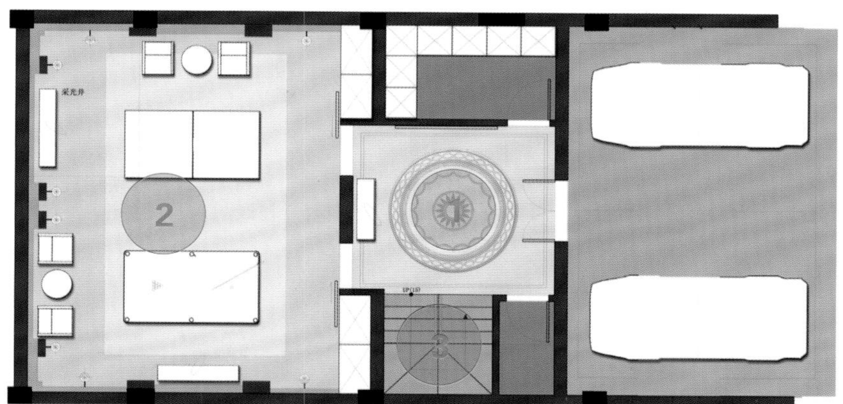

改造设计图

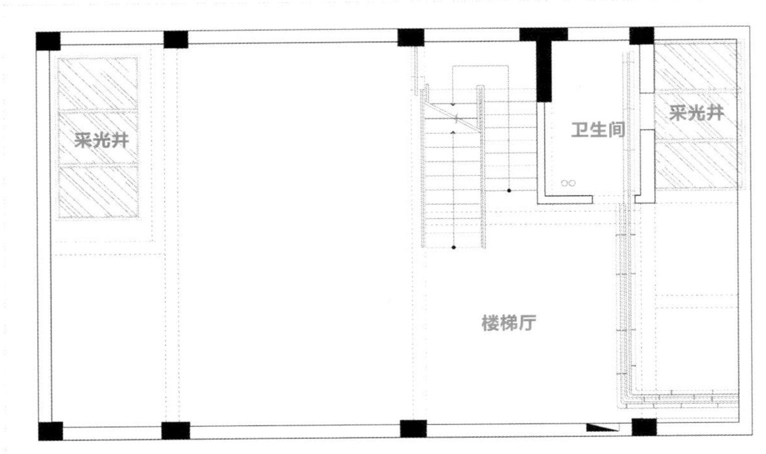

原始结构图

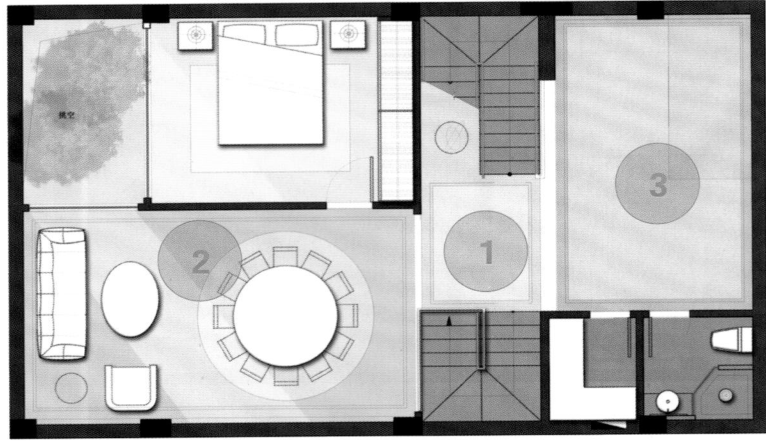

改造设计图

B1F

原始户型分析

地下一层需要设置客房、宴会厅、舞蹈室、洗衣房、公卫。

改造后细节剖析

❶ 地下二层和地下一层之间的楼梯与上面三层的楼梯位置不同，更突出地下空间之间的联系，公共动线也变得更大气、连贯。

❷ 宴会厅和休息区靠近挑空区，由一层引入的自然光线给空间带来光影变化，不仅采光、通风得到保障，还有自然的气氛烘托。

❸ 舞蹈室位于北侧采光井下方，光线充足，同时兼有多种功能，比如还可作为瑜伽房，或用于聚餐的空间等。

原始户型分析

本案例中的联排别墅南北侧采光、通风，一层需要设置门厅、客厅、公卫、餐厨区。

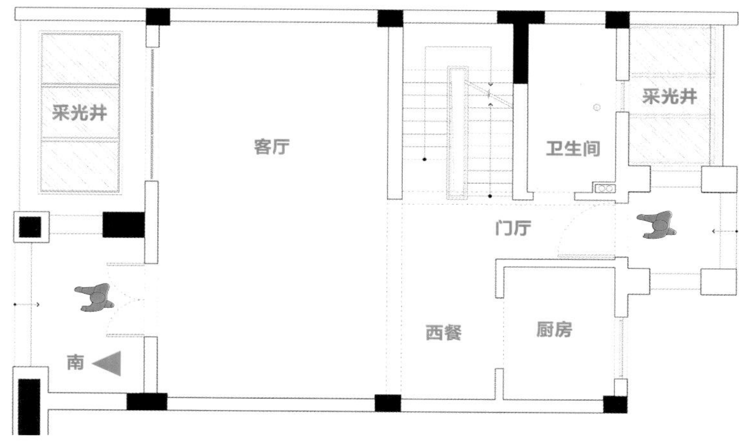

原始结构图

改造后细节剖析

❶ 公卫采用常规干湿分离设计，采用移门更节省空间，不影响动线。

❷ 门厅处的鞋柜嵌入厨房区。日常用餐人数并不多，偶有聚餐，所以一楼餐厅满足常住人口使用需求即可，餐厨功能相结合，可供四人用餐，采用折叠门，可以与楼梯厅走道隔离开来，动线灵活多变。

❸ 南侧的整个大开间给客厅使用，分为较正式的会客区和较休闲的起居室两部分，对称布局，壁炉、壁灯、拼花地板等都用了提炼简化后的简欧元素，结合现代设计语言营造空间氛围。

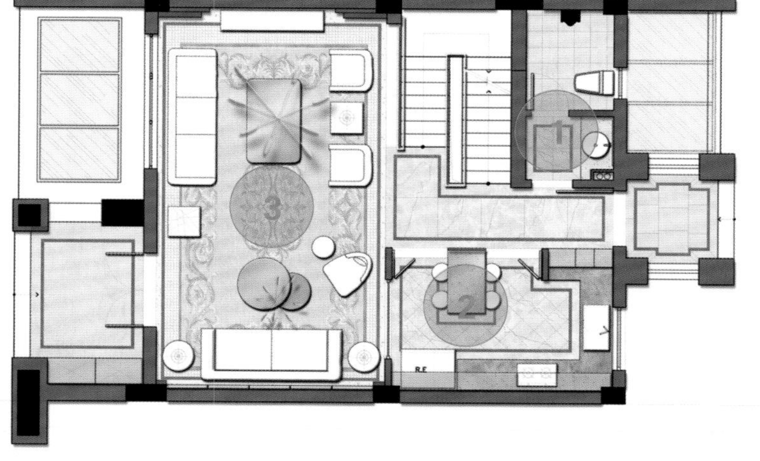

改造设计图

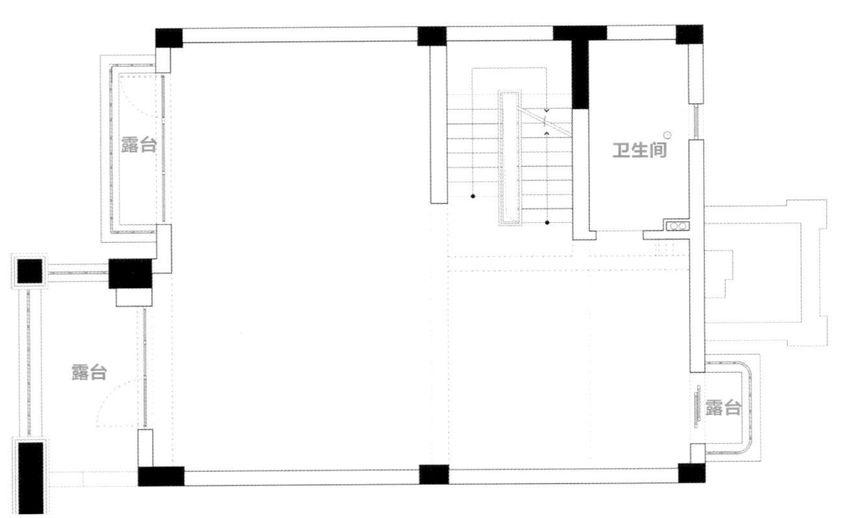

原始结构图

改造设计图

2F

原始户型分析

二层需要设置两间卧室、公卫、独立书房。

改造后细节剖析

❶ 走道凹入功能空间一部分，给两间卧室留出进出动线，走道宽敞了一些，也避免了卧室门正对楼梯或卫生间。

❷ 卫生间依旧设计成干湿分离式的，在走道北侧尽头设置储物柜，解决一部分卫生间收纳问题，地面专有拼花强调了空间的独立性，也可将走道北侧尽头看作一处小储物区。

❸ 卧室均采用常规布置，在细节设计元素上体现简欧风格特点，如采用淡雅格调的花纹地砖、带有简洁暗纹的短绒地毯等。

原始户型分析

三层需要设置主卧套房。

改造后细节剖析

❶ 楼梯厅地面拼花极具艺术性和装饰性，彰显空间品位，公区的设计也把本层主卧的主要位置和特性凸显出来。

❷ 主卧空间分为三个部分，即睡床区、起居区和衣帽收纳区，三个功能区之间相互关联，电视背景墙和书桌组合成一处岛台区，形成环绕动线，整体空间更大气、更通透。

❸ 卫生间干区设置双台盆，展现出对称美感。东侧满墙的收纳柜可用于放置鞋、衣物、首饰等。利用不同的地面装饰，划分出各个功能区。

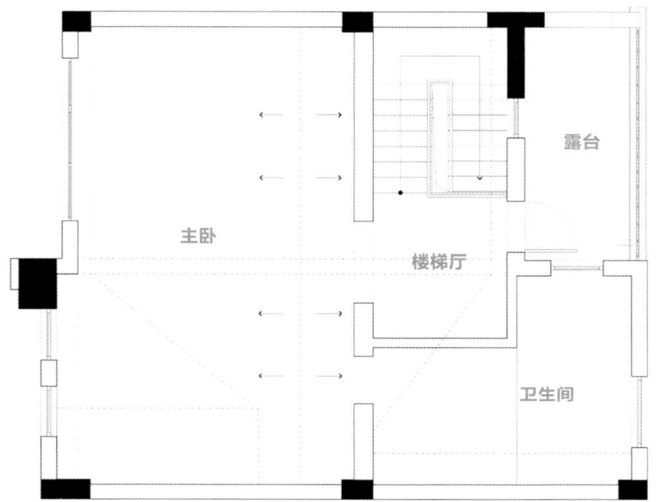

原始结构图

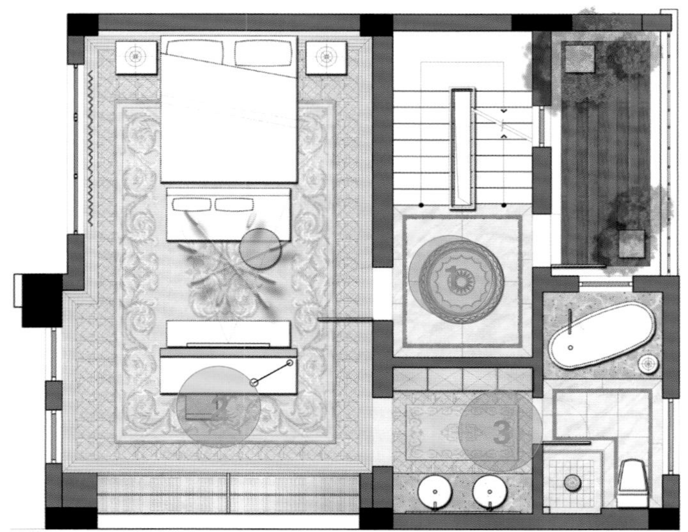

改造设计图

结语： 开始设计户型时，要保证功能的完善、便捷、美观、实用，处理好空间之间的关系，先整体布局，再细化调整。

129 联排别墅一定要注重这些功能和细节设计

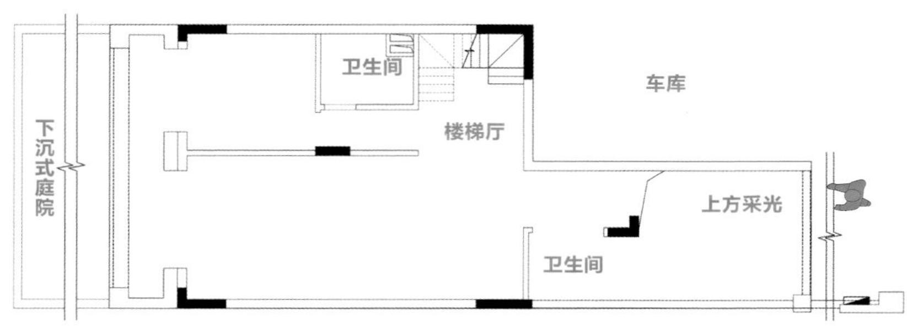

原始结构图

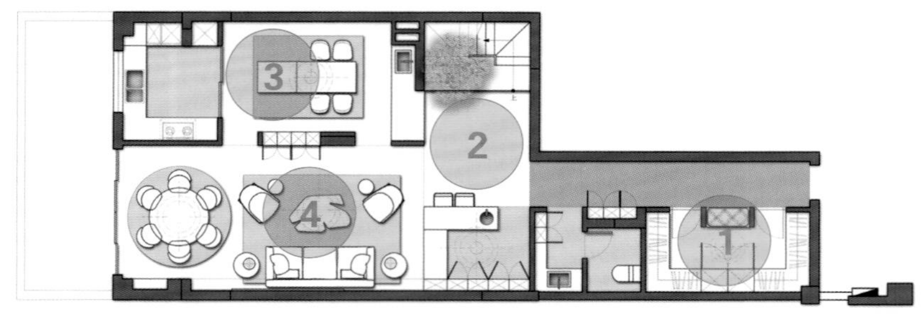

改造设计图

B2F

原始户型分析

地下二层需要设置客厅、厨房、中餐厅、西餐厅、酒吧台、门厅、鞋帽间、公卫。

改造后细节剖析

❶ 进门左侧有超大的步入式鞋帽间，具备入户换鞋功能的同时，也是一间杂物储藏室，与过道之间设置了换鞋凳和玻璃门隔断，不用墙面完全封闭空间，在视觉感受上过道空间更大。

❷ 楼梯口处的缓冲区比较宽敞，用两处水吧台界定楼梯厅区域，与其他功能区在视线、光线上贯通交错。

❸ 日常的简餐或者早餐等，可以直接在邻近厨房的长桌上解决。红酒柜组合划分客厅、餐厅界限，也给两边空间提供收纳功能和装饰功能。

❹ 在下沉式庭院处通过整面的玻璃推拉门，把自然景色最大限度地引入室内空间，圆餐桌用来宴请亲朋好友时，室内外环境可融为一体，另外也能和客厅互动起来。

B1F

原始户型分析

地下一层仅须设置一间客房。

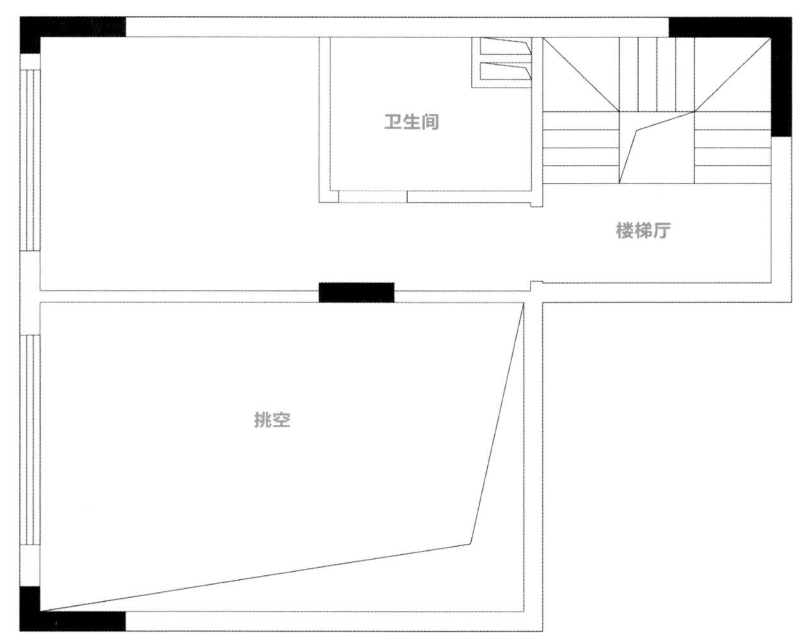

原始结构图

改造后细节剖析

❶ 客房向南侧阳台扩建，睡床区避开横梁，在扩建部分设置小书桌和休闲区，小书桌和床头柜进行一体化设计，卫生间套入房间内使用，基本功能完备。

❷ 客房卫生间纳入台盆、马桶和淋浴功能即可，可以把平开门换为推拉门，行进和使用动线更便捷。

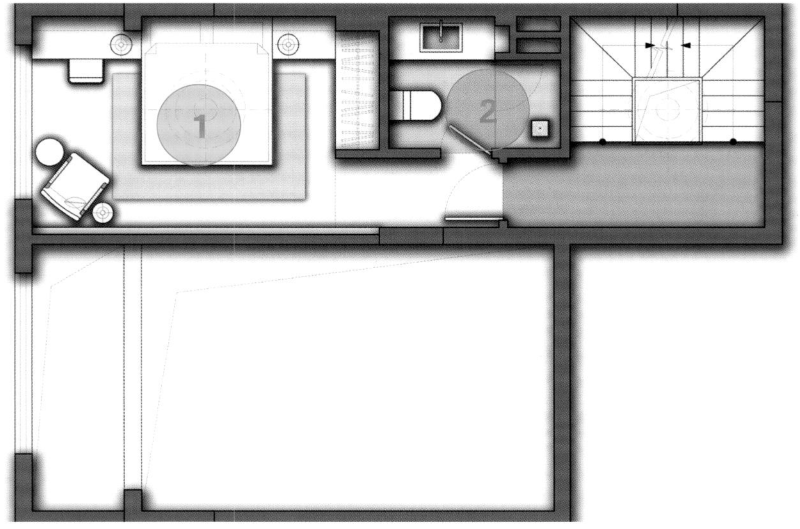

改造设计图

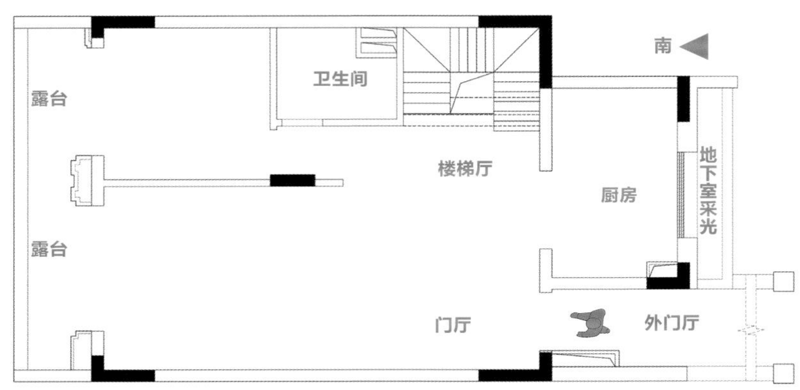

原始结构图

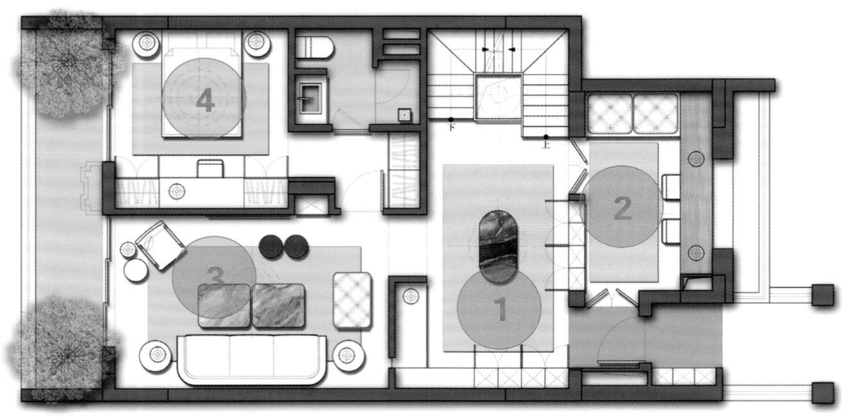

改造设计图

原始户型分析

一层需要设置家庭室、儿童房、书房兼儿童玩耍区。

改造后细节剖析

❶ 楼梯厅和外门厅相结合，在门厅中心位置放置艺术桌台，显得非常气派，因为这里是使用频率最高的公区，更是给人带来第一印象的重要区域。

❷ 书房设置两处双开门，形成环绕动线，让空间开放度更高，让孩子们玩耍时有更多乐趣，书房的门完全关闭时就为阅读、学习围合出安静的环境。

❸ 家庭室主要供家人日常生活使用，是休闲娱乐空间，不需要太过正式或太大，可以把一部分面积给到儿童房使用。

❹ 儿童房向东侧家庭室扩展出去一部分，能增加收纳空间，还能放置一个小书桌，完善空间功能。

2F

原始户型分析

二层大部分空间为挑空区和露台，都可以扩建并纳入室内空间，需要设置主卧套房、儿童房套房。

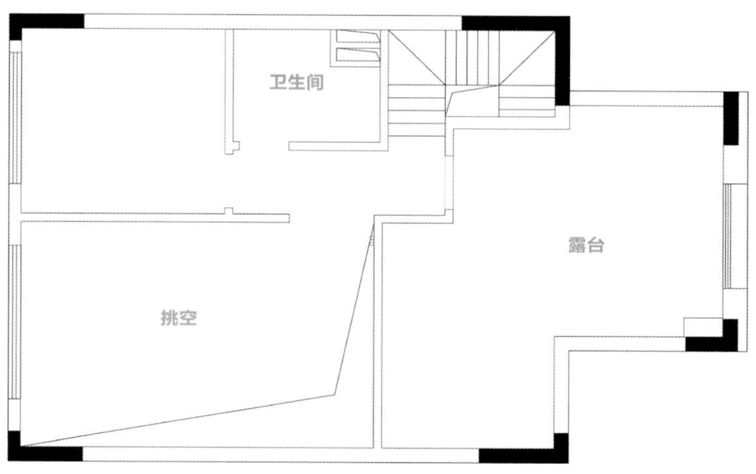

原始结构图

改造后细节剖析

❶ 主卫适当扩展一部分面积，使得各个功能空间的使用品质均有提升，做成四分离式的（台盆、马桶、浴室、淋浴房分开），各功能空间互不干扰，大大提高了卫生间的使用效率。

❷ 主卧采用双开门设计，非常大气，进来有衣帽间作遮挡，动线向两边分散，旁边设置一处迷你水吧台，满足卧室饮品储藏、夜间喝水等实用性需求。

❸ 主卧睡床区能放置宽1.8m左右的大床，床头柜延伸至两侧墙面，更整体化，更具设计感。

❹ 儿童房面积偏小，所以将衣柜嵌入东侧的主卧空间之中，储物量剧增，睡床区也更加开阔一些。

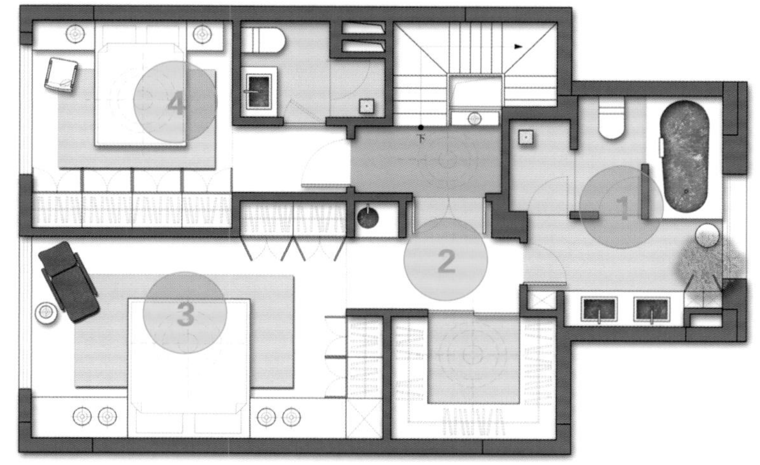

改造设计图

结语： 细节处的设计强调功能性和实用性，提供一种良好的视觉体验感、居住体验感，将幸福感持久地传递下去。

130 明明是固定的空间结构，运用多种设计手法却让空间有了运动美感

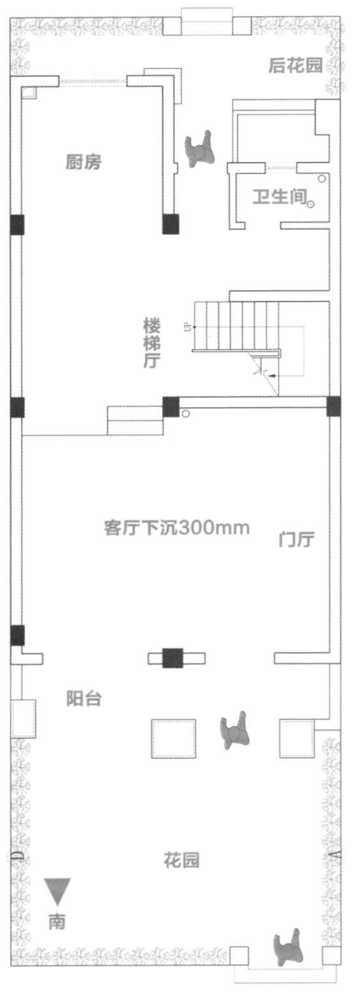

原始结构图

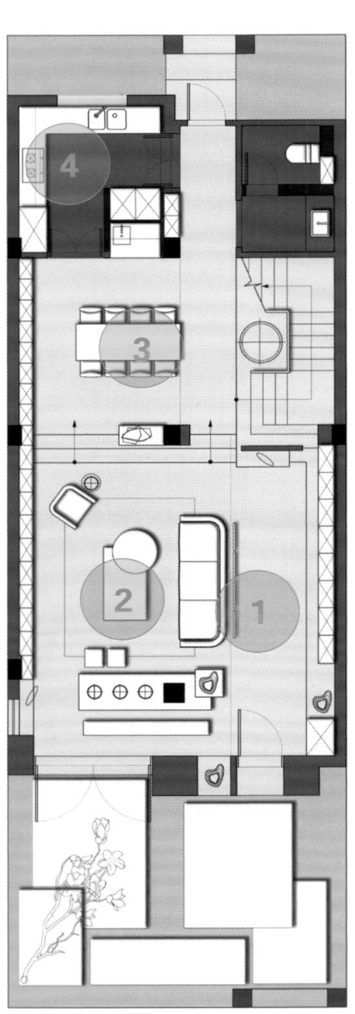

改造设计图

1F

原始户型分析

本案例为常见的中间套联排别墅，面积适中，客厅空间下沉，楼梯位置和入户门位置都可以改，一层需要设置客厅、餐厨区、公卫、茶室。

改造后细节剖析

❶ 入户门头做厚，在外立面凸出入户门。开敞的门厅让公共空间更通透大气，鞋柜柜体做悬空处理，在客厅沙发背后放置轻巧的屏风来减弱门厅动线的影响。

❷ 客厅下沉，与用餐区之间做两层台阶，形成L形地台，一直延伸到门厅入户门位置；茶室功能融于客厅空间，并有所区分，茶桌围绕承重柱整体设计，承重柱成为其中一部分元素，茶桌旁的软凳也能供客厅空间使用，功能重叠，既节约空间又加强功能空间的互动。

❸ 餐厅和客厅之间的承重柱也是一个突兀的存在，所以在柱子旁设置一个台面，放置艺术装置，削减柱体对空间美感的破坏。餐厅也能放置大圆桌。

❹ 有环绕动线的厨房，开放性和通透性也很强，使用起来便捷、高效。

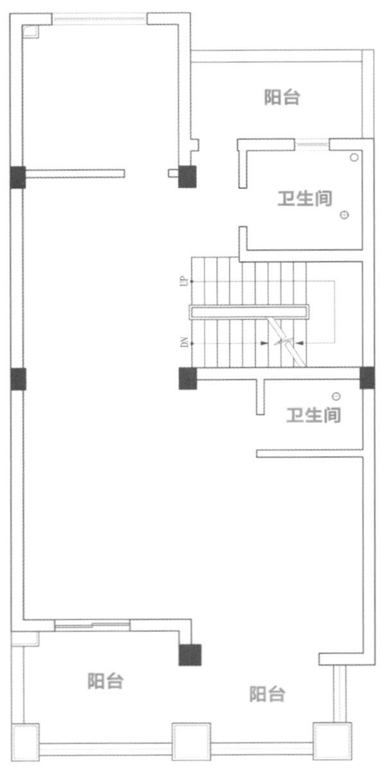

原始结构图

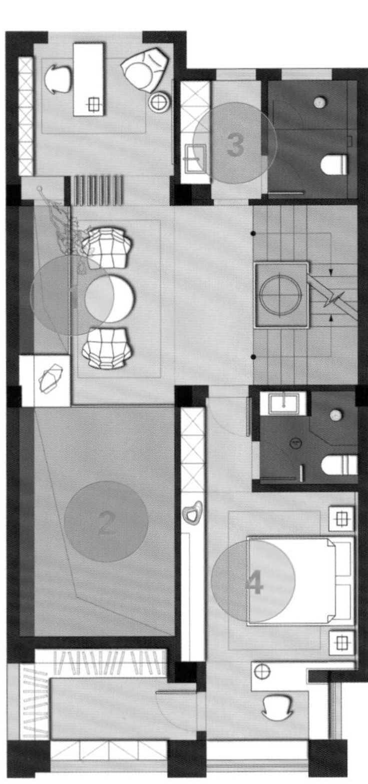

改造设计图

2F

原始户型分析

二层的阳台可以封，需要设置卧室、书房兼客房、卫生间、洗衣房。

改造后细节剖析

❶ 将走道旁边的起居厅空间缩小三分之一，做挑空，将楼上的光线引到楼下餐厅区，增加户型中心东西侧位置的采光量，起居厅使用质量不仅不受影响，反而更加开放、有趣。

❷ 在大块挑空区中，一层电视背景墙的柜体贯通到二层，形成一块完整气派的装饰柜体，将小而零碎的空间整合为一体。

❸ 公卫兼洗衣房设计成干湿分离式的，卫生间门设在里面，避免与卧室门正对，在干区台盆旁边放洗衣机、烘干机等。

❹ 卧室内套有卫生间，配备常规三件套，卧室墙体向西侧推进，以设置一排衣柜增加储物量。在进门处设置一小排到顶高柜，睡床区正对的位置设置一整条台面，与高柜成为一体，精致美观，空间疏密得体，不让人觉得局促；阳台封起来之后，加入书房和衣帽间功能。

原始户型分析

三层需要设置主卧套房。

改造后细节剖析

❶ 从楼梯上到三层之后，正好有一处尖角，视觉感受并不好，所以把主卧入户处稍微向外凸出一块，做一个相同的角，形成一处对称空间，并且也位于大空间与稍收窄的空间的分界处，将视线和动线引向端景。

❷ 端景台后的挑空区，把三层的光线、空气直接引入一层餐厅，贯穿整栋建筑，形成良好的声、光、空气的互动。

❸ 主卧内的主卫配置常规四件套，主卫门内外方向皆可开合，门轴位置向西移，打开后不会影响动线，向西侧凹入后空间对称平衡。

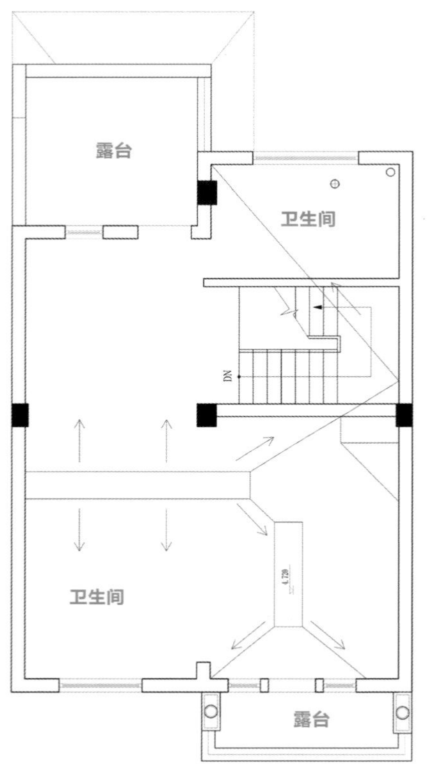

原始结构图

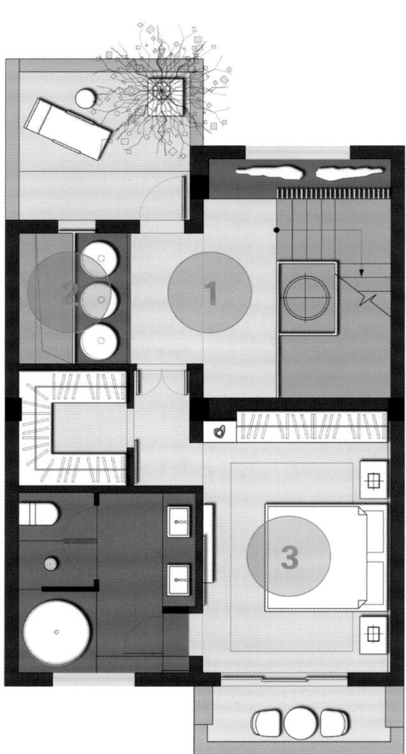

改造设计图

结语：用偏心、延伸、穿插、叠加、错位、反转、破碎、流动等多种解构手法，打造颠覆传统的联排别墅空间。

第 9 章

独栋别墅

独栋别墅是独门独院的，上有独立空间，中有私家花园，下有地下室，是私密性很强的独立式住宅，表现为上、下、左、右、前、后都属于独立空间，一般房屋周围都有面积不等的绿地、院落、游泳池、亭子、篮球场等。

独栋别墅大致分为两种：一种是自己拿地请建筑师量身定制设计，另一种属于开发商统一规划设计，再进行售卖。前面一种很少有改造需求；第二种的改造需求较多，因为开发商设计的户型都是基本统一的，但每位业主的居住需求却是独一无二的。并且目前国内独栋别墅的数量有限，新的独栋楼盘较少，很多业主只能购买二手别墅，生活方式、功能需求和前一位业主会发生冲突，所以也存在大量的改造需求。

独栋别墅的改造和公寓的改造在本质上有非常大的区别，公寓的改造更多是为了满足生活需求，而别墅的改造是为了打造不同的空间感受。公寓改造的出发点是合理利用每一寸空间，将空间做得更大、更通透，别墅改造更注重的是合理规划空间比例，考虑得也更全面，例如仪式感、空间趣味性、视觉体验感、心理感受、身份象征等因素。

131 用城堡的建筑设计语言打造豪华古典欧式别墅

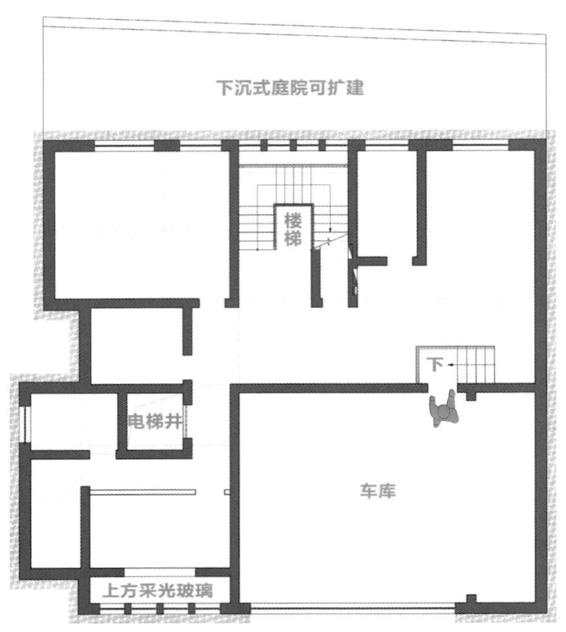

原始结构图

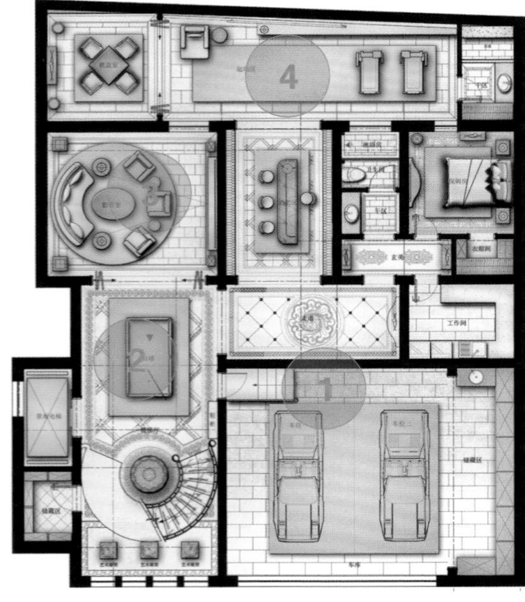

改造设计图

BF

原始户型分析

地下室可扩建，将下沉式庭院纳入室内，基本不动墙面结构，需要设置台球区、影音室、保姆房、运动区、酒吧区、休闲区。

改造后细节剖析

❶ 由车库进入室内需要上几级台阶，有缓冲空间，室内环境和车库环境被较好地隔开，并且高低落差使得由室外带入室内的灰尘等减少。

❷ 台球区需要较大开间，因此置于地下室楼梯厅前的一处较大空间，不影响从车库入户后的动线和视线。

❸ 影音室对采光要求不高，设置折叠门，把空间做成半开放半封闭形式，可静可动，酒吧区的设计思路同样如此。

❹ 健身区一来有顶部的自然采光，可使在室内运动的人感受自然气息，更有活力；二来与酒吧区相邻，方便及时补充水分，调整休息。

1F

原始户型分析

原始墙体可更改，拥有极大的室外花园，一层需要设置电梯、门厅、客厅、客房、公卫、中厨、西厨、餐厅、品茗区。

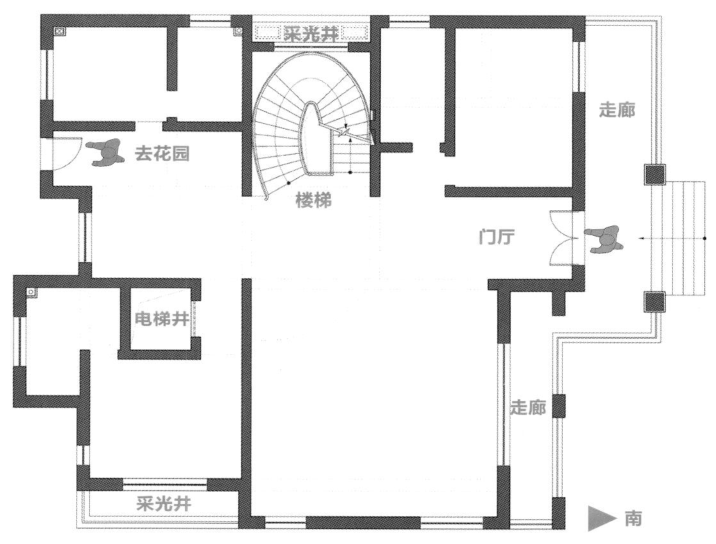

原始结构图

改造后细节剖析

❶ 入户门厅不仅大，而且有纵深感，罗马柱、地面拼花、弧形线条等元素烘托出欧式别墅的古典氛围，端景墙也对餐厅区有遮挡和围合的作用，并形成公共空间的环绕动线，各空间的比例较平衡。

❷ 原走廊区并入客厅空间，用于设置茶室，有极佳的采光、通风，客厅功能区仍然方正有序，既有气势又不乏味。

❸ 楼梯除了具有实用功能，还强调衬托出别墅空间的气势，楼梯厅面积与楼梯体量相当，缓冲空间更充足，同时结合地下室入户动线来，确定楼梯和楼梯间位置。

❹ 西厨中心岛台同时有西厨操作台和用餐的功能，储物间满足了一大部分厨房的收纳需求，厨房、餐厅空间开阔，展现大气的欧式风格，让使用者使用更为方便、舒心，也使别墅整体更具高雅风范。

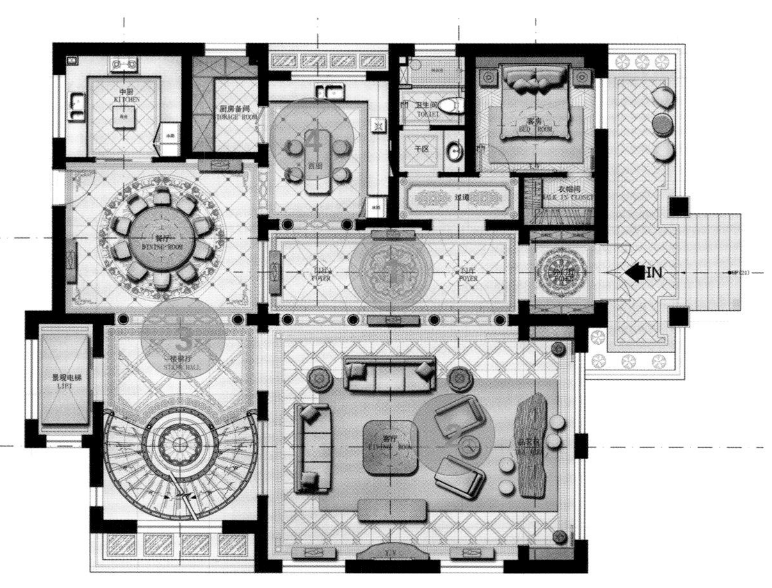

改造设计图

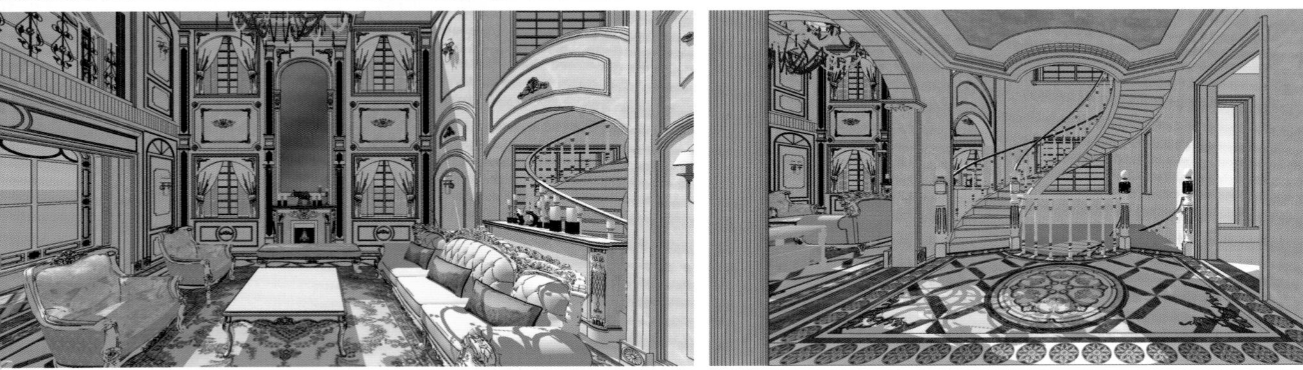

2F

原始户型分析

二层的楼梯位、电梯位以及挑空区已确定，需要设置卧室、书房。

原始结构图

改造后细节剖析

❶ 楼梯厅的地砖拼花装饰与弧形楼梯相呼应，对称设计营造出庄重大气的氛围，以曲线弱化建筑空间中的尖角，凸显欧式韵味。

❷ 改动原来有斜角的走道后，室内走道与室外走道相通，活动区更为灵动，弧形边缘也给挑空区增加了欧式浪漫古典氛围。

❸ 每间卧室入户后都有一处小玄关区，房间功能更加完善，将睡床区隐藏于空间内部。北侧小卧室的功能区采用常规布置。

❹ 南侧大卧室内的玄关与书房一起形成半开放式空间，给睡床区带来了很大的缓冲空间，同时极大提升了卧室的居住体验。

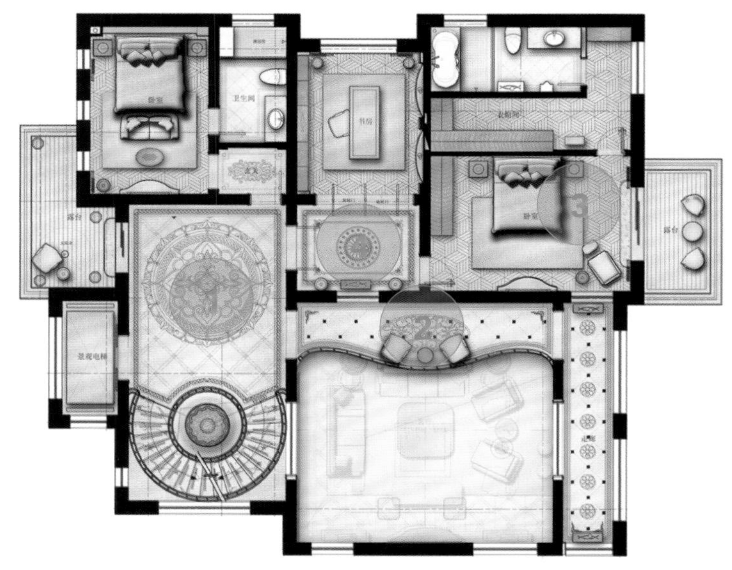

改造设计图

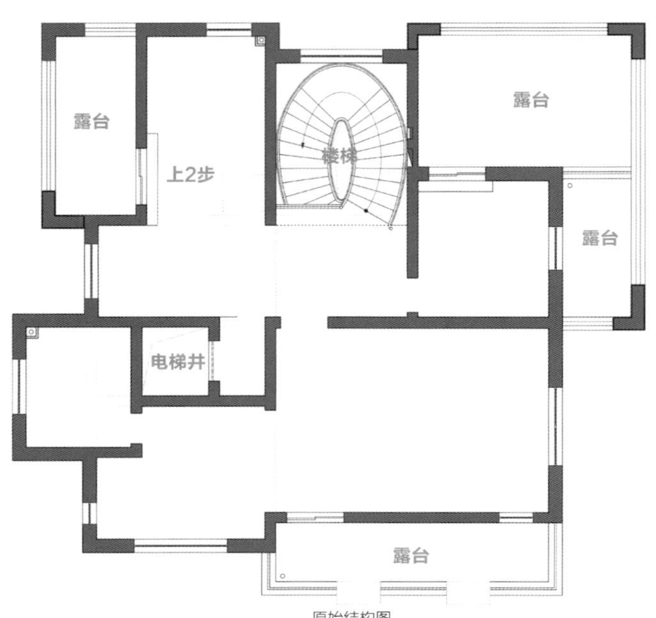

原始结构图

改造设计图

原始户型分析

三层包含主卧和次卧，将露台纳入室内。

改造后细节剖析

❶ 楼梯厅沿建筑造型设计了地面拼花装饰，特意留出一块属于公区的露台空间，让亲朋好友都能感受到在欧式古典空间内远眺的乐趣，互动性加强，更有生活气息。

❷ 在次卧床尾打造一处小起居室空间，拼花地板和长绒地毯搭配，凸显欧式复古典雅气息。

❸ 主卧衣帽间分为男主人衣帽间和女主人衣帽间两部分。南侧女主人衣帽间内配有梳妆台，睡床区也配有一长排衣帽柜，供日常使用；床尾的空间设计为一个小起居室，动线和功能相结合。

❹ 主卫面积足够大，配置弧形嵌入式浴缸，上台阶步入式浴缸结合四角的罗马柱设计，给业主带来更惬意的日常享受。

结语： 更改空间功能定位，一要考虑同层动线和各空间的比例关系，二要结合上下层空间综合考量，切忌顾此失彼。

132 中式别墅室内孤岛式茶室禅意十足，独享一片净土

原始户型分析

本案例中的独栋别墅可改动空间大，室内只有承重柱结构，外墙可更改，一层需要设置客厅、厨房、中餐厅、西餐厅、带独卫的保姆房、公卫、储藏间、洗衣房、电梯。

改造后细节剖析

❶ 入户门厅动线很灵活，有三条动线通向其他功能区，面积利用率高，不仅有鞋柜，还有衣柜和换鞋凳，功能完备。

❷ 将开敞且采光较好的南向空间用作客厅，电视背景墙同时也是灵活的隔断，两侧有动线通向餐厅，客厅电视背景墙一边为电子壁炉，另一边放置电视。

❸ 中餐厅选用典型的圆桌元素，旁边是西厨操作台，也能作为中餐备菜台，能满足待客或是家人用餐的需求，北侧的中厨区采用移门隔断，既能完全开放，也能封闭使用。

❹ 茶室里面进行了造景，枯山水和绿植、艺术品结合设计，用矮屏风作隔断，让茶室空间既保持一定的私密性，也不会产生空间拥挤感。

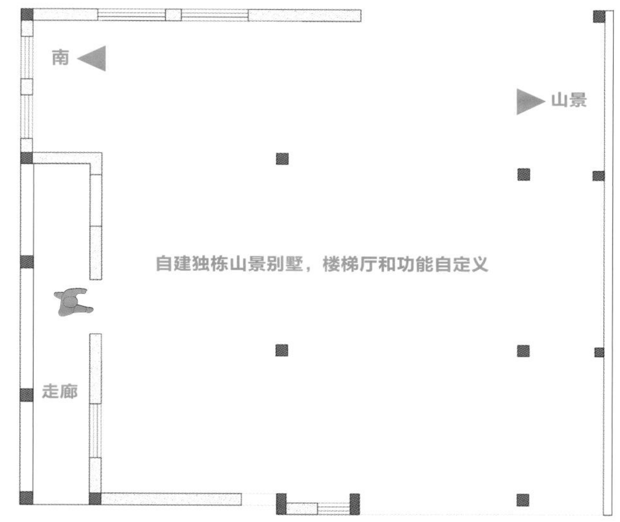

原始结构图

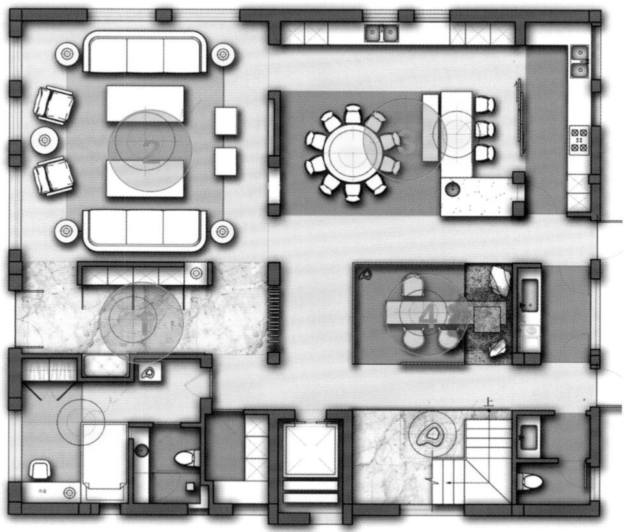

改造设计图

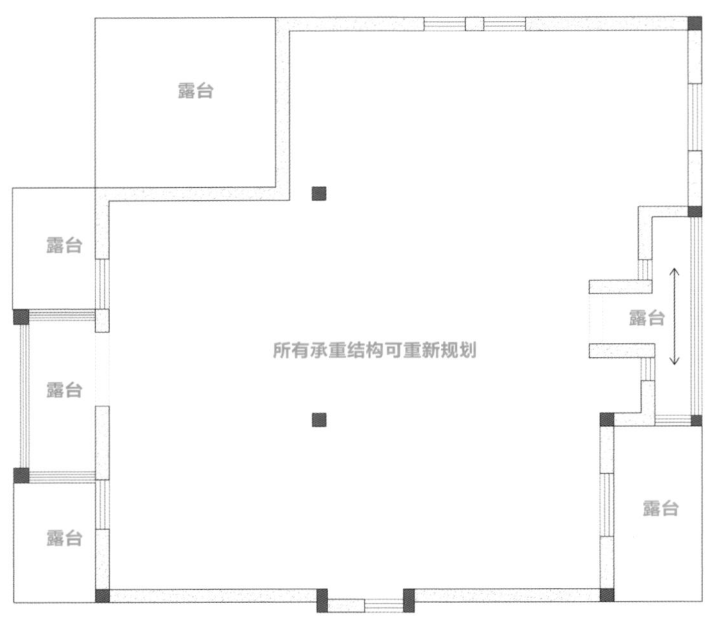

原始结构图

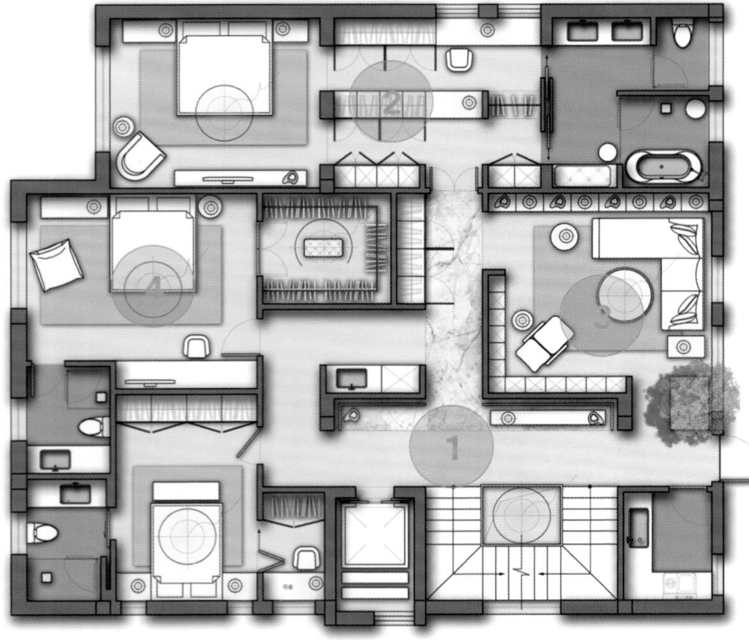

改造设计图

2F

原始户型分析

二层需要设置三间卧室，包含父母房、儿童房和客房。

改造后细节剖析

❶ 由楼梯通向各个房间的动线都非常便捷，为了使楼梯厅的视觉效果更加美观，在楼梯口对面设置矮屏风和装饰长桌，动线空间更有仪式感。

❷ 三间卧室都朝南，西侧父母房设计了开敞式衣帽间，与动线结合设计，同时嵌入书桌，靠近卫生间的地方做无柜门设计，方便拿取睡衣和换洗衣物等。

❸ 二层起居室私密性更强，应避免楼梯活动动线的干扰，南侧开口供动线使用，东侧开口放置绿植等装饰，提升通透感。

❹ 儿童房有书桌、独立衣帽间和独立卫生间，可满足居住者的常规需求。

原始户型分析

三层需要设置主卧、孩子住的房间、书房。

改造后细节剖析

❶ 书房设计了一条回字形动线，能从公共空间如楼梯间直接进入，也能从靠里面的卧室进入，靠近公共走道的墙面将书房隔开，使得书房既可封闭又可开放。

❷ 孩子住的房间不经常使用，孩子只是偶尔回来居住，做了套房设计，采用移门，能够灵活处理衣帽间和动线之间的关系。卫生间洗手台盆旁边可设置玻璃门，直接能进入露台，避免绕路。

❸ 主卧的床置于空间中心，采用孤岛式加环绕动线的布局手法，在床上也能够充分欣赏室外花园风景，其他功能区以床为轴线，左右对称布局，比例合理。

❹ 北侧大露台给所有北向空间留出一个室内外的过渡区，满足休闲娱乐、放松的生活需求。

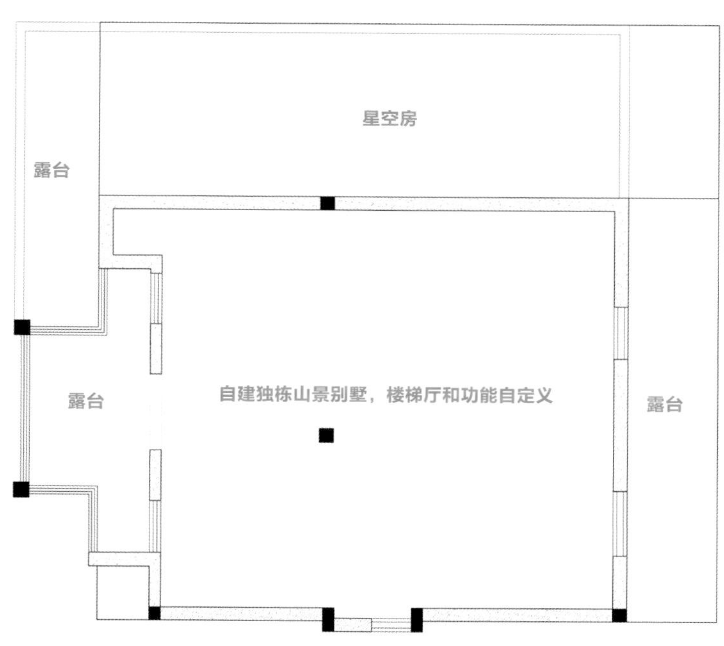

原始结构图

改造设计图

结语：从电梯、楼梯厅处入手定位功能空间，而定位电梯、楼梯厅应依据户型朝向、入户位置等因素，按照由大到小、由公共空间到私密空间的顺序布局。

133 艺术性和文化气息超强的别墅豪宅地下室

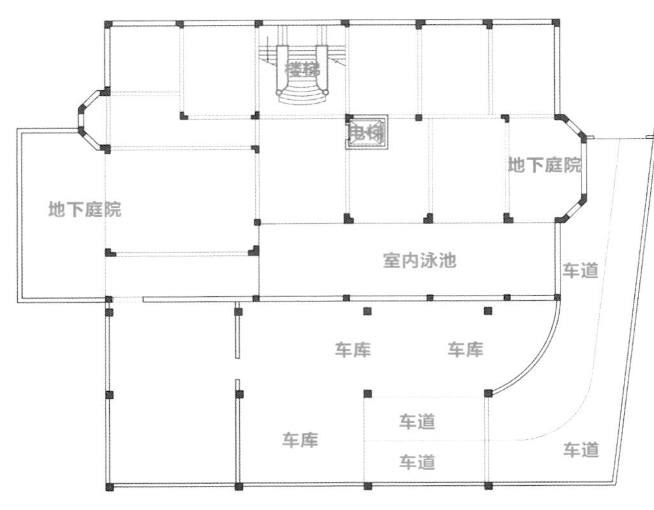

原始结构图

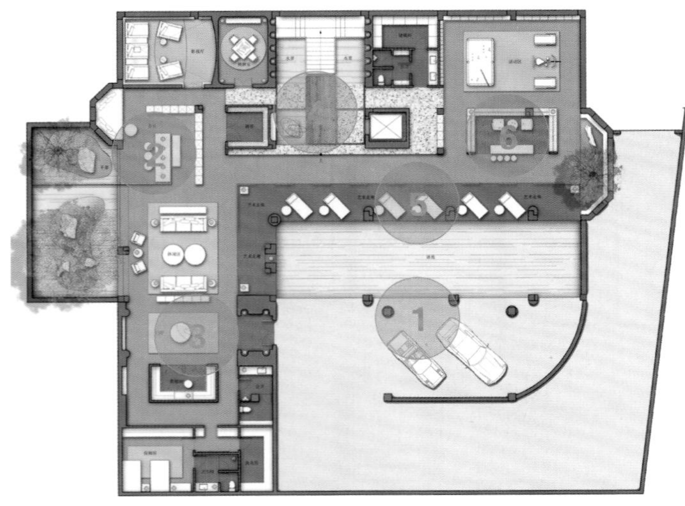

改造设计图

结语：功能需求均顾及到，在此基础上，才能更好地满足氛围、风格、文化品位等方面的需求。

原始户型分析

地下室空间入户门和车库位置不变，楼梯位、电梯位及室内泳池位置也不更改，采光较差。

改造后细节剖析

❶ 车库位置是固定的，只有内部可停放车辆，外侧为共用的行车空间。

❷ 茶室和休闲区与绿植水景相邻，在此处可一边品茶一边赏景，增添一丝自然妙味的意境；S形环绕动线带来似隐非隐、似露非露的茶室空间体验感，在有一定私密性的前提下，也使人产生想一探究竟的心理。

❸ 门厅跟休闲区用简单的局部柜体隔断，视线上形成互动，空间感强；门厅另一侧设置鞋帽间、保姆房、洗衣房，门厅成为休闲区和家政区的隔断空间。

❹ 楼梯打造得极具艺术气质，分为两部分，一部分为连接上下层的多层楼梯，另一部分为兼具装饰性和实用性的缓冲平台。水景和石板的组合充满趣味性，不再单调。

❺ 泳池和景观庭院、大休闲空间在同一轴线上，视觉上有丰富的场景变化；泳池边的艺术走廊兼有衔接室内外空间的作用，采用屏风隔断，按照一定间距来布置，带有很强的秩序感和序列感。

❻ 酒吧功能配备齐全，在视线右侧打造一处绿植景观，为空间氛围添彩，同时也成为室内外视线的汇集点，与左侧的庭院景观相呼应。

134 独栋别墅豪宅从三个方面营造中式意境美学

原始户型分析

地下室楼梯位可改，基本都是柱点承重，空间可塑性强，与一层花园有错落。

改造后细节剖析

❶ 将楼梯改为双跑楼梯，布局在地下中心庭院两侧，这样从地下任何空间走到楼梯都比较便捷，电梯位不必改动，与楼梯位置仍然邻近；中心庭院采用绿植和枯山水的组合，树可以长到二层，将上下空间串联起来，运用园林设计手法，可加入更多中式元素。

❷ 客厅虽是完全开放的，但柱体无形中已经界定好空间的位置和范围，同时对称柱体提升了空间气场。

❸ 酒吧区和雪茄区同样设置在南侧，可直接观赏室外花园景色，在休闲的同时，视觉感官能得到放松。

❹ 健身房可保持较开放的空间，与其他空间用格栅隔开，其北侧有采光井带来的良好通风和光线，让人在运动时也能保持良好的呼吸感和开放的视野。

❺ 在公卫内打造一处spa区，配有spa池和按摩床，结合沐浴、按摩、精油和香熏来促进新陈代谢，满足并提升人体五感体验，达到一种身心畅快的享受。

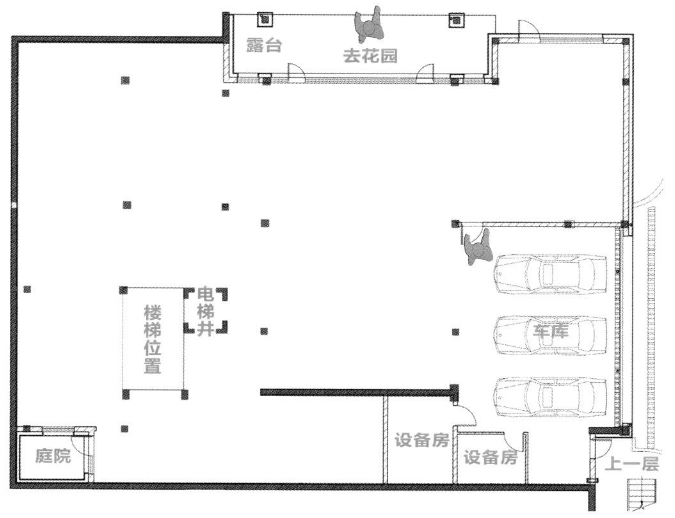

原始结构图

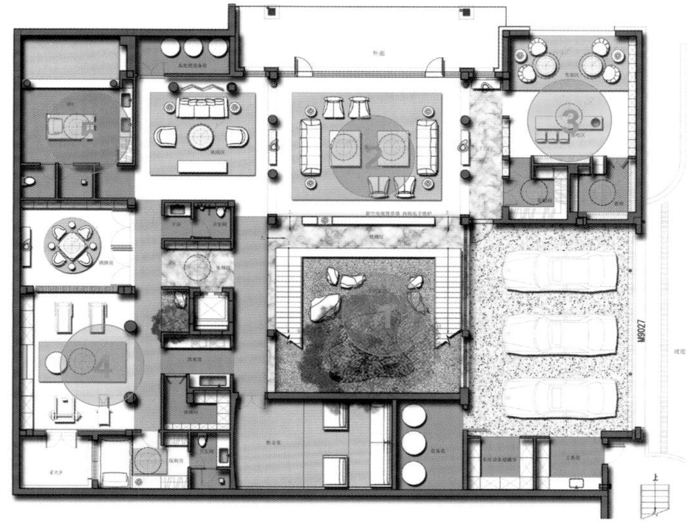

改造设计图

露台
露台
露台
南
楼梯位置和功能自定义
露台
电梯井
楼梯位置
露台
门厅
露台
采光玻璃
采光玻璃

原始结构图

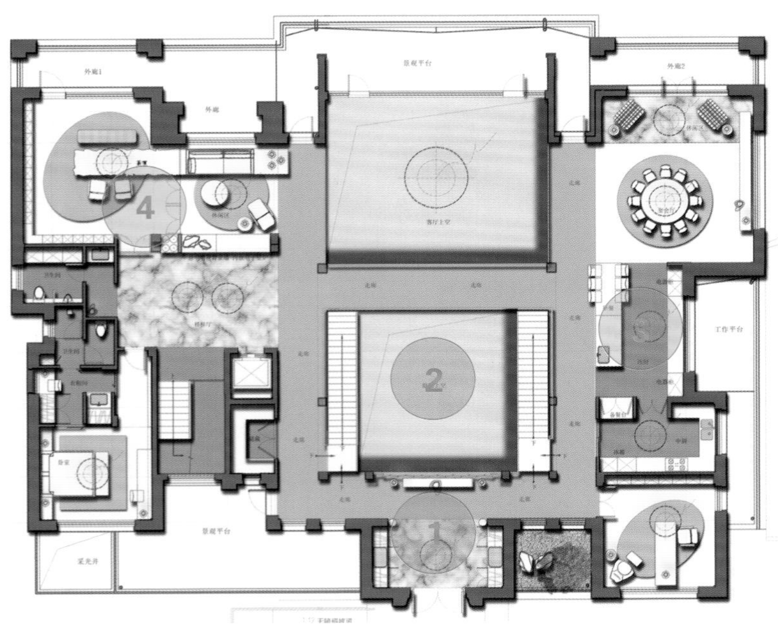

改造设计图

1F

原始户型分析

楼梯位可改，基本都是柱点承重，空间可塑性强。

改造后细节剖析

1 入户门厅加门套后空间感更强，柜体左右对称布置，使得门厅小有气势，视线所及是由超大挑空区内延伸上来的绿植景观，形成大气的视觉效果。

2 两大块挑空区基本将中心位置完全打开，功能空间围绕两侧布置，一层到二层沿用原始户型的楼梯位置，公区、私区分开；楼梯处的挑空形成一条长的环绕动线，将走廊动线利用起来打造成艺术装饰走廊，彰显空间品位。

3 餐厨区除了设置正式的圆桌餐厅，还设置了一处早餐区，采用西厨岛台和餐桌的组合形式，并形成环绕动线。

4 茶室和休闲区采用玻璃门隔断，两种功能也能融为一体使用。

原始户型分析

楼梯位可改，基本都是柱点承重，空间可塑性强，二层主要是卧室空间，有主卧、次卧、小客房。

改造后细节剖析

❶ 将庭院上空对应的二层挑空区南侧墙面向南推进，可以设置大气、连贯的装饰台和装饰墙，走廊空间也宽敞不少，让整个公共动线区域丰富且有美感。

❷ 主卧靠南向，开门进来直接看到一处端景，处处有装饰设计，打造优质空间体验，套房内各空间都有面向花园的窗户，主卫还连接着室外露台，抬高的双人浴缸可供居住者一边泡澡一边赏景；在书房打造双动线，在床尾围合出一块休闲区，提升主卧品质。

❸ 衣帽间内环绕动线和双动线相结合，动线简洁，中间的衣柜两侧均有柜门，靠窗设置软垫，打造休闲区，换衣时能使用，也能用来阅读、聊天等。

❹ 次卧衣帽间采用了双动线设计，并设置一处迷你水吧台，功能完备，空间感开敞、舒适；卫生间组合形式新颖，马桶位凹入墙面，并形成走道，淋浴房独立性更强。

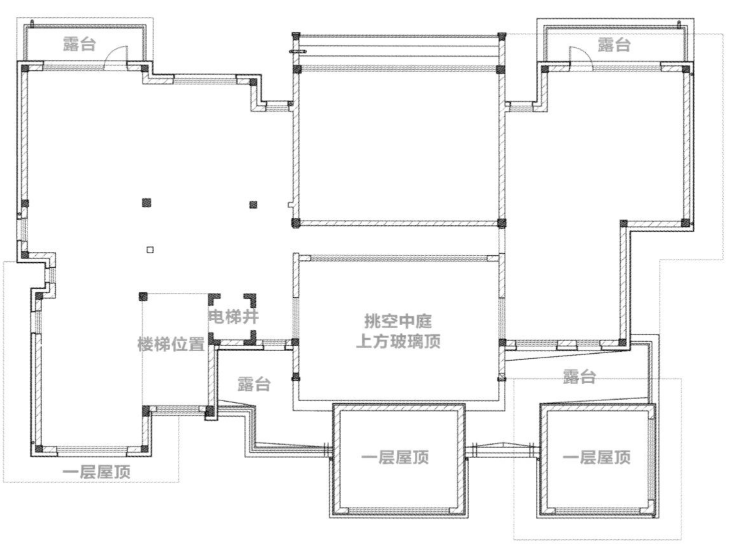

原始结构图

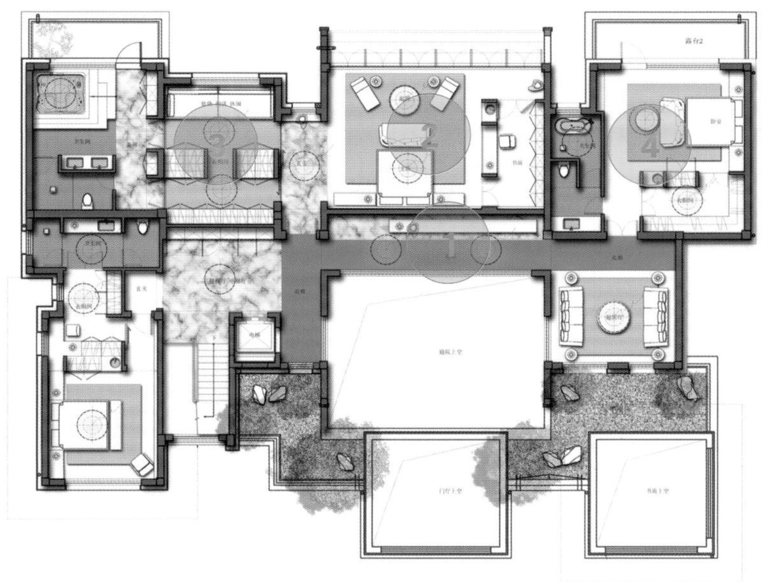

改造设计图

结语：在空间区域划分方面，休闲空间集中于南侧，靠近室外花园，需要封闭的空间设置在北侧或角落位置；公共空间都有环绕动线，各个功能区域之间的动线都进行了最短化处理；在任何空间里都能看到中心主题空间，即中心庭院，由视线将整个空间紧密结合起来。

135 用解构手法打造后现代欧式独栋豪宅，让人穿梭于古典奢华氛围之中

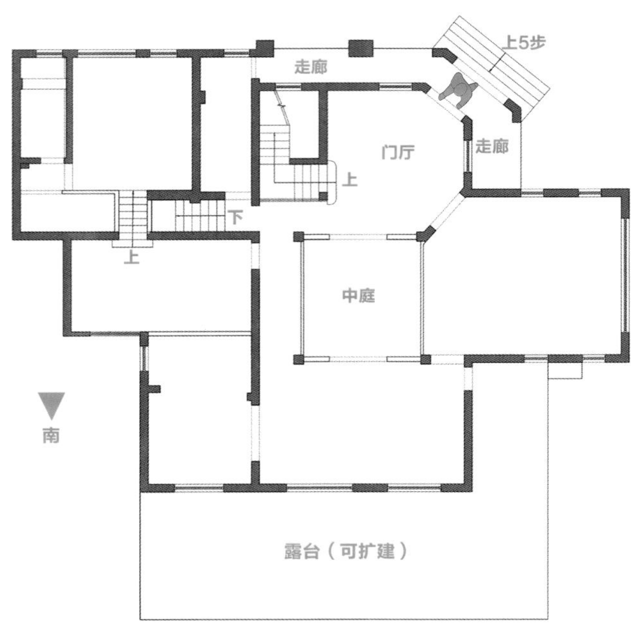

原始结构图

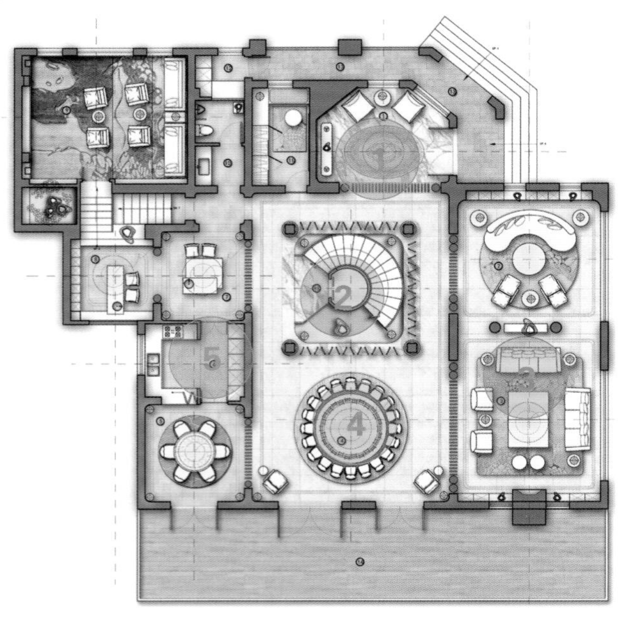

改造设计图

1F

原始户型分析

本案例中独栋别墅的外立面和柱点等承重结构可以更改，楼梯空间又小又碎，露台可扩建。

改造后细节剖析

❶ 把入户门位置改到东侧，入户之后门厅的视觉效果会更加规整一些，主视线上没有杂乱的尖角，半椭圆形的门厅内能设置一处换鞋区或休闲区。

❷ 楼梯设在中庭位置，做成大旋转楼梯造型，直通三层，在旁边的区域打造绿植水景，用灵活、透明的隔扇屏风划定楼梯区域，更具艺术性和奢华感。

❸ 客厅扩大，把室外面积包含进来，偏厅以圆形地毯划定互动范围，更具休闲氛围，主厅家具组合更加严肃、规整，可作为会客接待区使用。

❹ 用餐区细分为多个空间，主要有家人日常使用和宴会接待使用两个空间，楼梯旁边的大宴会厅居于公共空间较中心的位置，视线和动线俱佳，和室外露台有互动，又跟充满艺术感的楼梯相映衬。

❺ 厨房位置距离隔层的保姆房较近，靠近西侧楼梯动线，家政动线不会干扰到其他空间，厨房备餐台采用了折叠窗的设计形式，方便中餐区日常使用。

原始户型分析

本案例中独栋别墅的外立面和柱点等承重结构可以更改，隔层完全用于设置保姆房。

改造后细节剖析

❶ 上楼梯一走到隔层这里后，在视线正对的地方设计一处端景装饰，处处保持别墅的空间品质；洗衣房的设置方便保姆日常使用，家政动线更便捷。

❷ 卫生间套到保姆房内使用，独有的卫生间让家政人员的个人生活也更便利一些，不会与其他公共空间的使用形成冲突。

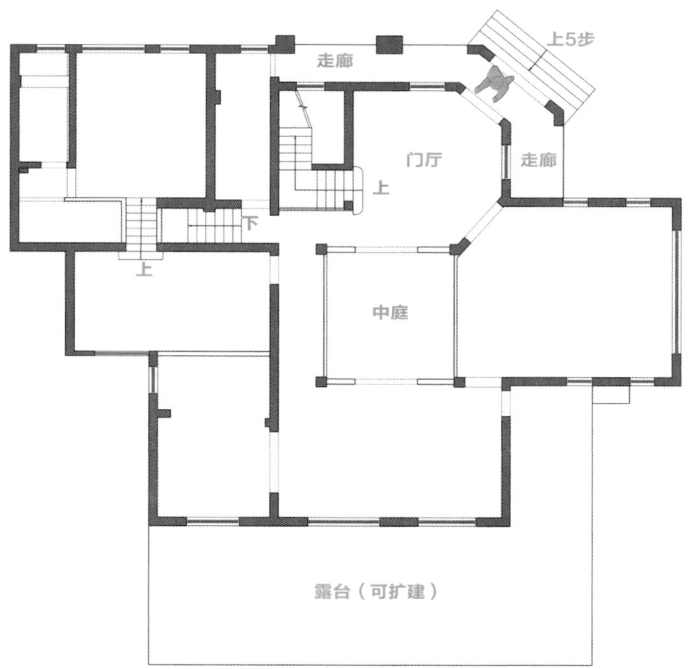

原始结构图

改造设计图

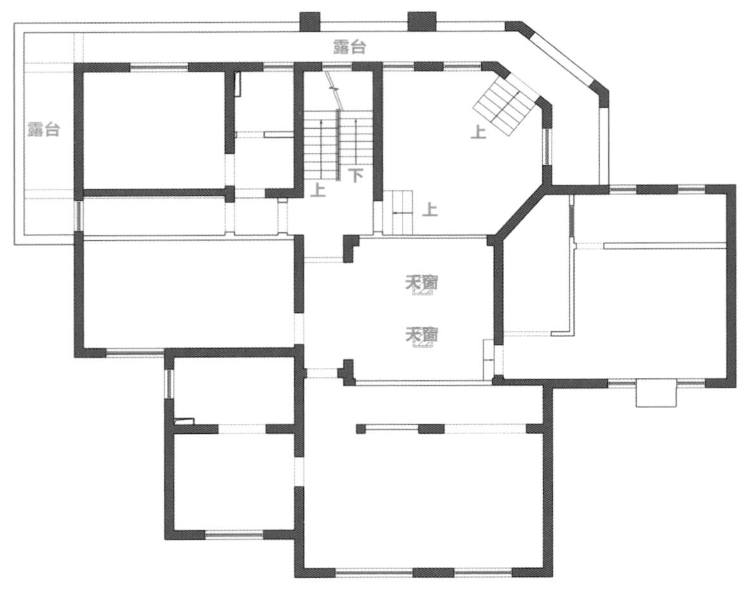

原始结构图

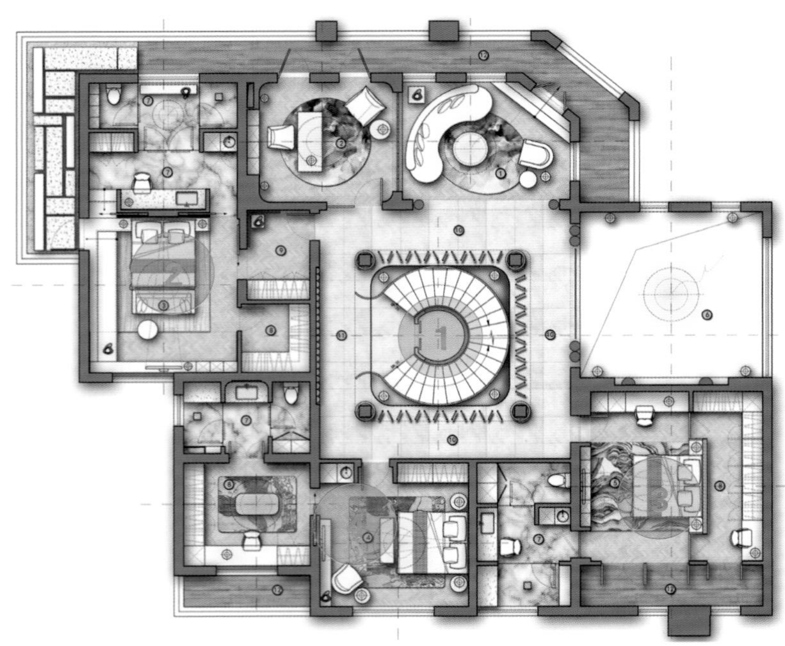

改造设计图

2F

原始户型分析

本案例中独栋别墅的外立面和柱点等承重结构可以更改。

改造后细节剖析

❶ 楼梯设在中庭位置，做成大旋转楼梯造型，直通三层，在二层楼梯四角设置装饰灯光辅助照明和烘托气氛，用灵活、透明的隔扇屏风划定楼梯区域，更具艺术性和奢华感。

❷ 三间卧室的面积比例均衡，都朝南布局，卧室的卫生间内不需要浴缸，空间足够进行干湿分离设计。西侧卧室内通往露台的台面与床头柜进行一体化设计，整个空间块面化，可充分利用空间且更有设计感。

❸ 老人房的卫生间内做更多方便老人生活的设计，比如淋浴房可以坐下使用，动线更为简洁、快捷。

❹ 三间卧室内都配备了一些更人性化的设施，比如水吧台，方便口渴时提供直饮水，衣帽间有书桌、休闲台面，也可用作梳妆台，或在台盆旁边设置梳妆台等。

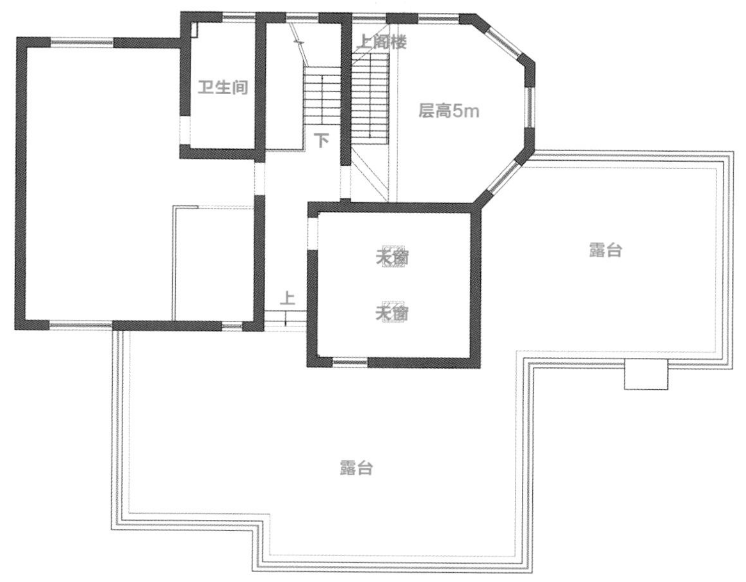

原始结构图

原始户型分析

本案例中独栋别墅的外立面和柱点等承重结构可以更改。

改造后细节剖析

❶ 楼梯设在中庭位置，做成大旋转楼梯造型，直通三层，在三层楼梯位置设计彩绘玻璃屋顶，色彩斑斓的光线直接穿透到一层，不仅强化各层光线，更有丰富的变化；上楼梯后正对的墙面弧形凹入，形成缓冲和扩散视觉效果。

❷ 主卧分为洗浴区、衣帽间和睡床区，其中卫生间洗浴区不仅进行了干湿分离设计，还形成双动线，各功能空间比例均衡；睡床区和休闲区相结合；独立的步入式衣帽间有超大空间，充分满足收纳和使用需求。

❸ 露台区域做了扩建之后，给室内带来绝佳的采光和通风条件，大L形露台处的视野广阔，能欣赏到室外的风景，不仅能够承载休闲聚会场景，也能作为健身区，拥有多种用途。

❹ 客房采用常规设计布局，并配有独立的卫生间。

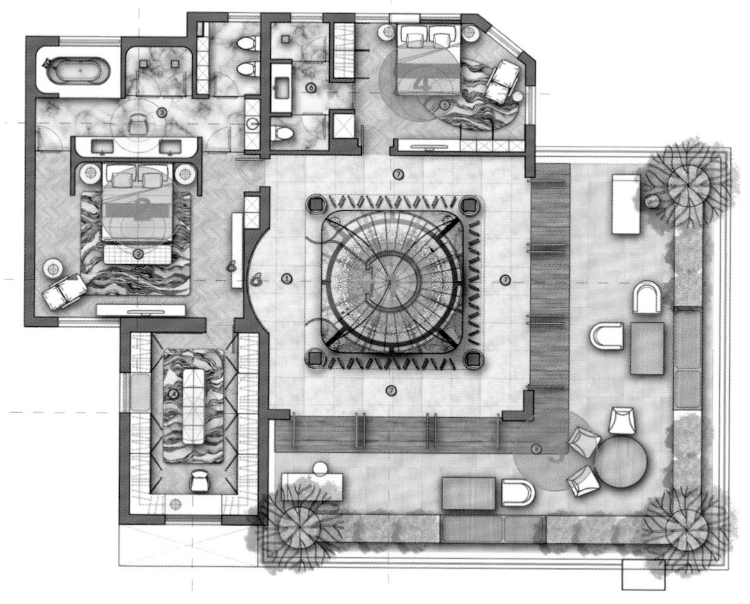

改造设计图

结语： 独栋豪宅改造要把控好两点，一是整体空间的气质和氛围，需要彰显出业主的品位；二是各个空间要相对独立，尤其在仪式感方面，各个空间应该协调统一又各自明确范围。

136 打破惯性思维，独栋别墅这样设计每层都精彩

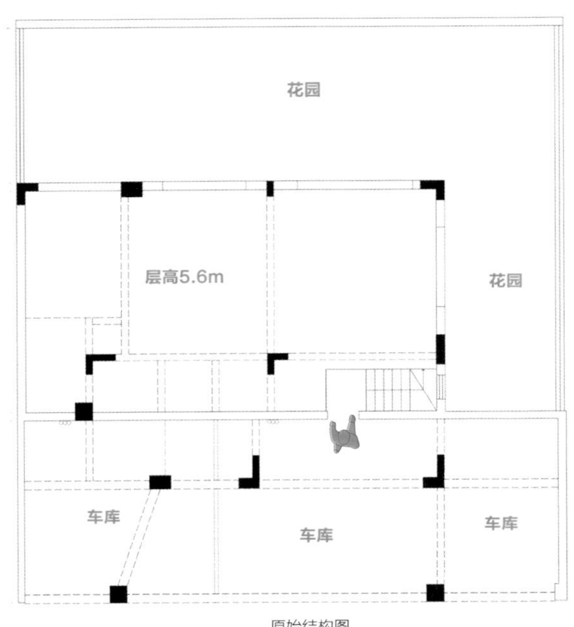

原始结构图

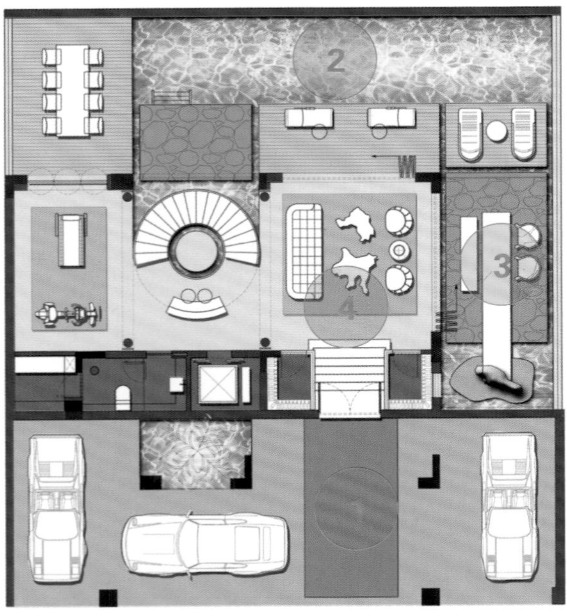

改造设计图

BF

原始户型分析

车库入户楼梯太绕，地下室层高很高，需要搭建一层空间，增强室内与室外花园的互动性。

改造后细节剖析

❶ 通过地面材质的设计，让空间更有仪式感。在由车库进门的区域采用了不同的地面材质，营造一种迎客感，同时从视觉上增大了原本不大的入户空间，增添了趣味性。

❷ 在南侧花园设计了休闲阳台和泳池，让人们更加随意放松，打造度假休闲的场所。利用折叠玻璃门隔开空间，可开可关，操作灵活，让空间既可独立又可融合。

❸ 通过和水景的结合设计茶室，更加具有仪式感。折叠门的设计，让茶室与客厅能更好地互动，空间通透感更佳。

❹ 拆除所有可以拆除的遮挡视线的墙体，整个空间更加大气，光线能在通透的空间中发散。

1F

原始户型分析

由入户大门进来直接面对楼梯，体验不佳。电梯位置比较绕，不显眼。厨房、餐厅面积比较小，不太合适。

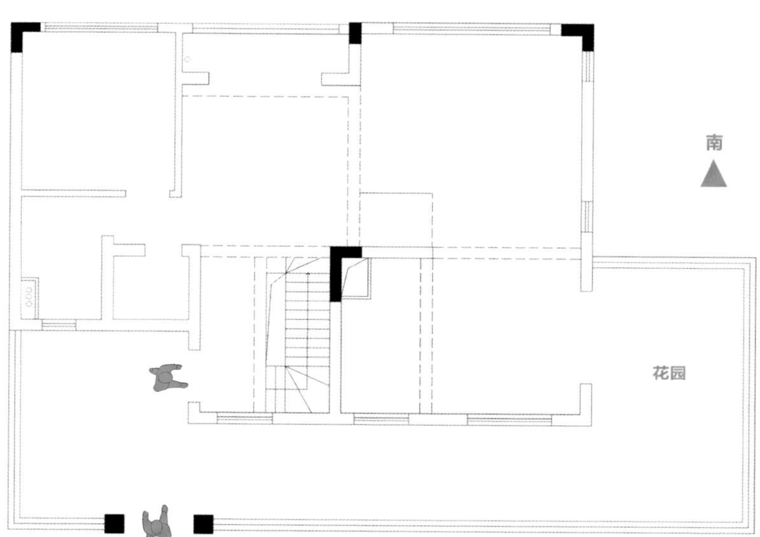

原始结构图

改造后细节剖析

❶ 对入户大门位置进行改动，在入门处设置了水景，进门见水，寓意很好，同时也让门厅更加大气。水景向室内延伸，拉大了入户处的视觉空间感。

❷ 去掉入户处的楼梯，将楼梯位置改到房子中央，方便各个功能空间使用。采用具有仪式感的旋转楼梯，既美观又实用。

❸ 将客厅和餐厅设计成一个周正的大空间，通过柱体垭口区分这两个空间，不会影响空间的通透性，且实现了更好的互动性。客厅采用了中轴对称手法，提升了空间仪式感，十分大气。

❹ 将厨房改到花园位置，扩大了厨房空间，增加了台面操作区域，使用更加舒适。

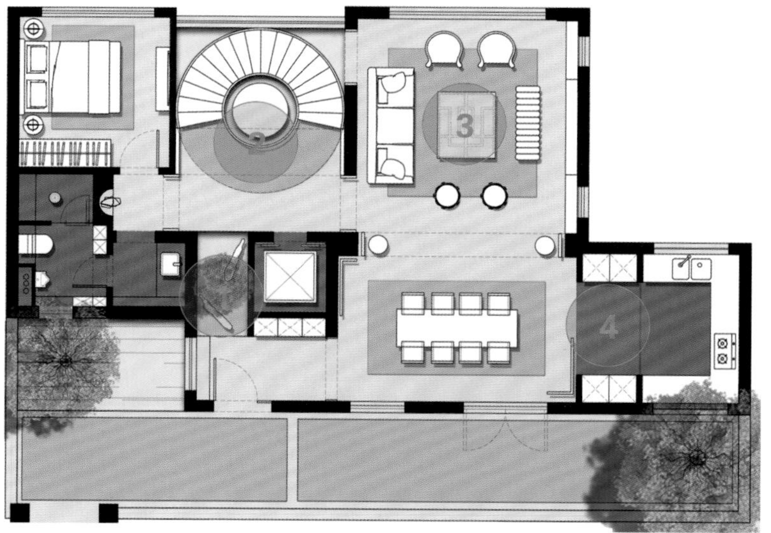

改造设计图

2F

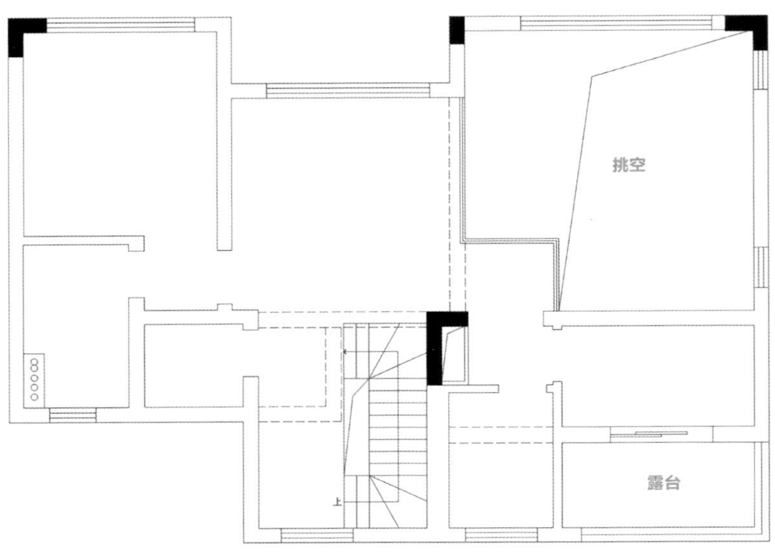

原始结构图

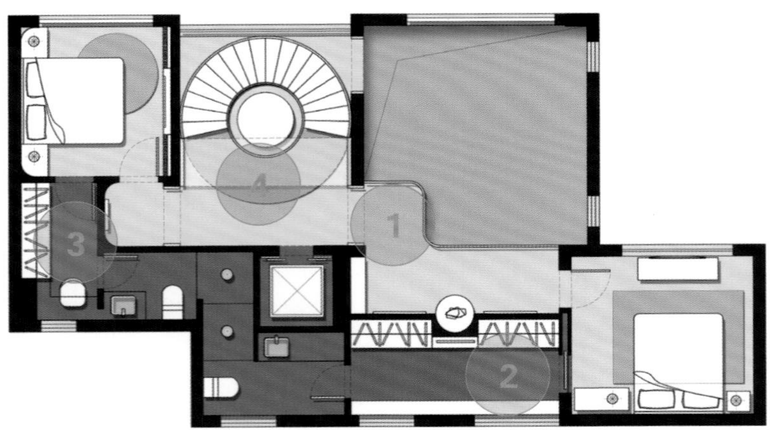

改造设计图

原始户型分析

在保留挑空区域的前提下，需要设置两间卧室套房，并带独立的衣帽间和卫生间。

改造后细节剖析

❶ 保留原始挑空区域，空间更加通透、有气势，让楼上与楼下有更好的互动。

❷ 将本来不好利用的空间划分给卧室，配套做衣帽间，保留窗户，让空间的采光更好，这样设计更合理地运用了空间。窗户边设计成可坐的区域，中间留出过道，通向卫生间。衣柜没有做满，让位于过道，更加有趣味性，打破了满墙柜体的呆板。

❸ 衣帽间与卫生间结合设计，台盆旁边的墙体断开，让空间通透、互动，加强采光。两个卫生间之间利用玻璃隔开，让光线到达没有采光的卫生间区域。

❹ 过道的圆弧形设计让空间变得更加柔和、流畅、有仪式感，解决了空间生硬问题。

3F

原始户型分析

原来的楼梯和楼梯厅都太小气，三层需要设置一间次卧套房与一间主卧套房。

改造后细节剖析

❶ 在三层正对楼梯口处做了一个迎合旋转楼梯的切面造型，有一种迎客的仪式感。

❷ 衣帽间和卫生间结合设计，经过衣帽间可到达卫生间，节约空间。卫生间和衣帽间采用玻璃门，采光更好，空间更加通透。

❸ 在主卧进门处设置了一处端景，仪式感更强。在光线好的位置设置了书桌，做了一组内嵌柜体，增加了储物空间。

❹ 在衣帽间设计环绕动线，采用玻璃门，通过主卧窗户将光线引入衣帽间。衣帽间里设置了休闲座椅，方便换装，功能更加丰富，也打破了整面柜体的呆板。卫生间里面每个功能都处于独立的空间，使用起来更加舒适。

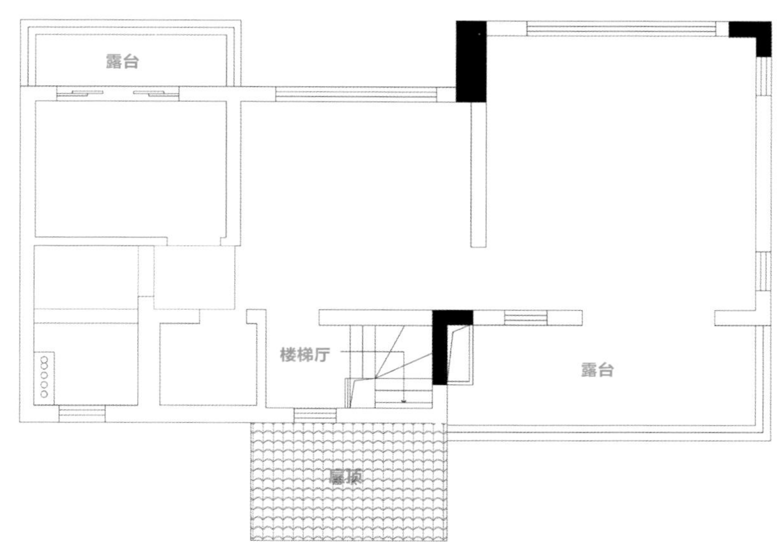

原始结构图

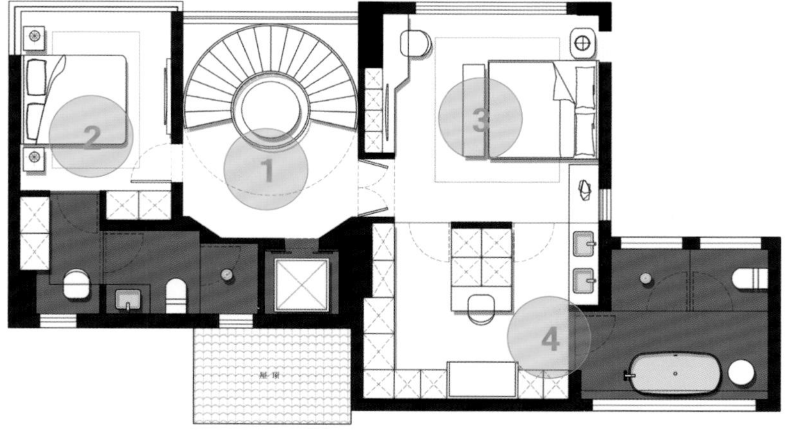

改造设计图

结语： 摒弃固化的思维，灵动的设计将独栋别墅每一层空间的优势都发挥得淋漓尽致。

137 高端别墅设计让人一见倾心

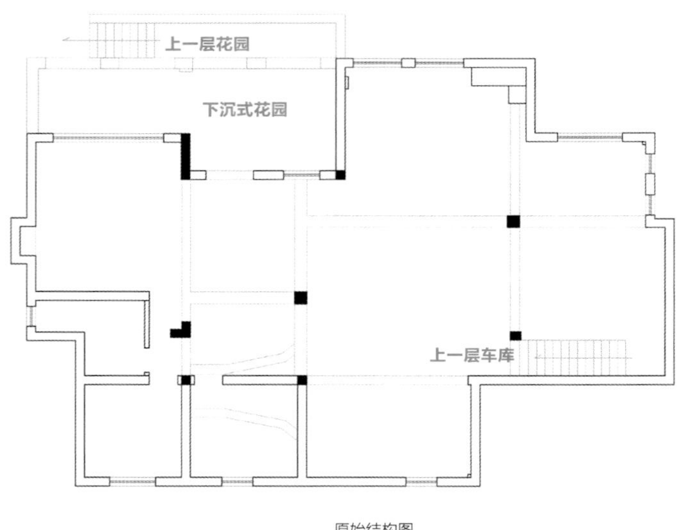

原始结构图

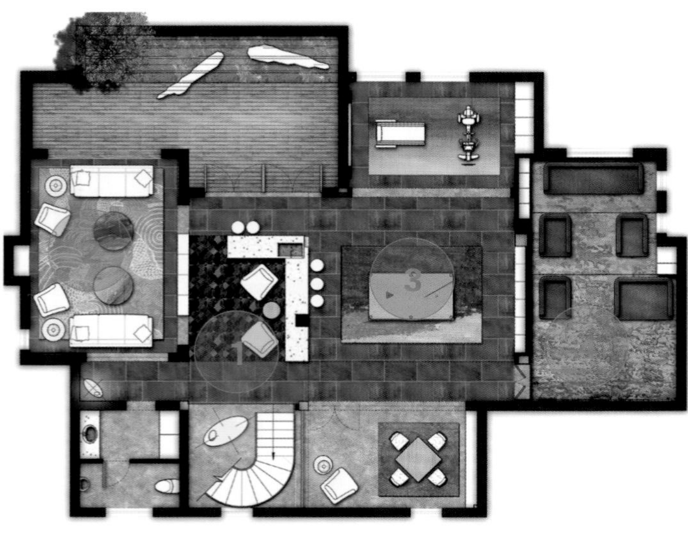
改造设计图

BF

原始户型分析

地下室没有正式楼梯通往一层空间，只能从车库和花园进入一层空间，动线非常不方便使用。

改造后细节剖析

❶ 初入地下室进入视野的是一个开阔的大娱乐区，先是酒吧台的位置，通过吧台的设计包裹了承重柱体，让原本突兀的柱体融合到空间中来。吧台区域设计了环绕孤岛的动线，吧台四周也是可以随便坐的，使用氛围更加舒适。利用酒柜的设计隔开了会客区，留出双动线。

❷ 利用中轴对称的手法来布置会客区，体现出别墅的大气、庄严。利用柜体作为隔墙留出双动线，让会客区域和外面的休闲区能有互动，空间更加通透，光线更好。

❸ 台球桌的布置，给空间增添了不少趣味性，让原本严肃、有仪式感的空间更加灵动。

❹ 将光线比较差的位置隔开设置为影视厅，合理利用空间，把采光更好的空间留给了更需要采光的功能区域，影视厅是比较重要的空间，全家人能在这里一起看电影、唱歌，从而拉近家人之间的距离。

1F

原始户型分析

入户处没有别墅的仪式感，有多个楼梯，使用起来不方便，动线较远。客厅比较小，空间不周正，造成不必要的浪费。

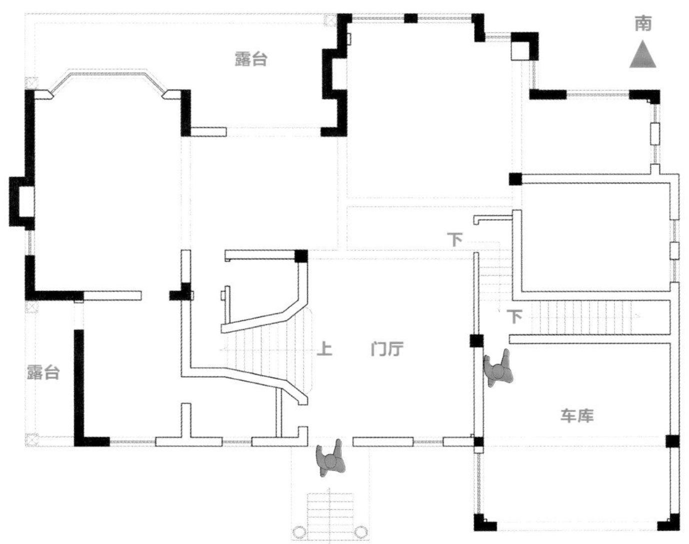

原始结构图

改造后细节剖析

❶ 在入户处设计艺术走道与端景，形成一个大气的、有仪式感的门厅。两边分别是楼梯和鞋帽间，楼梯采用U字形的艺术楼梯，鞋帽间设计双动线，换鞋后直接从另一扇门进入室内，十分方便。

❷ 在餐厅设计了一个吧台，具备品酒区和早餐台的功能，在人比较多的情况下，可以采用更有仪式感的圆桌。利用中轴对称手法，把圆桌和吧台设置在一条中轴线上，更加美观、舒适，且具有仪式感。

❸ 在客厅和餐厅中间设计了一个中庭，并进行造景，形成一个过渡空间，并且成为分割客厅、餐厅的空间。利用圆柱包裹承重柱体，再利用对称的设计手法，仪式感满满。

❹ 把多余的楼梯去掉，扩大客厅，空间更加周正。再加上一些艺术品的布置，给空间增添不少艺术氛围。运用中轴对称手法进行家具的布置，让空间更加周正、有仪式感，壁炉的设计也为室内增添了几分温暖。

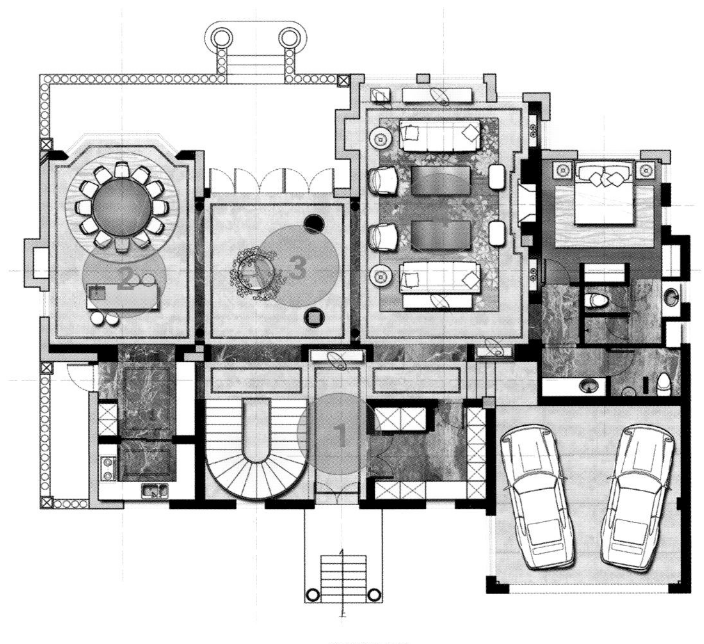

改造设计图

2F

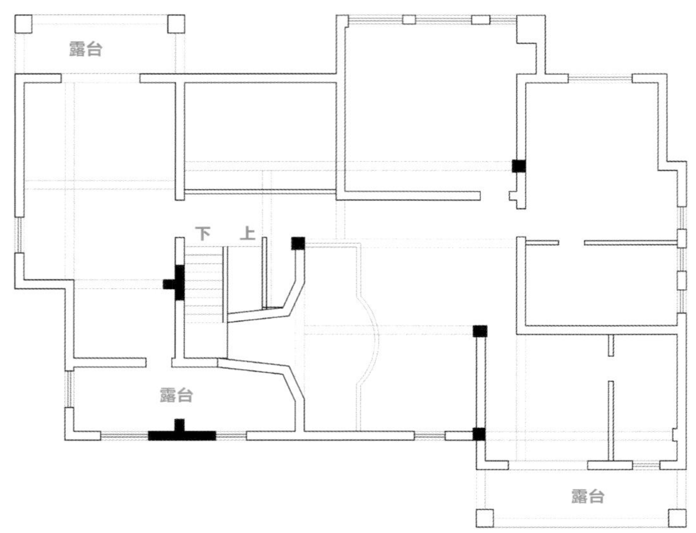

原始结构图

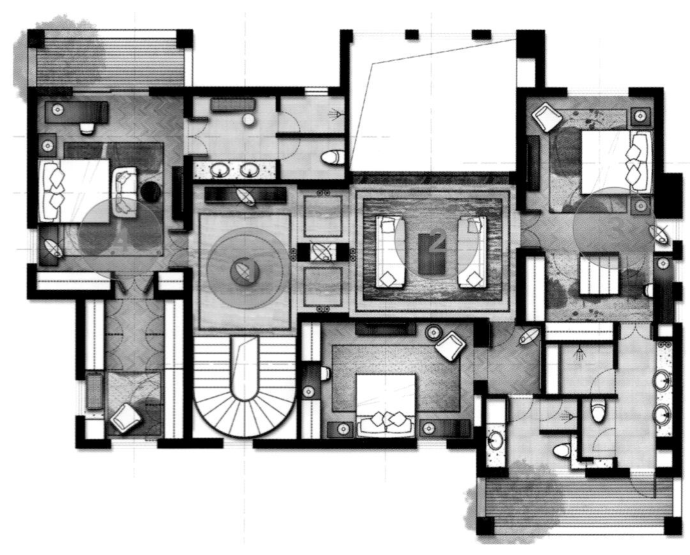
改造设计图

原始户型分析

楼梯不规则，缺乏美感，二层与一层没有互动，缺少挑空区域。

改造后细节剖析

❶ 通过艺术楼梯上来后，是一个非常大、非常有仪式感的中庭，可以作为过渡空间，本层设置了三间舒适的套房和一间起居室，在空间足够的情况下，做大中庭，体现出别墅的气势。

❷ 在挑空位置的边上设置了一间起居室，既位于比较方便到达三间大套房的位置，又能和楼下产生互动。在起居室旁边利用艺术品加双动线弱化了承重结构柱的突兀感，也让空间更有仪式感和艺术感。

❸ 在进入西侧卧室处利用窗户和承重结构的位置设计一处端景，利用了空间中不好利用的地方，同时又增添了进房间的仪式感。衣帽间中间的柜子背靠背放置，能在有限空间里增加储物量。在卫生间将马桶、淋浴区隔开，使用更舒适。卫生间连着阳台，洗漱完可在阳台赏景，十分舒适惬意。

❹ 利用小柜子和艺术品的陈设，形成进入东侧卧室的端景，非常美观、有仪式感。这个卧室离起居室有点距离，通过小沙发的布置，让这个卧室空间自带起居室功能，使用感更舒适。阳台上的绿植景观，给空间增添了生命力。

原始户型分析

楼梯造型过于常规，而且采光偏弱，衣帽间和卫生间空间比例失衡。

改造后细节剖析

❶ 本层全部都是主卧私密的空间，配置十分齐全。推开主卧大门映入眼帘的是一处艺术端景，隔开了睡床区和大门，形成玄关。玄关北侧是一个具有双动线的衣帽间，与衣帽间相连的是玄关和睡床区，使用起来更加方便舒适，梳妆台通过和玄关的一体化设计呈一字形排布，让空间更加通透。

❷ 独立书房里配备了休闲区和学习区，功能更加丰富。书房的位置私密性强，也不会干扰到主卧的使用。

❸ 主卫呈长方形，设置双台盆，中间还留了梳妆台的位置。在靠近窗户的位置设置浴缸，外面设计水景，泡澡的同时还能欣赏外面的美景。

❹ 通过地面材质的设计，让南侧大阳台和室内空间融合起来，有互动性。地面材质的延展性拉大了空间的视觉感受。在床边设置了按摩椅，这是非常实用的设计，能消除人一天的疲劳。

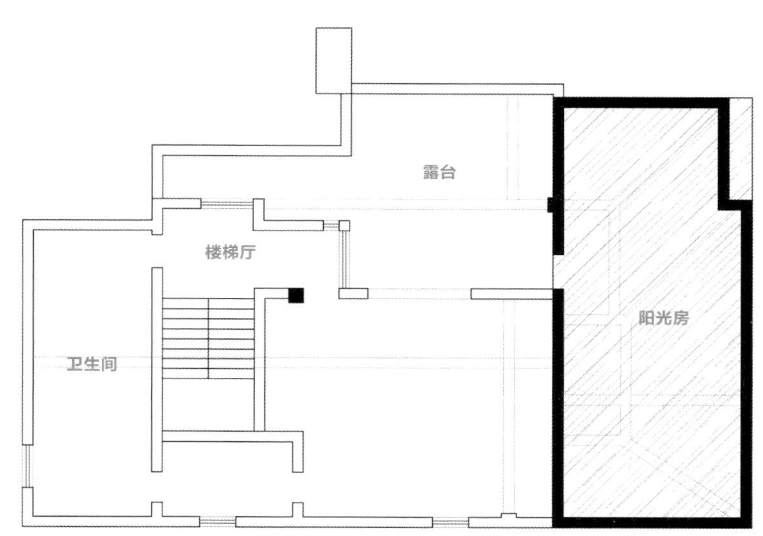

原始结构图

改造设计图

结语：设计让原本呆板的空间，富有时间的光泽、空间的生命力、生活的仪式感。

138 别墅设计如何营造出艺术的高级感

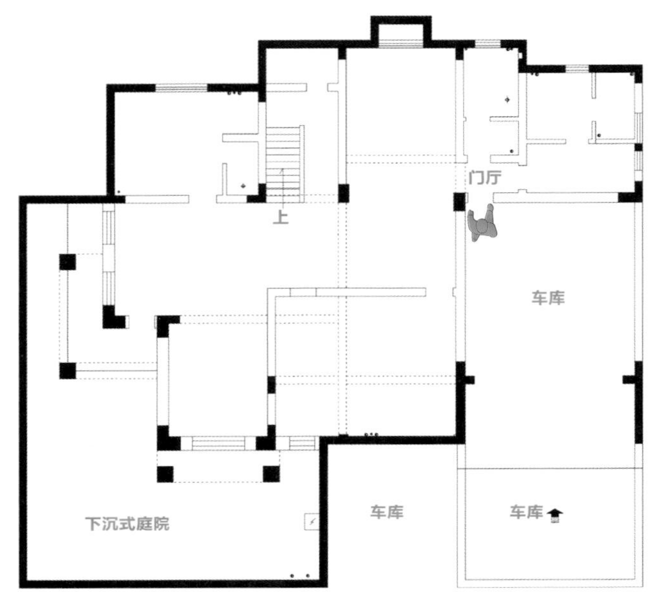

原始结构图

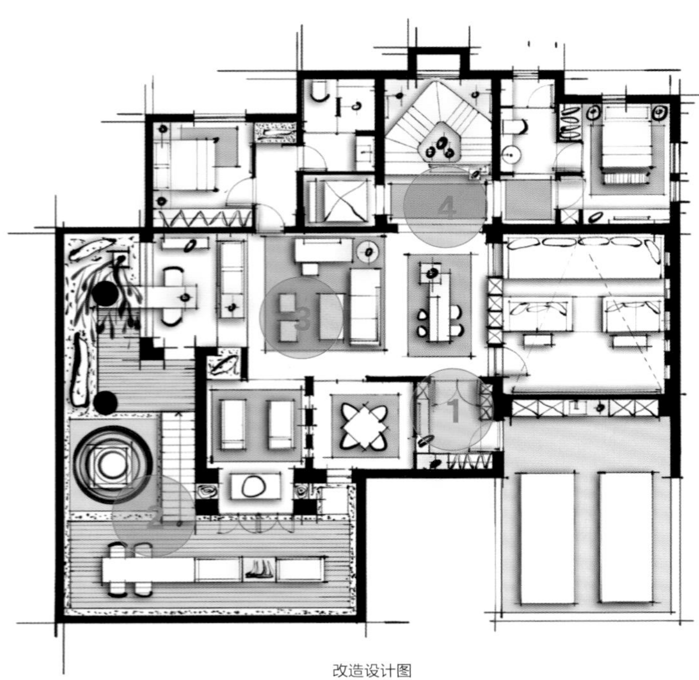

改造设计图

BF

原始户型分析

车库空间过于浪费，动线太长。楼梯体量偏小，造型缺少艺术感。

改造后细节剖析

❶ 从车库进入室内处设置了一处艺术端景，增加空间的美感。鞋帽柜的设计，方便回家第一时间能换鞋子。端景台面的设计方便坐着换鞋，通过墙面留出的间隙，视线可延伸到棋牌室，拉大了空间的视觉感受，也和棋牌室有互动。

❷ 在通透的休闲区，设计了能直接上一层的楼梯，方便上楼、下楼，动线也更加灵活，并和一层产生互动。大型的艺术区布置，让空间仪式感更强、更美观。

❸ 接待区和酒吧台设置在一个周正的区域，结合品茗区的位置，可更好地引入光线，空间更加通透、有互动性，整个接待区显得非常大气。

❹ 将楼梯区域布置在此处，对于通往各个区域的动线来说，距离相对平衡。

1F

原始户型分析

入户门厅空间偏大，楼梯体量偏小，整体空间比例失衡严重。

改造后细节剖析

❶ 将鞋帽储藏空间设置在外门厅，把更多的空间留给室内的大中庭，通过边角的处理和中间的艺术品设计让整个内门厅空间充满了仪式感，这个空间也起到了过渡作用，并隔开了客厅、餐厅空间。

❷ 打通了整个空间，设置中厨、西厨、中餐厅和吧台区，功能十分齐全。利用中轴对称手法，在中轴上布置了吧台和大圆桌，能容纳更多人就餐。

❸ 下沉式的客厅围合感更强，更加舒适，在下沉楼梯位置进行对称的艺术摆件设计，用玻璃隔开，仪式感更强。电视背景墙通过解构主义手法拉伸了空间的视觉感受，增加了空间的趣味性、互动性。扩建出一个玻璃盒子般的阳台，采光更好，增强美观性的同时能更好地观景。

❹ 通过中庭来到一个艺术感非常强的切角异形楼梯，这里镂空的位置更多，让上下楼层更通透，互动性更强，也更加美观，电梯则设置在楼梯边上，位置比较居中，方便使用。

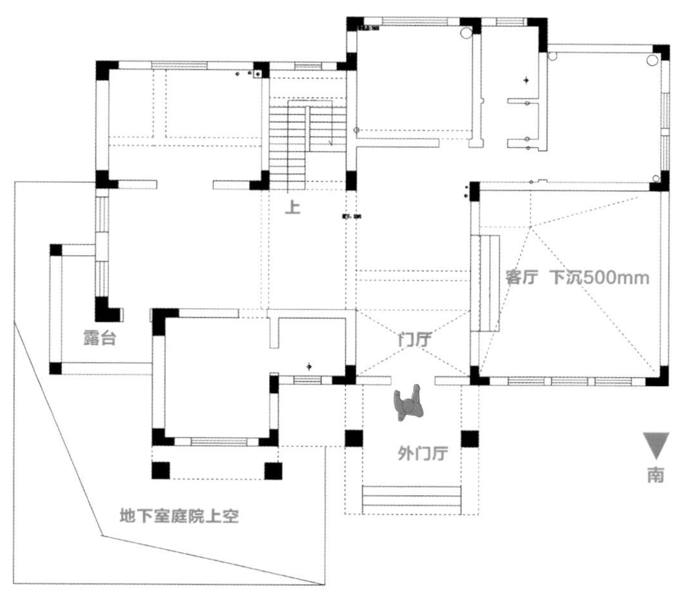

原始结构图

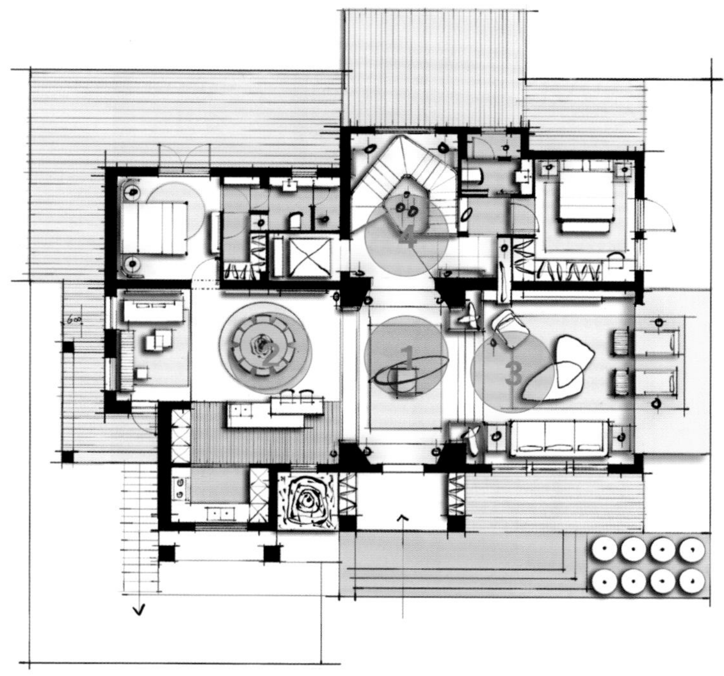

改造设计图

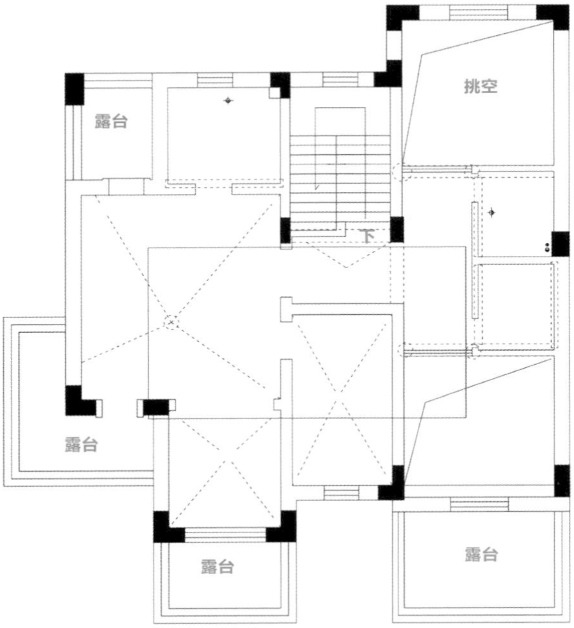

原始结构图

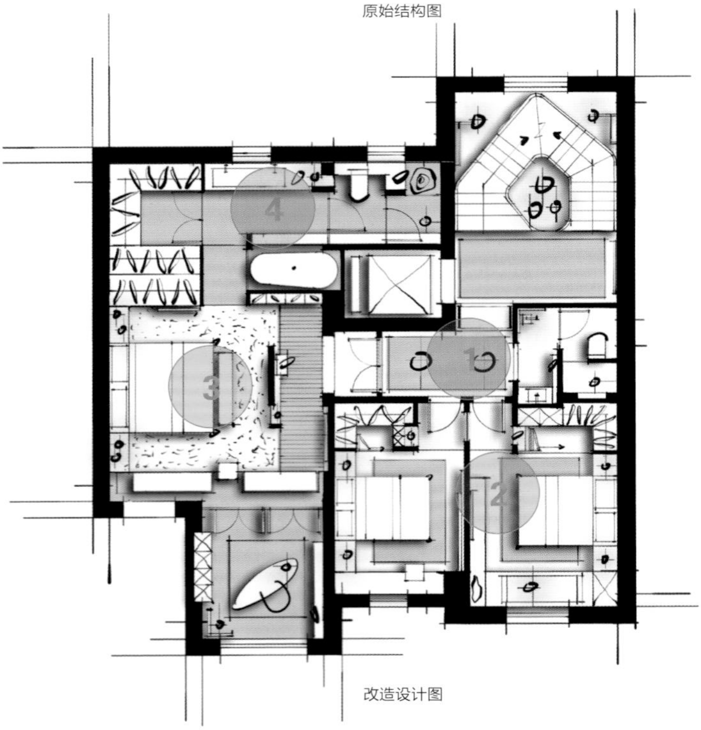

改造设计图

原始户型分析

二层露台空间过于浪费，可以改造为室内空间。根据居住者需求重新规划空间格局。

改造后细节剖析

❶ 通过卧室中庭转换区的设计增加空间的仪式感，也便于更好地转换空间。

❷ 在卧室电视背景墙靠窗处设置了端景，增加空间的仪式感。衣帽间采用折叠门，保证衣帽间空间独立的同时将空间体量做到最大。通过一小截墙体和艺术品的结合，增加了两个次卧空间的互动性。

❸ 在进入主卧处设计了一面墙，形成了一处艺术端景，同时形成入户玄关，增加了空间的仪式感。通过地面材质，把玄关和主卧空间区分开。从玄关到卧室设计了双动线，更加灵动、方便，在睡床区放置一组衣柜，方便常用衣物的储藏，使用起来更方便。

❹ 将主卧衣帽间设置在采光不好的地方，通过玻璃门的设计，引入光线，让空间更通透。主卫墙体采用解构主义手法设计，让空间更通透，增加空间的互动感。浴缸进行抬高设计，既美观又实用。

结语：好的住宅设计，要满足的不仅仅是功能上的要求，更重要的是满足精神追求，要通过饱满的设计、更富有艺术性的在场感，实现心灵的治愈。

139 用解构主义手法打造空间极致美感

1F

原始户型分析

户型周正，采光、通风条件比较好，整体比较通透。

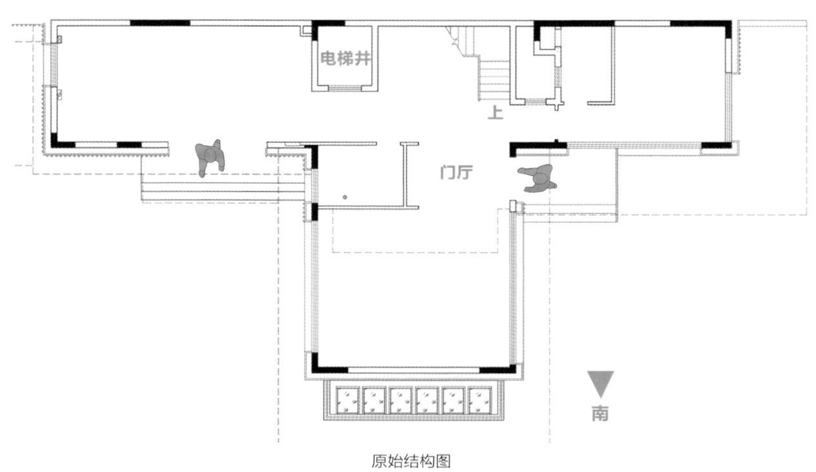

原始结构图

改造后细节剖析

❶ 扩大入户门厅，并在门厅尽头设置绿植，用格栅围起来，仪式感更强。再用一组一组的鞋柜隔出鞋帽间，鞋柜与鞋柜之间留出空隙，空间更加有透气感。

❷ 通过地面的材质分割和玻璃材质让茶室空间独立起来，并和过道产生互动，从过道看过去，茶室桌子成为端景，仪式感强，空间更通透。

❸ 餐厅、厨房的空间比较充足，将西厨和中厨结合设计，使用起来更舒适、方便。厨房门采用内嵌墙体的方式，收起来后整个厨房空间呈开放式，十分通透大气。台面延伸出来形成西厨区，沿中轴设置一个吧台，可以当作早餐台使用，既美观又实用。餐桌放在大玻璃门边上，采光非常好，就餐时还能欣赏外面的美景。

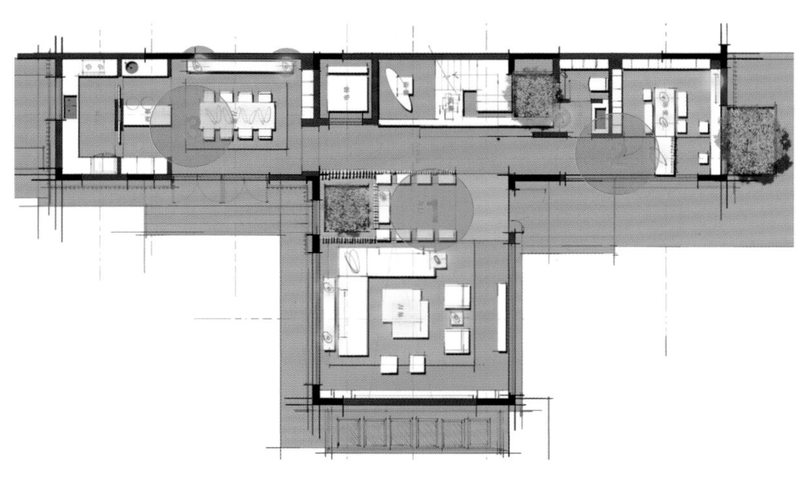
改造设计图

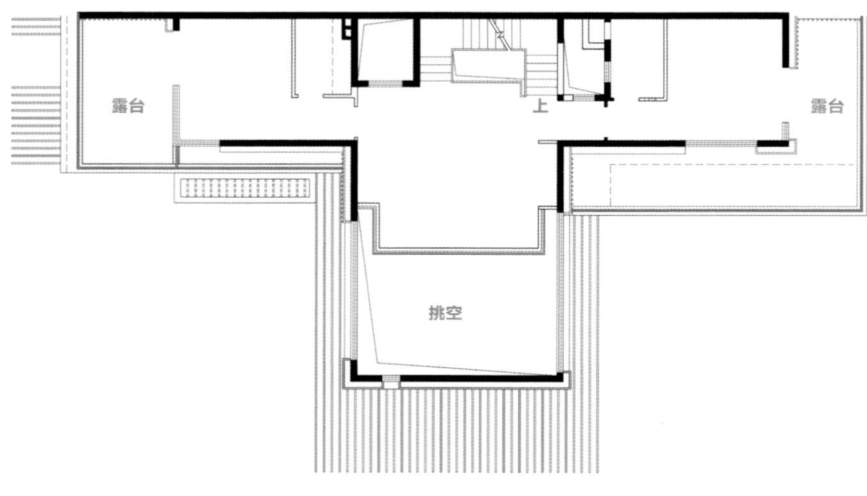

原始结构图

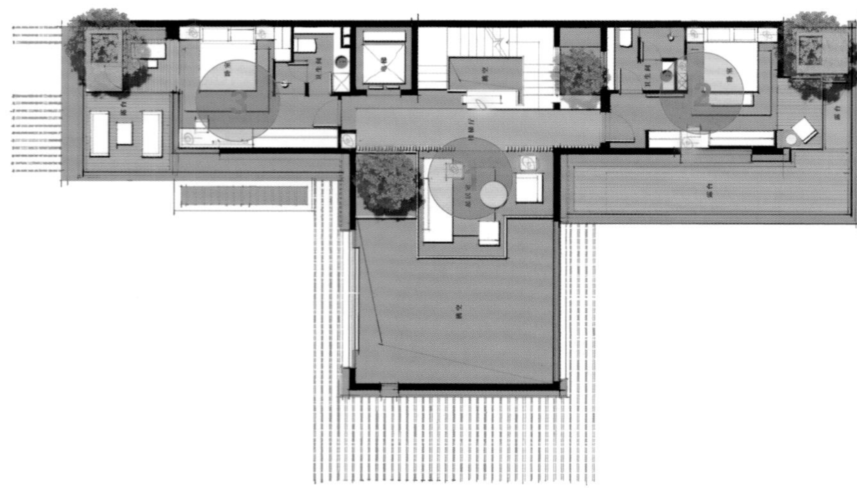

改造设计图

原始户型分析

户型周正，采光、通风条件比较好，整体比较通透。

改造后细节剖析

❶ 起居室设置在挑空区的旁边，能和楼下产生互动，并且位于距离两个卧室较近的位置。起居室采用格栅与楼梯厅稍隔开，有种若隐若现的感觉，保证了通透性的同时也具有私密性。

❷ 在东侧卧室，梳妆台和衣柜结合设计，将窗户旁采光较好的位置留给梳妆台。由于卫生间没有采光，通过墙体的处理，结合装饰柜和玻璃，引入光线。将卧室向东侧露台延伸，扩大卧室区域，同时还能将外面的景色纳入室内。

❸ 在西侧卧室，把梳妆台设置在拐角玻璃处，光线十分充足，还能欣赏外面的美景。将卧室向西侧露台扩大，设置一个休闲区，绿植的设计能让休闲区更加贴近大自然。卫生间运用玻璃材质，能更好地引入光线。

3F

原始户型分析

户型周正，采光、通风条件比较好，整体比较通透。

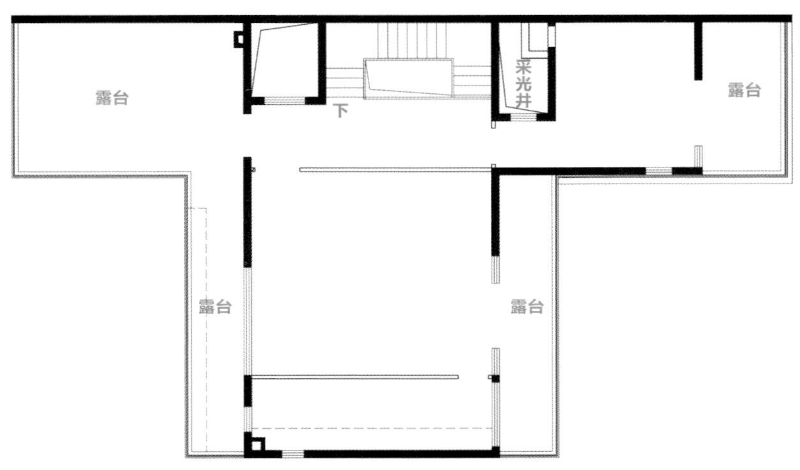

原始结构图

改造后细节剖析

❶ 在楼梯厅设计一个艺术走廊，提升空间的艺术感，增添空间的趣味性。通过解构主义手法在主卧入户的门厅和过道位置放置艺术品，增添空间的仪式感，还将两个空间联系起来。

❷ 将主卧的一部分空间划分给主卫，设置一个对称围合式的睡床区，包裹起来的空间让睡床区更有安全感，更加舒适。在睡床区放置衣柜，方便储藏常用的衣物，使用起来更加方便。梳妆台区域采用格栅代替墙体，采光更好，增添了空间的互动感。

❸ 在大衣帽间放置休闲沙发，方便换衣时使用。衣柜中间设计了艺术品的摆放位置，打破了整面柜子的呆板，趣味性更强、更美观。

改造设计图

结语： 空间与居住者形成一种舒适、融洽的互动，艺术化的美感适当贯穿其中。

140 功能实用性与空间仪式感并存的美

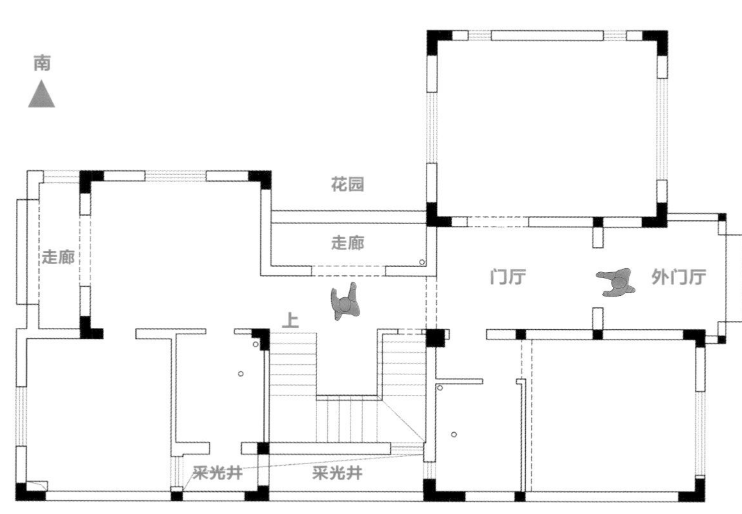

原始结构图

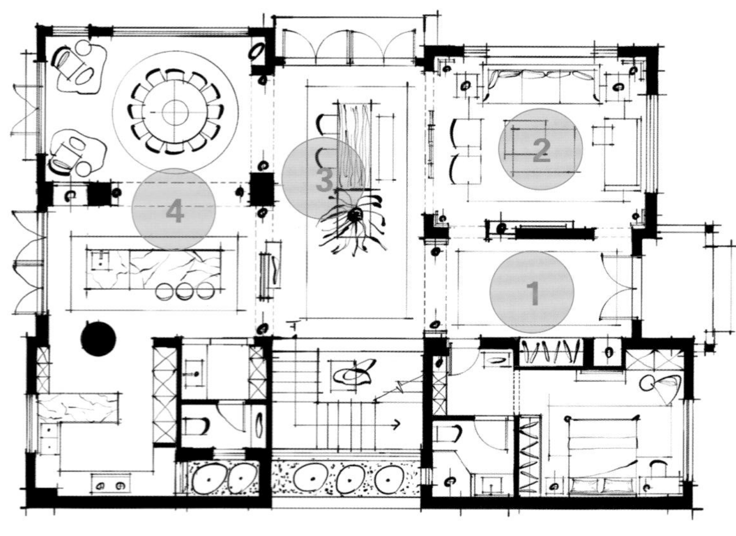

改造设计图

1F

原始户型分析

门厅缺少对称的仪式感，客厅过于封闭，视线不通透，楼梯南侧花园可以扩建。

改造后细节剖析

❶ 入户处鞋柜嵌入墙体，保证门厅的方正。将客厅动线做成双动线和环绕动线，入户进来后行动路线更方便，整个空间更加通透。

❷ 开放式客厅，无形中增大了视觉空间感。通过对称的形式布置客厅家具，空间更加周正、舒适，并在客厅四个角放置壁灯，增加空间的仪式感和对称感。

❸ 把楼梯间位置打通，设计成一个具有仪式感的茶室，既美观又实用。通往花园的门采用玻璃材质的，更方便观景，采光更佳。

❹ 餐厅往东扩大，增加了西厨功能，让空间功能更加齐全，使用起来更加舒适。整个空间全部打开，打造一种舒适休闲的氛围。利用包柱手段来弱化空间的承重柱点，既增加了空间的体量感又不突兀。

2F

原始户型分析

南侧花园扩建之后会导致二层的空间布局发生很大的变化，可以新增一些原本二层没有的功能。

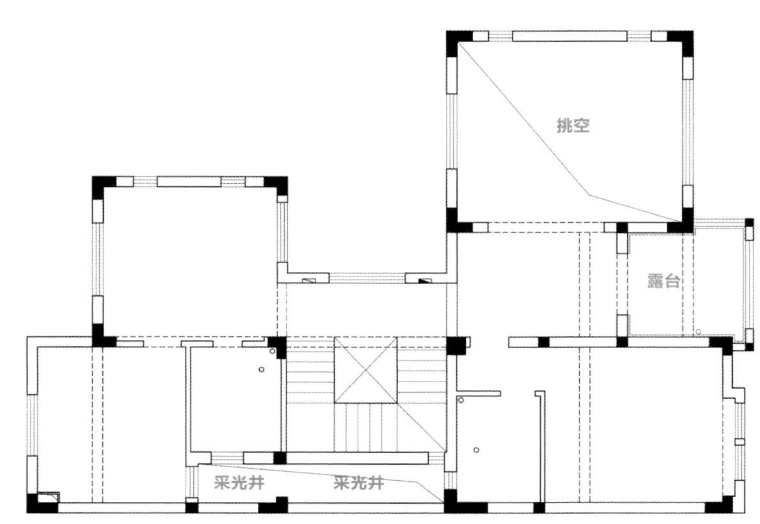

原始结构图

改造后细节剖析

❶ 保留原始挑空区，既体现出大别墅的气势和仪式感，又能让上下两层空间产生强烈的互动，采光也更好。

❷ 扩大中庭，墙面嵌入艺术品，让中庭形成一个艺术走廊，增加空间的美感。可通过中庭来到起居室，起居室设在离三个卧室较近的地方，功能性更佳。

❸ 通过扩建，让南侧卧室更加舒适，拥有了独立的衣帽间。在进门处设置了玄关，通过过渡空间再进入卧室，仪式感非常强。通过大中庭到达室内玄关，再到卧室内，空间过渡自然，有别墅该有的气势。

❹ 西侧卧室有一个通透的玄关，结合衣帽间设计，玄关空间具有延伸感，采光也更好。墙体通过和梳妆台的结合设计，留出间隙保证空间的互动及更好的采光。在飘窗处结合设计休闲座椅和衣柜，合理利用了空间，同时让空间更周正。

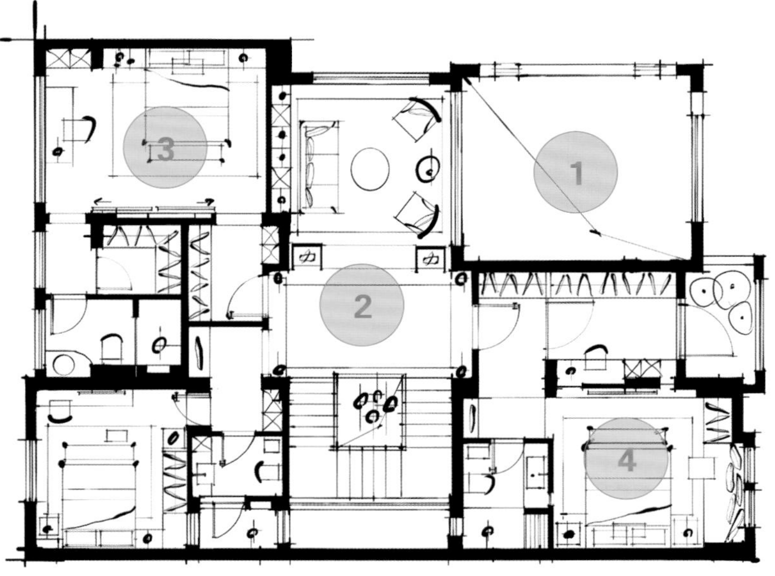

改造设计图

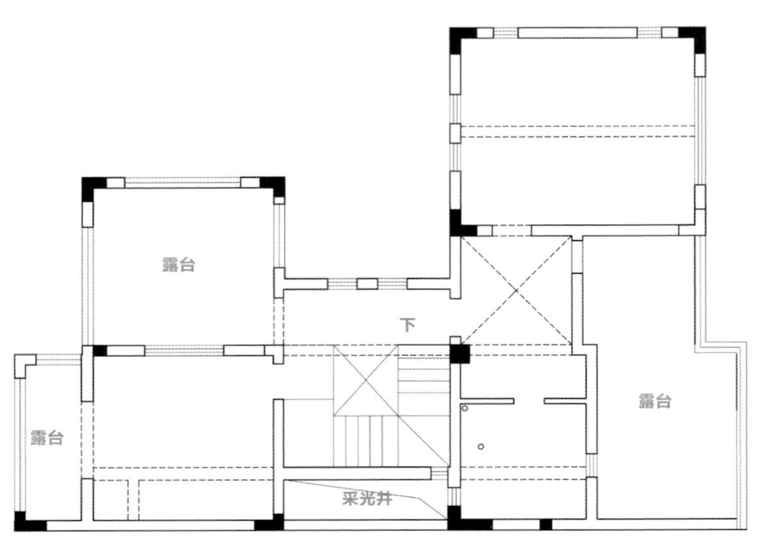

原始结构图

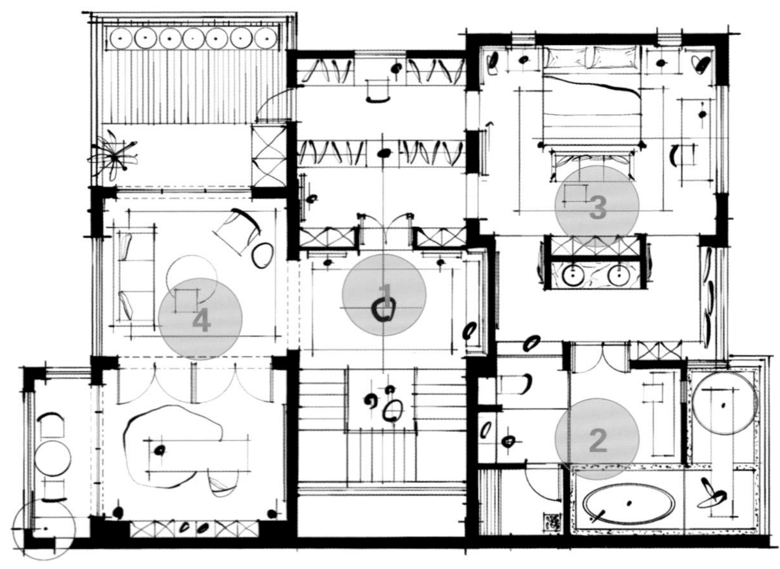

改造设计图

结语：从不同的设计维度出发，尽可能地利用和改变空间，满足功能方面的刚性需求，并呈现空间的美感。

原始户型分析

三层共有三个露台，空间过于浪费，可以适当划分一部分露台空间给主卧使用。

改造后细节剖析

❶ 上楼到达主卧层，保留有仪式感的中庭设计，可通过中庭到达其他空间。通过对称手法在墙面中间设置了主卧大门，非常具有仪式感。

❷ 把西侧露台纳入室内，做成一个非常大气的主卧卫生间，在设置了舒适的四件套的情况下增加了汗蒸功能，让主卧的功能更加齐全。

❸ 在衣帽间和卧床区设置移门，十分美观，同时让主卧更加有私密性，也能保证空间的能耗更小。主卧通过对称手法布置，更加周正、有艺术感，环绕动线让空间更加灵动。

❹ 将起居室和书房设置在卧室外，并接近主卧，方便主卧使用又不会影响主卧。东侧露台做双动线处理，非常方便。书房采用玻璃材质隔断，保证了私密性，同时又十分通透。

141 做适合居住者的设计，实用是首要准则（方案一）

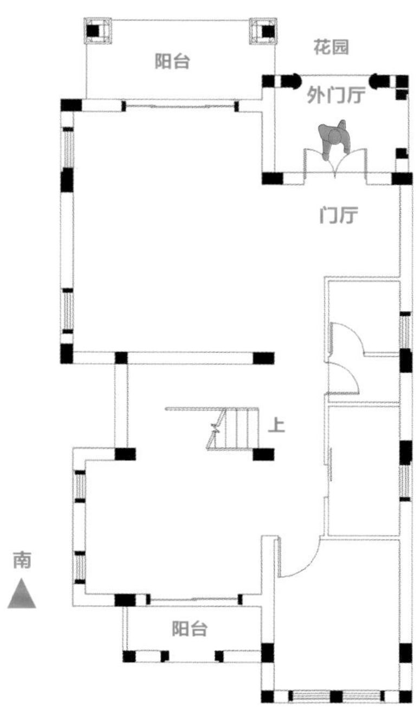

原始结构图

原始户型分析

入户进来阳角正对着大门，视觉体验感不佳。厨房、餐厅空间小，比较拥挤。过道长，没有别墅的仪式感。

改造后细节剖析

❶ 扩大入户区域，留出鞋帽间和卫生间的位置，把门厅形状做得周正，整个门厅空间简洁干净。入户左手边是配套的鞋帽间，可满足整个房子的鞋帽储藏需求。通过承重点和艺术品的结合，设计艺术走廊，从玄关进来时更加有仪式感，同时强化了客厅的私密性，但又十分通透。

❷ 客厅位置通过中轴对称的手法融合了电视背景墙边的窗户，沙发对称摆放，空间的仪式感更强，更周正、舒适。将原本的南侧阳台空间纳入客厅，客厅空间更加大气。拆除楼梯旁边的客厅墙体并利用艺术隔断，让楼梯空间更加通透大气，成为客厅中一处亮丽的风景。

❸ 通过扩建，让厨房和餐厅空间更加周正、大气，厨房区分了西厨和中厨，功能更加丰富，可以在吧台处吃早餐和品酒，通过艺术垭口来区分两个空间，让空间的围合感更强。厨房使用了四叶联动门，能最大化地打开厨房空间，更加有气势。

❹ 在楼梯口位置设计了一个十分有仪式感的中庭来转换空间，让楼梯空间更美观，避免产生入户进来视线一通到底的情况。

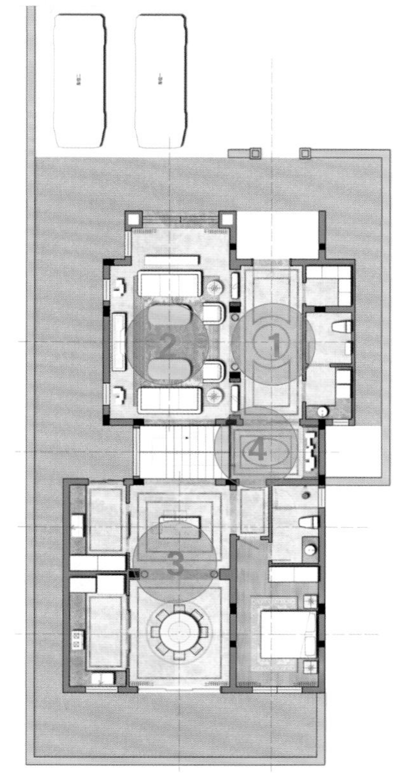

改造设计图

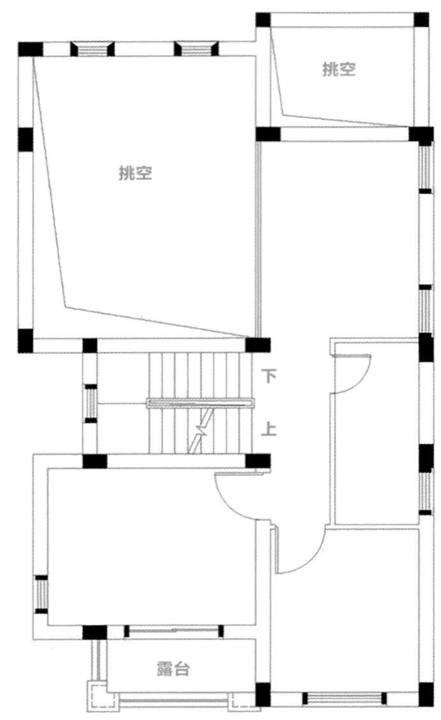

原始结构图

改造设计图

原始户型分析

一层搭建之后，二层的面积也随之增加，根据设计需求重新规划空间布局。

改造后细节剖析

❶ 上到二层是一个中庭转换空间，第一眼看见的是端景，具有空间的美感。旁边转换的是卧室区域的过道和公区起居室及学习区。学习区设置了玻璃折叠门，能最大限度地打开公区空间，也能关上保证空间的私密性，非常灵活。

❷ 将书房设置在西南侧，在阳光灿烂的午后可以作下午茶区及阅读区，书房与一层客厅挑空区域之间采用了镂空艺术隔断，可以增强书房和客厅的互动。

❸ 通过扩建，卧室配置更加齐全，提升了东侧卧室品质。电视背景墙结合休闲沙发一起设计，让空间有了一个小的起居室区域，整个空间的舒适感更强。步入式的衣帽间，储物量更大，空间更显干净利落。

❹ 进入西侧卧室时有一个小的玄关过渡再到达睡床区域，也能转换到卫生间区域。步入式的衣帽间，储物功能更强，空间也更加简约大气。通过扩建设置了一个观景阳台，通过绿植的设计将阳台分割成两个空间。

原始户型分析

主卧衣帽间和卫生间空间紧凑，需要向露台借用空间。

改造后细节剖析

❶ 书房是单独的空间，不会干扰到休息区。在书房里面设置了沙发区域，可兼作起居室使用，也可以在此处进行简单的洽谈。露台采用了两组双开的玻璃门，能最大限度地将景观纳入室内欣赏，采光更好。

❷ 通过双开门进入主卧玄关，北侧是衣帽间。在衣帽间中将衣柜沿墙设计，做到储物空间的最大化。在光线最好的位置设置梳妆区，更加方便梳妆。

❸ 主卧空间比较大，放置了休闲沙发，增添空间的舒适性和趣味性，兼备简单的起居功能。由于从主卧到衣帽间的距离比较远，在睡床区域设置了常用的衣柜，方便当季衣物的储藏，更加方便使用。

结语：有效规划布局，合理使用空间，将空间与人文、艺术、生活紧密结合。

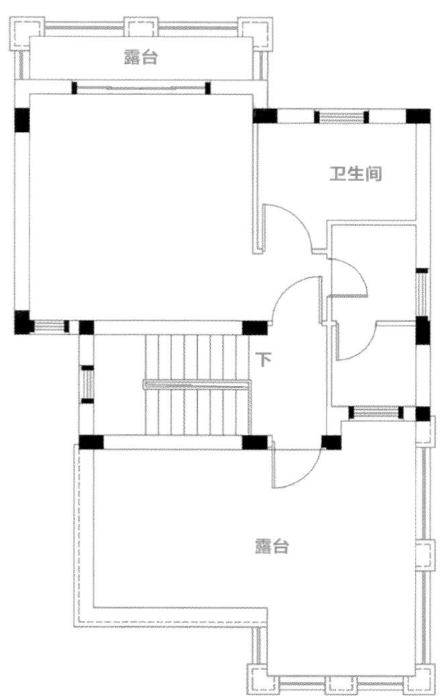

原始结构图

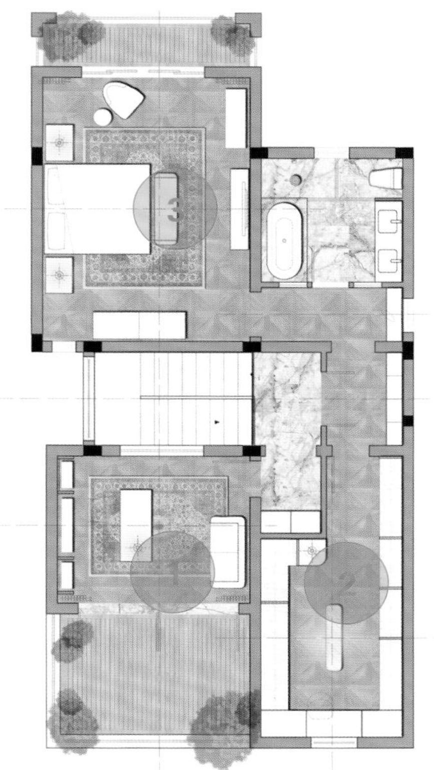
改造设计图

142 打破常规，这样设计别墅才有格调（方案二）

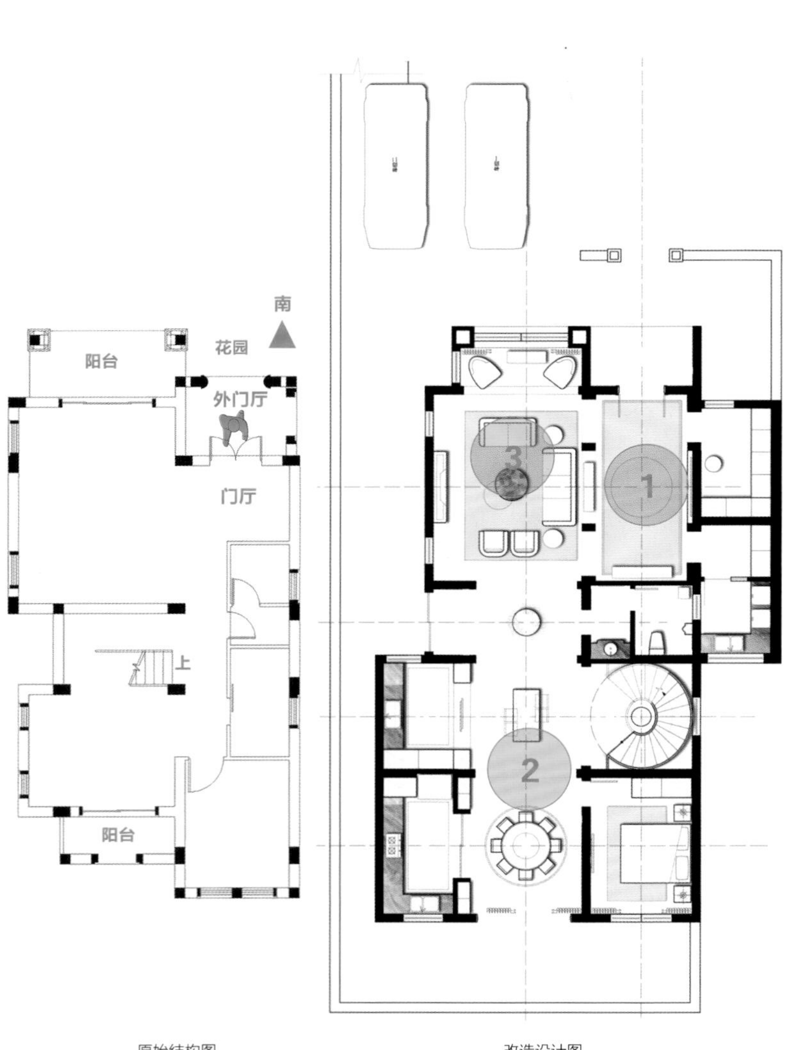

原始结构图　　改造设计图

原始户型分析

入户进来阳角正对着大门，视觉体验感不佳。厨房、餐厅空间小，比较拥挤。过道长，没有别墅的仪式感。

改造后细节剖析

❶ 入户后是一个独立的门厅，为别墅空间增加了仪式感，可通过门厅再转换到其他空间，端景的设计解决了进门后视线一通到底的问题。在邻近客厅处通过承重结构和艺术品的结合设计增加了门厅的趣味性，与客厅有了互动。通过扩建门厅，设置了独立的鞋帽间和洗衣房，有效地利用了空间。

❷ 通过扩建，把厨房、餐厅空间做到了最大，还增加了西厨的功能。整个客厅、餐厅空间十分通透，空间的互动性更强，这样的一体化设计让空间更有仪式感，就餐的时候更加舒适。

❸ 客厅采用中轴对称的设计手法，让原始户型的窗户更完美地融合到室内。将阳台打通，纳入客厅，设计成一个休闲区域，空间更加美观，功能更加强大。南侧窗户到餐厅位置都是互通的，空间的通风更好，整个空间的空气质量得到了提升。保留了原始挑空区，别墅空间的仪式感更强。

原始户型分析

一层搭建之后，二层的面积也随之增加，根据设计需求重新规划空间布局。

改造后细节剖析

❶ 通过中庭转换到学习区，打开门是一个玄关，保证了整个书房的私密性，也让书房内的休闲区域更加有安全感。休闲单人沙发的设计使得空间的舒适性更强，营造出一种放松的氛围。

❷ 北侧卧室的玄关也是独立的衣帽间，加大了衣物储藏的空间。睡床区充满围合感的设计让睡觉的时候更加有安全感。单独的观景阳台能更好地将美景纳入室内，让室内和大自然有互动。

❸ 南侧卧室内的睡床区围合感更好，睡觉的时候更加有安全感，更有私密性。

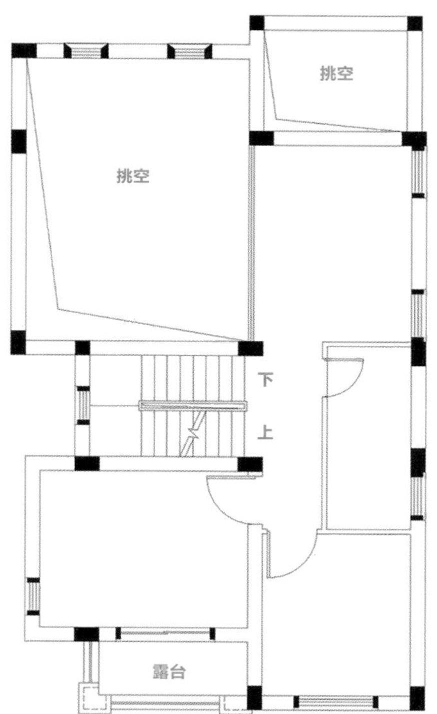

原始结构图

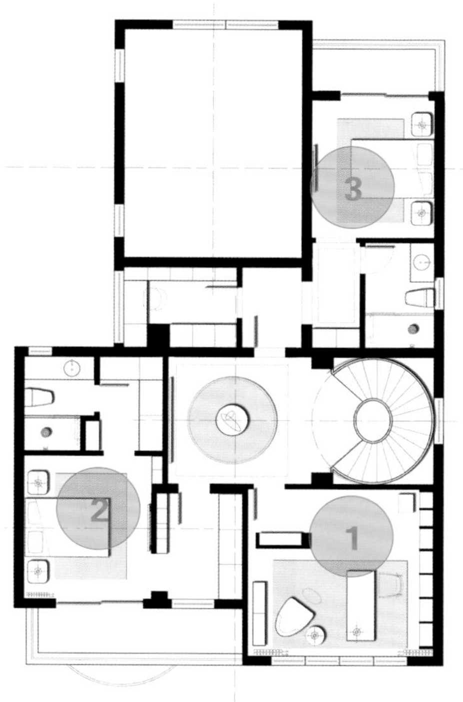

改造设计图

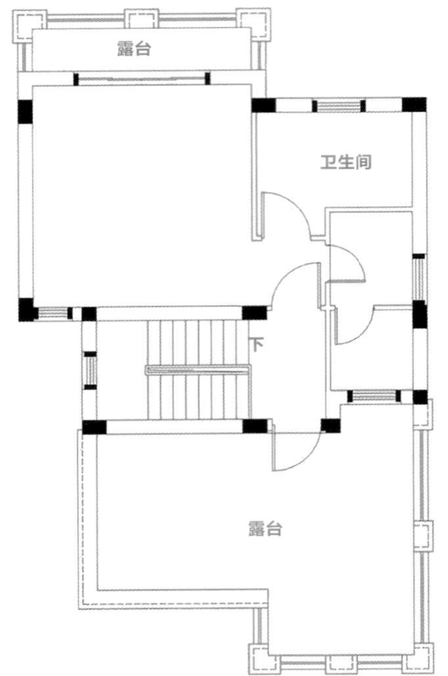

原始结构图

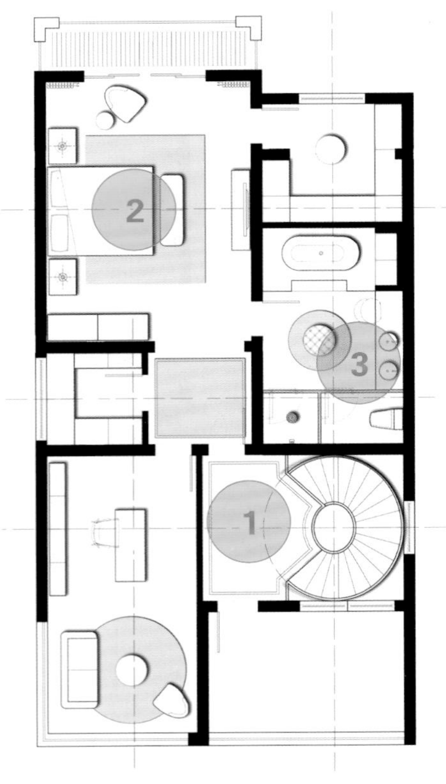

改造设计图

3F

原始户型分析

主卧衣帽间和卫生间空间紧凑，需要向露台借用空间。

改造后细节剖析

❶ 旋转楼梯的设计，更加美观，富有艺术性。上到主卧层是一个过厅，连接的是主卧私密区域和观景露台区域，通过这样的方式让空间的仪式感更强。

❷ 打开主卧门进去是一个玄关，玄关连接着睡床区。步入式衣帽间和书房都做了门，既保证互不干扰，又解决了空间的能耗问题。卧室区域设置了休闲沙发和床位凳，满足卧室内简单的起居功能需求，也增添了空间的趣味性。

❸ 主卫设置了舒适的四件套，采用干湿分离设计，各个功能空间独立，互不干扰，使用起来也更加方便。洗手台处预留了小椅子，方便梳妆使用。浴缸抬高，让浴缸区域更加美观，泡澡的时候仪式感也更强。

结语： 捕捉空间细节，进行突破性设计，增强住宅的美感和空间感。

143 自然流露优雅舒适氛围的当代别墅设计

原始户型分析

地下室东侧及南侧有大面积的花园，可为室内提供足够的光线，但西侧无采光。

改造后细节剖析

❶ 沙发和承重墙体结合设计，融合了中央的承重墙，嵌入储物柜，让休闲区和红酒雪茄区变得通透，互动性更强，更有别墅的气势。

❷ 将餐厅、厨房放在了地下一层，厨房空间比较大，在保证操作台面使用舒适的前提下，增加了岛台，结合墙体和早餐台，在旁边设置设备柜，功能性更强。在餐厅中设置了一个大长桌，能容纳十二人同时使用，满足聚餐需求。

❸ 品茗区设置在了角落位置，用格栅隔开了健身区，做了一个垭口，让茶室空间呈半独立的状态，这样也能和休闲区产生互动。茶室位置采光非常好，能通过旁边的门直接进入花园，更贴近大自然。茶桌延伸到水景处，增加空间的仪式感。

❹ 在楼梯处设计水景，仪式感更强。水景延伸到室外，能和室外产生互动，拉大空间感。在外面的水景区域设计了一个保姆通道，方便家政人员打理家务。

原始结构图

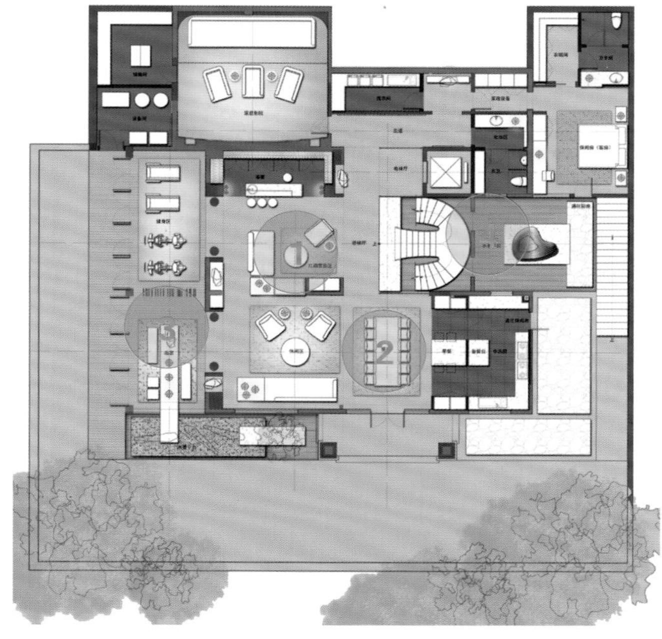

改造设计图

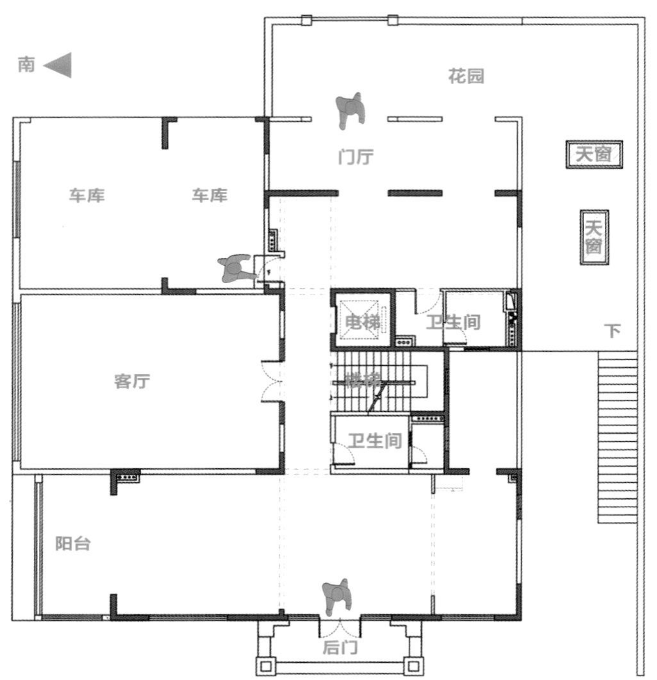

原始结构图

改造设计图

原始户型分析

入户后空间比较空旷；客厅比较孤立，没有互动感，不通透；楼梯比较狭窄、拥挤，使用感不舒适。

改造后细节剖析

❶ 在入户处设置独立的门厅，通过四个圆柱撑起门厅的气场，具有仪式感。门厅旁边是独立的更衣室，从门厅去茶室再到艺术展示区十分方便，形成通透的双动线。

❷ 整个楼梯厅是比较通透的，联系着其他空间。通过地面材质的区分，让楼梯厅独立，没有使用隔墙。打通楼梯间和卫生间，做了一个大的艺术楼梯，不仅美观大气，而且使用起来更加灵动、舒适。

❸ 卧室采用中轴对称的设计手法，留出双动线，更加灵活。床头背景结合柜体设计，边上设置了小屏风，让睡床区的围合感更强，更加舒适。

❹ 卫生间设置了单独的四件套，使用起来更加方便，不会受干扰。衣帽间和卫生间中放置的休闲座椅和艺术品让卫生间和衣帽间也有互动，浴缸位置靠近窗户，能欣赏景观，采光也更好。

原始户型分析

楼梯厅和电梯厅空间偏小，有些局促，整体空间的面积较大。

改造后细节剖析

❶ 楼梯间设计的是双跑的艺术楼梯，展示性极强。上到二层是一个艺术走廊和大气的挑空位置，让上下两层有很强的互动性。改动电梯厅位置，使得出电梯时有缓冲空间进行转换，更加舒适。

❷ 南侧卧室床头背后留出一小截窗户，形成端景，增加了空间的仪式感。衣帽间没有窗户，采用折叠门，能最大限度地打开，关闭后，保证独立性时有更好的采光。

❸ 东侧主卧采用了中轴对称布局、孤岛式设计，四周都是活动的动线，很灵动，让空间更大气。学习区域面朝大窗，采用玻璃和艺术格栅隔断，保证学习区域的独立性，并且不会影响卧室，又不影响采光。主卧床尾放置了休闲椅组合，可满足简单的起居需求，衣帽间利用双面柜的设计加大了储物空间。在主卫中设计双动线，进门处设置储物柜，能储藏浴巾等物品，方便使用。

❹ 在北侧儿童房做了双床设计，将薄柜卡入墙体，空间更周正。可以利用柜子展示一些奖杯等物品，激励孩子更加努力，有利于孩子成长。在采光井的边上设置了独立的小书房，相对独立的空间更适合学习。

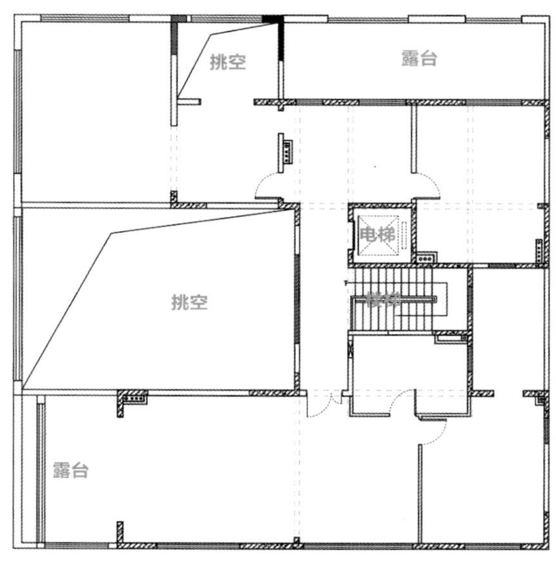

原始结构图

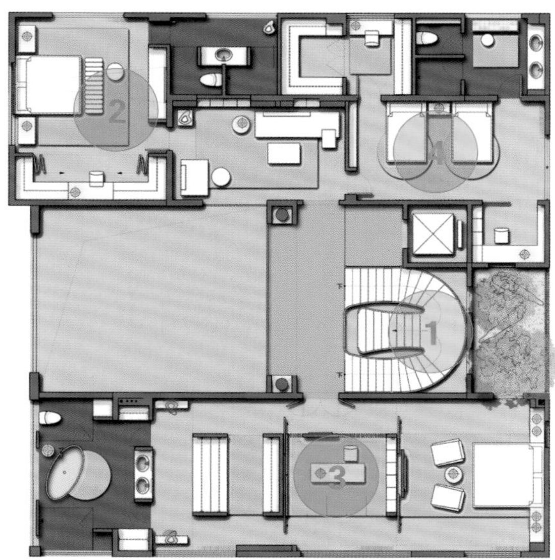

改造设计图

结语： 大处见刚，细部则柔，自然融合每个空间，营造优雅舒适的居住氛围。

144 有高级艺术感的别墅设计，让人如沐清风

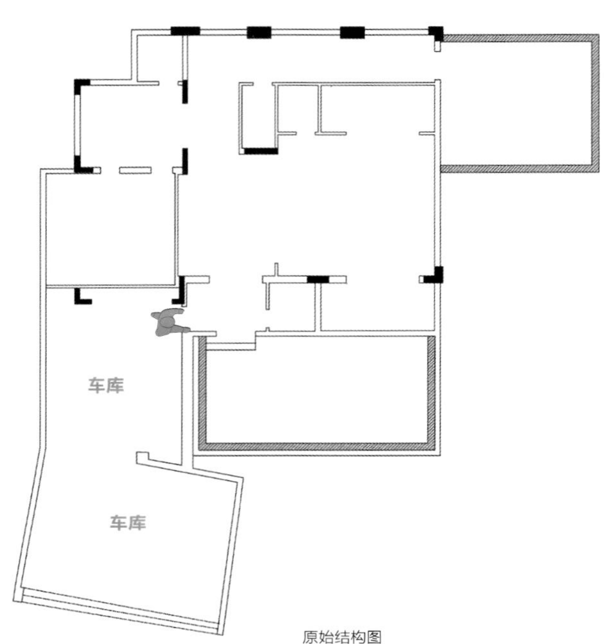

原始结构图

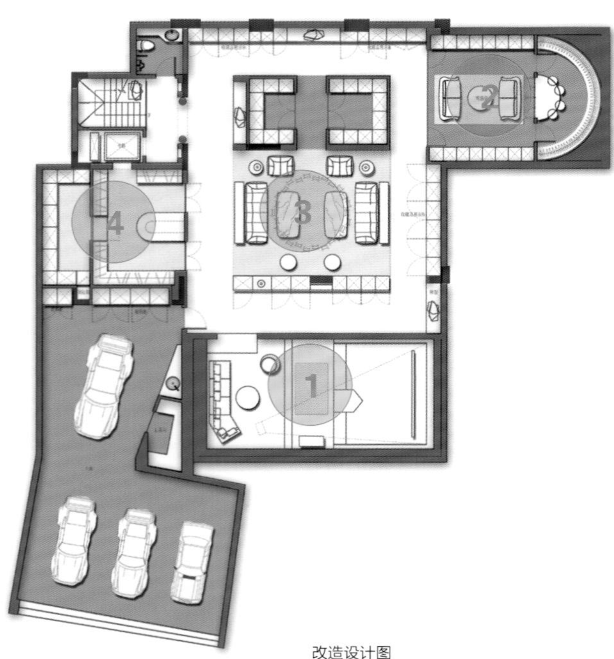

改造设计图

原始户型分析

客厅、餐厅通透，采光好，入户门厅比较呆板。

改造后细节剖析

❶ 将采光相对不好的位置设计成影音室，合理地利用了空间，丰富了娱乐功能。

❷ 雪茄区设置在角落，考虑到雪茄的气味重，将此空间用玻璃隔成独立的空间，同时又保证了采光及通透性。酒窖做成可开可关的形式，结合吧台的设计能更方便地品酒。

❸ 在接待区这个重要的位置上方做了挑空，可以增加空间气势，又能更好地采光。沙发用中轴对称的手法摆放，仪式感更强。旁边设置柜体展示收藏品，提升空间的格调。

❹ 设计了一个空间十分充足的鞋帽间，满足整栋房子的鞋帽储藏需求。在鞋帽间里面放置了换鞋凳，使用更舒适。并在里面设计了一个储物间，把保险柜隐藏在这个空间里面更安全。

B1F

原始户型分析

原始户型非常好，但是需要根据个性化的居住需求进行空间重构。

改造后细节剖析

❶ 一层设置了简餐的位置，于是把宴会厅设置在楼下空间，相对来说楼下空间的功能以接待和休闲为主，大圆桌有团团圆圆的意味，也能容纳更多人，更适合业主的就餐习惯，就餐的氛围更好。

❷ 通过地面的错落区分，打造了一个比较大的儿童玩耍区域。上面是采光井，光线也比较好。趣味性很强的玩具收纳柜的排布具有节奏感，十分具有动感并且充满童趣。

❸ spa区域配套有卫生间、更衣间及汗蒸功能，配置十分高。楼上有电梯直接通到这个空间，方便了全家人使用。在采光井下面设计了绿植景观，给空间增添了自然气息。

❹ 休闲区和健身区融合在一起，通过格栅隔开了餐厅，配套了水吧供接待使用。靠墙设置了储藏柜，满足储物需求。在地下一层和地下二层之间做了挑空，让休闲区能和楼下产生互动，空间更加通透大气。

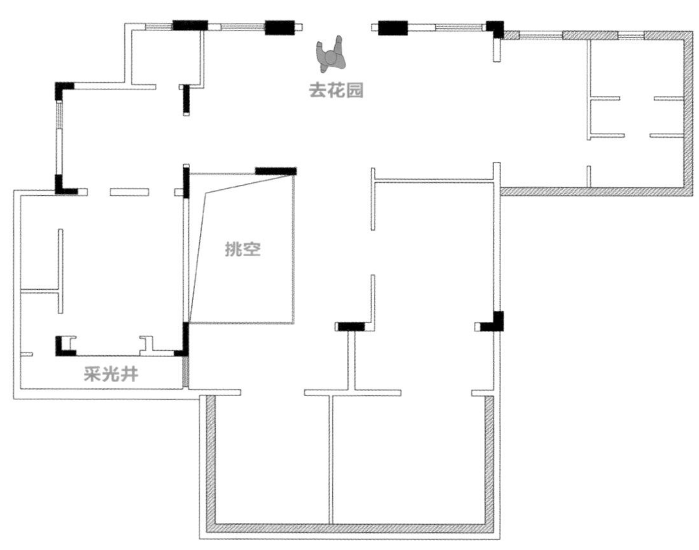

原始结构图

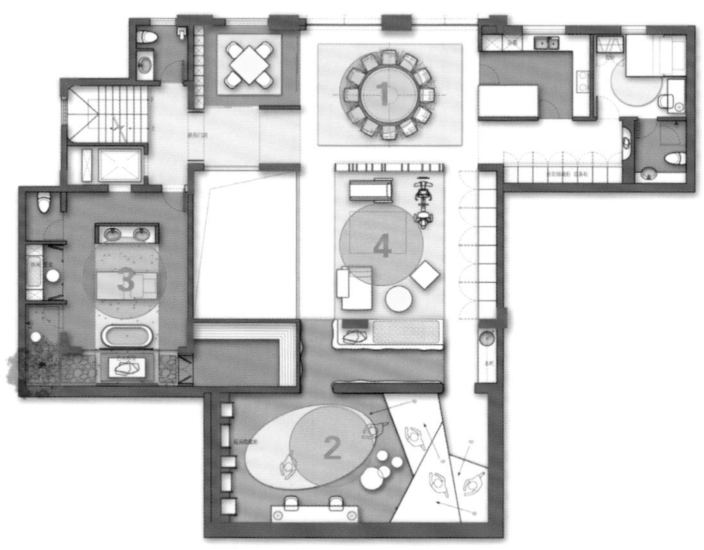

改造设计图

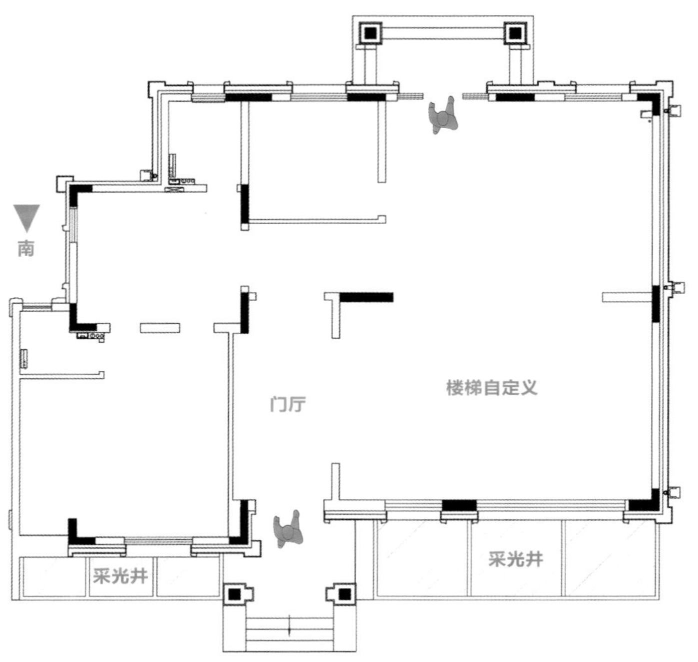

原始结构图

改造设计图

原始户型分析

原始户型非常好，但是需要根据个性化的居住需求进行空间重构。

改造后细节剖析

❶ 在入户区域设计了端景，墙面留出一处空隙，不会显得呆板，而且能把视线延伸到室内的过道。台面将玄关和后面的过道紧紧串联起来。鞋柜嵌入墙体，玄关处设计了双动线，便于通向楼梯、卧室和客厅、餐厅，动线很灵活。

❷ 客厅位置将多余的墙体拆除，让整个大空间更加通透大气，空间互动感更强。客厅采用中轴对称的方式摆放家具，客厅仪式感更强。通过单人沙发背后的条案分割空间，但也不会影响空间的通透性。

❸ 西厨设在采光好的靠窗区域。大吧台上面做了水槽，方便简餐的处理。

❹ 进入南侧卧室是一个小玄关，再过渡到卧室里面去，仪式感更强。在床尾设计了一个充满围合感的地台，把柜子嵌进去，在地台上可以进行简单的起居活动。

2F

原始户型分析

原始户型非常好，但是需要根据个性化的居住需求进行空间重构。

改造后细节剖析

❶ 在楼梯口和电梯口设计一个过渡区域，分别通向两间卧室和室外露台，动线舒适。

❷ 进入北侧卧室是一个嵌入墙体的简单学习区域，再转换到卧室区。卧室设计得比较简约、舒适，步入式衣帽间的储藏功能更加强大。洗手台结合梳妆台一起设计，淋浴间和马桶间设计为独立的空间，使用感更舒适。通过斜切的做法，加大了开门的位置，开门更方便。

❸ 进入南侧卧室处设置了一处带拐角的墙，既保证了空间的私密性，又增加了仪式感。玻璃材质的使用，使得从卧室也能看到挑空位置，能和楼下产生互动。在卫生间设计双动线，使用起来更加灵活、方便。

❹ 保留挑空区，体现出别墅的气势，也能让二层和一层产生互动。

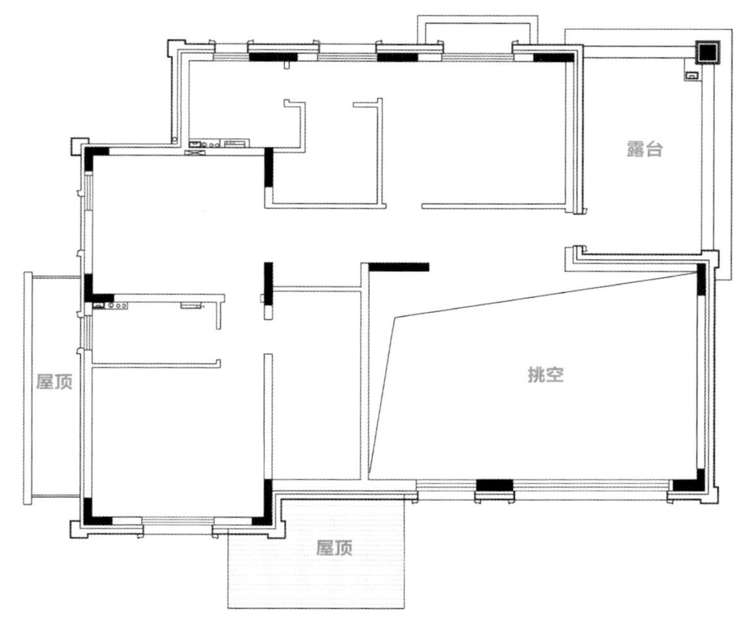

原始结构图

改造设计图

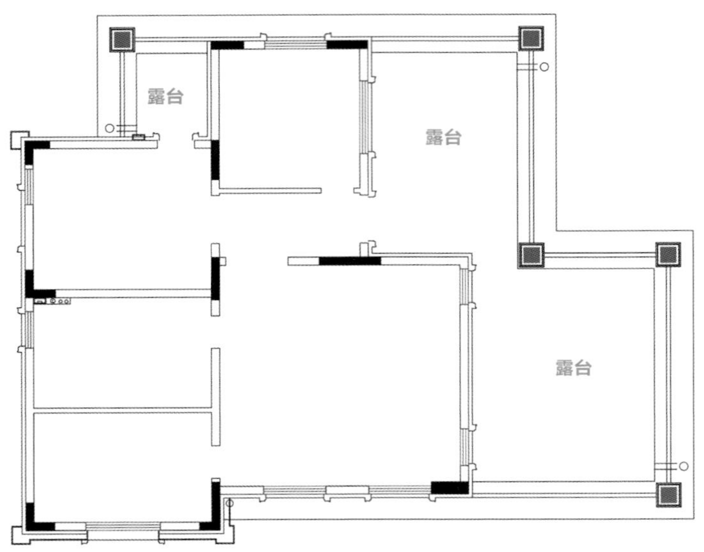

原始结构图

改造设计图

3F

原始户型分析

原始户型非常好，但是需要根据个性化的居住需求进行空间重构。

改造后细节剖析

❶ 把佛堂空间设计在了整栋房子的最上方。

❷ 露台分两个区域，靠近门口的北侧是休闲观景的位置，再往里面走，在南侧区域放置了一张大桌子，能容纳全家人，也可供朋友一起聊天等。在靠近主卧床头的位置设置了绿植景观，增添空间的美感。

❸ 在进入主卧的走道末端布置了端景，提升空间的仪式感。在床边放置了一组衣柜，结合梳妆台一起嵌入墙内，更合理地利用了空间。床尾放置了休闲沙发，具备简单的起居功能。

❹ 卫生间门口的柜子嵌入墙内，满足卫生间用品储藏需求的同时，可作为床尾的背景墙。设计了双动线，能通向衣帽间和卫生间。在衣帽间内窗户边设计了梳妆台，柜子和桌子的结合，让空间更加有趣味性，打破了整面墙都是柜子的呆板格局。

结语：好的设计就是从生活本身出发，通过不断地追寻空间生命与艺术之美，赋予空间生活的内涵。

145 超大主卧套房就要这样设计，尽显奢华

2F

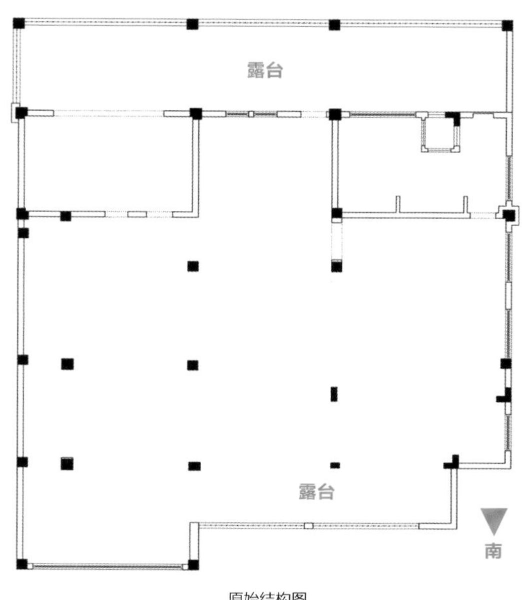

原始结构图

原始户型分析

空间只有承重柱点，可改造余地很大，空间大气，采光好。

改造后细节剖析

❶ 在门厅位置设置了一道屏风，避免了电梯门正对入户大门，也隔出一个比较独立的外门厅，并通过将艺术品嵌入墙体的设计让空间的仪式感更强。

❷ 在空间的角落设计了一个巨大的休闲区域，里面有浴缸、马桶、按摩床、spa等功能空间，服务整栋房子中的居住者。在休闲区域中央设计了一处比较有仪式感的景观，既美观又能分割空间，动线更灵活。在采光、风景都最好的位置设计了一个超大的spa池，可以边欣赏美景边休闲放松，十分舒适。

❸ 将起居室进行简单的布置，满足简单的休息起居需求，在背景墙处设计了水吧功能，并纳入柜体，干净利落。

❹ 主卧睡床区动线比较灵活，可以通向大休闲区和书房，设计旋转门分割空间。在床尾和阳台之间采用玻璃材质隔断，在床上就能观景，光线也更好。

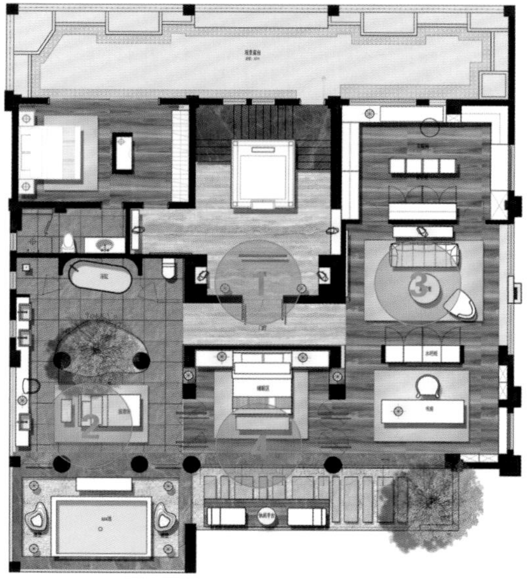
改造设计图

结语： 从功能设置到局部细节都面面俱到，设计适合别墅体量的私密空间。

146 质感的空间，纯粹的美

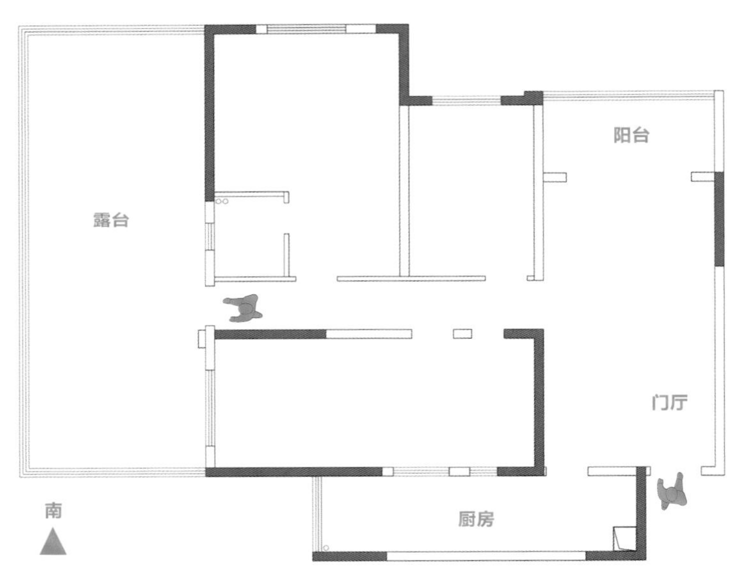

原始结构图

改造设计图

1F

原始户型分析

入户区域私密性不佳，没有别墅该有的仪式感。室内空间小，露台比较大，比例失调。

改造后细节剖析

❶ 入户处设计异形门厅，里面设有鞋帽储藏柜，使得门厅更具仪式感，也满足了储藏的需求，同时私密性更强。

❷ 打通一个原卧室空间，将其纳入原本比较小的客厅，让客厅空间更大、更舒适。在客厅区域设置一组长柜，适当地让客厅更有私密性，长柜还能充当电视背景墙。客厅沙发的组合方式营造出轻松愉快的氛围，拉近人与人之间的距离。

❸ 将原本比较大的露台空间的一部分纳入室内，设置品茗区域，通过造景增加了品茗区的仪式感。餐厅和品茗区采用玻璃材质隔断分割，在保证通透性的情况下，又能让空间更有独立性。

❹ 在露台设计了座椅和休闲椅的组合。通过造景，把美景纳入房子里，增添大自然的气息。

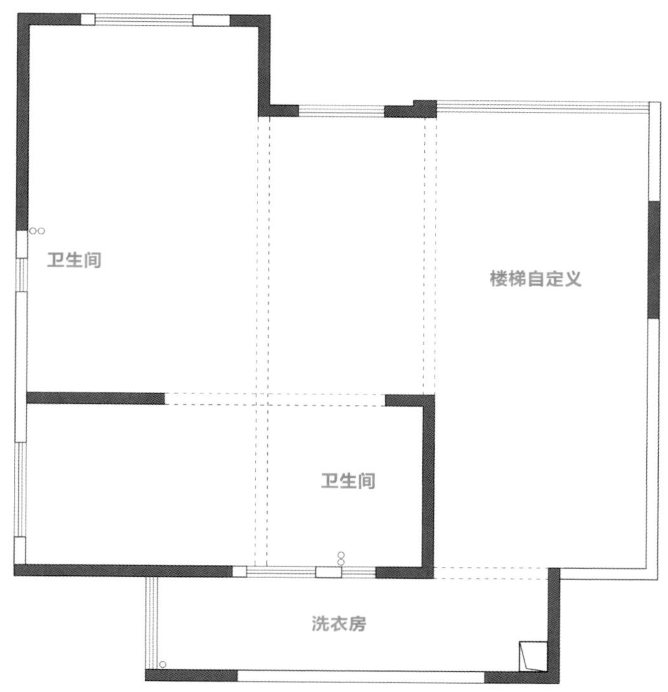

原始结构图

原始户型分析

二层需要改造出楼梯的位置，最好能规划出一个挑空区域，以便与一层的客厅互动。

改造后细节剖析

❶ 在楼梯口预留过渡区域，楼梯口对面是学习区，通过采用玻璃门来保证学习区的通透感和独立性。

❷ 南侧卧室朝南，将梳妆台嵌入墙体，在满足功能需求的情况下，空间也是周正的。设计嵌入式衣柜，很好地解决了收口的问题。

❸ 北侧卧室没有窗户采光，用玻璃材质隔断代替南侧墙体，解决了采光问题。在学习区和阳台之间采用玻璃材质隔断，保证空间的独立性，同时不影响采光。

❹ 保留空间的挑空区域，空间更加通透，上下层有互动感，也保持了别墅的气势。

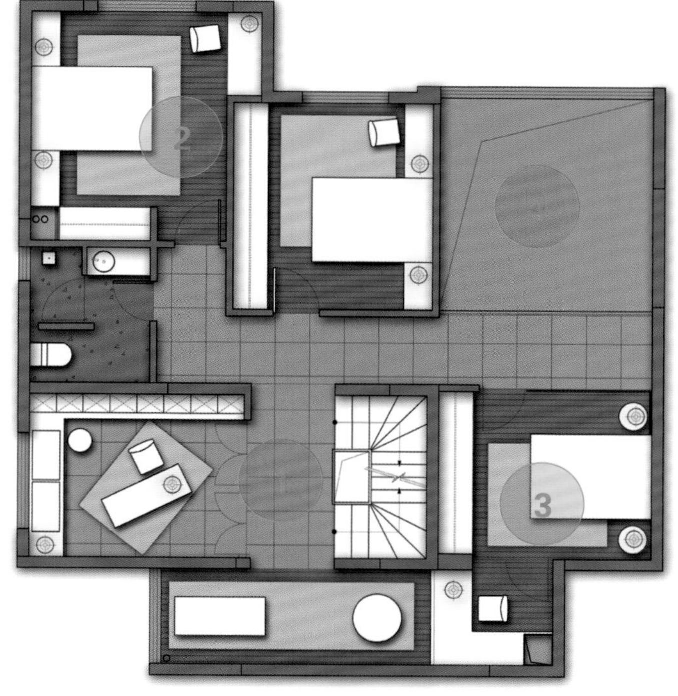

改造设计图

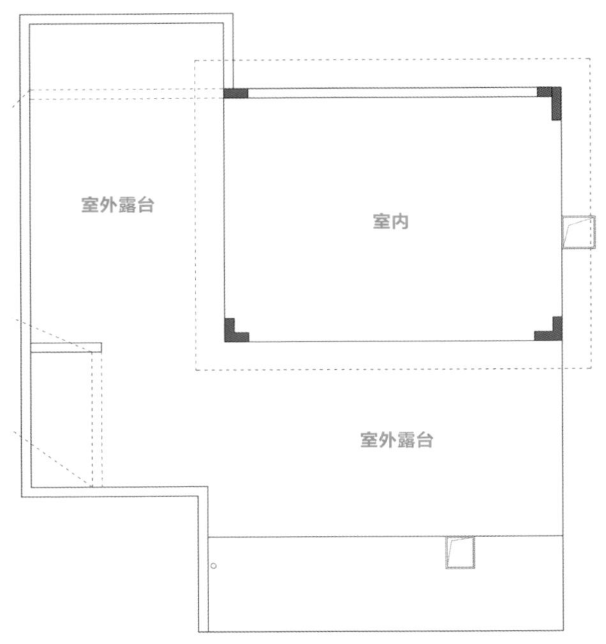

原始结构图

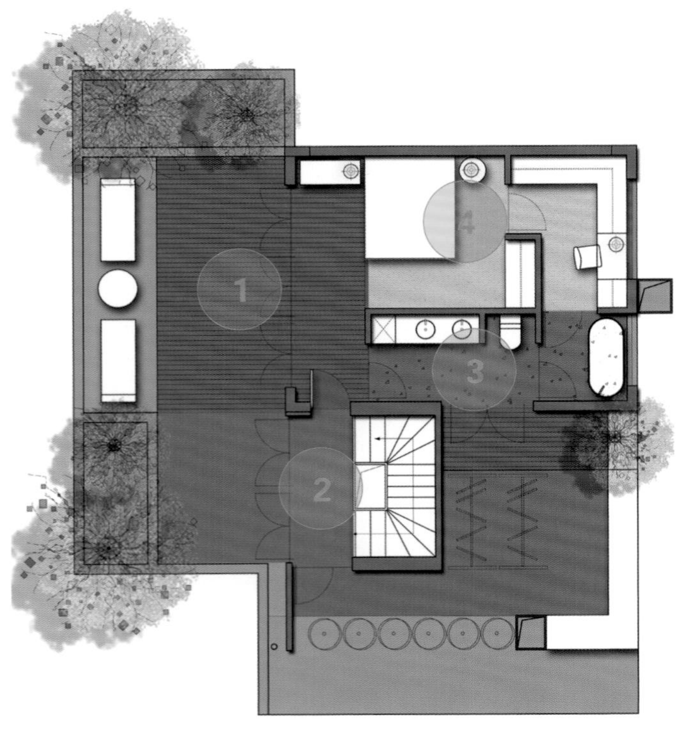

改造设计图

3F

原始户型分析

三层室内的面积很少，需要考虑利用露台的空间来增加主卧的使用面积。

改造后细节剖析

❶ 露台地面通过采用防腐木材质分割空间，并延伸到室内，和室内产生互动。露台上布置了植物和休闲躺椅，供主卧休闲使用，也能更贴近大自然，增加了空间舒适感。

❷ 楼梯口处的过渡空间，连接了两个露台和主卧，全部使用玻璃材质隔断，让空间更加通透，空间感更大。

❸ 主卫采用了双动线的设计，使用起来更加灵动方便。从卫生间能通到露台上，更加舒适休闲，使用卫生间的时候还能欣赏外面的景致。

❹ 进入主卧是一个长玄关，通过露台地面材质的延伸，强调了玄关的独立感。采用长条形的床头柜做端景，仪式感更强。大面积玻璃材质的使用让卧室更加敞亮，与露台有较强的互动感。

结语：简约而不简单，简约而不随意。通过设计，融入醇熟的设计理念，连接关于生活的点滴，打造纯粹且舒适的家。

147 设计空间，营造生活的仪式感

原始户型分析

楼梯厅和电梯厅空间过于紧凑，整体格局不够通透，光线和视线通透性均需要提升。

改造后细节剖析

❶ 过厅位置的设计增加了空间的仪式感，起到空间转换作用。楼梯间下面设计了枯山水，更加美观，仪式感更强。

❷ 会客厅家具的摆放相对随意，让氛围更加轻松愉快。沙发背后的景致，让整个空间更接近大自然。窗户旁边做地台，融合异形结构，也给空间增添了一个休闲区域。

❸ 茶室空间相对私密，不会被外界打扰到。悬挑出去的茶桌和景致的衬托，让品茗时的仪式感更强。

❹ 在光线相对差一点的位置设计健身区，后期通过灯光的设计来营造空间氛围，特别舒适。

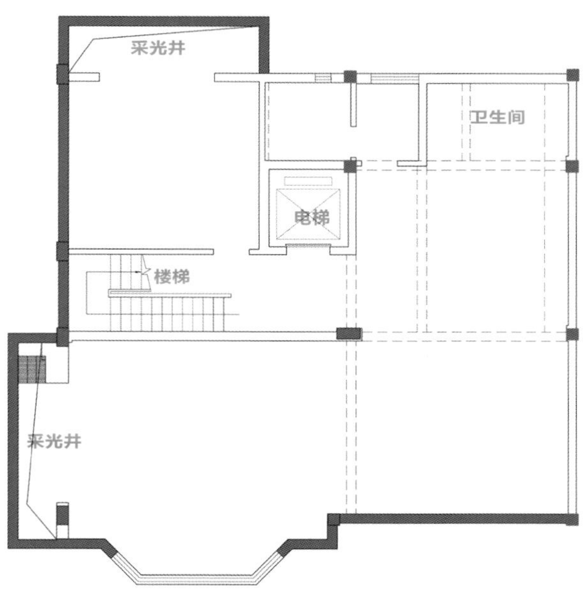

原始结构图

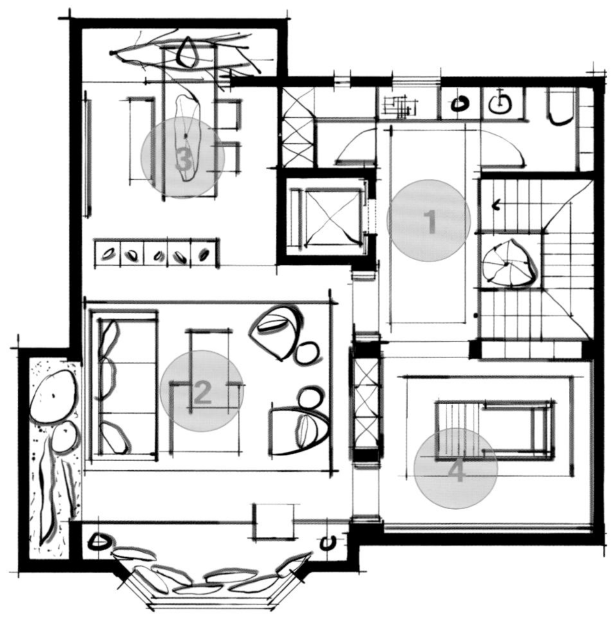

改造设计图

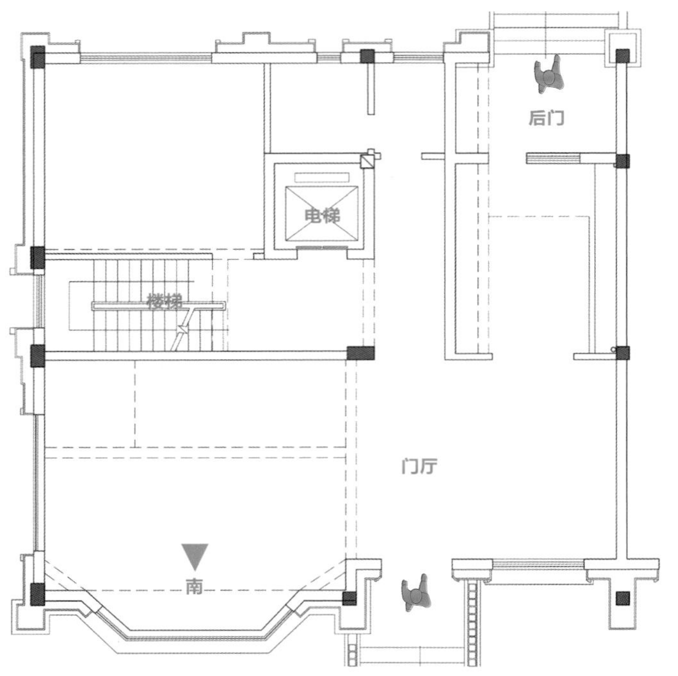

原始结构图

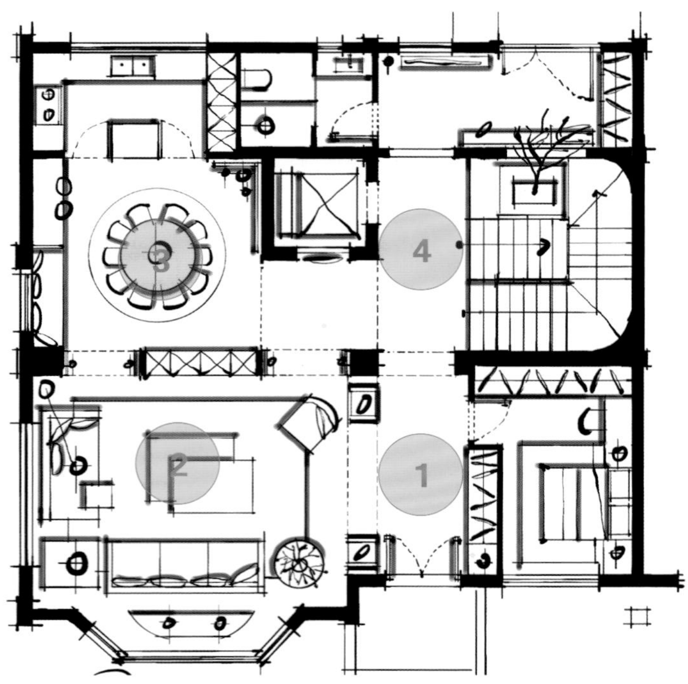

改造设计图

原始户型分析

门厅正对北面窗户，楼梯不够气派，后门动线经过厨房，会产生动线干扰。

改造后细节剖析

❶ 在入户处设计了一个周正的门厅，通过垭口的设计，让门厅更加独立，更纯粹，仪式感更强。

❷ 客厅保留了原始户型的挑空设计，空间层高做到最大，更加有气势。拆除了原始楼梯，留出双动线，可从两边进入餐厅，互动性更强。沙发背后是一个斜切的窗户，为了迎合窗户造型，设置了一个背柜，客厅空间也相对周正起来。

❸ 拆除原始的楼梯后，打通之前的卧室空间，设计一个大的餐厨空间。沿墙放置休闲座椅，结合吧台一起设计，丰富了功能。厨房采用玻璃门，空间更加通透。

❹ 设计过厅空间，即楼梯间和电梯间的过渡区域。可通过这个区域转换到各个空间，本来要通过厨房才能到达后花园，现在改造成通过过厅进入后花园，更加方便。

原始户型分析

楼梯厅和电梯厅十分紧凑，二层挑空区域全是实墙，上下空间无法产生互动。

改造后细节剖析

❶ 在二层的电梯间与楼梯间区域设计了一个比较有仪式感的过厅，可以作为转换空间，楼梯中间进行镂空设计，采光会更好。

❷ 通过过厅转换到西侧卧室区域，在靠近挑空的位置采用玻璃材质，采光更好，也可以跟楼下空间产生互动，趣味性更强。紧邻玻璃材质隔断摆放书桌，光线更好。在床边放置休闲沙发，具备简单的起居功能。

❸ 卫生间和衣帽间一起设计，从换到洗这一系列的使用更加方便舒适。

❹ 进入南侧卧室是一个半开放的衣帽间，梳妆台加矮墙的设计，使空间更加通透，互动性更强。通过墙体和玻璃材质的结合，让没有窗户的内卫采光更好。

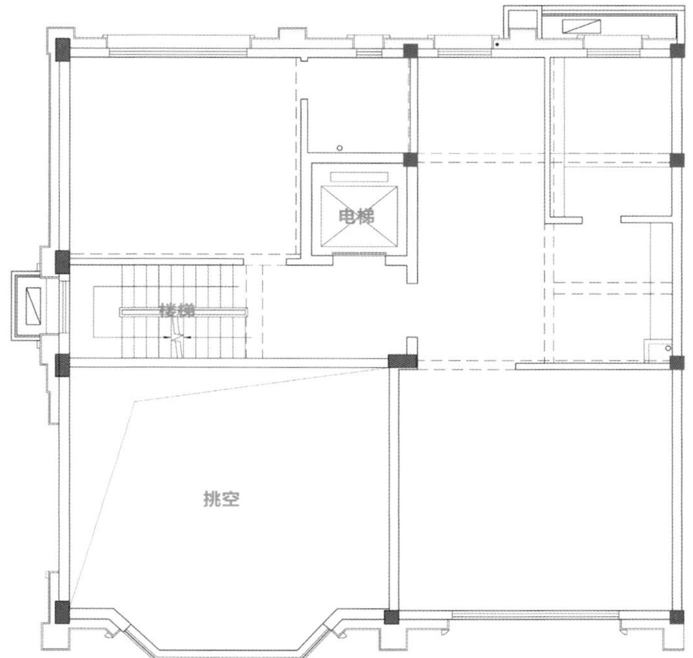

原始结构图

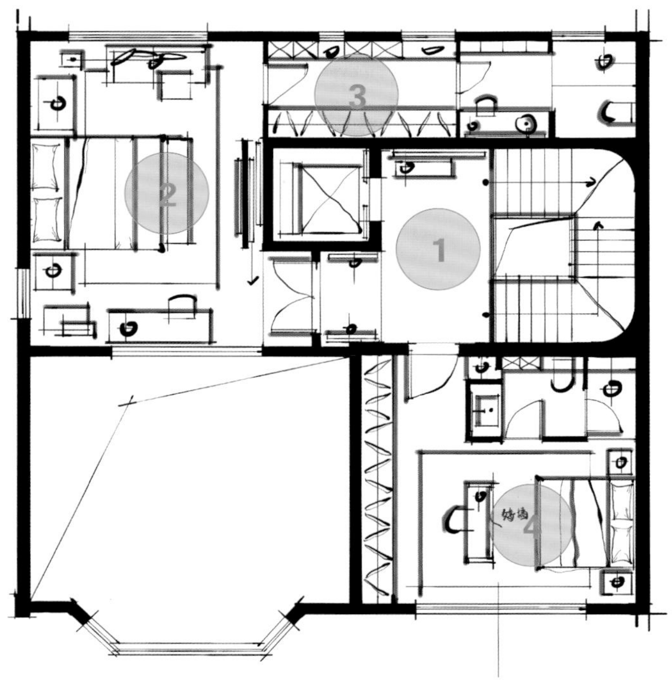

改造设计图

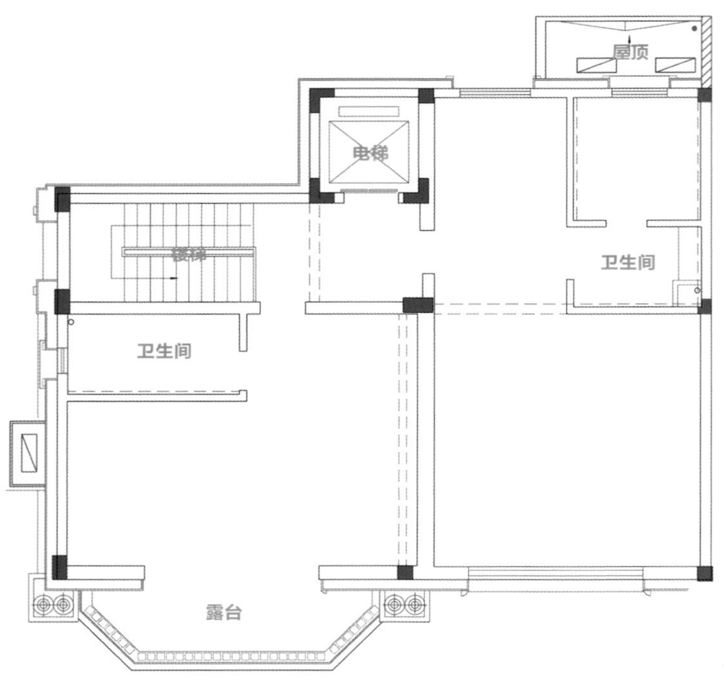

原始结构图

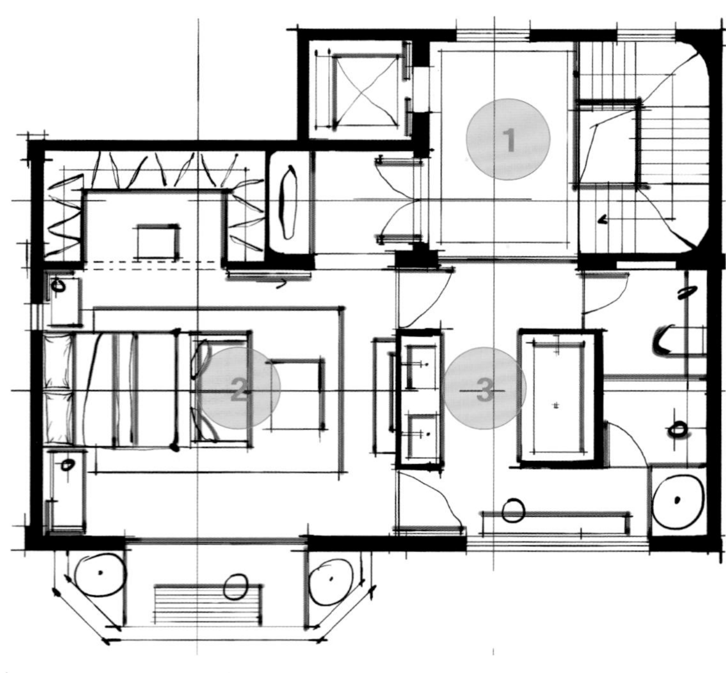

改造设计图

3F

原始户型分析

将三层原本的两间卧室改造成一间主卧套房，使得主卧套房各方面配置都很完善。

改造后细节剖析

❶ 在主卧层电梯间、楼梯间处设计转换空间，更具有仪式感，使用更方便。

❷ 主卧玄关处设计了比较大气、有仪式感的端景。主卧空间比较大，在床尾设置了一组休闲沙发、茶几，起到简单的起居作用。在异形窗户旁边设置了一个地台，具备简单的休闲功能，能更好地观景。地台的设置让睡床区更周正。

❸ 在主卫设计了双动线，更加灵活，各个功能空间都是独立的，使用起来不会受到干扰，更加舒适。

结语：通过设计手法，对空间进行恰到好处的规划与布景，营造空间的仪式感。

148 运用逆向思维将每处空间的优势发挥到极致

原始户型分析

地下空间最大的问题就是没有采光。

改造后细节剖析

❶ 此区域主要为休闲娱乐空间，通过灯光营造改善空间的采光，也更有氛围感。台球区域的设计，让整个空间的档次提升，也更加美观。

❷ 健身区域采用常规布局，绿植的设计，让健身的时候自然氛围更好，空间感更舒适。

❸ 在玄关区域设计了小型景观，增加入户的仪式感，配套的是一个独立的鞋帽间，功能非常强大。

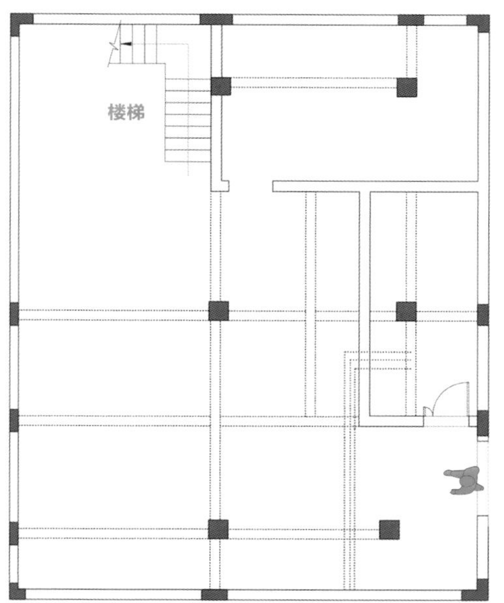

原始结构图

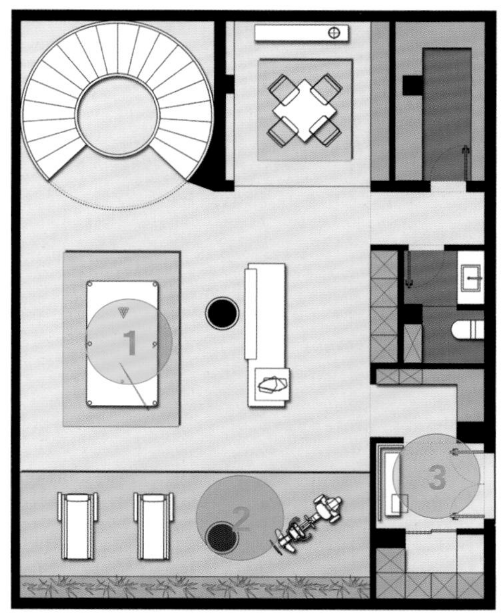

改造设计图

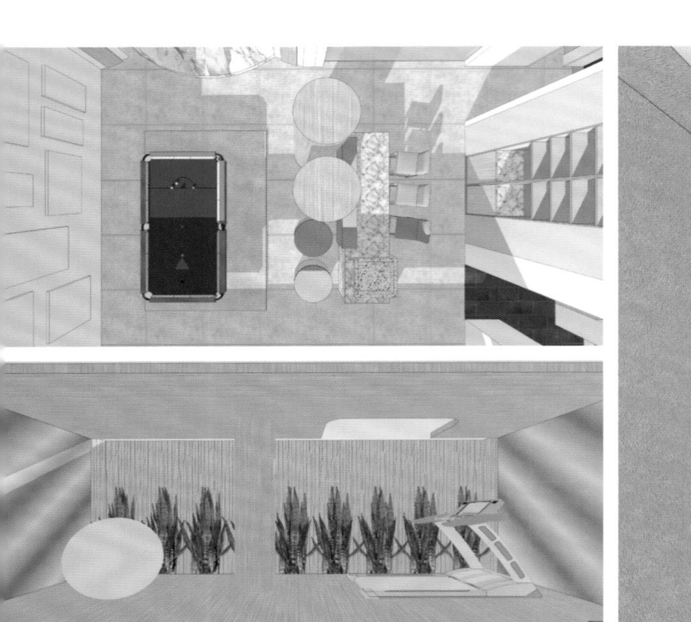

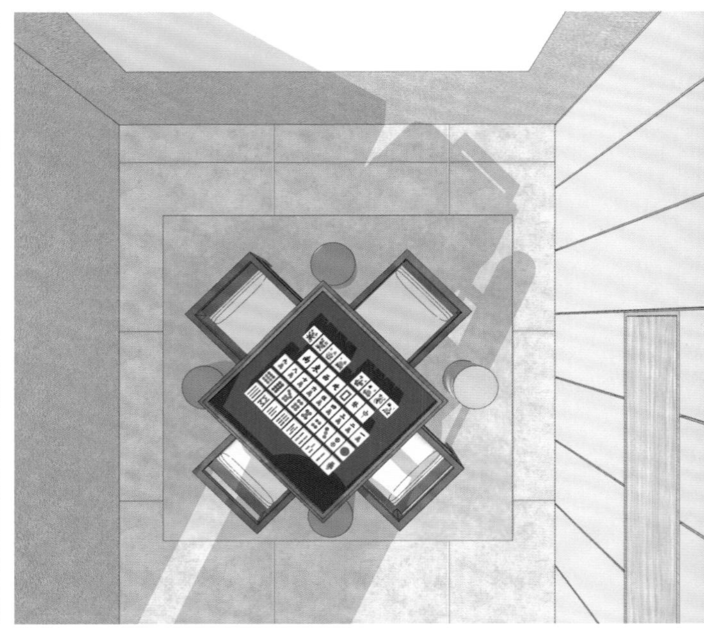

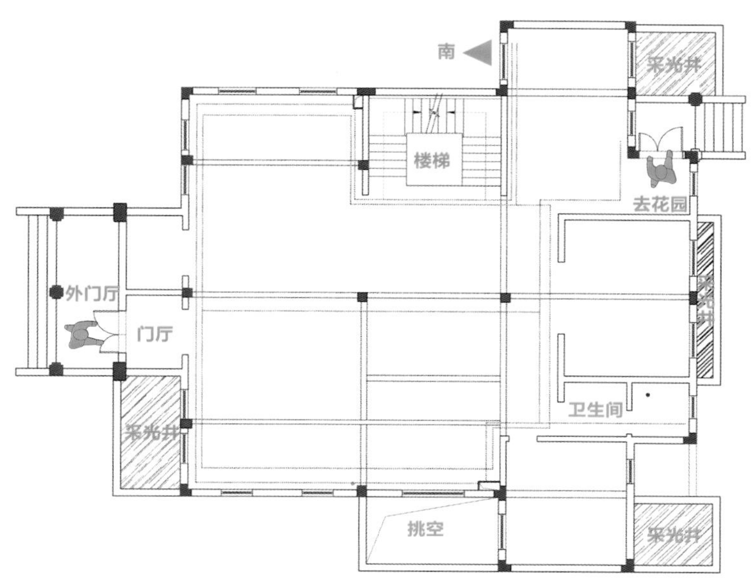

原始结构图

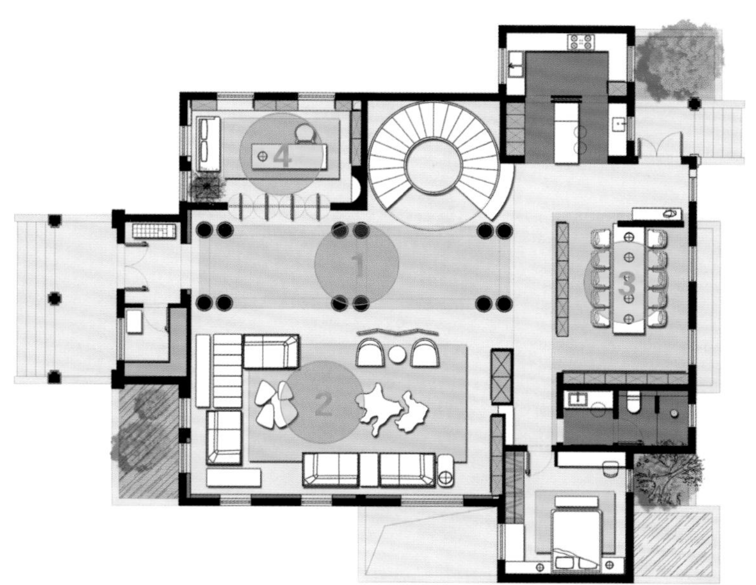

改造设计图

原始户型分析

入户动线打乱空间秩序，楼梯造型缺乏艺术性。其他各方面的条件较好。

改造后细节剖析

❶ 在玄关位置设计鞋帽间，满足了鞋子储藏需求。把整个空间打开，通过弱化承重柱的设计，增加了装饰柱体，起到划分空间的作用，又不会影响空间的通透性。

❷ 设计充满围合感的客厅区域，让人更加有安全感。两组大沙发的摆放，加上两个茶几，撑起了这个大空间的体量，空间更加饱满自然。

❸ 将封闭的空间打开，通过柜体隔断，设计了一个比较有围合感的餐厅，并留出双动线，使用起来更加灵活。玄关背景墙结合餐桌一起设计，让花园处的大门不会直接对着餐厅，私密性更好。

❹ 在大空间角落设置了一个学习区，空间更加安静、独立。通过旋转门设计打造通透的空间。学习区里面摆放了沙发，还能进行简单的沟通，功能更佳。

原始户型分析

原始空间承重柱很少，可改造性极强。各方面条件较好。

改造后细节剖析

❶ 拆除原始的楼梯，设计为旋转楼梯，这样的楼梯展示性更强。留出中间的挑空，可以从上到下吊一个长的艺术灯，串联空间。对称切角的艺术中庭，十分美观、有仪式感。把承重柱包起来，做装饰柱，弱化了承重柱，更加美观。

❷ 朝南的位置整面是窗，采光极佳，保留了挑空，让上下空间产生互动，也能更好体现出别墅的气势。结合柱点设置了比较有意思的休闲坐凳，让空间更加有趣味性，更自然。

❸ 进入东侧卧室，是一面内凹的背景墙，增添空间的舒适感。利用圆形的玻璃柜体，结合柱体做了一个展示柜，打破了整面柜体的呆板，更加有趣味性。

❹ 南侧卧室保留了露台，采用玻璃推拉门，最大限度地实现采光、通风。卫生间设置了双动线，能供卧室内使用，也能从外面进入，动线非常灵活。

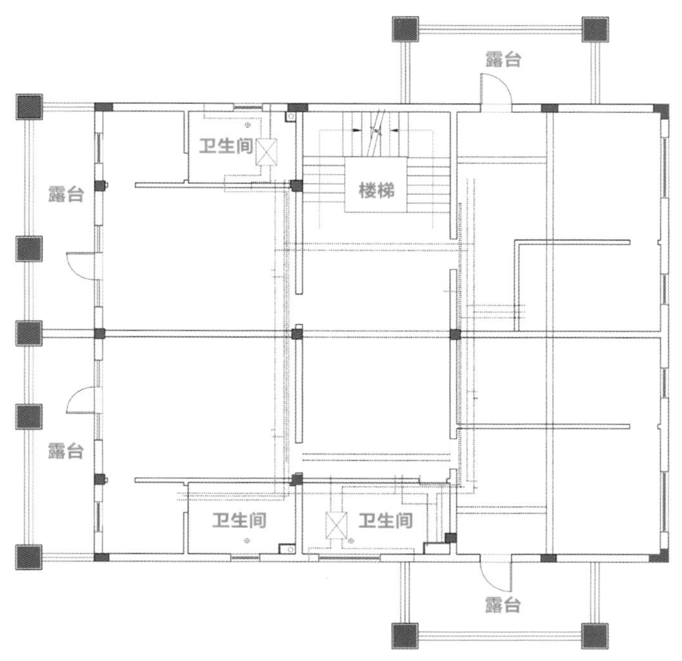

原始结构图

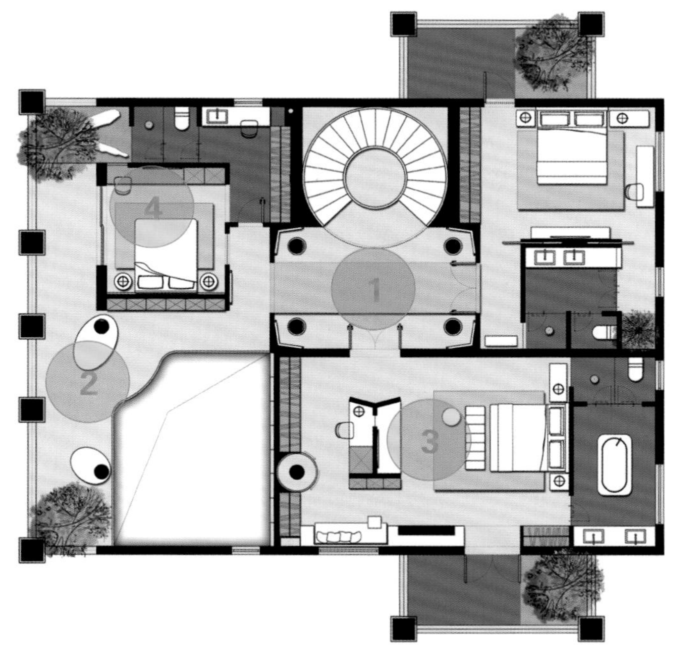

改造设计图

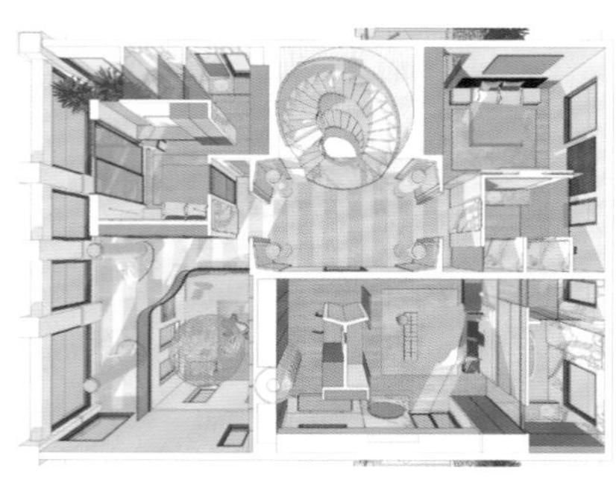

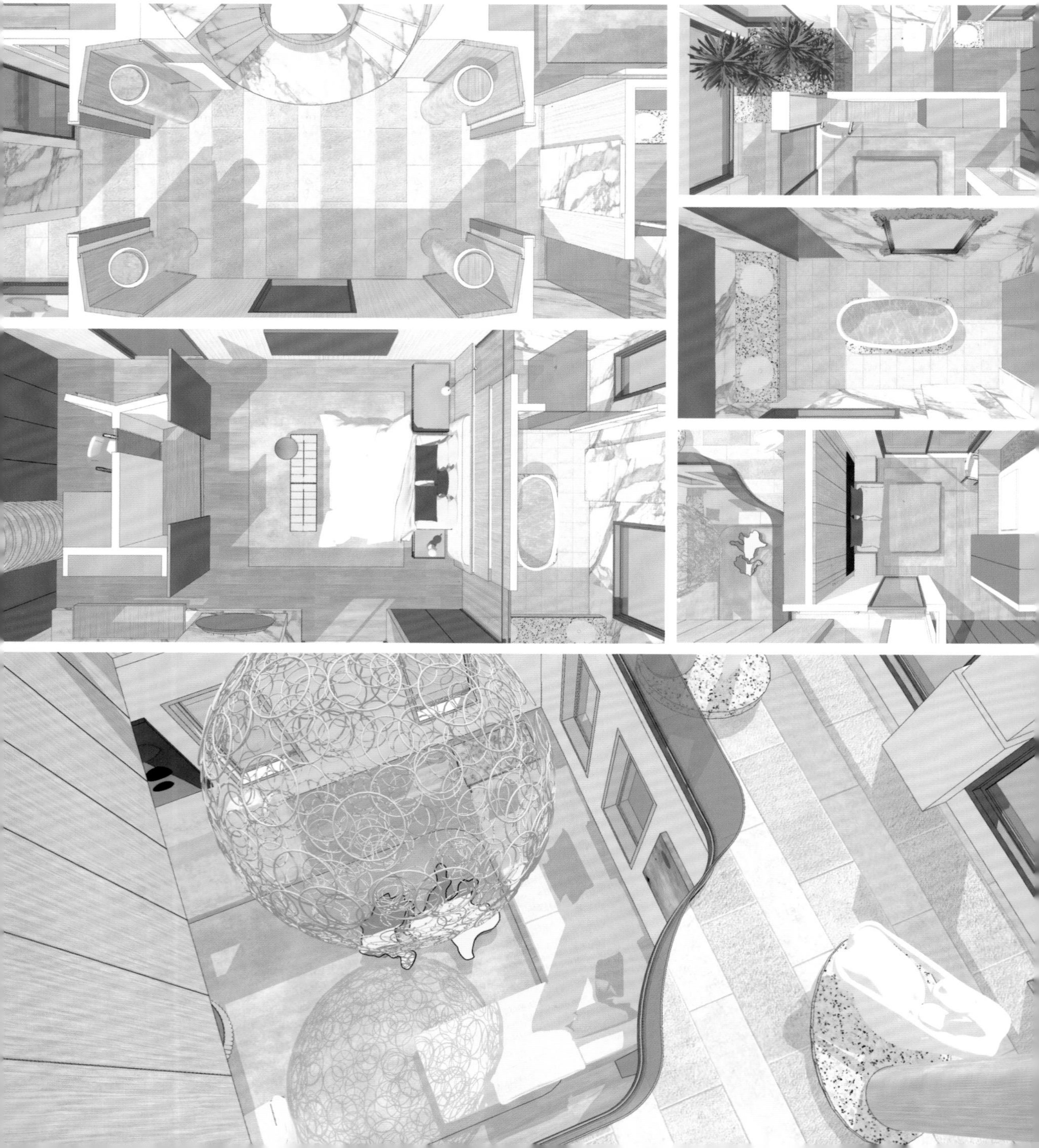

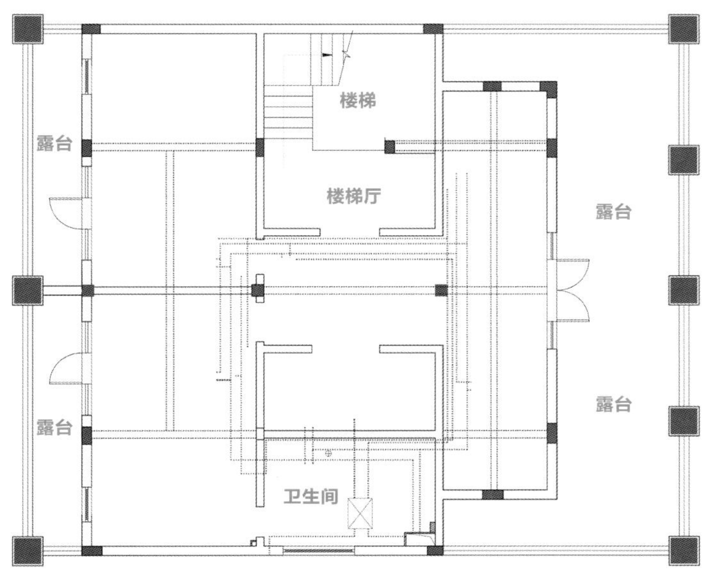

原始结构图

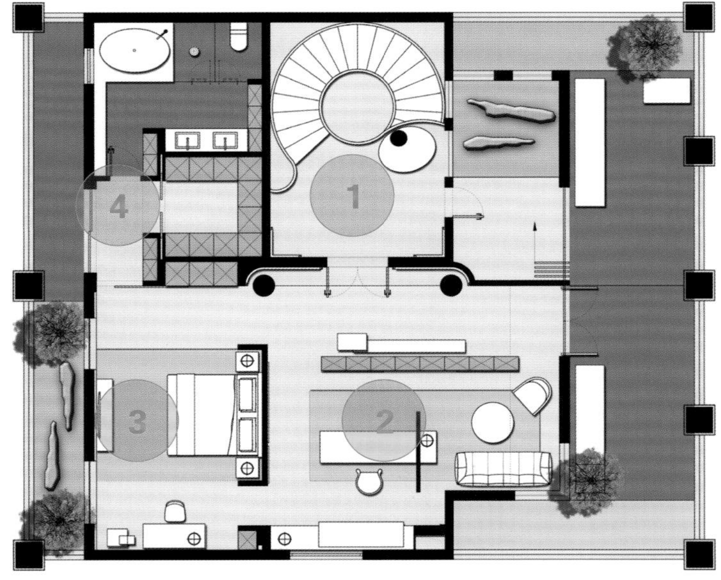

改造设计图

结语：没有不合适的空间，通过巧妙的设计，能将每处空间的作用发挥到最好。

原始户型分析

南北向都有露台，室内面积也较大，拥有可以打造出高级居住空间的原始结构。

改造后细节剖析

❶ 楼梯延伸到本层后设计流线型扶手，让空间感更加柔和、舒适，并且非常具有观赏性。在扶手旁边设置了休闲区，主要起到观赏的作用。

❷ 进入主卧区域，是一个长条形的玄关过道，背后是包裹式设计的背景墙，营造包围的感觉。学习区做了半开放的设计，有一定私密性，也不会干扰别的空间。

❸ 主卧采用中轴对称手法设计，留出双动线，通向玄关和学习区，使用起来更加灵活。床头背景墙做了折角，将床包围起来，这样睡床区的安全感更强。窗外的人造景，更添空间的美感。

❹ 卫生间设置在靠近衣帽间的位置，使用起来会更加方便。过道旁边柜体的设计方便储藏卫生间用品。淋浴区和马桶区用玻璃隔断形成独立空间，使用起来更舒适。

149 创意设计，让别墅更添非凡的气质

原始户型分析

地下室自带两个地下庭院，能满足采光和通风的需求，原始条件优越。

改造后细节剖析

❶ 在北侧地下庭院中设置了绿植，让地下空间也能亲近大自然，增加空间的生机，也是一处十分美丽的景观，点缀着整个地下空间。

❷ 会客区利用中轴对称的设计手法进行布置。楼梯下方放置了艺术品，提升会客区的品质和仪式感。

❸ 楼梯背后采用玻璃材质隔断，和其他空间的互动性更强。走廊位置设计了流线型的动线，承重柱用圆柱包起来，起到装饰的作用。吧台做成异形的，对应楼梯的造型，空间联系性更强。休闲区还设置了架子鼓区域，既美观，又能覆盖整个地下空间。

❹ 品茗区域设在了比较私密的位置，通过格栅和玻璃门的设计，空间采光更好，互动性更强，并设计了水景，通过桌面的穿插，趣味性更强，品茗的时候仪式感也更强。

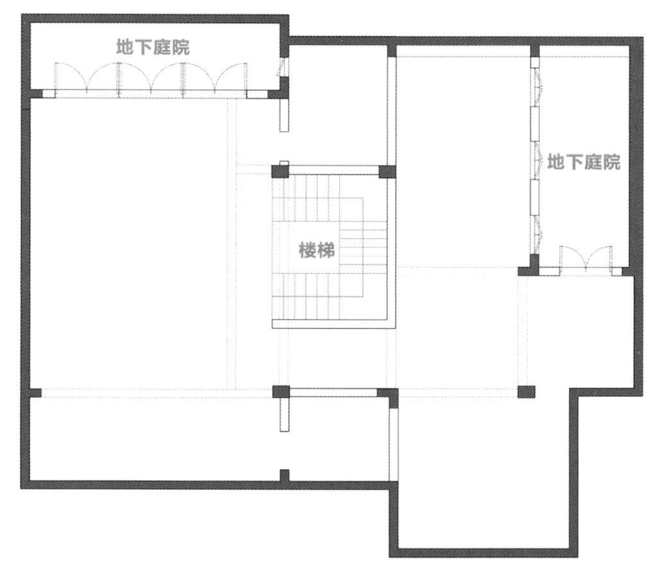

原始结构图

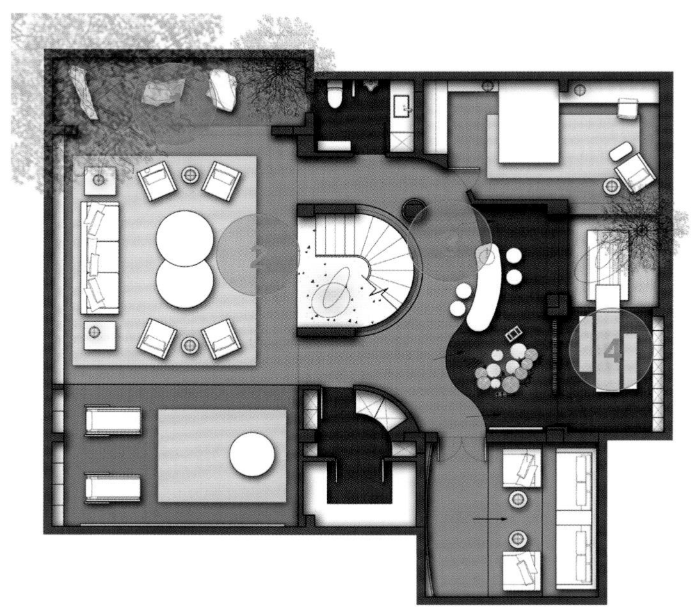

改造设计图

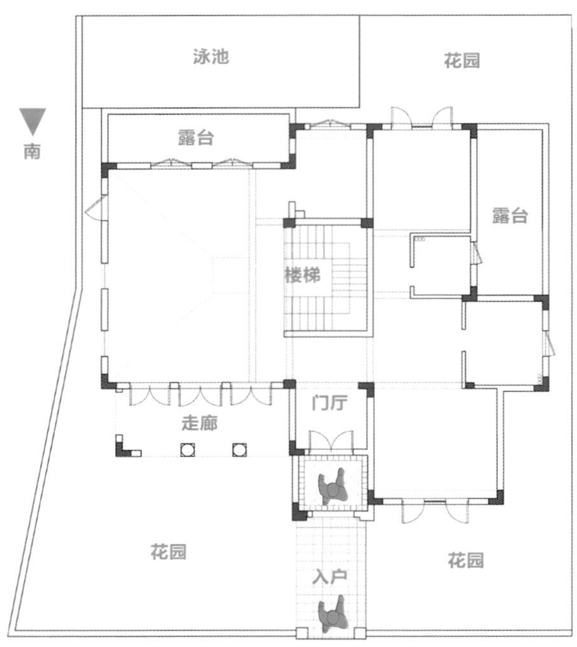

原始结构图

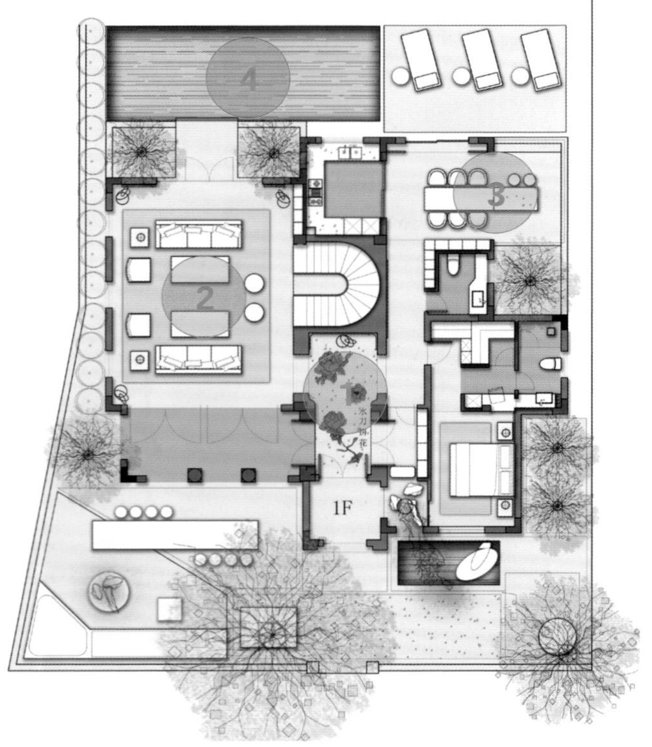

改造设计图

原始户型分析

原始空间布局符合逻辑，但楼梯位于整个空间的中间，会影响视线和动线。

改造后细节剖析

❶ 将入户处向楼梯区域移动，扩大了门厅，地面采用水刀拼花的地面材质，增加门厅的仪式感。鞋帽间设计双动线，更加灵活。

❷ 客厅区域通过中轴对称的设计手法，将两组沙发对摆，空间更加饱满、有仪式感。楼梯设计成围合状的形式，展示性更强。整体空间通透，采光非常好。

❸ 将露台向东推出，扩大餐厅的空间，餐桌结合吧台设计，功能更强，更美观。在采光井处造景，就餐时可以更加亲近自然。

❹ 在后花园设计了一个小游泳池，配套放置休闲躺椅，更加舒适、美观，提升了别墅的档次。

原始户型分析

露台面积过大，导致室内空间过于紧凑。

改造后细节剖析

❶ 拆除原始的楼梯，设计了一个围合状的楼梯，展示性更强。把多余的墙体拆除，在保证楼梯使用功能的情况下，采光更好，互动性更强。

❷ 在挑空的位置边上设置了一个比较休闲的起居区域，和楼下空间产生互动。挑空的设计为空间加分很多，仪式感更强。露台让起居区域的功能更加完备。

❸ 南侧卧室区域在床边配备了用于储藏常用衣服的衣柜，嵌入墙体，使用更加方便。观景阳台配套给卧室使用，空间更加具有美感。

❹ 学习区设在了光线比较好的位置，离卧室也比较近。通过书房内的休闲观景区也能进出南侧卧室，动线更加灵动、实用。

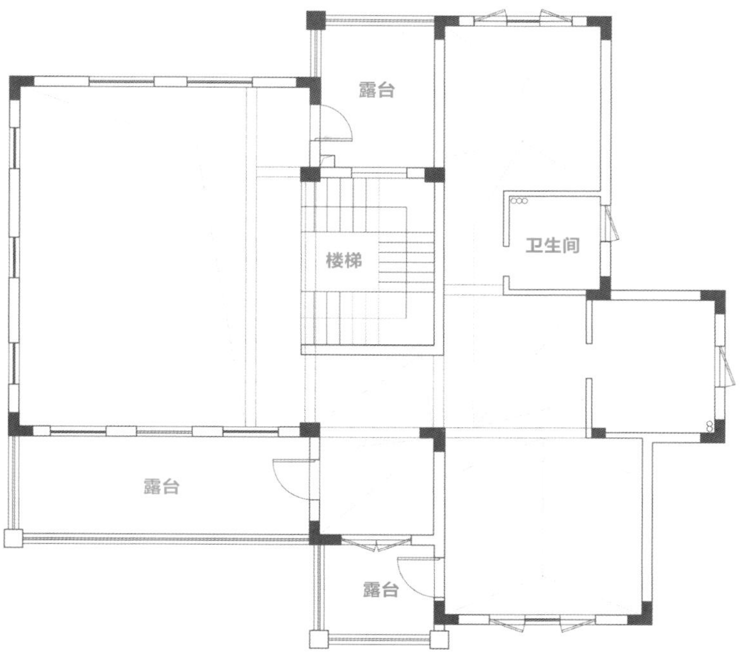

原始结构图

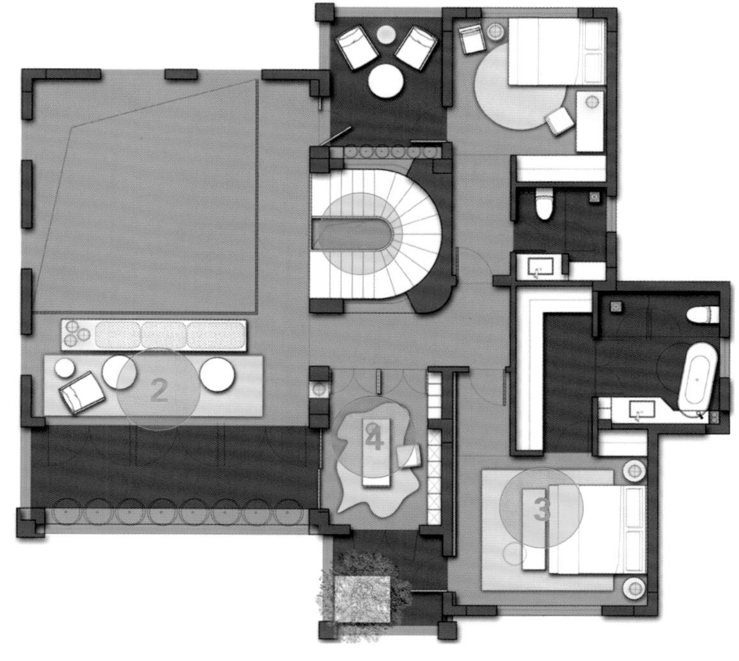

改造设计图

150 简约且富有新意的别墅，就靠解构主义手法的使用

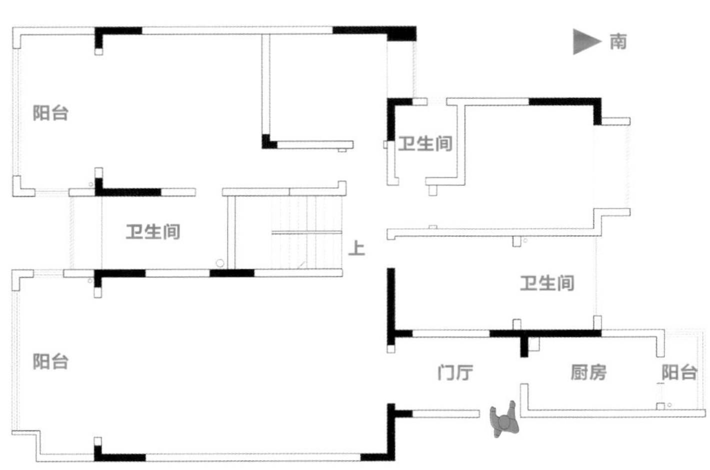

原始结构图

改造设计图

1F

原始户型分析

别墅开间较宽敞，一层需要设置客厅、餐厨区、公卫、主卧和客房。

改造后细节剖析

❶ 阳台并入客厅区域，休闲区既独立又能围合使用，沙发背后长排大块面的柜体将阳台、客厅、餐厅三个空间联系起来，视觉感受更为完整、整齐，秩序感强。

❷ 西餐吧台和水吧台与门厅相接，用断墙和绿植造景，给吧台空间和门厅空间带来更多的变化和活力，交错手法的使用让空间更富有层次感，带给人更多想象；水吧台可供两个小次卧使用，非常方便。

❸ 楼梯第一级踏步不仅扩大做成小平台，同时延伸到客厅电视背景墙下方，灯带也一样延伸过来，加强空间细节的联系和体块感；向楼上延伸的楼梯踏步挑出两三级做成错位延伸的形式，给乏味的楼梯空间带来设计感和艺术感，形成独有的空间节奏。

❹ 主卧南北向开间较大，动线可设计得灵活多样，与书房之间的短隔墙、化妆区的短隔墙和衣帽间将睡床区界定出来，视线仍然灵活、通透；把进入主卫浴缸区的动线与淋浴房相结合，功能布置更合理，各功能空间的大小均衡，使用起来更舒适，还留有端景柜的位置，提升了主卧空间品质。

2F

原始户型分析

二层需要设置老人房、儿童房。

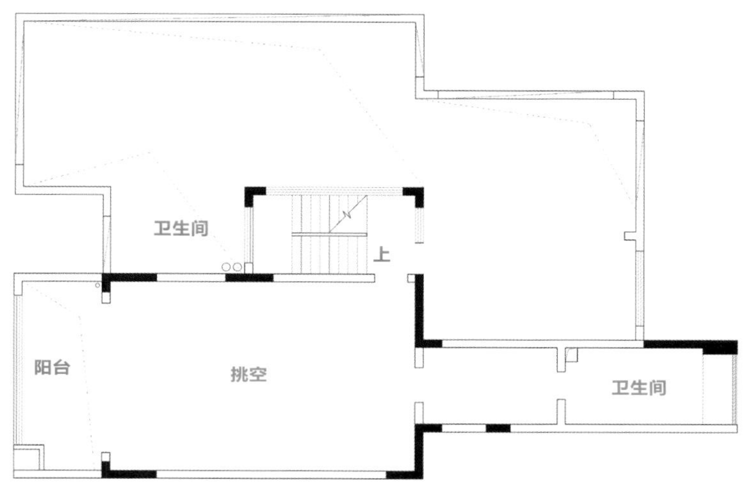

原始结构图

改造后细节剖析

❶ 挑空区周边大都为公区，从楼梯一上来视线仍很宽阔、透亮，在小起居室靠窗位置做小挑空区，可以纳入一层阳台处的干景装饰，观感丰富起来。

❷ 南侧卧室从动线设计入手，打造出一条长环绕动线，睡床区居中，用地毯材质来界定睡床区。

❸ 卫生间与其他空间之间采用玻璃隔断，视线、光线仍然畅通无阻，卫生间内各功能动线也极其灵活且互不干扰；正对入户门的隔断选择磨砂玻璃材质的保证私密性；洗手台盆背后打造一处景观区，也可作装饰区等，一来避免台盆靠窗影响美观和使用，二来从卧室其他空间进入卫生间时不会直接看到台盆、台面。

❹ 阳台和东侧卧室的睡床区全部用平开玻璃门隔断，弱化界限感，平开门全部打开时不仅与室外连接紧密，更有一种气派、豪放的空间感。

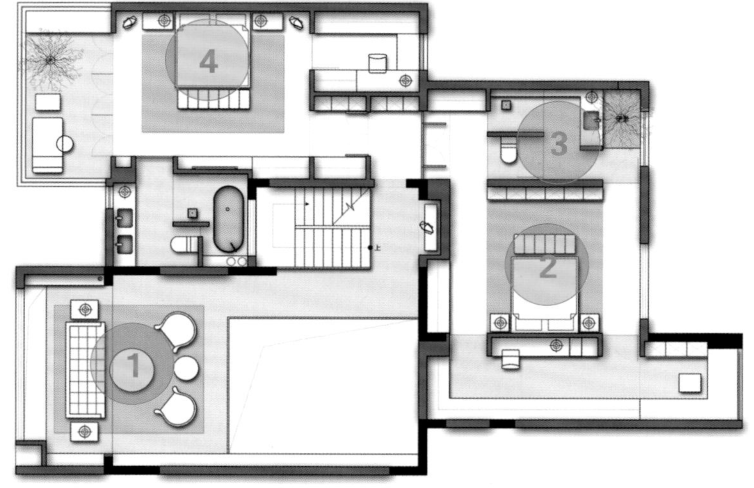

改造设计图

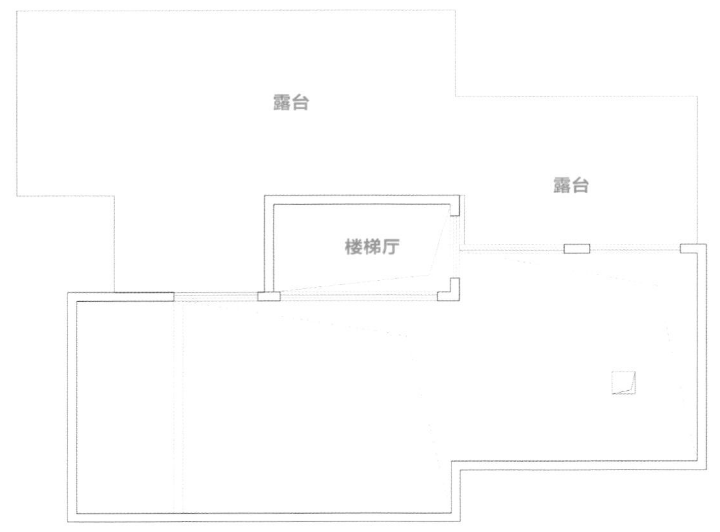

原始结构图

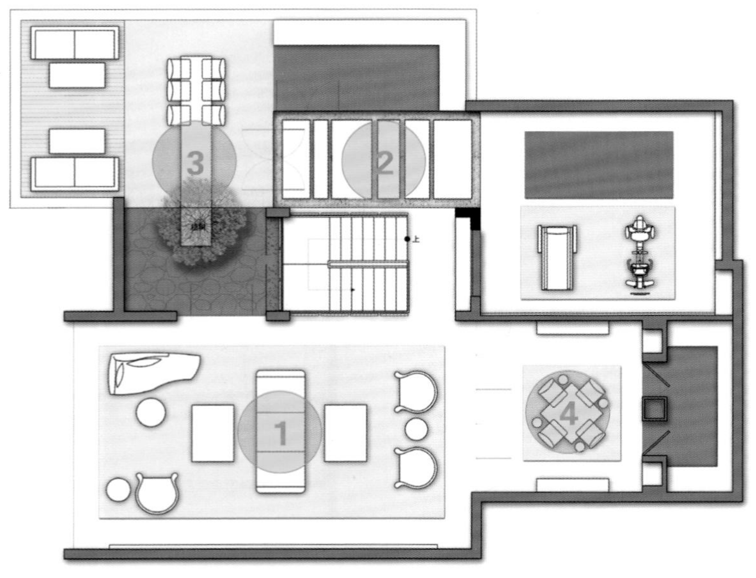

改造设计图

3F

原始户型分析

三层需要设置棋牌室、休闲区、活动区和花园。

改造后细节剖析

❶ 家庭式休闲区采用双场景的空间组合设计，中心的长椅连接两处场景并融合整个休闲空间，整体中带有随性、灵活的互动氛围。

❷ 过道区域地面采用鹅卵石加青石板的组合设计，丰富空间形态，一定程度上也能阻隔室外的落灰和杂质。

❸ 露台设置长桌，既可作烧烤区，也可作品茗区，室内设置一处绿植台，与长桌相接，此处的绿植景观在视线上将室内外空间串联起来，成为空间视觉焦点。

❹ 棋牌室用玻璃双开门隔断，视线、光线均有良好的穿透性，空间内不局促、灰暗。

结语：将解构主义手法运用到空间细节中，能串接起零散功能和装饰，奠定整体户型简约而不简单的空间基调，打造极具新意的别墅空间。

151 用材质延伸穿插法带你进入多维度互动空间

原始户型分析

南北通透，格局较方正，一层需要设置门厅、客厅、餐厅、中厨、老人房。

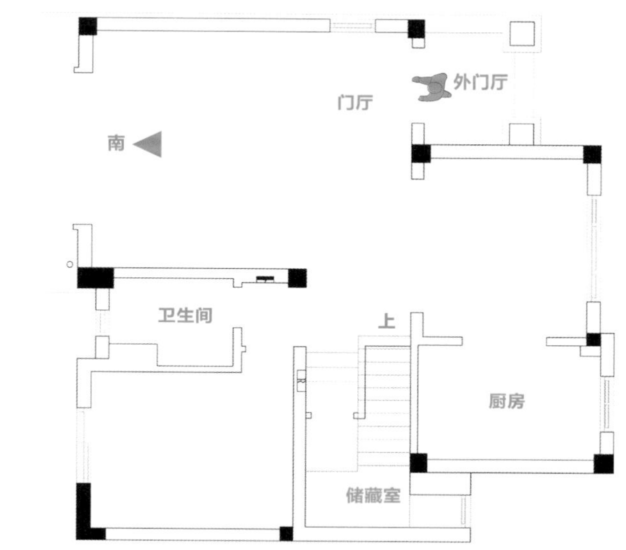

原始结构图

改造后细节剖析

❶ 从外门厅进来，正对一处端景装饰，视线没有完全堵住，又有所遮挡，旁边设置鞋柜，满足收纳需求，一个相对独立的门厅就形成了。

❷ 餐厅可以向北侧扩建，沿墙进行柜体和台面的组合设计，加强立面整体感；在厨房中心设计岛台，形成双动线。

❸ 客厅电视背景墙下的台面一直延伸叠加到楼梯前的端景台，立面形成富有层次感的大块面效果；不规则茶几组合给客厅带来更多趣味。

❹ 楼梯前根据业主需求设置一处端景装饰，稍微阻隔入户后直接看向楼梯间的视线，隔断可作收纳空间使用，在墙面断开的空隙处可放置装饰物或打造灯带效果等。

改造设计图

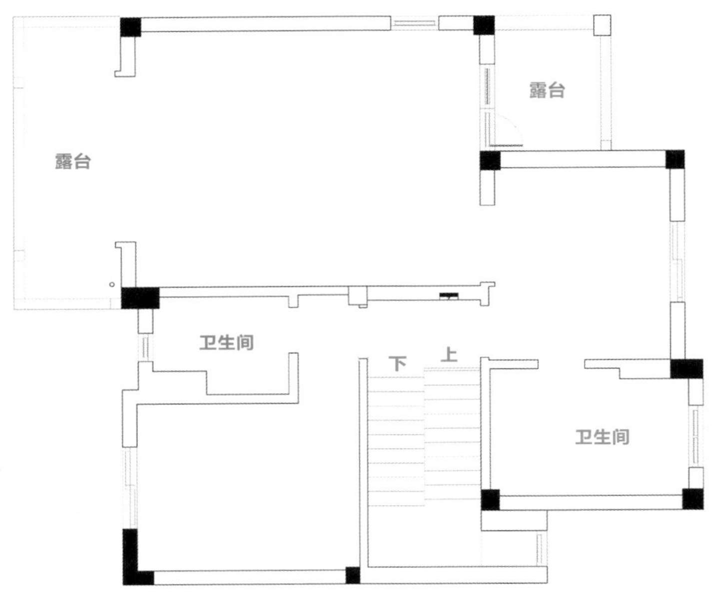

原始结构图

改造设计图

2F

原始户型分析

二层需要设置主卧和独立书房。

改造后细节剖析

❶ 主卧电视背景墙下的台面和水吧柜体做成统一进深的大块面，层次丰富的同时不会杂乱。

❷ 主卫分为干湿两个大区，干区开放，湿区封闭，浴缸紧靠窗边，利用灯光和窗外风景营造放松、舒适的氛围，茶几上可放置香薰、酒水等物，营造更惬意的空间。

❸ 独立书房由绿植区、休闲区和阅读区构成，各功能区域相辅相成，其中靠窗休闲榻上有收纳柜，当书房临时当作客房使用时，可作衣柜使用；书房与楼梯之间用通透的书柜格架隔断，楼梯间有了更多自然光线，书房也有更多活力与趣味。

3F

原始户型分析

三层需要设置两间卧室和露台休闲区。

改造后细节剖析

❶ 从楼梯厅进入露台时正对一处绿植景观，从北侧小卧室进露台第一眼看到的也是造景装饰，融合于室外休闲区中，连接室内外空间；露台一部分有玻璃顶，在下雨天也能利用部分室外功能。

❷ 两间卧室内都配有迷你水吧台，居住便利性大大提高。北侧卧室门可呈180°打开，不会阻碍室内动线；卧室水吧台与淋浴房之间用玻璃隔断，视线上空间感更强。

❸ 东侧小卧室床头柜采用悬空台面，与衣柜柜体相连，凸显一体性，衣柜没有顶到床头，也让睡床区更为宽敞，没有拥挤感；床尾靠墙设置一排置物架，取代电视墙，可以用于收纳书籍、玩具等。

结语：通过材质在平面、立面的延伸，穿插、连接空间，增强室内不同功能区域的互动性，化零为整、化繁为简。

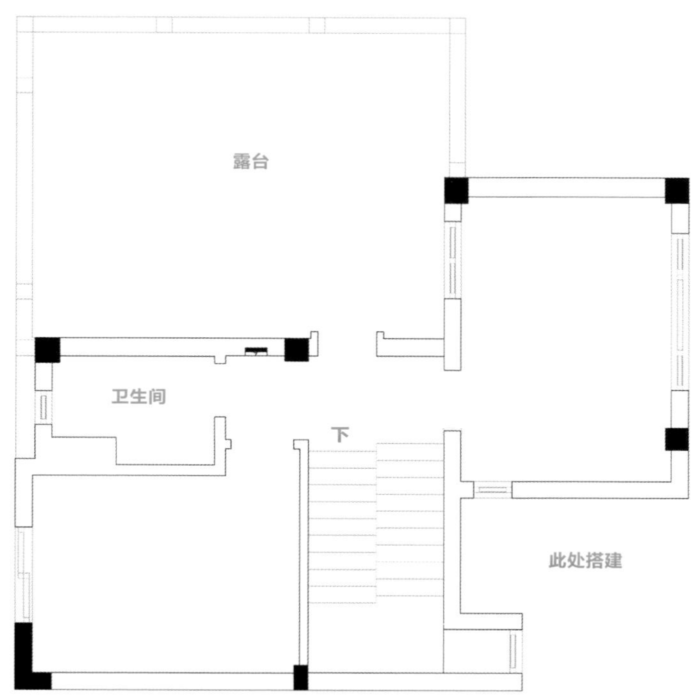

原始结构图

改造设计图

152 新中式风格别墅打造可不能全靠装饰元素的堆砌

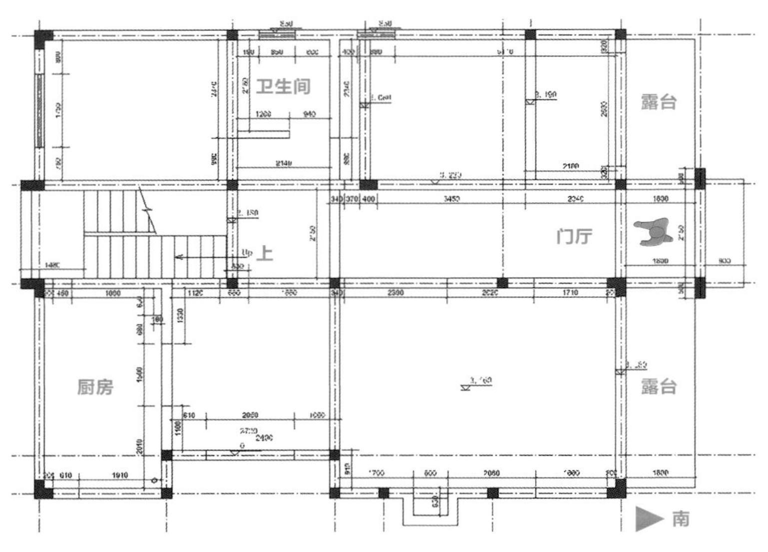

原始结构图

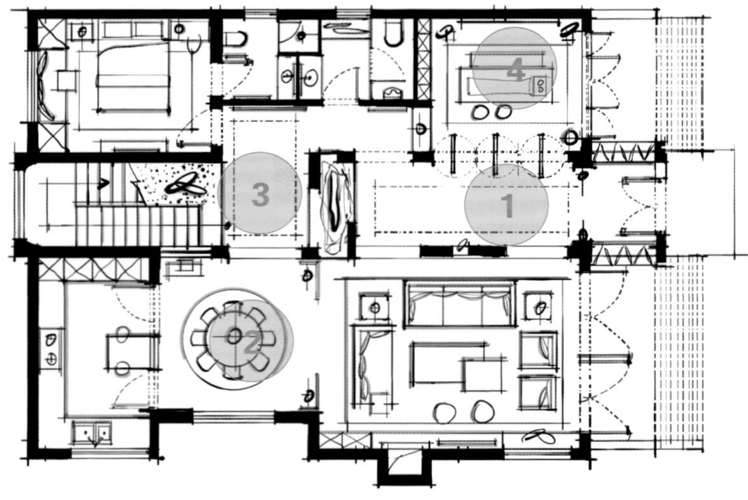

改造设计图

1F

原始户型分析

外墙不可更改，可随意规划卫生间、厨房位置，常规方案中楼梯不做更改，承重柱基本划定了功能空间，一层需要设置客厅、餐厨区、客房（带套卫）、门厅、茶室、公卫。

改造后细节剖析

❶ 门厅由外门厅和内门厅组成。内门厅独立大气且有端景装饰，带有很强的仪式感，端景两侧动线分流，形成环绕动线。外门厅两侧设置鞋帽收纳柜，满足使用需求。

❷ 客厅、餐厅之间用对称屏风明确空间界限，加上圆形造型餐桌，营造更强的仪式感；厨房用U形操作台面和中心岛台的经典组合，形成环绕动线。

❸ 楼梯第一级踏步做成大块面平台，可设计干景或放置装饰品，打造出艺术楼梯，化解原有楼梯造型乏味、局促、小气的缺点。

❹ 茶室西侧和南侧都采用玻璃隔断，室内隔断用旋转玻璃门，完全打开后与外部空间互动性更强，更富有情调。

2F

原始户型分析

二层需要设置主卧套房、老人套房和两间儿童房。

改造后细节剖析

❶ 北侧的两间儿童房分别套入南侧的老人房和主卧，在孩子很小的时候方便大人照顾，长大后儿童房可独立使用。主卫衔接两个睡床区，形成环绕动线。

❷ 在西侧，通过衣帽间连接另外两个睡床区，卫生间放到卧室外便于共用。

❸ 儿童房也有一处小衣帽间，方便日后独立使用，旁边大套房内的书桌既可以给老人使用，也可以供小孩长大后学习时使用。

❹ 主卧衣帽间和阅读区在一个大空间内，同时和睡床区之间形成环绕动线。

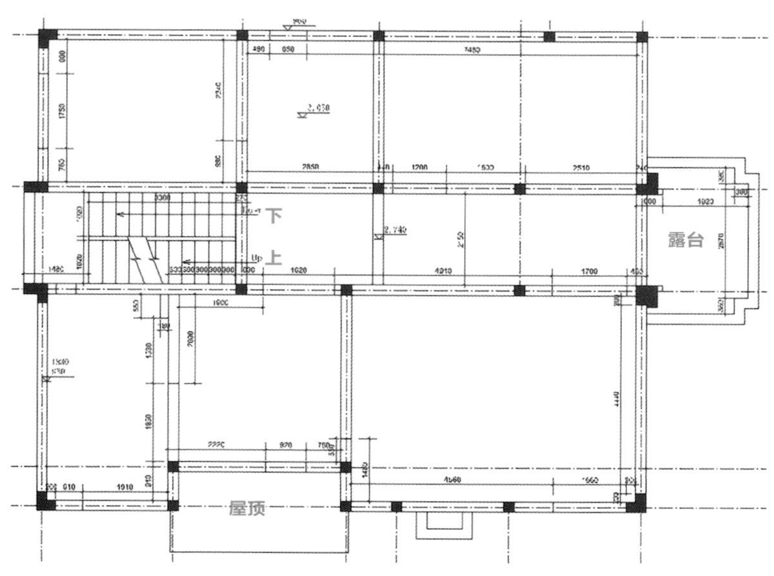

原始结构图

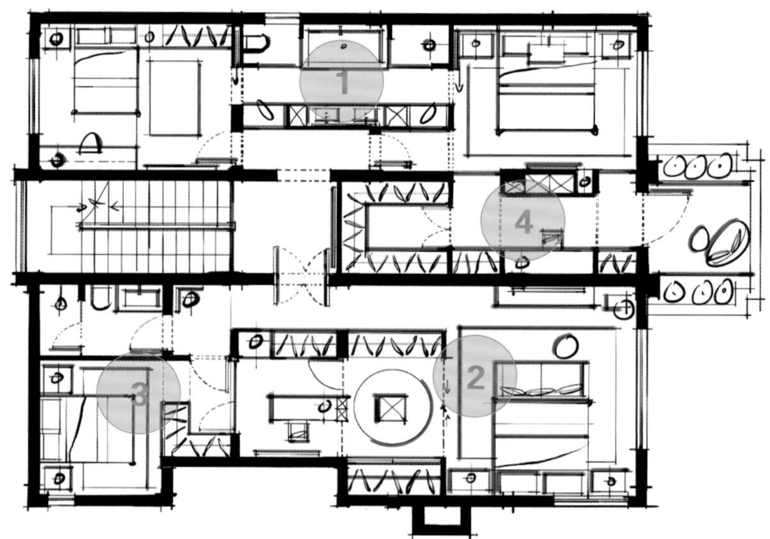

改造设计图

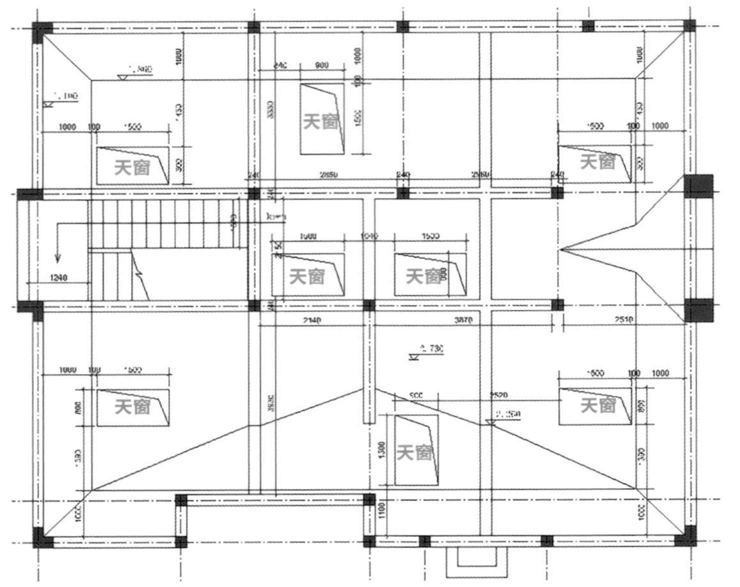

原始结构图

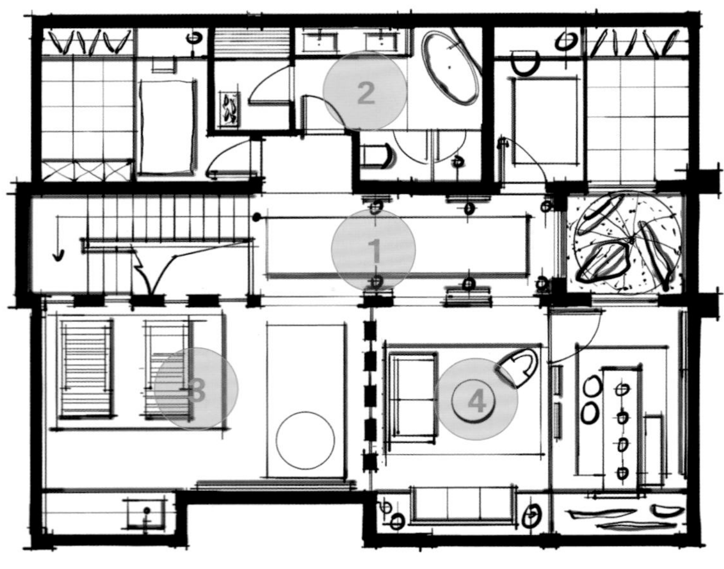
改造设计图

原始户型分析

三层为玻璃顶，采光全部来自屋顶，需要设置两间独立的保姆房、公卫（有浴缸和桑拿房）、健身区、休闲区、茶室。

改造后细节剖析

❶ 公共动线区域设计为艺术走廊，走廊墙面对称设计凸出的立面造型，加强层次感，尽头设置一处艺术景观，延伸视觉深度，同时营造别具一格的艺术氛围。

❷ 公卫在干湿分离的基础上，满足了设置桑拿房和浴缸的需求，动线合理、便捷。

❸ 健身区和楼梯间、休闲区之间的隔墙做间断性处理，玻璃隔断相间其中，运动空间更加有通透感和动感效果。

❹ 休闲区和茶室紧邻，在会客、聊天互动等场景中可共同使用空间，茶室还可作书房使用，用于写字、看书、绘画等。

结语：对称手法可以营造仪式感和秩序感，也是中式风格造型的表现手法之一，而营造朦胧意境、打造相互穿插透景的效果要靠遮罩手法。

153 独栋别墅也承载不了过多的居住需求，从哪里入手解决（方案一）

原始户型分析

地下室需要设置客房、保姆房、酒窖吧台、休闲区、健身区、茶室、影视厅、门厅、棋牌室。

改造后细节剖析

❶ 楼梯厅按照楼梯造型向四周延伸扩展，形成环绕动线，楼梯背面墙体用凹凸材质处理，可以当作供孩子们娱乐的攀岩墙，或打造单纯呈现艺术性的造型。

❷ 公共空间所有功能区的动线都相互串联起来，茶室与休闲区没有墙体的阻隔，互动感更强；茶室与室外用玻璃隔断分隔，模糊室内外界限，让茶室空间更有自然意境。

❸ 入户独立门厅做一些造型，用柱体增强仪式感，与室外用绿植和玻璃隔断隔开，光线可相互穿透，营造朦胧的艺术美感。

❹ 在地下室室外的下沉庭院设置一个室外休闲区，以休闲娱乐为主，以景观装饰为辅，给地下室空间带去更多自然光线。

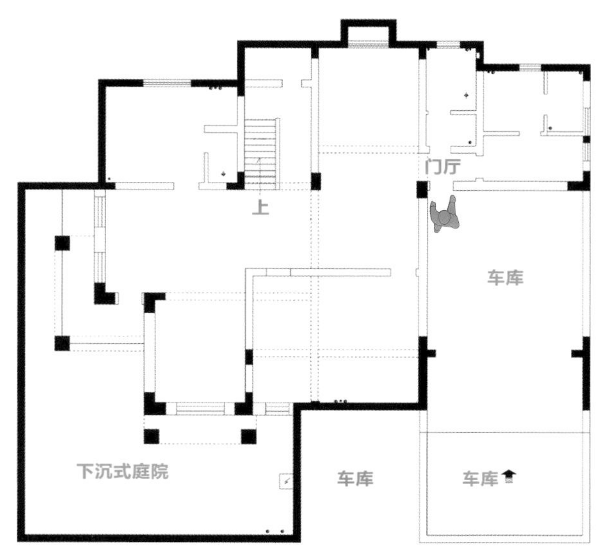

原始结构图

改造设计图

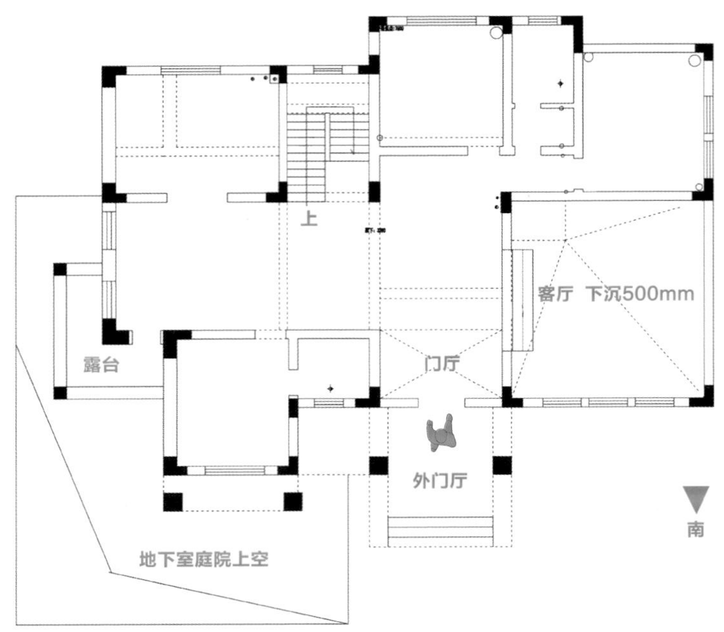

原始结构图

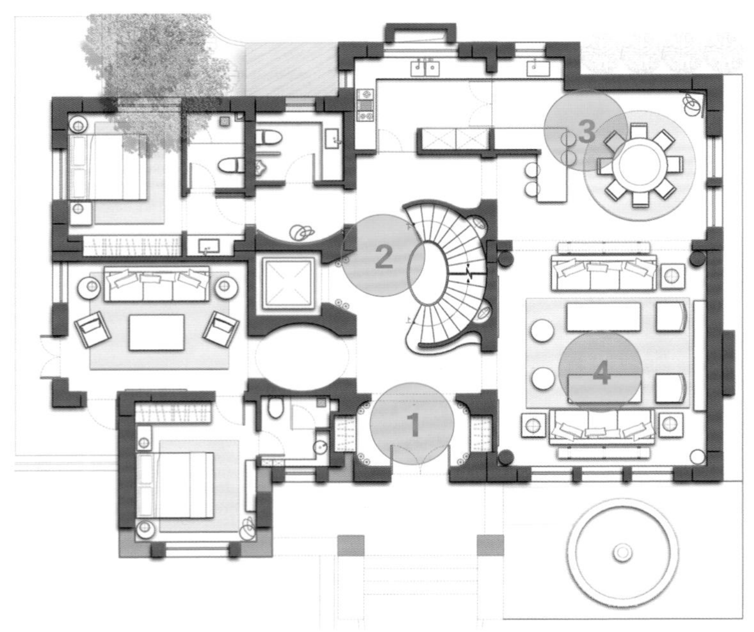

改造设计图

1F

原始户型分析

承重柱一定程度上划定了功能空间，楼梯需要改动位置，造型改为圆弧形，需要设置电梯，一层需要设置客厅、起居室、中厨、西厨、中餐厅、两间带套卫的卧室、公卫、门厅。

改造后细节剖析

❶ 门厅用门套和弧形阴角处理，来凸显门厅空间的独立性和仪式感，壁灯和对称布局手法的使用奠定了门厅既休闲浪漫又简洁大方的氛围。

❷ 楼梯改设在室内较中心的位置，楼梯厅大气且独立，并形成环绕动线，采用半圆弧造型满足设计需求，同时也在比较紧凑的空间内最大化呈现美感。

❸ 中餐厅圆桌和西厨区融合在一个大空间内，西餐区又是中厨设备柜的延伸，相互交错和融合，可互相辅助使用。

❹ 最大的开间用于设置客厅，完全开放的空间有着较好的采光、通风，家具组合对称布局，利用中心地毯来化零为整。

原始户型分析

二层需要设置两间老人房套房、主卧套房、书房。

改造后细节剖析

❶ 电梯口做斜角处理，和楼梯斜角相呼应，视觉感受上有引导作用，避免90° 角造型的呆板和拘谨。

❷ 书房配有一个阳台，看书的间隙或休息时可远眺放松，书房空间不大不小，正好满足使用需求。

❸ 主卫采用常规干湿三分离式设计，围绕动线布局，浴缸放在南向窗边，浴缸周围阴角做弧形处理，浴缸空间更显得独立，整体感强。

❹ 老人房进深较小，都选用移门来减小对动线的破坏，居住体验感更好。

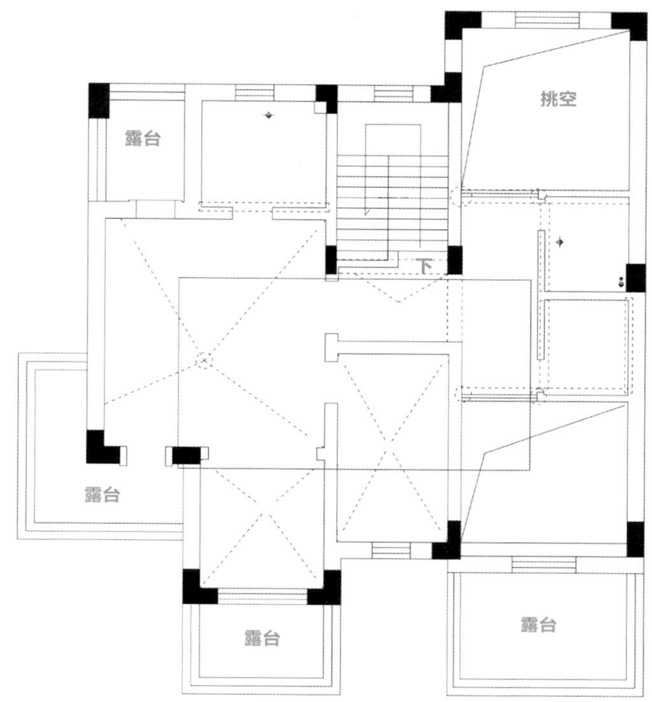

原始结构图

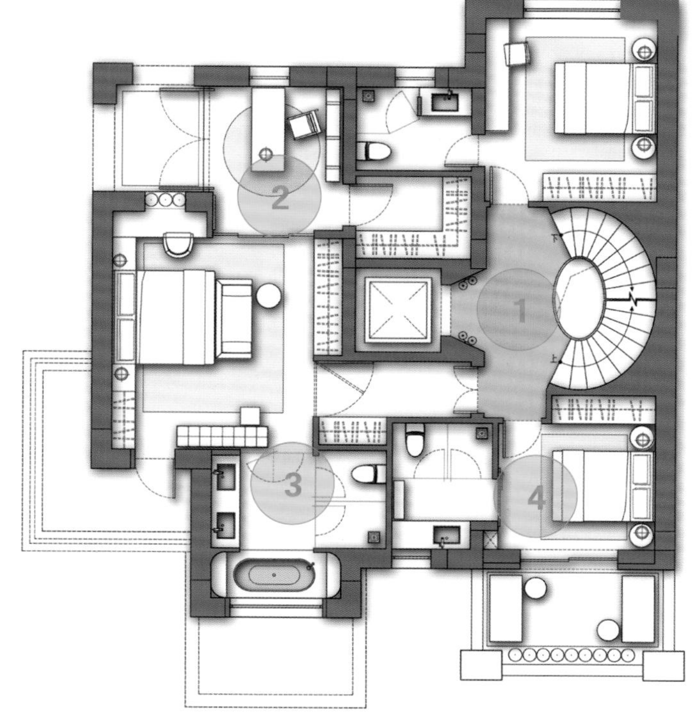

改造设计图

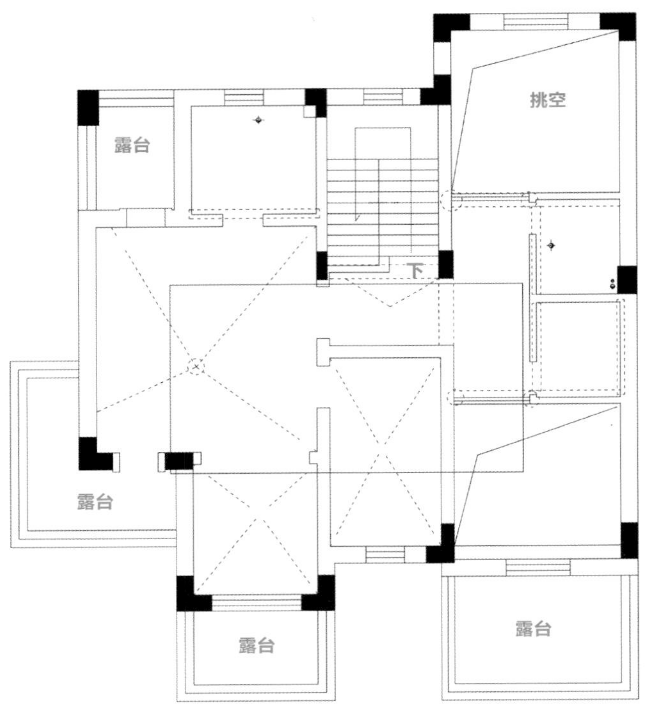

原始结构图

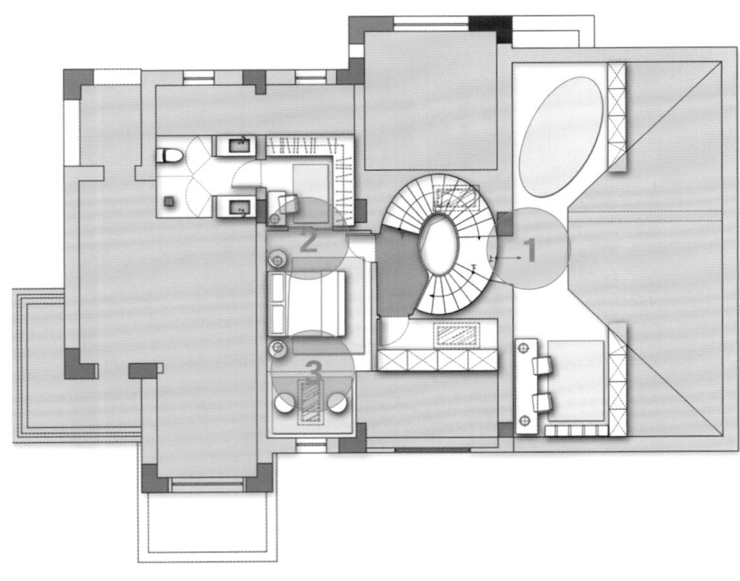

改造设计图

原始户型分析

在本案例中的三层（二层上方）中，需要设置儿童房套房（含衣帽间、卫生间、学习区、玩耍区）、储藏间。

改造后细节剖析

❶ 一层客厅、餐厅上方直通三层的挑空区满足搭建条件，可设置玩耍区和学习区给孩子使用，同时也兼有储藏收纳功能。

❷ 在进入儿童房套房卫生间的动线周边设置衣帽间，避免产生卫生间门正对睡床的格局，采用移门作为隔断，更高效便捷。

❸ 在靠近窗口的位置设计一个小休闲区，也是一处多功能区，小孩可以在这里学习、玩耍、聊天等。

结语：楼梯厅和电梯厅共用一个区域，节约空间的同时又能提高空间利用率。

154 独栋别墅也承载不了过多的居住需求，从哪里入手解决(方案二)

BF

原始户型分析

地下室需要设置客房、保姆房、酒窖吧台、休闲区、健身区、茶室、影视厅、门厅、棋牌室。

改造后细节剖析

❶ 入户位置做了更改，在进门右手边设置了一处独立的鞋帽间，功能性更强。

❷ 茶室空间虽也是完全开放的公区，不过通过圆形柱体的围合限定，更有空间感和仪式感，在靠近室外的地方设计艺术装置，带来更浓厚的文化艺术气息。

❸ 楼梯厅设有一处环绕动线，不过没有做成弧形的，按照轴线划分成方形的楼梯厅空间，动线仍旧灵活流畅。

❹ 采用无框线玻璃做室内外的隔断，在视线、光线交流上是完全无界限的，地下室室外的下沉庭院设置一个室外休闲区，以休闲娱乐为主，以景观装饰为辅。

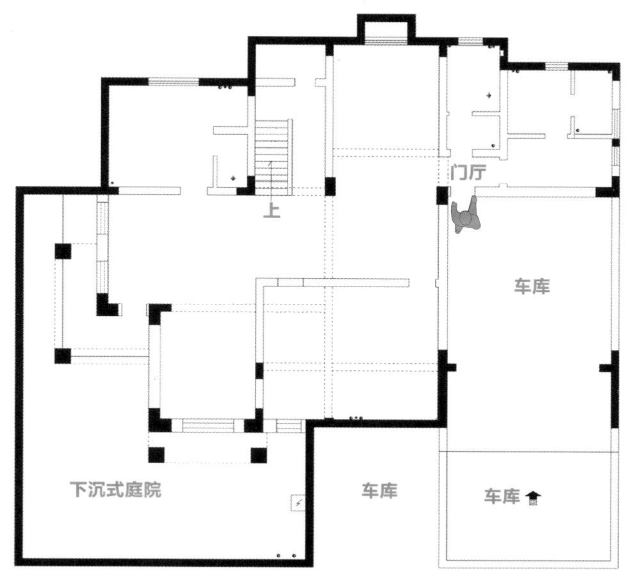

原始结构图

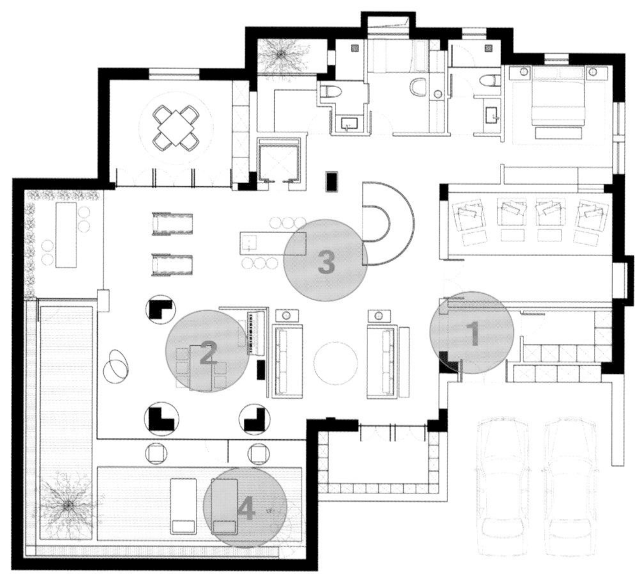

改造设计图

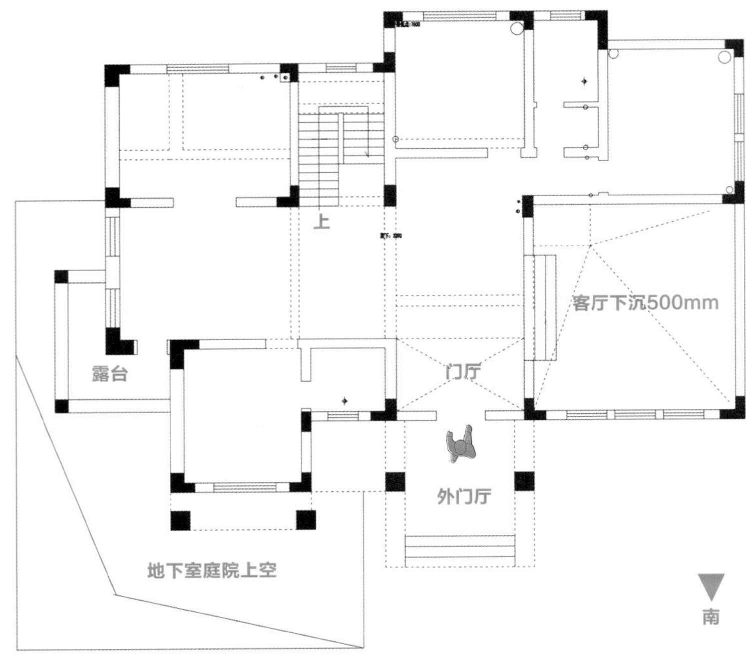

原始结构图

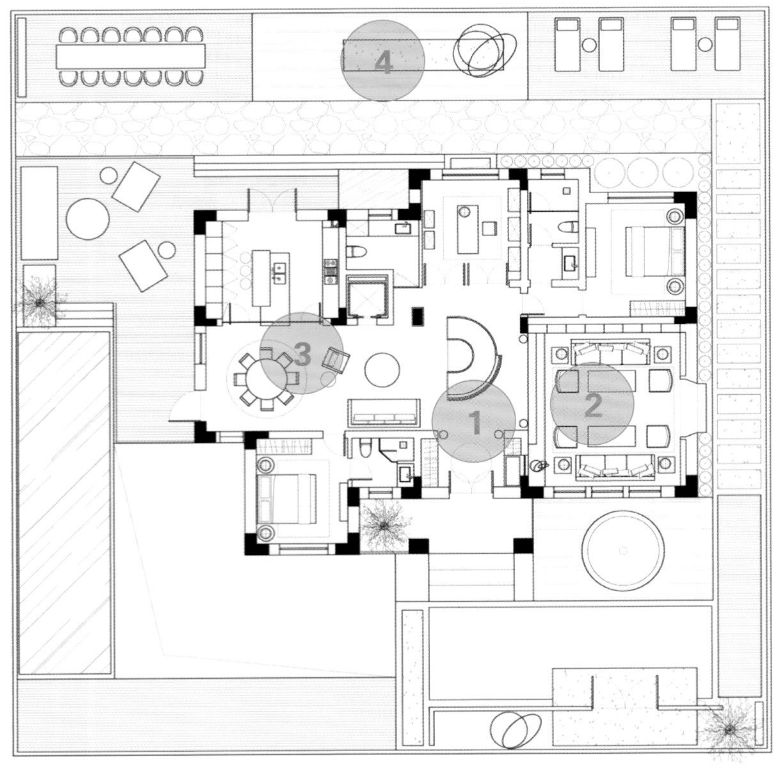

改造设计图

1F

原始户型分析

承重柱一定程度上划定了功能空间，楼梯需要改动位置，造型改为圆弧形，需要设置电梯，一层需要设置客厅、起居室、中厨、西厨、中餐厅、两间带套卫的卧室、公卫、门厅。

改造后细节剖析

❶ 门厅用门套和弧形阴角处理，凸显空间独立性和仪式感，壁灯和对称布局手法的运用奠定了门厅既休闲浪漫又简洁大方的氛围。

❷ 最大的开间用于设置客厅，完全开放的空间有着较好的采光、通风，家具组合对称布局，两阶的落差将客厅范围划定出来，延长的台阶平台也成为一处装饰亮点。

❸ 餐厨区设在楼梯西侧，与客厅相对，开放空间集中在东西轴线上，西厨吧台充当了岛台的角色，和中厨融合到一个空间里；起居室休闲厅和中餐厅紧挨着，平时可作早餐区使用。

❹ 在室外花园围绕别墅打造出一条长环绕动线，可通往下沉式花园，将室内外、楼上楼下衔接起来，形成自家独享的小花园。

原始户型分析

二层需要设置两间老人房套房、主卧套房、书房。

改造后细节剖析

❶ 电梯位的改变给功能空间留出更多可改造的面积，在楼梯厅两侧阴角处摆放装饰物，提升空间品位和质感。

❷ 主卧睡床区正好对着门口，所以在进门处设置屏风和梳妆台一体的隔断，阻隔卧室外正对着睡床区的视线，没有影响到睡床区空间的质量。

❸ 书房置于朝南的房间，和室外露台有一定的高差，在窗口处设计通向露台的台阶，一部分融入动线使用，另一部分设计成休闲区，书桌延伸到台阶上，各功能区域相互之间联系更加紧密，互动性更强。

❹ 在其中北侧老人房外搭建一处露台空间，可作为衣帽间或休闲空间，这样两间老人房的空间比例更为平衡。

结语：电梯位置的改动和楼梯厅的空间设计能给整层空间带来完全不同的居住体验感，作为刚需别墅，大量的需求能够得到不同程度的满足。

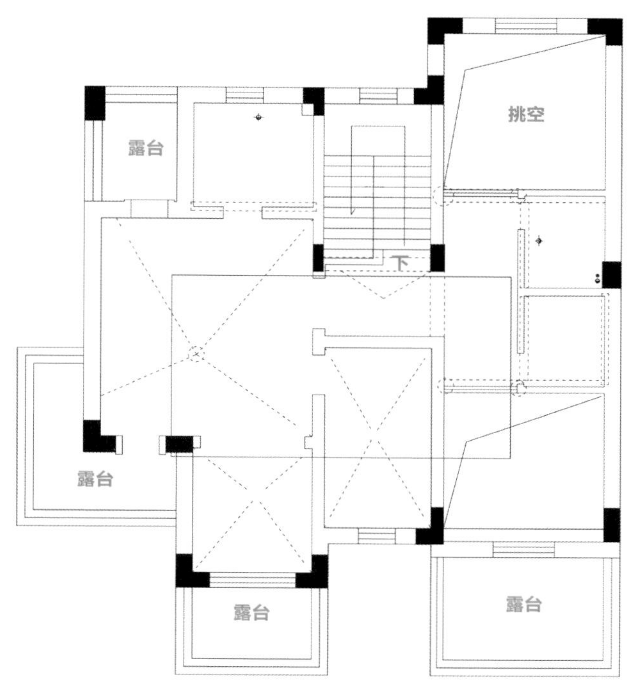

原始结构图

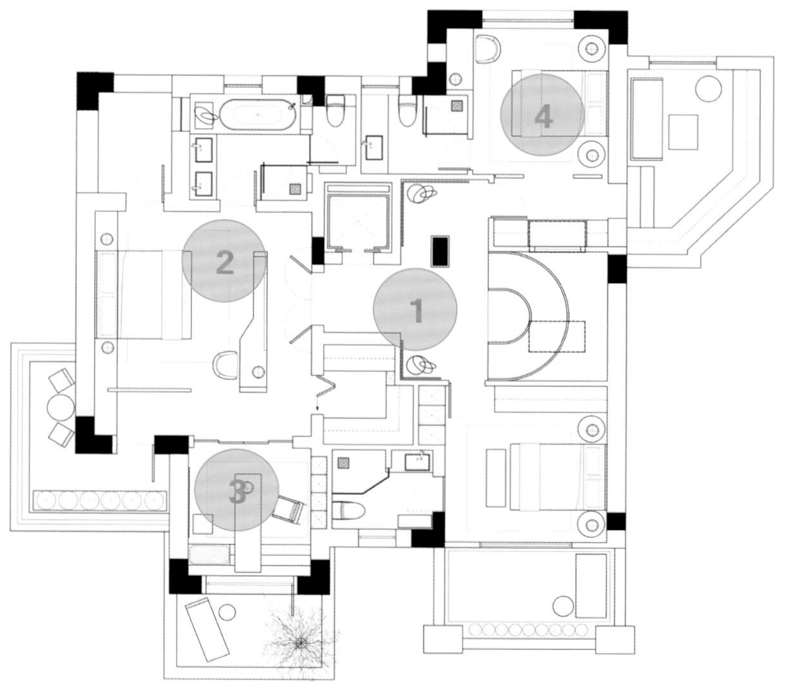

改造设计图

155 双跑楼梯重现江湖，让别墅美如一座城堡

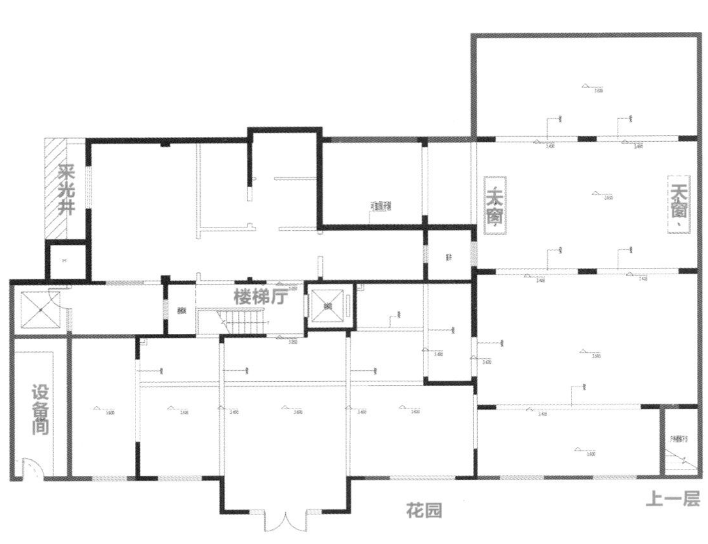

原始结构图

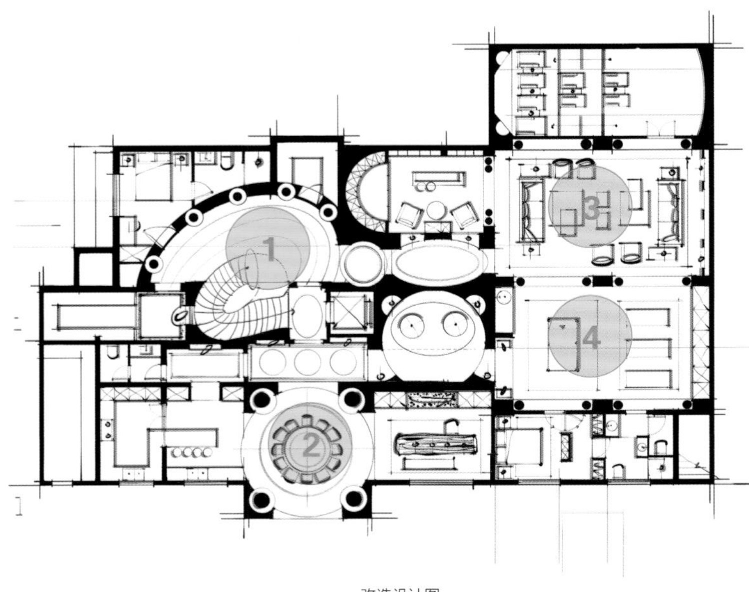

改造设计图

BF

原始户型分析

大面积独栋别墅，室内多承重砖墙结构，带电梯，楼梯面积过小。地下室面积大，需要设置厨房、中厨、西厨、中餐厅、会客厅、茶室、保姆房、客房、酒吧酒窖、台球区、影视厅、健身区、儿童玩耍区、公卫、储藏间、洗衣房。

改造后细节剖析

❶ 用弧形造型和内嵌罗马柱烘托空间气场，楼梯厅依照楼梯弧度进行面积扩展，视觉冲击力很强，过道也利用弧形造型来增添艺术感和趣味性，强调动线空间。

❷ 餐桌的大弧形造型和四角柱体的小弧形造型不仅让中餐厅仪式感很强，还将餐厅空间凸显得更为独立、完整，弱化僵硬的直角面。

❸ 会客区设在一处开间比较大的空间，在对称的家具组合中又有错落的变化，既能承载大型的多人聚会场景，也能承载两三人的会谈、闲聊等场景，并给周围的功能区提供了休闲互动空间。

❹ 健身区作为动区可以设计得更加开放、宽敞，与台球桌置于同一开间，加上旁边的儿童玩耍区，将所有动态功能聚在一起，空间更加有秩序感。

原始户型分析

大面积独栋别墅，室内多承重砖墙结构，楼梯面积过小。一层需要设置两间客房、客厅、书房、门厅、衣帽间、公卫、茶水间、艺术品展示区。

改造后细节剖析

❶ 独立完整的门厅是大型独栋别墅必要的空间，阴角做圆弧处理，与四角的柱体相呼应，强调仪式感和装饰性，功能性的配置放到西侧的小空间，比如鞋帽柜、换鞋凳、休闲椅等，门厅单纯表现气派的别墅气场。

❷ 把原户型中的直跑楼梯改为弧形双跑楼梯，地下一层楼梯与一层楼板交错，地上两层与地下一层的楼梯分为两部分，艺术性与功能性兼备，楼梯变得大气许多。

❸ 主厅沿主动线轴线对称布局，依托双跑楼梯的造型，一层的公共休闲区域完全敞开，视野非常开阔，给人霸气十足的空间感受。

❹ 偏厅相较于主厅来说更偏向于休闲娱乐互动功能，可以供家人日常使用，或作为孩子们的娱乐区等。

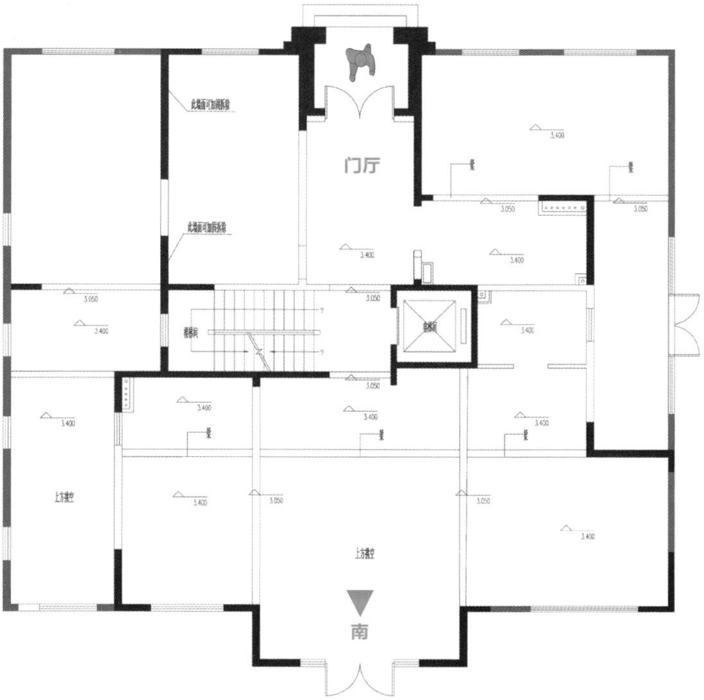

门厅

南

原始结构图

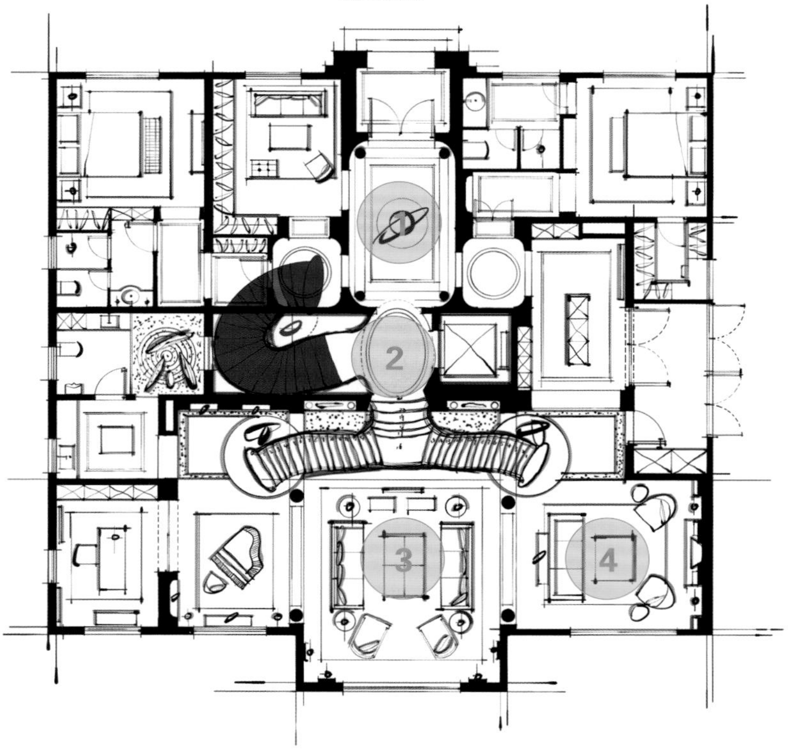

改造设计图

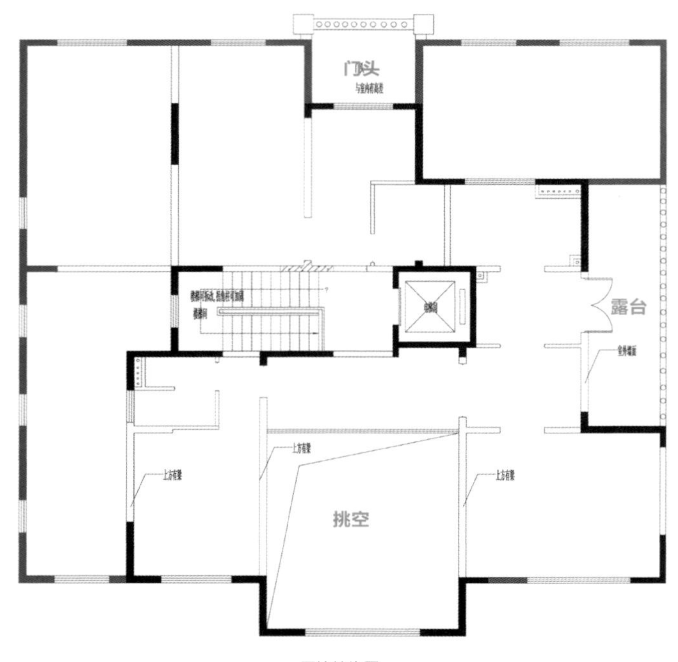

原始结构图

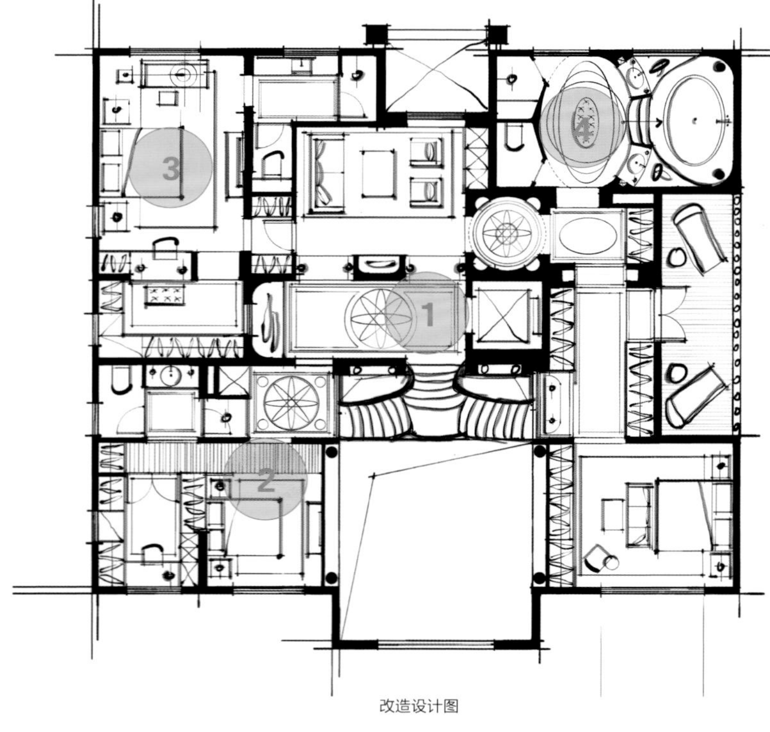

改造设计图

结语：大空间别墅要充分利用面积优势，该空出来的地方就要大胆空出来，犹如国画中的留白处理，讲究“此处无物胜有物”，使空间更有意境。

原始户型分析

二层需要设置三间卧室套房（老人房、主卧、儿童房）、一间起居室。

改造后细节剖析

❶ 在楼梯口与电梯口处打造一处独立的过渡空间，将公共动线整合起来，用端景墙、地面拼花材质、对称柱体等元素营造仪式感。

❷ 每间卧室进门后都有一处较独立的室内玄关进行过渡。在西南侧卧室，通过玄关后有一条独立走廊串联起各个功能空间，整个睡床区用地台抬高，对零碎的家具功能进行整体化处理。

❸ 梳妆台让衣帽间和睡床区在视线上有交互，光线上有穿插，居住体验感更加丰富多变。

❹ 一进主卫就能通过地面弧形拼花材质感受到空间气场，对称的干湿分离设计，抬高的双人浴缸平台，摆放的装饰品和罗马柱，都营造出了奢华的居住体验感。

156 当别墅作为会所空间，你能掌握空间重点吗

原始户型分析

本案例中的独栋别墅主要用来作为会所，强调社交，空间调整灵活度大，需要更改楼梯。

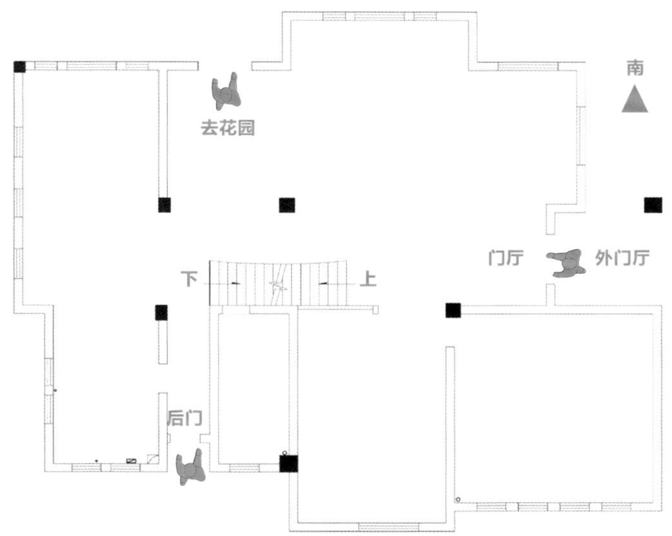

原始结构图

改造后细节剖析

❶ 在进门门厅视线尽头设计端景，两边用对称门套和柱体强调门厅空间感和仪式感，奠定别墅空间的非凡气场。

❷ 楼梯位置有利有弊，弊端在于从室内对角处的功能空间走到楼梯处动线比较长，优势在于楼梯位置和客厅位置层高都超过8m，在此处设计挑空区会让空间非常有气势，让客厅空间不仅大气，更具视觉冲击力，楼梯曲线造型也让空间丰满起来。

❸ 宴会厅使用频率不会很高，但要营造开敞大气的空间氛围，并保持一定的私密性，与茶室之间采用展示柜隔断，展示柜兼具装饰性、实用性；融合酒窖功能，可以在休闲区品酒鉴酒，同时也可作为客人私人物品存放区。

❹ 餐厨区由中厨、西厨和中餐区组成，与对面的客厅、楼梯空间一起构成一整块公区。

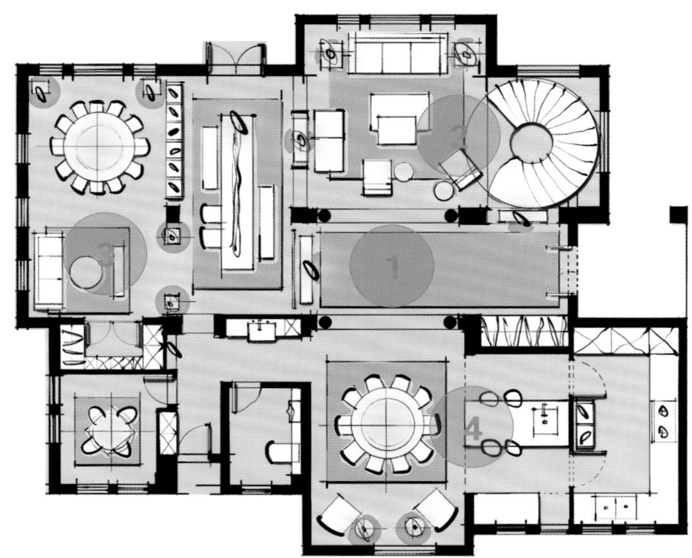

改造设计图

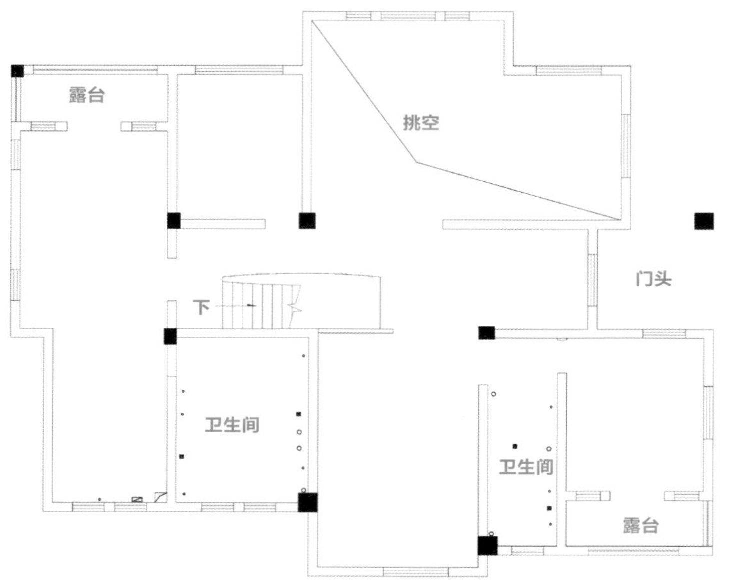

原始结构图

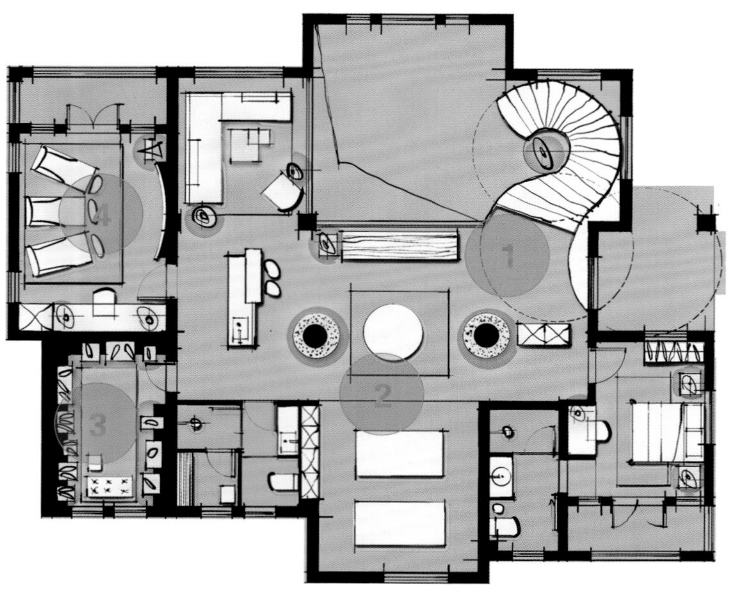

改造设计图

原始户型分析

二层主要用于娱乐休闲，主要使用人群是业主及其家人。

改造后细节剖析

❶ 由楼梯入户后，能看到极具展示性的开敞的公共空间，在较宽敞的过渡区也可以欣赏到富有艺术性的楼梯造型和大气的挑空空间。

❷ 将对称的方形柱体包为圆柱体，并设计干景底台，让柱体更丰富，更有装饰意味，展示性更强。

❸ 设置专门收藏、存放鞋的储藏间是业主的特殊需求，虽然是较私人的封闭空间，但是设计仍要强调展示性和美感，柜体嵌入墙体，形成不同的凹凸体块，再加上灯光的设计，获得堪比高端鞋店的陈列效果。

❹ 多媒体房间需要保持私密性和封闭性，满足观影、游戏、唱歌等多样需求，使用频率并不高，所以设置在边角位置即可。

结语： 业主将这栋别墅专门用来作私人会所，以公共空间和娱乐休闲空间为主，因此打造空间艺术性和趣味性是设计关键点。

第10章

异形户型

异形户型通常是因为周围建筑环境原因迫不得已才因地制宜设计的一种户型，虽然数量不是很多，但却真实地存在于我们的生活中。

这种户型被设计师称为“魔鬼”户型，让人“闻风丧胆”，其最大的缺点就是空间中存在很多尖角，动线凌乱，实际可使用面积比实际测量出来的面积少很多。

在复杂的户型背后都有一套底层思维逻辑，本书为大家整理了一套专门用于改造异形户型的轴线切割手法，可用于任何不规则户型的改造。

很多人为了所谓的创意，经常把常规的方正户型改造成异形的斜切户型，实际使用起来存在很多鸡肋。如果能将一个异形斜切户型改造成一个方正户型，才是设计的真正本质，有时候没有创意就是最好的创意，因为设计的本质是以人为本，如果住起来舒心，那就是一个好设计。

157 切割空间，异形秒变方正，瞬间舒适度提升

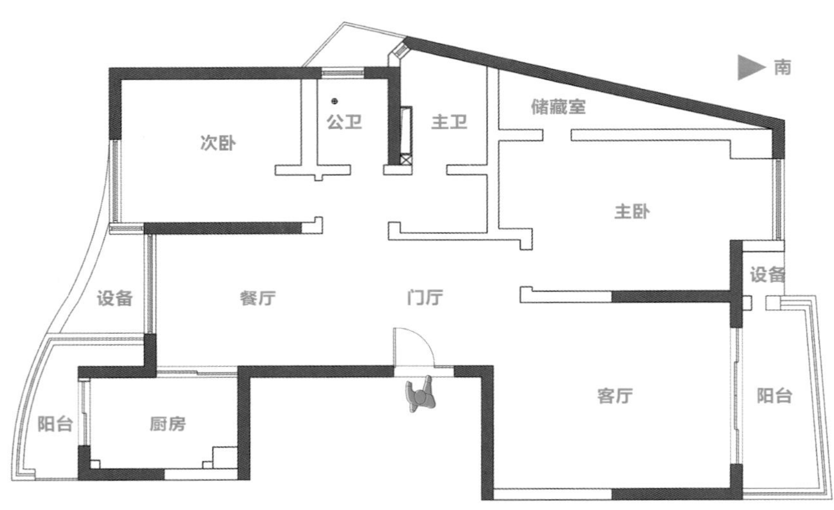

原始结构图

改造设计图

原始户型分析

餐厅区域过长，厨房空间小，不好利用，储藏空间几乎无法使用。

改造后细节剖析

❶ 将厨房面积扩大，门设在靠近餐厅区域的位置，留出了早餐吧台的位置，厨房空间更开阔、舒适，也解决了餐厅区域过长的问题。厨房空间中吧台和折叠门的处理方式让空间更加透气，采光更佳。

❷ 把鸡肋的储藏室纳入主卧，优化空间，主卧空间变得方正的同时又增加了储物功能。由于采用异形切割手法，主卫的空间增大，同时可以设置一个衣帽间，空间变得周正，更加实用。

❸ 将阳台和客厅的空间合并在一起，客厅变得更大、更通透。在客厅一角设计了一个图书吧，整个空间的书香味变得更浓，空间氛围变得更轻松愉快。

结语：通过巧妙地切割异形空间，布局更合理，空间变得周正。

158 对称手法这样用，再也不怕斜角户型

原始户型分析

入户空间拥挤，鞋帽间有明显锐角，不好利用。厨房台面小，不适用，且采光不佳。空间不对称，阳角过多，居住体验感十分不舒适。

改造后细节剖析

❶ 将厨房和餐厅位置对调，厨房台面变长，操作起来更加舒适，动线更加流畅。并且加入了水吧台，空间功能更齐全。餐桌的摆放方式，可以供更多的人同时就餐，更舒适、方便。

❷ 东侧卧室空间不周正，有异形承重结构，可以做一个与其对称的结构，让空间的围合感更好，更有安全感。改变东侧卧室开门方向，储物功能更加强大。

❸ 改变了主卧室的入户空间，空间变得周正起来，显得空间更大了，利用率更高了。把衣帽间的锐角切除，改造为只有钝角和直角的空间，这样的空间使用起来才是最舒适的。

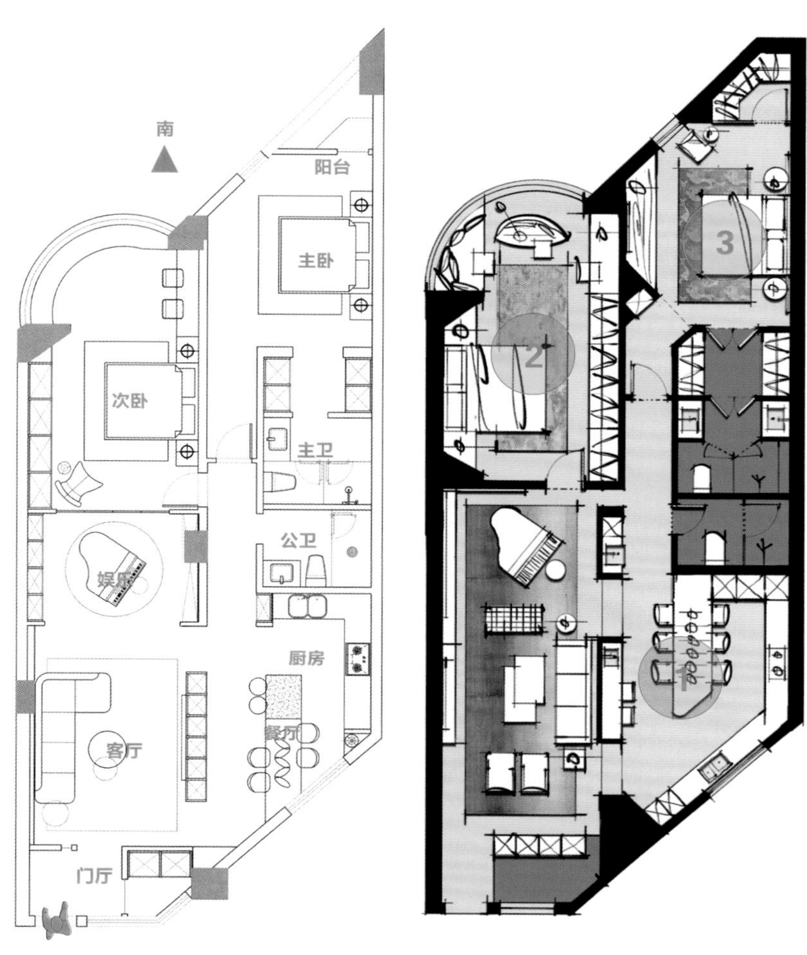

原始结构图　　改造设计图

结语：对于斜角的户型，恰当运用对称手法，异形空间氛围更舒适。

159 轴网切割让空间秩序重构，展现完美异形空间

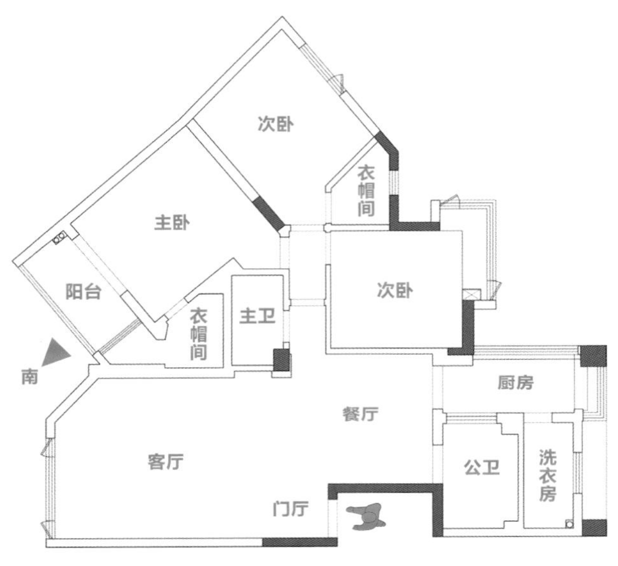

原始结构图

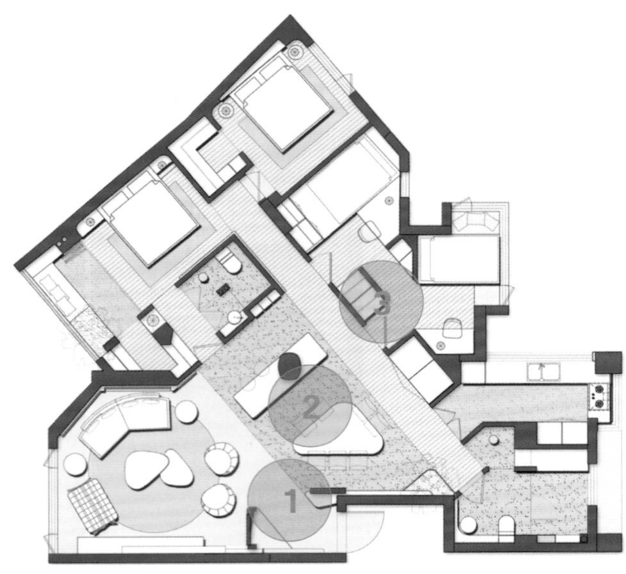

改造设计图

结语：利用轴网切割空间，重构空间秩序，并且让每个空间的大小达到平衡状态，保障采光、通风，使得动线合理、功能齐全。

原始户型分析

入户后室内空间无私密性，衣帽间不好利用，不能满足居住者对衣帽间的需求。

改造后细节剖析

❶ 在入户处设计一个异形玄关，营造引人进入的氛围。将原本餐厅的轴线偏移一个走道的距离，设置斜角柜，这样一来就对入户玄关鞋柜动线及鞋柜储藏空间进行了很好的优化。利用异形沙发组合融合客厅的异形空间，视觉上空间变得周正起来。

❷ 通过轴网切割，可以清楚地看到餐厅是一个三角形的空间。在这里放置一个三角形的餐桌，适应空间的形态，使空间整体更加有秩序感，更加和谐。将承重柱设计为吧台的一部分，从而使空间更加大气，动线更加流畅。同时，通过在餐厅的一块地面采用与南侧客厅和北侧走道完全不同的材质，让餐厅的空间范围更加明确。

❸ 由于空间的问题，原本的储物空间比较小，通过将柜体背靠背放置，来化解空间小的问题，增加了储物空间的体量。

手稿展示

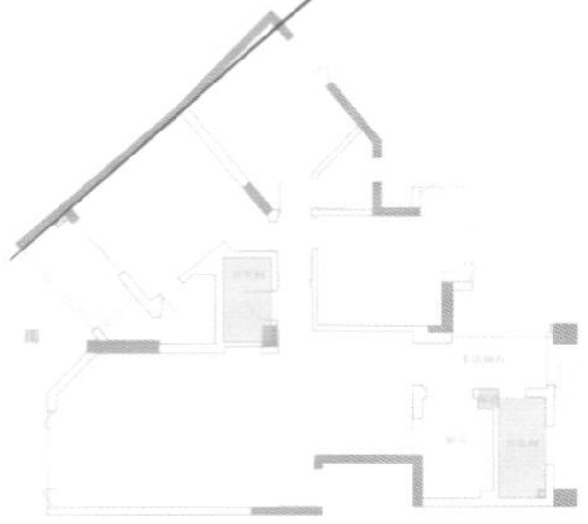

1.居住者的需求是设置四间卧室，那么就需要改变原始空间的墙体结构和功能，通过轴网切割空间来满足。第一条轴线的切割位置非常重要，以异形空间中最长的斜墙作为参照来作轴线。通过这条轴线再继续确定后面的轴线，从而使异形空间变为一个方正空间。

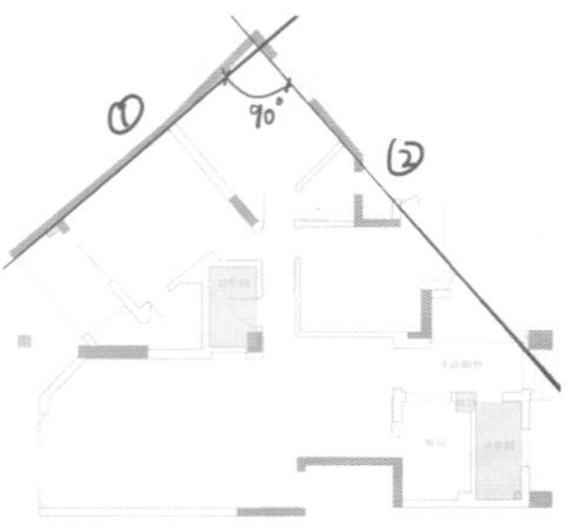

2.作一条与第一条轴线垂直的线，就完成了第二条轴线，这样操作是为了让异形空间有可能成为一个方正的空间。

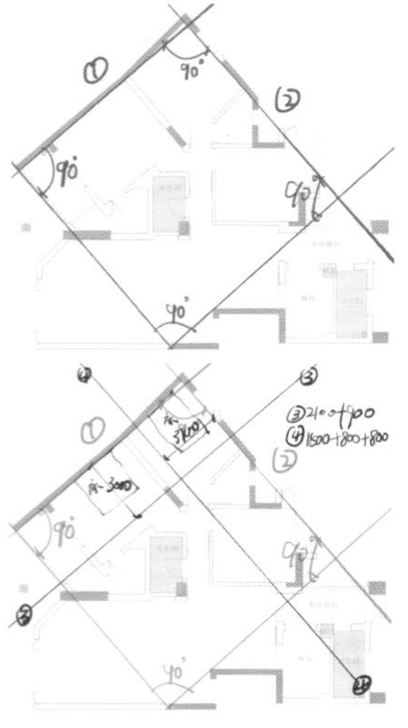

3.方正空间即矩形空间，根据矩形定理就可以比较轻松地作出第三、第四条轴线，这样一来就形成了一个方正的空间。

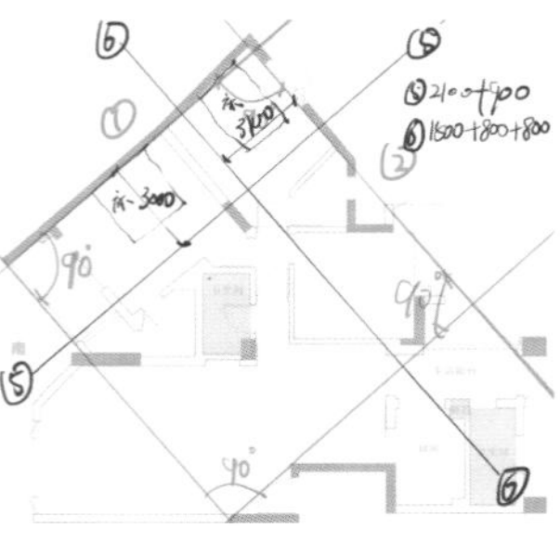

4.轴线的框架布置好后，接下来在轴线框架内布置更多的轴线，从而形成一个强大的轴网。轴网内部的第五条轴线的切割位置根据房间的南北纵向距离来确定，第六条轴线的位置则根据房间的东西横向距离来确定。这两条轴线作好后，得到了方正的矩形空间。

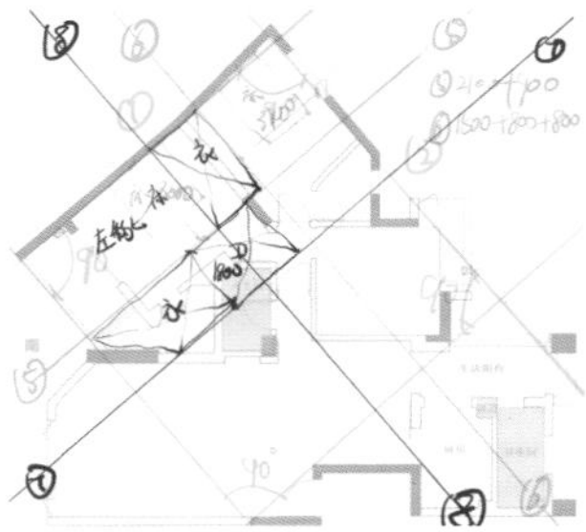

5.以第五条轴线作为参照，距离1800mm左右平行作出第七条轴线，定出衣帽间以及卫生间的位置。然后，参照第六条轴线偏移作出第八条轴线，偏移距离为一个衣帽间的宽度。

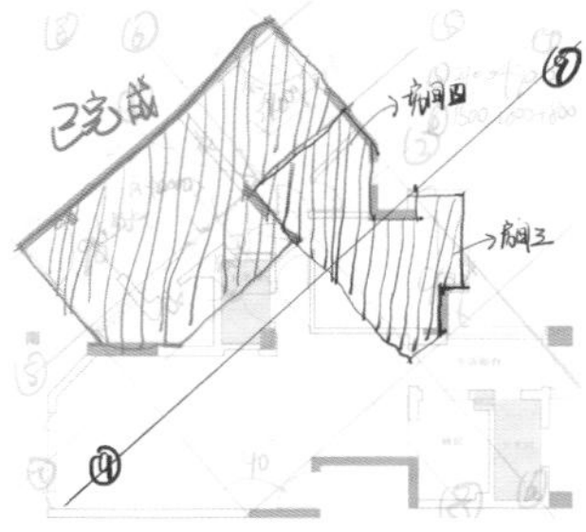

6.通过前面所作的轴线切割出了两个房间，并且满足了居住者对于主卧带衣帽间、卫生间和次卧带独立衣帽间的需求。

绿线部分表示已经切割好的空间，蓝线部分表示剩下的两间儿童房空间。然后，通过第九条轴线去平均分割两间儿童房的区域，使这两个空间的面积均衡。

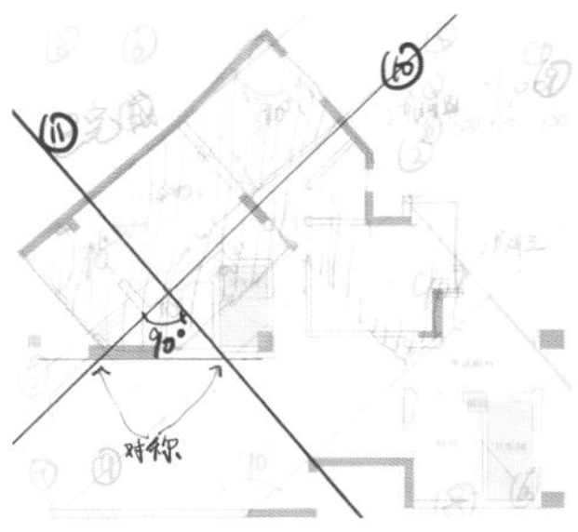

7.卧室区域划分出来之后，需要划分出客厅空间。原本的客厅空间属于异形空间，没有空间秩序。

先沿着原本客厅西侧的斜墙切割出第十条轴线，然后参照第十条轴线，沿着原本客厅北侧的墙作出一条90° 的轴线，即第十一条轴线，左右两边形成对称的关系，从而使空间形成新的秩序。

8.通过前面所作的十一条轴线，已形成一个轴网，现在只剩下一个方正的区域，即餐厅空间，因东侧原本的厨卫空间本就是方正的，所以不用做任何改变。

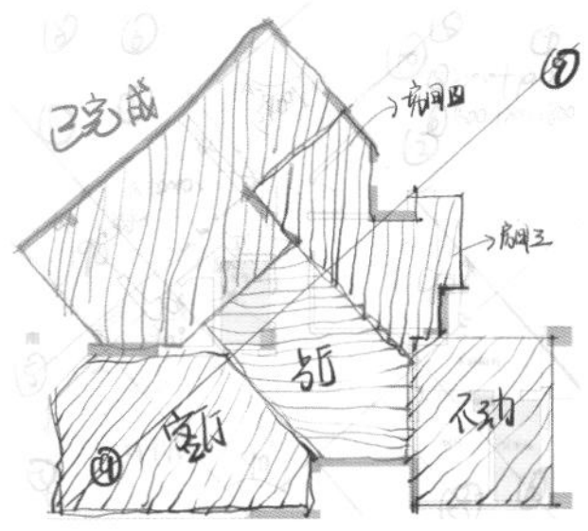

9.现在的空间已由原本的异形空间变为了一个有规律、有秩序、合理的方正空间。

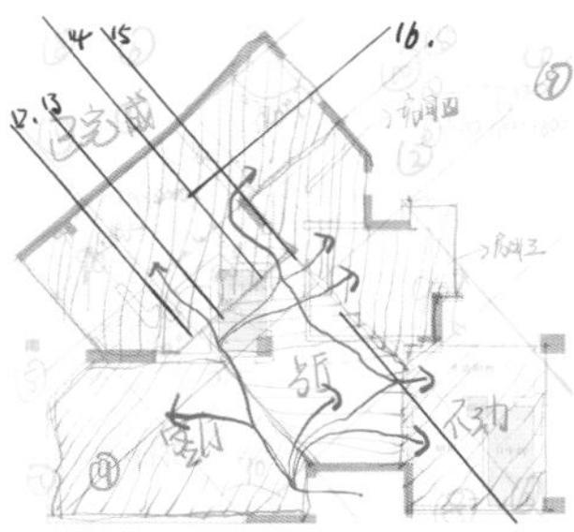

10.以两点之间直线距离最短的理论为动线布置原则，可以画出动线的分布图。

这是较为常规的动线布置方案，也是从入户处到每个空间中最近的动线。

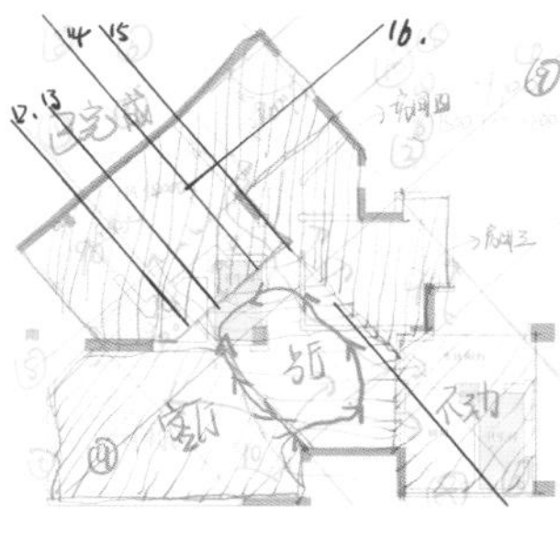

11.通过动线图，不难发现餐厅处存在一条环绕动线。

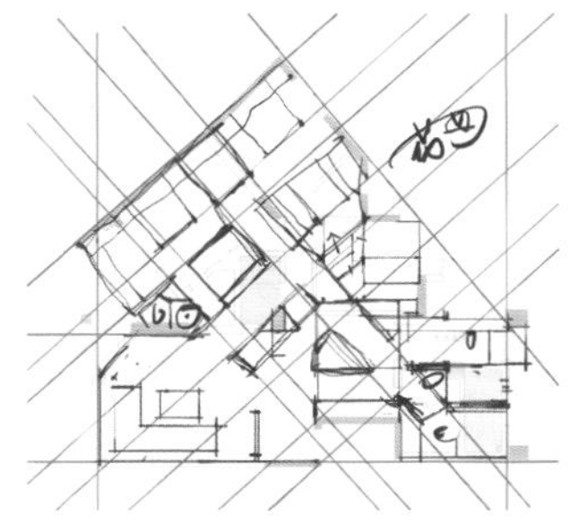

12.动线布置完后，进行空间的功能点位布置，例如床、衣柜、书桌、沙发、餐桌等。

在布置好的轴网里嵌入必备功能，顺着轴线的方向去布置，空间与家具之间的秩序更加规整，整体空间显得非常统一。

160 空间规划将豪华江景房的优势展现得淋漓尽致

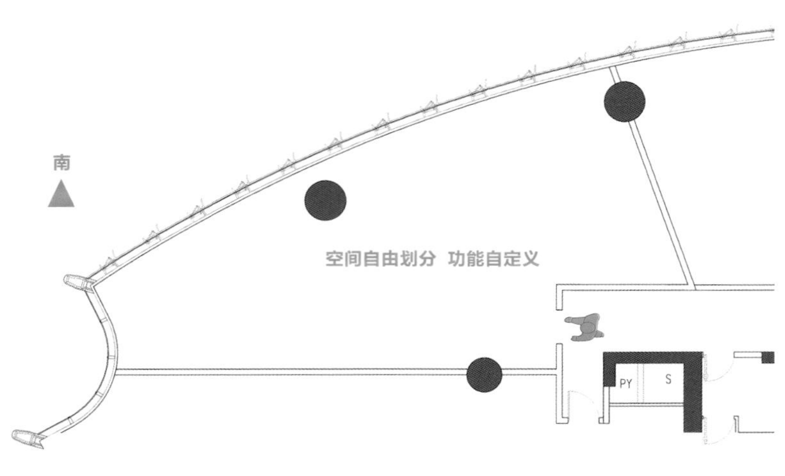

原始结构图

改造设计图

结语：无墙体隔断的空旷空间设计，尤其考验空间布局能力，合理的规划，让空间价值最大化。

原始户型分析

本案例为承重柱结构，空间十分空旷，无墙体隔断，但是没有厨房、卫生间、露天阳台。

改造后细节剖析

❶ 考虑到居住者只需要两间卧室，所以将东西两侧区域划为卧室空间，客厅、餐厅布置在中间，这样的空间规划，可以让这些功能区域都能享受到较好的采光和广阔的视野，充分展现了豪华江景房的优势。东侧的主卧不采用传统电视背景墙做法，用自然的风景幕墙当作电视背景墙。卫生间采用顶级配置，靠窗的浴缸必不可少，在此处可以一边泡澡一边观赏江景，符合居住者在此度假的诉求。

❷ 设计开放式厨房，解决了厨房没有采光的问题。早餐吧台、双门冰箱的配置，不仅进一步提升了空间的功能性，还让整个空间氛围更加轻松、舒适。

❸ 客厅设在整个房子的最中间，与餐厅、室外风景近距离互动，是绝佳的位置。同时配置一台天文望远镜，加上超大落地玻璃墙，可以夜晚观星，非常浪漫惬意。

161 户型不规整，合理切割让三角形户型不再是问题

原始户型分析

入户空间拥挤，整体空间不周正。

改造后细节剖析

❶ 扩大入户空间，厨房结合吧台设计，使空间功能更强大，且节约空间。换鞋凳结合桌子设计，也在很大程度上节约了空间。

❷ 餐桌、书桌结合洗手盆一起设计，周围设计环绕动线，空间更舒适、更开阔。次卧采用玻璃隔断，最大限度地将光线引入室内。

❸ 利用地面不同的材质对功能区域进行分割，将客厅隔开，并通过异形沙发来融合异形户型，让空间周正起来。用玻璃隔出阳台，既能保证采光，又不影响空间的通透性。

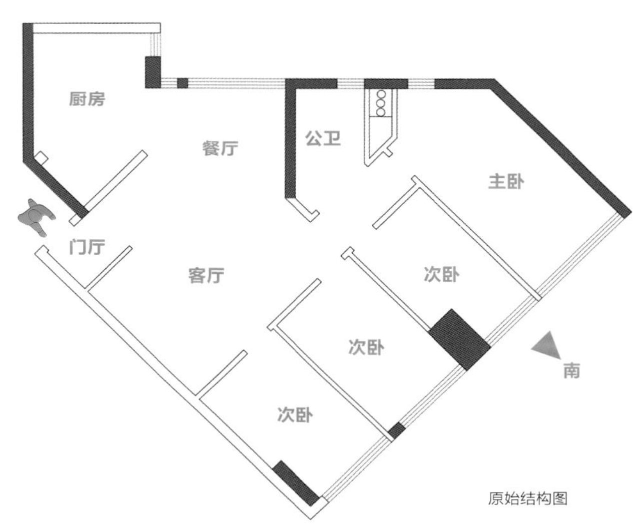

原始结构图

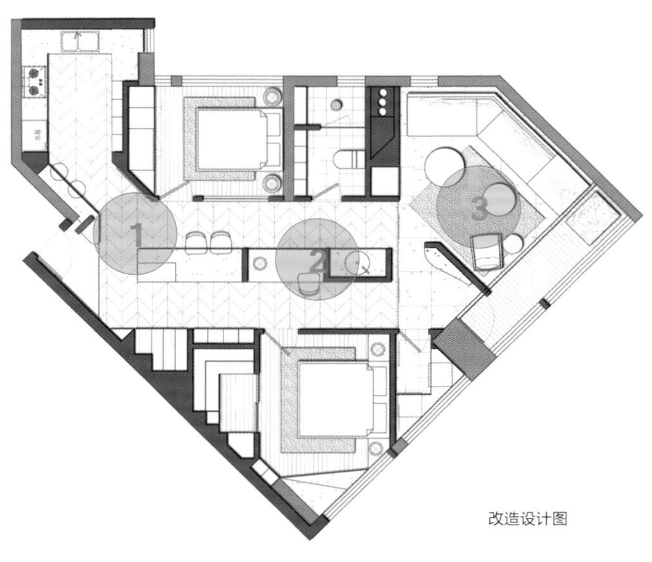

改造设计图

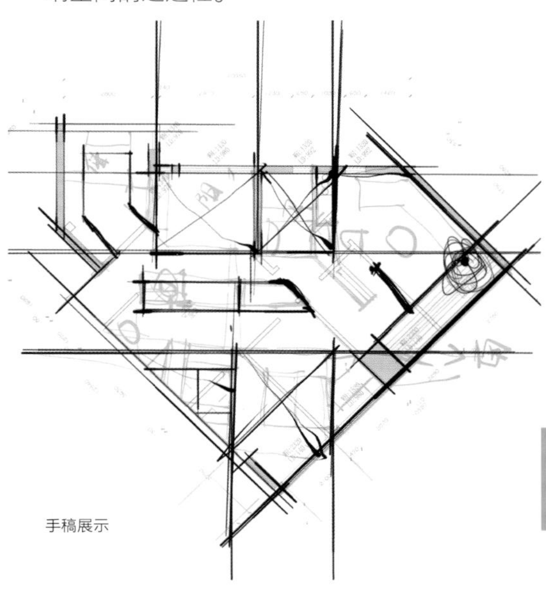
手稿展示

结语：对不周正的三角形户型，通过恰当地运用切割手法，空间瞬间变得周正。

162 拯救“黑洞”户型，重构空间秩序

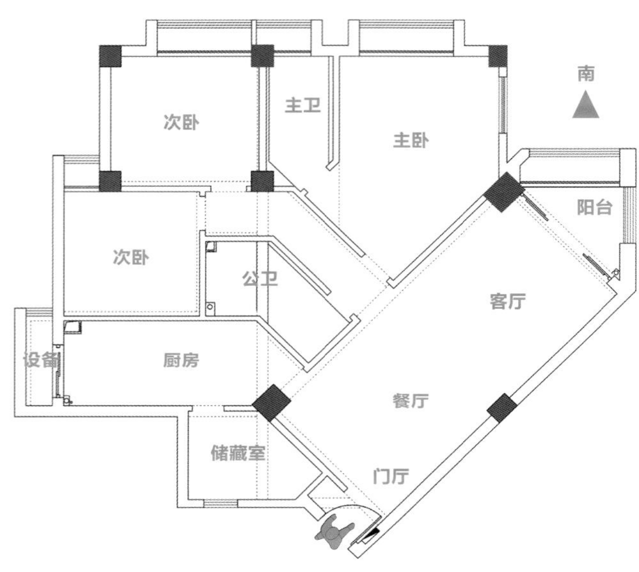

原始结构图

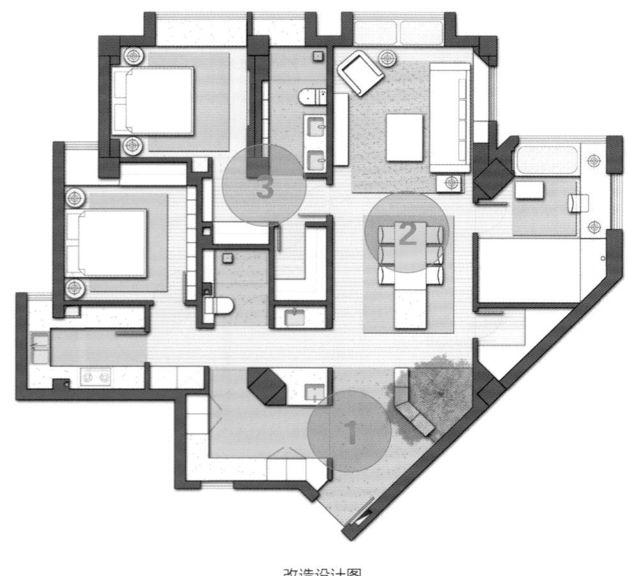

改造设计图

结语：斜角状的户型，造成了许多空间的浪费，对其进行重新构建，形成常规的方正空间秩序。

原始户型分析

斜角状的户型，浪费了许多空间，且阳台不实用。

改造后细节剖析

❶ 在入户区域设计端景，既美观，又保证了空间的私密性。洗衣房设计了一条环绕动线，空间更灵动，并结合承重柱体设置了一个水吧，更方便服务于公区。

❷ 对客厅、餐厅进行了较大的改动，把原来的主卧改成了客厅，客厅、餐厅空间变得周正，高效利用了阳台位置，也让空间更加通透。

❸ 改变主卧的位置，空间的私密性变得更好了。动线拉平后，利用之前异形的走道增加了衣帽间，巧妙地利用了空间，让空间更加舒适。

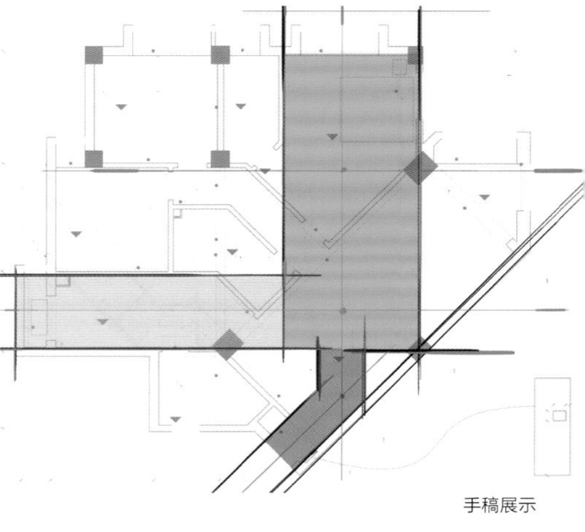

手稿展示

163 扇形空间这样布置超实用

原始户型分析

客厅采光比较差，不够通透。餐厅比较大，造成就餐空间浪费。公卫没有直接的采光与通风。

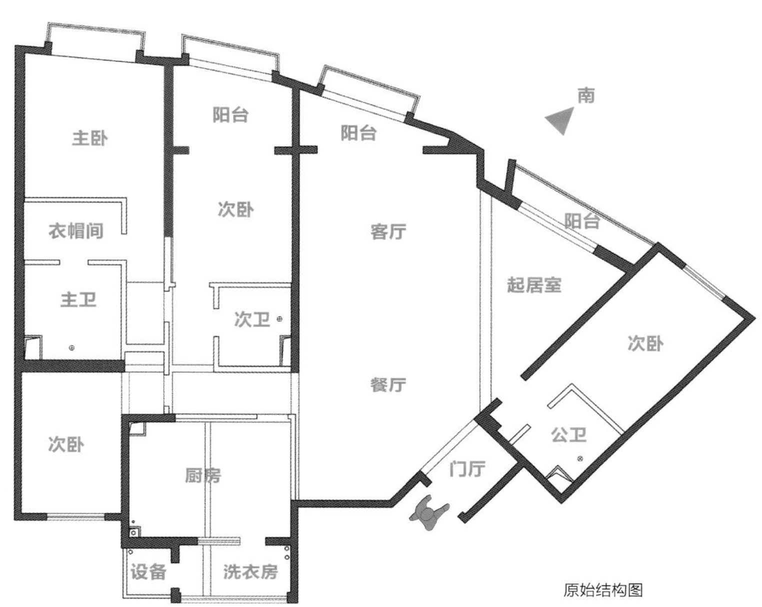

原始结构图

改造后细节剖析

❶ 将厨房做成开放式的，缩小台面，足够满足功能的需求。在让出的空间设置吧台，留出通往生活阳台的动线，餐桌结合吧台一起设计，既省空间，也更美观实用。

❷ 利用切割手法设计了一个学习区，让客厅空间更加周正。学习区利用玻璃材质，采光更好，且与客厅空间有互动。

❸ 将原来北侧的次卧纳入主卧，形成了南北通透的空间，更加舒适。在卧室里设置了常用衣物的储藏柜，衣帽间设置在主卫旁边的区域，便于常用衣物的拿取，并满足了衣物储藏需求。

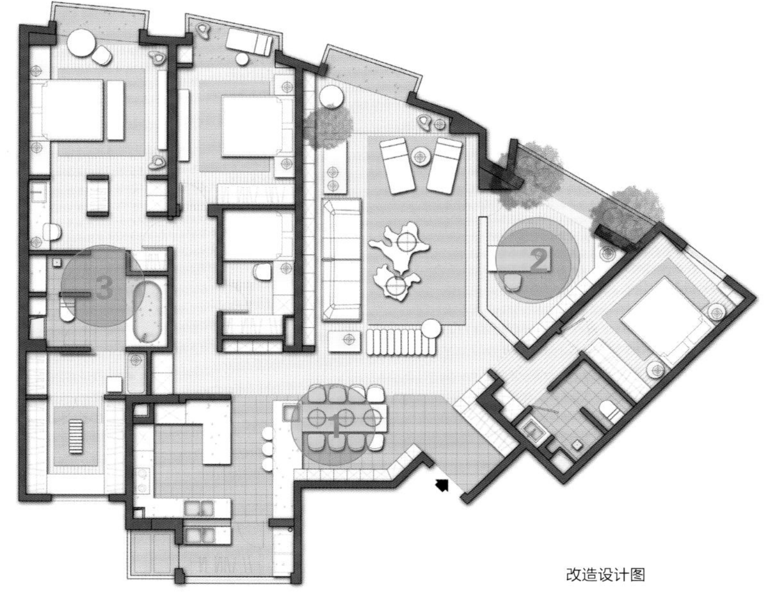

改造设计图

结语： 没有糟透的户型，因为通过设计可以让它们变得独特且十分实用。

第 11 章

一个户型的多种改造方案

任何一种户型都存在无数种改造方案，不同的方案能营造不同的生活方式。针对不同的人群，本书依据一种户型给出了多种改造方案示例，希望给大家带来更多思路上的参考。

如果你的空间布置思路总是千篇一律，那本章中的案例会帮助你突破思路桎梏，对处于瓶颈期的设计师开拓思维有很大帮助。住宅户型改造时，由于承重墙和空间大小的关系，对思维的束缚很大，但是可以通过打碎空间来进行重组，重构新的空间秩序。

本章主要选取三种户型来进行讲解，涉及三居室户型、大平层户型、别墅卫生间空间，每种户型给出多种方案，采用不同的设计思路、不同的设计手法。如果研究透彻所给的案例，基本上所有住宅户型改造的知识点都可以掌握。

164 如何做到不生硬地划分空间（方案一）

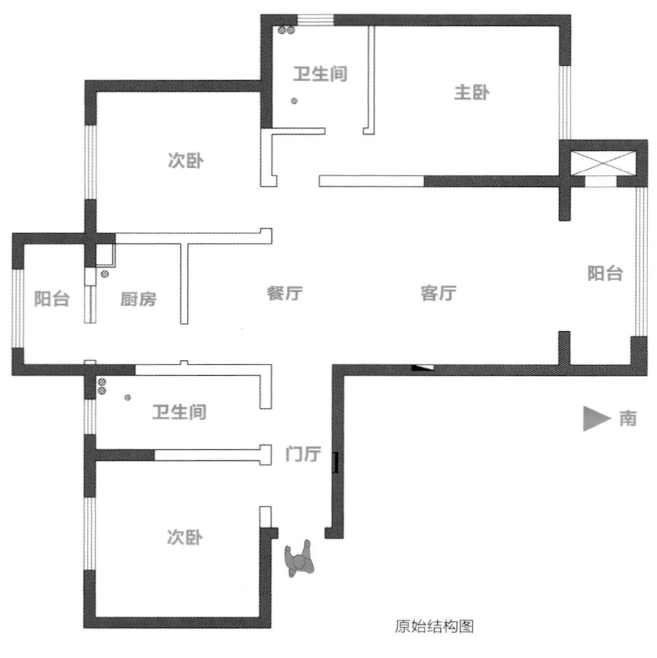

原始结构图

改造设计图

原始户型分析

入户门厅没有仪式感，餐厅面积较小，主卧较小，储藏功能较弱，厨房空间比较鸡肋，台面不好布置。

改造后细节剖析

❶ 利用卫生间和过道区域设计了一处斜切的门厅端景，入户的仪式感更强，动线更加灵活，使用格栅或者艺术玻璃进行遮挡，让室内空间的私密性更好。

❷ 把原本的厨房和一部分东侧次卧面积纳入餐厅，将餐厅空间扩大，空间更加周正、通透，客厅、餐厅显得更加大气。厨房设置在原本的北侧阳台位置，采光、通风条件更好了，台面操作区域也增大了。厨房门采用玻璃门，能最大限度地将光线引入室内，使客厅、餐厅南北通透，通风更好，整个房子的空气流通性也更佳。

❸ 把主卧卫生间去掉后，空间更大、更舒适、更通透，将东侧原本次卧的部分空间设计为衣帽间配套给主卧使用，使得储藏功能更加强大。

结语： 对原始户型布局进行优化，做到划分区域的同时又不让空间彻底割裂，让住宅拥有舒适的动线。

165 如何做到不生硬地划分空间（方案二）

原始户型分析

入户门厅没有仪式感，餐厅面积较小，主卧较小，储藏功能较弱，厨房空间比较鸡肋，台面不好布置。

改造后细节剖析

❶ 把厨房空间加大，将餐厅布置在东侧原本次卧区域，厨房的操作台面更大。门采用玻璃材质的，空间采光更好，更加通透。

❷ 把南侧阳台纳入客厅区域，通过柜子的布置和家具的组合把两个空间融合起来，弱化了承重墙体，让整个空间更加完整大气。折叠沙发的使用，让客厅同时具备了临时客房的功能。

卫生间
主卧
次卧
阳台
厨房
餐厅
客厅
阳台
卫生间
南
门厅
次卧

原始结构图

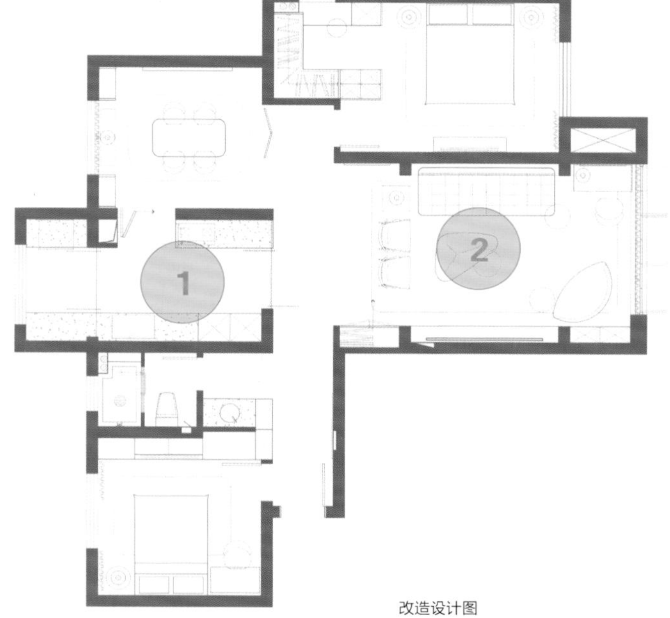

改造设计图

结语： 同一个户型，用不同的空间划分方法去规划，将得到不一样的空间体验。

166 如何做到不生硬地划分空间（方案三）

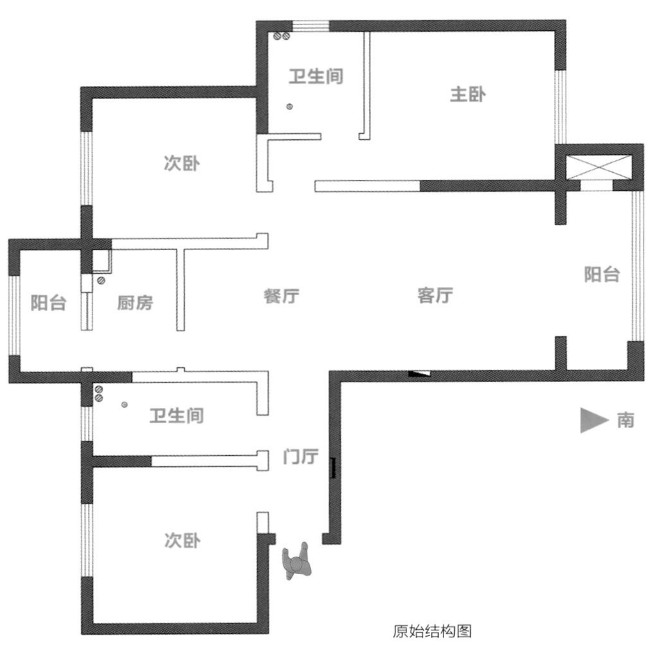

原始结构图

改造设计图

原始户型分析

入户门厅没有仪式感，餐厅面积较小，主卧较小，储藏功能较弱，厨房空间比较鸡肋，台面不好布置。

改造后细节剖析

❶ 扩大厨房空间，将北侧阳台纳入厨房，让操作区域使用起来更舒适。通过卫生间改造和酒柜的设计，餐厅空间更舒适，同时功能更丰富。

❷ 把西侧次卧区域抬高设计为卫生间，配套洗衣、储藏功能，让卫生间使用感更佳，还增强了空间的储藏功能。

结语：可尝试用不同的功能组合满足业主需求。

167 同一户型之完全差异化的创新设计（方案一）

原始户型分析

原始户型比较零碎，并且不够通透，空间不够灵动，没有互动性和联系性，没有发挥出大平层的优势。

改造后细节剖析

❶ 将中西厨打通，整体空间更加大气。中厨靠墙边布置，在大空间中间布置了吧台，兼具西厨功能，并具有品酒、早餐、简餐功能，整个厨房的功能变得齐全，同时空间感更加通透，具有仪式感。在厨房设计两个垭口，让厨房与室外的空间有了互动。

❷ 北侧卧室空间内配套了步入式衣帽间、卫生间及观景阳台，配置十分齐全。阳台使用折叠玻璃门，在打开的情况下，阳台能纳入卧室作为休闲区使用，关上后又成为独立空间，十分方便、灵动。

❸ 客厅采用了中轴对称的设计形式，沙发对摆，和电视背景墙的关系也是对称的，运用极致对称的手法让空间的仪式感更强，空间更加周正大气。

结语： 运用极致对称的设计手法，让整个家充满仪式感。

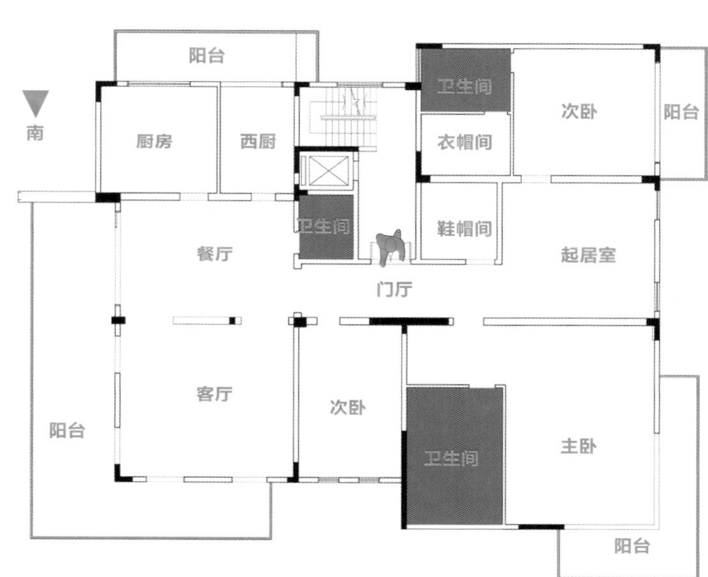

原始结构图

改造设计图

168 同一户型之完全差异化的创新设计（方案二）

原始户型分析

原始户型比较零碎，并且不够通透，空间不够灵动，没有互动性和联系性，没有发挥出大平层的优势。

原始结构图

改造后细节剖析

❶ 把入户区域多余墙体拆除，仅保留承重墙，设计有悬挑感觉的门厅，充满了艺术感，空间更通透，互动感更强，同时也兼具鞋子储藏的实用功能。

❷ 将原本的鞋帽间纳入北侧次卧，增强了衣帽储藏功能，并将衣帽间结合卫生间设计，形成环绕动线，空间更大、更灵动，仪式感更强。水池结合梳妆功能一起设计，更加美观，实用性更佳。

❸ 把南侧次卧空间打通，纳入客厅区域，通过展示柜体的设计弱化了承重墙体，空间更周正，也更美观，家具采用特殊的组合方式，让客厅空间十分饱满大气。

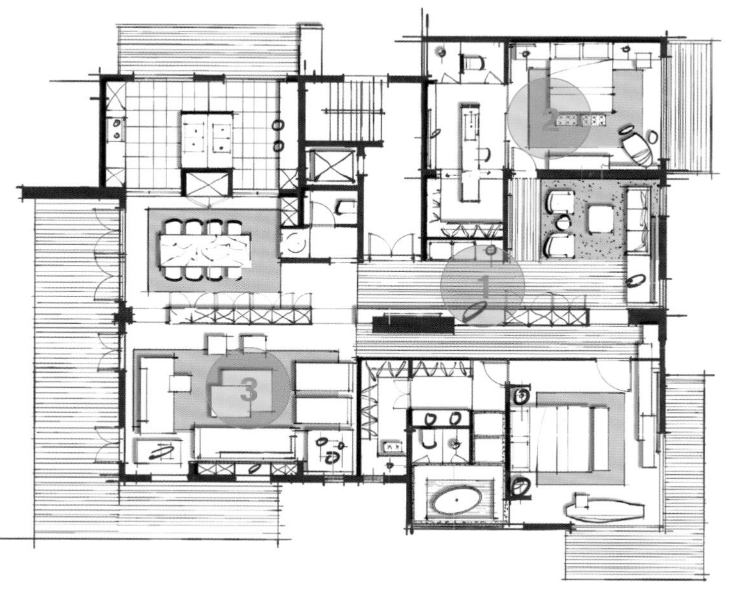

改造设计图

结语：充分认知空间，然后进行切割，重组为新的空间，提升大平层的居住舒适感。

169 同一户型之完全差异化的创新设计（方案三）

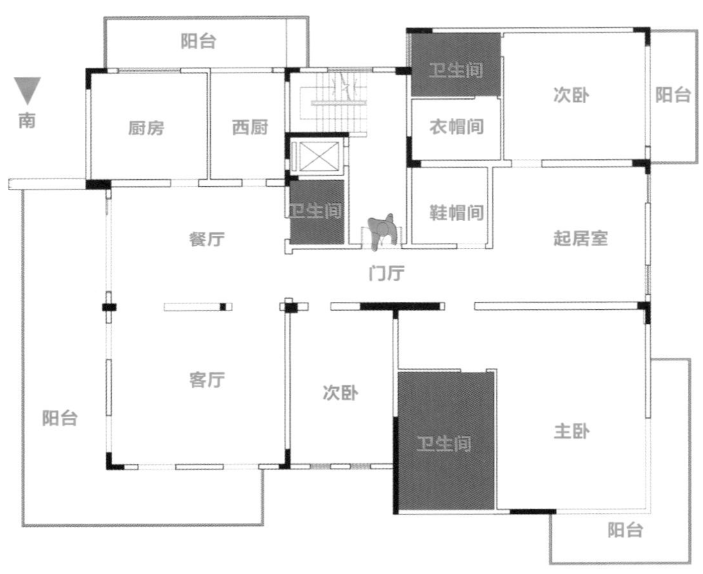

原始结构图

改造设计图

原始户型分析

原始户型比较零碎，并且不够通透，空间不够灵动，没有互动性和联系性，没有发挥出大平层的优势。

改造后细节剖析

❶ 在入户区域，通过承重墙和悬挑台面结合的方式，让空间拥有很强的延伸感，引导视线方向，也让空间更通透、大气，具有艺术感。

❷ 把中厨、西厨、餐厅空间全部打通，利用玻璃材质分割开来，使得各功能空间各自独立的同时不影响采光、通透性，空间的互动性变得更强。

❸ 将原本的主卧位置改成客厅区域，并结合设计起居休闲区，让空间延伸感更强、互动性更好。通过家具组合和窗台的利用，让客厅的围合感更强，整个空间可收可放，十分灵动。

结语：空间功能恰当融合，整体空间更加灵动，延伸感更强。

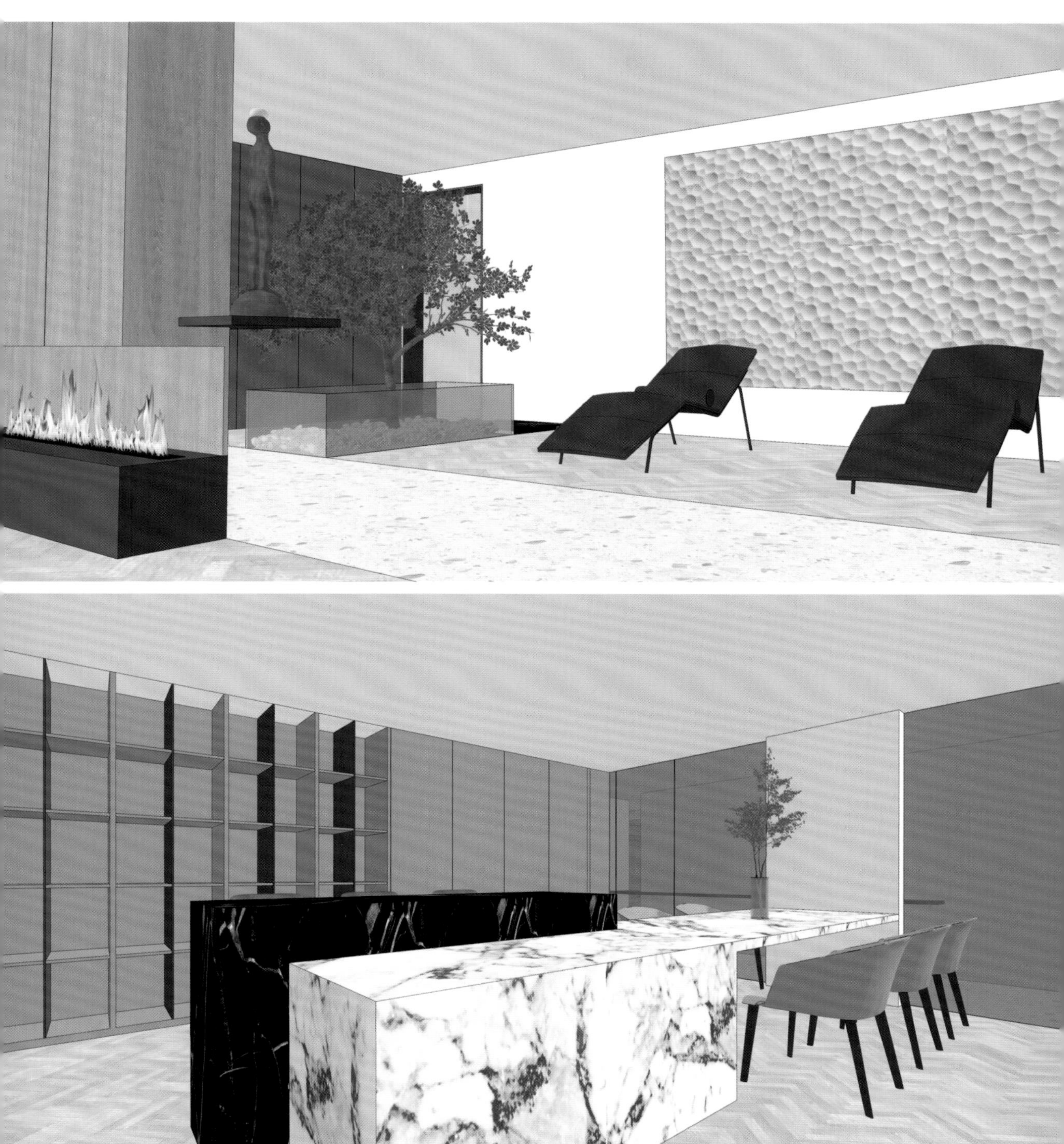

170 同一户型之完全差异化的创新设计（方案四）

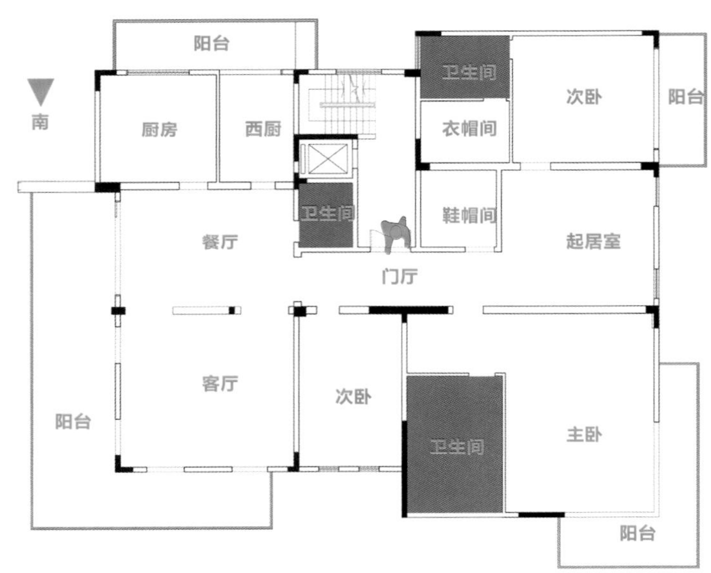

原始结构图

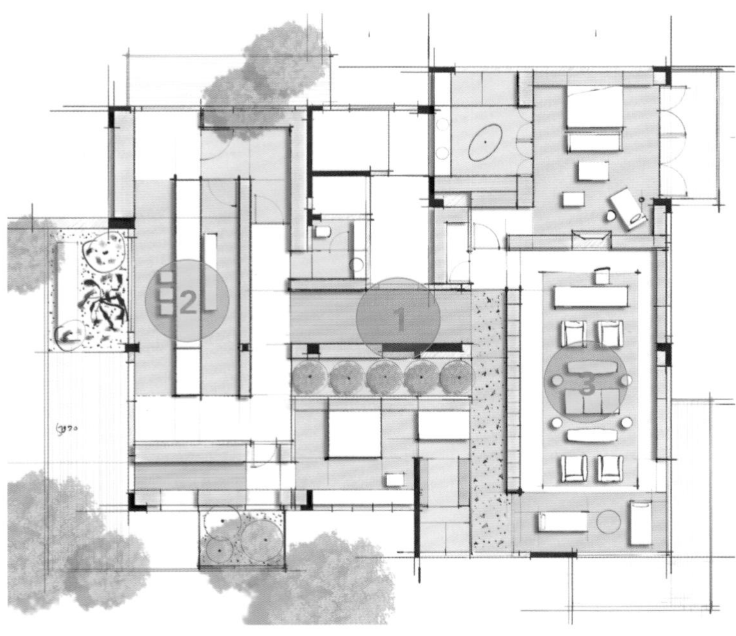

改造设计图

原始户型分析

原始户型比较零碎，并且不够通透，空间不够灵动，没有互动性和联系性，没有发挥出大平层的优势。

改造后细节剖析

❶ 将门厅区域设计成一个入户花园，通过承重墙和悬挑台面的设计，入户花园呈现若隐若现的感觉，使人步入这个家时感到自然舒适、身心愉悦。

❷ 将厨房、客厅、餐厅打通，餐桌、厨房操作台面、吧台结合在一起设计，做成长条形，贯穿整个空间，将不同的功能空间串联起来，使不同的功能空间之间有了联系，更显大气。

❸ 将原本的主卧空间和起居室改造为客厅和开放式书房，通过对摆的沙发来划分空间。开放式书房让空间充满书香味，也能使空间氛围更加放松，拉近人与人之间的距离。

结语：空间之间的交错、叠加，让整个空间更加大气，增强了不同功能空间之间的联系。

171 同一户型之完全差异化的创新设计（方案五）

原始户型分析

原始户型比较零碎，并且不够通透，空间不够灵动，没有互动性和联系性，没有发挥出大平层的优势。

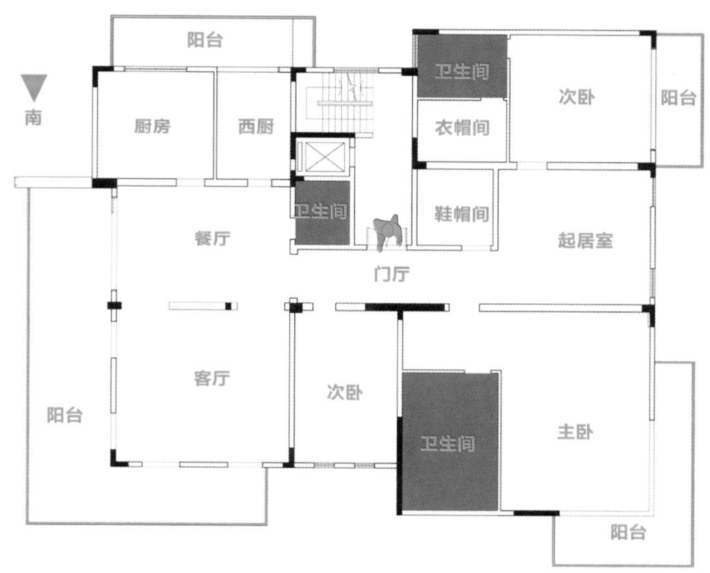

原始结构图

改造后细节剖析

❶ 通过两层椭圆形水磨石的异形造型营造出一个充满趣味性的门厅，并把承重结构融合进去。地面做成叠级的感觉，让空间更加有层次感。

❷ 将原本的客厅位置设计成了多功能区域，嵌入了学习区域、休闲区域、钢琴区域。钢琴区域靠近餐厅位置，用环绕动线来处理这个空间，空间互动性更强。整个空间是十分通透的，厨房采用玻璃双开门，视线、光线穿透性都非常好，让整个空间看起来十分大气。

❸ 将原本的北侧次卧区域改造成了主卧室，并纳入原来的部分起居室空间，整个空间采用中轴对称手法布置。主卧室门厅有一个玄关，保障了主卧的私密性，搭配休闲躺椅，供主卧起居使用，让空间功能更加丰富、舒适。睡床区做了抬高处理，并布置灯带，强化了睡床区的同时让空间更加有趣。

结语： 运用有趣的设计手法，使原本看起来存在缺陷的地方，变得充满了艺术感，整个空间更加舒适，同时又十分有品位。

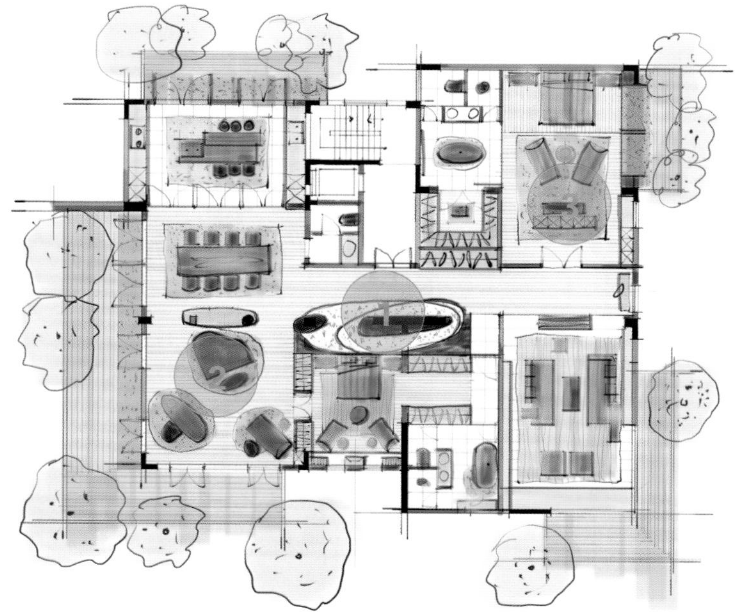

改造设计图

172 同一户型之完全差异化的创新设计（方案六）

原始结构图

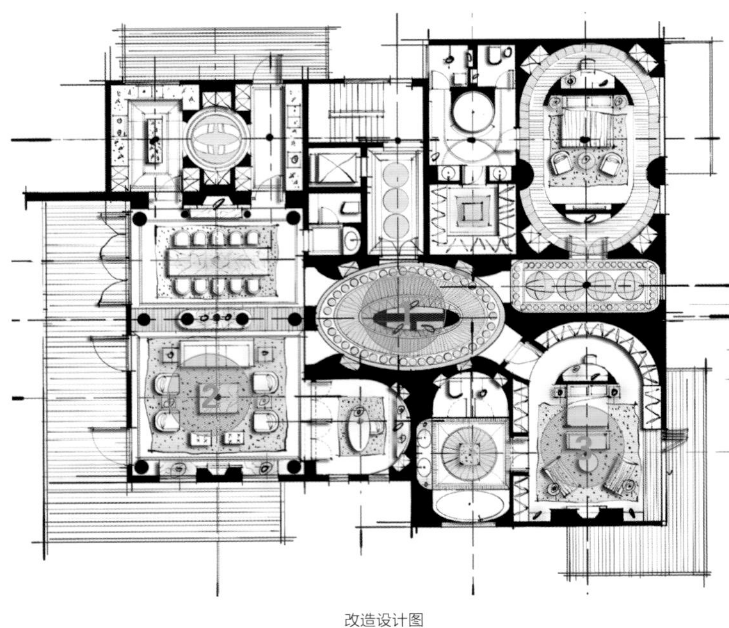

改造设计图

原始户型分析

原始户型比较零碎，并且不够通透，空间不够灵动，没有互动性和联系性，没有发挥出大平层的优势。

改造后细节剖析

❶ 在门厅位置采用椭圆形的元素进行设计处理，形成环绕动线，让空间更大气、灵动，具有艺术调性，仪式感非常强。在椭圆形门厅处设计动线，向四周发散，空间界限更加明确。

❷ 客厅采用围绕式的布局，将整个客厅空间围合起来，氛围比较轻松，拉近人与人之间的距离，让人与人之间的沟通能更近一步，用垭口、玻璃分割空间，空间更加通透并充满互动性。

❸ 通过弧形元素的设计，从椭圆形门厅进入主卧，有一个沿弧面布置的衣帽空间，这样的弧面设计元素让空间更加柔和，和主卧外面的空间也建立了联系，空间更加整体。拥有起居功能的卧室，功能更加丰富，使用感更舒适。

结语：椭圆形和弧面设计元素的运用，不仅让空间更柔和，也更具有艺术感。

173 同一户型之完全差异化的创新设计（方案七）

原始户型分析

原始户型比较零碎，并且不够通透，空间不够灵动，没有互动性和联系性，没有发挥出大平层的优势。

原始结构图

改造后细节剖析

❶ 在茶室旁边的长走道上面设计了一处景致，让长长的走道增加了趣味性和意境，给茶室增添了一份韵味，在北侧次卧卫生间的浴缸中泡澡时也能欣赏美景，十分舒适。

❷ 主卧室采用了双动线，让主卧和书房的距离更近，方便进出书房。主卧门口处的衣柜，没有直接挨墙而做，而是留出了空隙，让空间更具有延伸感，放大了空间，更加通透。

❸ 次卧卫生间的洗手台面结合化妆台设计，并在卫生间内放置了休闲座椅，把功能做到了极致。卫生间采用玻璃门，让空间更加通透、采光更佳。

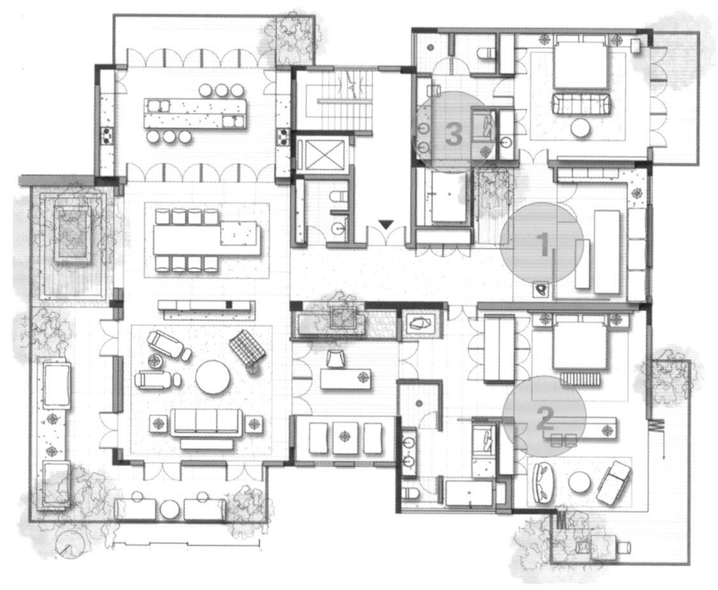

改造设计图

结语： 用创意设计点亮空间的意境美，并将空间的功能发挥到极致。

174 同一户型之完全差异化的创新设计（方案八）

原始结构图

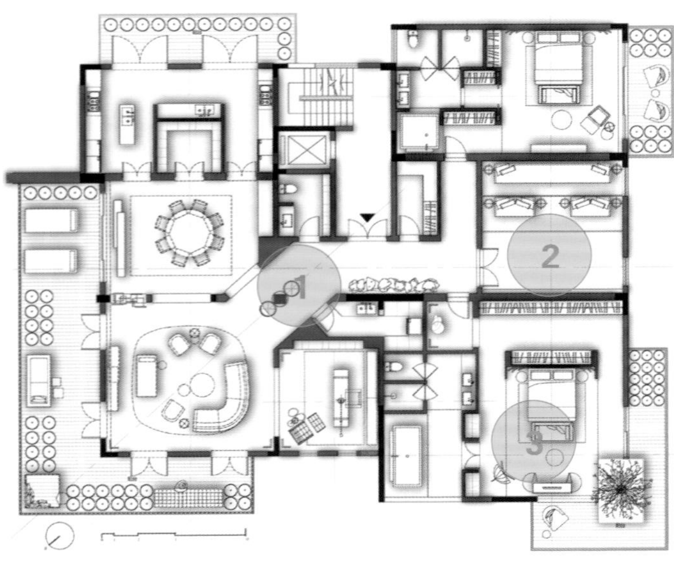

改造设计图

原始户型分析

原始户型比较零碎，并且不够通透，空间不够灵动，没有互动性和联系性，没有发挥出大平层的优势。

改造后细节剖析

❶ 将入户区域设计为带斜角的异形空间，视线更加开阔。利用两个圆柱体结合承重柱一起设计，让原本有些突兀的承重柱变成了艺术造型的一部分，一个具有仪式感和趣味性的艺术走道就这样诞生了。具有观赏性的同时，也解决了洗衣房的门正对餐厅的问题。

❷ 在入户走道东侧末端（即原起居室的位置）改造了一个影视厅，让整个家多了一份趣味性，同时增加了家人之间的亲密度。这个空间的采光相对来说差一些，将采光好的空间留给其他功能区域，这样的设计，空间利用十分合理。

❸ 扩大主卫，将衣帽间设置在床头后面的空间，形成双动线，让卧室更有仪式感。床头采用环抱式的设计形式，床头背景元素环抱着床，更有安全感。在主卫门口嵌入了两个柜子，方便洗浴用品的摆放和常用衣物的放置。在阳台和卧室交界的位置布置了绿植，成为室内外的连接点，同时给卧室带来了勃勃生机。

结语： 合理规划空间的功能，能更好地展现它们的价值。

175 同一户型之完全差异化的创新设计（方案九）

原始户型分析

原始户型比较零碎，并且不够通透，空间不够灵动，没有互动性和联系性，没有发挥出大平层的优势。

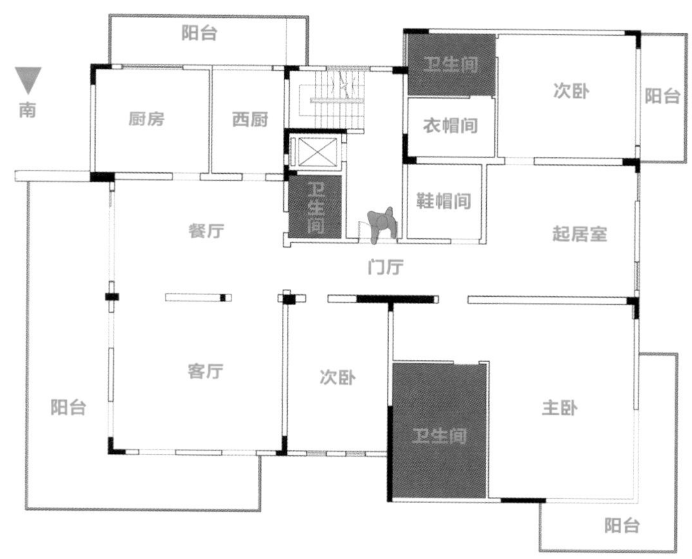

原始结构图

改造后细节剖析

❶ 将厨房和餐厅打通形成一个大空间，让空间采光更好、更加通透灵动。吧台和长条形餐桌结合设计，显得更加大气，具有仪式感。阳台上布置了绿植供厨房、餐厅观赏，使空间更有趣味性。观景阳台和室内功能融合，茶桌结合水景设计，品茗时更有仪式感。

❷ 将南侧原本的次卧空间融入客厅，使客厅更大气、通透。通过沙发的组合形式，将空间设计得更加饱满、更有互动性。在阳台上布置了水景和绿植，在客厅内观赏就像看到山和水一样，更加贴近大自然，让人能更加放松。电视背景墙结合承重柱进行设计，更好地弱化了承重柱，使原本零碎的承重结构变成了室内装饰造型。

❸ 北侧次卧的卫生间和睡床区采用了双动线，使空间更有趣味性，动线更加灵活，使用感更佳。床尾结合休闲座椅设计，完美弱化了承重墙，让空间更加周正舒适。

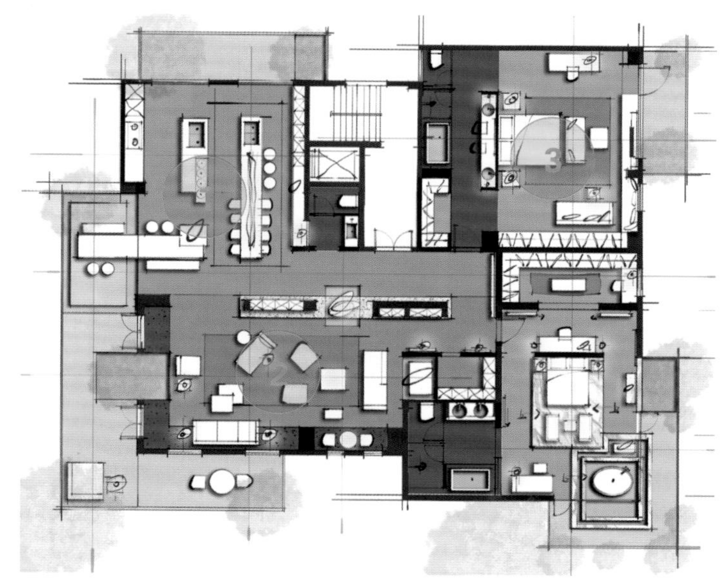

改造设计图

结语： 换个思维方式，巧妙地弱化承重结构，让缺陷变成优点，空间更舒适。

176 同一户型之完全差异化的创新设计（方案十）

原始结构图

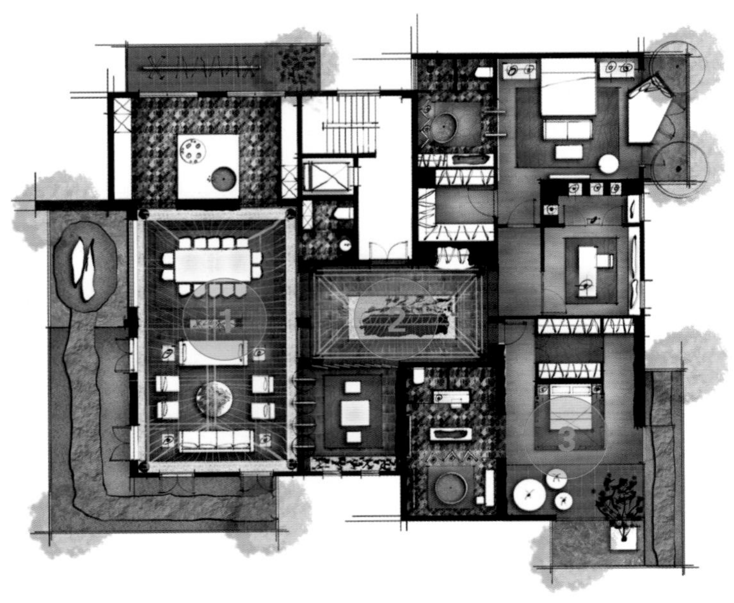

改造设计图

原始户型分析

原始户型比较零碎，并且不够通透，空间不够灵动，没有互动性和联系性，没有发挥出大平层的优势。

改造后细节剖析

❶ 客厅、餐厅空间十分通透，结合承重柱体设计小景来区分两个空间。利用中轴对称的设计手法，提升整个大空间的仪式感，让空间非常端庄大气。阳台空间的布局，将沿着小路通向大海上小岛的感觉引入室内，给空间增添了趣味性。

❷ 扩大门厅，留出环绕动线，门厅更加大气、有仪式感。门厅和茶室空间用艺术屏风进行分割，延伸视觉空间，美景若隐若现，让空间变得更加灵动、通透。

❸ 主卧床面朝水景和绿植，给人一种心旷神怡的感受，睡床旁边设置了帘子，入睡时拉上帘子更加有安全感。将景致融入室内，增加了空间的美感。阳台上设计了石材路面，让人可以感受慢生活，悠闲地赏景。

结语：景致的合理融入，给空间增添了许多生机和美感。

177 打破传统思维，重构空间（方案一）

原始户型分析

餐厅较小，生活阳台动线占用了厨房空间，导致厨房较小，公卫无采光。

原始结构图

改造后细节剖析

❶ 把玄关纳入餐厅，让餐厅空间更加大气、舒适，餐厅也更加周正。厨房动线的改造使操作台面使用起来更加舒适，并采用玻璃材质隔断隔开，最大化地将光线引入餐厅，让空间变得更加通透、舒适。在顺着餐桌延伸的中轴线上分别设计了酒柜和嵌入式的餐边柜，增加了餐厅的仪式感，也更加对称、美观。厨房使用折叠玻璃门，使空间可开可合，空间变得更灵活通透。

❷ 客厅的沙发组合形式，使得氛围更加轻松。电视背景墙结合多功能房门一起设计，让多功能房和客厅产生互动，更加具有趣味性，也能拉大客厅和多功能房的空间感。阳台采用折叠玻璃门，当打开时，和客厅融为一体，当关闭时，又能形成一个独立的休闲空间。

❸ 卫生间采用环绕动线，空间更加灵活。干湿分离的设计让空间更加干净、舒适。马桶间和淋浴间均使用玻璃材质设计，让原本没有采光的空间有了光线。

❹ 主卧增加了独立衣帽间，卫生间配置了四件套，提升了主卧的品质。拆除原本浴缸区的墙体，改用玻璃材质隔断，让卫生间和主卧有了互动，还增强了卫生间的采光，同时玻璃材质的使用还增强了视觉的延伸感。

结语：重构空间，展现多元化的、高品位的空间气韵。

改造设计图

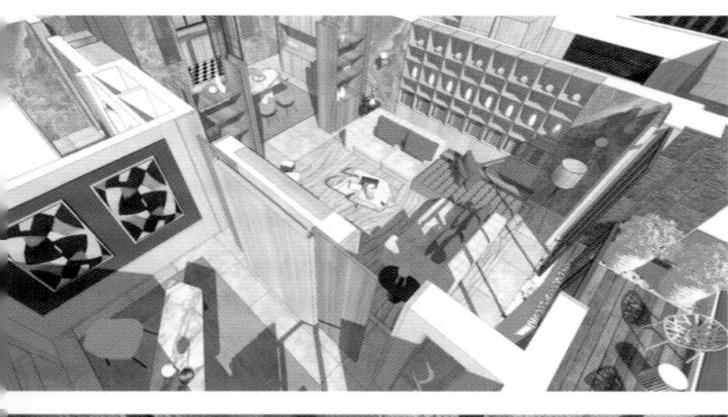

178 打破传统思维，重构空间（方案二）

原始户型分析

餐厅较小，生活阳台动线占用了厨房空间，导致厨房较小，公卫无采光。

原始结构图

改造后细节剖析

❶ 入户区域的设计形式增强了门厅仪式感，鞋帽间采用玻璃隔断隔开，最大化地将光线引入玄关走道。留有空隙的玄关设计，打破了整面墙的呆板感，又让视觉延伸到餐厅，让本来不是特别开阔的走道变得通透、舒适。

❷ 将厨房扩大，移除原有公卫，加大了餐厅空间。餐桌结合吧台设计，空间更加大气、实用。周围设计的柜子，让餐厅拥有围合感，使用感更舒适。环绕动线的处理，让空间更加通透灵动，同时和其他空间产生互动。

❸ 琴房进行了抬高的设计，仪式感更强。用玻璃材质隔断隔出空间，最大限度地引入光线，也和客厅等空间产生关联。

❹ 采用格栅和玻璃材质隔断分隔出书房空间，有一种若隐若现的意境，又能实现采光的优化，同时让空间之间有更好的互动。书桌结合休闲沙发设计，能更好地节省空间，又能拥有休闲功能，这种结合方式，增大了空间感。

结语： 设计不是简单地改变空间的表象，而是最大化发挥每个区域的价值，打造舒适空间。

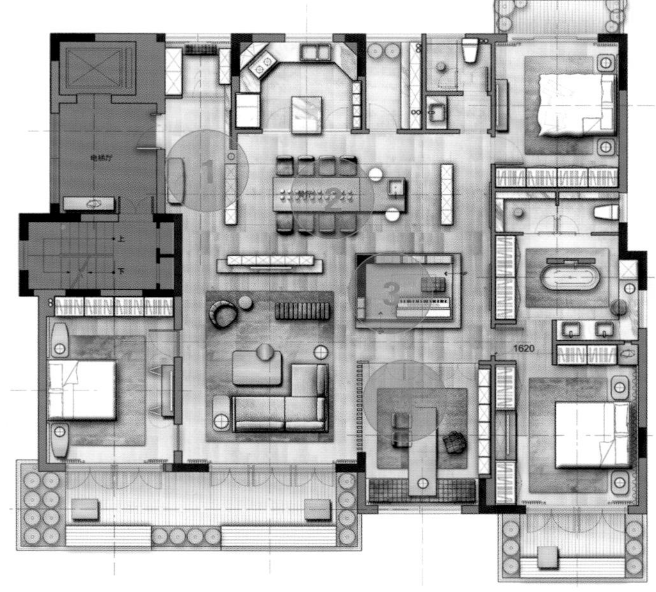

改造设计图

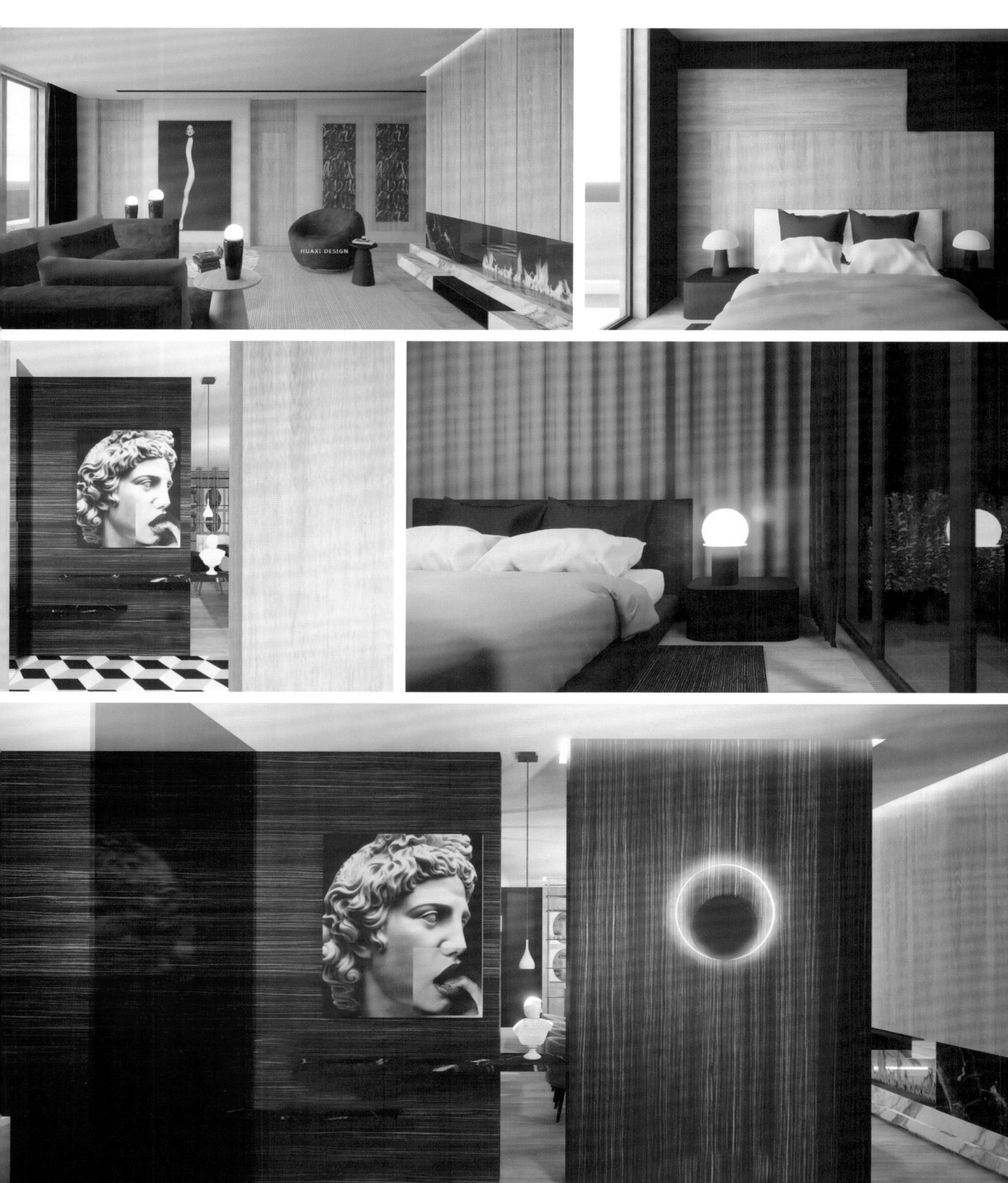
HUAXI DESIGN

179 打破传统思维，重构空间（方案三）

原始户型分析

餐厅较小，生活阳台动线占用了厨房空间，导致厨房较小，公卫无采光。

原始结构图

改造后细节剖析

❶ 通过厨房的改造，加大了门厅的面积，使门厅的体量感更加大气。通过格栅等透光材质，实现视线的延伸，入户后能隐约看到大气的客厅、餐厅，既可保证私密性，又有足够的通透性。

❷ 将餐厅向客厅位置移动，扩大面积，餐桌结合吧台设计，既美观又实用。吧台还兼具简餐和早餐台的作用，功能更加丰富，丰富了生活场景，增加了仪式感。

❸ 在整个空间的中央设计了一个盒子状的娱乐室，玻璃材质的运用将光线最大限度地引入其内。整个空间设计了环绕动线，空间更加灵活。娱乐室采用玻璃隔断及柜体作为隔墙，增强了空间的储藏功能，又保持了娱乐室的独立性。

❹ 将一间次卧纳入主卧，用于设置衣帽间，增强了主卧的储藏功能。衣帽间和睡床区，利用柜体隔开，保证了两个空间的独立性的同时也加大了储藏空间。

改造设计图

结语：采用融入式设计手法，打造空间独特和丰富的气息与层次，塑造精致的美感。

180 打破传统思维，重构空间（方案四）

原始户型分析

餐厅较小，生活阳台动线占用了厨房空间，导致厨房较小，公卫无采光。

改造后细节剖析

❶ 入户进来是一个超大的餐厅空间，设计孤岛式餐桌，并结合设计西厨吧台功能。旁边的鞋帽间、厨房、卫生间，均使用玻璃材质隔断，将光线最大限度地引入餐厅，让餐厅更加通透。

❷ 客厅空间较大，随意的沙发组合方式，让客厅变得更加饱满，同时让空间氛围更轻松。在客厅与餐厅的中间位置，设计了一个具有双动线的艺术走廊，运用中轴对称的设计手法，两个小艺术品呼应中轴线上的大艺术品，增强空间的仪式感。阳台上布置的绿植，赋予了空间生命力。

❸ 在主卧设置独立衣帽间的情况下，睡床区域还保留了一组衣柜，用于储藏常用衣物，同时这组衣柜靠近主卫，方便浴袍、浴巾等用品的收纳，十分便利。阳台布置了休闲卡座，并结合绿植设计，让人亲近自然并能放松身心。

结语： 让设计回归于生活，还原家原本的样子，丰富空间的情调。

原始结构图

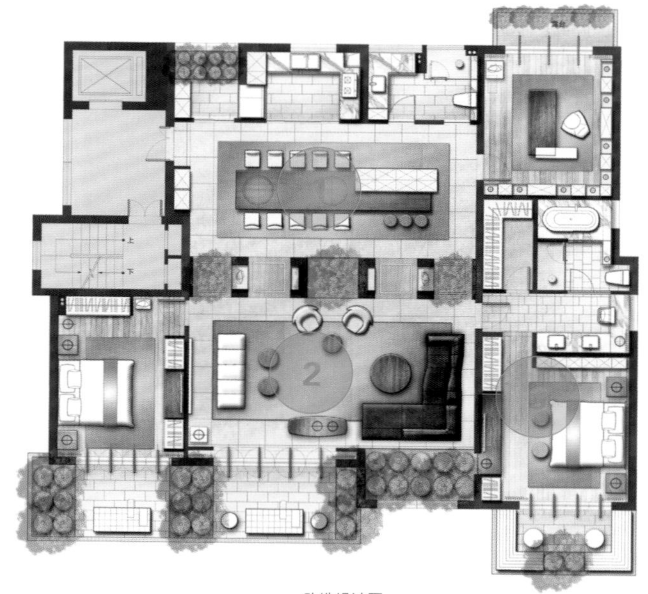

改造设计图

181 打破传统思维，重构空间（方案五）

原始户型分析

餐厅较小，生活阳台动线占用了厨房空间，导致厨房较小，公卫无采光。

原始结构图

改造后细节剖析

❶ 拆除多余隔墙，仅保留入户的端景面。缩短了进厨房的动线，增大了厨房的空间，利用玻璃隔断隔出独立的厨房，这样设计能把光线最大限度地引入室内。在大厨房内设置了一个岛台，兼具出菜台、备餐台和早餐台的作用，让空间功能更丰富实用。

❷ 主卧内设置了进入睡床区的双动线，利用嵌入墙体的门来封闭空间。打开时，空间更加大气并与外部空间有互动，关上时，更加有安全感和私密性。在主卫中设计了孤岛式的浴缸，既美观又实用。洗手盆和梳妆台结合设计，节省了空间，更加干净简洁。

❸ 露台上设置了景观，供书房和茶室中的人们观赏。桌面延伸至阳台，把两个不同的空间紧密地联系起来。茶室用玻璃隔断隔开，十分通透，又能透过玻璃与客厅产生互动。

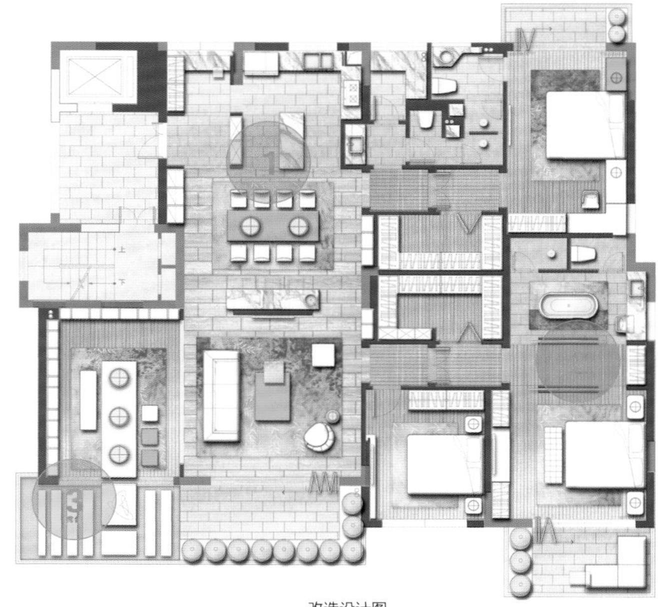

改造设计图

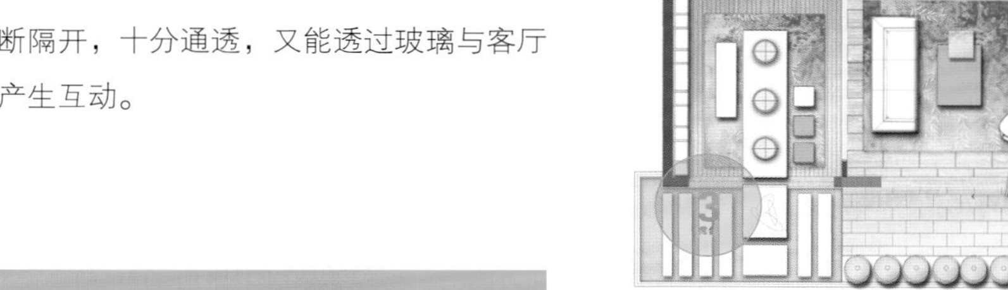

结语： 每一个空间都是人文与设计的承载，量身打造适合业主需求的空间。

182 打破传统思维，重构空间（方案六）

原始户型分析

餐厅较小，生活阳台动线占用了厨房空间，导致厨房较小，公卫无采光。

原始结构图

改造后细节剖析

❶ 餐厅空间采用了中轴对称的设计手法，让空间更加有气势、更加周正。在餐厅的四个角上，设置了四个展示柜体，增强了空间的仪式感，包围式设计让餐厅空间拥有私密性，还设置了一组西厨台面，用于备酒、备餐等，直接服务于餐厅空间。

❷ 客厅空间采用随意的家具组合方式，营造出环绕式的温馨的氛围。空间周围采用玻璃材质隔断、嵌入式门，增加空间的延伸感，具有私密性，也有开放性。地面材质延伸到阳台，巧妙地拉大了空间感。

❸ 书房尽量采用玻璃材质，让空间变得更开阔，还能和客厅产生互动，适合陪伴孩子，也便于更加周全地照顾孩子。

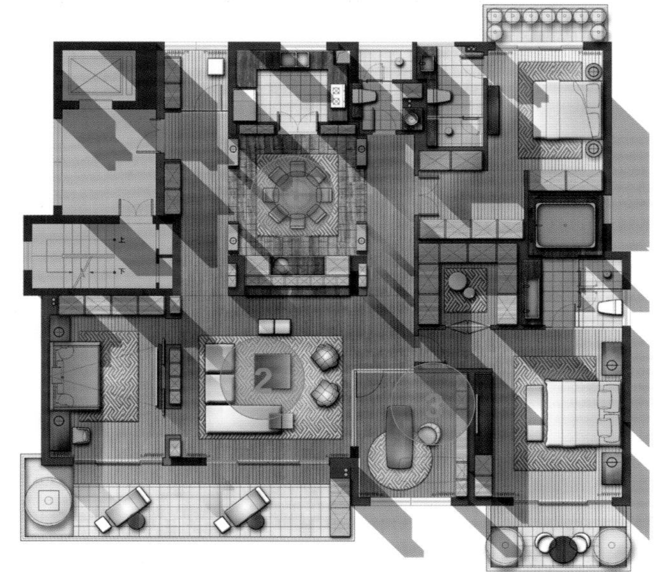

改造设计图

结语：空间是居住者气质的体现，应设计符合居住者生活习惯的空间。

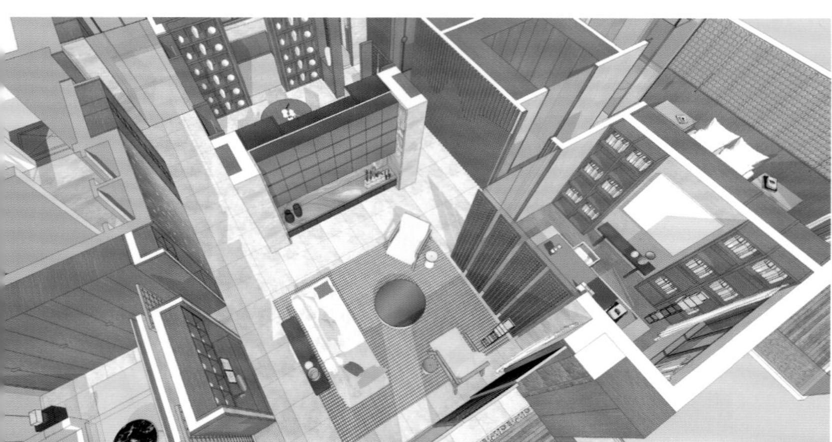

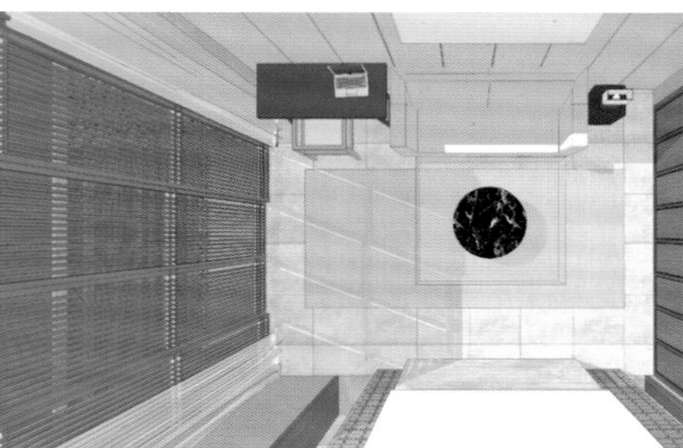

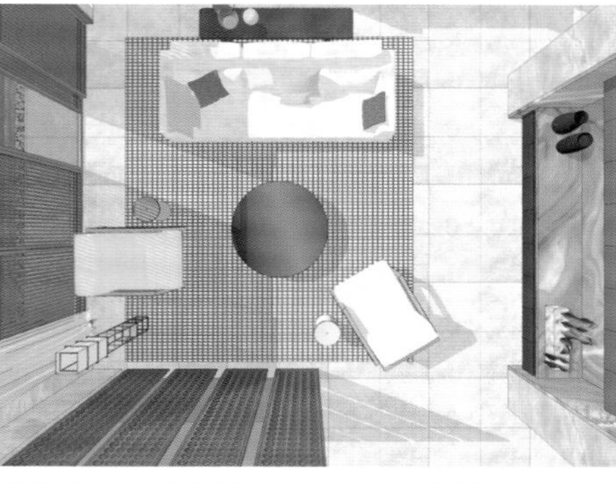

183 打破传统思维，重构空间（方案七）

原始户型分析

餐厅较小，生活阳台动线占用了厨房空间，导致厨房较小，公卫无采光。

改造后细节剖析

❶ 餐厅位置采用中轴对称的手法进行设计，把空间内的直角都做成了圆弧形的角，让空间更加具有围合感。在弧面上做了造型，设置了壁灯，让餐厅更加独立、美观，具有仪式感。

❷ 客厅、书房、茶室的位置，通过屏风和墙面造型来划分，看似独立，其实又有很强的互动性。通过墙面的弧面造型打造出每个空间都是空间中心的感受，十分大气。

❸ 从餐厅经过一个过厅，进入主卧玄关，再到睡床区，整条动线十分具有仪式感。主卧采用圆弧面的设计形式，空间更周正对称，这种围合式房间充满了安全感，能让人更舒适地休息。

结语：是否拥有舒适的居住体验感，是评判设计好坏的一条重要标准。

原始结构图

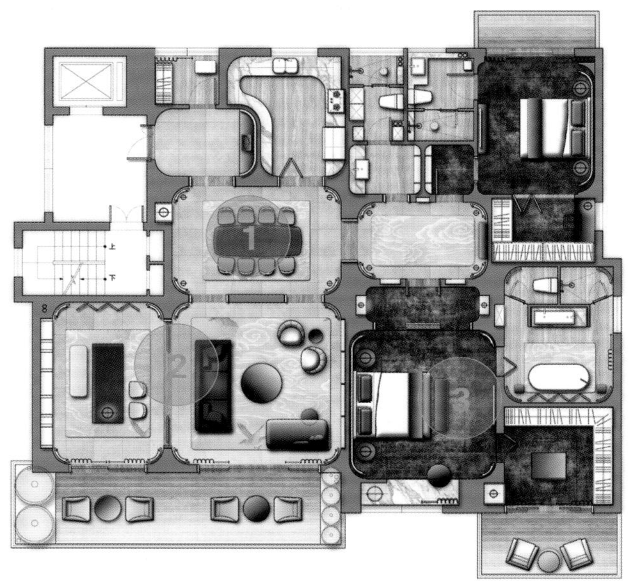

改造设计图

184 打破传统思维，重构空间（方案八）

原始户型分析

餐厅较小，生活阳台动线占用了厨房空间，导致厨房较小，公卫无采光。

原始结构图

改造后细节剖析

❶ 在入户区域利用中轴对称的手法设计了一个具有仪式感的门厅。开放式的厨房和餐厅，让空间更加灵活，能容纳更多人，整个空间更加通透大气，具有互动性。在采光不佳的地方，设计了孤岛式酒柜，合理地利用了空间。

❷ 将沙发放置在客厅居中的位置，并对称放置，旁边分别是钢琴区域和运动区域，这样的布置让三个区域的互动性更好。阳台门采用可以藏到墙体内的移门，可将开放式空间最大化，拉大了客厅空间感，同时，移门还能保证两个空间的独立性和私密性。

❸ 主卧入户区域通过地面材质的设计区分空间，凸显了步入主卧的仪式感。床和桌子结合设计，既美观又节省了空间，满足了梳妆的功能需求。主卧延伸到阳台的设计扩大了空间的视觉感，采用玻璃隔断隔开，让主卧和阳台既关联又独立。

改造设计图

结语： 针对不同需求对同样的户型进行特殊考量和别致设计，就会得到既独特又合适的设计方案。

185 打破传统思维，重构空间（方案九）

原始户型分析

餐厅较小，生活阳台动线占用了厨房空间，导致厨房较小，公卫无采光。

改造后细节剖析

❶ 扩大厨房，增加了台面操作区域，同时营造出一个具有仪式感的门厅。在餐厅区域设计了一个长桌和酒吧台，利用中轴对称手法，让空间更加周正、具有仪式感。移门的设计，让餐厅和休闲区有了互动，空间更加舒适。

❷ 利用家具的合理摆放，弱化了客厅的狭长感，让空间更加饱满，打造出一种轻松随意的氛围。利用对称的柜体，隔开了客厅、餐厅区域，保证了空间的通透性，并且空间的互动性更强。

❸ 在主卧中利用中轴对称设计手法，将主卫居中放，打造一个非常有质感的卧室。睡床区两边分别是梳妆区和衣帽间，都能通向主卫，动线十分灵活。衣帽间、主卫、梳妆区都采用了玻璃隔断，优化采光。飘窗结合休闲桌椅设计，节省了空间，打造出一个既休闲又美观的起居空间。

结语： 发现问题、解决问题，通过创造性设计重构空间及行为，是设计的本质。

原始结构图

改造设计图

186 打破传统思维，重构空间（方案十）

原始户型分析

餐厅较小，生活阳台动线占用了厨房空间，导致厨房较小，公卫无采光。

改造后细节剖析

❶ 打开门厅处整个空间，把厨房和餐厅设置在一起，利用岛台和柜体的结合设计，打造一个具有仪式感的门厅。门厅空间整个打开后，就餐环境更加舒适，空间更通透。卡座结合休闲桌椅设计，形成了一个休闲娱乐的角落，十分惬意舒适。

❷ 主卧利用中轴对称设计手法，形成一种对称美。阳台划分开来，作为浴缸区和休闲区，阳台采用大面积的落地玻璃隔断，让浴缸区和休闲区有更好的景观，成为整个空间里最舒适放松的区域。折叠玻璃门的设计，让阳台既能纳入卧室，又能形成独立的空间。

❸ 利用大拐角沙发、榻及单椅的组合方式，让客厅空间更加饱满。飘窗上放置软垫，让人在这个大客厅里十分放松，可以随意坐下。

结语：先对原始空间进行解读，再进行规划，是为了更好地提升居住者的生活舒适度。

原始结构图

改造设计图

187 独栋别墅主卫的十种设计方案大揭秘（方案一）

原始户型分析

承重结构少，便于进行空间分割。

改造后细节剖析

采用轴线切割的方法进行空间切割，通过动线串联起每个功能点位，整体动线十分流畅，同时优化了卫生间的采光。可开可合的衣帽间，让空间变得十分灵活多变，首饰柜和大浴缸的配置，增加了整体的舒适度。

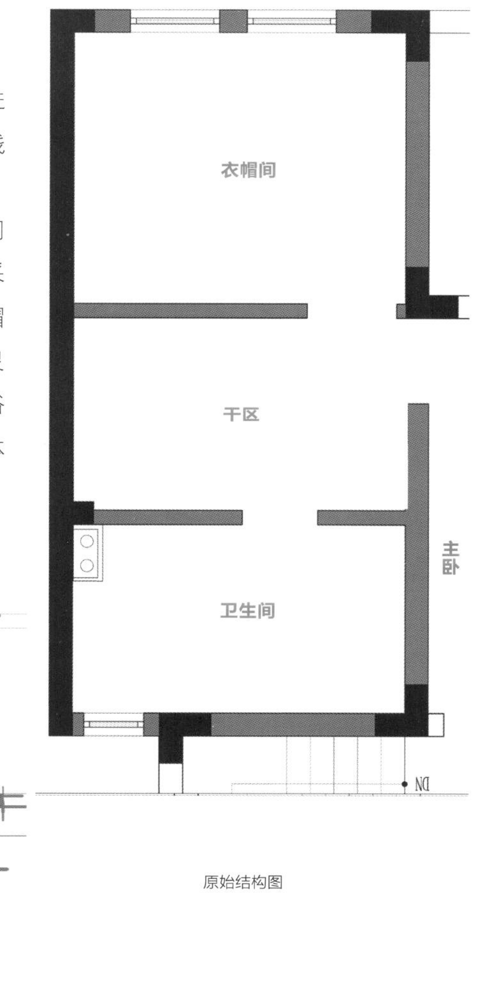

原始结构图

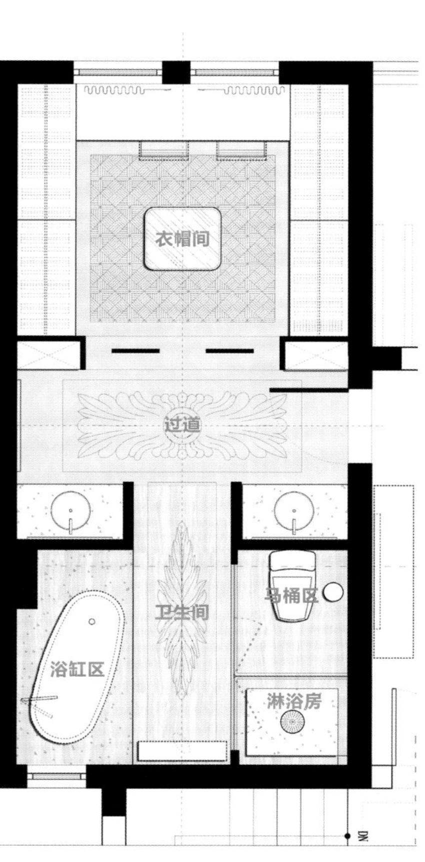

改造设计图

手稿展示

188 独栋别墅主卫的十种设计方案大揭秘（方案二）

原始户型分析

承重结构少，便于进行空间分割。

改造后细节剖析

扩大衣帽间区域，配置休闲区、首饰柜，功能十分齐全，并充分满足了衣物的储存需求。同时并没有缩小卫生间的空间，浴缸的空间足够大，并将台盆和梳妆台单独放在了一个区域，做到干湿分离。整个空间的配置十分有品位。

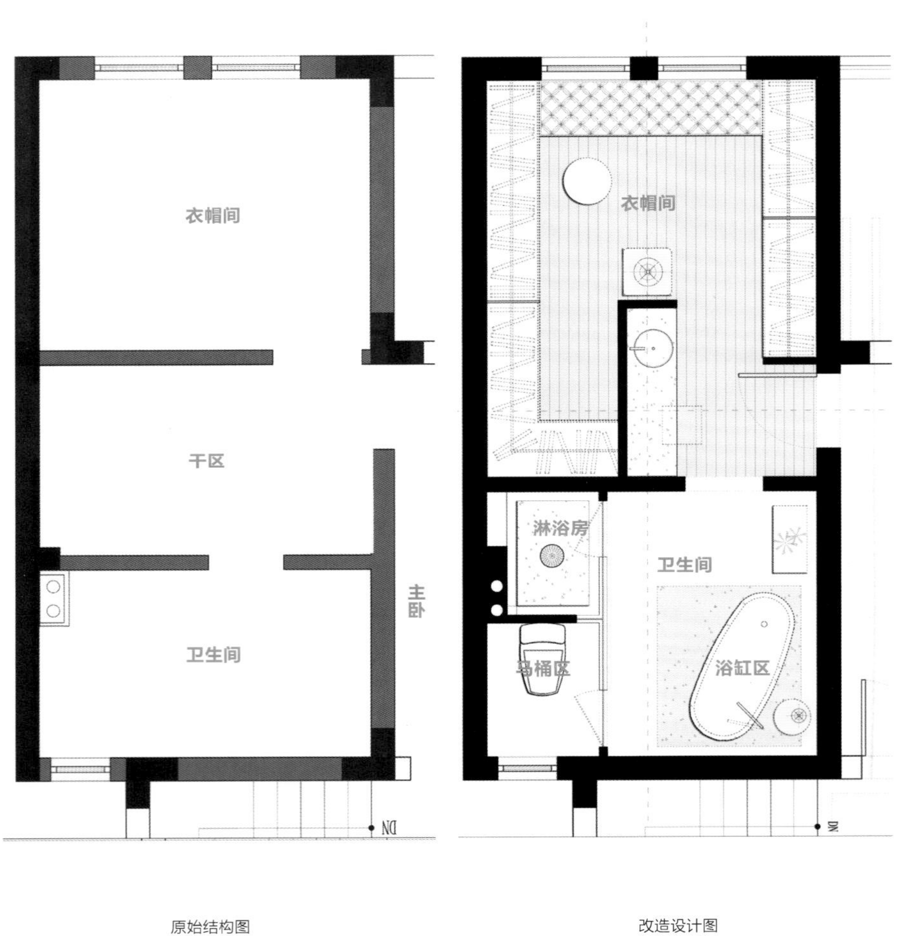

原始结构图　　改造设计图

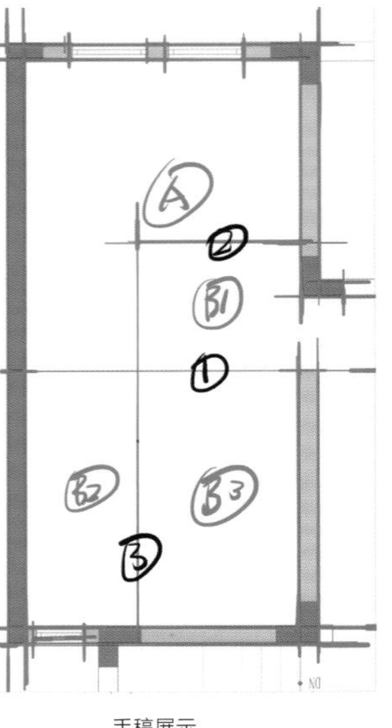

手稿展示

189 独栋别墅主卫的十种设计方案大揭秘（方案三）

原始户型分析

承重结构少，便于进行空间分割。

改造后细节剖析

这个设计方案的空间划分得十分细致。通过一个独立的玄关进入空间，再从玄关左右分别进入卫生间和衣帽间，凸显了空间的节奏感和韵律感。进门处配置了一个端景柜，起到装饰作用的同时便于放置洗浴用品。设置两个台盆，一个供马桶间洗手使用，一个供日常洗漱使用，空间使用感极佳。并且马桶间采用玻璃隔断，增强了卫生间的采光。

手稿展示

原始结构图

改造设计图

190 独栋别墅主卫的十种设计方案大揭秘（方案四）

原始户型分析

承重结构少，便于进行空间分割。

改造后细节剖析

由单通道进入空间，衣帽间和卫生间独立设置，共用过道。马桶区和淋浴房分开布置，同时将浴缸和台盆释放出来，成为相对自由的空间。对空间进行了合理的规划，满足了功能性需求。

原始结构图

改造设计图

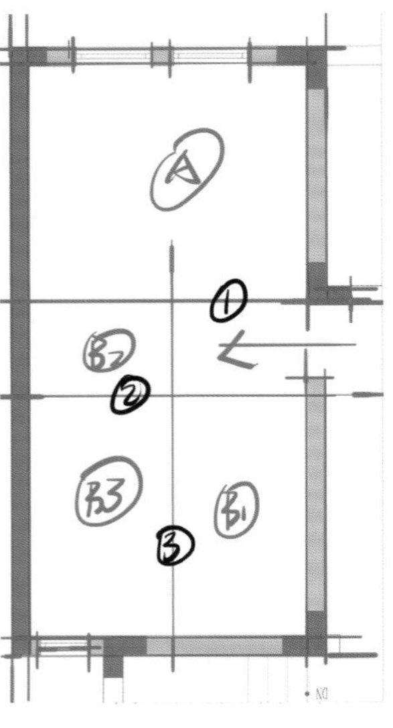

手稿展示

191 独栋别墅主卫的十种设计方案大揭秘（方案五）

原始户型分析

承重结构少，便于进行空间分割。

改造后细节剖析

在卫生间运用菱形的设计形式将三个功能空间连接起来，提高了空间的使用率。缩小走道的面积，增加功能区的面积，让衣帽间、卫浴空间变得十分舒适，设计砖石型浴缸，给整个空间增添了仪式感。

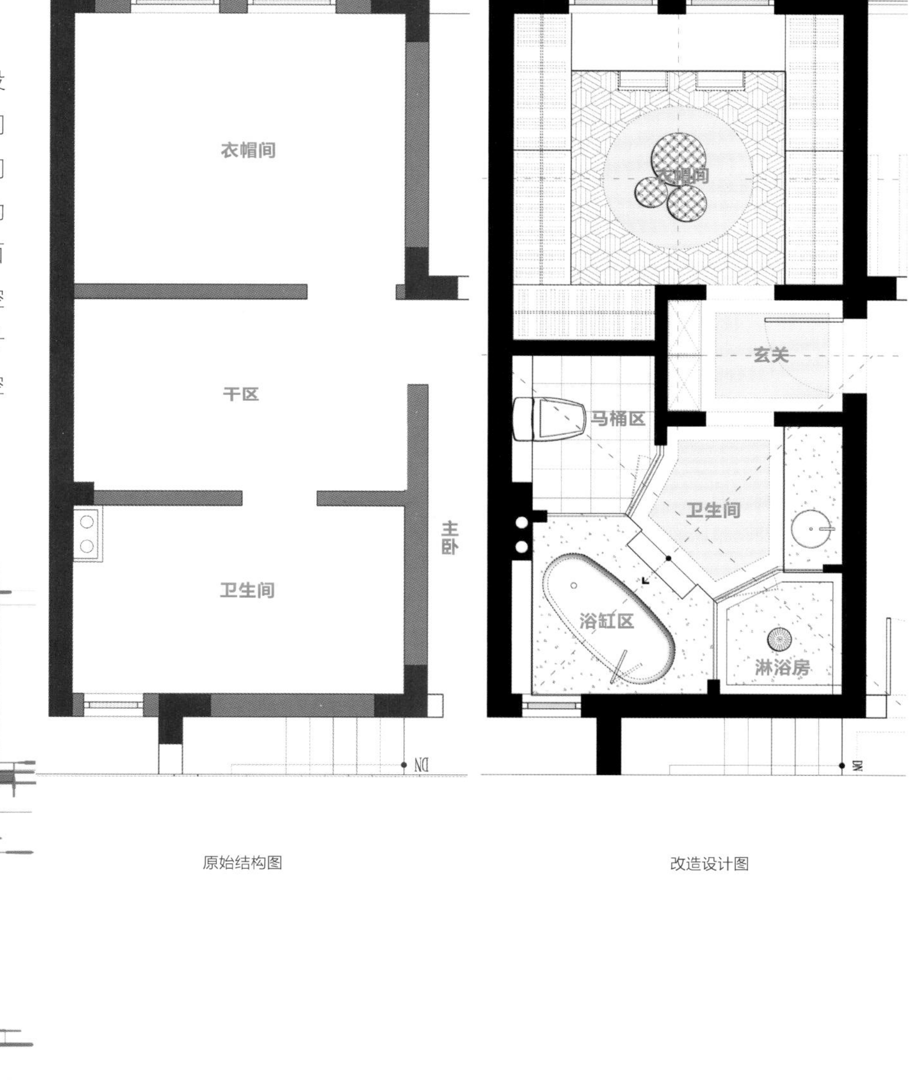

原始结构图

改造设计图

手稿展示

192 独栋别墅主卫的十种设计方案大揭秘（方案六）

原始户型分析

承重结构少，便于进行空间分割。

改造后细节剖析

以双动线作为依据，对空间进行轴线切割，形成完美的对称关系。马桶间和淋浴区分开，并做到干湿分离。整体动线灵活多变，空间层次十分丰富。

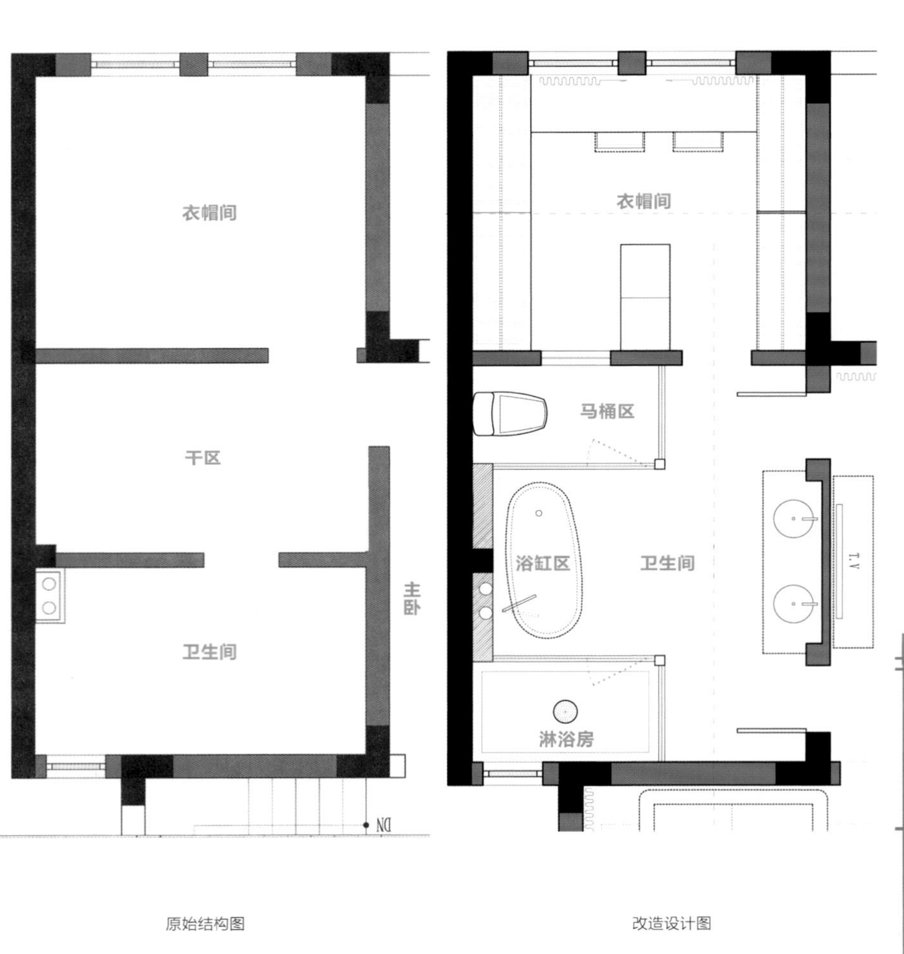

原始结构图　　改造设计图

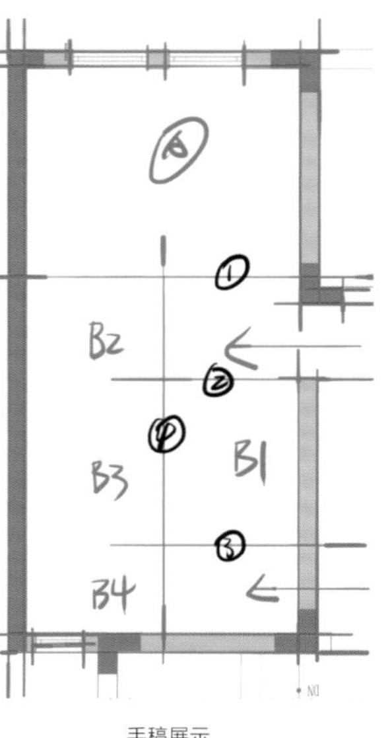

手稿展示

193 独栋别墅主卫的十种设计方案大揭秘（方案七）

原始户型分析

承重结构少，便于进行空间分割。

改造后细节剖析

通过砖石切割、线性切割、轴线切割、几何切割这几种切割方式重新规划空间，再通过二十多根辅助线形成最终的空间布局。整体动线十分流畅，并且充满了可能性，拥有独特的空间气质。

原始结构图

改造设计图

手稿展示

194 独栋别墅主卫的十种设计方案大揭秘（方案八）

原始户型分析

承重结构少，便于进行空间分割。

改造后细节剖析

采用曲线式布局形式，空间十分开阔。通过曲线将基本功能点位串联在一起，让每个功能区都十分开阔。不管是浴缸区，还是衣帽间，空间都十分舒适。

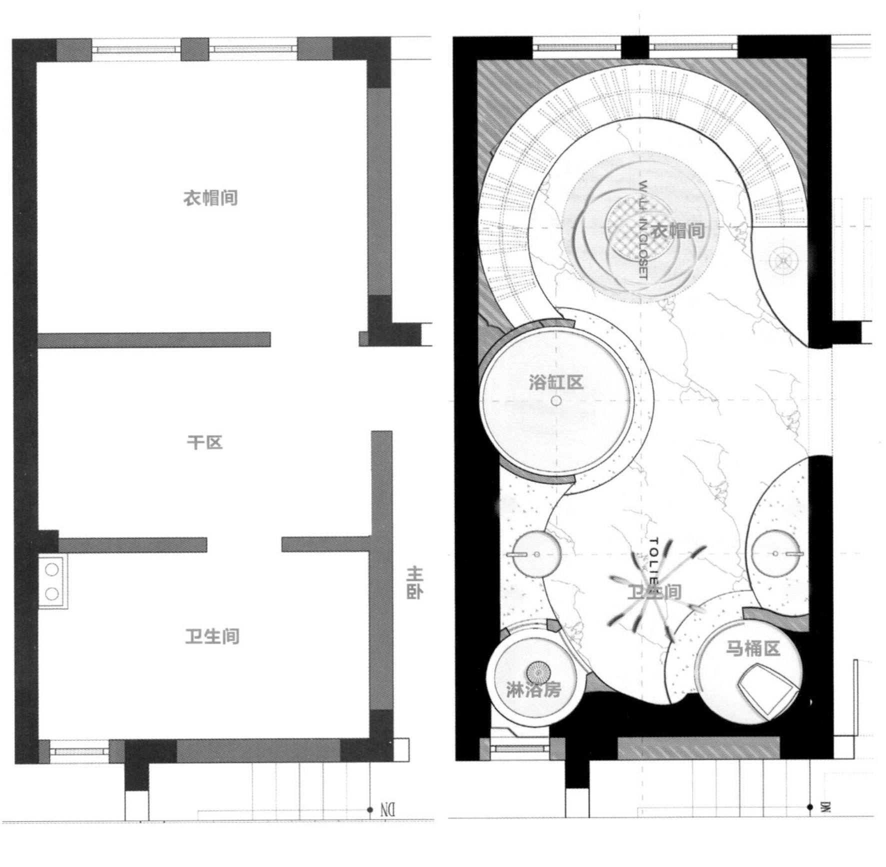

原始结构图　　改造设计图

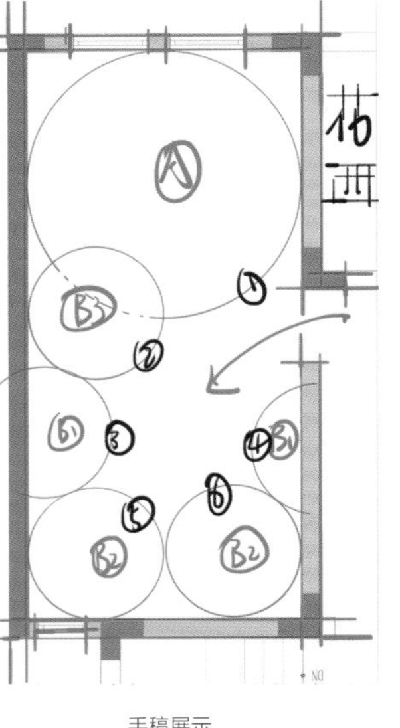

手稿展示

195 独栋别墅主卫的十种设计方案大揭秘（方案九）

原始户型分析

承重结构少，便于进行空间分割。

改造后细节剖析

运用环绕动线，进入此空间即可看见浴缸和优雅的吊灯，浴缸不仅拥有泡澡的功能，还起到了观赏的作用。将浴缸作为整个空间的中心，这种布局形式并没有影响空间的利用率，并且视线相当开阔，提升了空间的品质。

原始结构图

改造设计图

手稿展示

196 独栋别墅主卫的十种设计方案大揭秘（方案十）

原始结构图

改造设计图

原始户型分析

承重结构少，便于进行空间分割。

改造后细节剖析

采用将黄金螺旋线的形状融合到空间形式中的切割方法分割空间，根据功能的使用频率来依次合理地布置台盆、马桶、淋浴、浴缸等功能点位。浴缸后面的弧形半透明围墙增加了空间的围合感，保障了浴缸区域的私密性。

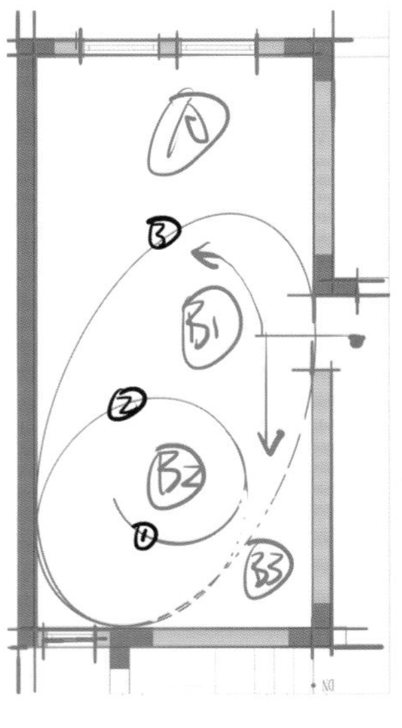

手稿展示

结语：同一个空间，通过不同的切割设计、功能划分，将会得到完全不一样的空间气质。

第12章

别墅自建房

现在有越来越多的人想要逃离城市的喧嚣，选择回到乡村建一个小院，既可以给父母养老，平时偶尔也可以回去小住。别墅自建房的面积一般不会很大，居住的人也不会很多，需要重点关注周围环境的选择，以及花园的功能设计，可以养花、种菜是大多数别墅自建房业主的需求，所以在改造的时候应该从这些方面构思。

自建房的房屋结构一般都是承重结构，结构的可改造性不是很强，但是可以适当扩建及拆除，这也是一个优势。需要注意的是别墅自建房的业主的身份和独栋别墅的业主的身份有很大区别，在进行别墅自建房改造的时候一定要考虑实用性，这种房子一般造价不会很高，够用即可，就算有客人拜访，大多数也是亲朋好友，较少有生意上的社交功能需求等。

装修风格上不宜太豪华，应尽量与周围环境相融合，注重质感与舒适性，多融入一些自然元素，多采用休闲、质朴的设计元素营造氛围，可以借用一些民宿设计的理念，让居住者可以回归自然、享受生活。

197 可以享受田园生活的自建别墅，本身就是传家宝

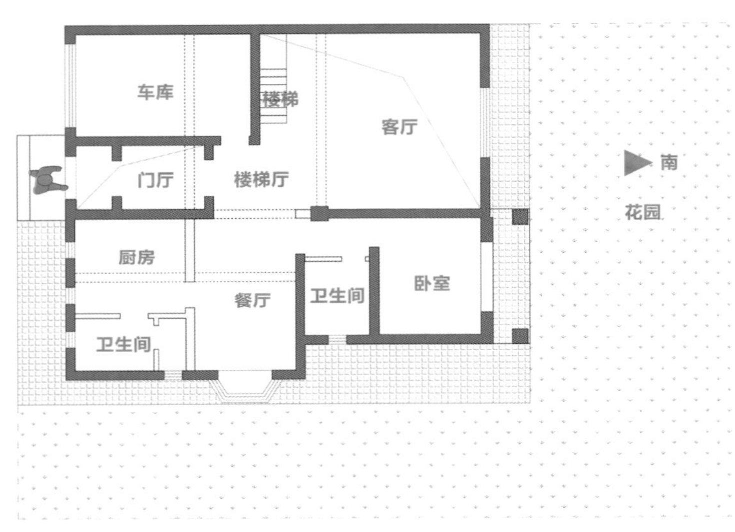

原始结构图

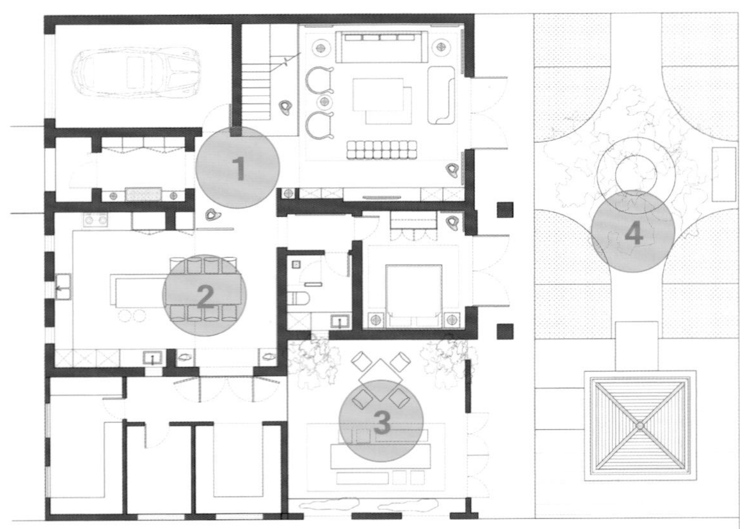

改造设计图

1F

原始户型分析

本案例属于乡村自建刚需复式小别墅，承重墙多，需求较多，一层需要设置客厅、厨房、餐厅、客房，可扩建。

改造后细节剖析

❶ 入户处设计两处端景，一是从门厅看到的与电视背景墙垂直的南侧墙体，二是从车库进入室内时第一眼看到的软隔断端景。将楼梯第一级踏步扩大，设计成一个小平台，使其与整体空间体量相平衡，设计一些装饰物或绿植来提升空间品质。

❷ 开放式厨房和餐厅融为一体，西餐岛台直接叠加在长条形中餐桌上，使用功能与动线既不互相干扰又相互重叠，形成互动性非常强的社交型餐厨空间。

❸ 利用原来的部分院落面积，扩建室内空间，除了增加储物空间，还设置了一个非常宽敞的娱乐休闲室。

❹ 南向院子的空地依据动线设计为一个小景观庭院，可种菜、种花等，可以承载业主的田园情怀，凉亭正对娱乐休闲室，不会影响到客厅及卧室的采光。

原始户型分析

二层部分挑空，需要设置三间卧室、独立书房、棋牌室。

改造后细节剖析

❶ 从楼梯一上来就是开放的小起居室，视线上没有隔墙的遮挡，让居住者有了一个互动交流的空间。

❷ 客房使用频率很低，所以二层的公卫大部分时间还是供大卧室使用，在人多的情况下也可以作为公卫使用。

❸ 书房空间非常大，比例失衡，因而隔出来一部分用于设置茶水区，与书房之间设置隔断保证了书房的私密性。

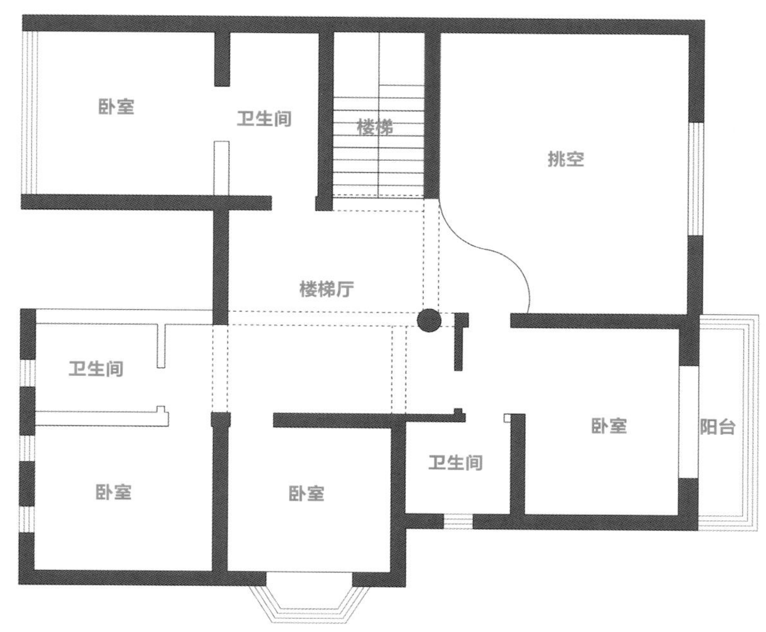

原始结构图

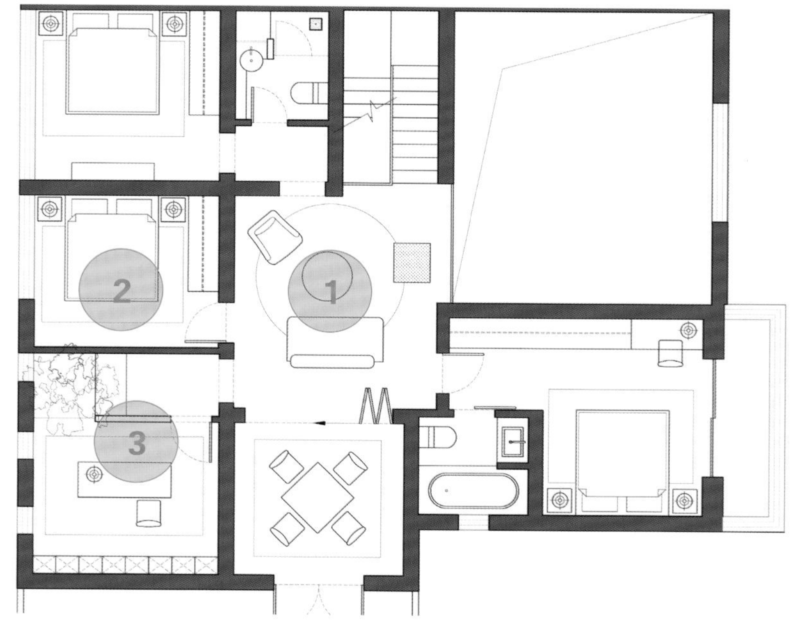

改造设计图

结语： 改造这种自建别墅住宅时，除了考虑当下居住的业主的需求，还要考虑后期的发展变化，给每代人的需求留出空间。

198 在乡村也能拥有高品质的别墅

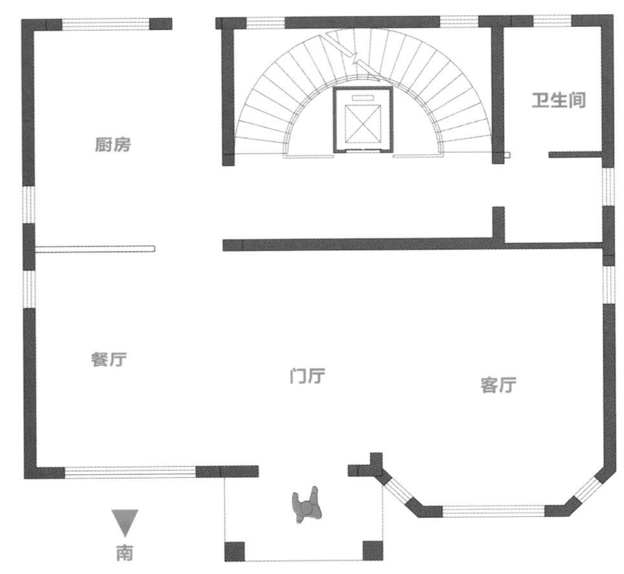

原始结构图

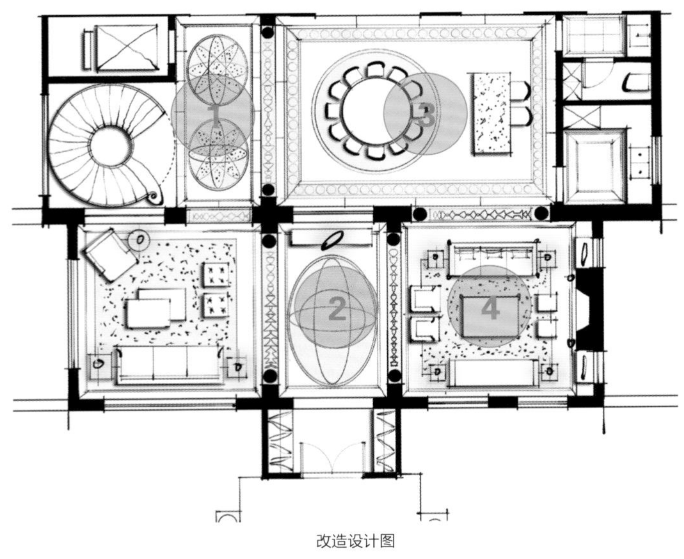

改造设计图

结语： 别墅外形方正，比较拘谨呆板，后间比前间稍微向外扩建一些，别墅外形更有层次感，体量更加饱满。

原始户型分析

本案例中的别墅自建房一层可小幅度扩建，承重墙、柱也可以更改，管道等都可以重新定位，楼梯占用过多面积，电梯与楼梯的位置关系破坏美感，不需要设置中式厨房。

改造后细节剖析

❶ 楼梯和电梯分置于一角，分别各占一处空间，不会打乱公区的互动关系。楼梯口处小块的过渡区的地面用拼花材质划分空间，跟门厅地面造型相呼应。

❷ 在门厅设计承重柱和端景墙，地面拼花简约大气，空间气势马上凸显出来。

❸ 餐厨区以中餐桌和西餐岛台功能为主，弱化中式厨房功能，因此用大圆桌奠定用餐区的气势，与整个空间协调呼应。

❹ 正式的客厅的家具摆放严谨，整齐对称，带有庄重感、仪式感。在与之对称的西侧位置，设置一个更加偏重休闲娱乐性质的起居空间，充分满足业主的使用需求。

199 让城里人羡慕的乡间小别墅

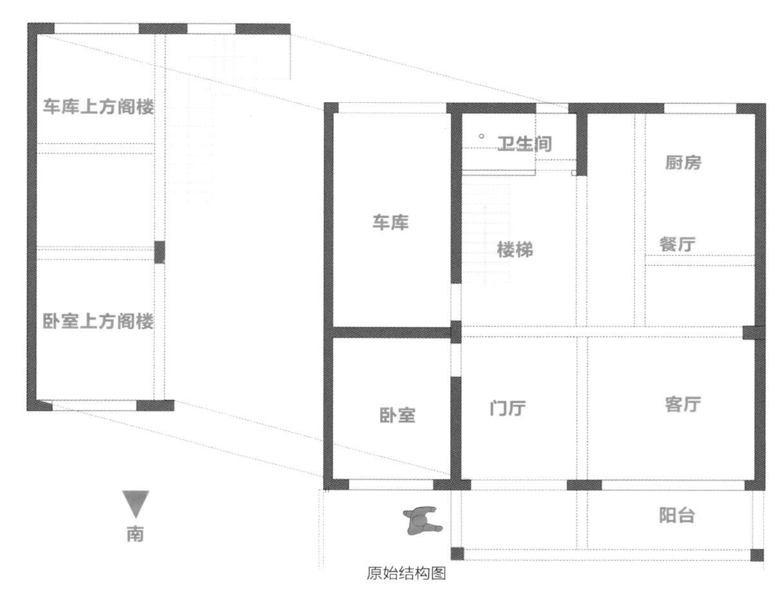

原始结构图

原始户型分析

本案例为乡村自建别墅，框架结构已经建好，一层有夹层，需要设置客厅、厨房、餐厅、客房、书房。

改造后细节剖析

❶ 门厅偏大，只需满足动线设置和收纳需求即可，所以客房适当东移，并在客房与门厅夹墙的门厅一侧设置鞋柜，在客房一侧设置收纳柜；在入户处多点造景，形成立体感强的端景空间，一进门就有美感享受。

❷ 设置开放式厨房，所以能将餐桌融入厨房空间，操作台和设备柜构成大L形厨房功能区，西侧靠近楼梯走道处是水吧台，中间的餐桌还可作为岛台来使用。

❸ 客厅与门厅间用电视背景墙隔断，用矮墙、矮柜和屏风的组合作为电视背景墙，给空间带来更多呼吸感；客厅向南侧扩到阳台空间，用软榻和边几组合弱化梁柱的突兀感。

❹ 夹层空间作为书房兼茶室来使用，与其他动态的公区有空间上的落差隔断，更能保持安静。

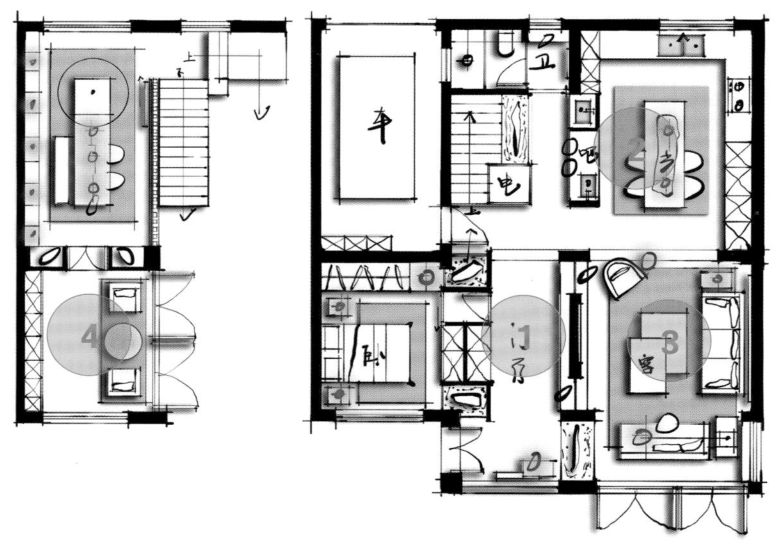

改造设计图

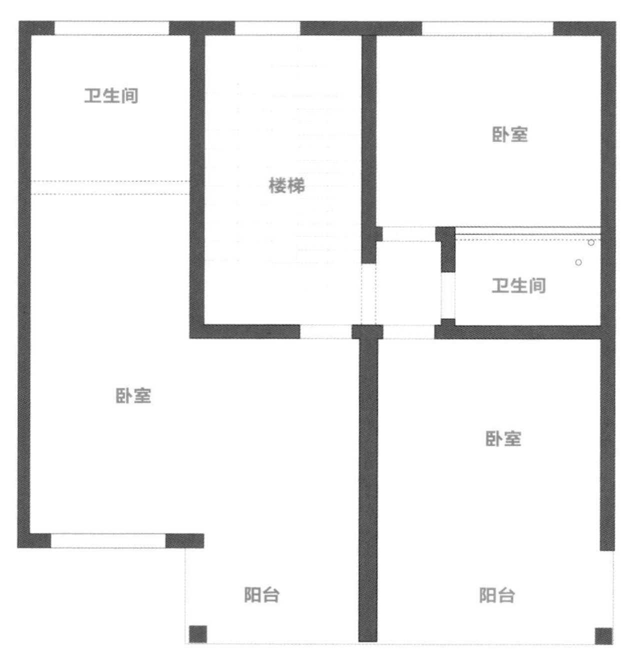

原始结构图

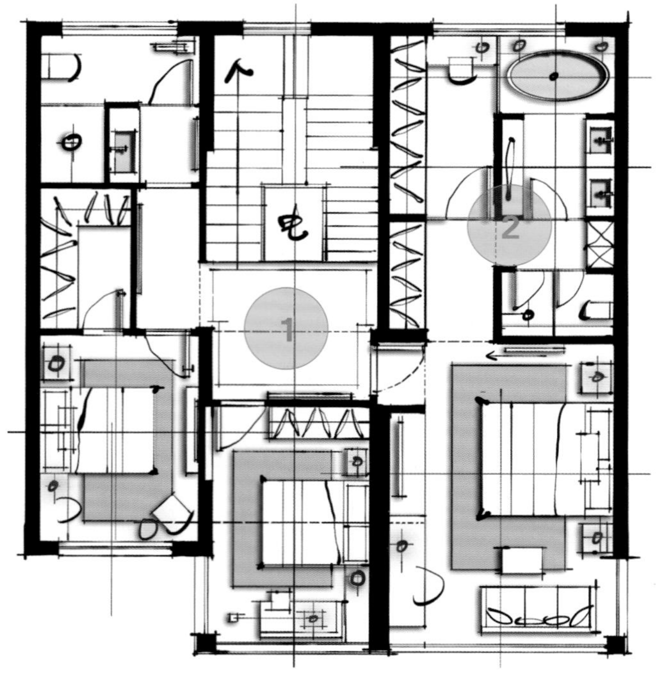

改造设计图

2F

原始户型分析

二层需要设置三间卧室，其中一间为主卧、两间为次卧。

改造后细节剖析

❶ 在二层楼梯口处设置楼梯厅空间，避免产生压抑和空间狭小的感觉，在公共动线区域可沿墙面设置一些装饰性元素，缓解单调感。

❷ 主卧衣帽间和卫生间沿窗户中轴线纵向划分各功能空间，这样各空间均可以享受到直接的采光和室外自然风。沿中轴线设置的隔断墙面没有完全封闭，靠窗的浴缸区和梳妆台之间选用半透明玻璃隔断，让空间光线流动起来，削弱狭长的空间感。

结语：在别墅设置电梯时，可以结合楼梯的空间造型进行设计，不过一般来说，高于两层的多层别墅更适合设置电梯。

200 如何解救被承重墙“封印”的大别墅空间

原始户型分析

本案例中的自建房别墅，承重墙、柱较多，增加了改造难度，除了基本公区功能，一层还需要设置门厅、储藏室、洗衣房、老人房和客房。

原始结构图

改造后细节剖析

❶ 门厅设计了仪式感很强的对称造型，两侧有鞋柜和休闲椅，不仅可以收纳鞋包、大衣，还能放入行李箱，壁灯和艺术端景装置、挂画彰显了空间的雅致调性。

❷ 客厅四周形成一条环绕动线，两排面对面布置的沙发布局形式比较正式，北侧靠近楼梯厅走道处设计成地台加软垫的形式，可以满足人多的时候的聚会需求，同时也与楼梯空间有一定的阻隔。

❸ 打造厨房双动线，利用台面上的折叠窗，可随意切换开放和封闭形态，西餐区的吧台衔接起厨房和中餐区。

❹ 工作学习区紧邻客厅，超大长桌把空间充分利用起来，工作学习区也是会客的好地方；品茗区除了利用绿植烘托自然质朴的氛围，也在墙面上加入一些挂画装饰，在工作学习区和客厅都可以观赏到。

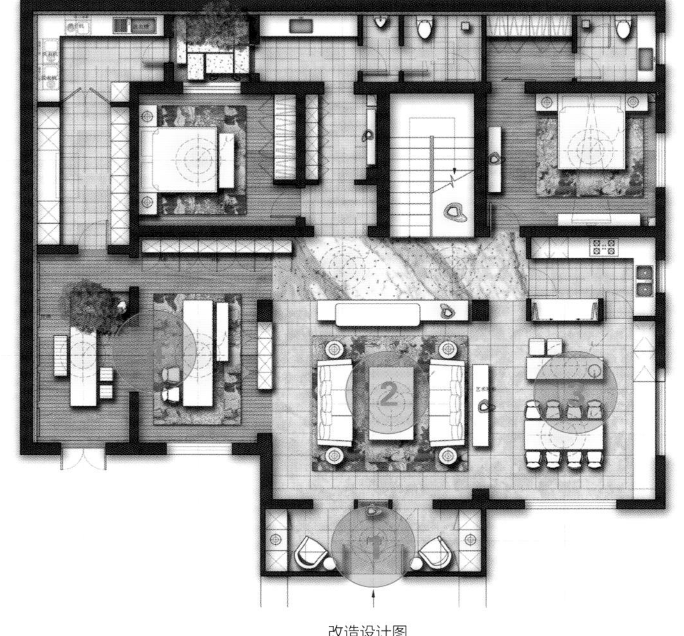

改造设计图

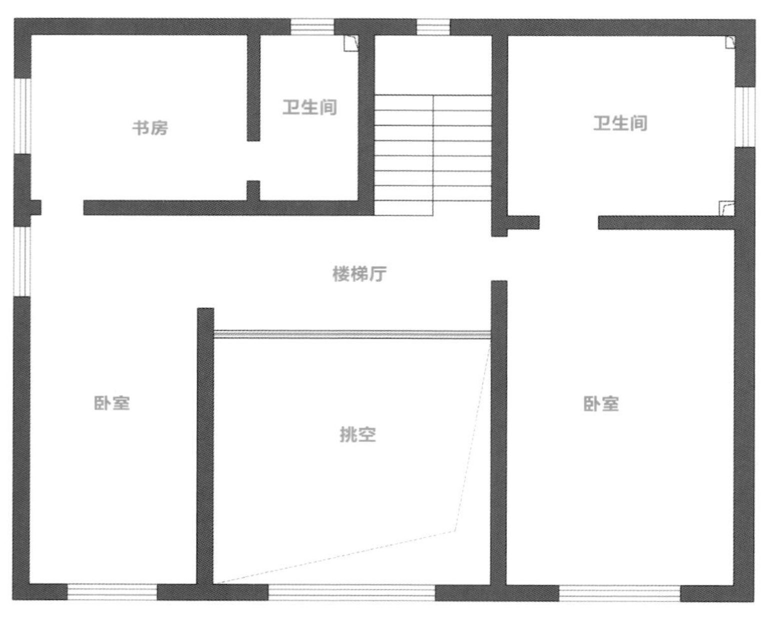

原始结构图

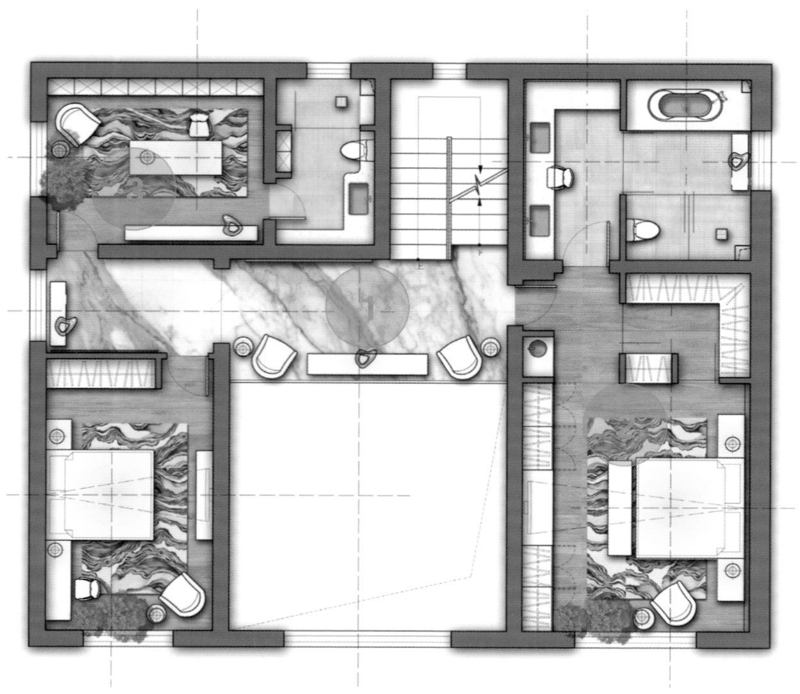

改造设计图

2F

原始户型分析

二层空间结构更加固定，墙体和挑空区均不能改动，需要设置主卧、次卧以及书房。

改造后细节剖析

❶ 在楼梯厅沿挑空处设置休闲区，有了一个简洁的小型起居空间，走道西侧尽头设置矮柜，上面放艺术品，形成一处端景。

❷ 主卧根据空间大小来确定功能点位，衣帽间容量恰到好处，因为沿墙也能设置一整排收纳柜，没有必要让衣帽间占用过多面积，其隔断材质通透，视线开阔，并形成双动线。

❸ 由于墙体不能改动，所以需要穿过书房到达公卫，书房空间更为开放，也可以当作客房使用。

原始户型分析

三层空间的墙体也不能改动，需要设置主卧、多功能厅。

改造后细节剖析

❶ 主卧睡床区和衣帽间之间并不一定要有实墙隔断，这个空间里衣帽间和睡床区的界限很明显，通过家具组合和地面装饰来强调空间功能，书桌兼梳妆台面之上用玻璃隔断，两侧动线也用玻璃门隔断，视线上相互贯通。

❷ 走道和三扇移门的设计解决了卫生间门正对床的问题，空间使用弹性很大，主卫采用三分离式设计，浴缸旁设置休闲椅组合，可用来放置衣物，并有合理的尺度，带来舒适的使用体验。

❸ 多功能厅是一间非常宽敞的房间，没有墙柱的阻隔，兼具多种功能，如会客、儿童玩耍、聚会娱乐等。

❹ 公卫南侧干区增加了洗衣家务区和茶水区。洗衣家务区方便本层使用，不用跑上跑下，还能直接将衣物晾晒到露台上。茶水区主要供多功能厅使用，满足简餐和饮水需求。

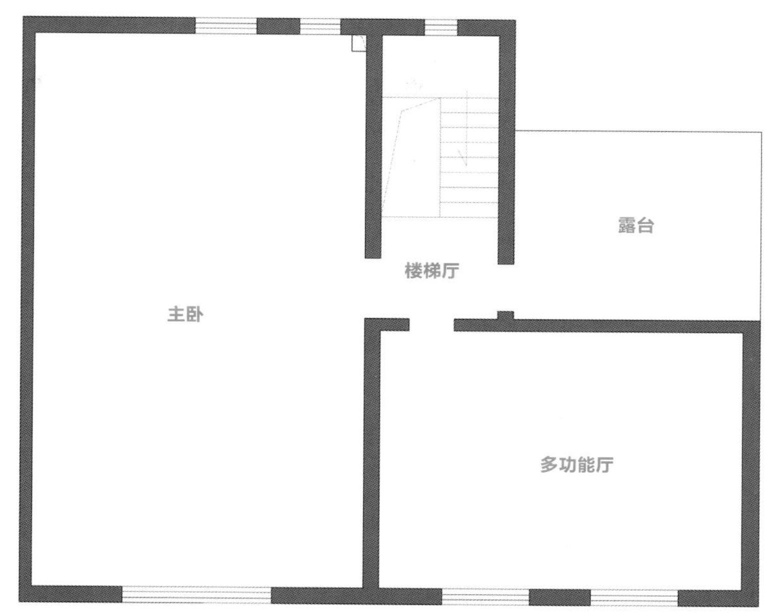

原始结构图

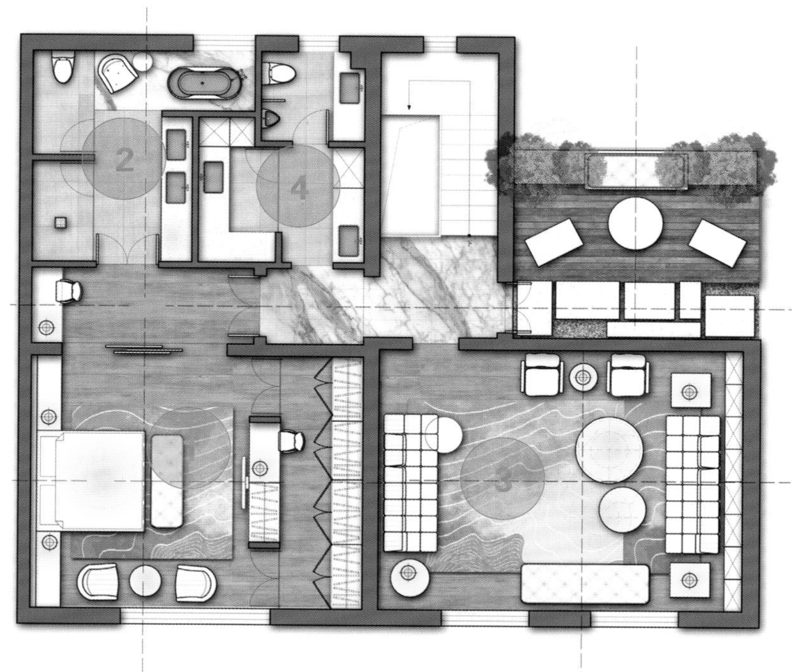

改造设计图

结语： 墙体限制了改造设计的可能性，所以更要在空间内进行家具组合方式的优化升级。

第13章

老房改造

在20世纪90年代之前，中国建设的大多数公寓都属于第一代住宅，经过几十年的发展，人们的生活方式与原来的户型会产生很多冲突。房屋交易市场上存在很多二手房、老房交易，业主重新装修时就会存在大量的改造需求。

老房改造非常具有挑战性，因为老房的改造束缚因素太多，严重影响设计思路，墙体基本上都是承重墙，管道和水电改造也非常受限，想要拿出一个优秀的老房改造方案，只能通过采用定制家具和空间功能组合等手段来进行突破，例如，折叠门窗、折叠餐桌、卡座、榻榻米、三分离式卫生间、立面储藏空间、功能重叠、空间分时间段交错使用等。

201 令人发愁，超小老户型怎么塞得进去这么多功能

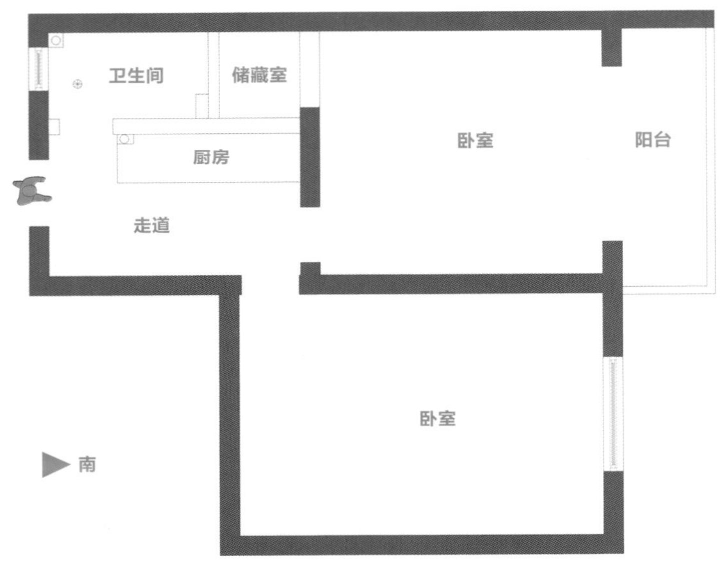

原始结构图

改造设计图

原始户型分析

本案例属于刚需小公寓，无餐厅空间，入户动线不流畅，空间功能需要重叠设计。

改造后细节剖析

❶ 将厨房操作台面放到入户右手边，解决了原先的台面尖角影响入户动线的问题；卫生间门移到中间，门外两侧可以放置冰箱和收纳柜。

❷ 用餐区放置折叠餐桌，可容纳四至七人用餐，平时将餐桌收起来，空出的空间可作为小起居室、亲子互动区、小孩玩耍区等。用餐区和儿童房之间设置折叠推拉门，打开后能满足室内通风、采光需求，关闭时能营造安静的休息空间。

❸ 主卧小阳台两侧设置收纳柜，满足衣物、杂物等收纳需求，沿门垛延伸出书桌，可在此处休闲放松、阅读，提升主卧品质。

结语： 小公寓户型需要平衡各功能空间的容纳量，不能某些空间容纳多种功能，某些空间却功能单一。

202 露台比所有房间都要大，难以下手布置（方案一）

原始户型分析

卫生间和厨房面积过小，比例不合理，顶层带有超大露台，可搭建阳光房。

改造后细节剖析

❶ 把原餐厅区改为门厅走道及收纳区域，将餐厅和书房设在原来的露台区域，鞋柜既可用于收纳也是端景。洗手台盆延伸到鞋柜旁的空隙处，给门厅带来光线的变化，视线穿插交错，空间感受更丰富、有趣。

❷ 主卧衣帽间做成L形，不阻隔窗口采光，利用进门处的空间再设置一组衣柜，灵活优化了衣柜布局方式。

❸ 阳台通过沙发组合形成的互动感合并入客厅，地毯的设置方式模糊了界限感，视觉上客厅更为敞亮、通透。

原始结构图

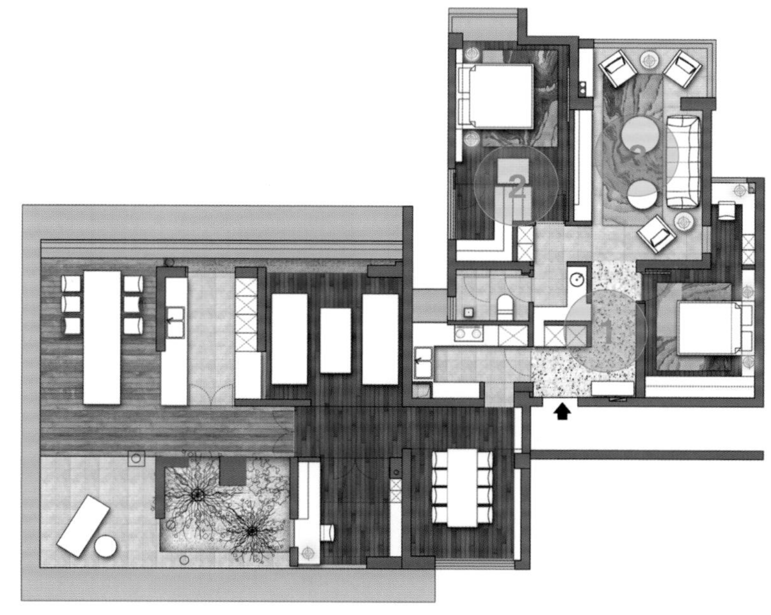

改造设计图

结语：把一部分功能挪到露台上，均衡功能布局，也使每个空间的品质都得到提升。

203 露台比所有房间都要大，难以下手布置（方案二）

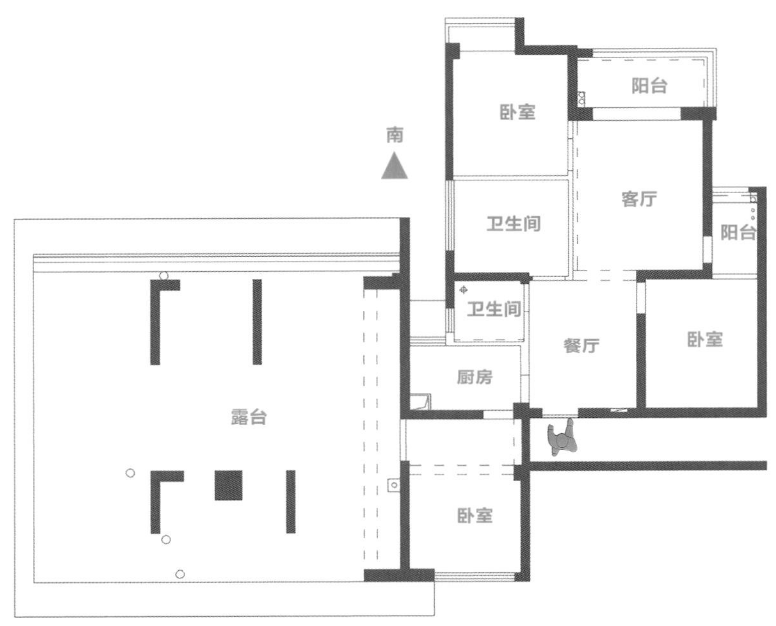

原始结构图

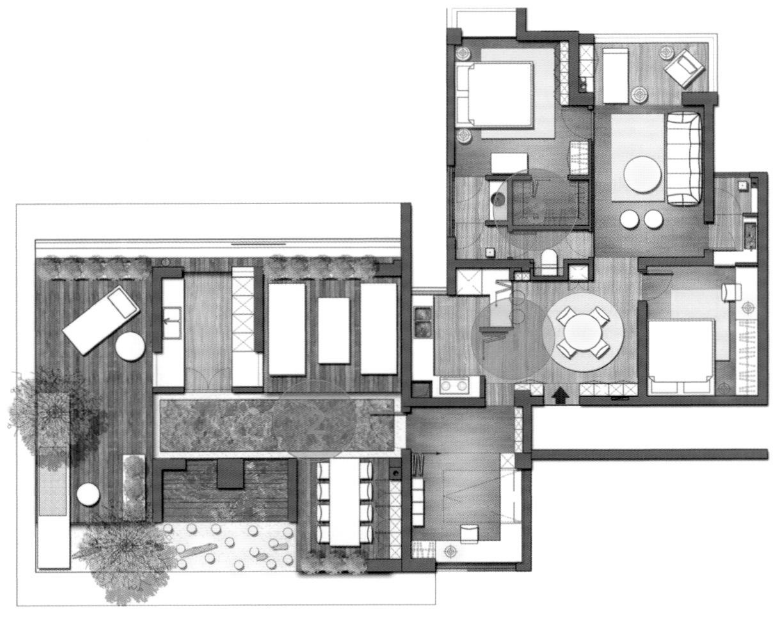
改造设计图

原始户型分析

卫生间和厨房面积过小，比例不合理，顶层带有超大露台，可搭建阳光房。

改造后细节剖析

❶ 将原卫生间空间纳入厨房，并使得操作空间和收纳空间比例适当，还可设置兼有隔断功能的小型水吧台，放置四人餐桌，满足业主日常生活需求。

❷ 在大露台上搭建阳光休闲区，用高低绿植点缀，增加层次感，设置水景和娱乐区，使得露台功能更丰富。

❸ 用部分主卫面积设置一个独立衣帽间，主卧入户门向南侧阳台移动，不影响电视墙功能，卫生间马桶两边都可开门，既可作公卫也可作主卫，动线合理重叠。

结语：利用动线和功能重叠设计来充分利用空间，保证舒适的居住体验感。

204 把设计饭店的方法拿来用，餐厅问题迎刃而解

原始户型分析

本案例为常规三居室户型，客厅、餐厅面积紧张，入户后视线直通主卧。

改造后细节剖析

❶ 餐桌的一面选用卡座，节约动线空间，卡座下也可储物。在靠近入户门处设置入户鞋帽柜，靠近厨房处放冰箱，这样餐厅布局就非常紧凑，功能实用。

❷ 次卧隔墙向北侧推进，使得次卧空间内外都能设置收纳柜，这是增加收纳空间的常规处理方法之一。

❸ 通过地面材质分割出不同的功能空间，在动区和静区之间用一扇推拉门作为隔断，拉开后，门可当作电视背景墙的一部分，关上后，可营造完全私密的卧室空间，同时阻隔入户视线。

结语：根据居住者需求改动空间，很多时候用常规手法就能满足空间使用需求。

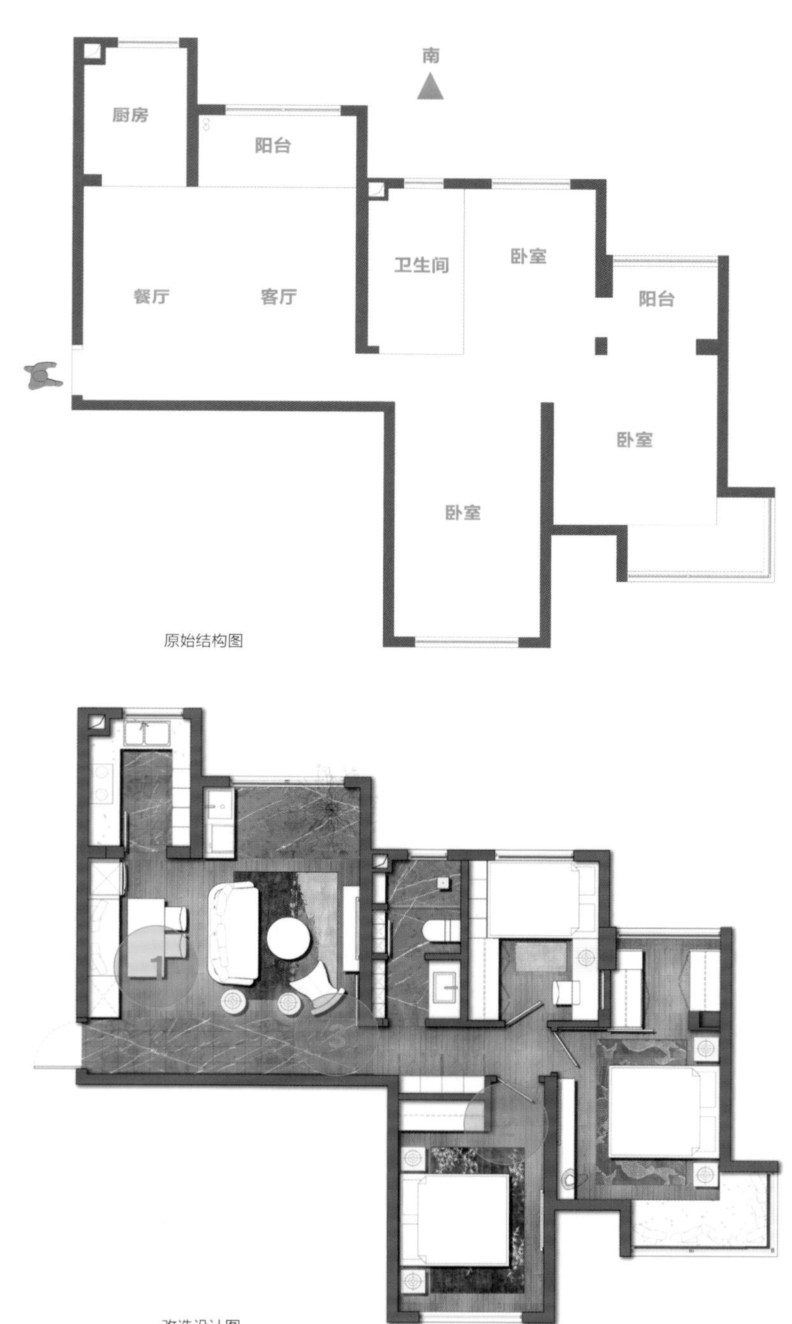

原始结构图

改造设计图

205 功能空间和承重墙相辅相成的设计让空间优化变简单

原始结构图

改造设计图

原始户型分析

承重墙多，隔墙较零碎，浪费面积，需要设置主卧、儿童房、客房兼书房。

改造后细节剖析

❶ 在入户右手边设置鞋柜，功能与动线契合，客厅电视背景墙一直延伸到入户区域，扩大了客厅视野。

❷ 餐桌靠承重墙设置，供一家人使用，预留出足够的空间设计动线和收纳柜、酒柜；在北侧阳台设置洗衣房，L形台面可作为小吧台，与餐厅衔接互动；厨房两侧都可进出，动线更灵活。

❸ 考虑到主卫门不宜正对床，将门向东侧移动；小次卧并入主卧，改成大衣帽间，靠窗设置休闲区、换衣区，保证采光、通风，也让衣帽间使用起来更加舒适。

结语：通过功能组合、家具形式上的优化突破承重墙带来的局限，让功能空间和墙体融合起来。

206 令人拍手称绝的小户型“宝藏”设计手法

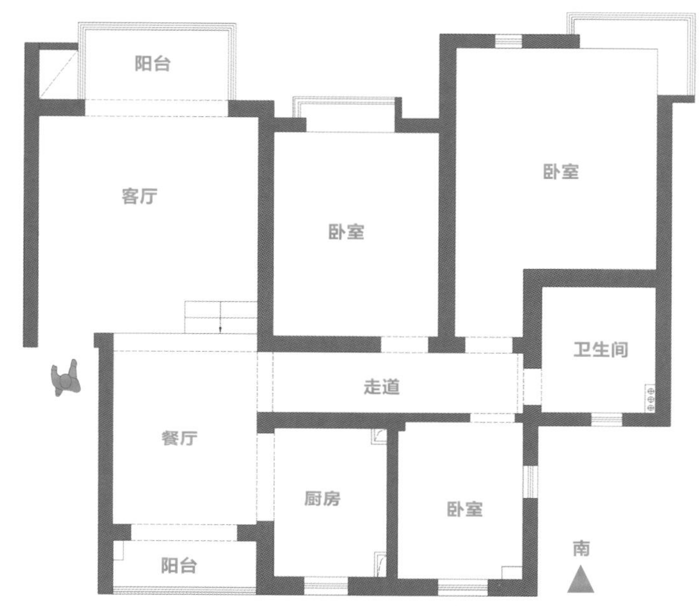

原始结构图

原始户型分析

本案例为比较小的公寓户型，所有墙体都不能改动，各功能区比例适当。

改造后细节剖析

❶ 在入户处，将鞋柜设在错层楼梯旁边，设置柜体作为电视背景墙，在其中嵌入电视机，将这两处收纳柜阳角设计为弧形造型，避免尖角带来的锐利、局促感；椭圆形地毯衔接客厅和阳台，客厅体验感更宽敞、舒适，可以减少家具数量，避免拥挤，也给孩子打造出一块玩耍区。

❷ 餐桌一面设置卡座，节约动线空间，且增大餐厅储物量，厨房和洗衣阳台都采用折叠门，不会干扰动线和日常使用。

❸ 对主卧衣柜、地台、书桌、软凳进行一体化设计，在有限的空间内纳入多种功能，床垫直接放在地台上，地台下可储物，书桌旁的软凳可满足绘画、休闲需求，床对面设置一排矮书柜，上方可作为投影区使用。

结语：进行老房户型改造时，大多需要通过优化家具组合来满足业主需求，多功能一体化组合或定制家具更受青睐。

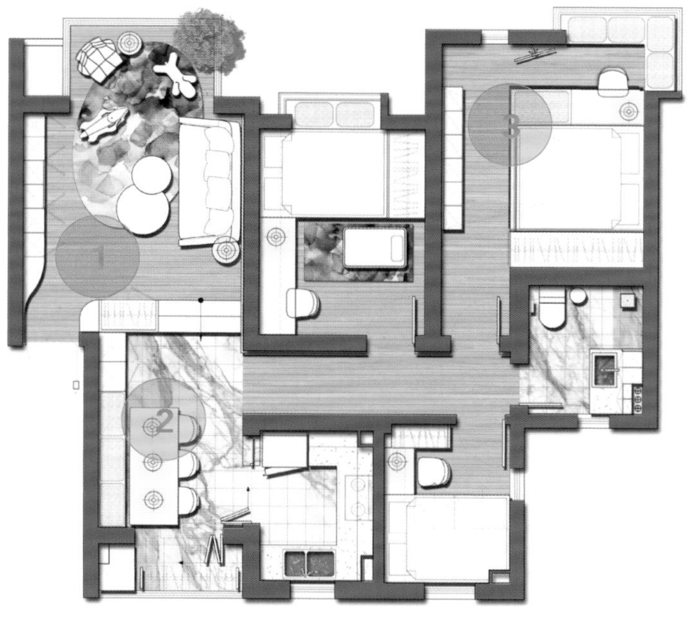

改造设计图

207 下沉式空间设计，将扶手之类的元素通通丢掉

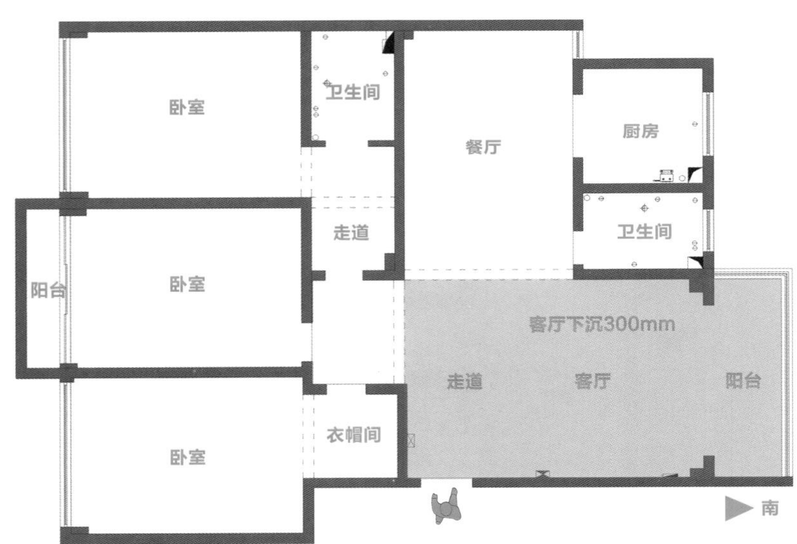

原始结构图

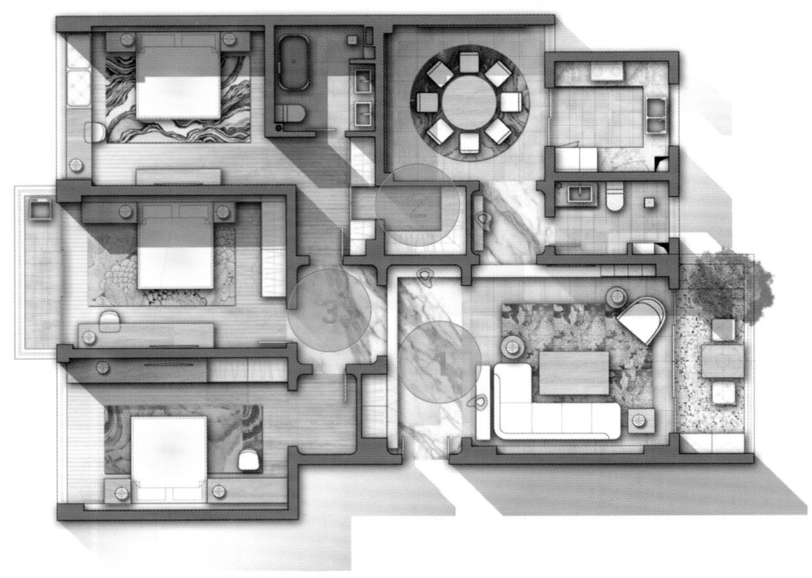

改造设计图

原始户型分析

承重墙多，客厅空间有下沉落差，餐厅面积较大，主卧需要设置衣帽间。

改造后细节剖析

❶ 踏步连贯起来成为一体，空间更完整、大气，入户右手边沙发旁的矮柜既是隔断又可用于收纳，柜上放置装饰品，以提升空间品质，入户门对面是悬空鞋柜，下方的踏步可作换鞋凳使用；入户正对面的踏步上方设计端景墙，整个门厅空间让人体验到时尚氛围。

❷ 将一部分餐厅面积纳入主卧，用于设置衣帽间，同时在公卫门对面设置端景，形成餐厨区和下沉客厅之间的缓冲地带。

❸ 因为没有独立书房，所以在每间卧室中都设置了阅读区；卧室区门厅墙面零碎，把阴角做成弧面形状，弱化界限，使立面看起来更加完整。

结语：墙面和地面的细化设计容易被忽略，而这些地方往往通过小成本的小改动，就能产生很大的变化，带来更好的居住体验感。

第 14 章

一房改多房

随着大城市房价的持续上涨，很多人无法承受高房价带来的经济压力，唯一的选择就是购买小户型的房子并将其改造成满足一家三代人居住需求的空间。

一房改两房，一房改三房，甚至一房改四房，作为一名职业的设计师，这些项目都是经常会遇到的，如何合理地、成功地将一房改造成多房是设计师面对的一大难题。

由于房间的数量需要增加，但是整体空间的体量不会改变，所以每个功能空间的质量都会受到影响，应以满足基本的功能需求为原则，尽量保持空间通透，使得空间使用起来方便，然后尽量增加储物空间，这是让小户型房子持久保持整洁的关键因素。

208 一房改两房之后，其他主功能空间面积基本不变

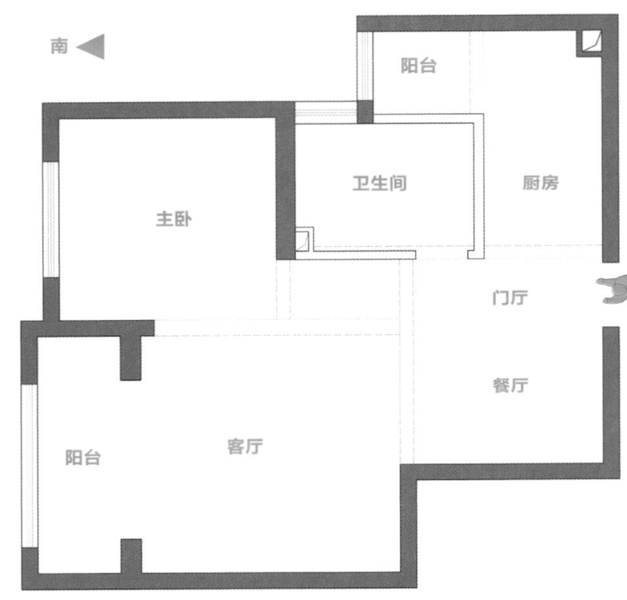

原始结构图

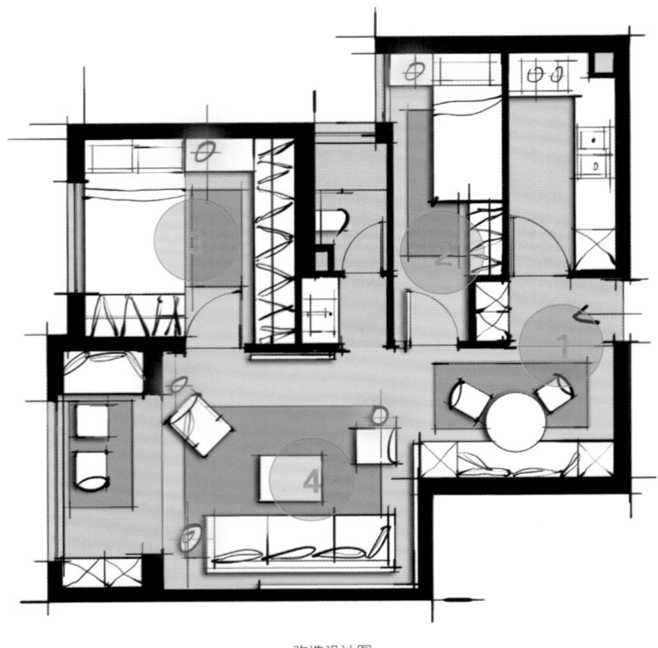
改造设计图

原始户型分析

面积小，格局紧凑，需要一房改两房，需要有大量储藏空间。

改造后细节剖析

❶ 沿厨房墙体设置玄关鞋柜，满足门厅收纳需求，餐桌一侧设置卡座，并结合椅子使用，在走道空间叠加实用功能，非常节约空间。

❷ 卫生间缩短宽度、加深纵深，1.2m的宽度完全可以正常使用；在厨房和卫生间之间隔出次卧，原阳台处的窗户可满足次卧采光、通风需求。

❸ 在主卧中设置一排超长衣柜，在床尾设置悬空吊柜，用于储物，整体收纳空间大大增加。

❹ 客厅仍要保证宽敞度，一来公区活动量较多，日常使用频率更高，二来能满足多人互动需求，如聚会等场景。

结语： 将一房改两房时需要把空间运用到极致，同时保证各功能空间的比例合理。

209 将不常用功能“藏”起来，实现老公寓一房改四房

原始户型分析

本案例为顶层老公寓，需要一房改四房，供一家五口居住，需要设置主卧、儿童房、老人房及临时客房，要满足偶尔聚会时的八人用餐需求。

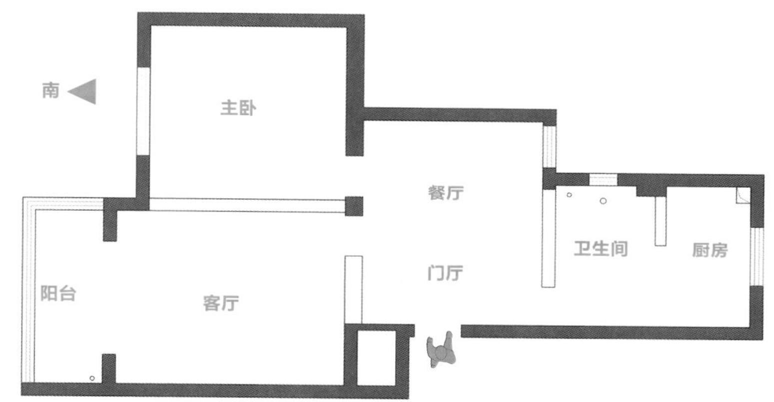

原始结构图

改造后细节剖析

❶ 在走道处沿墙设置整排收纳柜，鞋柜、冰箱、洗衣机、烘干机等都能放进去；卫生间进行干湿分离设计，整体来看卫生间能节约更多动线面积，而且洗澡、如厕、洗手功能互不干扰，避免产生卫生间占用问题。

❷ 在原餐厅位置隔出老人房，床沿窗放置，与公共空间之间设置半透明玻璃隔断，卧室不会感觉太压抑，也能给门厅、餐厅带来一些采光。

❸ 在餐厅中设置卡座，节约空间，满足就餐、储物需求，并可满足日常五人用餐需求。

❹ 在客厅中放置沙发床，与餐厅之间设置隐藏折叠门，客厅作为临时客房使用时，把门拉起来即可形成一个房间；茶几可升降，升起展开后可容纳十人用餐；在原南侧阳台设置儿童房，放置榻榻米，增加储物量，与客厅之间设置开窗，同时满足客厅采光和通风需求。

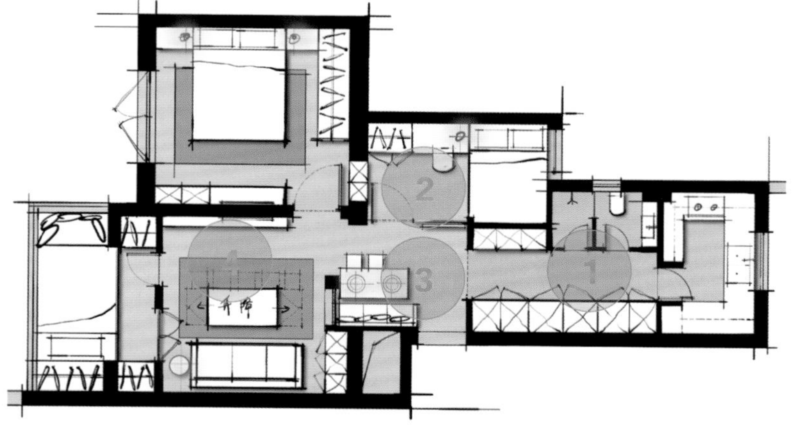

改造设计图

结语： 小户型中偶尔使用的功能可以“藏”起来，不影响日常的空间居住体验感。

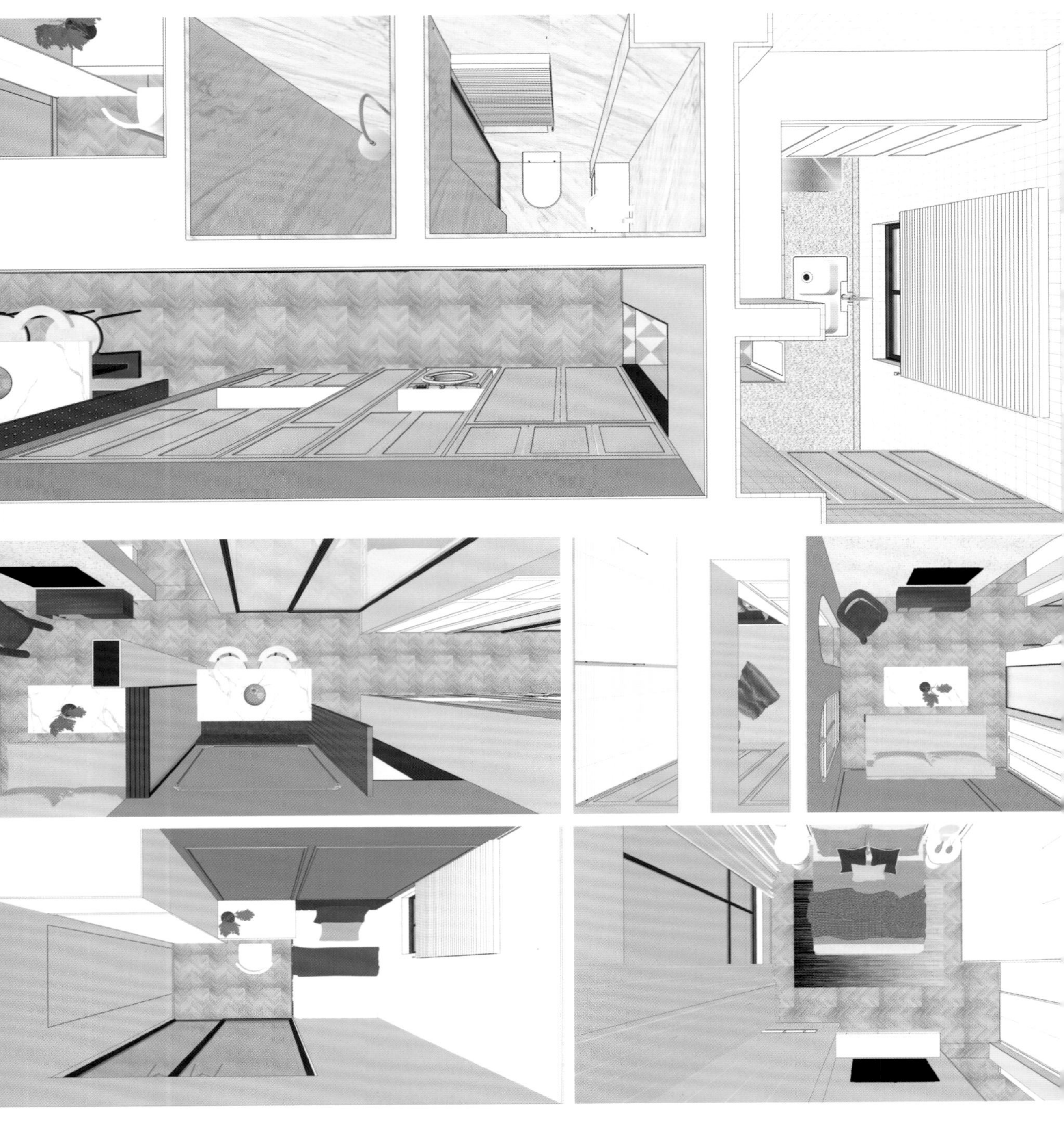

210 两房改成四房后，营造对称美感

原始户型分析

需要两房改四房，除了主卧、老人房，还需要设置两间儿童房。

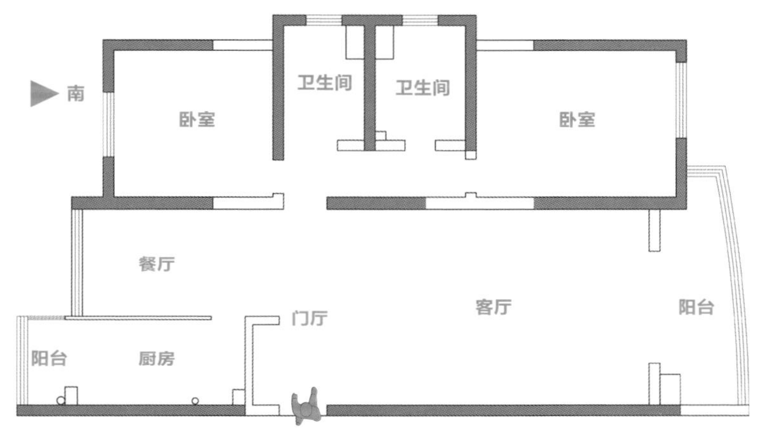

原始结构图

改造设计图

改造后细节剖析

❶ 利用原来面积超大的客厅的部分空间隔出两间儿童房，公区的动线仍然保持流畅、合理，将两间儿童房中书桌一侧的墙面设计为矮墙，上面安装可打开的玻璃窗，可纳入餐厅、客厅的采光、通风。

❷ 入户区域左右两边都有收纳柜，北侧柜体可作鞋帽柜，配有换鞋凳，南侧柜体不仅能作为入户收纳空间，还能收纳公区物品等。

❸ 厨房台面延长到用餐区，视觉上空间更为整体，也让用餐区有了水吧台和餐边柜，方形餐桌可灵活摆放，容纳多人用餐。

❹ 走道拐角处用圆的空间形态解决动线问题，避免尖角带来的突兀感。两个卫生间都进行干湿分离设计，并不单独服务于某个房间，平衡功能空间的使用频率。

结语： 弧形的设计形式不是单纯为了美观，而是为了解决空间问题，目的是为人服务。

211 多设计出来的这间房，估计会成为大家都爱使用的房间

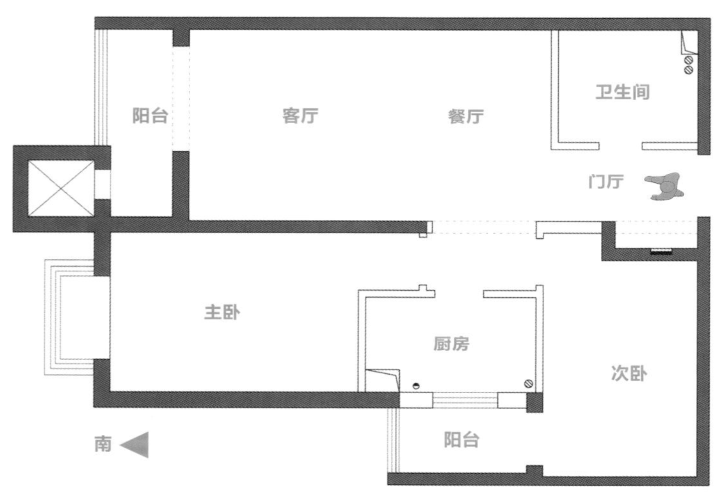

原始结构图

改造设计图

结语： 打造榻榻米形式的房间是小户型改造常用的手段之一，可纳入多种功能，非常灵活多变，小面积的榻榻米的定制费用也基本在可承受范围内。

原始户型分析

本案例为常规的朝南两房、两厅户型，业主想要在原本的户型功能基础之上多做一个卧室当客房使用，希望餐厅的空间能最大化。

改造后细节剖析

❶ 原户型空间已经非常拥挤，采用动线重叠的手法，将原本走道的动线空间划分给餐厅使用，可以在新增一个卧室空间的同时，保证餐厅空间最大化，采用圆形餐桌，缓解了空间内过多的锐角带来的不适感。

❷ 将原餐厅空间改成客房，平时也可以作为茶室或书房使用；客房室内采用榻榻米、玻璃材质隔断，给空间带来更多采光，视线上没有任何阻挡，不会因为在客房中设置了榻榻米而显得拥挤，玻璃移门全部打开时，客房就能与客厅、餐厅融为一体，公区互动场景更加丰富。

❸ 将原来客厅旁边的阳台改成了洗衣区以及储藏间，满足日常生活需求；也可以设计成卡座形式，扩大客厅的休闲区，视觉上客厅更显宽敞、明亮。

212 由多改少，来看看这豪华大平层质感的小户型

原始户型分析

将三房改为一房，承重墙对空间改造的局限较大。

改造后细节剖析

❶ 需要设置中餐区和西餐区，因此在厨房设置西厨岛台和水吧台，可服务于厨房，也可作为休闲区，厨房台面沿着墙面做成大L形，有大平层的品质感。

❷ 中餐区和主卧套间之间用移门隔断，在入户门正对的地方设计移门端景，移门可开可合，空间场景灵活多变。

❸ 主卫和衣帽间有了很大的改动空间，并满足在主卫放置大浴缸的需求，使用动线很合理、通畅。

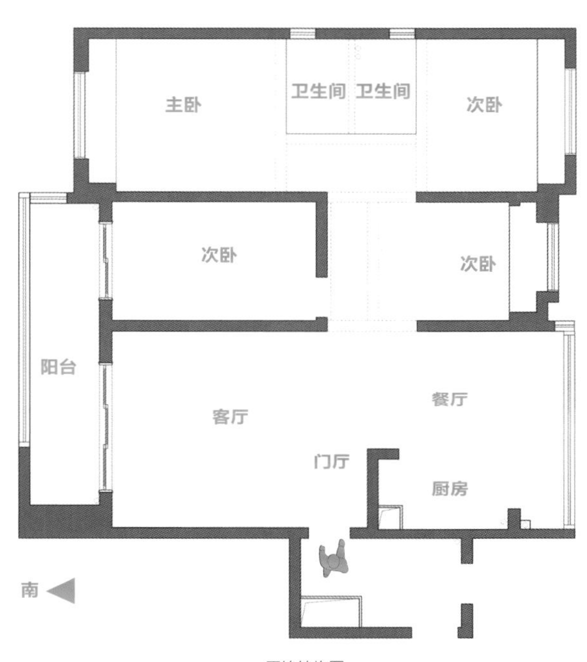

原始结构图

改造设计图

结语：多间房改单间房涉及合并规划问题，勿被承重墙所局限，采用轴线划分大块区域更易打开思路。

213 改出了三个增值空间，需求多样化也能完全满足

原始户型分析

需要将两房变三房，南北通透，空间内没有承重墙隔断，改造灵活度高。

改造后细节剖析

❶ 通过地面材质划分出门厅空间，沿窗进行绿化布置，给空间带来生机，放置鞋柜和换鞋凳组合，不妨碍入户动线，且提高了门厅舒适度。

❷ 主卧沿窗设置一排休闲区，赏景、采光俱佳；主卫的浴缸、淋浴组合设计在一个空间内，各个功能空间的使用动线重合，节约室内面积。

❸ 厨房南侧设置储藏间，满足储藏需求，厨房面积仍然足够设置U形台面；水吧区可作为备餐台，也可当作下午茶区域使用；餐桌台面延长，让多人聚餐场景得以实现。

❹ 将原餐厅区改为客房，偶尔才会用到，所以基本不影响北侧生活阳台的日常使用，也可当作书房使用。

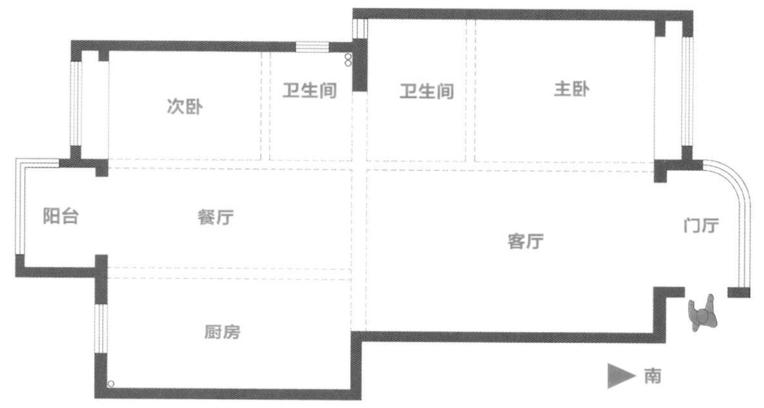

原始结构图

改造设计图

结语：对公共空间的改造、重组可以满足业主的多样化需求，就算室内无隔断，也不要对厨卫进行太大的移位。

214 公共空间这么大，多做一个卧室，提升空间利用率

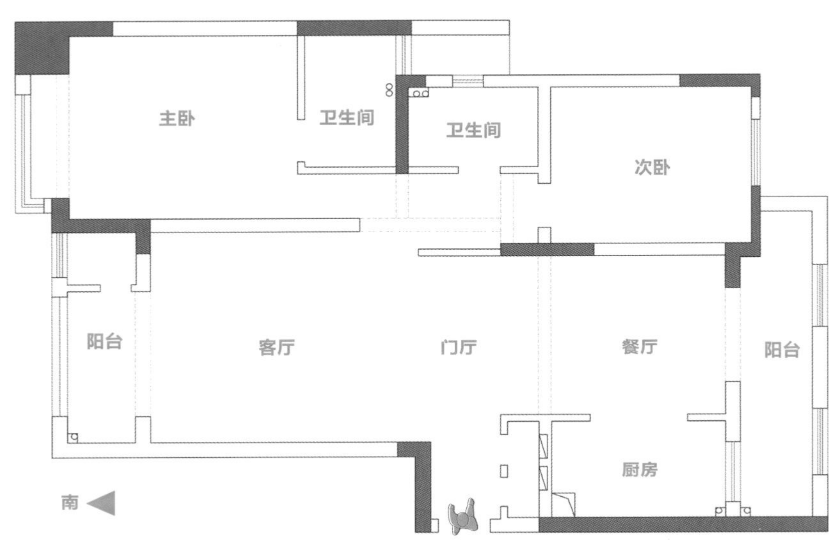

原始结构图

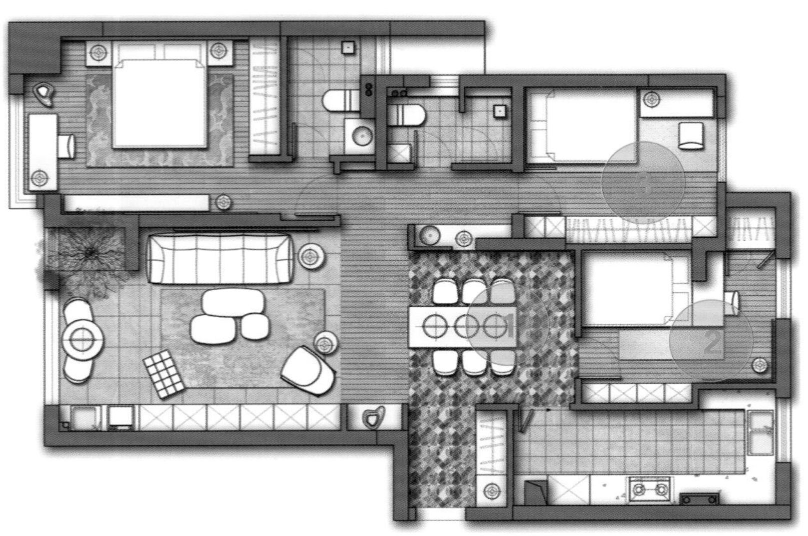

改造设计图

原始户型分析

需要将两房改为三房，厨房面积较小，可只保留一个阳台。

改造后细节剖析

❶ 门厅改为餐厅，餐厅功能和走道动线重叠；将厨房做大，纳入部分北侧阳台面积，冰箱放进去之后，操作空间仍然很大。

❷ 原餐厅区和阳台合并，由此得到第三间房，次卧功能齐全，储物柜都嵌入墙体凹入空间，视觉上整齐划一。

❸ 原北侧次卧按照常规方式布局，隔墙中间墙体改薄，满足衣柜深度尺寸需求，以便于设置衣柜。

结语：需要多设置一间房时，可以先考虑走道，再考虑有无挤压走道旁边空间的可能。

215 需求多，面积小，这样改造空间品质瞬间提升

原始户型分析

本案例为小户型公寓，需求多，需要将两房改为三房，需要放置钢琴，设置功夫茶区、瑜伽区。

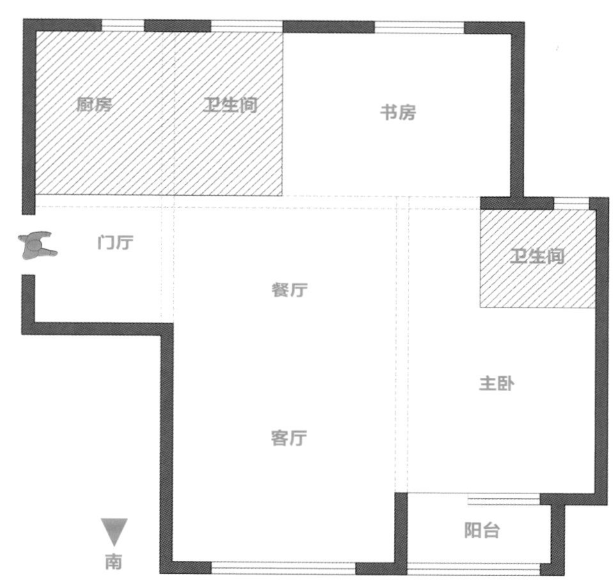

原始结构图

改造后细节剖析

❶ 在入户区域将鞋柜、水吧台、餐桌一字摆开，满足业主对吧台的需求，长餐桌较节约空间且不影响动线。

❷ 在客厅把功夫茶区和茶几结合，小边几作为补充供沙发区使用，洗衣晾晒区错开边几区域，互不干扰；沙发两侧无靠椅，可以与水吧台和餐桌区的功能相融合、互动。

❸ 卫生间进行干湿分离设计，台盆西侧墙体正好可作为入户端景，避免入户正对卫生间门。

❹ 将阳台纳入主卧，可形成一个瑜伽区，书桌处设计折叠窗，平时可使光线、空气流通；靠墙放1.5m宽的床，基本可满足两人使用需求。

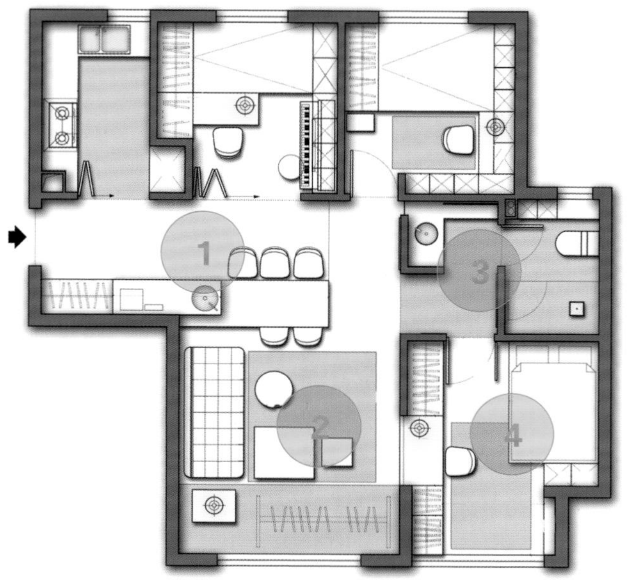

改造设计图

结语： 通常小户型的空间功能需求明确之后，可从内部功能确定空间的界限，并根据不同情况灵活调整。

216 如此设计出租房，让小空间也能承载梦想

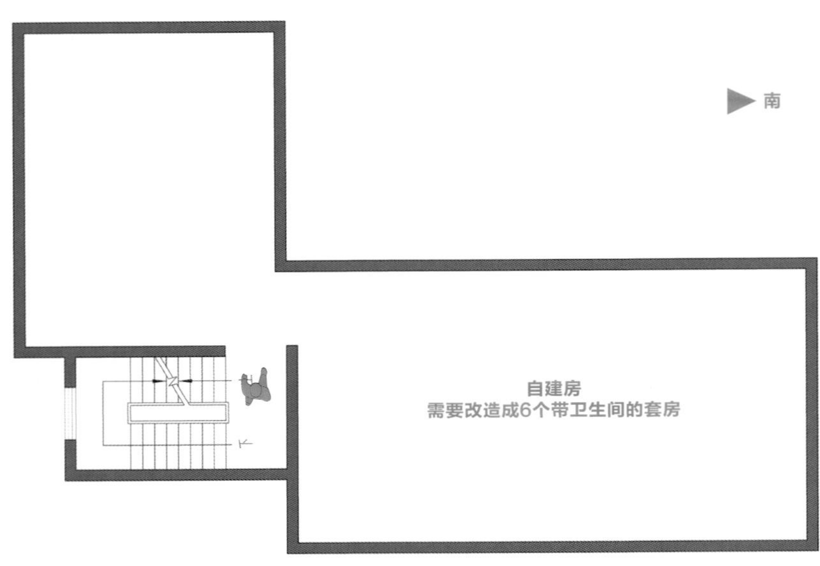

原始结构图

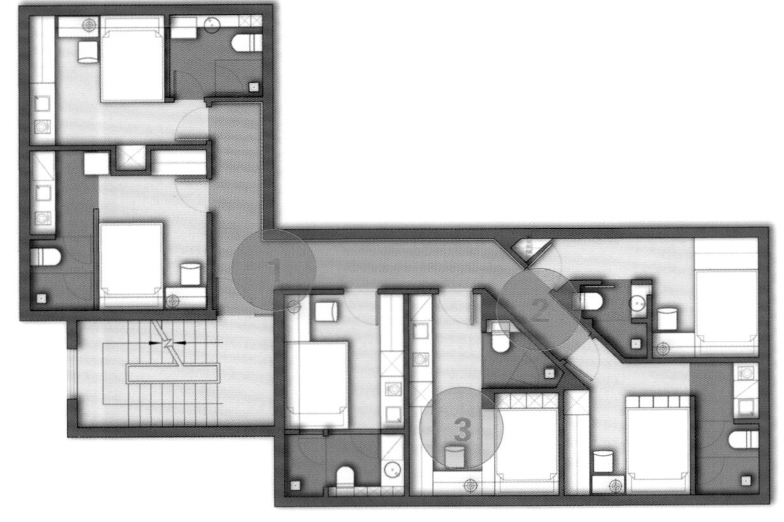

改造设计图

原始户型分析

需要将自建大开间房改为六间小套房，每间房都要具备卫生间、储物柜、书桌等常规功能。

改造后细节剖析

❶ 入户左手边没有墙面，选用一种材质的墙体隔出走道空间，视觉上更加美观，并有空间延伸感。

❷ 设计45° 动线，避免走道正对门，各房门之间的距离拉长，也不会在开关门时互相看到房间内部，保证各自的私密性。

❸ 房间内部与卫生间的隔断部分采用矮墙加玻璃隔断的形式，让无窗的小房间里更多一丝通透性。

结语：先分割空间，在编排动线时要考虑到人们使用时的心理感受，尽可能地提升空间品质。

217 开放式空间不等于没有隔断，可开放可封闭才更符合预期

原始户型分析

餐厅离厨房的动线较远，需要将两房改为三房，多设计一间临时保姆房，接受开放式空间，主卧需要衣帽间。

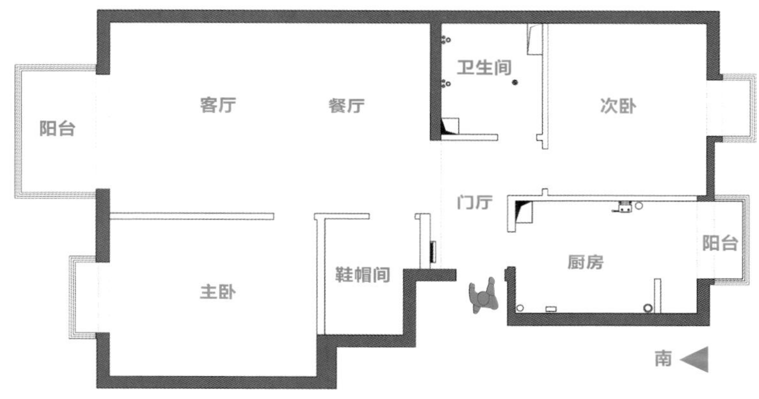

原始结构图

改造后细节剖析

❶ 餐厅、厨房设置在一起，餐桌台面沿直线延长，结合水吧台进行设计，入户处的台面可作为端景装饰，餐厅圆桌也可以不设计延长桌面；开放式厨房具有双动线，使用起来效率更高。

❷ 将原餐厅改为一间书房兼客房，采用折叠窗和折叠门，保证书房的采光、通风，打开时，与客厅的互动性很强，有人居住时，关上即可保证私密性。

❸ 改变主卧进门动线，设置更多储物柜，将原鞋帽间并入主卧，设计成衣帽间，满足了居住者需求且提高了居住品质。

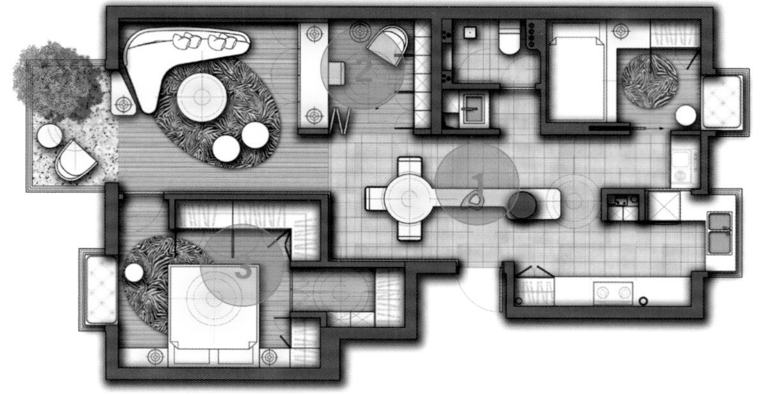

改造设计图

结语： 开放式空间能给公区带来更强的通透感，尤其是小户型的房子，隔墙越多，越觉得压抑。

第 15 章

民宿、酒店、办公空间

民宿不同于传统的饭店、旅馆，也许没有高级奢华的设施，但它能让人体验当地风情、感受民宿主人的热情，并体验到有别于以往的生活。随着民宿不断发展，现在很多顶级民宿可以提供媲美五星级酒店的服务，不同的是，民宿的选址大都在风景优美的乡村地区。

酒店套房虽然面积不大，但是需要考虑的内容却非常复杂，应该根据酒店市场定位和当地的文化元素，以及面对的人群年龄段来打造具有特色的舒适休闲空间。酒店设计中舒适性和人性化的元素永远都处于第一位，哪怕是低端的酒店，只要能让人住起来舒适，在市场上也会有很强的竞争力，可以长期立于不败之地。

办公空间改造是在办公地点对布局、格局、空间的物理和心理分割。办公空间设计需要考虑多方面的问题，涉及科学、技术、人文、艺术等诸多方面的因素。

办公空间设计的最大目标就是为工作人员创造一个舒适、方便、卫生、安全、高效的工作环境，以便更大限度地提高员工的工作效率。这一目标在当前商业竞争日益激烈的情况下显得更加意义重大，是办公空间设计的基础。

218 性价比超高的艺术品质酒店套房

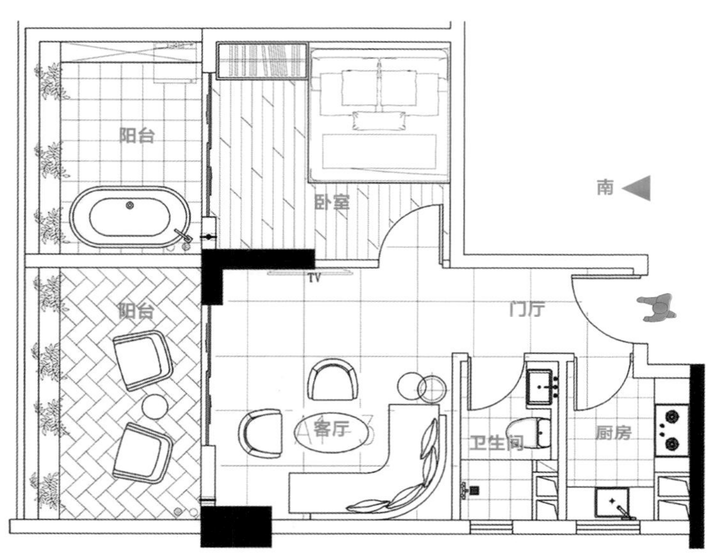

原始结构图

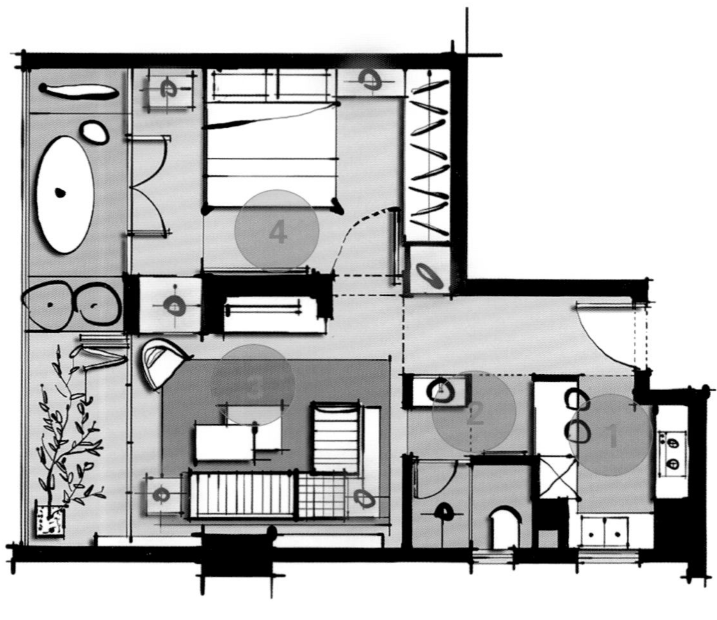

改造设计图

原始户型分析

本案例为酒店的一室一厅小套房，居住者非固定，是某一类客户群体，厨房与用餐区相距太远，隔断较呆板，不太通透。

改造后细节剖析

❶ 套房内的厨房功能和体量可适当弱化，设计开放式厨房减弱空间的局促感，小吧台可以作为隔断，或当作餐台使用，也可以作为入户区域临时放东西的空间。

❷ 卫生间进行干湿分离设计，洗手台盆距离各个空间都较近，使得居住体验感更舒适、便利。

❸ 将部分大阳台空间纳入客厅，整体空间布局的比例更协调，放置高低茶几组合，也能当作小餐桌使用。

❹ 同样将部分阳台空间纳入卧室，休息区变宽敞，收纳柜容量也更大；卧室与客厅之间部分采用装饰性隔断，通透感和互动性加强，带来悠闲度假风的空间质感。

结语：酒店空间设计时除了考虑基本的功能和舒适度，也要体现酒店品位、企业文化以及当地特色元素等。

219 如此设计酒店套房，跟单身公寓相比也差不了多少

原始户型分析

本案例为酒店套房，入户门正对卧室门，厨卫空间小，功能区面积分配不平衡。

改造后细节剖析

❶ 厨房空间较大，可以设置大L形台面，将面积充分利用起来，在餐厅设置吧台，能满足套房内居住者的使用需求，与客厅区可以形成互动。

❷ 卫生间进行干湿分离设计，进入卫生间的动线与进入卧室的动线空间重合，在进入卫生间湿区的动线区域设置干区洗手台盆。

❸ 把一部分阳台空间纳入客厅，将电视背景墙移到与主卧之间的隔墙处，休闲单椅的设置模糊了客厅与阳台的界限，让客厅更加敞亮、大气。

❹ 压缩一部分原书房空间后，改为衣帽间兼梳妆台，把书房设在卧室阳台区，采光、通风更好，此处更是赏景的好地方。

结语：与个人住房相比，酒店套房可以牺牲一部分收纳空间，来改善视觉体验感和提升休闲舒适的居住体验感。

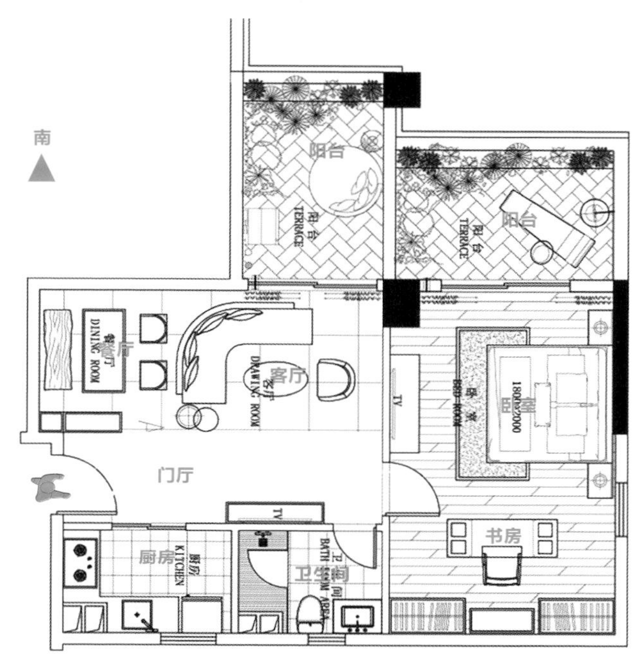

原始结构图

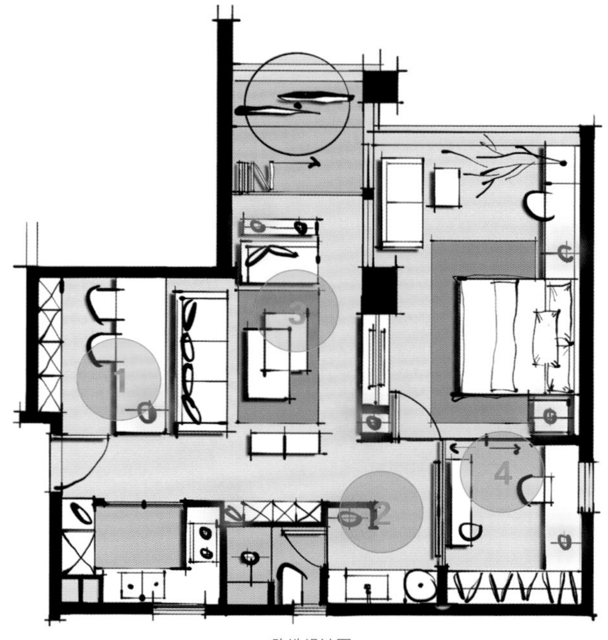

改造设计图

220 住在这里宛如置身于大自然——森林中的小复式民宿

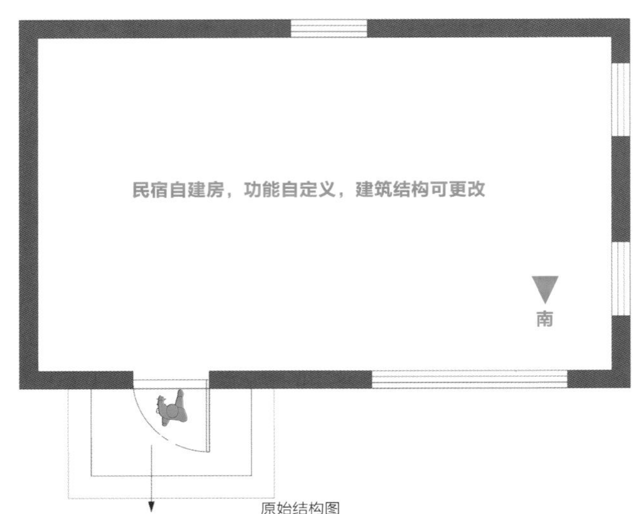

原始结构图

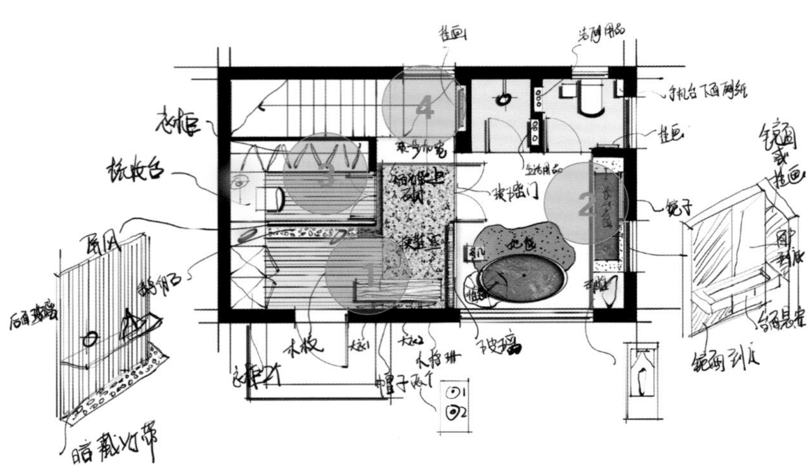

改造设计图

原始户型分析

本案例为森林中的小复式民宿，开间大，室内私密性相较而言可弱化一些，一层需要设置门厅、鞋柜、独立衣帽间、卫生间。

改造后细节剖析

❶ 门厅处设计端景，能隐约看到端景后的空间，端景墙上设计一条置物板，用于放置当地艺术品等；入户左手边的鞋柜也能放入大行李箱，在右手边墙面上设置挂钩，用于挂大衣、雨伞等。

❷ 卫生间靠窗设置，光线、通风俱佳，在浴缸处能一边泡澡、一边赏景，舒缓身心。

❸ 衣帽间不仅设置了衣柜用于收纳，也设置了梳妆台，功能更齐备。

❹ 楼梯靠墙设置，不浪费空间，第一、二级台阶做大一些，走起来更舒适，视觉上有缓冲效果。

2F

原始户型分析

二层南向有非常开阔的窗口，采光较好，需要设置卧室、品茗区、水吧台、冰箱、书桌、书柜、休闲区，融入当地文化元素。

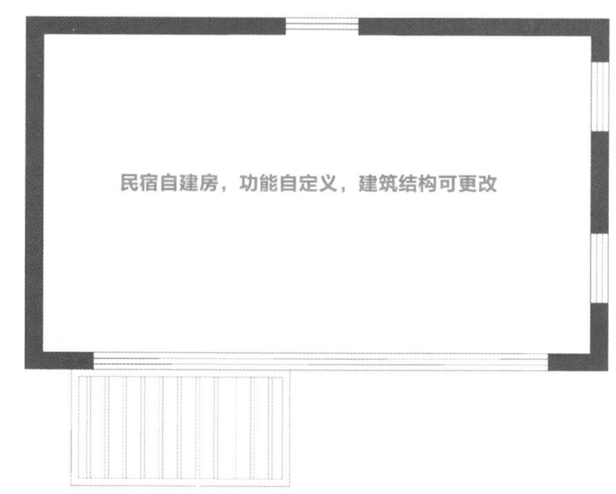

原始结构图

改造后细节剖析

❶ 利用不同的地面材质划分走道空间，沿墙设置一整面壁画，展示当地文化元素；书柜更强调展示功能，设计成类似博古架的形式，作为隔断，有助于保持室内良好的采光、通风，作为书架，能更加灵活多样地放置书籍和展品。

❷ 冰箱、小水吧台、书桌衔接为一体，与动线平行，互不影响。

❸ 品茗区安置于南向采光最好的区域，可以一边观景，一边聊天、品茶，非常惬意舒适。

❹ 休闲区是一个小聊天区，也是可观赏星空的区域，卧室休息区地台抬高，床嵌入地台，齐平地面，这样一来也不阻碍观赏窗外的风景。

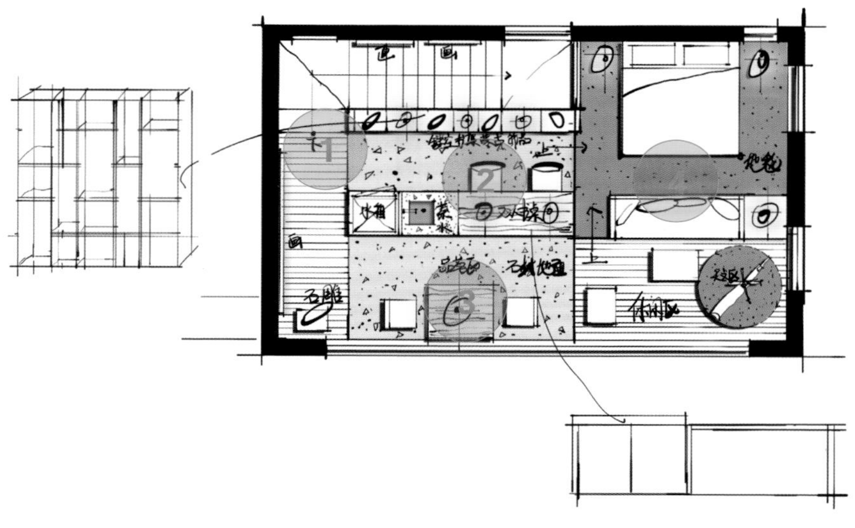

改造设计图

结语： 民宿有着特定的居住人群、独特的文化，要在设计中融合当地文化元素和自然环境，例如，采用框景的设计手法，将窗外的景色变为室内的“装饰画”。

221 小办公空间也能动静分离，工作、休闲区互不干扰

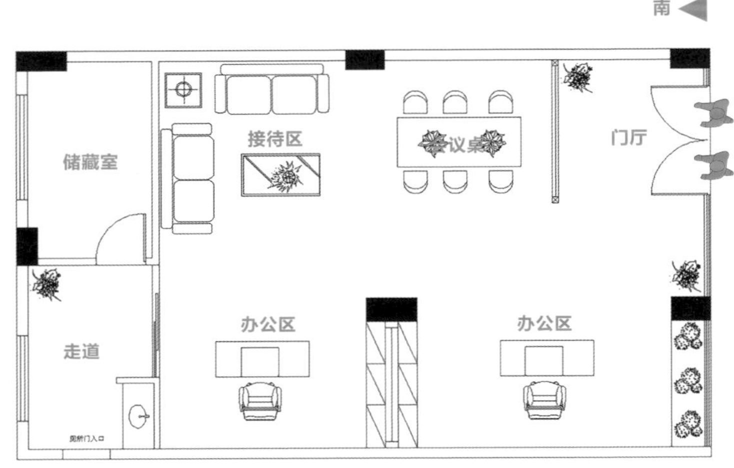

原始结构图

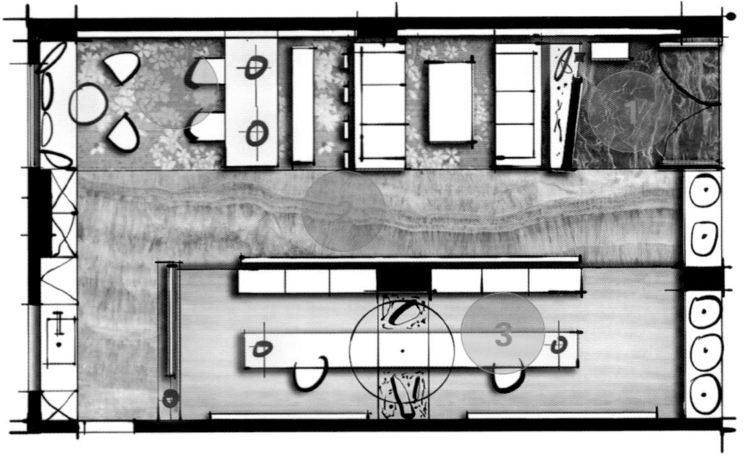

改造设计图

原始户型分析

本案例为个人设计工作室，需要设置休闲会客区、下午茶区、两个独立办公区。

改造后细节剖析

❶ 将入户后正对的墙设计成有角度的斜墙造型，动线上有心理引导作用，用些许设计感给人奠定第一印象。

❷ 在走道一侧的墙面上装饰一些介绍和展示公司业务的元素，使得客户或合作伙伴在门厅处就能看到，对公司形象的塑造起到积极作用。

❸ 两个独立的办公区中间采用玻璃和枯山水装饰隔断，用百叶帘遮挡视线，桌面和文件柜对称布置。

❹ 两张相对摆放的沙发围合成休闲会客区，与北侧的品茗区之间用格栅作为软隔断；品茗区也可以用来展示公司文化，休闲区以飘窗的形式设置在靠窗区域。

结语：设计公司的办公空间也是一张公司名片，规整又带有设计质感的办公室绝对能给公司业务带来好的影响。

222 别说在这上班了，下班都想住这

原始户型分析

需要将复式公寓改造为办公空间，承重墙很少，需要设置可容纳五人左右的员工工作区、一间独立办公室、休闲洽谈区、接待区、储物区及水吧台，只需一个卫生间。

改造后细节剖析

❶ 入户门厅处设计一面logo墙，有一定的角度，对动线进行引导，楼梯设计在logo墙背后，使得入户和上下楼动线非常顺畅，互相不影响。

❷ 工作区光线较好，两侧均有采光，位置比较集中，方便沟通交流，与接待区之间采用绿植装饰隔断。

❸ 水吧区除了水吧台，还有一排储藏柜，冰箱、微波炉可置于其中。阳台作为休闲区和吸烟区使用，放置绿植，给空间带来更多生机活力。

❹ 休闲洽谈区的光线和视线不受阻挡，会客时良好的环境带给人舒适的心理感受。

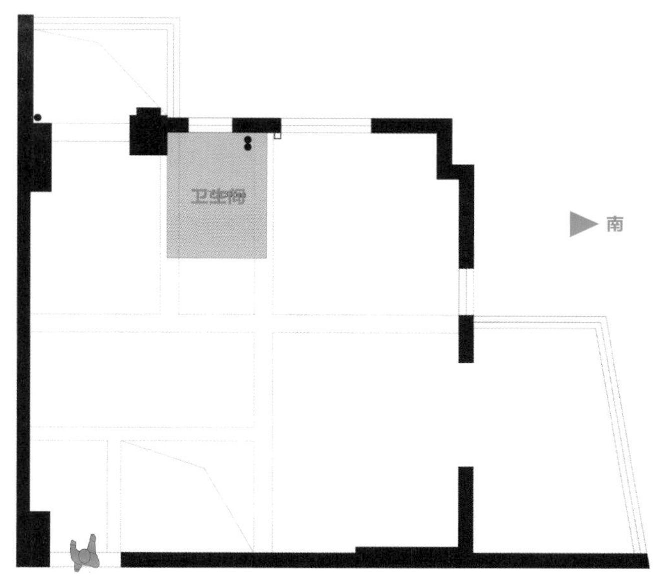

原始结构图

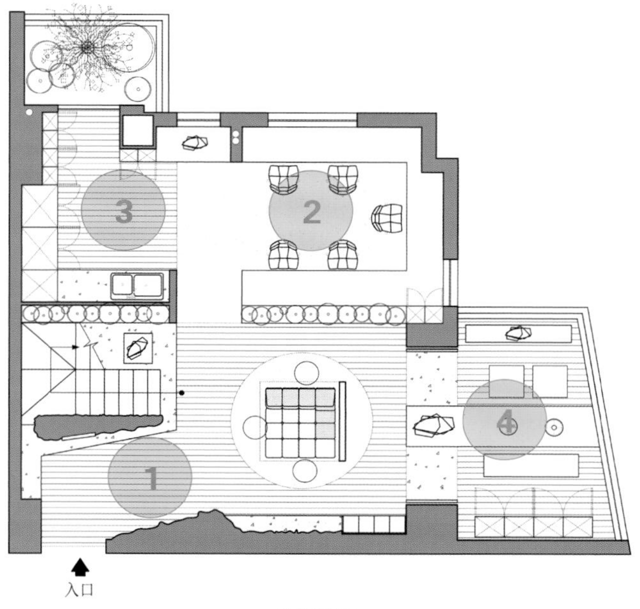

改造设计图

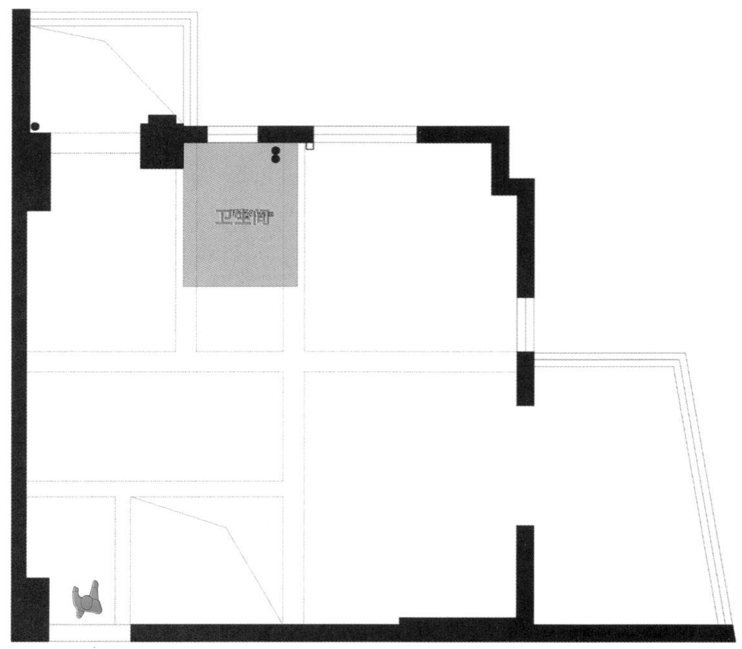

原始结构图

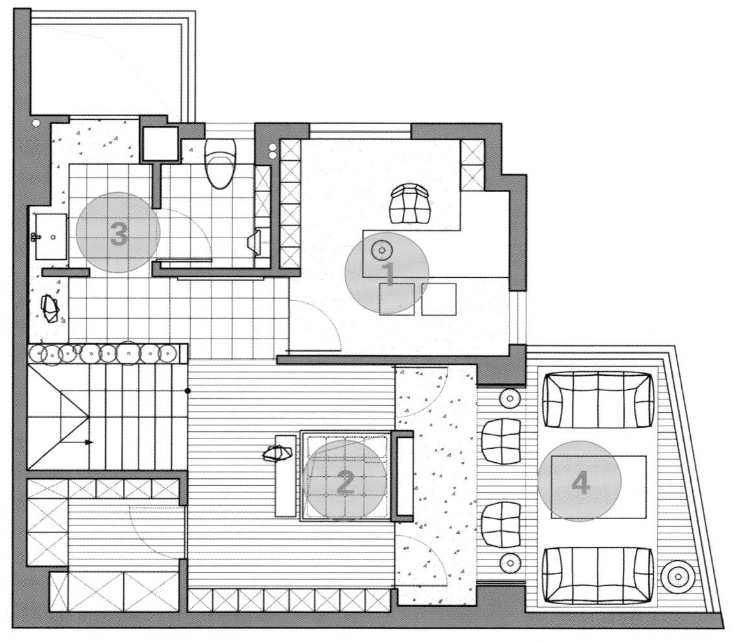

改造设计图

2F

原始户型分析

把独立办公室、接待区、卫生间设在二层空间。

改造后细节剖析

❶ 在独立办公室中沿墙设置收纳柜，中心位置放置大L形办公桌，一侧供办公使用，另一侧可接待客人或员工。

❷ 二层设计一块挑空区域，正对一层的等待区，上下层之间有了光线和风的流动，充分发挥复式户型的优势。

❸ 在卫生间进行干湿分离设计，避免开门位置正对其他功能空间，将其设置在办公室和楼梯的旁边也比较方便使用。

❹ 接待区同楼下的休闲洽谈区上下对应，是采光和视线极佳的位置，相较于一层来说，二层此处位置的隐蔽性更强。

结语：既要凸显复式户型的高雅气质，又要结合设计公司的独有属性，软实力和硬实力强强结合。

223 公司虽小，品位和格调可不能弱

原始户型分析

需要为这间个人设计工作室打造一个别具一格的空间格局，但业主不喜欢异形、不规则的空间，要能同时满足八人办公需求，需要设置接待区、休息区、水吧、卫生间等常用功能空间。房子中间有体量较大的承重墙，影响视线和光线的通透性。

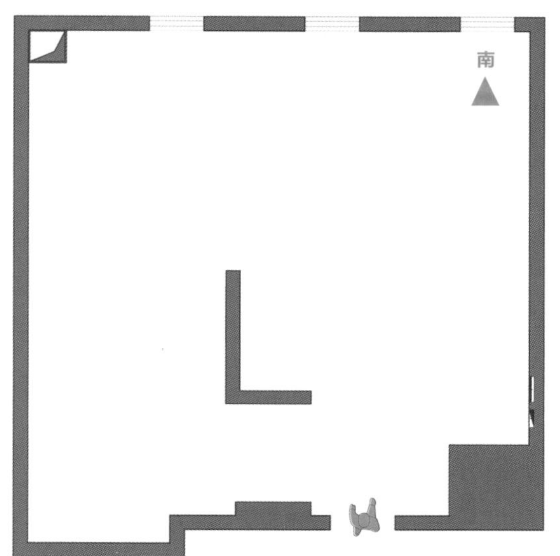

原始结构图

改造后细节剖析

❶ 在入户门厅的前方和左手边都设计了端景，提升了办公空间的艺术品位；入户右手边利用青石板包裹住原本墙上的一个尖角，将尖角的两个面一体化，弱化视觉上的突兀感。

❷ 根据原来承重墙的结构设计一个盒子状的空间，利用不同的材质围合出一个半通透空间作为洽谈区，将非常突兀的承重墙完美融合到功能空间中，且地面做了抬高处理，成为整个空间的视觉焦点。

❸ 全开放的阳光办公区，搭配放置一长排的靠窗下午茶休闲区，休息、阅读、办公功能一体化，这样的办公环境，才能真正让员工工作产生积极性。

❹ 孤岛式水吧台搭配绿植元素，打造自然、健康的工作环境，也可用作员工的就餐区。偶尔团建或者开展其他活动的时候，还可以一起在水吧台聚餐。

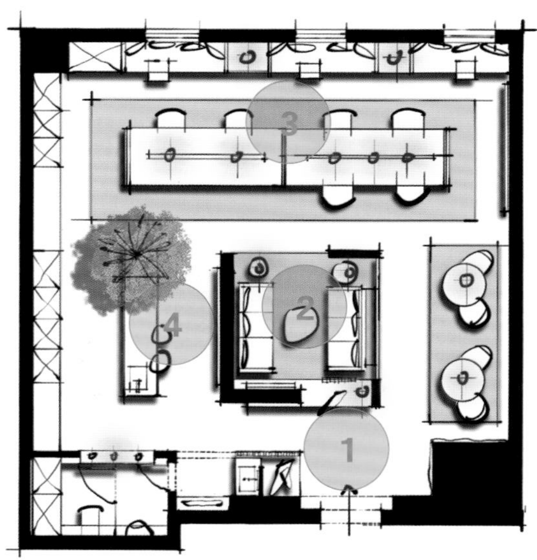

改造设计图

结语：将空间中的痛点利用起来，反而能成为一个突破口，将痛点变成亮点。

– 第 16 章 –

户型合并

将公寓房左右或上下两套一起购买之后打通，作为一套房子来居住，我们将之称为户型合并，这种做法是非常实用的，左右两套打通，秒变大平层，而且不需要楼梯，可以大量节约空间，避免产生不必要的浪费；如果是楼上楼下两套打通，可以改造成一个有挑空的大气空间，但是可能会浪费一个楼梯和挑空的空间，如果面积足够大，可以尝试这样改造。如果两套房子的面积都不是很富裕，建议购买同层的房子左右打通比较实用。

如果将三套或四套房子打通，改造成一套房子，从功能的丰富程度上来说可以媲美别墅，但是从居住品质和空间结构质量上来说还是和别墅有本质上的区别，缺少别墅独有的层高所营造出来的气质。

户型合并改造时，由于面积大，户型两端的空间距离比较远，需要注意合理梳理动线，让空间使用更方便，避免过道过长，产生不必要的空间浪费。

224 现代青年既想独立又想陪伴父母的心愿，在这套房子里实现了

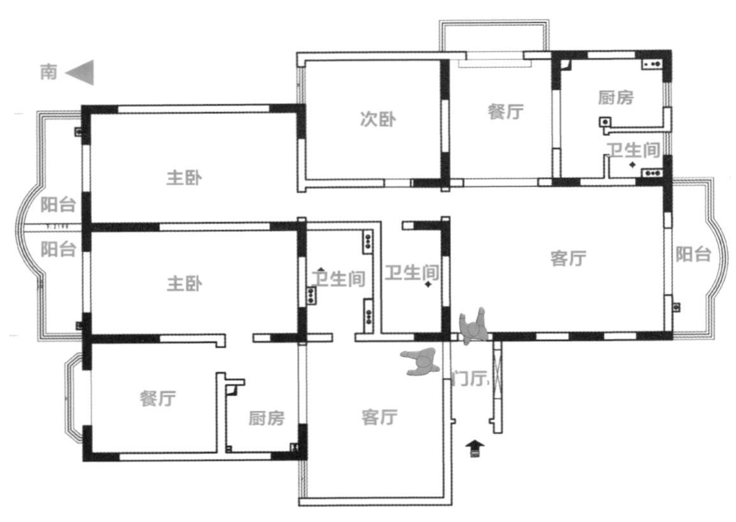

原始结构图

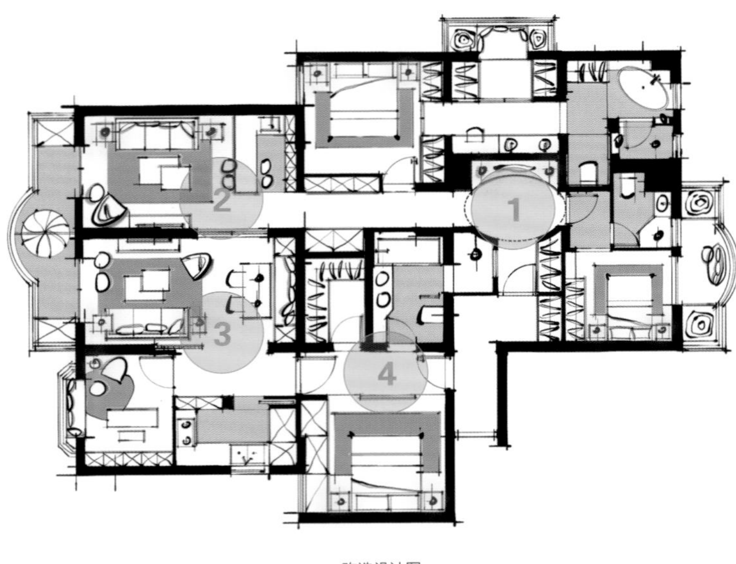

改造设计图

结语：两代人的居住区域面积平衡，留一些共用的空间作为互动场所，同时保留独立的个人空间。

原始户型分析

父母与已成年的孩子共同居住，将两套公寓合并成一套大公寓，父母和孩子居住的区域可各自独立，互不影响。

改造后细节剖析

❶ 在女儿居住的房间的入户区域设计弧形门厅，缓解入户处细长通道的压迫感，赋予空间仪式感。

❷ 在南向设置两间客厅，客厅之间的门打开后可以互通，女儿所住房间内的水吧台可满足日常吃早餐、喝下午茶的空间需求，或用于朋友聊天互动等场景。

❸ 在父母所住区域，将茶室安置于厨房旁边，把古筝也放入茶室，传统文化气息浓厚；餐厅共用，女儿穿过客厅就能过来一起用餐，客厅与厨房之间也有门，可隔断动线；阳台除了纳入洗衣功能，宠物的休息区和猫砂盆等物品也放置在这里。

❹ 父母的卧室过道动线共用，可作为父母卧室的入户通道。通道两侧的门关上，卧室休息区和衣帽间、卫生间一起可形成独立套房。

225 三套公寓全打通，化身空间多而不乱的超级大平层

原始户型分析

将同层的三套公寓打通，合为一套大平层房子，餐厅、厨房、卫生间数量要适当减少，需要设置三间卧室。

改造后细节剖析

❶ 在主入户门处设计大门厅以匹配大户型的体量，增大衣帽间收纳容量，沿窗设计充满现代感的水景，凸显空间品质。

❷ 客厅选择设置在空间内较宽敞的区域，采光、通风良好，动线将客厅分为两个空间，偏厅采用对称布局，设计成书吧休闲区，中心采用壁炉装饰或设置电子壁炉，主会客厅用地毯界定互动区，同时视觉上弱化动线的分割感。

❸ 主卧套房的三个功能区共用一条动线，更高效地利用了空间，也满足了每个功能区的采光需求。

❹ 厨房包含中厨和西厨操作区，西厨兼有吧台功能，餐厅可满足日常用餐需求，酒柜、餐边柜沿墙面铺满，窗下设置一处休闲区域，让餐厅功能更多样、立体。

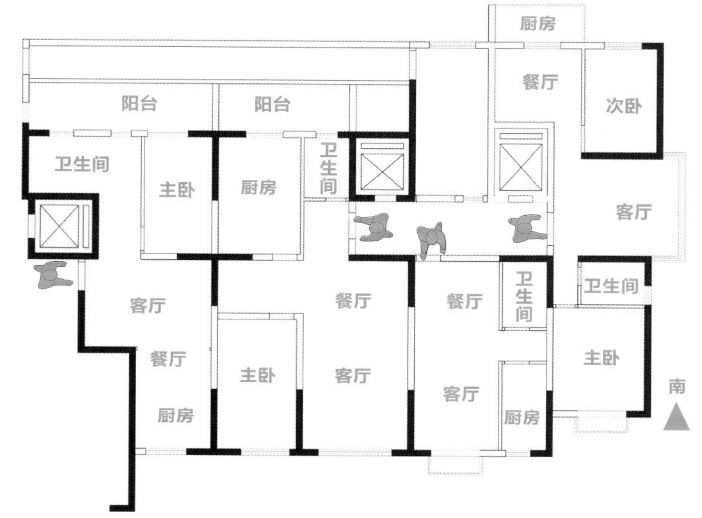

原始结构图

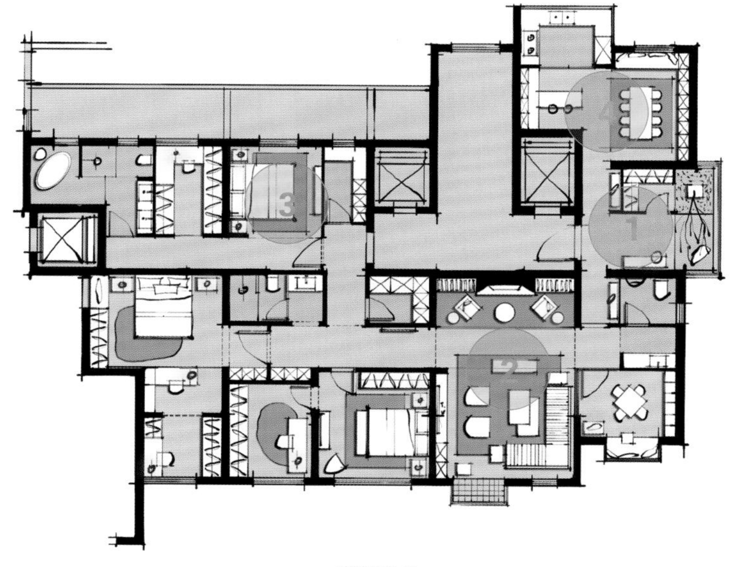

改造设计图

结语：多套公寓打通成大平层后，动线繁多，功能区要有取舍，叠加共用的方法尤为适用。

226 如何破解老旧公寓的终极难题

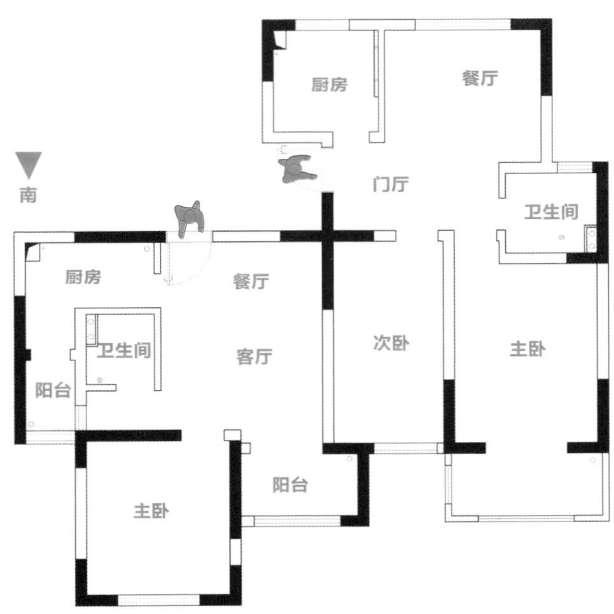

原始结构图

改造设计图

原始户型分析

两套老旧公寓合为一套，但是两个空间并不需要打通，客厅、餐厅面积都很小。

改造后细节剖析

❶ 在西侧套房内，玄关端景与餐桌台面合为一体，厨房采用折叠门，不占用空间，端景旁的备餐台衔接厨房和餐厅，空间互动性更强。

❷ 在西侧套房内，客厅沙发也可作为入户后的换鞋座位使用，电视功能如非必要的话，将沙发靠墙放置，可得到一块更大的休闲区域。

❸ 在东侧套房内，入户玄关处设置收纳柜，增加收纳量，把入户动线划为两条，厨房空间使用起来更灵活。

❹ 在东侧套房内，沿窗设置的吧台处可作为用餐区，并能跟客厅之间有很好的互动，能纳入客厅空间。

结语： 当空间面积不够用时，建议采用功能组合、家具组合方法。

227 一环扣一环的改造形成良性循环，想搞砸都难

原始户型分析

两套房子呈镜像排布，需要在美观度、实用度上进行优化处理。

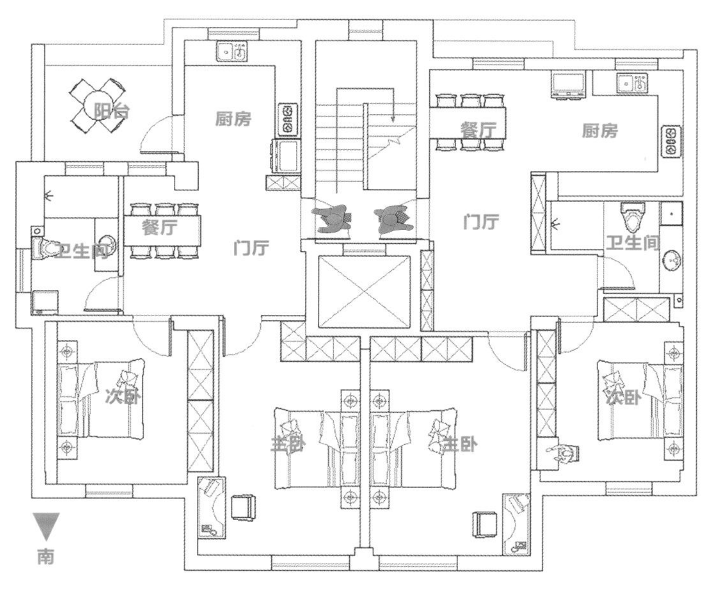

原始结构图

改造后细节剖析

❶ 在东侧套房内，将卫生间向北侧厨房空间移动，使东侧卧室有了设置衣帽间的空间，也使床头有了更多的空间，能放置大书桌，居住体验感提升；玄关处的鞋柜放置在右手边的凹陷处，并设计入户处的端景墙。

❷ 在东侧套房内，餐厅处设置卡座，可以增加储藏空间，减少动线对空间的占用，卡座深度与鞋柜深度齐平，使公区的立面更为和谐、完整。

❸ 在西侧套房内，入户动线和餐厅功能动线重叠，空间没有浪费，操作台面没有减少，沿墙面设计屏风作为端景，餐厅环境更美观，厨房采用U形操作台面，让紧邻的鞋柜容量更大。

❹ 在西侧套房内，为了节约门厅面积，让卫生间采用干湿分离设计。

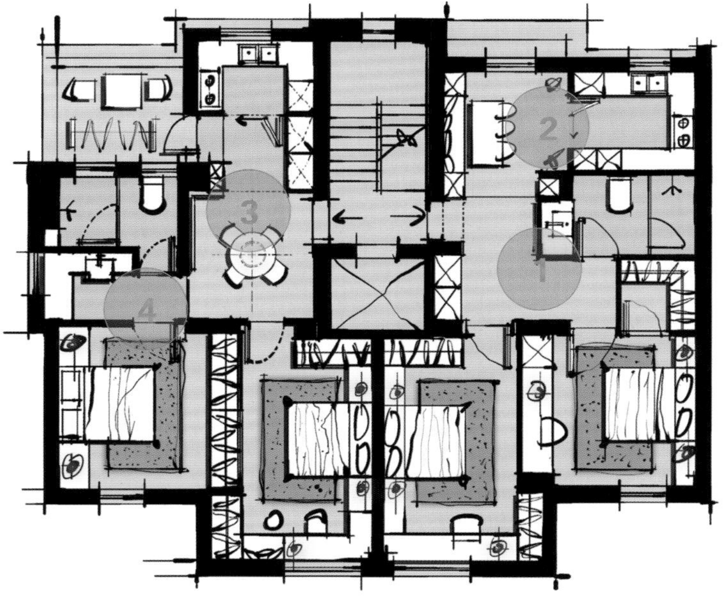

改造设计图

结语： 只对功能组合和形式进行调整，能够大大增强实用性，让空间品质大幅提升。

228 借用古人就有的智慧，营造均衡对称的美感

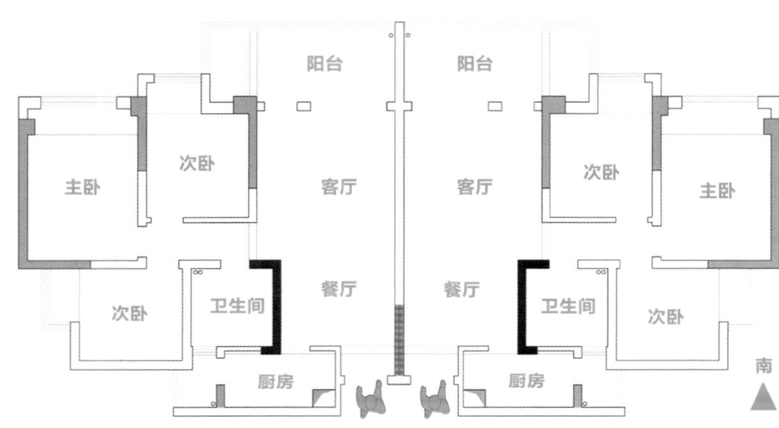

原始结构图

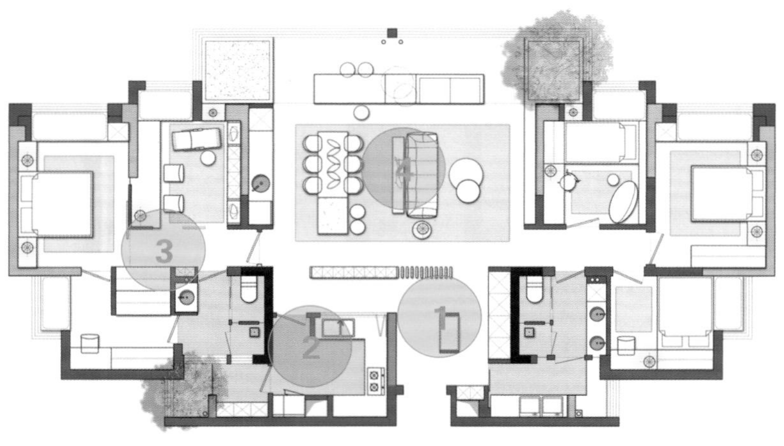

改造设计图

结语：将镜像排布的户型打通后，应保持户型的平衡感，用较为对称的体量来呼应，从大面积的公区开始定位。本案例中的户型受承重墙的限制，从某种程度上来讲不易失衡。

原始户型分析

两套房子合并为一套大平层房子，承重墙较多，需要设置两间儿童房、一间客卧，卧室等私密空间的可改动性不大。

改造后细节剖析

❶ 在入户门厅右手边设置一排鞋柜，增加储物空间，并放置换鞋凳，方便使用，形成衣帽间格局，采用格栅隔断遮挡玄关看向室内的视线，也给门厅带来采光和透气感。

❷ 因为能将原有的部分公摊面积纳入室内，所以厨房得以扩大，厨房水槽台面采用折叠窗隔断，可开可合，台面东侧延长到小阳台窗边，满足通风要求，小阳台也能设计为储藏空间。

❸ 主卧处设置两扇门，满足书房可独立使用也可以纳入主卧使用的需求；衣帽间和主卫形成流畅的环绕动线，让业主的生活品质得到提升。

❹ 餐厅、客厅之间用餐边柜作为软隔断，餐桌延长兼具岛台功能，水吧台兼酒柜靠墙组合摆放，品茗区衔接客厅、餐厅与阳台空间，整个空间成为一个既有秩序又有活力的公共活动区。